国家精品课程教材

高等院校信息管理与信息系统专业系列教材

运筹学教程

刘满凤 陶长琪 柳键 等 编著
梅国平 主审

清華大學出版社
北京

内容简介

本书结合现代计算机与运筹学的发展趋势，侧重介绍各种典型应用模型的构建思路，如生产问题、投资问题、分配问题、设点选择问题、网络问题、库存问题等。全书共15章，内容包括线性规划、对偶理论与灵敏度分析、目标规划、整数规划、动态规划、图与网络分析、网络计划、存储论、排队论、对策论以及决策分析。

与第一版相比，本书对求解原理和方法的阐述更加简洁，增加了许多实用模型的实用案例，在案例选择上力求涉及领域广泛并具有代表性，还对每一类模型的Excel求解方法做了详细介绍，以便学习者更易于掌握其原理和方法，并很快应用于解决实际问题。

本书可以作为高等院校财经类、管理类专业本科生教材，以及工商管理硕士(MBA)和行政与公共管理硕士(MPA)研究生教材，还可以作为经济、财会、管理等领域相关人员的培训用书和自学参考书。

图书在版编目(CIP)数据

运筹学教程/刘满凤等编著. —北京：清华大学出版社，2010.7 (2025.1重印)
(高等院校信息管理与信息系统专业系列教材)
ISBN 978-7-302-22998-8

Ⅰ.①运… Ⅱ.①刘… Ⅲ.①运筹学—高等学校—教材 Ⅳ.①O22

中国版本图书馆CIP数据核字(2010)第105730号

责任编辑：战晓雷 白立军
责任校对：焦丽丽
责任印制：刘 菲

出版发行：清华大学出版社
网 址：https://www.tup.com.cn，https://www.wqxuetang.com
地 址：北京清华大学学研大厦A座 **邮 编**：100084
社 总 机：010-83470000 **邮 购**：010-62786544
投稿与读者服务：010-62776969，c-service@tup.tsinghua.edu.cn
质 量 反 馈：010-62772015，zhiliang@tup.tsinghua.edu.cn
印 装 者：天津鑫丰华印务有限公司
经 销：全国新华书店
开 本：185mm×260mm **印 张**：30.5 **字 数**：718千字
版 次：2010年7月第1版 **印 次**：2025年1月第14次印刷
定 价：79.00元

产品编号：038406-05

前　言

运筹学这门学科自从第二次世界大战时期诞生以来，就对全世界的经济发展与社会发展产生了巨大的作用，做出了突出的贡献。正像其名称一样，运筹学最真实最完整地体现了运筹帷幄的思想。它一般先对问题进行分析，对数据进行处理，然后应用数学模型或计算机模型来描述问题，再选择现有的合适软件或自行编制程序来求解问题。它总是用优化的理念、优化的方法来考虑实际问题，分析实际问题，并最终解决实际问题。因而在现代经济社会发展中，它的应用越来越广泛，从企业生产最优决策到城市污染控制，从军事资源配置到航空航天计划，从个人发展决策到整个人类发展控制等，无一不渗透着运筹学的思想与方法。

本书是在吸取前人工作的基础上，结合现代计算机与运筹学的发展趋势，侧重于介绍各种典型应用模型的构建思路，如生产问题、投资问题、分配问题、设点选择问题、网络问题、库存问题等，淡化求解原理和求解算法的演绎推导，详细介绍每一类模型的 Excel 求解方法。这样使没有更多数学知识的人也能很快掌握其原理与方法，并可以很快应用到实际中去解决真正的实际问题，从而达到推广应用的目的。

本书是在《运筹学模型与方法教程》（程理民、吴江、张玉林编著，清华大学出版社）的基础上修订而成的。吸取了原书中的某些模型和某些方法思路，但更多的是加入了许多实用模型和实用案例，对求解方法和原理也尽可能用更简洁的方法表述，给出了每一类问题的 Excel 解法。这样使本书更具实用性，特别适合于管理类的教师和学生（包括研究生和本科生）使用。

本书也是 2006 年国家精品课程《运筹学》的建设成果。精品课程建设的宗旨就是使课程建设（包括教材）要有示范性，使更多的学校能够通过使用精品课程的教材实现教学质量的提高，达到资源共享、节约教育资源的目的。因此，本书在内容选择和内容编排上力图精益求精，在案例选择上力图涉及领域广泛，强调具有代表性，以使它能适合于更多不同层次、不同特色学校的教学需要。本书的宗旨是培养学生从实践中发现问题、提出问题、分析问题和解决问题的能力，提高学生的综合素质和创新能力，培养团队协作精神。

本书涵盖的内容有：线性规划、对偶理论与灵敏度分析、目标规划、整数规划、动态规划、图与网络分析、网络计划、存储论、排队论、对策论、决策分析，共 15 章。参加本书编写的有刘满凤、陶长琪、柳键、易伟明、王平平、华长生，最后由刘满凤统稿，梅国平审稿。在此对所有参与本书编写的人员表示感谢，也对未列出姓名但对本书的编写工作给予支持和关心的人们表示诚挚的感谢。由于时间仓促和编者水平有限，书中存在的不妥或错误之处，恳请广大读者批评指正。

编　者

目　录

第1章 绪 论

1.1 运筹学的起源与影响

运筹学(Operational Research, OR)是运用数学模型、统计方法和代数理论等数量研究方法与技术为决策提供支持的一门新兴学科。运筹学(Operational Research)英文意思是"运作研究",强调的是战术上的应用;而中国学者在翻译时引用《史记》中"夫运筹于帷幄之中,决胜于千里之外"一句中的"运筹"一词,作为这门学科的名称,其强调的是决策上的战略性意义。

运筹学的起源可以追溯到很久以前,在中国历史上就有不少记载。例如:著名的田忌赛马故事,北宋年间丁渭修复皇宫的事例等都包含了一些运筹学思想。在国外也有很多这方面研究成果的记载。例如,1736 年欧拉(Euler)解决了著名的哥尼斯堡七桥问题;1909 年丹麦电气工程师爱尔朗(A. K. Erlang)为解决自动电话交换系统的系统排队与系统拥挤现象提出了有关排队论的理论与方法;1915 年哈里斯(F. W. Harris)推导出了经济订货批量公式等等。但是,由于生产力水平低下,这些思想方法只是停留在自发地和零星地应用于个别问题中,还没有形成一种系统的科学方法。

运筹学作为一门学科诞生于 20 世纪 30 年代末期,通常认为运筹学的活动是第二次世界大战早期从军事部门开始的。1935 年,英国科学家 R. Watson-Wart 发明了雷达,丘吉尔命令在英国东海岸的 Bawdsey 建立了一个秘密雷达站。当时,德国已拥有一支强大的空军,起飞 17 分钟即可到达英国本土。在如此短的时间内,如何预警和拦截德国飞机成为一大难题。1939 年英国皇家空军指挥部组织了以曼彻斯特大学物理学家、英国战斗机司令部顾问、战后获得诺贝尔奖金的 P. M. S. Blackett 为首的一个小组,代号"Blackett 马戏团"。这个小组共 11 人,包括三名心理学家、一名理论数学家、二名应用数学家、一名天文物理学家、一名普通物理学家、一名海军军官、一名陆军军官、一名测量员。这个小组研究的问题是:设计将雷达信息传送到指挥系统和武器系统的最佳方式;雷达与武器的最佳配置;对探测、信息传递、作战指挥、战斗机与武器的协调,都作了系统的研究,并获得成功。这个小组在作战中发挥了卓越的作用,受到英国政府极大的重视。这就是最早活跃在军队中的运筹学小组。

美国参战以后,注意到了运筹学小组在作战中的重要作用,也仿效英国在其军队中成立起了运筹学小组。如 1942 年,在大西洋反潜战中,德国潜艇严密封锁了英吉利海峡,企图切断英国的"生命线",海军几次反封锁,均不成功。美国大西洋舰队反潜战官员 W. D. Baker 舰长请求成立反潜战运筹组,麻省理工学院的物理学家 P. W. Morse 被请来担任计划与监督。Morse 经过多方实地考察,最后提出了两条重要建议:一是将反潜攻击由反潜潜艇投掷水雷,改为飞机投掷深水炸弹,起爆深度由 100 米左右改为 25 米左右,即当潜艇刚下潜时攻击效果最佳(提高效率 4 至 7 倍);二是运送物资的船队及护航舰队编队,由小规模多批次，改为加大规模、减少批次，这样损失率将减少（由25%下降到10%）。丘吉尔采纳了Morse的建议，最终成功地打破封锁，并重创了德国潜艇。Morse由此同时获得了英国和美国的最高勋章。

第二次世界大战期间，英国和美国的军队中都有运筹学小组，他们研究诸如护航舰队保卫商船队的编队问题，当船队遭受潜艇攻击时，如何使船队损失最小的问题；稀缺资源在军事任务和活动中的分配问题等。英国的“空中保卫战”、盟军的“太平洋岛屿战斗”、“北大西洋战斗”等一系列战斗的胜利都要归功于运筹学小组的工作。运筹学在军事上的显著成功，引起了人们的广泛关注，许多人开始将运筹学的思想运用到工业生产、产品运输、组织管理等问题中。如早在1939年前苏联学者康托洛维奇（Л. В. Канторович）在解决工业生产组织和计划问题时，就已提出了类似线性规划的模型，并给出了“解乘数法”的求解方法，出版了线性规划的第一部著作《生产组织与计划中的数学计算问题》。但是由于科技发展的局限性和人们观念的狭隘性，当时这些研究并没有引起人们的重视，直到1960年康托洛维奇再次出版了《最佳资源利用的经济计算》一书后，才受到国内外的一致重视，为此康托洛维奇还获得了诺贝尔经济学奖。

第二次世界大战结束后，在战后恢复时期，生产规模空前扩大，科学技术得到迅速发展，新型设备层出不穷，运筹学小组的专家们将战时研究的理论与方法成功地应用于经济管理领域，取得了很好的效果，运筹学很快深入到工业、商业、政府部门等，并得到了迅速发展。如英国国家煤炭局所辖的运筹研究组在1947年煤炭工业国有化后不久就成立了，该组成员1956年只有37人，1978年就超过了100人；德士古石油公司在德国汉堡的一个分支机构的运筹研究小组也有数十名成员；作为世界上“最频繁的飞行者”，美国航空公司比其他竞争者每天提供更多班次的航班，在这个需求旺盛的行业产生了一些最具挑战性的运筹学问题，公司专门成立了运筹学研究与应用部门，为业务过程重组、运输时间与路线、预测与市场营销、收益管理、运作与维修计划寻找对策。该部门最初的37名专家为航空公司的所有部门提供管理咨询和决策技术，并且正在以每年40人的速度增长，到1993年已经增加到400人。

20世纪50年代中期，钱学森、许国志等学者全面介绍运筹学，并结合中国的特点在国内推广应用。1957年，中国在建筑业和纺织业中首先运用运筹学；从1958年开始在交通运输、工业、农业、水利建设、邮电等方面陆续得到推广应用。比如，粮食部门为解决粮食的合理调运问题，提出了“图上作业法”，中国的运筹学工作者从理论上证明了它的科学性。在解决邮递员合理投递路线时，管梅谷教授提出了国外称之为“中国邮路问题”的解法。从20世纪60年代起，运筹学在钢铁和石油部门开始得到了比较全面、深入的应用。从1965年起统筹法在建筑业、大型设备维修计划等方面的应用取得了可喜的进展；1970年在全国大部分省、市和部门推广优选法；70年代中期，最优化方法在工程设计界受到了广泛的重视，并在许多方面取得了丰硕的成果；排队论开始应用于矿山、港口、电信及计算机设计等方面；图论用于线路布置、计算机设计、化学物品的存放等；70年代后期，存储论在汽车工业等方面获得了成功。近年来，运筹学已趋向于研究和解决规模更大、更复杂的问题，在企业管理、工程设计、资源配置、物质存储、交通运输、公共服务、财政金融、航天技术等社会各个领域，到处都有运筹学应用的成果。1978 年 11 月，在成都召开了全国数学年会，对运筹学的理论与应用研究进行了一次检阅，1980 年 4 月在山东济南正式成立了“中国数学会运筹学会”，1984 年在上海召开了“中国数学会运筹学会第二届代表大会暨学术交流会”，并将学会改名为“中国运筹学会”。

1.2 运筹学的分支

基于运用筹划活动的不同类型，运筹学学者逐步建立出描述各种活动的不同类型，从而发展了各种理论，形成了不同的运筹学分支。从目前的发展情况来看，运筹学的主要研究内容可概括为以下几个分支。

1. 规划论

规划论是运筹学的一个主要分支，它包括线性规划、非线性规划、整数规划、目标规划和动态规划等。它是在满足给定约束条件下，按一个或多个目标寻找最优方案的数学理论与方法。它的适用领域十分广泛，在农业、工业、商业和交通运输业、军事、经济计划和管理决策中都可以发挥作用。

2. 图论与网络分析

图论是从构成“图”的基本要素出发，研究有向图或无向图在结构上的基本特征，并对有“图论”要素组成的网络进行优化计算。图是研究离散事物之间关系的一种分析模型，它具有形象化的特点，因此，比只用数学模型更容易为人们所理解。由于求解网络模型已有成熟的特殊解法，它在解决交通网、管道网、通讯网等的优化问题上具有优势，其应用领域也在不断扩大。最小生成树问题、最短路径问题、最大流、最小费用问题、中国邮递员问题、网络规划都是网络分析中的重要组成部分，而且应用也很广泛。

3. 排队论

排队论是一种用来研究公共服务系统工作过程和运行效率的数学理论和方法。在这种系统中，服务对象的到达过程和服务过程一般都是随机性的，是一种随机聚散过程。它通过对随机服务对象的统计研究，找出反映这些随机现象平均特性的规律，从而提高服务系统的工作能力和工作效率。

4. 决策论

决策论是运筹学最新发展的一个分支，是为了科学地解决带有不确定性和风险性决策问题所发展的一套系统分析方法，其目的是为了提高科学决策水平，减少决策失误的风险，广泛应用于经营管理工作的高中层决策中。它根据系统的状态信息、可能选取的策略以及采取这些策略对系统状态所产生的后果进行研究，以便按照某种衡量准则选择一组最优策略。

5. 存储论

存储论又叫库存论,是研究经济生产中保证系统有效运转的物资储备量、进货量、进货时间点问题,即系统需要在什么时间、以什么数量和供应来源补充这些储备,使得保持库存和补充采购的总费用最小。它在提高系统工作效率、降低库存费用、降低产品成本上有重要作用。

6. 对策论

对策论也称博弈论,是一种研究在竞争环境下决策者行为的数学方法。在社会政治、经济、军事活动中,以及日常生活中有很多竞争或斗争性质的场合和现象。在这种形势下,竞争各方具有相互矛盾的利益,为了达到自己的利益和目标,各方都必须考虑其他竞争方可能采取的各种行动方案,然后选取一种对自己最有利的行动方案。对策论就是研究竞争各方是否都有最合乎理性的行动方案,以及如何确定合理行动方案的理论和方法。

7. 随机运筹模型

随机运筹模型是20世纪50年代发展起来的运筹学的一个重要分支。它研究随机事件推进的随机现象,主要方法分为数值和非数值模型两大类,也称为概率方法和分析方法。目前随机过程理论已被广泛运用到统计物理、放射性问题、原子反应、天体物理、遗传、传染病、信息论和自动控制等领域中。

1.3 运筹学的工作程序

运筹学的基本特征是:系统的整体观念、多学科的综合、模型方法的应用。它善于从不同学科的研究方法中寻找解决复杂问题的新方法和新途径,其研究方法是各种学科研究方法的集成,如数学方法、统计方法、逻辑方法和模拟方法等,而数学方法即构造数学模型的方法是运筹学中最重要的方法。因而,运筹学在解决实际问题的过程中,其核心问题是建立数学模型。运筹学研究问题的整个工作程序如下。

1. 分析和表述问题

任何决策问题进行定量分析之前,首先必须认真地进行定性分析。一是要确定决策目标,明确主要决策是什么,选取上述决策时的有效性度量,以及在对方案比较时这些度量的权衡;二是要辨认哪些是影响决策的关键因素,在选取这些关键因素时存在哪些资源或环境的限制。分析时往往先提出一个初步的目标,通过对系统中各种因素和相互关系的研究,使目标进一步明确。此外,还需要同有关人员、特别是决策的关键人员深入讨论,明确有关决策问题的过去与未来,问题的边界、环境等。通过对问题的深入分析,明确主要目标、主要变量和参数以及它们的变化范围,弄清它们之间的相互关系,在此基础上可以列出表述问题的基本要素。同时,还要针对解决所提出问题的困难程度、可能花费的时间与成本以及获得成功的可能,从技术、经济和操作的可行性等方面进行分析,做到心中有数,目的更明确。

2. 构建模型

运筹学的一个显著特点就是通过模型来描述和分析所提出问题范围内的系统状态。运筹学在解决问题时，按研究对象不同可构造各种不同的模型，构建模型是运筹学研究的关键步骤。由于构建的数学模型代表着所研究实际问题中最本质、最关键和最重要的基本状态，是对现实情况的一种抽象，不可能准确无误地反映实际问题。因此，在建立模型时，往往要根据一些理论假设或设立一些前提条件对模型进行必要的抽象和简化。

运筹学模型一般有 3 种基本形式：(1)形象模型，(2)模拟模型，(3)符号或数学模型。目前用得最多的是符号或数学模型。构建模型的方法和思路有以下 5 种。

1）直接分析法

决策者通过对问题内在机理的认识直接构造出模型。运筹学中已有不少现存的模型，如线性规划模型、投入产出模型、排队模型、存储模型、决策和对策模型等等。这些模型都有很好的求解方法及求解的软件。

2）类比法

有些问题可以用不同方法构造出模型，而这些模型的结构性质是类同的，这就可以互相类比。如物理学中的机械系统、气体动力学系统、水力学系统、热力学系统及电路系统之间就有不少彼此类同的现象。甚至有些经济、社会系统也可以用物理系统来类比。在分析某些经济、社会问题时，不同国家之间有时也可以找出某些类比的现象。

3）数据分析法

对有些问题的机理尚未了解清楚，若能搜集到与此问题密切相关的大量数据，或通过某些实验获得大量数据，这就可以用统计分析法建模。

4）试验分析法

当有些问题的机理不清，又不能做大量实验来获得数据，这时只能通过做局部试验的数据加上分析来构造模型。

5）构想法

当有些问题的机理不清，又缺少数据，又不能做实验来获得数据时，例如一些社会、经济、军事问题，人们只能在已有的知识、经验和某些研究的基础上，对于将来可能发生的情况给出逻辑上合理的设想和描述，然后用已有的方法构造模型，并不断修正完善，直至达到满意为止。

在建立模型前，必须收集和掌握与问题有关的数据信息资料，对其进行科学的分析和加工，以获得建模所需要的各种参数。

模型的构造是一门基于经验的艺术，既要有理论作指导，又要靠实践积累建模的经验，切忌把运筹学模型硬套某些问题。建模时不能把与问题有关的因素都考虑进去，只能抓住主要因素，而暂时不考虑次要因素，否则，模型将会过于复杂而不便于分析和计算。同时，模型的建立不是一个一次性的过程，一个好的模型往往要经过多次修改才可能符合实际情况。构建运筹学模型一要尽可能简单，二要能较好完整地描述所研究的问题。

3. 求解与检验

建模后，要对模型进行求解计算，其结果是解决问题的一个初步方案。该方案是否满意，还需检验。如果不能接受，就要考虑模型的结构和逻辑关系的合理性、采用数据的完整性和科学性，并对模型进行修改或更改。为了检验得到的解是否正确，常采用回溯的方法。即将历史的资料输入模型，研究得到的解与历史实际的符合程度，以判断模型的正确。当发现有较大误差时，要将实际问题同模型重新对比，检查实际问题中的重要因素在模型中是否已考虑，检查模型中各公式的表达是否前后一致。只有经过反复修改验证的模型，才能最终给管理决策者提供一项既有科学依据，又符合实际的可行方案。由于模型和实际存在差异，由模型求解出来的最优解有可能不是真实系统中问题的最优解，它可能只是一个满意解。因此，运筹学模型求解的结果只能是给管理决策者做出最终决策提供一个参考。

4. 结果分析与实施

借助模型和软件求出的结果，只能作为决策的参考，不应不假思索就接受这个结果，这不是运筹学研究的终结，还必须对结果进行分析，以决定是否接受或需做进一步研究。也就是说，从数学模型中求出的解不是问题的最终答案，而仅仅是为实际问题的系统处理提供有用的可以作为决策基础的信息。对结果进行分析，要让管理人员和建模人员共同参与，要让他们了解求解的方法步骤，对结果赋予经济含义，并从中获取求解过程中提供的多种宝贵的经济信息，使双方对结果取得共识。让管理人员参与全过程，有利于掌握分析的方法和理论，便于以后完成日常分析工作，保证结果分析的真正实施。

对结果的实施，关系到被研究系统总体效益能否有较理想的提高，也是运筹学研究的最终目的。因此，在实施过程中，不仅要加强系统内部的科学管理，保证按支持结果的管理理论和方法进行，而且要求管理人员密切关注系统外部的市场需求、价格波动、资源供给和系统内部的变化情况，以便及时调整系统的目标、模型中的参数等。从某种意义上说，将分析结果成功地实施，是运筹学研究最重要的一步。

运筹学的工作程序可用图 1-1 形象地表示。上述步骤往往需要反复交叉进行，运筹学模型的建立与应用既是一门学科也是一门艺术，只有通过不断的反复演练和逐步求精，才能得到解决实际问题的圆满答案。

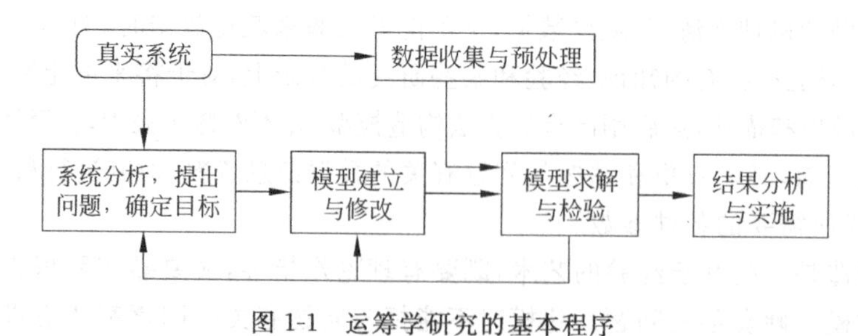

图 1-1　运筹学研究的基本程序

1.4　运筹学的应用软件介绍

目前用于求解运筹学模型的相关软件比较多，常见的主要有 WinQSB、MATLAB、LINDO、LINGO 和 Excel，下面对这些常用软件作一个简单介绍。

1. WinQSB

QSB 是 Quantitative Systems for Business 的缩写，WinQSB 在 Windows 操作系统平台上运行，现已发布了 2.0 版。WinQSB 主要用于教学，对于非大型的问题一般都能计算，较小的问题还能演示计算过程，适合于多媒体课堂教学。

该软件可应用于管理科学、决策科学、运筹学与生产运作管理等领域的问题求解，其主要功能模块见表 1-1。

表 1-1 WinQSB 的主要功能模块

文件名	程　　序	功　　能
ASA	acceptance sampling analysis	抽样分析
AP	aggregate planning	综合计划编制
DA	decision analysis	决策分析
DP	dynamic programming	动态规划
FLL	facility location and layout	设备场地布局
FC	forecasting and linear regression	预测与线性回归
GP-IGP	goal programming and integer linear goal programming	目标规划与整数线性规划
ITS	inventory and systems	库存论与库存控制系统
JOB	job scheduling	作业调度、编制工作进度表
LP-ILP	linear programming and integer linear programming	线性规划与整数线性规划
MKP	Markov process	马尔可夫过程
MRP	material requirements planning	物料需求计划
NET	network modeling	网络模型
NLP	nonlinear programming	非线性模型
PERT-CPM	project scheduling	网络计划
QP	quadratic programming	二次规划
QA	queuing analysis	排队分析
QSS	queuing system simulation	排队系统模拟
QCC	quality control charts	质量管理控制图

1) 软件启动

WinQSB 属于绿色软件，原则上在安装后可以把其程序文件夹复制到其他地方使用。用户可以根据不同的问题选择子程序，操作简单方便。例如，单击 WinQSB→DP 命令就可以打开“动态规划”模块的程序。

进入某个程序后，第一项工作就是建立新问题或打开已有的数据文件。每个子程序系统都提供了典型的例题数据文件，用户可先打开已有的数据文件，观察数据软件格式，系统能够解决哪些问题，结果的输出格式等内容。WinQSB 自带的数据文件在 WinQSB 文件夹下。

2) 数据交换

WinQSB 可以与 Office 文档直接进行数据交换。

(1) 从 Excel 或 Word 文档中复制数据到 WinQSB

电子表中的数据可以复制到 WinQSB 中,方法是先选中要复制电子表格中单元格的数据,使用“复制”命令或按 Ctrl+C 组合键,然后在 WinQSB 的电子表格编辑状态下选中要粘贴的单元格,使用“粘贴”命令或按 Ctrl+V 组合键完成复制。

(2) 将 WinQSB 的数据复制到 Office 文档中

先清空剪贴板,选中 WinQSB 表格中要复制的单元格,单击 Edit→Copy 命令,然后粘贴到 Excel 或 Word 文档中。

(3) 将 WinQSB 的计算结果复制到 Office 文档中

在问题求解后,先清空剪贴板,单击 File→Copy to clipboard 命令,将结果复制到剪贴板中。

(4) 保存计算结果

在问题求解后,单击 File→Save as 命令系统以文本格式(*.txt)保存结果,用户可以编辑文本文件,然后复制到 Office 文档中。

2. MATLAB

1) 软件简介

MATLAB 原来是为 Matrix 实验室使用 LINPACK 和 EISPACK 矩阵软件工具包的接口,后来才逐渐发展为集通用科学计算、图形交互、系统控制和程序语言设计于一体的软件。它将不同数学分支的算法以函数的形式分成类库,使用时直接调用这些函数并赋予实际参数就可以解决问题。

MATLAB 具有以下特点:

(1) 编程语言基于 C 语言,但比 C 语言灵活,简单易学。

(2) 函数种类极多,编程工作量小。

(3) 计算功能强大,符号、数值的各种形式和规模的计算都能完成,强大的矩阵运算能力以及稀疏矩阵的处理能力使大型问题可以解决。

(4) 图形表达功能强大。

(5) 可扩展性强,用户可以编辑自己的工具箱。

2) 规划实现

MATLAB 中的优化工具箱能解决许多优化问题。关于详细论述,可参考 MATLAB 帮助文档。

例 1-1 求优化问题

$$\min z = -5x_1 + 4x_2 + 2x_3$$

$$\text{s.t.} \begin{cases} 6x_1 - x_2 + x_3 \leqslant 8 \\ x_1 + 2x_2 + 4x_3 \leqslant 10 \\ 1 \leqslant x_1 \leqslant 3, 0 \leqslant x_2 \leqslant 2, 0 \leqslant x_3 \end{cases}$$

运行 File→New→M-file 命令后,新建一个文件 prodmin.m,其内容为:

```
Function [x,fval]=prodmin(c,A,b,aeq,beq);
```

```
c=[-5,4,2];A=[6,-1,1;1,2,4];b=[8,10];
vlb=[1,0,0];vub=[3,2];Aeq=[];beq=[];
[x,fval]=linprog(c,A,b,Aeq,beq,vlb,vub)
```

然后在主窗口中的 Command Window 中输入[x,fval]=prodmin,再按一下回车键就可以得到求解结果。

3. LINDO

1) 软件简介

LINDO(Linear Interactive and Discrete Optimizer)是一个专门求解数学规划问题的软件,可以用来求解线性规划、整数规划和二次规划问题。LINDO 6.1 的演示版就可以处理不超过 300 个变量、150 个限制约束的线性规划问题,也可以处理最多不超过 50 个变量的整数规划问题。

2) 使用界面

进入 LINDO 后,系统在屏幕的下方打开一个编辑窗口,其默认标题是 Untitled,就是无标题的意思。屏幕的最上方有 File、Edit、Solve、Reports、Window、Help 共 6 个菜单。Solve 与 Reports 菜单的功能很丰富,这里只对其最简单常用的命令作简单的解释,其余几个菜单的功能和一般 Windows 菜单大致相同,此处不再赘述。

(1) Solve 菜单

① Sovle 子菜单,用于求解在当前编辑窗口中的模型,该命令也可以不通过菜单而改用快捷键 Ctrl+S 来执行。

② Compile Model 子菜单,用于编译在当前编辑窗口中的模型,该命令也可以用快捷键 Ctrl+E 来执行。LINDO 求解一个模型时,总是要将其编译成 LINDO 所能处理的程序来进行,这一般由 LINDO 自动运行,但有时用户需要先将模型编译一下检查是否有错,再用此命令。

③ Debug 子菜单,用于当前模型有无界解或无可行解时,该命令可用来调试当前编辑窗口中的模型,也可以改用快捷键 Ctrl+D 来执行。

④ Pivot 子菜单,对当前编辑窗口中的模型执行单纯形法的一次迭代,该命令也可以改用快捷键 Ctrl+N 来执行。利用该命令,可以对模型一步步求解,以便观察中间过程。

⑤ Preemptive Goal 子菜单,用来处理具有不同优先权的多个目标函数的线性规划或整数规划问题,该命令也可以改用快捷键 Ctrl+G 来执行。利用该命令,可以求解目标规划。

(2) Reports 菜单

① Solution 子菜单,在报告窗口中建立一个关于当前窗口模型的解的报告,该命令也可以改用快捷键 Ctrl+0 来执行。

② Tableau 子菜单,在输出窗口中显示模型的当前单纯形表,该命令也可以改用快捷键 Alt+7 来执行。该命令与 Pivot 命令结合使用,可得到单纯形法求解线性规划的详细过程。

4. LINGO

LINGO 是用来求解线性和非线性优化问题的简易工具。LINGO 内置了一种建立最优化模型的语言，借助交互式模型可以快速建构模型，轻松编辑数据，利用其强大而高效的求解器，可快速求解分析结果，能简便地解决大规模问题。

启动 LINGO 程序，在主窗口内的标题为 LINGO Model-LINGO1 的窗口是 LINGO 的默认模型窗口，建立的模型都要在该窗口内编码实现。

例 1-2 如何在 LINGO 中求解线性规划问题。

在模型窗口中输入如下代码：

```
Min=2 * x1+ 3 * x2:
x1+x2>=350;
x1>=100;
2 * x1+x2<=600;
```

然后单击工具条上的运行按钮即可。

LINGO 还提供了“集”的概念。对实际问题建模的时候，总会遇到一群或多群相联系的对象，比如工厂、消费者群体、交通工具和雇工等。LINGO 允许把这些相联系的对象聚合成集(sets)。集是 LINGO 建模语言的基础，是程序设计最强有力的基本构件。借助于集，能够用一个单一的、长的、简明的复合公式表示一系列相似的约束，从而可以快速方便地表达规模较大的模型。

5. Excel

Excel 中自带的“规划求解”宏工具能满足运筹学计算的大部分需要，具有简便、实用的特点，因此下面将对其进行详细的论述，主要包括“规划求解”的安装、电子表格建模的一般过程、建立一个好的电子表格的一些准则和电子表格模型的调试。

1)“规划求解”的安装

在利用 Excel 进行求解前，需要首先安装一个叫“规划求解”的加载宏。将 Office 安装光盘放入光驱，然后打开 Excel 程序，单击“工具”菜单，选择其中的“加载宏”选项，打开“加载宏”对话框后，选中“规划求解”复选框，最后单击“确定”按钮即可，如图 1-2 所示。

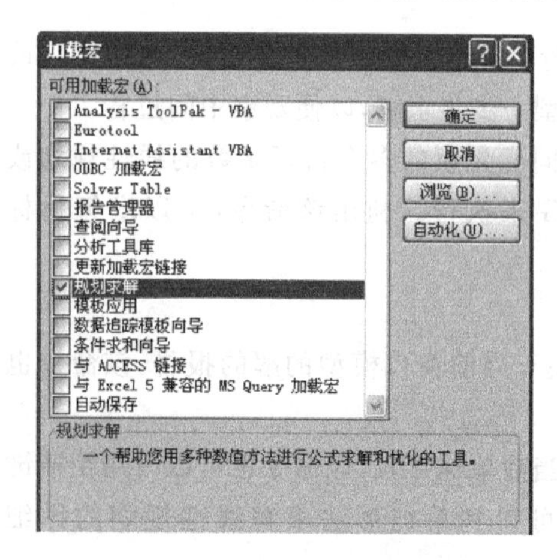

图 1-2 “规划求解”宏的安装

2) 电子表格建模的程序

电子表格建模是一门科学，也是一门艺术。没有一种通用的方法对任何问题进行建模，然而存在一个可以遵从的普遍程序。这个程序有 4 个主要步骤，即设计电子表格模型、建立模型、测试模型、分析模型及其结果。

(1) 设计电子表格模型。建模过程最常见的问题出现在开始，因此当面临一个比较复杂的实际问题时，首先应当考虑一下所要实现的目标，需要哪些和多少可变单元格（决策变量）、应当获得怎样的结论（输出单元格）；其次进行一些简单的手工计算来验证某些单元格中输入的公式是否正确；再者任何实际模型都有大量不同的要素包含在电子表格中，因而需要考虑如何将所有部分放在电子表格的合适位置，如何将电子表格整合在一起。所以可以在纸上先画出代表各种数据单元格、可变单元格和输出单元格的方块，并将每个方块做好标签，将重点集中在位置的布置上。

(2) 建立电子表格模型。一旦考虑好电子表格的合理安排，就可以开始建立模型了。如果是一个比较简单的模型，可以直接进行；如果是一个比较复杂的模型，可以先建立一个较小的易于管理的模型，以便从小模型中获得大模型的逻辑推理方式。例如，如果某些约束条件使问题变得相当复杂，则可以先从不包括这些复杂约束条件的简单问题开始，在简单模型运行正确后，再开始解决复杂的约束条件。

(3) 测试。测试电子表格时，在可变单元格中输入一些特殊数值，然后看电子表格给出的结果是否与知道的输出单元格的数值相一致。如果输出单元格给出的结果与预期不一致，就需要仔细检查公式，看是否能发现和修正存在的问题。

(4) 分析模型及其结果。利用得到的结果可以评估和分析所建立的电子表格模型是否完善，如果不完善就需要回到开始步骤重新建立新的模型。还有是否需要进行灵敏度分析或是仿真分析，检验当各种条件出现变化时，得到的最优解将会有什么样的变化。

3) 建立一个好的电子表格模型的一般原则

电子表格的一个好处是具有很大的灵活性，Excel 提供的许多功能可以帮助建立一个易于理解、易于调试、易于修改的好模型，但同时也就容易建立一个难以理解、难以调试、难以修改的坏模型。下面给出一些基本原则，以获得一个好的模型。

(1) 电子表格模型是围绕着数据结构建立的，因此在开始建立模型的其余部分之前，先输入和仔细编排所有数据，然后尽量使模型的结构符合数据的编排，符合数据结构。

(2) 应当有组织和清楚地标识数据。相关的数据应当用方便的格式组合在一起，输入电子表格，并且用标注确定这些数据。以表格展示的数据，应当给表格一个标题，综合描述数据，然后每行和每列都应当有一个标注，以标识表格的每一个条目。不同的数据应在电子表格中合理区分。

(3) 每个数据输入唯一的一个单元格。如果一个数据需要在多个公式中使用，那么都指向最初的单元格，而不要在另外的地方重复这个数据。这样就可以使模型更容易修改。如果该数据的数值发生变化，只需要对一处地方进行改动，而不需要搜索整个模型找出该数据所在的所有位置。

(4) 将数据与公式分离。避免在公式中直接使用数字，应当将所有需要的数字输入数据单元格，然后在公式中代入所需要的数据单元格。这样做的好处是所有数据可以从电子表格中看到，使得模型易于说明，同时也使得模型易于修改，因为改变数据只需要修改相应的数据单元格，而不需要修改任何公式。

(5) 使用相对和绝对引用。在公式的输入中使用相对和绝对引用，并利用 Excel 的填充命令复制公式，可以节约时间，还能减少出错的可能。同时也有利于快速地建立模型和修改已有的模型或模板。

(6) 使用不同的边框、阴影和颜色来区分不同单元格类型。如果想要检查某个类型的单元格时,不同的颜色将立即帮助找到该单元格。

4) 电子表格模型的调试

按照上面给出的建模原则可以使得电子表格模型易于调试,但是一个较复杂的模型在第一次运行时不可能没有错误,因此有必要对模型进行一些调试。具体地说,就是在可以预知输出单元格正确结果的情况下,将不同的数值输入可变单元格,然后观察模型的计算结果是否与其一致。在利用一些简单的变量数据如 0 和 1 进行测试之后,最好再尝试一些复杂的数值,以保证在各种情况下,计算都能正常进行。也可以利用工具栏中的公式审核菜单来检查公式中的数据调用关系是否正确,以及检查公式输入中的错误。

第2章　线性规划模型

线性规划(Linear Programming,LP)在第二次世界大战期间从军事应用中发展起来,是20世纪中叶最重要的科学进步之一。线性规划作为运筹学的重要分支,自从1947年美国学者G. B. Dantzig提出单纯形法以来,大量的研究成果相继问世,其理论和方法更加趋于成熟,特别是计算机运算处理能力的提高,新的应用领域不断地拓展。线性规划的理论与方法广泛应用于工业、农业、商业、交通运输业、国防和经济管理等领域,成为现代科学管理与决策中不可或缺的重要手段和有效方法。线性规划也是运筹学中最基本的方法之一。网络分析、整数规划、目标规划和多目标规划等都以线性规划为基础。

线性规划的研究对象是稀缺资源最优分配问题,即将有限的资源(Limited Resource)以最佳的(Optimal)方法,分配于相互竞争的活动(Competing Activities)之中。一般体现为在一定的资源条件下,如何合理使用,达到效益最高;或在给定任务后,如何统筹安排,使资源耗费最低。由于许多实际问题本质上是线性的,所以线性规划可以解决诸如生产计划、配料问题、运输问题、投资问题、劳动力安排和工业污染等许多方面的应用问题。

本章将从介绍典型的线性规划问题入手,阐述建立线性规划模型的理论、方法和技巧,并给出线性规划模型的一般表达形式,最后是一些常见的应用建模案例。

2.1　典型问题举例

例 2-1　生产计划问题:某工厂在计划期内要安排生产甲、乙两种产品。已知生产单位产品需要消耗的原料和设备台时数、单位产品可获得的利润,以及原料存量和可用设备台时数,见表2-1。问应如何安排生产使该工厂获利最大?即在原料和设备台时等资源的限制条件下,求使利润最大的生产计划方案。

表 2-1　生产计划问题数据表

	甲产品	乙产品	资源限量
原料A	1	0	4(kg)
原料B	0	1	3(kg)
设备	1	2	8(台时)
单位产品利润(元)	4	5	

解:显然,该问题是在原料存量和设备台时受到限制的情形下,寻求利润最大化的决策问题,其决策方案是决定产品甲和产品乙各自的产量为多少时最佳。分三步来建立该问题的数学模型。

1. 设定变量

变量 $x=(x_1,x_2,\cdots,x_n)$是运筹学问题或系统中待确定的某些量，在实际问题中常常把 x 称为决策变量。在本例中，可以设 x_1,x_2 分别为在计划期内生产产品甲、乙的产量，z 为计划期内工厂的利润。

2. 建立约束条件

求目标函数极值的某些限制条件称为约束条件。在本例中，产品生产要受到原料和可用设备台时等资源的约束，以及产量非负的约束。

原料 A 的限制条件：

$$x_1 \leqslant 4 \tag{2-1}$$

原料 B 的限制条件：

$$x_2 \leqslant 3 \tag{2-2}$$

设备台时的限制条件：

$$x_1 + 2x_2 \leqslant 8 \tag{2-3}$$

产品甲、乙的产量不能取负值：

$$x_1 \geqslant 0, \quad x_2 \geqslant 0 \tag{2-4}$$

其中，式(2-1)～(2-3)称为资源约束条件，式(2-4)称为变量的非负约束条件。

3. 建立目标函数

该工厂的目标是在不超过资源限量的条件下，确定甲、乙两种产品的产量 x_1,x_2，以得到计划期内的最大利润。因此，利润函数为 $z=4x_1+5x_2$，目标函数为使得 $z=4x_1+5x_2$ 的值达到最大，即 $\max z=4x_1+5x_2$。

综上所述，该生产计划问题可以抽象为一个数学模型：

$$\max z = 4x_1 + 5x_2$$

$$\text{s. t.}\begin{cases} x_1 \leqslant 4 \\ x_2 \leqslant 3 \\ x_1 + 2x_2 \leqslant 8 \\ x_1, x_2 \geqslant 0 \end{cases}$$

其中，max 是 maximize(最大化)的缩写，s. t. 是 subject to(受约束于……)的缩写。

例 2-2 营养配餐问题：根据生物营养学理论，要维持人体正常的生理健康需求，一个成年人每天需要从食物中获取 3000cal 热量，55g 蛋白质和 800mg 钙。假定市场上可供选择的食品有猪肉、鸡蛋、大米和白菜，这些食品每千克所含热量和营养成分，以及市场价格见表 2-2。问如何选购才能在满足营养的前提下，使购买食品的总费用最小？

解：为了建立该问题的数学模型，假设 $x_j(j=1,2,3,4)$分别为猪肉、鸡蛋、大米和白菜每天的购买量，则目标函数为

$$\min z = 20x_1 + 8x_2 + 4x_3 + 2x_4$$

表示在满足营养要求的系列约束条件下，确定各种食品的购买量，使每天购买食品的总费用最小。其约束条件是

热量需求：　$1000x_1+800x_2+900x_3+200x_4 \geqslant 3000$

蛋白质需求：　$50x_1+60x_2+20x_3+10x_4 \geqslant 55$

钙需求：　$400x_1+200x_2+300x_3+500x_4 \geqslant 800$

决策变量的非负约束：$x_j \geqslant 0 (j=1,2,3,4)$

因此，营养配餐问题的数学模型为

$$\min z = 20x_1 + 8x_2 + 4x_3 + 2x_4$$

$$\text{s.t.} \begin{cases} 1000x_1 + 800x_2 + 900x_3 + 200x_4 \geqslant 3000 \\ 50x_1 + 60x_2 + 20x_3 + 10x_4 \geqslant 55 \\ 400x_1 + 200x_2 + 300x_3 + 500x_4 \geqslant 800 \\ x_j \geqslant 0 \quad (j = 1,2,3,4) \end{cases}$$

其中，min 是 minimize（最小化）的缩写。

表 2-2　营养配餐问题数据表

序号	食品名称	热量(cal)	蛋白质(g)	钙(mg)	价格(元/kg)
1	猪肉	1000	50	400	20
2	鸡蛋	800	60	200	8
3	大米	900	20	300	4
4	白菜	200	10	500	2

例 2-3　工业污染问题：在一条主干河流沿岸分布着甲、乙两家企业，有一条支流在甲乙企业之间的地方汇入主干河流。经测定，主、支干河流每天的流量分别为 750 万立方米和 250 万立方米，居上游的甲企业与居下游的乙企业每天排放工业污水分别为 3 万立方米和 2 万立方米，从甲企业排放的工业污水流到乙企业之前，有 25%可自然净化。根据环保要求，河流中工业污水含量应不大于 0.2%，因此两企业各自都需要处理部分工业污水。已知甲乙两企业处理每万立方米工业污水的成本分别是 1200 元和 850 元。要确定在满足环保要求的条件下，两企业各处理多少污水，才能使两企业总的污水处理费用最少。

解：为建立该问题的数学模型，假设甲、乙两企业每天各自处理的工业污水量分别为 x_1, x_2 万立方米，则目标函数为

$$\min z = 1200x_1 + 850x_2$$

表示在满足环保标准的一系列约束条件下，确定污水处理量 x_1, x_2，达到使企业排污费用最小的目标。其约束条件是

甲企业到乙企业间河流段的污水含量：$\dfrac{3-x_1}{750} \leqslant \dfrac{2}{1000} \Rightarrow x_1 \geqslant 1.5$

流经乙企业后河流段的污水含量：$\dfrac{[0.75(3-x_1)+(2-x_2)]}{750+250} \leqslant \dfrac{2}{1000} \Rightarrow 3x_1+4x_2 \geqslant 9$

每天处理的污水量不大于排放量：$x_1 \leqslant 3$；　$x_2 \leqslant 2$

决策变量的非负约束： $x_i \geqslant 0 \quad (i=1,2)$

因此，工业污染问题的数学模型为

$$\min z = 1200x_1 + 850x_2$$

$$\text{s.t.} \begin{cases} x_1 \geqslant 1.5 \\ 3x_1 + 4x_2 \geqslant 9 \\ x_1 \leqslant 3 \\ x_2 \leqslant 2 \\ x_i \geqslant 0 \quad (i = 1,2) \end{cases}$$

例 2-4 运输问题：某物流公司需将 A_1, A_2, A_3 三个工厂生产的一种新产品，运送到 B_1, B_2, B_3, B_4 四个销售点。通过实际考察，得到三个产地与四个销售点的产量、销量和单位运价等数据，见表 2-3。公司管理层希望在产销平衡的条件下，以最小的成本运送所需的产品，确定配送方案。

表 2-3 运输问题数据表

运费 销地 / 产地	B_1	B_2	B_3	B_4	产量
A_1	4	7	10	2	70
A_2	3	2	8	5	45
A_3	5	6	3	8	55
销量	30	60	35	45	

解：为了建立该问题的数学模型，假设 $x_{ij}(i=1,2,3;j=1,2,3,4)$ 分别为从产地 A_i 运到销地 B_j 的运输量，$c_{ij}(i=1,2,3;j=1,2,3,4)$ 分别为从产地 A_i 运到销地 B_j 的运输费，则目标函数为总运费最少

$$\min z = \sum_{i=1}^{3} \sum_{j=1}^{4} c_{ij} x_{ij}$$

表示在满足供销平衡要求的系列约束条件下，确定从产地到销地的运输量，使总的运输费用最少。其约束条件是

$$\text{产量约束：} \begin{cases} x_{11} + x_{12} + x_{13} + x_{14} = 70 \\ x_{21} + x_{22} + x_{23} + x_{24} = 45 \\ x_{31} + x_{32} + x_{33} + x_{34} = 55 \end{cases}$$

$$\text{销量约束：} \begin{cases} x_{11} + x_{21} + x_{31} = 30 \\ x_{12} + x_{22} + x_{32} = 60 \\ x_{13} + x_{23} + x_{33} = 35 \\ x_{14} + x_{24} + x_{34} = 45 \end{cases}$$

决策变量的非负约束：$x_{ij} \geqslant 0 \quad (i = 1,2,3;\ j = 1,2,3,4)$

因此，运输问题的数学模型为

$$\min z=\sum_{i=1}^{3}\sum_{j=1}^{4}c_{ij}x_{ij}$$

$$\text{s.t.}\begin{cases}x_{11}+x_{12}+x_{13}+x_{14}=70\\x_{21}+x_{22}+x_{23}+x_{24}=45\\x_{31}+x_{32}+x_{33}+x_{34}=55\\x_{11}+x_{21}+x_{31}=30\\x_{12}+x_{22}+x_{32}=60\\x_{13}+x_{23}+x_{33}=35\\x_{14}+x_{24}+x_{34}=45\\x_{ij}\geqslant 0\quad(i=1,2,3;\ j=1,2,3,4)\end{cases}$$

上述例子是常见的经典问题，其实质都是求一个线性目标函数在一组线性约束条件下的最大值或最小值问题，从中可以看出，其数学模型具有共同的特征：

(1) 方案都用一组决策变量($x_1,x_2,\cdots,x_n$)表示，具体方案由决策变量的一组取值决定，且决策变量一般是非负连续的。

(2) 模型都用一个决策变量的线性函数衡量决策方案的优劣，该函数称为目标函数。对于不同的问题，要求目标函数实现最大化或最小化。

(3) 存在一些约束条件，这些约束条件可以用一组决策变量的线性等式或不等式表示，右端项是一个给定的常数。

一般地，在连续、可控的决策变量前提下，求一个线性函数在一组线性约束条件下的最大化、最小化问题，称之为线性规划问题，相应的数学模型称为线性规划模型。

在上述模型中，决策变量为可控的连续变量，目标函数和约束条件都是线性的，因此，这些模型表述的是最基本的线性规划问题。

根据线性规划问题的概念特征，几种常见类型的问题不能直接使用线性规划方法求解，它们共同构成数学规划的重要研究内容：

(1) 如果方程中含有二次及二次幂以上的变量，则该模型称为非线性规划数学模型；

(2) 如果方程中的变量是时间序列或其他序列因素的函数，则说明变量是随时间或其他因素变化而变化的，该模型称为动态规划数学模型；

(3) 如果方程中的变量是基于随机规则取值，则该模型称为随机规划数学模型；

(4) 如果方程中的变量只能取整数值，则该模型称为整数规划数学模型；

(5) 当目标函数中的变量出现上述情形之一时，也不能直接应用线性规划方法求解；

(6) 如果模型中包含的目标函数不止一个，则称该模型为多目标线性规划问题数学模型。

由此可见，所讨论的线性规划问题只是单目标静态线性规划问题。

由于线性规划理论具有很强的应用性，容易取得明显的应用效果，并且可以足够真实地覆盖大多数现实应用问题，尽管只获得静态最优解，但它能足够精确地反映某特定时刻事物全局的最优化状态，因此，线性规划理论和方法在数学规划中具有不可替代的作用，成为优化理论的一个重要分支，在优化理论体系中具有基础性地位。事实上，整数规划和目标规划的核心内容由线性规划理论发展而成，动态规划和非线性规划都以静态线性规划为参照。

通过上述实际问题的建模过程，可归纳得到建立线性规划模型的一般步骤：

(1) 根据管理层的要求，确定决策目标，并收集相关可用数据；

(2) 引入决策变量，确定资源常量、约束系数和目标系数等要素；

(3) 依据决策变量等要素间的等量或不等关系，确定约束条件和目标函数，从而建立线性规划模型。

2.2 线性规划模型的一般形式

从例 2-1～例 2-4 的线性规划模型中，可以抽象出线性规划模型的一般形式：

$$\text{目标函数}\ \max(or\ \min)z = c_1x_1 + c_2x_2 + \cdots + c_nx_n$$

$$\text{约束条件 s. t.}\begin{cases} a_{11}x_1 + a_{12}x_2 + \cdots + a_{1n}x_n \leqslant (=,\geqslant) b_1 \\ a_{21}x_1 + a_{22}x_2 + \cdots + a_{2n}x_n \leqslant (=,\geqslant) b_2 \\ \qquad \vdots \\ a_{m1}x_1 + a_{m2}x_2 + \cdots + a_{mn}x_n \leqslant (=,\geqslant) b_m \\ x_j \geqslant 0 \quad (j = 1,2,\cdots,n) \end{cases}$$

线性规划模型的简写形式为

$$\max\ (or\ \min)z = \sum_{j=1}^{n} c_jx_j$$

$$\text{s. t.}\begin{cases} \sum_{j=1}^{n} a_jx_j \leqslant (=,\geqslant) b_i & (i = 1,2,\cdots,m) \\ x_j \geqslant 0 & (j = 1,2,\cdots,n) \end{cases}$$

线性规划模型的矩阵形式为

$$\max(or\ \min)z = cx$$

$$\text{s. t.}\begin{cases} Ax \leqslant (=,\geqslant) b \\ x \geqslant 0 \end{cases}$$

其中，$c=(c_1,c_2,\cdots,c_n)$，称为价值系数向量；

$x=(x_1,x_2,\cdots,x_n)^{\mathrm{T}}$，称为决策变量向量；

$b=(b_1,b_2,\cdots,b_m)^{\mathrm{T}}$，称为资源限制向量；

$\boldsymbol{A}=\begin{pmatrix} a_{11} & a_{12} & \cdots & a_{1n} \\ a_{21} & a_{22} & \cdots & a_{2n} \\ \vdots & \vdots & \vdots & \vdots \\ a_{m1} & a_{m2} & \cdots & a_{mn} \end{pmatrix}$，称为技术系数矩阵(或称消耗系数矩阵)。

线性规划模型的向量形式：

$$\max\ (or\ \min)z = cx$$

$$\text{s. t.}\begin{cases} \sum_{j=1}^{n} \boldsymbol{P}_jx_j \leqslant (=,\geqslant) b \\ x_j \geqslant 0 \quad (j = 1,2,\cdots,n) \end{cases}$$

其中，$\boldsymbol{P}_j=(a_{1j},a_{2j},\cdots,a_{nj})^{\mathrm{T}}(j=1,2,\cdots,n)$。

一般地，线性规划模型所需的数据、各项数据的含义以及问题的模型表达形式，根据具体问题的实际情况会表现出各种差异，但抽象为统一的形式后，它们都存在共性的数学处理方法。

对于例 2-1 所讨论的生产计划问题，是将有限的时间（资源）分配于从事各种活动，通过选择资源的组合，在可用资源存量条件下实现最大利润。

该问题的一般描述为：管理层计划用 $A_1,A_2,\cdots,A_m$ 资源去从事 $B_1,B_2,\cdots,B_n$ 活动。已知该问题每种资源的总量、每种活动的单位资源使用量，以及单位活动对目标的贡献等数据，去确定活动 $B_1,B_2,\cdots,B_n$ 的数量，使得在资源许可的条件下取得最大贡献。各项数据对于具体问题的含义见表 2-4。

表 2-4　线性规划问题数据表

资　源	单位活动资源耗用量						资源总量
	B_1	B_2	…	B_j	…	B_n	
A_1	a_{11}	a_{12}	…	a_{1j}	…	a_{1n}	b_1
A_2	a_{21}	a_{22}	…	a_{2j}	…	a_{2n}	b_2
…	…	…	…	…	…	…	…
A_i	a_{i1}	a_{i2}	…	a_{ij}	…	a_{in}	b_i
…	…	…	…	…	…	…	…
A_m	a_{m1}	a_{m2}	…	a_{mj}	…	a_{mn}	b_m
单位活动对目标的贡献	c_1	c_2	…	c_j	…	c_n	

在此类问题的一般模型中，x_j 表示第 j 种活动 B_j 的数量（水平）$(j=1,2\cdots,n)$，目标函数 $z=c_1x_1+c_2x_2+\cdots+c_nx_n$ 为最大化。

对于第 i 种资源 $A_i(i=1,2\cdots,m)$ 的约束条件为：

$$a_{i1}x_1+a_{i2}x_2+\cdots+a_{ij}x_j+\cdots+a_{in}x_n\leqslant b_i$$

即资源 A_i 消耗量不超过 A_i 的资源总量 b_i。因此，其线性规划模型为：

$$\max z=\sum_{j=1}^{n}c_jx_j$$

$$\text{s. t}\begin{cases}\displaystyle\sum_{j=1}^{n}a_jx_j\leqslant b_i & (i=1,2,\cdots,m)\\ x_j\geqslant 0 & (j=1,2,\cdots,n)\end{cases}$$

类似地，例 2-2 中所讨论的营养配餐问题是通过选择各种活动水平的组合，以最小的成本实现最低可接受的各种效益水平。

该问题的一般描述为：管理层计划用 $B_1,B_2\cdots,B_n$ 活动去提高 $A_1,A_2,\cdots,A_m$ 效益的水平。已知该问题的每种活动对各种效益的单位贡献、每种活动的单位成本以及每种效益的最低可接受水平，去确定活动 $B_1,B_2,\cdots,B_n$ 的数量，使得在最低可接受水平的条件下实现最小成本。各项数据对于具体问题的含义见表 2-5。

表 2-5　线性规划问题数据表

效　益	单位活动的贡献						最低可接受水平
	B_1	B_2	…	B_j	…	B_n	
A_1	a_{11}	a_{12}	…	a_{1j}	…	a_{1n}	b_1
A_2	a_{21}	a_{22}	…	a_{2j}	…	a_{2n}	b_2
…	…	…	…	…	…	…	…
A_i	a_{i1}	a_{i2}	…	a_{ij}	…	a_{in}	b_i
…	…	…	…	…	…	…	…
A_m	a_{m1}	a_{m2}	…	a_{mj}	…	a_{mn}	b_m
单位成本	c_1	c_2	…	c_j	…	c_n	

在此类问题的一般模型中，x_j 表示第 j 种活动 B_j 的数量(水平)($j=1,2\cdots,n$)，目标函数 $z=c_1x_1+c_2x_2+\cdots+c_nx_n$ 为最小化。对于第 i 种效益 A_i ($i=1,2\cdots,m$) 的约束条件为：

$$a_{i1}x_1+a_{i2}x_2+\cdots+a_{ij}x_j+\cdots+a_{in}x_n\geqslant b_i$$

即第 i 种效益的值不低于最低可接受水平。因此，其线性规划模型为：

$$\min z=\sum_{j=1}^{n}c_jx_j$$

$$\text{s. t.}\begin{cases}\sum\limits_{j=1}^{n}a_jx_j\geqslant b_i & (i=1,2,\cdots,m)\\ x_j\geqslant 0 & (j=1,2,\cdots,n)\end{cases}$$

对于例 2-3 讨论的工业污染问题，是在规定的标准条件下，通过选择各种活动水平的组合，以达到可实现的最优目标水平。

该问题虽然没有直接给出的表格数据，但经过整理后，仍然可以得到一般性的描述：假设有 n 个企业通过各自的活动 $B_1,B_2,\cdots,B_n$ 要达到规定的标准水平 $A_1,A_2,\cdots,A_m$。已知每个企业对实现相应规定标准的能力、企业达标的单位成本以及每种标准的规定水平，去确定活动 $B_1,B_2,\cdots,B_n$ 的数量，以最小成本达标。各项数据对于具体问题的含义见表 2-6。

表 2-6　线性规划问题数据表

标　准	实现达标的能力						规定标准水平
	B_1	B_2	…	B_j	…	B_n	
A_1	a_{11}	a_{12}	…	a_{1j}	…	a_{1n}	b_1
A_2	a_{21}	a_{22}	…	a_{2j}	…	a_{2n}	b_2
…	…	…	…	…	…	…	…
A_i	a_{i1}	a_{i2}	…	a_{ij}	…	a_{in}	b_i
…	…	…	…	…	…	…	…
A_m	a_{m1}	a_{m2}	…	a_{mj}	…	a_{mn}	b_m
单位成本	c_1	c_2	…	c_j	…	c_n	

在此类问题的一般模型中，x_j 表示第 j 种活动 B_j 的数量（能力）（$j=1,2\cdots,n$），目标函数 $z=c_1x_1+c_2x_2+\cdots+c_nx_n$ 为最优化（最大化或最小化）。对于第 i 种标准 A_i（$i=1,2,\cdots,m$）的约束条件为：

$$a_{i1}x_1+a_{i2}x_2+\cdots+a_{ij}x_j+\cdots+a_{in}x_n\geqslant b_i$$

即第 i 种标准的值不低于规定的标准水平。因此，其线性规划模型为：

$$\max\ (or\ \min) z=\sum_{j=1}^{n}c_jx_j$$

$$\text{s.t.}\begin{cases}\sum\limits_{j=1}^{n}a_{ij}x_j\geqslant b_i & (i=1,2,\cdots,m)\\ x_j\geqslant 0 & (j=1,2,\cdots,n)\end{cases}$$

例 2-4 讨论的运输问题，是一类特殊的线性规划问题。管理层希望在供销平衡条件下，确定从产地到销地的运输量，使总的运输费用最少。

运输问题的一般描述为：某种物资由若干个产地和销地，在已知各个产地的产量和各个销地的销量，以及各产地到各销地的单位运价（或运输距离），确定调运量组合，使总运费（或总运量）最少。各项数据对于具体问题的含义见表 2-7。

表 2-7　线性规划问题数据表

单位运价或运输距离		销地						产量
		B_1	B_2	…	B_j	…	B_n	
产地	A_1	a_{11}	a_{12}	…	a_{1j}	…	a_{1n}	b_1
	A_2	a_{21}	a_{22}	…	a_{2j}	…	a_{2n}	b_2
	…	…	…	…	…	…	…	
	A_i	a_{i1}	a_{i2}	…	a_{ij}	…	a_{in}	b_i
	…	…	…	…	…	…	…	
	A_m	a_{m1}	a_{m2}	…	a_{mj}	…	a_{mn}	b_m
销量		c_1	c_2	…	c_j	…	c_n	

在此类问题的一般模型中，x_{ij} 表示产地 i 到销地 j 的调运数量（$i=1,2,\cdots,m;j=1,2,\cdots,n$），目标函数 $z=\sum\limits_{i=1}^{m}\sum\limits_{j=1}^{n}c_{ij}x_{ij}$ 为最小化。其线性规划模型为：

$$\min z=\sum_{i=1}^{m}\sum_{j=1}^{n}c_{ij}x_{ij}$$

$$\text{s.t.}\begin{cases}\sum\limits_{i=1}^{m}x_{ij}=b_j, & (j=1,2,\cdots,n)\\ \sum\limits_{j=1}^{n}x_{ij}=a_i, & (i=1,2,\cdots,m)\\ x_{ij}\geqslant 0, & (\text{对所有的 } i,j)\end{cases}$$

线性规划模型的一般形式为寻找求解方法奠定了基础。现在,求解线性规划问题的算法已经成熟,并且已经形成通用算法软件,曾经作为解决线性规划问题难题的求解过程已经变得非常简单,因此,构建线性规划问题的数学模型就成为解决线性规划问题的关键。

从前面的分析中可知,建立线性规划模型关键在于把握决策变量、资源限量、消耗(功效、技术)系数和价值系数等4个要素,以及约束关系和目标函数关系。

2.3 线性规划的假设

对于线性规划定义和相应的内涵特点,反映在线性规划数学模型中,就是隐含的相关线性规划假设。由于这些假设的存在,可以评价在应用线性规划理论和方法解决特定问题时,是否恰当或具有优越性。

1. 比例性假设(proportionality)

比例性假设是一种关于目标函数和函数约束条件的假设,其定义为:每种活动 j 对目标函数值的贡献是与该种活动的水平 x_i 成比例的,它们在目标函数中是以 c_jx_j 来表示的。同理,每种活动 j 对于其所在的各个函数约束条件左端项目的贡献也是与该种活动的水平 x_j 成比例的,它们在约束条件中是以 $a_{ij}x_{ij}$ 项来表示的。

因此,该假设排除了在任何一种函数中有某项的变量的指数不为1的情况(无论是在目标函数的各组成项中,还是在函数约束条件左端的各组成项中)。

为了说明这个假设,现在来考虑这样一个目标函数 $z=2x_1+3x_2$。先来看这个目标函数的第一项 $2x_1$,该项表示的是当活动1的水平为 x_1 时,它对目标函数的贡献情况。表2-8表明了符合比例性假设的情况,它由表2-8的满足比例性列来表示,即活动1对目标的贡献水平确实是与其活动水平 x_1 成比例的,$2x_1$ 是目标函数合适的项,而表中其他3列表示了三种与比例性假设背道而驰的情况。

表2-8 满足或违反比例性假设的情况

x_1 的取值	活动1对目标函数的贡献			
	符合比例性	违反比例性		
		情况1	情况2	情况3
0	0	0	0	0
1	2	1	2	2
2	4	3	5	3
3	6	5	9	3

情况1会出现在刚开始将活动1投入运行时的启动成本。例如,兴建生产基础设施的成本,关于新产品的市场分析情况的调查也会有成本,因为这些成本都是一次性成本,即固定成本。它们会在投入生产运行后的各期,以与目标函数(销售利润)相称的数值逐期分批回收。假如固定成本的分期回收已经完成,而且总的启动成本会使得总利润降低

1 单位，而不考虑启动成本时，活动 1 所带来的利润是 $2x_1$。这就是说，活动 1 对目标函数 z 的贡献是 $2x_1-1$，且 $x_1>0$，而这个贡献当 $x_1=0$ 时就为零（$2x_1=0$，因为此时没有启动成本）。

初看，情况 2 似乎与情况 1 很相似，此时不存在启动成本。但情况 2 的产生比较特殊，此时，活动 1 的第一单位水平所带来的利润确实是 2，但存在着边际报酬递增的情形。这就是说，每单位活动 1 的增加所带来的利润增加不是一个常数，而是一个变数。这种违反比例性假设的情况会在生产过程出现规模经济时产生。例如，引进了更高效率的生产设备，大批量购买原材料时，企业可能会得到数量折扣，这些情形出现时都会使得生产成本降低，生产的边际报酬增加。

情况 3 是与情况 2 相反的，即此时存在边际报酬递减，也就是说，每单位活动 1 的增加所带来的利润是减少的。出现这种违反比例性假设的情况，是因为销售成本上升的比例大于产品规模扩大的比例。例如，当不做广告的时候，每周只能出售产品 1 一个单位（$x_1=1$）；而要销售两个单位（$x_1=2$）产品时，就需要做适当的广告；需要销售三个单位（$x_1=3$）时，就需要做大量的广告才能实现。

以上 3 种假设情况都违反了比例性假设条件。那么，其中哪一种才是实际情况呢？实际的利润等于销售收入减去各种直接、间接成本。总成本中的某些组成部分确实有时与生产规模（生产率）不成比例，其中的原因之一在上面已经谈到。然而，实际的问题是，当利润的各组成部分都汇集在一起的时候，比例性假设对于实际建模过程来说会是一种合理的近似。

就其他问题而言，在什么情况下比例性假设甚至连合理的近似都不是呢？在这种情况下，又应该怎样处理呢？通常说来，如果发生这种情况，可以采用非线性规划。当然，有时也可以从另外的角度去构造问题的模型，使之成为一个线性规划模型。

2. 可加性假设（Additivity）

尽管比例性假设消除了变量指数不为 1 的情况，但它并没有排除交叉项（包括两个或多个不同变量的项）。可加性假设却可以帮助消除后一种可能性。

可加性假设的定义为：线性规划模型中的任何一个函数（无论它是目标函数，还是约束条件左端项组成的函数）都是有限可列种活动单独贡献的总和。为了解释清楚该定义和阐明为什么需要该假设，再次假设函数 $z=2x_1+3x_2$。表 2-9 展示了该函数几种可能的情况。在每种情况中，各种活动对目标函数的单独贡献的含义均相同，即 $2x_1$ 代表活动 1 对目标函数 z 产生的单独贡献，而 $3x_2$ 代表活动 2 对目标函数 z 的单独贡献，唯一的区别可以从表 2-9 的最后一行看出，它给出了两种活动同时进行的目标函数值 z。可加性满足列给出了前面两行中的数据简单加总得出目标函数值的情况。在表中可加性满足列前两行的数据分别是 $2x_1=2\times1=2$，$3x_2=3\times1=3$，所以，$z=2x_1+3x_2=2+3=5$，而另外两列表示当违反可加性假设时的两种假设情况。

表 2-9　目标函数满足或违反可加性假设的情况表

(x_1,x_2)	目标函数值 z		
	满足可加性	情况 1	情况 2
(1,0)	2	2	2
(0,1)	3	3	3
(1,1)	5	6	4

情况 1 对应的目标函数是 $z=2x_1+3x_2+x_1x_2$，所以，$z=2+3+1=6$(当$(x_1,x_2)=(1,1)$时)，因此它违反了可加性假设 $z=2+3=5$。如果两种活动是互补的，这种情况就会发生。例如，假设需要一场大规模的广告宣传活动来推销两种新产品中的一种，那么，同样的广告活动可以有效地同时推销这两种产品(如果企业做出两种新产品都生产的决策)，因为此时在推销第二种新产品时已经节约了大量的成本，它们的联合利润一定比它们分别生产分开推销的单独利润总和要大。

情况 2 也违反了可加性假设，因为此时在目标函数中也存在交叉项。此时的目标函数可以写为 $z=2x_1+3x_2-x_1x_2$，所以，$z=2+3-1=4$(当$(x_1,x_2)=(1,1)$时)，与情况 1 相反，这种情况在两种活动之间存在冲突时就会发生。例如，假设生产两种产品都需要同一套生产设备，如果任何一种产品投入生产，这种产品就专用这套设备，这样若要一起生产这两种产品就必须不停地转换生产过程，即需要花费大量的时间和成本去暂停一种产品的生产，同时再将另一种产品投入生产。由于生产过程的暂停和转换会导致大量的成本，所以两种产品共同生产的联合利润比两种产品分开生产时的单独利润之和要小。

两种活动之间的相互关系也会影响约束条件函数的可加性。比如给目标函数 $z=2x_1+3x_2$加上一个约束条件 $3x_1+4x_2\leqslant 20$。这个条件包括了 1,2 两种活动的共同影响。假设在这个约束条件中，20 代表所有可用于活动 1,2 的总时间，约束条件左端函数 $3x_1+4x_2$代表实际用于活动 1 的总时间与用于活动 2 的总时间的代数和。表 2-10 的可加性满足列表明了这种情况(约束条件左端函数为 $3x_1+4x_2$)，而表 2-10 中的另外两列表示的情况就说明约束条件左端函数含有交叉项，从而违反了可加性假设。以上 3 种情况(表 2-10 中 3 列数据)中各种活动的单独贡献被假定是一致的，即 $3x_1$代表活动 1 耗费的总时间，$4x_2$代表活动 2 耗费的总时间。唯一的区别是在最后一行所反映的，当两种活动同时开展时，实际使用的总时间。

在情况 3 中，两种活动使用的总时间并不等于每种活动耗费时间之和，而是由函数 $3x_1+4x_2+x_1x_2$给出，即总时间为 $6+8+2\times2=18$(其中$(x_1,x_2)=(2,2)$)，这个结果违反了可加性假设预测的结果 $6+8=14$。这种情况出现的原因与情况 2 大致相似，即有大量的时间耗费在转换两种活动的生产过程中，交叉项 x_1x_2衡量了这种非生产性时间的耗费(注意，由于产品(活动)转换浪费的时间由交叉项 x_1x_2表示，在这里函数 $3x_1+4x_2+x_1x_2$衡量整个过程使用的时间，而在情况 2 中交叉项 x_1x_2前有负号，是由函数 $2x_1+3x_2-x_1x_2$衡量总利润)。

表 2-10　约束条件满足或违反可加性的情况表

(x_1,x_2)	实际使用的总时间		
	满足可加性	情况 3	情况 4
(2,0)	6	6	6
(0,2)	8	8	8
(2,2)	14	18	10

情况 4 中，两种活动使用的总时间由函数 $3x_1+4x_2-x_1x_2$ 表示，所以总时间为 $6+8-4=10$(其中 $(x_1,x_2)=(2,2)$)。这种情况发生的原因可能属于如下情形：假设从一活动转换至另一种活动所需要的时间很少，例如，在流水线上生产某一种产品的过程可以分解成一系列连续的操作步骤，这样生产某种产品的专用设备可能存在某些偶然的空闲时间，而这些机器设备的空闲时间易用于生产另一种产品，所以两种产品联合生产可能比每种产品各自生产节约时间。

3. 可分性假设(Divisibility)

可分性假设的定义为：在线性规划模型中，决策变量可以取任意值，包括非整数，只要它们满足非负约束条件和函数约束条件。因此，这些变量不一定取整数。由于每个决策变量代表某种活动的水平，这也就是说，这些活动可以取分数水平。例如 2.1 节中的例 2-1，它的决策变量可以在可行域内取任意的分数值。可是在某些情形中可分性不一定能够得到满足，当决策变量的取值被限制取整数时，可分性假设就被违反了。

4. 确定性假设(Certainty)

该假设是有关线性规划模型中参数的，即目标函数的价值系数 c_j、函数约束条件中的消耗系数 a_{ij}，还有函数约束条件的右端项资源约束系数 b_i。

确定性假设的定义为：线性规划模型中的任一参数值都是已知的常数。

在实际应用中，确定性假设不一定能得到很好的满足。线性规划模型是规划未来活动的决策，实际上参数值应该是未来参数的取值。但是在未来还没有到达时，只能通过估计或预测得到，所以不可避免不确定性。同时，为了确定参数的合适值，经常要对参数进行调整，分析模型的最优解对参数变化的敏感性，这样做的目的就是要确定敏感性参数(即使得最优解不发生变化的参数的可变范围中的所有数值)，确定参数允许变化的范围。

5. 对假设的认识及对应用的一般性分析

数学模型仅仅是对现实问题的一种理想化描述，为了使模型便于控制，做一些简化和近似是必要的。在模型中加入太多的实际环节，会使得模型对实际问题难以作出有效的分析。人们所关心的是用模型所作的预测与现实世界所发生的事件之间的高度相关性，这一点对于线性规划模型来说同样重要，同样适用。通常，要在现实世界中寻找一个完全满足线性规划 4 个假设的实际问题是比较困难的。

因此，必须研究和分析这 4 个假设与实际问题的差距到底有多大，如果 4 个假设条件全部背离实际情况，则许多非线性规划的数学模型可以很好地解决这一问题。但是，这些模型的共同特点同时也是它们的弱点，即这些模型的算法与线性规划模型的算法比起来还没有这么强大和完善，当然这一弱势也在逐渐缩小。

上述隐含的假定条件都是很强的，因此，在使用线性规划时必须要注意问题在什么程度上满足这些假定，当不满足的程度较大时，应考虑使用其他方法。

例如，若线性规划问题中一些变量限于只取整数值，则称为整数规划(Integer Programming，IP)。若线性规划的约束条件带有模糊性，则称为糊线性规划(Fuzzy Linear Programming)。若在数学规划问题的目标函数或构成约束条件的函数中出现非线性函数，则称为非线性规划(Nonlinear Programming，NP 或 NLP)。而有一些运筹学问题很难写成一个以算式表达的数学问题，有时即使写成，由于引入的变量和约束条件过多，求解也很困难，对于这类问题，总是设法用组合的方法去求解，因此称之为组合优化(Combinatorial Optimization)问题。另外，一些生产问题所涉及的输入信息随时间作微小变动时，目标函数的值可能随之引起大的变化。基于这种现象的问题称为参数规划(Parametric Programming)。有些问题所考虑的目标不止一个时，或者有些目标甚至相互排斥，基于这类现象的问题为多目标规划(Multi-Objective Programming)。当目标函数或约束条件中的系数是随机量时，就是随机规划(Stochastic Programming)。

2.4 一些应用案例建模

线性规划方法的应用极其广泛，从解决技术问题的最优化设计到工业、农业、商业、军事、经济和管理决策领域都可以发挥作用。在许多情况下，只要存在选择的机会，无论哪个领域，几乎都可以运用线性规划的理论与方法对方案进行优化。下面再通过对一些线性规划问题的实际应用案例的建模，进一步揭示线性规划问题建模的基本思路、方法和技巧，使大家能把握建模的要点和关键，提高对实际应用问题建模的动手能力。

例 2-5 合理下料问题：要用一批长度为 7.4m 的圆钢做 100 套钢架，每套钢架由 2.9m、2.1m、1.5m 的圆钢各一根组成，问：应如何下料才能使所用的原料最省？

分析：一根长度为 7.4m 的圆钢，要裁出 2.9m、2.1m、1.5m 的料有多种裁法，如可裁出一根 2.9m、二根 2.1m，也可裁出三根 2.1m 的。表 2-11 把所有裁法列举出来。

表 2-11 圆钢裁料方式

方案 / 下料根数 / 长度(m)	1	2	3	4	5	6	7	8
2.9	1	1	1	2	0	0	0	0
2.1	2	0	1	0	1	2	3	0
1.5	0	3	1	1	3	2	0	4
合计	7.1	7.4	6.5	7.3	6.6	7.2	6.3	6
料头(m)	0.3	0	0.9	0.1	0.8	0.2	1.1	1.4

解：

(1) 确定决策变量：设 x_j 表示按第 j 种方案所用的圆钢的数量。

(2) 确定目标函数：问题要求所用原料最省，所用原料为

$$\min z = x_1 + x_2 + x_3 + x_4 + x_5 + x_6 + x_7 + x_8$$

(3) 确定约束条件：

2.9m 圆钢的数量限制　$x_1 + x_2 + x_3 + 2x_4 \geqslant 100$

2.1m 圆钢的数量限制　$2x_1 + x_3 + x_5 + 2x_6 + 3x_7 \geqslant 100$

1.5m 圆钢的数量限制　$3x_2 + x_3 + x_4 + 3x_5 + 2x_6 + 4x_8 \geqslant 100$

非负限制　$x_j \geqslant 0$，且为整数，$(j=1,2,\cdots,8)$

因此，该问题可用数学模型表示为

$$\min z = x_1 + x_2 + x_3 + x_4 + x_5 + x_6 + x_7 + x_8$$

$$\text{s.t.}\begin{cases} x_1 + x_2 + x_3 + 2x_4 \geqslant 100 \\ 2x_1 + x_3 + x_5 + 2x_6 + 3x_7 \geqslant 100 \\ 3x_2 + x_3 + x_4 + 3x_5 + 2x_6 + 4x_8 \geqslant 100 \\ x_j \geqslant 0, \text{且为整数} \quad (j = 1,2,\cdots,8) \end{cases}$$

例 2-6　木材库存问题：一个木材储运公司有很大的仓库用以储运出售木材。由于木材季度价格的变化，该公司于每季度初购进木材，一部分于本季度内出售，一部分储存起来以后出售。已知该公司仓库的最大储存量为 2000 万立方米，储存费用为$(70+100t)$千元/万立方米，t 为存储时间(季度数)。

已知每季度的买进、卖出价及预计的销售量如表 2-12 所示。由于木材不宜久储，所有库存木材应于每年秋末售完。为使售后利润最大，试建立该问题的线性规划模型。

表 2-12　木材库存相关数据表

季度	买进价(万元/万立方米)	卖出价(万元/万立方米)	预计销售量(万立方米)
冬	410	425	1000
春	430	440	1400
夏	460	465	2000
秋	450	455	1600

解：设 y_i 分别表示冬、春、夏、秋 4 个季度采购的木材数，x_{ij} 代表第 i 季度采购用于第 j 季度销售的木材数，则

$$\text{仓储量约束}\begin{cases} \text{冬季储量：} y_1 \leqslant 2000 \\ \text{春季储量：} x_{12} + x_{13} + x_{14} + y_2 \leqslant 2000 \\ \text{夏季储量：} x_{13} + x_{14} + x_{23} + x_{24} + y_3 \leqslant 2000 \\ \text{秋季储量：} x_{14} + x_{24} + x_{34} + y_4 \leqslant 2000 \end{cases}$$

$$\text{购销平衡约束}\begin{cases} y_1 - x_{11} - x_{12} - x_{13} - x_{14} = 0 \\ y_2 - x_{22} - x_{23} - x_{24} = 0 \\ y_3 - x_{33} - x_{34} = 0 \\ y_4 - x_{44} = 0 \end{cases}$$

$$\text{销售量约束}\begin{cases} \text{冬季销售：} x_{11} \leqslant 1000 \\ \text{春季销售：} x_{12} + x_{22} \leqslant 1400 \\ \text{夏季销售：} x_{13} + x_{23} + x_{33} \leqslant 2000 \\ \text{秋季销售：} x_{14} + x_{24} + x_{34} + x_{44} \leqslant 1600 \end{cases}$$

购销量非负约束：$y_i \geqslant 0,\quad x_{ij} \geqslant 0 \quad (i,j = 1,2,3,4)$

设 z 为售后利润,则目标函数要求取得最大售后利润,

$$\begin{aligned} \max z = & (425x_{11} + 423x_{12} + 438x_{13} + 418x_{14} - 410y_1) \\ & + (440x_{22} + 448x_{23} + 428x_{24} - 430y_2) \\ & + (465x_{33} + 438x_{34} - 460y_3) \\ & + (455x_{44} - 450y_4) \end{aligned}$$

其中,第 i 季度购入第 j 季度出售的木材价格为:

$$p_{ij} = p_{jj} - [70 + 100(j-i)] \times 0.1(\text{万元} / \text{万立米方}) \quad (j = 2,3,4;\ i < j)$$

因此,可以得到木材库存问题的线性规划模型为:

$$\begin{aligned} \max z = & (425x_{11} + 423x_{12} + 438x_{13} + 418x_{14} - 410y_1) \\ & + (440x_{22} + 448x_{23} + 428x_{24} - 430y_2) \\ & + (465x_{33} + 438x_{34} - 460y_3) \\ & + (455x_{44} - 450y_4) \end{aligned}$$

$$\text{s.t.}\begin{cases} y_1 \leqslant 2000 \\ y_1 - x_{11} - x_{12} - x_{13} - x_{14} = 0 \\ x_{11} \leqslant 1000 \\ x_{12} + x_{13} + x_{14} + y_2 \leqslant 2000 \\ y_2 - x_{22} - x_{23} - x_{24} = 0 \\ x_{12} + x_{22} \leqslant 1400 \\ x_{13} + x_{14} + x_{23} + x_{24} + y_3 \leqslant 2000 \\ y_3 - x_{33} - x_{34} = 0 \\ x_{13} + x_{23} + x_{33} \leqslant 2000 \\ x_{14} + x_{24} + x_{34} + y_4 \leqslant 2000 \\ y_4 - x_{44} = 0 \\ x_{14} + x_{24} + x_{34} + x_{44} \leqslant 1600 \\ y_i \geqslant 0,\quad x_{ij} \geqslant 0 \quad (i,j = 1,2,3,4) \end{cases}$$

例 2-7 货轮装运优化问题：有一艘货轮,分前、中、后三个舱位,它们的容积与最大允许载重量如表 2-13 所示。现有三种货物待运,已知有关数据见表 2-14。为了航运安全,要

求前、中、后舱在实际载重量上大体保持各舱最大允许载重量的比例关系，具体要求前、后舱分别与中舱之间载重量比例上偏差不超过15%，前、后舱之间不超过10%。问该货轮应装载A、B、C各多少件，运费收入为最大？试建立该问题的线性规划模型。

表 2-13　货轮舱位装载相关数据

	前舱	中舱	后舱
最大允许载重量(t)	2000	3000	1500
容积(m^3)	4000	5400	1500

表 2-14　承载商品相关数据

商品	数量(件)	每件体积(立方米/件)	每件重量(吨/件)	运价(元/件)
A	600	10	8	1000
B	1000	5	6	700
C	800	7	5	600

解：设 $x_{ij}\geqslant 0$ 为装于第 j 舱位的第 i 种商品的数量$(i,j=1,2,3)$，则

$$\text{舱位载重限制：}\begin{cases}8x_{11}+6x_{21}+5x_{31}\leqslant 2000\\8x_{12}+6x_{22}+5x_{32}\leqslant 3000\\8x_{13}+6x_{23}+5x_{33}\leqslant 1500\end{cases}$$

$$\text{舱位容积限制：}\begin{cases}10x_{11}+5x_{21}+7x_{31}\leqslant 4000\\10x_{12}+5x_{22}+7x_{32}\leqslant 5400\\10x_{13}+5x_{23}+7x_{33}\leqslant 1500\end{cases}$$

$$\text{商品数量限制：}\begin{cases}x_{11}+x_{12}+x_{13}\leqslant 600\\x_{21}+x_{22}+x_{23}\leqslant 1000\\x_{31}+x_{32}+x_{33}\leqslant 800\end{cases}$$

$$\text{货轮平衡条件：}\begin{cases}\dfrac{2}{3}(1-0.15)\leqslant\dfrac{8x_{11}+6x_{21}+5x_{31}}{8x_{12}+6x_{22}+5x_{32}}\leqslant\dfrac{2}{3}(1+0.15)\\[2ex]\dfrac{1}{2}(1-0.15)\leqslant\dfrac{8x_{13}+6x_{23}+5x_{33}}{8x_{12}+6x_{22}+5x_{32}}\leqslant\dfrac{1}{2}(1+0.15)\\[2ex]\dfrac{4}{3}(1-0.10)\leqslant\dfrac{8x_{11}+6x_{21}+5x_{31}}{8x_{13}+6x_{23}+5x_{33}}\leqslant\dfrac{4}{3}(1+0.10)\end{cases}$$

装载商品数量非负约束：$x_{ij}\geqslant 0\quad(i,j=1,2,3)$

设 z 为运费收入，其目标函数要求取得最大值，所以

$$\begin{aligned}\max z=&1000(x_{11}+x_{12}+x_{13})+700(x_{21}+x_{22}+x_{23})\\&+600(x_{31}+x_{32}+x_{33})\end{aligned}$$

因此，可以得到货轮装运问题的线性规划模型为

$$\begin{aligned}\max z=&1000(x_{11}+x_{12}+x_{13})+700(x_{21}+x_{22}+x_{23})\\&+600(x_{31}+x_{32}+x_{33})\end{aligned}$$

$$
\text{s.t.}\begin{cases}
8x_{11}+6x_{21}+5x_{31}\leqslant 2000\\
8x_{12}+6x_{22}+5x_{32}\leqslant 3000\\
8x_{13}+6x_{23}+5x_{33}\leqslant 1500\\
10x_{11}+5x_{21}+7x_{31}\leqslant 4000\\
10x_{12}+5x_{22}+7x_{32}\leqslant 5400\\
10x_{13}+5x_{23}+7x_{33}\leqslant 1500\\
x_{11}+x_{12}+x_{13}\leqslant 600\\
x_{21}+x_{22}+x_{23}\leqslant 1000\\
x_{31}+x_{32}+x_{33}\leqslant 800\\
\dfrac{2}{3}(1-0.15)\leqslant\dfrac{8x_{11}+6x_{21}+5x_{31}}{8x_{12}+6x_{22}+5x_{32}}\leqslant\dfrac{2}{3}(1+0.15)\\
\dfrac{1}{2}(1-0.15)\leqslant\dfrac{8x_{13}+6x_{23}+5x_{33}}{8x_{12}+6x_{22}+5x_{32}}\leqslant\dfrac{1}{2}(1+0.15)\\
\dfrac{4}{3}(1-0.10)\leqslant\dfrac{8x_{11}+6x_{21}+5x_{31}}{8x_{13}+6x_{23}+5x_{33}}\leqslant\dfrac{4}{3}(1+0.10)\\
x_{ij}\geqslant 0\quad(i,j=1,2,3)
\end{cases}
$$

例 2-8 机械租赁问题：某工程租赁机械甲和乙来安装 A、B、C 三种构件。已知机械甲每天能够安装构件 A 5 根、构件 B 8 根和构件 C 10 根。机械乙每天能够安装构件 A 6 根、构件 B 6 根和构件 C 20 根。而工程任务要求共安装构件 A 250 根、构件 B 300 根和构件 C 700 根。又知机械甲每天的租赁费为 250 元，机械乙每天的租赁费为 350 元。试问应租赁机械甲和乙各多少天，才能完成安装任务且使总租赁费最少？

解：设租赁机械甲 x_1 天，机械乙 x_2 天。为满足构件 A、构件 B 和构件 C 的安装需要，必须满足以下条件

机械甲和乙安装构件 A 的数量约束：　　$5x_1+6x_2\geqslant 250$

机械甲和乙安装构件 B 的数量约束：　　$8x_1+6x_2\geqslant 300$

机械甲和乙安装构件 C 的数量约束：　　$10x_1+20x_2\geqslant 700$

此外，租赁天数 x_1 和 x_2 应该非负，即应有：$x_1\geqslant 0$，　$x_2\geqslant 0$

设 z 表示总租赁费，则 $z=250x_1+350x_2$，其目标应使总租赁费最少。

因此，该问题可用数学模型表示为

$$
\min z=250x_1+350x_2
$$

$$
\text{s.t.}\begin{cases}
5x_1+6x_2\geqslant 250\\
8x_1+6x_2\geqslant 300\\
10x_1+20x_2\geqslant 700\\
x_1\geqslant 0,\quad x_2\geqslant 0
\end{cases}
$$

例 2-9 项目投资优化问题：某公司有一批资金用于 A、B、C、D、E 5 个工程项目的投资，已知用于各工程项目时所得之净收益(投入资金的百分比)如表 2-15 所示。由于某种原因，决定用于项目 A 的投资不大于其他各项投资之和；而用于项目 B 和 E 的投资之和不小于项目 C 的投资。试确定使该公司收益最大的投资分配方案。

表 2-15　工程项目投资净收益

工程项目	A	B	C	D	E
收益(%)	10	8	6	5	9

解：设 x_1,x_2,x_3,x_4 和 x_5 分别表示投资于项目 A、B、C、D、E 的投资百分比，由于用于各种项目的投资百分比之和必须等于 100%，故

$$x_1+x_2+x_3+x_4+x_5=1$$

设 z 表示该公司的收益，则 $z=0.10x_1+0.08x_2+0.06x_3+0.05x_4+0.09x_5$，其目标应使该公司的收益最大；

项目 A 的投资不大于其他各项投资之和约束：　$x_1-x_2-x_3-x_4-x_5\leqslant 0$

项目 B 和 E 的投资之和不小于项目 C 的投资约束：$x_2-x_3+x_5\geqslant 0$

投资百分比非负约束：　$x_j\geqslant 0(j=1,2,\cdots,5)$

考虑到限制条件及该问题的目标，可将该问题的数学模型表示为

$$\max z=0.1x_1+0.08x_2+0.06x_3+0.05x_4+0.09x_5$$

$$\text{s.t.}\begin{cases}x_1+x_2+x_3+x_4+x_5=1\\x_1-x_2-x_3-x_4-x_5\leqslant 0\\x_2-x_3+x_5\geqslant 0\\x_j\geqslant 0\quad(j=1,2,3,4,5)\end{cases}$$

例 2-10　仓库租赁合同：某厂在今后 4 个月内需租用仓库堆存货物。已知各个月所需的仓库面积数见表 2-16。又知，当租借合同期限越长时，场地租借费用享受的折扣优待越大，有关数据如见 2-17。租借仓库的合同每月初都可办理，每份合同应具体说明租借的场地面积数和租借期限。工厂在任何一个月初办理签约时，可签一份，也可同时签若干份租借场地面积数和租借期限不同的合同。为使所付的场地总租借费用最少，试建立其线性规划模型。

表 2-16　所需仓库面积数据

月份	1	2	3	4
所需场地面积(百平方米)	15	10	20	12

表 2-17　场地租借费用数据

合同租借期限	1 个月	2 个月	3 个月	4 个月
费用(百平方米)	2800	4500	6000	7300

解：设 x_{ij} 为第 i 个月初签订的租借期限为 j 个月的租借面积(单位：百平方米)，则

一月签订	x_{11}	x_{12}	x_{13}	x_{14}
二月签订	x_{21}	x_{22}	x_{23}	
三月签订	x_{31}	x_{32}		
四月签订	x_{41}			

各个月生效的合同的租借面积为

第一个月： $x_{11}+x_{12}+x_{13}+x_{14}$

第二个月： $x_{12}+x_{13}+x_{14}+x_{21}+x_{22}+x_{23}$

第三个月： $x_{13}+x_{14}+x_{22}+x_{23}+x_{31}+x_{32}$

第四个月： $x_{14}+x_{23}+x_{32}+x_{41}$

于是，可得到仓库租赁合同问题的线性规划模型为：

$$\min z = 2800\sum_{i=1}^{4} x_{i1} + 4500\sum_{i=1}^{3} x_{i2} + 6000\sum_{i=1}^{2} x_{i3} + 7300x_{14}$$

$$\text{s.t.}\begin{cases} x_{11}+x_{12}+x_{13}+x_{14} \geqslant 15 \\ x_{12}+x_{13}+x_{14}+x_{21}+x_{22}+x_{23} \geqslant 10 \\ x_{13}+x_{14}+x_{22}+x_{23}+x_{31}+x_{32} \geqslant 20 \\ x_{14}+x_{23}+x_{32}+x_{41} \geqslant 12 \\ x_{1j} \geqslant 0, \quad j=1,2,3,4 \\ x_{2j} \geqslant 0, \quad j=1,2,3 \\ x_{31} \geqslant 0, \quad x_{32} \geqslant 0, \quad x_{41} \geqslant 0 \end{cases}$$

例 2-11 投资计划问题：某企业在今后三年内有 4 种投资机会。第一种：三年内每年年初投资，年底可获利润 20%，并将本金收回；第二种：第一年年初投资，第二年年底可获利润 50%，并将本金收回，但该项目投资不得超过 20 000 元；第三种：第二年年初投资，第三年年底收回本金，并获利润 60%，但该项投资不得超过 15 000 元；第四种：第三年年初投资，于该年年底收回本金，且获利 40%，但该项投资不得超过 10 000 元。现在该企业准备拿出 30 000 元资金，问如何制订投资计划，使到第三年年末本利和最大。

解：设 x_{ij} 为第 i 年投资到第 j 个方案的资金，则分析投资情况见表 2-18。

表 2-18 投资计划分析数据

年份	一	二(第一年底)	三(第二年底)	四(第三年底)
投资额	x_{11} 出 →	→ $1.2x_{11}$ 入		
	x_{12} 出 →	→	→ $1.5x_{12}$ 入	
		x_{21} 出 →	→ $1.2x_{21}$ 入	
		x_{23} 出 →	→	→ $1.6x_{23}$ 入
			x_{31} 出 →	→ $1.2x_{31}$ 入
			x_{34} 出 →	→ $1.4x_{34}$ 入

由分析可知

第一年年初投资额约束： $x_{11}+x_{12}=3$， $x_{12}\leqslant 2$

第二年年初投资额约束： $x_{21}+x_{23}=1.2x_{11}$， $x_{23}\leqslant 1.5$

第三年年初投资额约束： $x_{31}+x_{34}=1.5x_{12}+1.2x_{21}$， $x_{34}\leqslant 1$

第三年年底本利和(目标函数)： $z=1.6x_{23}+1.2x_{31}+1.4x_{34}$

由此，可以得到该投资问题的数学模型为

$$\max z = 1.6x_{23} + 1.2x_{31} + 1.4x_{34}$$

$$\text{s.t.}\begin{cases} x_{11} + x_{12} = 3 \\ x_{12} \leqslant 2 \\ x_{21} + x_{23} = 1.2x_{11} \\ x_{23} \leqslant 1.5 \\ x_{31} + x_{34} = 1.5x_{12} + 1.2x_{21} \\ x_{34} \leqslant 1 \\ x_{ij} \geqslant 0 \quad (i = 1,2,3;\ j = 1,2,3,4) \end{cases}$$

例 2-12 贷款问题：某公司拟在下一年度的1～4月份的4个月内，向某财务公司贷款用以购买物资。已知各月份所需贷款数额见表2-19，贷款费率随合同期而定，期限越长，折扣越大，具体数据见表2-20。贷款的合同每月初都可办理，每份合同具体规定贷款数额和期限，因此，该公司可根据需要，在任何一个月初办理贷款合同，每次办理时可签一份，也可签若干份贷款数额和贷款期限不同的合同。试确定该公司签订贷款合同的最优决策，目的是使贷款费用最少。

表 2-19 所需贷款数据表

月份	1	2	3	4
所需要的金额(万元)	20	30	15	10

表 2-20 贷款费率表

月份	1	2	3	4
贷款的利息	5%	6.5%	8%	10%

解：设决策变量 x_{ij} 表示该公司在第 $i(i=1,2,3,4)$ 月初签订的借期为 $j(j=1,2,3,4)$ 个月的贷款合同(单位：万元)。因5月份起该公司不需要向财务公司贷款，故 x_{24}，x_{33}，x_{34}，x_{42}，x_{43}，x_{44} 均为零。且

1月初贷款额约束： $x_{11}+x_{12}+x_{13}+x_{14}\geqslant 20$

2月初贷款额约束： $x_{12}+x_{13}+x_{14}+x_{21}+x_{22}+x_{23}\geqslant 30$

3月初贷款额约束： $x_{13}+x_{14}+x_{22}+x_{23}+x_{31}+x_{32}\geqslant 15$

4月初贷款额约束： $x_{14}+x_{23}+x_{32}+x_{41}\geqslant 10$

贷款额非负约束： $x_{ij}\geqslant 0 \quad (i=1,2,3,4;\ j=1,2,3,4)$

假设 z 为贷款费用，则

$$z = 5\%(x_{11} + x_{21} + x_{31} + x_{41}) + 6.5\%(x_{12} + x_{22} + x_{32}) + 8\%(x_{13} + x_{23}) + 10\%x_{14}$$

且要求贷款总费用最小。

因此，可得到贷款问题的线性规划模型为

$$\min z = 5\%(x_{11} + x_{21} + x_{31} + x_{41}) + 6.5\%(x_{12} + x_{22} + x_{32}) + 8\%(x_{13} + x_{23}) + 10\%x_{14}$$

$$
\text{s.t.}\begin{cases}x_{11}+x_{12}+x_{13}+x_{14}\geqslant 20\\ x_{12}+x_{13}+x_{14}+x_{21}+x_{22}+x_{23}\geqslant 30\\ x_{13}+x_{14}+x_{22}+x_{23}+x_{31}+x_{32}\geqslant 15\\ x_{14}+x_{23}+x_{32}+x_{41}\geqslant 10\\ x_{ij}\geqslant 0\quad (i=1,2,3,4;\ j=1,2,3,4)\end{cases}
$$

例 2-13 厂址选择问题：甲、乙、丙三地，每地都生产一定数量的原料，也消耗一定数量的产品(数据见表 2-21)。已知制成每吨产品需 3 吨原料，各地之间的距离为：甲到乙为 150km；甲到丙为 100km；乙到丙为 200km。假定每万吨原料运输 1km 的运价为 5000 元，每万吨产品运输 1km 的运价为 6000 元。由于地区差异，在不同地点设厂的生产费用也不同。试问究竟在哪些地方设厂，规模多大，才能使总费用最小？另外，由于其他条件限制，在乙处建厂的规模(生产的产品数量)不能超过 5 万吨。

表 2-21 厂址选择相关数据

地点	年产原料(万吨)	年消耗产品(万吨)	生产费用(万元/万吨)
甲	20	7	150
乙	16	13	120
丙	24	0	100

解：设 x_{ij} 为由 i 地运到 j 地的原料数量(万吨)，y_{ij} 为由 i 地运到 j 地的产品数量(万吨)，$i,j=1,2,3$ 分别对应甲、乙、丙三地。

根据题意有

$$
(1)\begin{cases}x_{11}+x_{12}+x_{13}\leqslant 20\\ x_{21}+x_{22}+x_{23}\leqslant 16\\ x_{31}+x_{32}+x_{33}\leqslant 24\\ y_{11}+y_{21}+y_{31}=7\\ y_{12}+y_{22}+y_{32}=13\\ y_{13}+y_{23}+y_{33}=0\\ x_{ij}\geqslant 0,\quad y_{ij}\geqslant 0\quad (i,j=1,2,3)\end{cases}
$$

设 Q_i 为第 i 处设厂的规模，即年产产品数量(万吨)，则有

$Q_1=y_{11}+y_{12}$，　$Q_2=y_{21}+y_{22}$，　$Q_3=y_{31}+y_{32}$　(生产的产品全部被消耗)

根据每吨产品需 3 吨原料，有

$$
(2)\begin{cases}x_{11}+x_{21}+x_{31}=3(y_{11}+y_{12})\\ x_{12}+x_{22}+x_{32}=3(y_{21}+y_{22})\\ x_{13}+x_{23}+x_{33}=3(y_{31}+y_{32})\end{cases}
$$

$$
(3)\begin{cases}x_{11}=3(y_{11}+y_{12})-x_{21}-x_{31}\\ x_{22}=3(y_{21}+y_{22})-x_{12}-x_{32}\\ x_{33}=3(y_{31}+y_{32})-x_{13}-x_{23}\end{cases}
$$

将(2)、(3)代入(1)中，并考虑能力约束和非负约束，得到

$$\begin{cases}3(y_{11}+y_{12})-x_{21}-x_{31}+x_{12}+x_{13}\leqslant 20\\x_{21}+3(y_{21}+y_{22})-x_{12}-x_{32}+x_{23}\leqslant 16\\x_{31}+x_{32}+3(y_{31}+y_{32})-x_{13}-x_{23}\leqslant 24\\y_{11}+y_{21}+y_{31}=7\\y_{12}+y_{22}+y_{32}=13\\y_{21}+y_{22}\leqslant 5\\x_{ij}\geqslant 0,\quad (i,j=1,2,3;\ i\neq j)\\y_{ij}\geqslant 0,\quad (i=1,2,3;\ j=1,2)\end{cases}$$

假定设厂总费用为 z，则目标函数(包括原材料运输费、产品运输费和生产费)要求取得总费用最小值：

$$\begin{aligned}\min z&=75(x_{12}+x_{21})+50(x_{13}+x_{31})+100(x_{23}+x_{32})+90(y_{12}+y_{21})+60y_{31}\\&\quad+120y_{32}+150(y_{11}+y_{12})+120(y_{21}+y_{22})+100(y_{31}+y_{32})\\&=75(x_{12}+x_{21})+50(x_{13}+x_{31})+100(x_{23}+x_{32})+150y_{11}\\&\quad+240y_{12}+210y_{21}+120y_{22}+160y_{31}+220y_{32}\end{aligned}$$

因此，可得厂址选择问题的线性规划模型为

$$\begin{aligned}\min z=&\ 75(x_{12}+x_{21})+50(x_{13}+x_{31})+100(x_{23}+x_{32})\\&+150y_{11}+240y_{12}+210y_{21}+120y_{22}+160y_{31}+220y_{32}\end{aligned}$$

$$\text{s. t.}\begin{cases}3(y_{11}+y_{12})-x_{21}-x_{31}+x_{12}+x_{13}\leqslant 20\\x_{21}+3(y_{21}+y_{22})-x_{12}-x_{32}+x_{23}\leqslant 16\\x_{31}+x_{32}+3(y_{31}+y_{32})-x_{13}-x_{23}\leqslant 24\\y_{11}+y_{21}+y_{31}=7\\y_{12}+y_{22}+y_{32}=13\\y_{21}+y_{22}\leqslant 5\\x_{ij}\geqslant 0\quad (i,j=1,2,3;\ i\neq j)\\y_{ij}\geqslant 0\quad (i=1,2,3;\ j=1,2)\end{cases}$$

例 2-14 飞行器能源优化问题：某飞行器需要使用电源的设备主要包括导航设备、控制仪器设备、伺服机构几个部分。该飞行器的能源装置为化学电池，分别用三组电池为上述三种设备分类供电(一、二、三组电池分别为三种设备的大、中、小功率部件供电)。三组电池可选择三种电池单元进行组合，达到在获得足够输出功率的同时实现电池质量最小化目标。

其中，导航设备需要的总额定能量为≥200(A. h)，控制仪器设备需要的总额定能量为≥220(A. h)，伺服机构需要的总额定能量为≥580(A. h)；第一种电池单元对导航设备中的大功率部件的有效输出功率系数(A. h/单元)为 5.5，对控制仪器设备中的大功率部件的有效输出功率系数(A. h/单元)为 5.6，对伺服机构中的大功率部件的有效输出功率系数(A. h/单元)为 5.47；第二种电池单元对各设备的中功率部件的有效输出功率系数(A. h/单元)分别为 8，8.2 和 7.9；第三种电池单元对各设备的小功率部件的有效输出功率系数(A. h/单元)分别为 9.1，9.2 和 8.7。

已知每种电池单元的质量分别为 2kg，1.5kg 和 1kg。

由于工艺与结构尺寸的限制，每组电池所包含的单元数不能大于 30 个。

试根据已知情况，确定飞行器能源装置的优化方案。

解：

(1) 设置决策变量

设优化后的第一种电池单元数为 x_1，第二种电池单元数为 x_2，第三种电池单元数为 x_3。

(2) 确定资源约束常量

三种设备所需的总能量(资源约束常量)分别为

$$b_1 \geqslant 200(\text{A. h}), \quad b_2 \geqslant 220(\text{A. h}), \quad b_3 \geqslant 580(\text{A. h})$$

(3) 找出决策变量之间及其与资源约束常量之间的关系

第一种设备对三种电池单元提出的有效输出功率系数需求分别为 5(A. h/单元)，8(A. h/单元)和 9.1(A. h/单元)，于是有

$$5.5x_1 + 8x_2 + 9.1x_3 \geqslant 200$$

第二种设备对三种电池单元提出的有效输出功率系数需求分别为 5.6(A. h/单元)，8.2(A. h/单元)和 9.2(A. h/单元)，于是有

$$5.6x_1 + 8.2x_2 + 9.2x_3 \geqslant 220$$

第三种设备对三种电池单元提出的有效输出功率系数需求分别为 5.47(A. h/单元)，7.9(A. h/单元)和 8.7(A. h/单元)，于是有

$$5.47x_1 + 7.9x_2 + 8.7x_3 \geqslant 580$$

由于工艺与结构尺寸的限制，每组电池所包含的单元数不能大于 30 个，则有

$$x_1, x_2, x_3 \leqslant 30$$

(4) 找出决策变量的价值系数(费用系数)并得到目标函数

已知每个电池单元的质量分别为 2kg，1.5kg 和 1kg，且希望电池的质量越小越好，于是有目标函数

$$\min z = 2x_1 + 1.5x_2 + x_3$$

(5) 确定每个决策变量的取值范围

由于所选用的电池数量必须非负，所以，三种电池单元数的取值都必须非负。

(6) 整理所得到的代数表达式，可得该问题的线性规划数学模型为

$$\min z = 2x_1 + 1.5x_2 + x_3$$

$$\text{s.t.}\begin{cases} 5.5x_1 + 8x_2 + 9.1x_3 \geqslant 200 \\ 5.6x_1 + 8.2x_2 + 9.2x_3 \geqslant 200 \\ 5.47x_1 + 7.9x_2 + 8.7x_3 \geqslant 580 \\ x_1, x_2, x_3 \leqslant 30 \\ x_1, x_2, x_3 \geqslant 0 \end{cases}$$

通过计算可得知，第一组电池使用第一类单元 30 个，第二组电池使用第二类电池单元

30 个，第三组电池使用第三类电池单元 15 个，即可满足需求。三组电池的最小总质量为 105 千克。

例 2-15 种植计划问题：某农场拥有土地 230 亩，其中除坡地 100 亩，旱地 80 亩外，其余为水田。所拥有的土地上，可以种植 6 种作物。其中第 1 种作物可在坡地、旱地种植，第 2 种作物可在旱地种植，第 3 种作物可在 3 类土地种植，第 4 种作物可在坡地、旱地种植，第 5 种和第 6 种作物可在水田种植。

根据经验，获得种植收入 100 元，各种作物所需土地面积为：第 1 种作物需坡地 0.4 亩或旱地 0.3 亩；第 2 种作物需旱地 0.25 亩；第 3 种作物需坡地 0.2 亩或旱地 0.15 亩或水田 0.4 亩；第 4 种作物需坡地 0.18 亩或旱地 0.1 亩；第 5 种作物需水田 0.15 亩；第 6 种作物需水田 0.1 亩。农场需要确定种植计划，使获得的总收益最大。

解：

(1) 设置决策变量

按每份预计获得 100 元净收入计算，设 $x_i(i=1,2,3,4,5,6)$ 为计划需要种植第 i 种作物的份数。

(2) 确定资源约束常量

坡地，旱地和水田的面积分别为 $b_1=100$(亩)，$b_2=80$(亩)，$b_3=50$(亩)。

(3) 找出决策变量之间及其与资源约束常量之间的关系

根据经验，在坡地种植获得 100 元收入，第 1、3、4 种作物所需要的面积分别是 0.4 亩，0.2 亩和 0.18 亩，则有

$$0.4x_1+0.2x_3+0.18x_4\leqslant 100$$

在旱地种植获得 100 元收入，第 1、2、3、4 种作物所需要的面积分别是 0.3、0.25、0.15 和 0.1 亩，则有

$$0.3x_1+0.25x_2+0.15x_3+0.1x_4\leqslant 80$$

在水田种植获得 100 元收入，第 3、5、6 种作物所需要的面积分别为 0.4、0.15 和 0.1 亩，则有

$$0.4x_3+0.15x_5+0.1x_6\leqslant 50$$

(4) 找出决策变量的价值系数（费用系数）并形成目标函数

设种植收入为 z，由于 x_1 到 x_6 表示的是种植 6 类作物每 100 元收入分别需使用的耕地面积，则

$$z=100x_1+100x_2+100x_3+100x_4+100x_5+100x_6$$

其目标是取得最大收入。

(5) 确定决策变量的取值范围

每种作物的种植面积均应非负。

$$x_i(i=1,2,\cdots,6)\geqslant 0$$

(6) 整理所得到的代数表达式，可得到种植问题的线性规划模型

数学模型如下：

$$\max z = 100\sum_{i=1}^{6} x_i$$

$$\text{s.t.}\begin{cases}0.4x_1 + 0.2x_3 + 0.18x_4 \leqslant 100 \\ 0.3x_1 + 0.25x_2 + 0.15x_3 + 0.1x_4 \leqslant 80 \\ 0.4x_3 + 0.15x_5 + 0.1x_6 \leqslant 50 \\ x_1, x_2, x_3, x_4, x_5, x_6 \geqslant 0\end{cases}$$

经过计算可得到如下优化方案：

全部的50亩水田都用来种植第6种作物；在旱地中拿出24.5亩地种植第2种作物，其余的55.5亩旱地全部种植第4种作物；100亩坡地全部用于种植第4种作物，第1、3、5种作物不种植。按照该方案种植，可获最大收入为115 333.3元。

例 2-16 生产计划问题：某公司在山东地区的工厂仅生产扳手和钳子。扳手和钳子是由钢铁制造的，并且制造过程包括在浇铸机上浇铸，然后在装配机上装配等工序。用于生产扳手和钳子的钢铁数量和每天可以得到的钢铁数量见表2-22的第一行，下两行是生产扳手和钳子所需要的机器使用率以及这些机器的生产量。表2-22的最后两行是每天这些工具的需求量和这些变量(每单位)对盈利的贡献。

表 2-22 某公司的数据

	扳　手	钳　子	可获得的资源数量
钢铁(kg)	1.5	1.0	每天27 000kg
浇铸机工时(h)	1.0	1.0	每天21 000h
装配机工时(h)	0.3	0.5	每天9000h
需求限制(件/天)	15 000	16 000	
盈利贡献(百元/千件)	130	100	

该公司想作出在山东地区的工厂有关扳手和钳子每天的生产量的计划，使得对盈利的贡献最大化。该公司要解决的问题是：

(1) 该公司为使对盈利的贡献最大化，应该计划每天生产多少件扳手和钳子？

(2) 根据这个计划对盈利的总贡献将是多少？

(3) 这个计划中，哪些资源将是最关键的？

解：对于这个问题，主要目标是使经营对盈利的贡献最大。

该公司必须对每天生产扳手和钳子的数量作出决定，因此，可定义如下：

W = 每天生产扳手的数量，以千件为单位

P = 每天生产钳子的数量，以千件为单位

则生产计划对盈利的贡献 z 为：

$$\text{贡献 } z = 130W + 100P$$

在这个问题中，目标是确定生产计划中的 W 和 P 的数值，使对盈利的贡献最大化。为了求出这些数值，有一些必须满足的约束条件，这些约束是可供利用的钢铁数量限制以及需求限制，即

钢铁约束：　$1.5W+P\leqslant 27$

浇铸约束：　$W+P\leqslant 21$

装配约束：　$0.3W+0.5P\leqslant 9$

W 需求：　　$W\leqslant 15$

P 需求：　　$P\leqslant 16$

因此，可得该公司生产计划问题的线性规划模型为：

$$\max z = 130W + 100P$$

$$\text{s.t.}\begin{cases}1.5W + P \leqslant 27 \\ W + P \leqslant 21 \\ 0.3W + 0.5P \leqslant 9 \\ W \leqslant 15 \\ P \leqslant 16 \\ W \geqslant 0,\quad P \geqslant 0\end{cases}$$

对这个问题的求解结果如下：

对盈利的贡献最大化的生产计划为：　$W=12.0, P=9.0$

对盈利的贡献 z 的最大值为：　2460 百元/天

该公司要解决的问题有了答案：

(1) 该公司为了使对盈利的贡献最大化，应该计划每天生产多少件扳手和钳子？

答案：该公司应该计划每天生产 12 000 件扳手和 9000 件钳子。

(2) 根据这个计划对盈利的总贡献将是多少？

答案：对盈利的总贡献将是：贡献$=130W+100P=2460$(百元/天)。

(3) 这个计划中，哪些资源将是最关键的？

答案：为了回答这个问题，必须查看哪种资源（钢铁、浇铸机生产能力以及装配机生产能力)将用尽它们的资源限量。

钢铁：　$1.5W+1.0P=1.5\times 12.0+1.0\times 9.0=27$

这个结果正好等于每天可以得到的钢铁量，所以钢铁是公司生产的关键资源。

浇铸机：　$1.0W+1.0P=1.0\times 12.0+1.0\times 9.0=21$

这个结果正好等于每天浇铸机的生产能力，所以浇铸机的生产能力是公司生产的关键资源。

装配机：　$0.3W+0.5P=0.3\times 12.0+0.5\times 9.0=8.1$

这个数值小于每天 9000h 的装配机生产能力，所以装配机的生产能力不是公司的关键资源。

例 2-17　炼焦煤供应问题：在钢铁生产中，炼焦煤是一种必备的原材料，某公司每年需要 100 万吨到 150 万吨的炼焦煤。为制订下一年生产计划，该公司的煤炭采购部经理必须根据 8 个竞标的煤炭供应商下一年的订单报价作出采购决策。

表 2-23 是有关来自这 8 个煤炭供应商报价的相关信息。基于市场预测和上一年的生

产状况，该公司正在筹划下一年接受炼焦煤 1225 千吨的出价。煤的挥发性必须达到至少 19%。为预防不利的劳务关系，该公司已经决定从煤炭行业联合会的供应商中获取至少 50%的炼焦煤。另外，铁路运输限制的煤炭数量为每年 650 千吨，卡车运输限制煤炭数量为每年 720 千吨。

表 2-23　8 家煤炭供应商的数据

信息项 \ 供应商	1	2	3	4	5	6	7	8
价格(元/吨)	495	500	610	635	665	710	725	800
联合/非联合	联合	联合	非联合	联合	非联合	联合	非联合	非联合
卡车/铁路	铁路	卡车	铁路	卡车	卡车	卡车	铁路	铁路
挥发性(%)	15	16	18	20	21	22	23	25
生产能力(千吨/年)	300	600	510	655	575	680	450	490

注：挥发性是煤炭中可挥发物质的百分比。

煤炭采购部经理希望解决下列三个问题：

(1) 为了使供应炼焦煤的成本最小化，该公司应该与选定的供应商签订多少煤炭的供应量协议？

(2) 该公司总的采购成本是多少？

(3) 该公司的平均采购成本是多少？

解：设与供应商签订供煤协议的煤供应量为变量：

$$x_i = \text{与供应商 } i \text{ 签订的供煤量} \quad (i = 1,2,3,4,5,6,7,8)$$

则该公司供应炼焦煤的成本如下：

$$\text{成本} = 495x_1 + 500x_2 + 610x_3 + 635x_4 + 665x_5 + 710x_6 + 725x_7 + 800x_8$$

当然，目标是要确定使成本最小化的 $x_i(i=1,2,3,4,5,6,7,8)$ 的数值。为了求出这些数值，有一些必须满足的约束或者限制条件。例如，煤炭部经理必须购买 1225 千吨煤等。

购煤总量约束：$\sum_{i=1}^{8} x_i = 1225$

必须从联合会的公司购买至少 50%的煤：$x_1+x_2+x_4+x_6 \geqslant x_3+x_5+x_7+x_8$

卡车运输约束：$x_2+x_4+x_5+x_6 \leqslant 720$

铁路运输约束：$x_1+x_3+x_7+x_8 \leqslant 650$

挥发性约束：$\dfrac{15x_1+16x_2+18x_3+20x_4+21x_5+22x_6+23x_7+25x_8}{x_1+x_2+x_3+x_4+x_5+x_6+x_7+x_8} \geqslant 19$

生产能力约束：$x_1 \leqslant 300$，$x_2 \leqslant 600$，$x_3 \leqslant 510$，$x_4 \leqslant 655$，

$x_5 \leqslant 575$，$x_6 \leqslant 680$，$x_7 \leqslant 450$，$x_8 \leqslant 490$

因此，可得到炼焦煤供应问题的线性规划模型为：

$$\min z = 495x_1 + 500x_2 + 610x_3 + 635x_4 + 665x_5 + 710x_6 + 725x_7 + 800x_8$$

$$\text{s. t.} \begin{cases} \sum_{i=1}^{8} x_i = 1225 \\ x_1 + x_2 + x_4 + x_6 \geqslant x_3 + x_5 + x_7 + x_8 \\ x_2 + x_4 + x_5 + x_6 \leqslant 720 \\ x_1 + x_3 + x_7 + x_8 \leqslant 650 \\ \dfrac{15x_1 + 16x_2 + 18x_3 + 20x_4 + 21x_5 + 22x_6 + 23x_7 + 25x_8}{x_1 + x_2 + x_3 + x_4 + x_5 + x_6 + x_7 + x_8} \geqslant 19 \\ x_1 \leqslant 300, \quad x_2 \leqslant 600, \quad x_3 \leqslant 510, \quad x_4 \leqslant 655 \\ x_5 \leqslant 575, \quad x_6 \leqslant 680, \quad x_7 \leqslant 450, \quad x_8 \leqslant 490 \\ x_i \geqslant 0 \quad (i = 1,2,3,4,5,6,7,8) \end{cases}$$

通过求解，煤炭采购部经理的三个问题得到解决：

(1) 为了使供应炼焦煤的成本最小化，该公司应该与选定的供应商签订多少煤炭的供应量？

答案：$x_1=55$，$x_2=600$，$x_3=0$，$x_4=20$，$x_5=100$，$x_6=0$，$x_7=450$，$x_8=0$

(2) 该公司的总采购成本是多少？

答案：供应炼焦煤的总成本是：

$$\begin{aligned} \text{成本} &= 495x_1 + 500x_2 + 610x_3 + 635x_4 + 665x_5 \\ &\quad + 710x_6 + 725x_7 + 800x_8 = 732\,675 \end{aligned}$$

(3) 该公司的平均供应成本是多少？

答案：平均成本是 732 675÷1225=598.1(元/吨)

习　　题

1. 某车间生产甲、乙两种产品。已知制造一件甲种产品要 A 种元件 4 个，B 种元件 3 个；制造一件乙种产品要 A 种元件 2 个、B 种元件 3 个。现因某种条件限制，只有 A 种元件 120 个，B 种元件 135 个。每件甲种产品可获得利润 20 元，每件乙种产品可获得利润 15 元。试建立线性规划模型，以确定在该条件下，甲、乙产品的生产方案，使获得的利润最大。

2. 某地的农作物分别需要氮肥 1400 吨，磷肥 1000 吨，钾肥 950 吨。现有甲、乙、丙、丁 4 种肥料可供选择，它们的含氮量分别为 8%、10%、4%、5%；含有磷量分别为 3%、3%、4%、1%，含钾量分别为 3%、1%、3%、6%；它们的价格每百吨分别为 10、15、12、14(千元)。试建立线性规划模型，以确定甲、乙、丙、丁 4 种化肥的购买数量，使得既满足农作物的生产需要，又能使肥料的总费用为最小。

3. 某鸡场有 10 000 只鸡，用动物饲料和谷物饲料混合喂养。每天每只鸡平均吃混合饲料 0.3kg，其中动物饲料占的比例不能少于 10%；动物饲料每 kg 20 元，谷物饲料每 kg 18 元。饲料公司每周仅保证供应谷物饲料 20 000kg。试建立线性规划模型，以确定混合饲料各成分的数量，使总成本最低。

4. 某木材储运公司有很大的仓库用以储运出售木材。出于木材季度价格的变化，该公司于每季度初购进木材。一部分于本季度内出售，一部分储存起来以后出售。已知该公司仓库的最大储存量为 10 万立方米，储存费用为$(a+bu)$元/万立方米，式中 $a=40, b=120, u$ 为储存时间(季度数)。已知每季度的买进卖出价及预计的销售量见表 2-24。

表 2-24　每季度的买进卖出价及预计的销售量

季度	买进价(万元/万立方米)	卖出价(万元/万立方米)	预计销售(万立方米)
冬	400	410	120
春	420	430	130
夏	440	450	140
秋	455	465	150

由于木材不宜久储，所有库存木材于每年秋末售完，试建立该问题的线性规划模型。

5. 某厂接到生产 A、B 两种产品的合同，产品 A 需 150 件，产品 B 需 420 件。这两种产品的生产都经过毛坯制造与机械加工两个工艺阶段。在毛坯制造阶段，产品 A 每件需 5 小时，产品 B 每件需 9 小时。机械加工阶段又分粗加工和精加工两道工序，每件产品 A 需粗加工 3 小时，精加工 10 小时；每件产品 B 需粗加工 5 小时，精加工 12 小时。毛坯生产阶段能力为 1500 小时，粗加工设备拥有能力为 1200 小时，精加工设备拥有能力为 3500 小时。又加工费用在毛坯、粗加工、精加工时分别为每小时 3 元、8 元、6 元。此外在粗加工阶段允许设备可进行 500 小时的加班生产，但加班生产时间内每小时增加额外成本 2.5 元。试根据以上资料，建立该问题的线性规划模型，以便为该厂制定出成本最低的生产方案。

6. 战斗机是一种重要的作战工具，但要使战斗机发挥作用必须有足够的驾驶员。因此生产出来的战斗机除一部分直接用于战斗外，需抽一部分用于培训驾驶员。已知每年生产的战斗机数量为 $b_j(j=1,2,\cdots,n)$，每架战斗机每年能培训出 t 名驾驶员。试建立该问题的线性规划模型，以便合理分配每年生产出来的战斗机，使在 n 年内生产出来的战斗机为空防做出最大贡献。

7. 某工厂生产Ⅰ、Ⅱ两种食品，现有 80 名熟练工人，已知一名熟练工人每小时可生产 10kg 食品Ⅰ或 8kg 食品Ⅱ。据合同预订，该两种食品每周的需求量将急剧上升，见表 2-25。为此该厂决定到第 8 周末需培训出 60 名新的工人，两班生产。已知一名工人每周工作 40 小时，一名熟练工人用两周时间可培训出不多于三名新工人(培训期间熟练工人和培训人员均不参加生产)。熟练工人每周工资 320 元，新工人培训期间工资每周 180 元，培训结束参加工作后工资每周 260 元，生产效率同熟练工人。在培训的过渡期间，很多熟练工人愿加班工作，工厂决定安排部分工人每周工作 80 小时，工资每周 480 元。又若预订的食品不能按期交货，每推迟交货一周的赔偿费食品Ⅰ为 0.4 元，食品Ⅱ为 0.8 元。在上述各种条件下，试建立该问题的线性规划模型，以便作出合理全面的安排，使各项费用的总和为最小。

8. 某钢筋车间制作一批钢筋(直径相同)，长度为 3m 的 60 根；长度为 2m 的 30 根。已知所用的下料钢筋每根长为 10m，试建立此问题的线性规划模型，以确定下料方案，使所用钢筋最省。

表 2-25 每周需求量

周次 食品(吨)	1	2	3	4	5	6	7	8
Ⅰ	10	10	10	20	15	16	16	15
Ⅱ	6	6	8	8	10	15	15	20

9. 某农场有 100 亩土地及 10 000 元资金可用于发展生产。农场劳动力情况为秋冬季 3000 人日，春夏季 6000 人日，如劳动力本身用不了时可外出干活，春夏季收入为 4.8 元/人日，秋冬季收入为 2.4 元/人日。该农场种植三种作物：大豆、玉米、小麦，并饲养奶牛和鸡。种作物时不需要专门投资，而饲养动物时每头奶牛投资 500 元，每只鸡投资 2 元。养奶牛时每头需拨出 2.8 亩土地，并占用人工秋冬季为 200 人日，春夏季为 100 人日，每头奶牛年净收入 800 元。养鸡时不占土地，需人工为每只鸡秋冬季需 0.5 人日，春夏季为 0.2 人日，每只鸡年净收入为 10 元。农场现有鸡舍允许最多养 2000 只鸡，牛栏允许最多养 20 头奶牛。三种作物每年需要的人工及收入情况见表 2-26。

表 2-26 三种作物每年需要的人工及收入情况

	大豆	玉米	小麦
秋冬季需人日数	30	45	20
春夏季需人日数	55	65	35
年净收入(元/公顷)	240	320	180

试建立线性规划模型，以决定该农场的经营方案，使年净收入为最大。

10. 有一艘货轮，分前、中、后三个舱位，它们的容积与最大允许载重量见表 2-27。

表 2-27 三个舱位的容积与最大允许载重量

	前舱	中舱	后舱
最大允许载重量(吨)	1500	4000	1200
容积(立方米)	3000	4600	1000

现有三种货物待送，已知有关数据列于表 2-28。

表 2-28 三种待送货物数据

商品	数量(件)	每件体积(立方米/件)	每件重量(吨/件)	运价(元/件)
A	500	12	10	2000
B	1200	6	8	1500
C	400	9	3	1000

为了航运安全，要求前、中、后舱在实际载重量上大体保持各舱最大允许载重量的比例关系。具体要求前、后舱分别与中舱之间载重量比例上偏差不超过 15%，前、后舱之间不超过 10%。试建立该问题的线性规划模型，以确定该货轮应装载 A、B、C 各多少件，能够使运费收入为最大?

11. 某厂在今后 4 个月内需租用仓库堆存物资。已知各个月所需的仓库面积数字见

表 2-29。

表 2-29　各个月所需的仓库面积

月份	1	2	3	4
所需仓库面积(百平方米)	10	12	30	25

仓库租借费用，当租借合同期限越长时，享受的折扣优待越大，具体数字见表 2-30。

表 2-30　仓库租借费用

合同租借期限	1 个月	2 个月	3 个月	4 个月
合同期仓库租借费(元/百平方米)	2500	4000	5800	6700

租借仓库的合同每月初都可办理，每份合同具体规定租用面积数和期限。因此该厂可根据需要在任何一个月初办理租借合同，且每次办理时，可签一份，也可同时签若干份租用面积和租借期限不同的合同，总的目标是使所付的租借费用最少。试根据上述要求，建立一个线性规划的数学模型。

12. 某战略轰炸机群奉命摧毁敌人军事目标。已知该目标有 4 个要害部位，只要摧毁其中之一即可达到目的。为完成此项任务的汽油消耗量限制为 45 000L、重型炸弹 45 枚、轻型炸弹 30 枚。飞机携带重型炸弹时每升汽油可飞行 1km，带轻型炸弹时每升汽油可飞行 2km。又知每架飞机每次只能装载一枚炸弹，每出发轰炸一次除来回路程汽油消耗(空载时每升汽油可飞行 5km)外，起飞和降落每次各消耗 100L。有关数据见表 2-31 所示。

表 2-31　轰炸任务相关数据

要害部位	离机场距离(km)	摧毁可能性	
		每枚重型弹	每枚轻型弹
1	420	0.2	0.1
2	460	0.25	0.14
3	530	0.3	0.13
4	610	0.4	0.2

为了使摧毁敌方军事目标的可能性最大，试建立该问题的线性规划模型，以确定飞机轰炸的方案。

13. 某厂在 n 个计划期阶段内要用到一种特殊的工具，在第 j 阶段需要 n_j 个专用工具，到阶段末，凡在这个阶段内使用过的工具都应送去修理后才能使用。修理分两种方式：一种为慢修，费用便宜些(每修一个需 d 元)，时间长一些(需 P 个阶段才能取回)；另一种方式为快修，每件修理费 f 元($f>d$)，时间快一些，只需 q 个阶段就能取回($q<p$)。当修理取回的工具满足不了需要时就需新购，新购一件费用为 e 元($e>f$)，这种专用工具在 n 个阶段后就不再使用。试建立该问题的线性规划模型，以决定一个最优的新购与修理工具的方案，使计划期内花在工具上的费用为最少。

14. 某公司生产一种新合金，其成分为 40%的铝、30%的铁和 30%的铜，其原料从另外一些可获得的合金中获得，这些合金的成分和单位成本见表 2-32。公司希望确定各种原料合金的比例，以最低的生产成本制成新的合金，试建立该问题的线性规划模型。

表 2-32　合金的成分和单位成本

成分(%)	合金					
	1	2	3	4	5	6
铝	60	25	30	40	30	40
铁	20	35	20	25	40	50
铜	20	40	50	35	30	10
单位成本(元)	100	80	75	85	94	95

15. 某物流公司希望以最小的成本完成一种物资的配送，其运出货物数量、分配量和各段线路单位运输成本见表 2-33。另外，由于运输能力限制，从各个工厂到配送中心，以及由配送中心到各个仓库运输产品的数量均不超过 60。试建立该问题的线性规划模型。

表 2-33　配送数据

终点 / 起点	每一活动的单位资源消耗量				运出量
	配送中心	仓库 1	仓库 2	仓库 3	
工厂 1	30	90	80	—	100
工厂 2	35	70	—	80	90
工厂 3	40	—	75	85	80
配送中心	—	30	35	30	—
分配量	—	110	80	80	

16. 某投资公司有机会在 A、B、C 3 个项目中投资，每个项目要求投资者在 5 个不同时期投资，5 个不同时期各个项目所需投资资金总额(万元)及净现值见表 2-34。对方要求投资方按项目所需资金总量的一定百分比投资，将在各期对该投资项目投资一定的百分比称为项目的投资伙伴，如投资项目 B 的 10%就意味着在未来 5 年分别为项目 B 提供资金 60 万、65 万、70 万、60 万和 40 万。投资公司在未来 5 年分别有资金 350 万、450 万、500 万、380 万和 300 万以供投资。公司希望确定每个项目的投资百分比，使得总投资获得最大净现值。试建立该问题的线性规划模型。

表 2-34　不同时期各项目所需投资总额及净现值

时期	所需投资资金总量		
	A	B	C
1	450	600	700
2	500	650	600
3	800	700	300
4	200	600	500
5	100	400	300
净现值	460	550	580

第3章　线性规划的解法

线性规划的求解实质上就是研究在一组线性约束之下，求某线性函数的最值问题。自从20世纪30年代末，苏联科学家康托洛维奇首先研究线性规划问题，并提出解线性规划问题的"解乘数法"后，许多学者对此做了深入的研究。其中具有里程碑性质的研究是，1947年美国学者丹捷格提出的单纯形方法，统一了求解线性规划的算法。配合计算机的应用，线性规划的求解变得迅速而有效。

本章将介绍线性规划的图解法、单纯形法，以及Excel求解法。

3.1　线性规划的图解法

当决策变量只有2～3个时，线性规划问题可以采用在平面上作图的方法求解，这种方法称为图解法。这种方法具有简单、直观、容易理解的特点，它从几何的角度说明了线性规划方法的思路。所以，图解法有助于了解一般线性规划问题的实质和求解的原理。

1. 线性规划的图解法

下面举例说明用图解法求解线性规划问题的具体方法。

例 3-1　设线性规划问题的模型为：

$$\text{目标函数}\quad \max z = 2x_1 + 3x_2 \tag{3-1}$$

$$\text{约束条件}\quad \text{s.t.}\begin{cases} x_1 + 2x_2 \leqslant 8 \\ 4x_1 \leqslant 16 \\ 4x_2 \leqslant 12 \\ x_1, x_2 \geqslant 0 \end{cases} \tag{3-2}$$

以决策变量 x_1 为横坐标，以决策变量 x_2 为纵坐标，建立一个平面直角坐标系（如果是3个决策变量，则建立一个三维立体坐标系），由于 $x_1, x_2 \geqslant 0$ 为非负约束条件，所以决策变量的取值范围在第一象限。

令3个约束条件中的不等式为等式，并用直线将它们在平面直角坐标系中表示出来，则得到如图3-1所示。

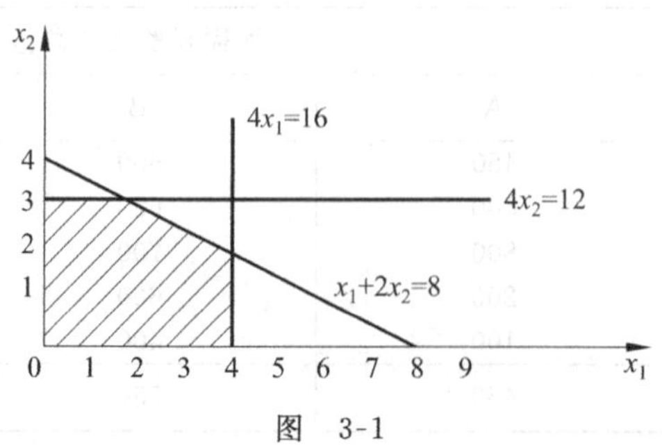

图　3-1

由图 3-1 可以看出，同时满足约束条件(3-2)的 x_1，x_2 取值范围，只能在由两条坐标轴以及表示另外 3 个等式的 3 条直线所限定的区域内(阴影部分)，此区域称为该线性规划化问题的**可行域**。

由式(3-1)变换得到

$$x_2 = -\frac{2}{3}x_1 + \frac{1}{3}z \tag{3-3}$$

其中，$-2/3$ 代表斜率，$z/3$ 代表截距。在普通直线方程中，z 是不变量(取常数)，x_2 作为因变量，随自变量 x_1 变化而变化。但这里 z 是可以取任何实数的未知数，因此，可令 $z=0$，画出第一条目标函数的等值线(在该直线上，决策变量 x_1，x_2 的任何取值，对应目标函数 z 的取值相等)。令 $x_1=3$，$z=12$ 代入式子(3-3)，则 $x_2=2$，如图 3-2 所示。

在图 3-2 中阴影的范围内，x_1，x_2 所对应的点都满足式(3-2)所规定的约束条件，当 z 的取值增加时，意味着直线的截距增加，斜率不变，于是就形成一组斜率为 $-2/3$ 的平行线。当平行线向上移动到恰好要离开图 3-2 中阴影部分的临界点时，就得到了 z 的最大化目标值，如图 3-3 所示。

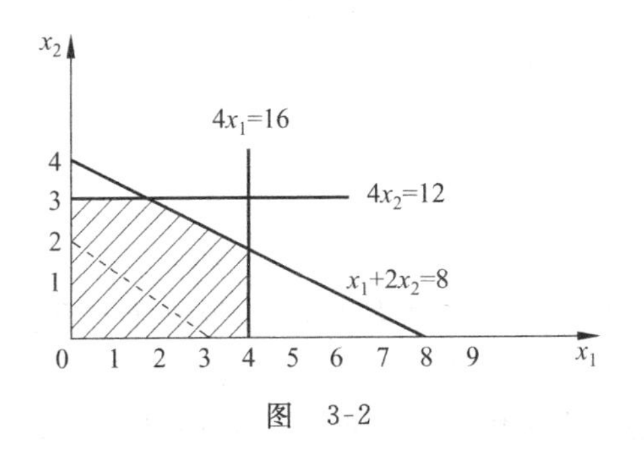

图 3-2

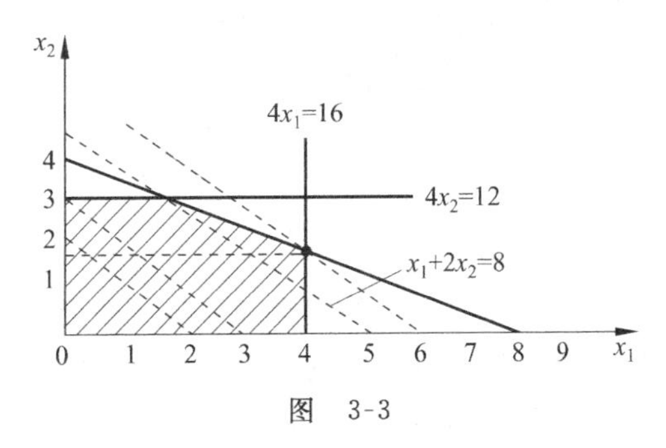

图 3-3

显然，当平行线向下移动到恰好要离开图 3-3 中阴影部分的临界点时，就得到了 z 的最小化目标值。

可见，图解法既可以求解最大化问题，也可以求解最小化问题。

由图 3-3 可知，等值线与阴影图形的临界交汇点处的坐标为 $x_1=4$ 和 $x_2=2$，代入式(3-1)得到 $z=14$，这就是满足约束条件(3-2)的最优解。

由例 3-1 可以看出，线性规划问题的最优解出现在可行域的一个顶点上，此时线性规划问题有唯一解。但有时线性规划问题还可能出现有无穷多个最优解，无有限最优解，甚至没有可行解的情况，下面再通过例题来说明。

(1) 无穷多个最优解的情形。若将例 3-1 中的目标函数改变为求 $\max z=2x_1+4x_2$，则目标函数的等值线与边界线 $x_1+2x_2=8$ 平行，线段 P_1P_2 上的任意一点都使 z 取得相同的最大值 $z=8$，此时线性规划问题有无穷多个最优解，如图 3-4 所示。

事实上，阴影部分构成一个凸多边形，其中 P_1 和 P_2 分别是两个极点，这两个极点的坐标分别构成上例问题的两个典型的最优解，而连接 P_1 和 P_2 两点之间的线段上的每一个点的坐标值，都是上例的一个最优解。

(2) 无界解的情形。考虑下列线性规划问题：

$$\max z = x_1 + x_2$$

$$\text{s.t.}\begin{cases}-2x_1+x_2\leqslant 4\\ x_1-x_2\leqslant 2\\ x_1,x_2\geqslant 0\end{cases}$$

在 $x_1 0 x_2$ 坐标平面上作边界线 l_1：$-2x_1+x_2=4$，l_1：$x_1-x_2=2$，确定可行域(如图 3-5 中的阴影部分所示)，可以看出可行域无界。为求最优解作等值线 $x_1+x_2=k$，当 k 值由小变大时，等值线平行向上移动，无论 k 值增大多少，等值线上总有一段位于可行域内，因此，目标函数无上界，该问题无有限最优解。

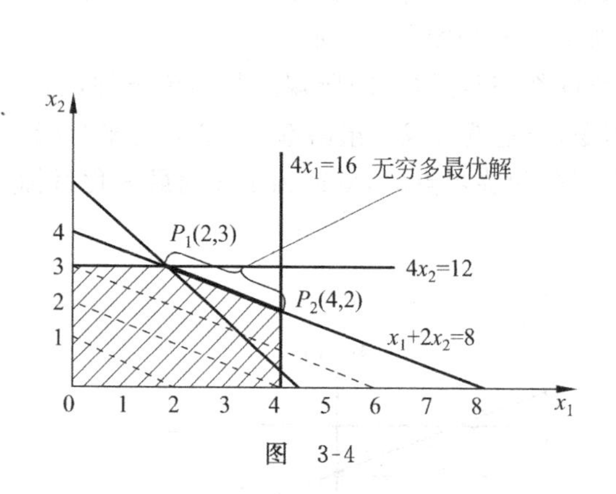

图 3-4

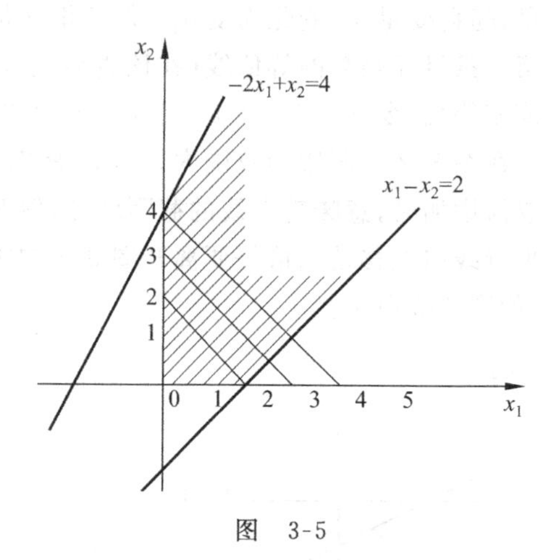

图 3-5

显然，图 3-5 中的阴影部分是一个无界凸多边形，在这个凸多边形中，等值线无论怎样移动，都无法遇到两个约束条件相交汇的顶点，因此，该问题的最优解只能是无界解。

注意，可行域无界时，线性规划问题有时也有有限最优解。比如将该例的目标函数改变为 $\max z=-x_1-x_2$ 或 $\min z=x_1+x_2$ 时，线性规划问题有最优解 $x_1=x_2=0$，即目标函数在原点取得最优值。

另外，若在模型中增加一个约束条件：$2x_1+x_2\leqslant 6$，则该问题的模型变为

$$\max z = x_1 + x_2 \qquad (3\text{-}4)$$

$$\text{s.t.}\begin{cases}-2x_1+x_2\leqslant 4\\ x_1-x_2\leqslant 2\\ 2x_1+x_2\leqslant 6\\ x_1,x_2\geqslant 0\end{cases}$$

因为增加了一个恰当的约束条件，该问题的可行域变成了有界情形，因此，可能存在有限最优解，其可行域可由图 3-6 表示。

对式(3-4)作变换，得到 $x_2=z-x_1$，令 $z=k$，得到等值线(图 3-6 虚线表示)。

该问题可以取得最优解为：$x_1=0.5$，$x_2=5$。

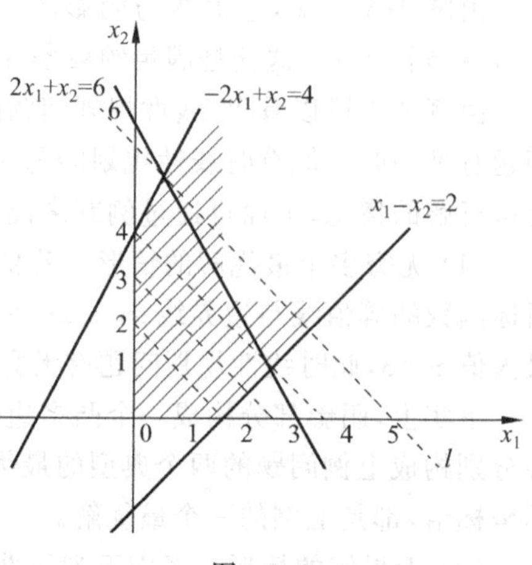

图 3-6

(3) 无可行解的情形。如果在线性规划模型：

$$\max z = 2x_1 + 3x_2$$

$$\text{s. t.}\begin{cases} x_1 + 2x_2 \leqslant 8 \\ 4x_1 \qquad \leqslant 16 \\ \qquad 4x_2 \leqslant 12 \\ x_1, x_2 \geqslant 0 \end{cases}$$

中增加约束条件 $x_1+x_2\geqslant 9$，则边界方程 $l:x_1+x_2=9$ 的上方不满足约束条件，因此，该问题的可行域为空集，即没有满足所有约束条件的点存在，可行域如图 3-7 所示。所以，问题无可行解，更不存在最优解。

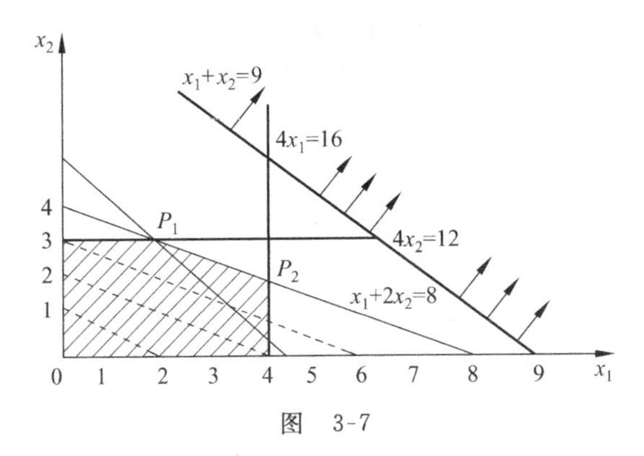

图 3-7

图解法适合求解只有 2 个或 3 个变量的线性规划问题，求解的具体步骤归纳如下：

(1) 画出所有约束方程(约束条件取等式)对应的直线，用原点判定直线的哪一边符合约束条件；

(2) 找出所有约束条件都同时满足的公共平面区域，即得可行域；

(3) 给定目标函数 z 一个特定的值 k，画出相应的目标函数等值线；当 k 值发生变化时，等值线将平行移动。对于目标函数最大化问题，找出目标函数值增加的方向，等值线平行上移到可行域(阴影部分)的临界点，最终交点就是取得目标函数最大值的最优解；对于目标函数最小化问题，找出目标函数值减少的方向，等值线平行下移到可行域(阴影部分)的临界点，最终交点就是取得目标函数最小值的最优解。

图解法非常直观，但它一般只能求解含有两个或三个变量的线性规划问题，在求解含有超过三个决策变量的线性规划问题时，一般不采用图解法，而采用代数方法，常用的方法是单纯形法。在介绍单纯形法之前，先介绍有关概念。

2. 线性规划问题的相关概念

(1) 凸多边形：全部由若干直线线段相交而封闭的内部没有空洞的多边形称为凸多边形；实心圆是一种全部直线线段都退化为点的特殊凸多边形。凸多边形和凸多面体可以是有界的，也可以是无界的。

(2) 凸多面体：实心多面体和实心球体称为凸多面体。

(3) 凸集：设 K 是 n 维欧氏空间(记为 $\boldsymbol{E}^n$)的一个点集，若任意两点 $X^{(1)}\in KX^{(2)}\in K$

连线上的一切点 $\alpha X^{(1)}+(1-\alpha)X^{(2)}\in K(0\leqslant\alpha\leqslant 1)$，则称 K 为凸集。

从直观上看，由凸集的点构成的凸多边形和凸多面体没有凹入部分，也没有内部空洞。如图 3-8(a)、(b)所示均为凸集，而(c)不是凸集。

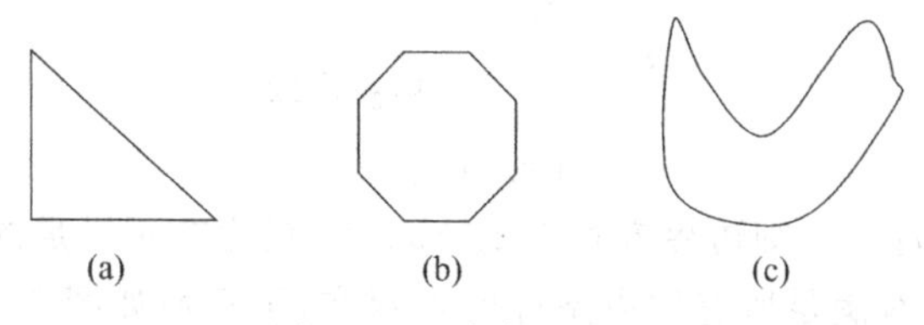

图 3-8　凸集与非凸集

显然，凸多边形、凸多面体都是凸集的特殊情形。

(4) 凸组合：设 $X^{(1)},X^{(2)},\cdots,X^{(k)}$ 是 $\boldsymbol{E}^n$ 中的 k 个点，若存在 $\mu_1,\mu_2,\cdots,\mu_k$，且$(0\leqslant\mu_i\leqslant 1;i=1,2,\cdots,k;\sum_{i=1}^{k}u_i=1)$，使得

$$\boldsymbol{X}=\mu_1X^{(1)}+\mu_2X^{(2)}+\cdots+\mu_kX^{(k)}$$

则称 $\boldsymbol{X}$ 是 $X^{(1)},X^{(2)},\cdots,X^{(k)}$ 的凸组合。

(5) 顶点(又称为极点)：设 K 是凸集，$X\in K$；若 X 不能被不同的两点 $X^{(1)}\in K$ 和 $X^{(2)}\in K$ 的线性组合表示为 $\alpha X^{(1)}+(1-\alpha)X^{(2)}\in K(0\leqslant\alpha\leqslant 1)$，则称 X 为 K 的一个顶点或极点。

3. 线性规划模型的标准形式

线性规划问题是求一个线性目标函数在一组线性约束条件下的最大值或最小值问题。在线性规划模型中，目标函数根据实际问题的要求可能是求最大化，也可能是求最小化；每一个函数约束可能是相等约束，即约束函数=资源常量项，也可能是不等约束，即约束函数>资源常量项或约束函数<资源常量项；资源常量项可能非负也可能非正；决策变量取值范围可能非负也可能非正，甚至可能无限制等。因此，线性规划模型的形式多种多样，这给求解线性规划问题带来不便。虽然图解法对线性规划模型的形式没有限制，但它对变量个数有约束。为了方便起见，要求规范线性规划模型的标准形式，将线性规划模型的所有形式都转化为标准形式进行研究。

1) 线性规划模型的标准形式

$$\max z=c_1x_1+c_1x_2+\cdots+c_nx_n$$

$$\text{s. t.}\begin{cases}a_{11}x_1+a_{12}x_2+\cdots+a_{1n}x_n=b_1\\a_{21}x_1+a_{22}x_2+\cdots+a_{2n}x_n=b_2\\\quad\vdots\\a_{m1}x_1+a_{m2}x_2+\cdots+a_{mn}x_n=b_m\\x_1,x_2,\cdots,x_n\geqslant 0\end{cases}\tag{3-5}$$

其中，$b_i\geqslant 0(i=1,2,\cdots,m)$

$$\max z=\sum_{j=1}^{n}c_jx_j$$

或简记为

$$\text{s.t.}\begin{cases}\sum_{j=1}^{n} a_{ij}x_j = b_i & (i=1,2,\cdots,m)\\ x_j \geqslant 0 & (j=1,2,\cdots,n)\end{cases}$$

称其为标准形式的**一般式**。

若记

$$\boldsymbol{A}=\begin{bmatrix}a_{11} & a_{12} & \cdots & a_{1n}\\ a_{21} & a_{22} & \cdots & a_{2n}\\ & \vdots & & \\ a_{m1} & a_{m2} & \cdots & a_{mn}\end{bmatrix},\quad \boldsymbol{c}=(c_1,c_1,\cdots,c_n),\quad \boldsymbol{b}=\begin{bmatrix}b_1\\ b_2\\ \vdots\\ b_m\end{bmatrix},\quad \boldsymbol{X}=\begin{bmatrix}x_1\\ x_2\\ \vdots\\ x_n\end{bmatrix}$$

$$\boldsymbol{P}_j=\begin{bmatrix}a_{1j}\\ a_{2j}\\ \vdots\\ a_{mj}\end{bmatrix},\quad (j=1,2,\cdots,n)$$

则线性规划模型标准形式的**矩阵式**为

$$\max z=\boldsymbol{cX}$$

$$\text{s.t.}\begin{cases}\boldsymbol{AX}=\boldsymbol{b}\\ \boldsymbol{X}\geqslant\boldsymbol{0}\end{cases}$$

向量式为

$$\max z=\boldsymbol{cX}$$

$$\text{s.t.}\begin{cases}\sum_{j=1}^{n}\boldsymbol{P}_j x_j=\boldsymbol{b}\\ \boldsymbol{X}\geqslant\boldsymbol{0}\end{cases}$$

线性规划模型标准形式中的一般式、矩阵式和向量式等三种表达式是等价的，在应用中可根据需要灵活使用。

线性规划模型的标准形式具有如下 4 个特点：

（1）目标函数是最大化类型：$\max z=\boldsymbol{cX}$

（2）约束条件均由等式组成：$\boldsymbol{AX}=\boldsymbol{b}$

（3）决策变量均为非负：$\boldsymbol{X}\geqslant 0$

（4）资源常数项非负：$\boldsymbol{b}\geqslant 0$

2）线性规划模型的标准化

根据线性规划模型标准形式的特点，可以将其他形式的线性规划模型转化为标准形式，这种转化过程称为线性规划模型的标准化。

（1）目标函数的转化。

若原问题的目标函数是最小化，即 $\min z=\sum_{j=1}^{n}c_j x_j$，则可将原目标函数乘以$-1$，等价转化为最大化问题

$$\max z' = \min(-z) = -\sum_{j=1}^{n} c_j x_j$$

转化后的问题与原问题有相同的最优解。

(2) 约束条件的转化。

约束条件的转化是将不等式约束化为等式约束。如果约束条件是线性不等式

$$\sum_{j=1}^{n} a_{ij} x_j \leqslant b_i$$

则引入松弛变量 $x_{n+i} \geqslant 0$,将其转化为等价的等式约束条件

$$\sum_{j=1}^{n} a_{ij} x_j + x_{n+i} = b_i$$

如果约束条件是线性不等式

$$\sum_{j=1}^{n} a_{ij} x_j \geqslant b_i$$

则引入剩余变量 $x_{n+i} \geqslant 0$,将其转化为等价的等式约束条件

$$\sum_{j=1}^{n} a_{ij} x_j - x_{n+i} = b_i$$

总之,若原问题的约束为"≤"型,则左边加松弛变量转化为等式约束;若约束为"≥"型,则左边减剩余变量转化为等式约束。

(3) 变量约束的转化。

如果原问题中某变量非正,即 $x_j \leqslant 0$,则令 $x_j' = -x_j \geqslant 0$;

如果原问题中某变量 x_j 是自由变量(即无非负限制),则可令

$$x_j = x_j' - x_j'', \quad x_j' \geqslant 0, \quad x_j'' \geqslant 0$$

将变换后的变量代入原问题,得到的转化后的问题与原问题具有相同的最优解。

(4) 资源常量的转化。

如果某个资源常量 $b_i \leqslant 0$,则先将 $b_i \leqslant 0$ 所在的约束式两边乘以 -1,使得 $b_i' = -b_i \geqslant 0$ 后,再将不等约束化为等式约束。

例 3-2 将下列线性规划问题标准化。

$$\min z = -x_1 + 2x_2 - 3x_3$$

$$\text{s.t.}\begin{cases} x_1 + 2x_2 + 3x_3 \leqslant 7 \\ -x_1 + x_2 - x_3 \leqslant -2 \\ -3x_1 + x_2 + 2x_3 = 5 \\ x_1, x_3 \geqslant 0, \quad x_2 \text{ 无约束} \end{cases}$$

解:

(1) 将最小化目标函数乘以 -1 转化为最大化。因此,转化后的等价目标函数为:

$$\max z' = -(-x_1 + 2x_2 - 3x_3) = x_1 - 2x_2 + 3x_3$$

(2) 在第一个约束条件中引入松弛变量 $x_4 \geqslant 0$,化为等式约束:

$$x_1 + 2x_2 + 3x_3 + x_4 = 7$$

(3) 在第二个约束条件中乘以 -1,将资源常数 $b_2 = -2$ 化为正数,则第二个约束条件

化为：

$$x_1 - x_2 + x_3 \geqslant 2$$

再引入剩余变量 $x_5 \geqslant 0$，化为等式约束：

$$x_1 - x_2 + x_3 - x_5 = 2$$

(4) 再令无约束的自由变量 $x_2 = x_2' - x_2''$，$x_2' \geqslant 0$，$x_2'' \geqslant 0$。

因此，可得到与原问题等价的线性规划模型的标准形式

$$\max z' = x_1 - 2(x_2' - x_2'') + 3x_3$$

$$\text{s.t.}\begin{cases} x_1 + 2(x_2' - x_2'') + 3x_3 + x_4 = 7 \\ x_1 - (x_2' - x_2'') + x_3 - x_5 = 2 \\ -3x_1 + (x_2' - x_2'') + 2x_3 = 5 \\ x_1, x_2', x_2'', x_3, x_4, x_5 \geqslant 0 \end{cases}$$

例 3-3 将下列线性规划问题化为标准形。

$$\max z = -|x| - |y|$$

$$\text{s.t.}\begin{cases} x + y \geqslant 2 \\ x \leqslant 3 \\ x, y \text{ 无约束} \end{cases}$$

解：令

$$x' = \begin{cases} x, & \text{当 } x \geqslant 0 \\ 0, & \text{当 } x < 0 \end{cases}, \quad x'' = \begin{cases} 0, & \text{当 } x \geqslant 0 \\ -x, & \text{当 } x < 0 \end{cases}$$

$$y' = \begin{cases} y, & \text{当 } y \geqslant 0 \\ 0, & \text{当 } y < 0 \end{cases}, \quad y'' = \begin{cases} 0, & \text{当 } y \geqslant 0 \\ -y, & \text{当 } y < 0 \end{cases}$$

则有

$$x = x' - x'', \quad |x| = x' + x''$$

$$y = y' - y'', \quad |y| = y' + y''$$

加入剩余变量 s，松弛变量 w，得到原问题模型的标准形式：

$$\max z = -(x' + x'') - (y' + y'')$$

$$\text{s.t.}\begin{cases} x' - x'' + y' - y'' - s = 2 \\ x' - x'' + w = 3 \\ x', x'', y', y'', s, w \geqslant 0 \end{cases}$$

例 3-4 将下列线性规划问题标准化。

$$\max z = 2x_1 - x_2 + x_3$$

$$\text{s.t.}\begin{cases} x_1 + 3x_2 - x_3 \leqslant 20 \\ 2x_1 - x_2 + x_3 \geqslant 12 \\ x_1 - 4x_2 - 4x_3 \geqslant 2 \\ x_1, x_2 \geqslant 0, \quad 2 \leqslant x_3 \leqslant 6 \end{cases}$$

解：首先考察变量，令 $x_3' = x_3 - 2$，则 $2 \leqslant x_3 \leqslant 6$ 转化为

$$0 \leqslant x_3' = x_3 - 2 \leqslant 4$$

即有

$$x_3' \geqslant 0, \quad x_3' \leqslant 4$$

从而得到等价模型为

$$\max z = 2x_1 - x_2 + x_3' - 2$$

$$\text{s.t.} \begin{cases} x_1 + 3x_2 - x_3' \leqslant 22 \\ 2x_1 - x_2 + x_3' \geqslant 10 \\ x_1 - 4x_2 - 4x_3' \geqslant 10 \\ x_3' \leqslant 4 \\ x_1, x_2, x_3' \geqslant 0 \end{cases}$$

在等价模型中，第1、4个约束条件左边分别加上松弛变量 x_4、x_5，第2、3个约束条件左边分别减去剩余变量 x_6、x_7，则得到原问题模型的标准形式：

$$\max z = 2x_1 - x_2 + x_3' - 2$$

$$\text{s.t.} \begin{cases} x_1 + 3x_2 - x_3' + x_4 = 22 \\ 2x_1 - x_2 + x_3' - x_6 = 10 \\ x_1 - 4x_2 - 4x_3' - x_7 = 10 \\ x_3' + x_5 = 4 \\ x_1, x_2, x_3', x_4, x_5, x_6, x_7 \geqslant 0 \end{cases}$$

4. 线性规划问题解的概念

设线性规划问题为

$$\max z = \sum_{j=1}^{n} c_j x_j \tag{3-6}$$

$$\text{s.t.} \begin{cases} \sum_{j=1}^{n} a_{ij} x_j = b_i \quad (i = 1, \cdots, m) & (3\text{-}7) \\ x_j \geqslant 0 \quad (j = 1, \cdots, n) & (3\text{-}8) \end{cases}$$

则从代数学的角度得到如下概念。

可行解：满足上述约束条件(3-7)，(3-8)的解 $\boldsymbol{X} = (x_1, \cdots, x_n)^{\mathrm{T}}$，称为线性规划问题的可行解。

可行域：全部可行解的集合，称为线性规划问题的可行域。

最优解：使目标函数(3-6)达到最大值的可行解称为最优解，对应的目标函数值称为最优值。求解线性规划问题就是求其最优解和最优值，但用纯代数的方法求解是困难的。

如果线性规划问题的最优解存在且唯一，则称线性规划问题有唯一最优解。如果线性规划问题的最优解存在但不唯一，则称线性规划问题有多重最优解。

基：设 $\boldsymbol{A}$ 为约束方程组(3-7)的 $m \times n$ 阶系数矩阵(设 $n > m$)，其秩为 m，$\boldsymbol{B}$ 是矩阵 $\boldsymbol{A}$ 中的一个 $m \times m$ 阶的满秩子矩阵，称 $\boldsymbol{B}$ 是线性规划问题的一个基。不失一般性，设

$$\boldsymbol{B} = \begin{bmatrix} a_{11} & a_{12} & \cdots & a_{1m} \\ a_{21} & a_{22} & \cdots & a_{2m} \\ \vdots & \vdots & \vdots & \vdots \\ a_{m1} & a_{m2} & \cdots & a_{mm} \end{bmatrix} = (\boldsymbol{P}_1, \boldsymbol{P}_2, \cdots, \boldsymbol{P}_m)$$

$\boldsymbol{B}$ 中的每一个列向量 $\boldsymbol{P}_j(j=1,\cdots,m)$ 称为**基向量**，与基向量 $\boldsymbol{P}_j$ 对应的变量 x_j 称为**基变量**。线性规划中除基变量以外的变量称为**非基变量**。

基解：在约束方程组(3-7)中，令所有非基变量 $x_{m+1}=x_{m+2}=\cdots=x_n=0$，又因为有 $|\boldsymbol{B}|\neq 0$，根据克莱姆规则，由 m 个约束方程可解出 m 个基变量的唯一解 $\boldsymbol{X}_B=(x_1,\cdots,x_m)^{\mathrm{T}}$。将这个解加上非基变量取零值，则有 $\boldsymbol{X}=(x_1,x_2,\cdots,x_m,0,\cdots,0)^{\mathrm{T}}$，称 $\boldsymbol{X}$ 为线性规划问题的基解。

显然，在基解中，变量取非零值的个数不大于方程个数 m，故基解的总数不超过 C_n^m 个。

基可行解：满足变量非负约束条件(3-8)的基解称为基可行解。

可行基：对应于基可行解的基称为可行基。

退化解：如果基解中非零分量的个数小于 m，则称此基解为退化的，否则是非退化的。

最优基解：如果对应于基 $\boldsymbol{B}$ 的基可行解是最优解，则称 $\boldsymbol{B}$ 为最优基，相应的解称为最优基解。

线性规划问题解之间的关系如图 3-9 所示。

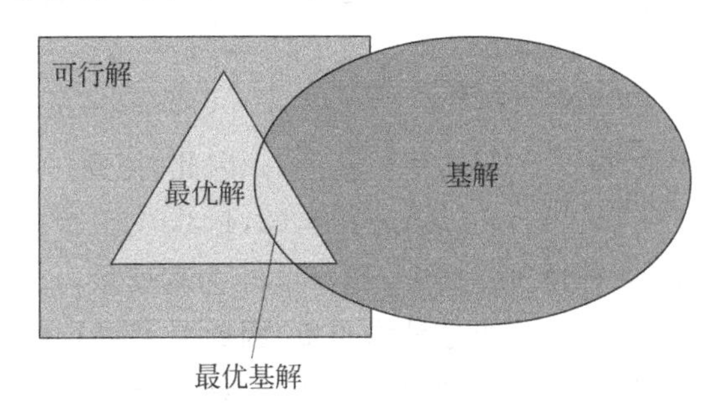

图 3-9 线性规划问题解之间的关系

例 3-5 求出下列线性规划问题的全部基解，指出其中的基可行解，并确定最优解。

$$\max z = 2x_1 + 3x_2 + x_3$$

$$\text{s.t.}\begin{cases} x_1 + 2x_2 \leqslant 10 \\ x_2 \leqslant 4 \\ x_1 + x_3 = 5 \\ x_i \geqslant 0 \quad (i=1,2,3,4,5) \end{cases}$$

解：原问题的标准形式为

$$\max z = 2x_1 + 3x_2 + x_3$$

$$\text{s.t.}\begin{cases} x_1 + 2x_2 + x_4 = 10 \\ x_2 + x_5 = 4 \\ x_1 + x_3 = 5 \\ x_i \geqslant 0 \quad (i=1,2,3,4,5) \end{cases}$$

由约束方程组可以得到其增广矩阵 $\bar{\boldsymbol{A}}$，

$$\bar{\boldsymbol{A}}=\left(\begin{array}{ccccc:c} 1 & 2 & 0 & 1 & 0 & 10 \\ 0 & 1 & 0 & 0 & 1 & 4 \\ 1 & 0 & 1 & 0 & 0 & 5 \end{array}\right) \xrightarrow{\text{行初等变换}} \left(\begin{array}{ccccc:c} 0 & 0 & 1 & -1 & 2 & 3 \\ 0 & 1 & 0 & 0 & 1 & 4 \\ 1 & 0 & 1 & 0 & 0 & 5 \end{array}\right)$$

对矩阵 $\bar{\boldsymbol{A}}$ 作行初等行变换知，$\bar{\boldsymbol{A}}$ 的秩 $R(\bar{\boldsymbol{A}})=3$，因此约束方程组有 3 个基变量，$5-3=2$ 个自由变量，即 2 个非基变量。只要令非基变量为零就可得到一组基解。约束方程组有 5 个决策变量，任意两个均可作为非基变量，共有 $C_5^2=10$ 种情况，它们分别是：$x_1=x_2=0$；$x_1=x_3=0$；$x_1=x_4=0$；$x_1=x_5=0$；$x_2=x_3=0$；$x_2=x_4=0$；$x_2=x_5=0$；$x_3=x_4=0$；$x_3=x_5=0$；$x_4=x_5=0$。

对于非基变量的 10 种情况，分别求解约束方程组，可得到该线性规划问题的全部基解。全部基解见表 3-1。从表 3-1 可知，该线性规划问题的最优解为 $z^*=19$。下面将 x_1,x_2,x_3 作为基变量，并以此为例，求其中的一组基解。

解约束方程组

$$\bar{\boldsymbol{A}}=\begin{pmatrix}1&2&0&1&0&\vdots&10\\0&1&0&0&1&\vdots&4\\1&0&1&0&0&\vdots&5\end{pmatrix}\xrightarrow{\text{行初等变换}}\begin{pmatrix}0&0&1&-1&2&3\\0&1&0&0&1&4\\1&0&1&0&0&5\end{pmatrix}$$

$$\xrightarrow{\text{行初等变换}}\begin{pmatrix}0&0&1&-1&2&\vdots&3\\0&1&0&0&1&\vdots&4\\1&0&0&1&-2&\vdots&2\end{pmatrix}\Rightarrow\begin{cases}x_3=3+x_4-2x_5\\x_2=4\qquad\ -x_5\\x_1=2-x_4+2x_5\end{cases}$$

令非基变量 $x_4=x_5=0$，得 $x_1=2$，$x_2=4$，$x_3=3$。因此，得到一组解为

$$(x_1,x_2,x_3,x_4,x_5)=(2,4,3,0,0)$$

这就是表 3-1 中的第 10 种情况。其中，x_1,x_2,x_3 为基变量，x_4,x_5 为非基变量；由于基解 $(x_1,x_2,x_3,x_4,x_5)=(2,4,3,0,0)$ 的分量均非负，因此是基可行解，对应的 $(\boldsymbol{P}_1,\boldsymbol{P}_2,\boldsymbol{P}_3)$ 为一组可行基。同时，可以验证基可行解 $(2,4,3,0,0)$ 恰好是原问题三个约束式边界的交点，所以，它对应其可行域的顶点。

类似地，可求得全部 10 种情况的基解。

从求解中可知，增广矩阵 $\bar{\boldsymbol{A}}$ 的 2、4、5 列，以及 1、3、5 列构成的三维矩阵不可逆，不能构成基矩阵。因此，2、7 两种情况无解。

另外，还可以验证，1、4、5、8、10 这 5 种情况的解，都对应其可行域的顶点。

表 3-1　线性规划问题的基可行解

情况	x_1	x_2	x_3	x_4	x_5	z	是否基可行解
1	0	0	5	10	4	5	√
2	0	/	0	/	/	/	/
3	0	5	3	0	−1	20	×
4	0	4	5	2	0	17	√
5	5	0	0	5	5	10	√
6	10	0	−5	0	4	15	×
7	/	0	/	/	0	/	/
8	5	2.5	0	0	1.5	17.5	√
9	5	4	0	−3	0	22	×
10	2	4	3	0	0	19	√ *

注：其中标注/者为无解，标注√者为基可行解，标注×者为非基可行解，标注 * 者为最优解。

5. 线性规划问题解的性质

定理 3-1 若线性规划问题存在可行解,则可行域是凸集。

证:若满足线性规划约束条件 $\sum_{j=1}^{n}\boldsymbol{P}_j x_j = b$ 的所有组成的几何图形 C 是凸集,根据凸集定义,C 内任意两点 $\boldsymbol{X}_1$,$\boldsymbol{X}_2$ 连线上的点也必然存在 C 内,下面给予证明。

设 $\boldsymbol{X}_1=(x_{11},x_{12},\cdots,x_{1n})^{\mathrm{T}}$,$\boldsymbol{X}_2=(x_{21},x_{22},\cdots,x_{2n})^{\mathrm{T}}$ 为 C 内任意两点,即 $\boldsymbol{X}_1\in C$,$\boldsymbol{X}_2\in C$,将 $\boldsymbol{X}_1$,$\boldsymbol{X}_2$ 代入约束条件有

$$\sum_{j=1}^{n}\boldsymbol{P}_j x_{1j} = b;\quad \sum_{j=1}^{n}\boldsymbol{P}_j x_{2j} = b \tag{3-9}$$

$\boldsymbol{X}_1$,$\boldsymbol{X}_2$ 连线上任意一点可以表示为:

$$\boldsymbol{X} = a\boldsymbol{X}_1 + (1-a)\boldsymbol{X}_2 \quad (0 < a < 1) \tag{3-10}$$

将式(3-9)代入式(3-10)得:

$$\begin{aligned}\sum_{j=1}^{n}\boldsymbol{P}_j x_j &= \sum_{j=1}^{n}\boldsymbol{P}_j[a x_{1j} + (1-a)x_{2j}] = b \\ &= ab + b - ab = b\end{aligned}$$

所以,$\boldsymbol{X}=a\boldsymbol{X}_1+(1-a)\boldsymbol{X}_2\in C$。由于集合中任意两点连线上的点均在集合内,因此,$C$ 为凸集。

定理 3-2 线性规划问题的可行解 $\boldsymbol{X}=(x_1,x_2,\cdots,x_n)$为基可行解的充要条件是 $\boldsymbol{X}$ 的正分量所对应的系数列向量是线性独立的。

证:

(1) 必要性:由基可行解的定义,显然得证。

(2) 充分性:若向量 $\boldsymbol{P}_1,\boldsymbol{P}_2,\cdots,\boldsymbol{P}_k$ 线性独立,则必有 $k\leqslant m$;$k=m$ 时,它们恰好构成一个基,从而 $\boldsymbol{X}=(x_1,x_2,\cdots,x_m,0,\cdots,0)$为相应的基可行解。当 $k<m$ 时,由于系数矩阵的秩为 m,则一定可以从其余列向量中取出 $(m-k)$个与 $\boldsymbol{P}_1,\boldsymbol{P}_2,\cdots,\boldsymbol{P}_k$ 构成一个基,其对应的解恰为 $\boldsymbol{X}$,所以据定义它是基可行解。

定理 3-3 线性规划问题的基可行解 $\boldsymbol{X}$ 对应线性规划问题可行域(凸集)的顶点。

证:本定理需要证明:$\boldsymbol{X}$ 是可行域顶点$\Leftrightarrow\boldsymbol{X}$ 是基可行解。下面采用反证法证明。

(1) $\boldsymbol{X}$ 不是基可行解$\Rightarrow\boldsymbol{X}$ 不是可行域的顶点。

不失一般性,假设 $\boldsymbol{X}$ 的前 m 个分量为正,故有

$$\sum_{j=1}^{m}\boldsymbol{P}_j x_j = b \tag{3-11}$$

由定理 3-2 可知 $\boldsymbol{P}_1,\cdots,\boldsymbol{P}_m$ 线性相关,即存在一组不全为零的数 $\delta_i(i=1,\cdots,m)$,使得

$$\delta_1\boldsymbol{P}_1 + \delta_2\boldsymbol{P}_2 + \cdots + \delta_m\boldsymbol{P}_m = 0 \tag{3-12}$$

式(3-12)乘上一个不为零的数 u 得:

$$u\delta_1\boldsymbol{P}_1 + u\delta_2\boldsymbol{P}_2 + \cdots + u\delta_m\boldsymbol{P}_m = 0 \tag{3-13}$$

式(3-11)+(3-13)得: $(x_1+u\delta_1)\boldsymbol{P}_1+(x_2+u\delta_2)\boldsymbol{P}_2+\cdots+(x_m+u\delta_m)\boldsymbol{P}_m=b$

式(3-13)−式(3-11)得: $(x_1-u\delta_1)\boldsymbol{P}_1+(x_2-u\delta_2)\boldsymbol{P}_2+\cdots+(x_m+u\delta_m)\boldsymbol{P}_m=b$

令

$$\boldsymbol{X}^{(1)} = [(x_1 + u\delta_1),(x_2 + u\delta_2),\cdots,(x_m + u\delta_m),0,\cdots,0]$$

$$\boldsymbol{X}^{(2)} = [(x_1 - u\delta_1),(x_2 - u\delta_2),\cdots,(x_m - u\delta_m),0,\cdots,0]$$

又 u 可以这样来选取，使得对所有 $i=1,\cdots,m$ 有

$$x_i \pm u\delta_i \geqslant 0$$

由此，$\boldsymbol{X}^{(1)} \in \boldsymbol{C}$，$\boldsymbol{X}^{(2)} \in \boldsymbol{C}$，又 $\boldsymbol{X}=\frac{1}{2}\boldsymbol{X}^{(1)}+\frac{1}{2}\boldsymbol{X}^{(2)}$，即 $\boldsymbol{X}$ 不是可行域的顶点。

(2) $\boldsymbol{X}$ 不是可行域的顶点$\Rightarrow\boldsymbol{X}$ 不是基本可行解。

不失一般性，设 $\boldsymbol{X}=(x_1,x_2,\cdots x_r,0,\cdots,0)$ 不是可行域的顶点，因而可以找到可行域内另外两个不同点 $\boldsymbol{Y}$ 和 $\boldsymbol{Z}$，有 $\boldsymbol{X}=a\boldsymbol{Y}+(1-a)\boldsymbol{Z}(0<a<1)$，或可以写为：

$$x_j = ay_j + (1-a)z_j \quad (0 < a < 1;\ j = 1,\cdots,n)$$

因为 $a>0,1-a>0$，故当 $x_j=0$ 时，必有

$$y_j = z_j = 0$$

因此

$$\sum_{j=1}^{n}\boldsymbol{P}_j x_j = \sum_{j=1}^{r}\boldsymbol{P}_j x_j = b$$

故有

$$\sum_{j=1}^{n}\boldsymbol{P}_j y_j = \sum_{j=1}^{r}\boldsymbol{P}_j y_j = b \tag{3-14}$$

$$\sum_{j=1}^{n}\boldsymbol{P}_j z_j = \sum_{j=1}^{r}\boldsymbol{P}_j z_j = b \tag{3-15}$$

式(3-14)－式(3-15)得

$$\sum_{j=1}^{r}(y_j - z_j)\boldsymbol{P}_j = 0$$

因为 y_j-z_j 不全为零，故 $\boldsymbol{P}_1,\cdots,\boldsymbol{P}_r$ 线性相关，即 $\boldsymbol{X}$ 不是基可行解。

定理 3-4 若线性规划问题有最优解，一定存在一个基可行解是最优解。

证：设 $\boldsymbol{X}^{(0)} = (x_1^0,x_2^0,\cdots,x_n^0)$ 是线性规划的一个最优解，$\boldsymbol{Z} = \boldsymbol{C}\boldsymbol{X}^{(0)} = \sum_{j=1}^{n} c_i x_j^0$ 是目标函数的最大值。若 $\boldsymbol{X}^{(0)}$ 不是基可行解，由定理 3-3 知 $\boldsymbol{X}^{(0)}$ 不是顶点，一定能在可行域内找到通过 $\boldsymbol{X}^{(0)}$ 的直线上的另外两个点$(\boldsymbol{X}^{(0)} + \mu\delta) \geqslant 0$ 和$(\boldsymbol{X}^{(0)} - \mu\delta) \geqslant 0$。将这两个点代入目标函数有

$$\boldsymbol{C}(\boldsymbol{X}^{(0)} + \mu\delta) = \boldsymbol{C}\boldsymbol{X}^{(0)} + \boldsymbol{C}\mu\delta$$

$$\boldsymbol{C}(\boldsymbol{X}^{(0)} - \mu\delta) = \boldsymbol{C}\boldsymbol{X}^{(0)} - \boldsymbol{C}\mu\delta$$

因 $\boldsymbol{C}\boldsymbol{X}^{(0)}$ 为目标函数的最大值，故有

$$\boldsymbol{C}\boldsymbol{X}^{(0)} \geqslant \boldsymbol{C}\boldsymbol{X}^{(0)} + \boldsymbol{C}\mu\delta$$

$$\boldsymbol{C}\boldsymbol{X}^{(0)} \geqslant \boldsymbol{C}\boldsymbol{X}^{(0)} - \boldsymbol{C}\mu\delta$$

由此 $\boldsymbol{C}\mu\delta=0$，即有 $\boldsymbol{C}(\boldsymbol{X}^{(0)}+\mu\delta)=\boldsymbol{C}\boldsymbol{X}^{(0)}=\boldsymbol{C}(\boldsymbol{X}^{(0)}-\mu\delta)$。如果$(\boldsymbol{X}^{(0)}+\mu\delta)$和$(\boldsymbol{X}^{(0)}-\mu\delta)$仍不是基可行解，按上面的方法继续做下去，最后一定可以找到一个基可行解，其目标函数值等于 $\boldsymbol{C}\boldsymbol{X}^{(0)}$，问题得证明。

同样，还可以证明以下有关结论：

(1) 线性规划问题的可行域非空时，如果有两个顶点同时达到最优解，则两个顶点及其连线上的任意一点都是最优解。此时，有无穷多个最优解，即多重最优解。

(2) 可行域相邻两顶点对应的基矩阵中，只有一个基向量不同，其余基向量均相同。

(3) 线性规划问题的可行域为无界域时，线性规划最大化问题有可行解但无最优解，这种情形的解称为无界解，但最小化问题存在有限最优解。

(4) 线性规划问题的可行域为空集时，不存在可行解，更不存在最优解，这种情形下，称线性规划问题无可行解。

注意：在应用上，当线性规划问题出现无界解和无可行解两种情形时，说明线性规划问题的模型有问题，前者缺乏必要的约束条件，后者的约束条件相互冲突，必须修改模型后再进行优化。

3.2 单纯形法原理

由定理 3-4 可知，如果线性规划问题存在最优解，一定可以在基可行解中找到。由于基可行解的数目不超过 C_n^m 个，从理论上说，一定可以用枚举法先求出所有基可行解，再通过逐个比较目标函数值，最终找到最优解。但是，当 m、n 比较大时，这种方法不可行。因此，需要使用求解线性规划问题的常用方法——单纯形法。

用例 2-1 从几何上和代数表达式两方面来说明单纯形方法。

生产计划问题的线性规划模型为

$$\max z = 4x_1 + 5x_2$$

$$\text{s.t.}\begin{cases} x_1 \leqslant 4 \\ x_2 \leqslant 3 \\ x_1 + 2x_2 \leqslant 8 \\ x_1, x_2 \geqslant 0 \end{cases}$$

从几何上看，单纯形法从可行域的一个顶点(通常是原点)出发，试图在其相邻的可行域顶点中寻求目标函数值更好的顶点，若在某顶点的相邻顶点中找不到使目标函数有改善的顶点，则现有顶点就是最优解。在本例中，可行域的各顶点及相邻的情况分布如图 3-10 所示，可行域的顶点有 5 个，分别为 O,A,B,C,D。

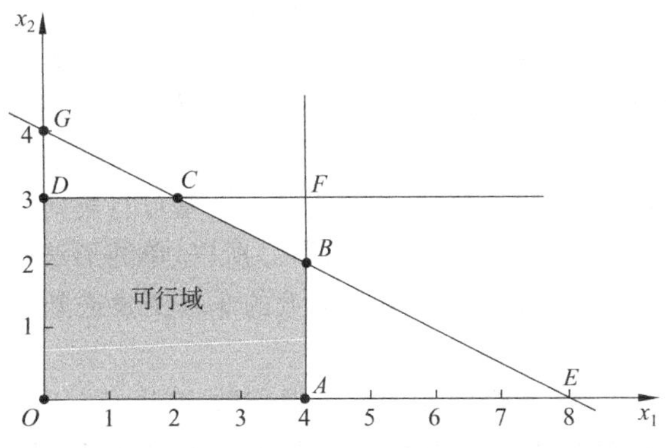

图 3-10　例 2-1 可行域各顶点及相邻情况分布图

首先，从原点 O 出发，因为与原点 O 相邻的点有两个 A 和 D，其对应的目标函数值均优于原点 O，可按下列思路选出目标函数值更好的顶点。

从 $O(0,0)$ 出发有两条边界约束 $x_1=0$（x_2 轴）和 $x_2=0$（x_1 轴），由于目标函数 $z=4x_1+5x_2$ 中，x_2 的系数（目标函数增长率）5 比 x_1 的系数 4 大，因此，选择沿 x_2 轴移动，直至遇到新的边界 $x_2=3$ 到达点 $D(0,3)$。从 D 出发寻求更好的目标函数值，也有两条边界约束 $x_1=0$（x_2 轴）和直线 $x_2=3$，因为沿 x_2 轴向下移动会使目标函数值下降，所以选择沿直线 $x_2=3$ 向右移动直至遇到新的边界 $x_1+2x_2=8$ 到达顶点 $C(2,3)$，显然，可选择继续移动至相邻顶点 $B(4,2)$，得到其目标函数值为 $z=4\times4+5\times2=26$。继续选择相邻顶点移动，但与之相邻的顶点 C，A 中，没有比 B 点目标函数值更好的，可以验证 B 点是最优解。

在几何上，单纯形法的要点就是，要判定可行域顶点 M 是否为线性规划的最优解，只要判断其相邻顶点的目标函数值是否比 M 的目标函数值更好。

上述求最优解的过程也可用代数形式表示。

该线性规划模型的标准形式为

$$\max z = 4x_1 + 5x_2$$

$$\text{s.t.}\begin{cases} x_1 \quad\quad + x_3 \quad\quad\quad = 4 \\ \quad\quad x_2 \quad\quad + x_4 \quad = 3 \\ x_1 + 2x_2 \quad\quad\quad + x_5 = 8 \\ x_1, x_2, x_3, x_4, x_5 \geqslant 0 \end{cases}$$

$$\bar{\boldsymbol{A}} = \left(\begin{array}{ccccc:c} 1 & 0 & 1 & 0 & 0 & 4 \\ 0 & 1 & 0 & 1 & 0 & 3 \\ 1 & 2 & 0 & 0 & 1 & 8 \end{array}\right) = (\boldsymbol{P}_1, \boldsymbol{P}_2, \boldsymbol{P}_3, \boldsymbol{P}_4, \boldsymbol{P}_5, b)$$

取 $\boldsymbol{B}_0=(\boldsymbol{P}_3,\boldsymbol{P}_4,\boldsymbol{P}_5)=\begin{pmatrix}1&0&0\\0&1&0\\0&0&1\end{pmatrix}$，对应的基变量为 x_3,x_4,x_5，非基变量为 x_1,x_2。将非基变量作为自由变量，用高斯消元法将约束方程表示为

$$\begin{cases} x_3 = 4 - x_1 \\ x_4 = 3 \quad\quad - x_2 \\ x_5 = 8 - x_1 - 2x_2 \end{cases} \tag{3-16}$$

令非基变量 $\boldsymbol{X}_N=(x_1,x_2)^{\mathrm{T}}=0$，得初始基可行解 $\boldsymbol{X}^{(0)}=(0,0,4,3,8)^{\mathrm{T}}$（对应于原点 O），此时，目标函数值 $Z^{(0)}=0$。因为目标函数 $z=4x_1+5x_2$ 中非基变量 x_1,x_2 的系数都是正数，而初始基可行解中将 x_1,x_2 取值为零，所得目标函数值显然不是最优值。如果将 x_1,x_2 由非基变量换为基变量（简称为进基变量），其取值可由零变为正值，会使目标函数值增加。由于从一个顶点向相邻另一个顶点移动，相当于从一个基可行解向相邻的另一个基可行解变化，而相邻基可行解的基变量只有一个是不同的，所以，单纯形法每次只能从目标系数为正的两个非基变量中选一个进基。由于系数更大的非基变量进基能使目标函数值增加更多，所以选 x_2 进基。

由于基变量的个数等于系数矩阵 $\boldsymbol{A}$ 的秩 m 是定数，有进必有出。于是要从原有的基变量 x_3,x_4,x_5 中选一个换为非基变量（简称出基变量）。下面考虑出基变量的确定方法。

当 x_2 进基后，x_1 还是非基变量，在下一个基可行解中仍有 $x_1=0$；但此时必须满足线性规划模型中变量的非负性约束。由约束方程(3-16)有

$$\begin{cases} x_3 = 4 \geqslant 0 \\ x_4 = 3 - x_2 \geqslant 0 \\ x_5 = 8 - 2x_2 \geqslant 0 \end{cases} \Rightarrow \begin{cases} x_2 \leqslant \dfrac{3}{1} = 3 \\ x_2 \leqslant \dfrac{8}{2} = 4 \end{cases} \Rightarrow \text{选 } x_2 = \min\left\{\frac{3}{1}, \frac{8}{2}\right\} = \frac{3}{1} = 3$$

而当 $x_2=3$ 时，基变量 $x_4=0$，x_4 由基变量变为非基变量，因而成为出基变量。

这种使 x_2 进基，x_4 出基的过程，称为**换基**。换基后，新的基为 $\boldsymbol{B}_1=(\boldsymbol{P}_3,\boldsymbol{P}_2,\boldsymbol{P}_5)$，基变量为 $\boldsymbol{X_B}=(x_3,x_2,x_5)^{\mathrm{T}}$，非基变量为 $\boldsymbol{X_N}=(x_1,x_4)^{\mathrm{T}}$。约束方程(3-16)变为

$$\begin{cases} x_3 = 4 - x_1 \\ x_2 = 3 - x_4 \\ x_5 = 2 - x_1 + 2x_4 \end{cases} \tag{3-17}$$

将式(3-17)代入目标函数 $z=4x_1+5x_2$ 得

$$z = 15 + 4x_1 - 5x_4 \quad \text{(目标函数中只含非基变量)} \tag{3-18}$$

令 $\boldsymbol{X}_N=(x_1,x_4)^{\mathrm{T}}=0$ 得基可行解 $\boldsymbol{X}^{(1)}=(0,3,4,0,2)^{\mathrm{T}}$，目标函数值 $z^{(1)}=15$，对应于可行域的顶点 D。

显然，式(3-18)目标函数 $z=15+4x_1-5x_4$ 中非基变量 x_1 的系数为正，如果 x_1 进基可使目标函数值增加，$\boldsymbol{X}^{(1)}=(0,3,4,0,2)^{\mathrm{T}}$ 不是最优解，x_1 进基，再换基。

同样，在非基变量 $x_4=0$ 时，满足所有变量的非负性约束，确定出基变量。由式(3-17)有

$$\begin{cases} x_3 = 4 - x_1 \geqslant 0 \\ x_2 = 3 \geqslant 0 \\ x_5 = 2 - x_1 \geqslant 0 \end{cases} \Rightarrow \begin{cases} x_1 \leqslant \dfrac{4}{1} = 4 \\ x_1 \leqslant \dfrac{2}{1} = 2 \end{cases} \Rightarrow \text{选 } x_1 = \min\left\{\frac{4}{1}, \frac{2}{1}\right\} = \frac{2}{1} = 2$$

而当 $x_1=2$ 时，基变量 $x_5=0$，所以，x_1 进基，x_5 出基。

换基后，新的基为 $\boldsymbol{B}_2=(\boldsymbol{P}_3,\boldsymbol{P}_2,\boldsymbol{P}_1)$，基变量为 $\boldsymbol{X_B}=(x_3,x_2,x_1)^{\mathrm{T}}$，非基变量为 $\boldsymbol{X_N}=(x_5,x_4)^{\mathrm{T}}$。约束方程(3-17)变为

$$\begin{cases} x_3 = 2 - 2x_4 + x_5 \\ x_2 = 3 - x_4 \\ x_1 = 2 + 2x_4 - x_5 \end{cases} \tag{3-19}$$

将式(3-19)代入目标函数 $z=15+4x_1-5x_4$ 得

$$z = 23 + 3x_4 - 4x_5 \tag{3-20}$$

令 $\boldsymbol{X_N}=(x_5,x_4)^{\mathrm{T}}=0$ 得基可行解 $\boldsymbol{X}^{(2)}=(2,3,2,0,0)^{\mathrm{T}}$，目标函数值 $z^{(2)}=23$，对应于可行域的顶点 C。

同样，式(3-20)中 x_4 系数为正，进基；在非基变量 $x_5=0$ 时，满足变量的非负性约束，确定出基变量。由式(3-19)有

$$\begin{cases} x_3 = 2 - 2x_4 \geqslant 0 \\ x_2 = 3 - x_4 \geqslant 0 \\ x_1 = 2 + 2x_4 \geqslant 0 \end{cases} \Rightarrow \begin{cases} x_4 \leqslant \dfrac{2}{2} = 1 \\ x_4 \leqslant \dfrac{3}{1} = 3 \end{cases} \Rightarrow \text{选 } x_4 = \min\left\{\frac{2}{2}, \frac{3}{1}\right\} = \frac{2}{2} = 1$$

当 $x_4=1$ 时，$x_3=0$。所以，$x_4=1$ 进基，x_3 出基。

换基后，新的基为 $\boldsymbol{B}_3=(\boldsymbol{P}_4,\boldsymbol{P}_2,\boldsymbol{P}_1)$，基变量为 $\boldsymbol{X}_{\boldsymbol{B}}=(x_4,x_2,x_1)^{\mathrm{T}}$，非基变量为 $\boldsymbol{X}_{\boldsymbol{N}}=(x_5,x_3)^{\mathrm{T}}$。约束方程(3-19)变为

$$\begin{cases}x_4=1-\dfrac{1}{2}x_3+\dfrac{1}{2}x_5\\[2mm] x_2=2+\dfrac{1}{2}x_3-\dfrac{1}{2}x_5\\[2mm] x_1=4-x_3\end{cases}\tag{3-21}$$

将式(3-21)代入目标函数 $z=23+3x_4-4x_5$ 得

$$z=26-\frac{3}{2}x_3-\frac{5}{2}x_5\tag{3-22}$$

令 $\boldsymbol{X}_{\boldsymbol{N}}=(x_5,x_3)^{\mathrm{T}}=0$ 得基可行解 $\boldsymbol{X}^{(3)}=(4,2,0,1,0)^{\mathrm{T}}$，目标函数值 $z^{(3)}=26$，对应于可行域的顶点 B。

由于非基变量 x_3,x_5 在目标函数 $z=26-\frac{3}{2}x_3-\frac{5}{2}x_5$ 中的系数均为非正，所以 $\boldsymbol{X}^{(3)}=(4,2,0,1,0)^{\mathrm{T}}$ 为最优解，$z^{(3)}=26$ 为最优值。

从以上分析过程可知，单纯形法的实质就是迭代法，换基迭代是其核心内容。可见，单纯形法迭代的基本原理是：首先找一个初始基可行解，然后判断是否最优解，如果是最优解就停止迭代。否则，按照一定法则，继续寻求使目标函数值得到改善的相邻基可行解，再进行判优，直至找不到更优的基可行解或判定该线性规划问题无解为止。

接下来，探讨求解线性规划问题的单纯形法迭代原理。

1. 确定初始基可行解

设标准型的线性规划问题为

$$\max z=\sum_{j=1}^{n}c_jx_j$$

$$\sum_{j=1}^{n}\boldsymbol{P}_jx_j=b\tag{3-23}$$

$$x_j\geqslant 0\quad(j=1,\cdots,n)\tag{3-24}$$

从式(3-23)的约束条件可知，总可以从变量系数矩阵中设法找到一个单位矩阵子块，不妨将其设为

$$(\boldsymbol{P}_1,\boldsymbol{P}_2,\cdots,\boldsymbol{P}_m)=\begin{bmatrix}1&0&\cdots&0\\0&1&\cdots&0\\\vdots&\vdots&\vdots&\vdots\\0&0&\cdots&1\end{bmatrix}_{m\times m}\tag{3-25}$$

当线性规划问题的约束条件均为“$\leqslant$”号时，加上松弛变量 $x_{s1},\cdots,x_{sm}$ 后，松弛变量的系数矩阵即为单位矩阵；对约束条件为“$\geqslant$”或“$=$”的情况，为便于找到初始基可行解，可以构造人工基，人为产生一个单位矩阵，这种情况将在3.4节中讨论。

式(3 25)中$(\boldsymbol{P}_1,\boldsymbol{P}_2,\cdots,\boldsymbol{P}_m)$为基向量，与其对应的变量 $x_1,\cdots,x_m$ 为基变量，模型中的

其他变量 $x_{m+1}, x_{m+2}, \cdots, x_n$ 为非基变量。在式(3-23)中令所有非基变量等于零,即得到一个解

$$X = (x_1, \cdots, x_m, x_{m+1}, \cdots, x_n)^{\mathrm{T}} = (b_1, \cdots, b_m, 0, \cdots, 0)^{\mathrm{T}}$$

因为 $b \geqslant 0$,故 $\boldsymbol{X}$ 满足约束式(3-24),是一个基可行解。

2. 从一个基可行解转换为相邻的基可行解

假设初始基可行解的前 m 个变量为基变量,即

$$\boldsymbol{X}^{(0)} = (x_1^0, x_2^0, \cdots, x_m^0, 0, \cdots, 0)^{\mathrm{T}}$$

代入式(3-23)的约束条件,有

$$\sum_{i=1}^{m} \boldsymbol{P}_i x_i^0 = b \tag{3-26}$$

写出式(3-26)的系数矩阵的增广矩阵:

$$\begin{array}{ccccccccc|c} \boldsymbol{P}_1 & \boldsymbol{P}_2 & \cdots & \boldsymbol{P}_m & \boldsymbol{P}_{m+1} & \cdots & \boldsymbol{P}_j & \cdots & \boldsymbol{P}_n & b \\ 1 & 0 & \cdots & 0 & a_{1,m+1} & \cdots & a_{1j} & \cdots & a_{1n} & b_1 \\ 0 & 1 & \cdots & 0 & a_{2,m+1} & \cdots & a_{2,j} & \cdots & a_{2,n} & b_2 \\ \vdots & \vdots & \vdots & \vdots & \vdots & \vdots & \vdots & \vdots & \vdots & \vdots \\ 0 & 0 & \cdots & 1 & a_{m,m+1} & \cdots & a_{m,j} & \cdots & a_{m,n} & b_m \end{array}$$

因为$(\boldsymbol{P}_1, \boldsymbol{P}_2, \cdots, \boldsymbol{P}_m)$是一组基,其他向量 $\boldsymbol{P}_j$ 可用这组基的线性组合来表示,有

$$\boldsymbol{P}_j = \sum_{i=1}^{m} a_{ij} \boldsymbol{P}_i$$

或

$$\boldsymbol{P}_j - \sum_{i=1}^{m} a_{ij} \boldsymbol{P}_i = 0 \tag{3-27}$$

将式(3-27)乘上一个正的数 $\theta > 0$ 得:

$$\theta(\boldsymbol{P}_j - \sum_{i=1}^{m} a_{ij} \boldsymbol{P}_i) = 0 \tag{3-28}$$

式(3-26)+式(3-28)并经过整理后有

$$\sum_{i=1}^{m} (x_i^0 - \theta a_{ij}) \boldsymbol{P}_i + \theta \boldsymbol{P}_j = b \tag{3-29}$$

由式(3-29) 找到满足约束方程组 $\sum_{j=1}^{n} \boldsymbol{P}_j x_j = b$ 的另一个点 $\boldsymbol{X}^{(1)}$,有

$$\boldsymbol{X}^{(1)} = (x_1^0 - \theta a_{1j}, \cdots, x_m^0 - \theta a_{mj}, 0, \cdots, \theta, \cdots, 0)^{\mathrm{T}}$$

其中 θ 是 $\boldsymbol{X}^{(1)}$ 的第 j 个坐标的值。要使 $\boldsymbol{X}^{(1)}$ 是一个基本可行解,因为 $\theta > 0$,故应对所有 $i = 1, \cdots, m$,存在

$$x_i^0 - \theta a_{ij} \geqslant 0 \tag{3-30}$$

令这 m 个不等式中至少有一个等号成立。因为当 $a_{ij} \leqslant 0$ 时,式(3-30)显然成立,故可令

$$\theta = \min \left\{ \frac{x_i^0}{a_{ij}} \mid a_{ij} > 0 \right\} = \frac{x_l^0}{a_{lj}} \tag{3-31}$$

由式(3-31)有

$$x_i^0 - \theta a_{ij} \begin{cases} = 0 & (i = l) \\ \geqslant 0 & (i \neq l) \end{cases}$$

故 $\boldsymbol{X}^{(1)}$ 是一个可行解。由于与变量 $x_1^1, \cdots, x_{l-1}^1, x_{l+1}^1, \cdots, x_m, x_j$ 对应的向量,经重新排列后加上 b 列有如下形式的矩阵(不含 b 列)和增广矩阵(含 b 列):

$$\begin{array}{cccccccc|c} \boldsymbol{P}_1 & \boldsymbol{P}_2 & \cdots & \boldsymbol{P}_{l-1} & \boldsymbol{P}_j & \boldsymbol{P}_{l+1} & \cdots & \boldsymbol{P}_m & b \\ 1 & 0 & \cdots & 0 & a_{1j} & 0 & \cdots & 0 & b_1 \\ 0 & 1 & \cdots & 0 & a_{2j} & 0 & \cdots & 0 & b_2 \\ \vdots & \vdots & \vdots & \vdots & \vdots & \vdots & & \vdots & \vdots \\ 0 & 0 & \cdots & 1 & a_{l-1,j} & 0 & & 0 & b_{l-1} \\ 0 & 0 & \cdots & 0 & a_{lj} & 0 & & 0 & b_l \\ 0 & 0 & \cdots & 0 & a_{l+1,j} & 1 & & 0 & b_{l+1} \\ \vdots & \vdots & \vdots & \vdots & \vdots & \vdots & & \vdots & \vdots \\ 0 & 0 & \cdots & 0 & a_{mj} & 0 & & 1 & b_m \end{array}$$

且 $a_{ij} \geqslant 0$,故由上述矩阵元素组成的行列式不为零,($\boldsymbol{P}_1, \boldsymbol{P}_2, \cdots, \boldsymbol{P}_{l-1}, \boldsymbol{P}_j$, $\boldsymbol{P}_{l+1}, \cdots, \boldsymbol{P}_m$)是一组基。

在上述增广矩阵中作行初等变换,将 l 行乘上($1/a_{ij}$),再分别乘以($-a_{ij}$)($i=1, \cdots, l-1, l+1, \cdots, m$)加到各行上去,则增广矩阵左半部变成为单位矩阵。又因 $b_l/a_{lj} = \theta$,故

$$b = (b_1 - \theta a_{1j}, \cdots, b_{l-1} - \theta a_{l-1,j}, \theta, b_{l+1} - \theta a_{l+1,j}, \cdots, b_m - \theta a_{mj})^{\mathrm{T}}$$

由此 $\boldsymbol{X}^{(1)}$ 是与 $\boldsymbol{X}^{(0)}$ 相邻的基可行解,且由基向量组成的矩阵仍为单位矩阵。

3. 最优性检验和解的判别

将基可行解 $\boldsymbol{X}^{(0)}$ 和 $\boldsymbol{X}^{(1)}$ 分别代入目标函数得

$$z^{(0)} = \sum_{i=1}^{m} c_i x_i^0$$

$$\begin{aligned} z^{(1)} &= \sum_{i=1}^{m} c_i [x_i^0 - \theta a_{ij}] + \theta c_j \\ &= \sum_{i=1}^{m} c_i x_i^0 + \theta [c_j - \sum_{i=1}^{m} c_i a_{ij}] \\ &= z^{(0)} + \theta [c_j - \sum_{i=1}^{m} c_i a_{ij}] \end{aligned} \tag{3-32}$$

式(3-32)中因 $\theta \geqslant 0$ 为给定,所以只要有 $\left[c_j - \sum_{i=1}^{m} c_i a_{ij}\right] > 0$,就有 $z^{(1)} > z^{(0)}$。

将 $c_j - \sum_{i=1}^{m} c_i a_{ij}$ 简写为 $c_j - z_j = \sigma_j$,它是对线性规划问题的解进行最优性检验的标志,一般称其为**检验数**。

(1) 当所有检验数 $\sigma_j \leqslant 0$ 时,表明现有顶点(基可行解)的目标函数值比相邻各顶点(基可行解)的目标函数值都大,根据线性规划问题的可行域是凸集及凸集的性质,可以判定现有顶点对应的基可行解即为最优解。

(2) 当所有检验数 $\sigma_j \leqslant 0$ 时，又对某个非基变量 x_j 有 $\sigma_j = c_j - z_j = 0$，且按照式(3-31)可以找到 $\theta > 0$，这表明可以找到另一顶点(基可行解)目标函数值也达到最大。由于该两点连线上的点也属可行域内的点，且目标函数值相等，即该线性规划问题有无穷多最优解。反之，当所有非基变量的 $\sigma_j < 0$ 时，线性规划问题具有唯一最优解。

(3) 如果存在某个 $\sigma_j > 0$，而 $\boldsymbol{P}_j \leqslant 0$，又由式(3-30)可知，对任意的 $\theta > 0$，均有 $x_i^0 - \theta a_{ij} \geqslant 0$，因而 θ 的取值可无限增大不受限制，由式(3-32)知，$z^{(1)}$ 也无限增大，表明线性规划有无界解。

对线性规划问题无可行解情形的判别将在 3.4 节中讨论。

3.3 表格形式的单纯形法

根据单纯形法迭代原理，可得单纯形法的迭代步骤如下：

第一步：求初始基可行解，列出初始单纯形表。

首先对非标准型的线性规划问题标准化。由于总可以设法使约束方程的系数矩阵中包含一个单位矩阵($\boldsymbol{P}_1, \boldsymbol{P}_2, \cdots, \boldsymbol{P}_m$)，因此，可以将此作为基，求出问题的一个初始基可行解。

为检验一个基可行解是否最优，需要将其目标函数值与相邻基可行解的目标函数值进行比较。为了规范和简化计算，对单纯形法设计一种表格形式，称为**单纯形表**(见表 3-2)。在迭代计算中，每找出一个新的基可行解，就重画一张单纯形表。含初始基可行解的单纯形表称**初始单纯形表**，含最优解的单纯形表称**最终单纯形表**。

表 3-2　线性规划的单纯形表

$c_j \to$			c_1	c_2	$\cdots$	c_m	c_{m+1}	$\cdots$	c_j	$\cdots$	c_n
$\boldsymbol{C_B}$	$\boldsymbol{X_B}$	b	x_1	x_2	$\cdots$	x_m	x_{m+1}	$\cdots$	x_j	$\cdots$	x_n
c_1	x_1	b_1	1	0	$\cdots$	0	$a_{1\,m+1}$	$\cdots$	a_{1j}	$\cdots$	a_{1n}
c_2	x_2	b_2	0	1	$\cdots$	0	$a_{2\,m+1}$	$\cdots$	a_{2j}	$\cdots$	a_{2n}
$\vdots$	$\vdots$	$\vdots$	$\vdots$	$\vdots$	$\vdots$	$\vdots$	$\vdots$	$\vdots$	$\vdots$	$\vdots$	
c_m	x_m	b_m	0	0	$\cdots$	1	a_{mn+1}	$\cdots$	a_{mj}	$\cdots$	a_{mn}
$-z = -\sum_{i=1}^{m} c_i b_i$			0	0	$\cdots$	0	$c_{m+1} - \sum_{i=1}^{m} c_i a_{im+1}$	$\cdots$	$c_j - \sum_{i=1}^{m} c_i a_{ij}$	$\cdots$	$c_n - \sum_{i=1}^{m} c_i a_{in}$

在单纯形表中，c_j 栏中的三列分别为基变量的价值系数 $\boldsymbol{C_B}$，基变量 $\boldsymbol{X_B}$ 和常数项 b，它们的下方对应记录的是当前步骤的结果值；$c_1 \sim c_m$ 列为基变量及其取值，其数据构成单位阵。其余列为非基变量 x_j，其下方数字是该变量系数向量 $\boldsymbol{P}_j$ 表示为基变量线性组合时的系数。因($\boldsymbol{P}_1, \boldsymbol{P}_2, \cdots, \boldsymbol{P}_m$)是单位向量，故有

$$\boldsymbol{P}_j = a_{1j}\boldsymbol{P}_1 + a_{2j}\boldsymbol{P}_2 + \cdots + \boldsymbol{P}_2\boldsymbol{P}_m$$

表 3-2 最上端一行是各变量在原问题目标函数中的价值系数。

最下面一行的数值为检验数 σ_j，由下式计算可得

$$\sigma_j = c_j - (c_1 a_{1j} + c_2 a_{2j} + \cdots + c_m a_{mj}) = c_j - \sum_{i=1}^{m} c_i a_{ij} = \sigma_j = c_j - z_j \qquad (3\text{-}33)$$

第二步：最优性检验。

如果表中所有检验数 $\sigma_j = c_j - z_j \leqslant 0$，且基变量中不含有人工变量时，表中的基可行解即为最优解，计算结束；当表中存在 $\sigma_j = c_j - z_j > 0$，但是 $\boldsymbol{P}_j \leqslant 0$ 时，则线性规划问题的解为无界解，计算结束；否则转下一步。

对于基变量中含人工变量的情形，解的最优性检验将在下一节中讨论。

第三步：换基迭代。

如果当前基可行解不是最优解，则必须换基继续寻优。从一个基可行解转换到相邻的目标函数值更大的基可行解，列出新的单纯形表。

(1) 确定换入基的变量(简称**进基变量**)。只要有检验数 $\sigma_j > 0$，且对应向量 $\boldsymbol{P}_j$ 存在正分量，对应的变量 x_j 就可作为进基变量，当有一个以上检验数大于零时，一般从中找出最大的一个 σ_k，

$$\sigma_k = \max_j \{\sigma_j \mid \sigma_j > 0\}$$

其对应的变量 x_k 作为进基变量。

(2) 确定换出基的变量(简称**出基变量**)。根据确定 θ 的规则，对 P_k 列计算

$$\theta = \min \left\{ \frac{b_i}{a_{ik}} \mid a_{ik} > 0 \right\} = \frac{b_l}{a_{lk}} \tag{3-34}$$

确定 x_l 为出基变量，该规则称为**最小比值法则**。元素 a_{lk} 决定了一个基可行解到相邻基可行解的转移去向，称为迭代主元素，简称**主元**。

(3) 用进基变量 x_k 替换原基变量中的出基变量 x_l，得到一个新的基($\boldsymbol{P}_1, \cdots, \boldsymbol{P}_{l-1}, \boldsymbol{P}_k, \boldsymbol{P}_{l+1}, \cdots, \boldsymbol{P}_m$)。对应新基可以求得一个新的基可行解，并相应地画出一张新的单纯形表(见表 3-3)。

表 3-3 单纯形法迭代表

$c_j \rightarrow$			c_1	$\cdots$	c_l	$\cdots$	c_m	$\cdots$	c_j	$\cdots$	c_k	$\cdots$
$\boldsymbol{C}_B$	$\boldsymbol{X}_B$	b	x_1	$\cdots$	x_l	$\cdots$	x_m	$\cdots$	x_j	$\cdots$	x_k	$\cdots$
c_1	x_1	$b_1 - b_l \frac{a_{1k}}{a_{lk}}$	1	$\cdots$	$-b_l \frac{a_{1k}}{a_{lk}}$	$\cdots$	0	$\cdots$	$a_{1j} - a_{1k} \frac{a_{lj}}{a_{lk}}$	$\cdots$	0	$\cdots$
$\vdots$	$\vdots$	$\vdots$	$\vdots$	$\vdots$	$\vdots$	$\vdots$	$\vdots$	$\vdots$	$\vdots$	$\vdots$	$\vdots$	$\vdots$
c_k	x_k	$\frac{b_l}{a_{lk}}$	0	$\cdots$	$\frac{1}{a_{lk}}$	$\cdots$	0	$\cdots$	$\frac{a_{lj}}{a_{lk}}$	$\cdots$	1	$\cdots$
$\vdots$	$\vdots$	$\vdots$	$\vdots$	$\vdots$	$\vdots$	$\vdots$	$\vdots$	$\vdots$	$\vdots$	$\vdots$	$\vdots$	$\vdots$
c_m	x_m	$b_m - b_l \frac{a_{mk}}{a_{lk}}$	0	$\cdots$	$\frac{a_{mk}}{a_{lk}}$	$\cdots$	1	$\cdots$	$a_{mj} - a_{mk} \frac{a_{lj}}{a_{lk}}$	$\cdots$	0	$\cdots$
$\sigma_j = c_j - z_j$			0	$\cdots$	$-\frac{(c_k - z_k)}{a_{lk}}$	$\cdots$	0	$\cdots$	$(c_j - z_j) - \frac{a_{lj}}{a_{lk}}(c_k - z_k)$	$\cdots$	0	$\cdots$

在新表中的基必须是单位矩阵，即 $\boldsymbol{P}_k$ **应变换成单位向量，其中主元** $\boldsymbol{a_{lk}}$ **变换成数 1**，该变换简称为**旋转变换**。因此，在表 3-2 中作行初等变换，并将运算结果更新表 3-3 中相应表格。旋转变换步骤为：

① 将主元所在 l 行数字除以主元 a_{lk}，即有

$$b'_l = b_l / a_{lk} \tag{3-35}$$

$$a'_{lj} = a_{lj} / a_{lk}$$

② 将表 3-3 中计算得到的第 l 行数字乘上($-a_{ik}$)加到表 3-2 的第 i 行数字上，记入表 3-3 的相应行，即有

$$b'_i = b_i - \frac{b_l}{a_{lk}} \cdot a_{ik} \qquad (i \neq l)$$

$$a'_{ij} = a_{ij} - \frac{a_{lj}}{a_{lk}} \cdot a_{ik} \quad (i \neq l) \tag{3-36}$$

③ 表 3-3 中各变量的检验数由式(3-33)求得。其中：

$$\begin{aligned}(c_l - z_l)' &= c_l - \frac{1}{a_{lk}}\left[-\sum_{i=1}^{l-1} c_i a_{ik} + c_k - \sum_{i=l+1}^{m} c_i a_{ik}\right] \\ &= -\frac{c_k}{a_{lk}} + \frac{1}{a_{lk}}\sum_{i=1}^{m} c_i a_{ik} \\ &= -\frac{1}{a_{lk}}(c_k - z_k)\end{aligned} \tag{3-37}$$

$$\begin{aligned}(c_j - z_j)' &= c_j - \left[\sum_{i=1}^{l-1} c_i a_{ij} + \sum_{i=l+1}^{m} c_i a_{ij}\right] - \frac{a_{lj}}{a_{lk}}\left[-\sum_{i=1}^{l-1} c_i a_{ik} + c_k - \sum_{i=l+1}^{m} c_i a_{ik}\right] \\ &= (c_j - \sum_{i=1}^{m} c_i a_{ij}) - \frac{a_{lj}}{a_{lk}}(c_k - \sum_{i=1}^{m} c_i a_{ik}) \\ &= (c_j - z_j) - \frac{a_{lj}}{a_{lk}}(c_k - z_k)\end{aligned} \tag{3-38}$$

第四步：返回第二步，直至求得最优解。

例 3-6 用单纯形法求解例 2-1 中的线性规划问题

$$\max z = 4x_1 + 5x_2$$

$$\text{s. t.}\begin{cases} x_1 \leqslant 4 \\ x_2 \leqslant 3 \\ x_1 + 2x_2 \leqslant 8 \\ x_1, x_2 \geqslant 0 \end{cases}$$

解：先将上述问题化成标准形式有

$$\max z = 4x_1 + 5x_2$$

$$\text{s. t.}\begin{cases} x_1 + x_3 = 4 \\ x_2 + x_4 = 3 \\ x_1 + 2x_2 + x_5 = 8 \\ x_1, x_2, x_3, x_4, x_5 \geqslant 0 \end{cases}$$

变量 x_3, x_4, x_5 对应的系数列是单位向量，以 x_3, x_4, x_5 为基变量，列出初始单纯形表(见表 3-4)。

表 3-4　例 3-6 初始单纯形表

$c_j \rightarrow$			4	5	0	0	0
$\boldsymbol{C_B}$	$\boldsymbol{X_B}$	b	x_1	x_2	x_3	x_4	x_5
0	x_3	4	1	0	1	0	0
0	x_4	3	0	[1]	0	1	0
0	x_5	8	1	2	0	0	1
$-z$		0	4	5	0	0	0

由于表中存在大于零的检验数,故表中基可行解不是最优解。因 $\sigma_2>\sigma_1$,故确定 x_2 为进基变量。将 b 列除以 $\boldsymbol{P}_2$ 的同行数字得

$$\theta=\min\left(-,\frac{3}{1},\frac{8}{2}\right)=\frac{3}{1}=3$$

所以,取 1 为主元,作为标志对主元 1 加上方括号[ ],主元所在行基变量 x_4 为出基变量。用 x_2 替换基变量 x_4,得到一个新的基 $\boldsymbol{P}_3,\boldsymbol{P}_2,\boldsymbol{P}_5$,按上述单纯形法计算步骤第三步之(3),可以找到新的基可行解,并列出新的单纯形表,见表 3-5。

表 3-5　例 3-6 单纯形法迭代表 Ⅰ

$c_j \rightarrow$			4	5	0	0	0
$\boldsymbol{C_B}$	$\boldsymbol{X_B}$	b	x_1	x_2	x_3	x_4	x_5
0	x_3	4	1	0	1	0	0
5	x_2	3	0	1	0	1	0
0	x_5	2	[1]	0	0	−2	1
$-z$		−15	4	0	0	−5	0

由于表 3-5 中还存在大于零的检验数 σ_1,故重复上述步骤得表 3-6。

表 3-6　例 3-6 单纯形法迭代表 Ⅱ

$c_j \rightarrow$			4	5	0	0	0
$\boldsymbol{C_B}$	$\boldsymbol{X_B}$	b	x_1	x_2	x_3	x_4	x_5
0	x_3	2	0	0	1	[2]	−1
5	x_2	3	0	1	0	1	0
4	x_1	2	1	0	0	−2	1
$-z$		−23	0	0	0	3	−4

表 3-6 中还存在大于零的检验数 σ_4,继续迭代得表 3-7。

表 3-7 中所有变量的检验数 $\sigma_j \leqslant 0$,此表为最优表。表中对应的基可行解:$\boldsymbol{X}=(4,2,0,1,0)$为最优解,最优值:$z=26$。迭代结束。

表 3-7　例 3-6 单纯形法迭代表Ⅲ

$c_j\rightarrow$			4	5	0	0	0
C_B	X_B	b	x_1	x_2	x_3	x_4	x_5
0	x_4	1	0	0	$\frac{1}{2}$	1	$-\frac{1}{2}$
5	x_2	2	0	1	$-\frac{1}{2}$	0	$\frac{1}{2}$
4	x_1	4	1	0	1	0	0
$-z$		-26	0	0	$-\frac{3}{2}$	0	$-\frac{5}{2}$

例 3-7　用单纯形法求解下列线性规划问题

$$\min z = -2x_1 - x_2$$

$$\text{s. t.}\begin{cases} 5x_2 \leqslant 15 \\ 6x_1 + 2x_2 \leqslant 24 \\ x_1 + x_2 \leqslant 5 \\ x_1, x_2 \geqslant 0 \end{cases}$$

解：先将上述问题化成标准形式有

$$\max z' = 2x_1 + x_2 + 0 \cdot x_3 + 0 \cdot x_4 + 0 \cdot x_5$$

$$\text{s. t.}\begin{cases} 5x_2 + x_3 = 15 \\ 6x_1 + 2x_2 + x_4 = 24 \\ x_1 + x_2 + x_5 = 5 \\ x_i \geqslant 0 \quad (i = 1,2,3,4,5) \end{cases}$$

其约束条件系数矩阵的增广矩阵为

$$\begin{array}{cccccc} \boldsymbol{P}_1 & \boldsymbol{P}_2 & \boldsymbol{P}_3 & \boldsymbol{P}_4 & \boldsymbol{P}_5 & b \end{array}$$

$$\left[\begin{array}{ccccc:c} 0 & 5 & 1 & 0 & 0 & 15 \\ 6 & 2 & 0 & 1 & 0 & 24 \\ 1 & 1 & 0 & 0 & 1 & 5 \end{array}\right]$$

$(\boldsymbol{P}_3, \boldsymbol{P}_4, \boldsymbol{P}_5)$是单位矩阵，构成一个基，对应变量 x_3, x_4, x_5 是基变量。令非基变量 x_1, x_2 等于零，即可建立初始单纯形表 3-8。

表 3-8　例 3-7 初始单纯形表

$c_j\rightarrow$			2	1	0	0	0
C_B	X_B	b	x_1	x_2	x_3	x_4	x_5
0	x_3	15	0	5	1	0	0
0	x_4	24	[6]	2	0	1	0
0	x_5	5	1	1	0	0	1
$-z'$		0	2	1	0	0	0

表中存在大于零的检验数,故表中基可行解不是最优解。因 $\sigma_1 > \sigma_2$,故确定 x_1 为进基变量。将 b 列除以 $\boldsymbol{P}_1$ 的同行数字得

$$\theta = \min\left(-,\frac{24}{6},\frac{5}{1}\right) = \frac{24}{6} = 4$$

所以,取 6 为主元,作为标志对主元 6 加上方括号[ ],主元所在行基变量 x_4 为出基变量。用 x_1 替换基变量 x_4,进行初等行变换,得到一个新的基 $\boldsymbol{P}_3,\boldsymbol{P}_1,\boldsymbol{P}_5$,得到新的基可行解和新的单纯形表,见表 3-9。

表 3-9　例 3-7 单纯形法迭代表 Ⅰ

$c_j \rightarrow$			2	1	0	0	0
$\boldsymbol{C}_B$	$\boldsymbol{X}_B$	b	x_1	x_2	x_3	x_4	x_5
0	x_3	15	0	5	1	0	0
2	x_1	4	1	$\frac{2}{6}$	0	$\frac{1}{6}$	0
0	x_5	5	0	$\left[\frac{4}{6}\right]$	0	$-\frac{1}{6}$	1
$-z$		-8	0	$\frac{1}{3}$	0	$-\frac{1}{3}$	0

由于表 3-9 中还存在大于零的检验数 σ_2,故重复上述步骤得表 3-10。

表 3-10 中所有 $\sigma_j \leqslant 0$,故表中的基可行解:$\boldsymbol{X}=(7/2,3/2,15/2,0,0)$为最优解,最优值:$z=17/2$。

表 3-10　例 3-7 单纯形法迭代表 Ⅱ

$c_j \rightarrow$			2	1	0	0	0
$\boldsymbol{C}_B$	$\boldsymbol{X}_B$	b	x_1	x_2	x_3	x_4	x_5
0	x_3	$\frac{15}{2}$	0	0	1	$\frac{5}{4}$	$-\frac{15}{2}$
2	x_1	$\frac{7}{2}$	1	0	0	$\frac{1}{4}$	$-\frac{1}{2}$
1	x_2	$\frac{3}{2}$	0	1	0	$-\frac{1}{4}$	$\frac{3}{2}$
$-z$		$-\frac{17}{2}$	0	0	0	$-\frac{1}{4}$	$-\frac{1}{2}$

3.4　单纯形法的进一步讨论

在线性规划问题的模型中,如果约束条件中含有"$\geqslant$"号,则不能通过标准化直接得到现成的初始可行基。为了求得初始基和初始可行基解,可采用试算的方法。该方法是任取 m 个线性无关的列向量作基 $\boldsymbol{B}$,然后对 $\boldsymbol{AX}=b$ 作线性变换,求得基解 $\boldsymbol{X}^{(0)}$,若 $\boldsymbol{X}^{(0)} \geqslant 0$,则 $\boldsymbol{B}$ 为可行基,可以得到相应的单纯形表;若基解中存在负的分量,则 $\boldsymbol{B}$ 不是可行基,要重新选列

作基 $\boldsymbol{B}$。这种方法求 $\boldsymbol{B}^{-1}$ 或线性变换的计算量太大，且不能保证 $\boldsymbol{X}^{(0)} \geqslant 0$，在实际中很少采用。

一般地，如果线性规划模型的标准形中无现成的初始可行基 $\boldsymbol{B}=\boldsymbol{I}$ 时，可采用人工变量法得到初始可行基。

所谓**人工变量法**是在原问题无初始可行基 $\boldsymbol{B}=\boldsymbol{I}$ 的情况下，人为地对约束条件增加虚拟的非负变量(即人工变量)，构造出含有基 $\boldsymbol{B}=\boldsymbol{I}$ 的另一个线性规划问题，即辅助问题求解。当增加的人工变量全部取值为 0 时，辅助问题与原问题等价。

在人工变量法中，辅助问题将有一个以人工变量为基变量的初始可行基解，可用单纯形法进行迭代。经迭代后，如果人工变量全部被换成非基变量，即人工变量全部出基，则得到原问题的一个基可行解。在最终表中，如果人工变量不能全部被换出，则说明原问题无可行解。人工变量法的关键在于将人工变量全部换出。

常见的人工变量法有大 M 法和两阶段法。

1. 大 M 法

例 3-8 用大 M 法求解线性规划问题

$$\max z = -3x_1 + x_3$$

$$\text{s.t.}\begin{cases} x_1 + x_2 + x_3 \leqslant 4 \\ -2x_1 + x_2 - x_3 \geqslant 1 \\ 3x_2 + x_3 = 9 \\ x_i \geqslant 0 \quad (i = 1,2,3) \end{cases}$$

解：先将线性规划模型化成标准形式

$$\max z = -3x_1 + 0 \cdot x_2 + x_3 + 0 \cdot x_4 + 0 \cdot x_5$$

$$\text{s.t.}\begin{cases} x_1 + x_2 + x_3 + x_4 = 4 & \text{(3-39a)} \\ -2x_1 + x_2 - x_3 - x_5 = 1 & \text{(3-39b)} \\ 3x_2 + x_3 = 9 & \text{(3-39c)} \\ x_i \geqslant 0 \quad (i = 1,2,3,4,5) \end{cases}$$

由于在标准形中没有现成的单位基，所以通过填加两列单位向量 $\boldsymbol{P}_6$，$\boldsymbol{P}_7$，使其连同约束条件中的向量 $\boldsymbol{P}_4$ 构成单位矩阵。

$$\begin{matrix} \boldsymbol{P}_4 & \boldsymbol{P}_6 & \boldsymbol{P}_7 \end{matrix}$$

$$\begin{bmatrix} 1 & 0 & 0 \\ 0 & 1 & 0 \\ 0 & 0 & 1 \end{bmatrix}$$

在约束矩阵中人为添加向量 $\boldsymbol{P}_6$，$\boldsymbol{P}_7$ 构成单位基，相当于在线性规划问题的约束条件(3-39b)中添加了变量 x_6，约束条件(3-39c)中添加了变量 x_7。变量 x_6，x_7 相应称为**人工变量**。

由于约束条件(3-39b)、(3-39c)在添加人工变量前已经是等式，为使这些等式成立，在最优解中人工变量取值必须为零。为此，令目标函数中人工变量的系数为任意大的负值，用

“$-M$”代表。“$-M$”称为“罚因子”，即只要人工变量取值大于零，目标函数就不可能实现最优。

添加人工变量后，线性规划模型的标准形式变为

$$\max z = -3x_1 + 0 \cdot x_2 + x_3 + 0 \cdot x_4 + 0 \cdot x_5 - Mx_6 - Mx_7$$

$$\text{辅助问题} \quad \text{s. t.} \begin{cases} x_1 + x_2 + x_3 + x_4 = 4 \\ -2x_1 + x_2 - x_3 - x_5 + x_6 = 1 \\ 3x_2 + x_3 + x_7 = 9 \\ x_i \geqslant 0 \quad (i = 1,2,3,4,5,6,7) \end{cases}$$

该模型中取初始可行基 $\boldsymbol{B}_0 = (\boldsymbol{P}_4, \boldsymbol{P}_6, \boldsymbol{P}_7)$，对应的基变量为 x_4, x_6, x_7，令非基变量 x_1，x_2, x_3, x_5 等于零，即得到初始基可行解 $\boldsymbol{X}^{(0)} = (0,0,0,4,0,1,9)^{\mathrm{T}}$，可给出初始单纯形表（见表 3-11）。在单纯形法迭代运算中，M 可当作一个数学符号一起参加运算。检验数中含 M 符号的，当 M 的系数为正时，该检验数为正，当 M 的系数为负时，该项检验数为负。

表 3-11　例 3-8 初始单纯形表

$c_j \to$			-3	0	1	0	0	$-M$	$-M$
$\boldsymbol{C_B}$	$\boldsymbol{X_B}$	b	x_1	x_2	x_3	x_4	x_5	x_6	x_7
0	x_4	4	1	1	1	1	0	0	0
$-M$	x_6	1	-2	[1]	-1	0	-1	1	0
$-M$	x_7	9	0	3	1	0	0	0	1
$-z$		$10M$	$-2M-3$	$4M$	1	0	$-M$	0	0

其中，

$$\sigma_1 = c_1 - \boldsymbol{C_B}\boldsymbol{B}_0^{-1}\boldsymbol{P}_1 = -3 - (0, -M, -M)I\begin{pmatrix} 1 \\ -2 \\ 0 \end{pmatrix} = -2M - 3$$

$$\sigma_2 = c_2 - \boldsymbol{C_B}\boldsymbol{B}_0^{-1}\boldsymbol{P}_2 = 0 - (0, -M, -M)I\begin{pmatrix} 1 \\ 1 \\ 3 \end{pmatrix} = 4M$$

$$\sigma_3 = c_3 - \boldsymbol{C_B}\boldsymbol{B}_0^{-1}\boldsymbol{P}_3 = 1 - (0, -M, -M)I\begin{pmatrix} 1 \\ -1 \\ 1 \end{pmatrix} = 1$$

$$\sigma_5 = c_5 - \boldsymbol{C_B}\boldsymbol{B}_0^{-1}\boldsymbol{P}_5 = 0 - (0, -M, -M)I\begin{pmatrix} 0 \\ -1 \\ 0 \end{pmatrix} = -M$$

由于 M 为充分大的正数，所以选 x_2 为进基变量，最小比值 $\theta = \min\left(\frac{4}{1}, \frac{1}{1}, \frac{9}{3}\right) = 1$，取 x_6 为出基变量，[1]为主元作换基迭代，求解的过程见表 3-12，得最优解为 $\bar{\boldsymbol{X}} = (0, 5/2, 3/2,$

$0,0,0,0)^T$，去掉人工变量 x_6,x_7 即得原问题的最优解 $\boldsymbol{X}^*=(0,5/2,3/2,0,0)^T$ 和最优单纯形表(见表 3-13)。

表 3-12 例 3-8 求解过程

$c_j \to$			-3	0	1	0	0	$-M$	$-M$
$\boldsymbol{C_B}$	$\boldsymbol{X_B}$	b	x_1	x_2	x_3	x_4	x_5	x_6	x_7
0	x_4	3	3	0	2	1	1	-1	0
0	x_2	1	-2	1	-1	0	-1	1	0
$-M$	x_7	6	[6]	0	4	0	3	-3	1
$-z$		$6M$	$6M-3$	0	$4M+1$	0	$3M$	$-4M$	0
0	x_4	0	0	0	0	1	$-\frac{1}{2}$	$\frac{1}{2}$	$\frac{1}{2}$
0	x_2	3	0	1	$\frac{1}{3}$	0	0	0	$\frac{1}{3}$
-3	x_1	1	1	0	$\left[\frac{2}{3}\right]$	0	$\frac{1}{2}$	$-\frac{1}{2}$	$\frac{1}{6}$
$-z$		3	0	0	3	0	$\frac{3}{2}$	$-M-\frac{3}{2}$	$-M+\frac{1}{2}$
0	x_4	0	0	0	0	1	$-\frac{1}{2}$	$\frac{1}{2}$	$-\frac{1}{2}$
0	x_2	$\frac{5}{2}$	$-\frac{1}{2}$	1	0	0	$-\frac{1}{4}$	$\frac{1}{4}$	$\frac{1}{4}$
1	x_3	$\frac{3}{2}$	$\frac{3}{2}$	0	1	0	$\frac{3}{4}$	$-\frac{3}{4}$	$\frac{1}{4}$
$-z$		$-\frac{3}{2}$	$-\frac{9}{2}$	0	0	0	$-\frac{3}{4}$	$-M+\frac{3}{4}$	$-M-\frac{1}{4}$

表 3-13 例 3-8 最优单纯形表

$c_j \to$			-3	0	1	0	0
$\boldsymbol{C_B}$	$\boldsymbol{X_B}$	b	x_1	x_2	x_3	x_4	x_5
0	x_4	0	0	0	0	1	$-\frac{1}{2}$
0	x_2	$\frac{5}{2}$	$-\frac{1}{2}$	1	0	0	$-\frac{1}{4}$
1	x_3	$\frac{3}{2}$	$\frac{3}{2}$	0	1	0	$\frac{3}{4}$
$-z$		$-\frac{3}{2}$	$-\frac{9}{2}$	0	0	0	$-\frac{3}{4}$

所以，原问题的最优解为 $\boldsymbol{X}^*=\left(0,\frac{5}{2},\frac{3}{2},0,0\right)^T$，最优值为 $z^*=\frac{3}{2}$。

显然，该问题的最优基为 $\boldsymbol{B}^*=(\boldsymbol{P}_4,\boldsymbol{P}_2,\boldsymbol{P}_3)$。可以验证，初始单纯形表中单位阵所在位置，在最优单纯形表中对应位置构成的矩阵就是最优基的逆，即

$$
\boldsymbol{B}^{*-1}=(\boldsymbol{P}_4,\boldsymbol{P}_6,\boldsymbol{P}_7)=\begin{pmatrix}1 & \frac{1}{2} & -\frac{1}{2}\\ 0 & \frac{1}{4} & \frac{1}{4}\\ 0 & -\frac{3}{4} & \frac{1}{4}\end{pmatrix}
$$

从解题中可知，用大 M 法求解线性规划问题的基本步骤：

(1) 将线性规划模型标准化后，判断价值系数矩阵 $\boldsymbol{A}$ 中是否存在单位基，如果不存在单位基，加入人工变量使价值系数矩阵中出现单位基；如果 $\boldsymbol{A}$ 中已有 k 个单位列向量，只要引进 $m-k$ 个人工变量，使之与原来的 k 列单位向量构成单位基。

(2) 取单位基为初始基 $\boldsymbol{B}$，目标函数中加入罚因子，建立新问题的初始单纯形表，连续迭代直至求出辅助问题的最终单纯形表；在辅助问题的最优解中，如果人工变量的分量取值大于零，则原问题无可行解；否则，在辅助问题的最优解中去掉人工变量的分量，即得原问题的最优解。注意，在辅助问题的最终表中去掉人工变量列即为原问题的最终表。

2. 两阶段法

用大 M 法处理人工变量，在用手工计算求解时不会碰到麻烦。但用计算机求解时，对 M 就只能在计算机内输入一个机器最大字长的数字。如果线性规划问题中的 a_{ij}，b_i 或 c_j 等参数值与这个代表 M 的数相对比较接近，或远远小于这个数字，由于计算机分析时取值上的误差，有可能使计算结果发生错误。为了解决这个问题，可以将添加人工变量后的线性规划问题分为两个阶段来计算。这种方法就是二阶段单纯形法，简称**两阶段法**。

两阶段法实际上就是在单纯形法的计算过程中，避免使用大数而采取的一种算法。第一阶段是先求解一个目标函数中只包含人工变量的线性规划问题。即令目标函数中其他变量的系数取零，人工变量的系数取某个正的常数(一般取 1)，在保持原问题约束条件不变的情况下，直接以人工变量对应的向量作为初始基进行运算，求这个目标函数极小化时的解。显然，在第一阶段中，当人工变量取值为 0 时，目标函数值也为 0。此时的最优解就是原线性规划问题的一个基可行解。如果第一阶段的最优解使目标函数不为 0，也即最优解的基变量中含有非零的人工变量，表明原线性规划问题无可行解。

当第一阶段求解结果表明原问题有可行解时，第二阶段则在原问题中去除人工变量，并将第一阶段的最优解作为第二阶段的可行解，继续寻找原问题的最优解。

例 3-9 用两阶段法求解线性规划问题

$$
\max z=-3x_1+x_3
$$

$$
\text{s.t.}\begin{cases}x_1+x_2+x_3\leqslant 4\\ -2x_1+x_2-x_3\geqslant 1\\ 3x_2+x_3=9\\ x_i\geqslant 0\quad(i=1,2,3)\end{cases}
$$

解：用两阶段法求解时，第一阶段的线性规划问题可写为

$$\min w = x_6 + x_7$$

$$\text{s.t.}\begin{cases} x_1+x_2+x_3+x_4 = 4 \\ -2x_1+x_2-x_3-x_5+x_6 = 1 \\ 3x_2+x_3+x_7 = 9 \\ x_i \geqslant 0 \quad (i=1,2,3,4,5,6,7) \end{cases}$$

其中，x_6，x_7 为人工变量。用单纯形法求解的过程见表 3-14。

表 3-14 已为最优表，所有人工变量全部出基，目标函数值 $w=0$，第一阶段求解结束，获得原问题的基可行解 $\boldsymbol{X}=(x_1,x_2,x_3,x_4,x_5)=(1,3,0,0,0)$，可行基 $\boldsymbol{P}=(\boldsymbol{P}_4,\boldsymbol{P}_2,\boldsymbol{P}_1)$。进入第二阶段。

表 3-14 例 3-9 第一阶段求解过程

$c_j \to 0$			0	0	0	0	0	−1	−1
$\boldsymbol{C_B}$	$\boldsymbol{X_B}$	b	x_1	x_2	x_3	x_4	x_5	x_6	x_7
0	x_4	4	1	1	1	1	0	0	0
−1	x_6	1	−2	[1]	−1	0	−1	1	0
−1	x_7	9	0	3	1	0	0	0	1
$-w$		10	−2	4	0	0	−1	0	0
0	x_4	3	3	0	2	1	1	−1	0
0	x_2	1	−2	1	−1	0	−1	1	0
−1	x_7	6	[6]	0	4	0	3	−3	1
$-w$		6	6	0	4	0	3	−4	0
0	x_4	0	0	0	0	1	$-\frac{1}{2}$	$\frac{1}{2}$	$-\frac{1}{2}$
0	x_2	3	0	1	$\frac{1}{3}$	0	0	0	$\frac{1}{3}$
0	x_1	1	1	0	$\frac{2}{3}$	0	$\frac{1}{2}$	$-\frac{1}{2}$	$\frac{1}{6}$
$-w$		0	0	0	0	0	0	−1	−1

第二阶段是去除表 3-14 中的人工变量 x_6，x_7，且将目标函数改为

$$\max z = -3x_1 + 0 \cdot x_2 + x_3 + 0 \cdot x_4 + 0 \cdot x_5$$

再从表 3-14 中的最后一个表出发，继续用单纯形法计算，求解过程见表 3-15。

表 3-15 例 3-9 第二阶段求解过程

$c_j \to$			−3	0	1	0	0
$\boldsymbol{C_B}$	$\boldsymbol{X_B}$	b	x_1	x_2	x_3	x_4	x_5
0	x_4	0	0	0	0	1	$-\frac{1}{2}$
0	x_2	3	0	1	$\frac{1}{3}$	0	0

续表

$c_j \to$			-3	0	1	0	0
C_B	X_B	b	x_1	x_2	x_3	x_4	x_5
-3	x_1	1	1	0	$\left[\frac{2}{3}\right]$	0	$\frac{1}{2}$
$-z$		3	0	0	3	0	$\frac{3}{2}$
0	x_4	0	0	0	0	1	$-\frac{1}{2}$
0	x_2	$\frac{5}{2}$	$-\frac{1}{2}$	1	0	0	$-\frac{1}{4}$
1	x_3	$\frac{3}{2}$	$\frac{3}{2}$	0	1	0	$\frac{3}{4}$
$-z$		$-\frac{3}{2}$	$-\frac{9}{2}$	0	0	0	$-\frac{3}{4}$

所以，原问题的最优解为 $\boldsymbol{X}^* = \left(0, \frac{5}{2}, \frac{3}{2}, 0, 0\right)^{\mathrm{T}}$，最优值为 $2^* = \frac{3}{2}$。

3. 单纯形法计算中的几个问题

1) 目标函数最小化。

对于目标函数最小化问题

$$\min z = cx$$
$$\text{s.t}\begin{cases} Ax = b \\ x \geqslant 0 \end{cases}$$

当然可以转化为求最大化目标函数的问题。实际上，如果不转化为最大化问题也可以用单纯形法和单纯形表求解，只需将最优性判别的条件改为所有检验数 $\sigma_j \geqslant 0$ 即可，相应的进基变量条件为 $\sigma_j < 0$，其他不变。但用大 M 法求初始基可行解时，人工变量在目标函数中的系数(罚因子)取 $+M$。

2) 退化的基可行解

如果线性规划的一个可行基为 $\boldsymbol{B}$，$\boldsymbol{X_B}$，$\boldsymbol{X_N}$分别为决策变量 $\boldsymbol{X}$ 中的基变量和非基变量，则 $\boldsymbol{X}=\begin{pmatrix}\boldsymbol{X_B}\\ \boldsymbol{X_N}\end{pmatrix}=\begin{pmatrix}\boldsymbol{B}^{-1}b\\ 0\end{pmatrix}$是基可行解。当 $\boldsymbol{X_B}$的所有分量均为正数时，则称此解是非退化解；如果 $\boldsymbol{X_B}$的某个分量为零，则此解为退化解。如果线性规划问题的所有基可行解都是非退化的，则称该问题是非退化的；否则，该问题就是退化的。

在前面的讨论中，总是假定基可行解是非退化的，即 $\boldsymbol{X_B} > 0$。在这样的前提下，每次迭代都会使目标函数严格增加，而基可行解的个数有限，求解可以在有限步内解决。

按最小比值法则 $\theta = b_{i0}/a_{i0}$确定出基变量时，有时出现两个以上相同的最小比值，从而使下一个表的基可行解中出现一个或多个基变量等于零的退化解。当存在退化解时，迭代后的目标函数值不变，有可能从某个基开始，经过若干次迭代后又回到原来的基，单纯形法出现迭代计算的循环，导致计算失败。有许多方法可以避免出现循环计算，1977 年勃兰特

(Bland)提出了一种简便有效的规则：①选择进基变量时，如果存在多个 $\sigma_j>0$，始终选取 σ_j 中下标最小的变量进基；②选择出基变量时，如果 θ 值同时有两个以上为最小，始终选取变量下标最小的变量出基。

3）无可行解的判别

在单纯形法迭代原理中，已经知道了单纯形法中判别唯一最优解、无穷多解和无界解的方法。用人工变量法求解线性规划问题时，如果求解结果中所有检验数均非负，即 $\sigma_j\leqslant 0$ 时，基变量中仍含有非零的人工变量（两阶段法求解时第一阶段目标函数值不等于零），则表明原线性规划问题无可行解。

例 3-10 用单纯形法求解线性规划问题

$$\max z = 2x_1 + x_2$$

$$\text{s.t.}\begin{cases} x_1 + x_2 \leqslant 2 \\ 2x_1 + x_2 \geqslant 6 \\ x_i \geqslant 0 \quad (i = 1,2) \end{cases}$$

解：本例无可行解。在添加松弛变量和人工变量后，模型可写成

$$\max z = 2x_1 + x_2 + 0 \cdot x_3 + 0 \cdot x_4 - Mx_5$$

$$\text{s.t.}\begin{cases} x_1 + x_2 + x_3 = 2 \\ 2x_1 + x_2 - x_4 + x_5 = 6 \\ x_i \geqslant 0 \quad (i = 1,2,3,4,5) \end{cases}$$

以 x_3，x_5 为基变量列出初始单纯形表，进行换基迭代计算，过程见表 3-16。表中当所有 $c_j - z_j \leqslant 0$ 时，基变量中仍含有非零的人工变量 $x_5=2$，故该线性规划问题无可行解。

表 3-16 例 3-10 换基迭代过程

$c_j \rightarrow$			2	1	0	0	$-M$
C_B	X_B	b	x_1	x_2	x_3	x_4	x_5
0	x_3	2	[1]	1	1	0	0
$-M$	x_5	6	2	2	0	-1	1
$-z$		$6M$	$2+2M$	$1+M$	0	$-M$	0
2	x_1	2	1	1	1	0	0
$-M$	x_5	2	0	0	-2	-1	1
$-z$		$2M-4$	0	$-1-M$	$-2-2M$	$-M$	0

4）无穷多最优解

在图解法中已经知道，如果线性规划问题同时在两个顶点达到最优，则两个顶点连线上的所有点都是线性规划问题的最优解，此时，线性规划问题有无穷多最优解。

对于一个存在最优解的线性规划问题，在单纯形法中，如何判断和求得无穷多最优解呢？

对于线性规划问题，如果全部基变量取值均非负，且全部检验数小于等于零，则该问题存在最优解。在这种情形下，如果所有非基变量的检验数都小于零（不等于零），则此基解为

唯一最优解。如果存在某非基变量的检验数等于零，最优解不唯一，有无穷多最优解。事实上，如果让检验数为零的非基变量进基，按最小比值原则确定出基变量，作一次换基迭代，目标函数值将不会改变，此时得到的基可行解也是最优解。

例 3-11 用单纯形法求解线性规划问题。

$$\max z = 3x_1 + 2x_2 - x_3$$

$$\text{s.t.}\begin{cases} -x_1 + 2x_2 + x_3 \leqslant 4 \\ 3x_1 + 2x_2 + 2x_3 \leqslant 15 \\ x_1 - x_2 - x_3 \leqslant 3 \\ x_i \geqslant 0 \quad (i = 1,2,3) \end{cases}$$

解：将模型化为标准型为

$$\max z = 3x_1 + 2x_2 - x_3$$

$$\text{s.t.}\begin{cases} -x_1 + 2x_2 + x_3 + x_4 = 4 \\ 3x_1 + 2x_2 + 2x_3 + x_5 = 15 \\ x_1 - x_2 - x_3 + x_6 = 3 \\ x_i \geqslant 0 \quad (i = 1,2,3,4,5,6) \end{cases}$$

选取初始基为 $\boldsymbol{B}=(\boldsymbol{P}_4,\boldsymbol{P}_5,\boldsymbol{P}_6)$，$x_4$，$x_5$，$x_6$ 为基变量，得到初始单纯形表并作迭代运算见表 3-17。

表 3-17 例 3-11 迭代运算过程

$c_j \to$			3	2	-1	0	0	0
$\boldsymbol{C_B}$	$\boldsymbol{X_B}$	b	x_1	x_2	x_3	x_4	x_5	x_6
0	x_4	4	-1	2	1	1	0	0
0	x_5	15	3	2	2	0	1	0
0	x_6	3	[1]	-1	-1	0	0	1
$-z$		0	3	2	-1	0	0	0
0	x_4	7	0	1	0	1	0	1
0	x_5	6	0	[5]	5	0	1	-3
3	x_1	3	1	-1	-1	0	0	1
$-z$		-9	0	5	2	0	0	-3
0	x_4	$\frac{29}{5}$	0	0	-1	1	$-\frac{1}{5}$	$\frac{8}{5}$
2	x_2	$\frac{6}{5}$	0	1	1	0	$\frac{1}{5}$	$-\frac{3}{5}$
3	x_1	$\frac{21}{5}$	1	0	0	0	$\frac{1}{5}$	$\frac{2}{5}$
$-z$		-15	0	0	-3	0	-1	0

上表已经是最终表，可得最优基 $\boldsymbol{B}^*=(\boldsymbol{P}_4,\boldsymbol{P}_2,\boldsymbol{P}_1)$，相应的最优解 $\boldsymbol{X}^*=(21/5,6/5,0,29/5,0,0)^{\mathrm{T}}$。由于基变量 x_6 的检验数为零，如果让 x_6 进基，由最小比值法则知，x_4 为出基变

量，再迭代一次，并不改变目标函数值，得到表 3-18。

表 3-18　例 3-11 再次迭代

$c_j \rightarrow$			3	2	-1	0	0	0
C_B	X_B	b	x_1	x_2	x_3	x_4	x_5	x_6
0	x_6	$\frac{29}{8}$	0	0	$-\frac{5}{8}$	$\frac{5}{8}$	$-\frac{1}{8}$	1
2	x_2	$\frac{27}{8}$	0	1	$\frac{5}{8}$	$\frac{3}{8}$	$\frac{1}{8}$	0
3	x_1	$\frac{11}{4}$	1	0	$\frac{1}{4}$	$-\frac{1}{4}$	$-\frac{3}{20}$	0
$-z$		-15	0	0	-3	0	-1	0

由此得到另一个最优基 $\boldsymbol{B}^*=(\boldsymbol{P}_6,\boldsymbol{P}_2,\boldsymbol{P}_1)$，相应的最优解 $\boldsymbol{X}^*=(11/4,27/8,0,0,0,29/8)^{\mathrm{T}}$，目标值仍为 15。并且 $\boldsymbol{X}^*=\alpha(21/5,6/5,0,29/5,0,0)^{\mathrm{T}}+(1-\alpha)(11/4,27/8,0,0,0,29/8)^{\mathrm{T}}$ 都是问题的最优解，其中 $0\leqslant\alpha\leqslant1$，即线性规划问题有无穷多个最优解。

4. 单纯形法小结

(1) 对给定的线性规划问题应首先化为标准形式，选取或构造一个单位矩阵作为基，求出初始基可行解并列出初始单纯形表。对各种类型线性规划问题如何转化为标准形式及如何选取初始基变量可参见表 3-19。

表 3-19　线性规划问题转化为标准形式的方法

线性规划模型			转化为标准形式
变量		$x_j\geqslant0$ $x_j\leqslant0$ x_j 取值无约束	不变 令 $x_j'=-x_j$，则 $x_j'\geqslant0$ 令 $x_j=x_j'-x_j''$，其中 $x_j'\geqslant0,x_j''\geqslant0$
约束条件	右端项	$b_i\geqslant0$ $b_i<0$	不变 约束条件两端乘(-1)
	形式	$\sum_{j=1}^{n}a_{ij}x_j\leqslant b_i$ $\sum_{j=1}^{n}a_{ij}x_j=b_i$ $\sum_{j=1}^{n}a_{ij}x_j\geqslant b_i$	$\sum_{j=1}^{n}a_{ij}x_j+x_{si}=b_i$ $\sum_{j=1}^{n}a_{ij}x_j+x_{ai}=b_i$ $\sum_{j=1}^{n}a_{ij}x_j-x_{si}+x_{ai}=b_i$
目标函数	极大或极小	$\max z=\sum_{j=1}^{n}c_jx_j$ $\min z=\sum_{j=1}^{n}c_jx_j$	不变 令 $z'=-z$，化为求 $\max z'=-\sum_{j=1}^{n}c_jx_j$
	变量前的系数	加松弛变量 x_s 加人工变量 x_a	$\max z=\sum_{j=1}^{n}c_jx_j+0x_{si}$ $\max z=\sum_{j=1}^{n}c_jx_j-M$

(2) 单纯形法计算步骤的框图如图 3-11 所示。

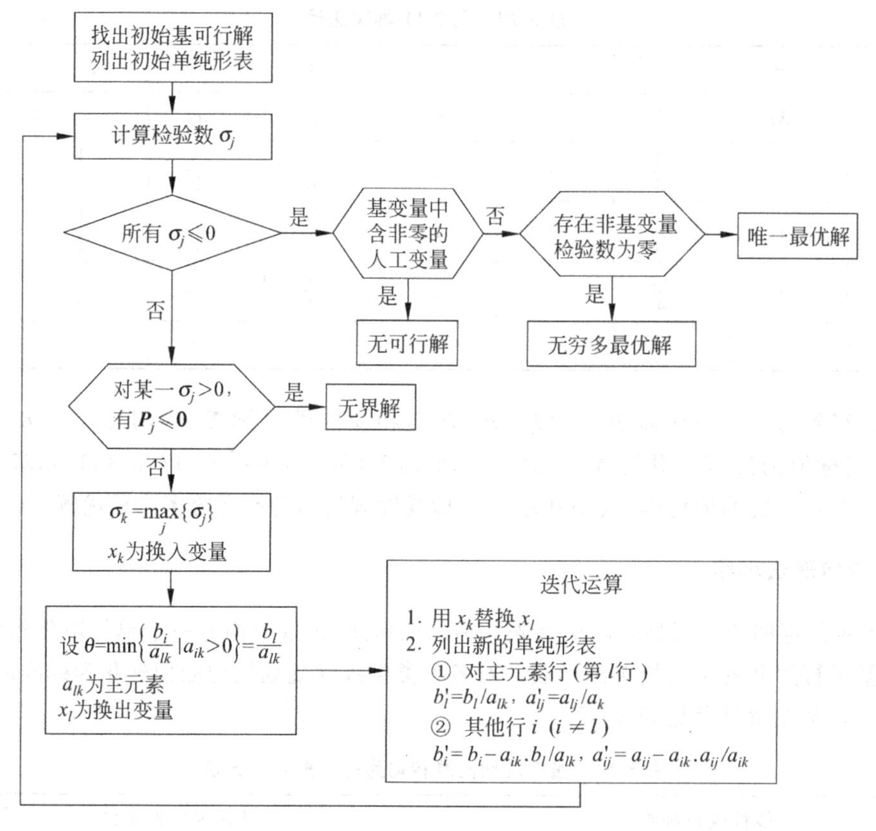

图 3-11 单纯形法计算步骤

3.5 改进单纯形法

设矩阵形式的线性规划的标准形式为

$$\max z = \boldsymbol{CX}$$
$$\text{s.t.} \begin{cases} \boldsymbol{AX} = b \\ \boldsymbol{X} \geqslant 0 \end{cases} \tag{3-40}$$

对于给定的基 $\boldsymbol{B}$，不是一般性，假定 $\boldsymbol{B}=(\boldsymbol{P}_1, \boldsymbol{P}_2, \cdots, \boldsymbol{P}_m)$，则 $\boldsymbol{A}=(\boldsymbol{B}, \boldsymbol{N})$，其中 $\boldsymbol{N}=(\boldsymbol{P}_{m+1}, \boldsymbol{P}_{m+2}, \cdots, \boldsymbol{P}_n)$。

令目标系数向量 $\boldsymbol{C}=(\boldsymbol{C}_B, \boldsymbol{C}_N)$，其中 $\boldsymbol{C}_B, \boldsymbol{C}_N$分别表示基变量和非基变量在目标函数中的系数向量。于是

$$z = \boldsymbol{CX} = (\boldsymbol{C}_B, \boldsymbol{C}_N)\begin{pmatrix} \boldsymbol{X}_B \\ \boldsymbol{X}_N \end{pmatrix} = \boldsymbol{C}_B\boldsymbol{X}_B + \boldsymbol{C}_N\boldsymbol{X}_N \tag{3-41}$$

$$\boldsymbol{AX} = b \Leftrightarrow (\boldsymbol{B}, \boldsymbol{N})\begin{pmatrix} \boldsymbol{X}_B \\ \boldsymbol{X}_N \end{pmatrix} = b \Leftrightarrow \boldsymbol{BX}_B + \boldsymbol{NX}_N = b \tag{3-42}$$

由式(3-42)两边左乘 $\boldsymbol{B}^{-1}$ 后求得：

$$\boldsymbol{X}_B = \boldsymbol{B}^{-1}b - \boldsymbol{B}^{-1}\boldsymbol{N}\boldsymbol{X}_N \Leftrightarrow \boldsymbol{X}_B + \boldsymbol{B}^{-1}\boldsymbol{N}\boldsymbol{X}_N = \boldsymbol{B}^{-1}b \tag{3-43}$$

将式(3-43)代入(3-41)得：

$$\begin{aligned} z &= \boldsymbol{C}_B\boldsymbol{X}_B + \boldsymbol{C}_N\boldsymbol{X}_N = \boldsymbol{C}_B(\boldsymbol{B}^{-1}b - \boldsymbol{B}^{-1}\boldsymbol{N}\boldsymbol{X}_N) + \boldsymbol{C}_N\boldsymbol{X}_N \\ &= \boldsymbol{C}_B\boldsymbol{B}^{-1}b + (\boldsymbol{C}_N - \boldsymbol{C}_B\boldsymbol{B}^{-1}\boldsymbol{N})\boldsymbol{X}_N \end{aligned}$$

于是线性规划问题(3-40)的等价形式为

$$\begin{aligned} &\max z = \boldsymbol{C}_B\boldsymbol{B}^{-1}b + (\boldsymbol{C}_N - \boldsymbol{C}_B\boldsymbol{B}^{-1}\boldsymbol{N})\boldsymbol{X}_N \\ &\text{s. t.} \begin{cases} \boldsymbol{X}_B + \boldsymbol{B}^{-1}\boldsymbol{N}\boldsymbol{X}_N = \boldsymbol{B}^{-1}b \\ \boldsymbol{X}_B \geqslant 0, \quad \boldsymbol{X}_N \geqslant 0 \end{cases} \end{aligned} \tag{3-44}$$

式(3-44)形式的线性规划模型，一般称为对应于基 $\boldsymbol{B}$ 的范式。

在范式中具有以下特点：

(1) 约束方程组中，基变量 $\boldsymbol{X}_B$ 的系数矩阵是单位阵，且由 $\boldsymbol{X}_B - \boldsymbol{B}^{-1}b - \boldsymbol{B}^{-1}\boldsymbol{N}\boldsymbol{X}_N$ 知，基变量可由非基变量线性表示。

(2) 目标函数中不含基变量，只含非基变量(基变量可由非基变量表示)。

由于 $\boldsymbol{A} = (\boldsymbol{B}, \boldsymbol{N}) = (\boldsymbol{P}_1, \boldsymbol{P}_2, \cdots, \boldsymbol{P}_m, \boldsymbol{P}_{m+1}, \boldsymbol{P}_{m+2}, \cdots, \boldsymbol{P}_n)$，故有

$$\boldsymbol{B}^{-1}\boldsymbol{N} = \boldsymbol{B}^{-1}(\boldsymbol{P}_{m+1}, \boldsymbol{P}_{m+2}, \cdots, \boldsymbol{P}_n) = (\boldsymbol{B}^{-1}\boldsymbol{P}_{m+1}, \boldsymbol{B}^{-1}\boldsymbol{P}_{m+2}, \cdots, \boldsymbol{B}^{-1}\boldsymbol{P}_n)$$

为讨论单纯形表的结构，设

$$\boldsymbol{B}^{-1}\boldsymbol{P}_j = \boldsymbol{P}'_j = \begin{pmatrix} a'_{1j} \\ a'_{2j} \\ \vdots \\ a'_{mj} \end{pmatrix}, \quad (j = m+1, m+2, \cdots, n)$$

$$\boldsymbol{B}^{-1}b = b' = \begin{pmatrix} b'_1 \\ b'_2 \\ \vdots \\ b'_m \end{pmatrix}, \quad z^{(0)} = \boldsymbol{C}_B\boldsymbol{B}^{-1}b$$

$$\sigma_N = \boldsymbol{C}_N - \boldsymbol{C}_B\boldsymbol{B}^{-1}\boldsymbol{N} = (\sigma_{m+1}, \sigma_{m+2}, \cdots, \sigma_n)$$

即

$$\sigma_j = c_j - \boldsymbol{C}_B\boldsymbol{B}^{-1}\boldsymbol{P}_j = c_j - \boldsymbol{C}_B\boldsymbol{P}'_j \quad (j = m+1, m+2, \cdots, n)$$

则线性规划问题的范式形式改写为

$$\begin{aligned} &\max z = z^{(0)} + \sum_{j=m+1}^{n} \sigma_j x_j \\ &\text{s. t.} \begin{cases} \boldsymbol{X}_B + \sum_{i=1}^{m}\sum_{j=m+1}^{n} a'_{ij}x_j = b' \\ \boldsymbol{X}_B \geqslant 0, \quad x_j \geqslant 0 \quad (j = m+1, m+2, \cdots, n) \end{cases} \end{aligned} \tag{3-45}$$

为规范线性规划问题在单纯形表中的表示方式，目标函数

$$z = z^{(0)} + \sum_{j=m+1}^{n} \sigma_j x_j$$

改写为

$$-z+\sum_{j=m+1}^{n}\sigma_j x_j=-z^{(0)}$$

其中，σ_j 为非基变量的检验数。在单纯形表中的最后一行中，由于非基变量取值为零，所以 $z=z^{(0)}=\boldsymbol{C_B B}^{-1}b$，且表示为 $-z=-z^{(0)}$。

因此，从线性规划模型的范式可以写出矩阵形式的单纯形表见表 3-20 和表 3-21。

表 3-20　单纯形表的矩阵形式（分解形式）

$c_j \to$		$\boldsymbol{C_B}$	$\boldsymbol{C_N}$	b
		$\boldsymbol{X_B}$	$\boldsymbol{X_N}$	
$\boldsymbol{C_B}$	$\boldsymbol{X_B}$	$\boldsymbol{I}$	$\boldsymbol{B}^{-1}\boldsymbol{N}$	$\boldsymbol{B}^{-1}b$
$-z$		0	$\boldsymbol{C_N}-\boldsymbol{C_B B}^{-1}\boldsymbol{N}$	$-z_0=-\boldsymbol{C_B B}^{-1}b$

表 3-21　单纯形表的矩阵形式（一般形式）

$c_j \to$		$\boldsymbol{C}$	b
		$\boldsymbol{X}$	
$\boldsymbol{C_B}$	$\boldsymbol{X_B}$	$\boldsymbol{B}^{-1}\boldsymbol{A}$	$\boldsymbol{B}^{-1}b$
$-z$		$\boldsymbol{C}-\boldsymbol{C_B B}^{-1}\boldsymbol{A}$	$-z_0=-\boldsymbol{C_B B}^{-1}b$

在范式中，称

$$\sigma=\boldsymbol{C}-\boldsymbol{C_B B}^{-1}\boldsymbol{A}\leqslant 0 \tag{3-46}$$

为线性规划问题的**最优性条件**；称

$$X\geqslant 0 \tag{3-47}$$

为线性规划问题的**可行性条件**。

单纯形法的迭代计算实际上是对约束方程的系数矩阵实施行初等变换。事实上，在单纯形法的迭代计算中只用到非基变量的检验数向量，以及单纯形表中基可行解列的数据，其他数据根本没有用到。因此，该方法在计算步骤上对单纯形法作出改进，故称为改进单纯形法。

对于线性规划问题的一般形式

$$\max z=\boldsymbol{CX}$$
$$\text{s.t.}\begin{cases}\boldsymbol{AX}\leqslant b\\ \boldsymbol{X}\geqslant 0\end{cases}$$

引入松弛变量 $\boldsymbol{X}_s=(x_{n+1},x_{n+2},\cdots,x_{n+m})$，化为标准形式

$$\max z=\boldsymbol{CX}+0\cdot\boldsymbol{X}_s$$
$$\text{s.t.}\begin{cases}\boldsymbol{AX}+\boldsymbol{IX}_s=b\\ \boldsymbol{X}\geqslant 0,\quad \boldsymbol{X}_s\geqslant 0\end{cases}$$

记 $\overline{\boldsymbol{X}}=\begin{pmatrix}\boldsymbol{X}\\ \boldsymbol{X}_s\end{pmatrix}$，$\overline{\boldsymbol{A}}=(\boldsymbol{A},\boldsymbol{I})$，$\overline{\boldsymbol{C}}=(\boldsymbol{C},0)$，则标准形式为

$$\max z=\overline{\boldsymbol{C}}\overline{\boldsymbol{X}}$$
$$\text{s.t.}\begin{cases}\overline{\boldsymbol{A}}\overline{\boldsymbol{X}}=b\\ \overline{\boldsymbol{X}}\geqslant 0\end{cases}$$

由于松弛变量 $X_s=(x_{n+1},x_{n+2},\cdots,x_{n+m})$ 对应的系数矩阵为单位阵，所以取该单位阵为基 $\boldsymbol{B}$，松弛变量为基变量，确定初始单纯形表见表 3-22。

表 3-22 初始单纯形表

$\boldsymbol{X}_B$	$\boldsymbol{X}$(决策变量)	$\boldsymbol{X}_s$(松弛变量)	b(右端项)
$\boldsymbol{X}_s$	$\boldsymbol{A}$	$\boldsymbol{I}$	b
$-z$	$\boldsymbol{C}$	0	0

一般地，基 $\boldsymbol{B}$ 是 $\overline{\boldsymbol{A}}$ 的子矩阵。如果以矩阵 $\boldsymbol{B}$ 为基，则由于

$$\boldsymbol{B}^{-1}\overline{\boldsymbol{A}}=\boldsymbol{B}^{-1}(\boldsymbol{A},\boldsymbol{I})=(\boldsymbol{B}^{-1}\boldsymbol{A},\boldsymbol{B}^{-1})$$

$$\overline{\boldsymbol{C}}-\boldsymbol{C}_B\boldsymbol{B}^{-1}\overline{\boldsymbol{A}}=(\boldsymbol{C},0)-\boldsymbol{C}_B\boldsymbol{B}^{-1}(\boldsymbol{A},\boldsymbol{I})=(\boldsymbol{C}-\boldsymbol{C}_B\boldsymbol{B}^{-1}\boldsymbol{A},-\boldsymbol{C}_B\boldsymbol{B}^{-1})$$

因此，可建立单纯形表见表 3-23。

表 3-23

$\boldsymbol{X}_B$	$\boldsymbol{X}$(决策变量)	$\boldsymbol{X}_s$(松弛变量)	b(右端项)
$\boldsymbol{X}_s$	$\boldsymbol{B}^{-1}\boldsymbol{A}$	$\boldsymbol{B}^{-1}$	$\boldsymbol{B}^{-1}b$
$-z$	$\boldsymbol{C}-\boldsymbol{C}_B\boldsymbol{B}^{-1}\boldsymbol{A}$	$-\boldsymbol{C}_B\boldsymbol{B}^{-1}$	$-\boldsymbol{C}_B\boldsymbol{B}^{-1}b$

从表中可见，如果线性规划标准形中的约束方程 $\overline{\boldsymbol{A}}\overline{\boldsymbol{X}}=b$ 中，约束系数矩阵 $\overline{\boldsymbol{A}}$ 中有现成的单位阵存在，则可取该单位阵为初始基，建立初始单纯形表；迭代后所形成的新表中，可行基 $\boldsymbol{B}$(即新表中的单位阵对应初始表中相应位置的数据矩阵)的逆阵 $\boldsymbol{B}^{-1}$ 恰好是新表中松弛变量的系数矩阵。

注意：将改进单纯形法应用到其他形式中，当引入人工变量来获得初始化可行解时，同样也将单位阵作为初始化的基，即人工变量的地位和松弛变量的地位是一样的。但是，当引入剩余变量时，则需要把剩余变量作为原始变量来处理。

3.6 线性规划问题的 Excel 求解

Excel 是分析和求解线性规划问题的良好工具，它不仅可以很方便地将线性规划模型所有参数录入电子表格，而且可以利用规划求解工具迅速找到模型的最优解。更重要的是，在利用 Excel 电子表格求解模型时，改变任何参数都能立刻反映到模型的解中，不需要重新应用求解工具和重新录入数据，即使重新求解也只需按回车键即可完成。当然，除 Excel 外，还有很多求解线性规划的软件，如 QSB+，MATLAB，Maple，Mathematica，LINDO 等，但这些软件都有其专门的语言环境，一般需要通过专门的学习和训练才能熟练地掌握和运用，不太容易普及和推广。作为 Office 软件成员的 Excel 功能强大，其易学性和普及性会使得求解线性规划问题变得非常简单和容易。

Excel 不但可以处理线性规划问题，还可处理整数规划和运输问题等经典的线性规划问题，极大地满足了人们学习运筹学和在实践中解决线性规划问题的需要。

1. 建立线性规划问题的电子表格模型

线性规划模型在电子表格中布局的好坏，直接关系到问题的可读性和求解的方便性。另外，不同的线性规划问题在电子表格中的布局方式可能不尽相同，并且有优劣之分。因此，布局问题非常重要，一定要把握好。

在用电子表格为问题建立数学模型的过程中有三个问题需要回答。要做什么决策？做决策时有哪些约束条件？决策的绩效测度是什么？这些就是线性规划模型如何在电子表格中布局需要考虑的问题。下面将举例说明如何在电子表格中描述线性规划模型。

生产计划问题的数学模型为

$$\max z = 4x_1 + 5x_2$$

$$\text{s.t.}\begin{cases} x_1 \leqslant 4 \\ x_2 \leqslant 3 \\ x_1 + 2x_2 \leqslant 8 \\ x_1, x_2 \geqslant 0 \end{cases} \tag{3-48}$$

生产计划问题的数据表见表 3-24。

表 3-24　生产计划问题数据表

	甲产品	乙产品	资源限量
原料 A	1	0	4(kg)
原料 B	0	1	3(kg)
设备	1	2	8(台时)
单位产品利润(元)	4	5	

生产计划问题对于上述三个问题的回答是：对两种产品的生产量作决策；决策的约束是生产产品的所需资源不得超过可用资源量；绩效测度是两种产品的总利润。这样，在原问题相关表格的基础上做些调整，就可以得到电子表格中的模型描述。如图 3-12 所示是生产计划问题的电子表格模型的描述。

	A	B	C	D	E	F
1		生产计划问题电子表格模型				
2		甲	乙	实际消耗		可供资源
3	原料A	1	0	0	<=	4
4	原料B	0	1	0	<=	3
5	设备	1	2	0	<=	8
6	单位利润	4	5			
7						
8	决策变量	甲	乙		目标利润	
9					0	

图 3-12　生产计划问题电子表格模型

显示数据的单元格称为数据单元格。为单元格命名可以使表格更容易理解和使用，例如，在生产计划问题的电子表格中，数据单元格可以这样命名：原料 A、原料 B、设备、单位利润等。为单元格命名，首先选中单元格，然后从“插入”菜单中选择“命名”选项，再输入名字(或者单击数据表上公式栏左侧的名字文本框,输入名字)。

电子表格中比原数据表增加了存放决策变量值的行,称之为可变单元格。增加了 D,E 两列,第 D 列存放两种产品的已用资源数量,并命名为"实际消耗",第 E 列存放符号"≤",但符号不参与计算,只起提示作用。在第 D 列(D3,D4,D5 单元格)中的数字是模型(3-48)中约束函数不等式左端的值,给定决策变量的值,约束函数左端表示资源实际被使用的数量。比如,对于第 1 个约束(原料 A)的实际使用量是:

$$\text{原料 A 的实际使用量} = x_1 \times 1 + x_2 \times 0$$

在电子表格中这个公式在 D3 单元格中表示为

$$D3 = B3 * B9 + C3 * C9$$

注意,在 D3 单元格输入公式时要在英文状态下输入等号右侧(包括等号)的内容,并且在数字和符号之间不能有空格(公式输入时不区分大小写)。在上式中是两组数相乘后相加,Excel 中的 SUMPRODUCT 函数可以实现这一功能,它可以将 2 至 30 个大小形状相同的单元格区域(每个单元格区域用逗号隔开)中的对应数值型元素(非数值型元素及空单元格作 0 处理)相乘后再相加。这个函数是线性规划问题中最常用的数学函数之一。例如上式用这个函数表达就是:

D3 = SUMPRODUCT(B3:C3,B9:D9)

利用 Excel 函数的复制功能,这个公式可以通过单元格的引用方法复制到 D4、D5 单元格中,免去了重复输入公式的烦恼。因为是纵向复制,可以把放有资源系数的单元格区域作相对引用,把放有决策变量的单元格区域作绝对引用或混合引用,即将公式变为 D3=SUMPRODUCT(B3:C3,B$9:D$9)。其中符号"$"表示绝对引用,"$"后面的数字或符号在 Excel 的拖放复制功能中不改变。这样,D3 单元格中的公式就可以通过拖动复制到 D4、D5 单元格中。类似可以写出计算目标利润的公式。该问题中的公式输入如图 3-13 所示。

	A	B	C	D	E	F
1		生产计划				
2		甲	乙	实际消耗		可供资源
3	原料A	1	0	=SUMPRODUCT(B3:C3,B$9:C$9)	<=	4
4	原料B	0	1	=SUMPRODUCT(B4:C4,B$9:C$9)	<=	3
5	设备	1	2	=SUMPRODUCT(B5:C5,B$9:C$9)	<=	8
6	单位利润	4	5			
7						
8	决策变量	甲	乙		目标利润	
9					=SUMPRODUCT(B6:C6,B9:C9)	

图 3-13　输入公式

2. 用 Excel 规划求解工具求解线性规划模型

Excel 中有一个规划求解工具,可以方便地求解线性规划问题。"规划求解"加载宏是 Excel 的一个可选加载模块,在安装 Excel 时,只有在选择"定制安装"或"完全安装"选项时才可以选择装入这个模块。如果目前使用的 Excel 的"工具"菜单中没有"规划求解"选项,可以通过"工具"菜单的"加载宏"选项打开"加载宏"对话框来添加"规划求解"功能(如图 3-14 所示)。

下面通过求解生产计划问题来说明求解步骤。

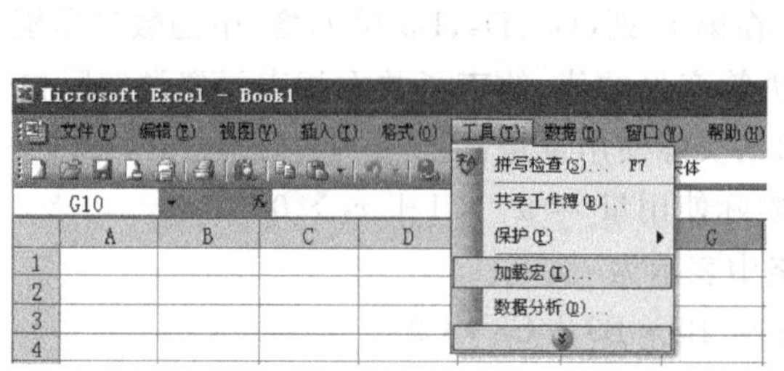

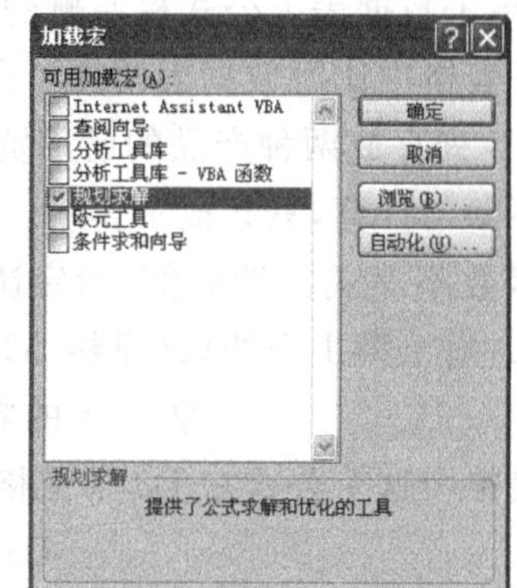

图 3-14 添加“规划求解”加载宏

首先,选择“工具”菜单后,在其弹出的子菜单中选择“规划求解”命令,打开“规划求解参数”对话框(如图 3-15 所示)。

图 3-15 “规划求解参数”对话框

“规划求解参数”对话框的作用就是让计算机知道模型的各个组成部分放在电子表格中的什么地方,可以通过输入单元格(或单元区域)的地址或用鼠标在电子表格相应的单元格(或单元区域)通过单击或拖动的办法将有关信息加入到对话框相应的位置。具体步骤如下。

1) 设置目标单元格

在“规划求解参数”对话框中应该指定目标函数所在单元格的引用位置,此目标单元格经求解后获得某一特定数值、最大值、最小值。由此可见,这个单元格输入的必须是一个公式。本例中由于目标函数在 E9 单元格,所以单击 E9 单元格(或直接输入 \$E\$9),Excel 会自动将其变成这个单元格的绝对引用 \$E\$9 加以固定,以便在求解过程中目标单元格位置固定不变。目标如果是极大化,则单击“最大值”单选按钮;如果是极小化,则单击“最小值”单选按钮;如果目标函数需要达到某个值,则单击“值为”单选按钮并在文本框内输入需要达到的值。

2) 设置可变单元格

可变单元格指定决策变量所在的各单元格,不含公式,可以有多个单元格或区域,当单元格或区域不连成一片时,各区域之间用逗号隔开。求解时,可变单元格中的数据不断地调整，直到满足约束条件，并使“设置目标单元格”文本框中指定的单元格达到目标值。可变单元格必须直接或间接与目标单元格相联系。本例的决策变量在B9和C9单元格内，所以在“可变单元格”文本框中输入“B9：C9”单元格引用区域。

3）添加约束

在“规划求解参数”对话框中单击“添加”按钮就会打开“添加约束”对话框（如图3-16所示）。

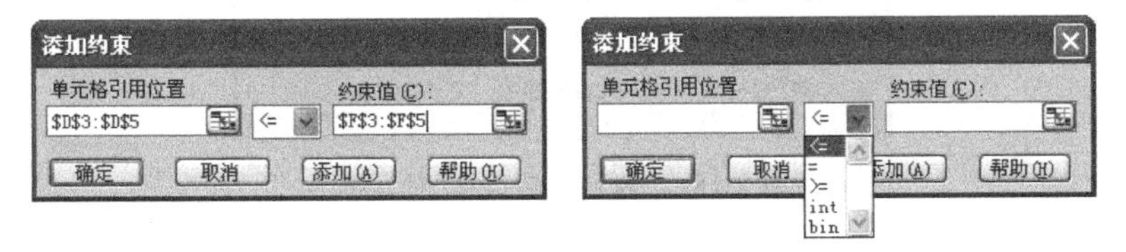

图3-16 “添加约束”对话框

在添加约束对话框中有3个选项需填写，其中：

(1)“单元格引用位置”指定需要约束其中数据的单元格或单元格区域，一般在此处添加约束函数不等式左侧的函数表达式的单元格或单元格区域。本例输入“$D$3：$D$5”。

(2) 运算符。对于不同类型的约束条件，可以选定相应的关系运算符（＞＝，＜＝，＝，int，bin）来表示约束的关系。

(3)“约束值(C)”。表示约束条件右边的限制值，在此文本框中输入数值、右边限制值单元格引用或区域引用。本例输入“$F$3：$F$5”。

(4)“添加”按钮。单击此按钮可以在不返回“规划求解参数”对话框的情况下继续添加其他约束条件。当已经把所有约束条件都一一添加了，只需单击“确定”按钮，回到“规划求解参数”对话框（如图3-17所示），“约束”文本框中已经显示了刚添加的约束。

图3-17 添加“约束”后的“规划求解参数”对话框

注意：由于本例所有的不等式约束都是“＜＝”，所以可以利用单元格引用区域一次性添加，否则，要分几次添加约束。

4）规划求解选项

在“规划求解参数”对话框中单击“选项”按钮打开“规划求解选项”对话框（如图3-18所示），它可以对求解运算的一些高级属性选项进行设定，这些高级属性选项如下：

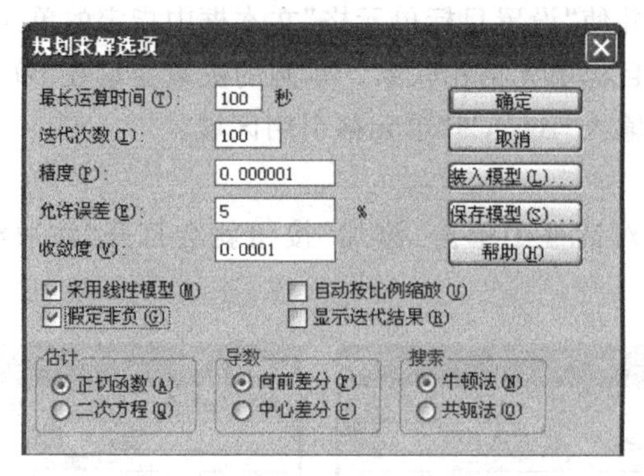

图 3-18 “规划求解选项”对话框

(1) 最长运算时间。在此设定求解过程的时间,可输入的最大值为 32 767 秒,默认值为 100 秒,可以满足大多数小型规划求解的需要,此选择项一般在求解非线性规划时才设置。

(2) 迭代次数。在此设定求解过程中迭代运算的次数,限制求解过程所花费的时间。可输入的最大值为 32 767,默认值为 100 次,可以满足大多数小型规划求解的需要。此选择项一般在求解非线性规划时才设置。

(3) 精度。在此输入用于控制求解精度的数字,以确定约束条件单元格中的数值是否满足目标值的上下限。精度必须为小数(0 到 1 之间),输入数字的小数位越少,精度越低。此选项一般在求解非线性规划时才设置。

(4) 收敛度。在此输入收敛度数值,当最近 5 次迭代时,目标单元格中数值的变化小于“收敛度”文本框中设置的数值时,“规划求解”停止运算。收敛度只运用于非线性规划问题,并且必须由一个 0 到 1 之间的小数表示。设置的数值越小,收敛度就越高。

(5) 采用线性模型。当模型中所有的关系都是线性的,并且希望解决线性优化问题时,选中此复选框可加速求解进程。

(6) 显示迭代结果。如果选中此复选框,每进行一次迭代后都将中断“规划求解”过程,并显示当前的迭代结果。

(7) 假定非负。对于在“添加约束”对话框的“约束值”文本框中没有设置下限的可变单元格,假定其下限为 0。规划问题一般要求决策变量非负,所以一般都需要选择此选项。

5) 求解

对定义好的问题进行求解。单击“规划求解参数”对话框上的“求解”按钮,打开“规划求解结果”对话框(如图 3-19 所示)。

当规划求解得到答案时,“规划求解结果”对话框中会给出下面两条求解结果信息:

(1) “规划求解”找到一个解,可满足所有的约束及最优化要求。这表明按“规划求解选项”对话框中设置的精度,所有约束条件都已经满足,并且目标单元格达到极大值或极小值,表示已经求出了问题的最优解。

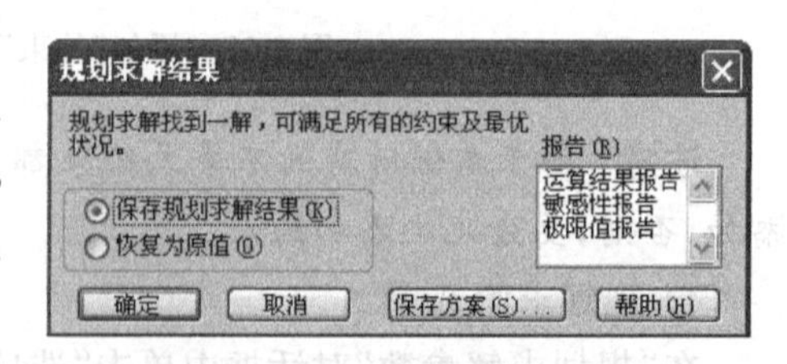

图 3-19 “规划求解结果”对话框

(2)“规划求解”收敛于当前结果，并满足所有约束条件。这表明目标单元格中的数值在最近 5 次求解过程中的变化量小于“规划求解选项”对话框中“收敛度”设置的值。“收敛度”中设置的值越小，“规划求解”在计算时就会越精细，但求解过程将花费更多的时间。

当规划求解不能得到最佳结果时，在“规划求解结果”对话框中就会显示下述信息：

(1) 满足所有约束条件，“规划求解”不能进一步优化结果。这表明仅得到近似值，迭代过程无法得到比显示结果更精确的数值，或是无法进一步提高精度，或是精度值设置得太小，请在“规划求解选项”对话框中试着设置较大的精度值，再运行一次。

(2) 求解达到最长运算时间后停止。这表明在达到最长运算时间限制时，没有得到满意的结果，如果要保存当前结果并节省下次计算的时间，请单击“保存规划求解结果”单选按钮或“保存方案”按钮。

(3) 求解达到最大迭代次数后停止。这表明在达到最大迭代次数时，仍没有得到满意的结果，增加迭代次数也许有用，但是应该先检查结果确定问题的原因。如果要保存当前结果并节省下次计算的时间，请单击“保存规划求解结果”单选按钮或“保存方案”按钮。

(4) 目标单元格中数值不收敛。这表明即使满足全部约束条件，目标单元格数值也只是有增有减但不收敛。这可能是在设置问题时忽略了一项或多项约束条件。请检查工作表中的当前值，确定目标发散的原因，并检查约束条件，然后再次求解。

(5) 规划求解未找到合适的结果。这表明在满足全部约束条件和精度要求的条件下，“规划求解”无法得到合理的结果，这可能是约束条件不一致所致。请检查约束条件公式或类型选择是否有误。

(6) 规划求解在目标或约束条件单元格中发现错误值。这表明在最近一次运算中，一个或多个公式的运算结果有误。请找到包含错误值的目标单元格或约束条件单元格，修改其中的公式或内容，以得到合理的运算结果。还有可能是在“添加约束”的对话框中输入了无效的名称或公式，或在“约束”文本框中直接输入了 integer 或 binary。如果要将变量约束为整数，请在“添加约束”对话框的“关系运算符”中单击 int 选项。如果要将变量约束为二进制数，请单击 bin。

本例中，如图 3-19 所示“规划求解”找到一个最优解，选中“保存规划求解结果”单选按钮，单击“确定”按钮可得求解结果(如图 3-20 所示)。

	A	B	C	D	E	F
1		生产计划问题电子表格模型				
2		甲	乙	实际消耗		可供资源
3	原料A	1	0	4	<=	4
4	原料B	0	1	2	<=	3
5	设备	1	2	8	<=	8
6	单位利润	4	5			
7						
8	决策变量	甲	乙		目标利润	
9		4	2		26	

图 3-20 得到求解结果

从求解结果中可知，企业应安排生产甲产品 4 件，乙产品 2 件，可获得最大利润 26 单位。

例 3-12 用 Excel 方法求解例 2-2 中的营养配餐问题。

其数学模型为

$$\min z = 20x_1 + 8x_2 + 4x_3 + 2x_4$$

$$\text{s. t.} \begin{cases} 1000x_1 + 800x_2 + 900x_3 + 200x_4 \geqslant 3000 \\ 50x_1 + 60x_2 + 20x_3 + 10x_4 \geqslant 55 \\ 400x_1 + 200x_2 + 300x_3 + 500x_4 \geqslant 800 \\ x_j \geqslant 0 \quad (j = 1,2,3,4) \end{cases}$$

其中 $x_j(j=1,2,3,4)$分别为猪肉、鸡蛋、大米和白菜每天的购买量，目标是确定 $x_j(j=1,2,3,4)$的值，使得总费用 $z=20x_1+8x_2+4x_3+2x_4$最少。

解：该问题在 Excel 中的问题描述、布局与求解设置，以及求解结果如图 3-21 所示。

	A	B	C	D	E	F	G	H
1			营养配餐问题					
2		食品所含营养数据						
3	营养成分	猪肉	鸡蛋	大米	青菜	实际获得营养		营养需求量
4	热量	1200	800	900	200	0	>=	3000
5	蛋白质	50	60	20	10	0	>=	55
6	钙	400	200	300	500	0	>=	800
7								
8	价格	20	8	4	2			
9								
10	决策变量							
11					目标			
12					最小成本	0		

	A	B	C	D	E	F	G	H
1		营养配餐问题						
2		食品所含营养数据						
3	营养成分	猪肉	鸡蛋	大米	青菜	实际获得营养		营养需求量
4	热量	1200	800	900	200	=SUMPRODUCT(B4:E4,B$10:E$10)	>=	3000
5	蛋白质	50	60	20	10	=SUMPRODUCT(B5:E5,B$10:E$10)	>=	55
6	钙	400	200	300	500	=SUMPRODUCT(B6:E6,B$10:E$10)	>=	800
7								
8	价格	20	8	4	2			
9								
10	决策变量							
11					目标			
12					最小成本	=SUMPRODUCT(B8:E8,B10:E10)		

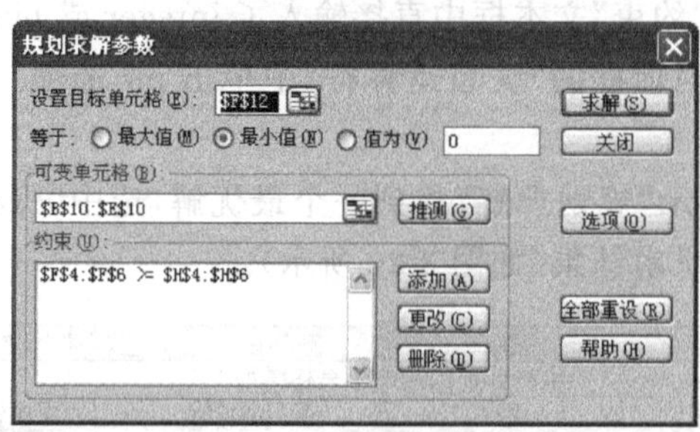

	A	B	C	D	E	F	G	H
1			营养配餐问题					
2		食品所含营养数据						
3	营养成分	猪肉	鸡蛋	大米	青菜	实际获得营养		营养需求量
4	热量	1200	800	900	200	3000.00	>=	3000
5	蛋白质	50	60	20	10	66.67	>=	55
6	钙	400	200	300	500	1000.00	>=	800
7								
8	价格	20	8	4	2			
9								
10	决策变量	0.00	0.00	3.33	0.00			
11					目标			
12					最小成本	13.33		

图 3-21 Excel方法求解营养配餐问题

从求解结果可知，每天购买 3.33kg 大米可满足最低营养需求，最少总费用为 13.33 元。

例 3-13 用 Excel 方法求解例 2-3 中的工业污染问题。

其线性规划模型为

$$\min z = 1200x_1 + 850x_2$$

$$\text{s.t.}\begin{cases} x_1 \geqslant 1.5 \\ 3x_1 + 4x_2 \geqslant 9 \\ x_1 \leqslant 3 \\ x_2 \leqslant 2 \\ x_i \geqslant 0 \quad (i = 1,2) \end{cases}$$

其中 $x_j(j=1,2)$分别为甲、乙两企业每天各自处理的工业污水量(万立方米)，目标是确定 $x_j(j=1,2)$的值，使两企业总的污水处理费用 $z=1200x_1+850x_2$ 最少。

解：该问题在 Excel 中的布局和求解设置，以及求解结果如图 3-22 所示。

	A	B	C	D	E	F
1		工业污染问题电子表格模型				
2			河水污染数据			
3		甲企业	乙企业	实际处理		可供资源
4	甲乙间河流段污水量	1	0	0	>=	1.5
5	流经乙后河流段污水量	3	4	0	>=	9
6	甲企业每天处理污水量	1	0	0	<=	3
7	乙企业每天处理污水量	0	1	0	<=	2
8						
9	污水处理费用	1200	850			
10	决策变量	甲处理量	乙处理量			
11		0	0			
12	目标最小费用	0				

	A	B	C	D	E	F
1		工业污染问题电子表格模型				
2			河水污染数据			
3		甲企业	乙企业	实际处理		可供资源
4	甲乙间河流	1	0	=SUMPRODUCT(B4:C4,B$11:C$11)	>=	1.5
5	流经乙后河	3	4	=SUMPRODUCT(B5:C5,B$11:C$11)	>=	9
6	甲企业每天	1	0	=SUMPRODUCT(B6:C6,B$11:C$11)	<=	3
7	乙企业每天	0	1	=SUMPRODUCT(B7:C7,B$11:C$11)	<=	2
8						
9	污水处理费	1200	850			
10	决策变量	甲处理量	乙处理量			
11		0	0			
12	目标最小费	=SUMPRODUCT(B9:C9,B11:C11)				

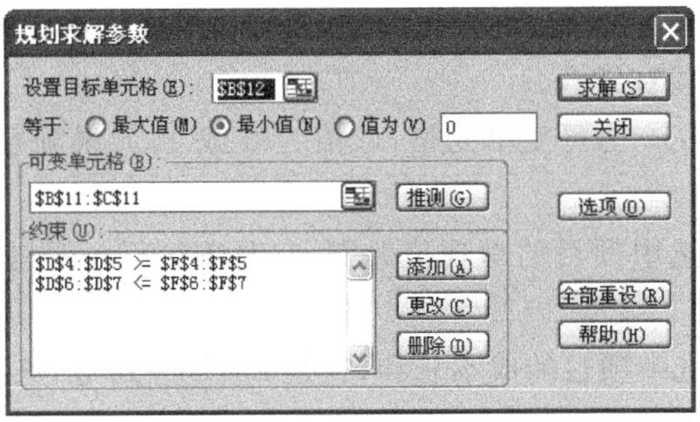

规划求解参数

设置目标单元格(E): $B$12 求解(S)

等于: ○最大值(M) ⊙最小值(N) ○值为(V) 0 关闭

可变单元格(B):

$B$11:$C$11 推测(G) 选项(O)

约束(U):

$D$4:$D$5 >= $F$4:$F$5

$D$6:$D$7 <= $F$6:$F$7

添加(A) 更改(C) 删除(D) 全部重设(R) 帮助(H)

图 3-22 Excel 方法求解工业污染问题

	A	B	C	D	E	F
1		工业污染问题电子表格模型				
2			河水污染数据			
3		甲企业	乙企业	实际处理		可供资源
4	甲乙间河流段污水量	1	0	1.5	>=	1.5
5	流经乙后河流段污水量	3	4	9	>=	9
6	甲企业每天处理污水量	1	0	1.5	<=	3
7	乙企业每天处理污水量	0	1	1.125	<=	2
8						
9	污水处理费用	1200	850			
10	决策变量	甲处理量	乙处理量			
11		1.5	1.125			
12	目标最小费用	2756.25				

图 3-22（续）

从求解结果可知，甲乙企业分别处理河流污水 1.5 和 1.125（万立方米）可满足环保最低要求，其污水处理最少，总费用为 2756.25 元。

3. 用 Excel 方法分析案例

例 3-14 项目投资问题：某开发公司考虑实施相互独立且风险程度相同的 8 个项目，该公司的资本成本率是 10%，资本限额是 50 万元。已测算出各项目的初始投入、项目周期、年现金流量、净现值和内部报酬率，相关数据见表 3-25。要求确定投资项目，使得投资所得总净现值最大。

表 3-25 项目投资问题相关数据表

项目号	项目成本	项目周期	年现金流	净现值	内部报酬率
1	400 000	20	59 600	98 895	0.1354
2	250 000	10	55 000	87 951	0.177
3	100 000	8	24 000	18 038	0.173
4	75 000	15	12 000	16 273	0.137
5	75 000	6	18 000	3395	0.115
6	50 000	5	14 000	3071	0.124
7	250 000	10	41 000	1927	0.102
8	250 000	3	99 000	−3802	0.091

解：该项目投资问题是一个线性规划问题，要求在最终成本不超过资金限额的条件下，求使得总净现值最大的项目组合。

设是否投资列 G3:G10 为可变单元格，取值为 0 或 1，如果项目被选中，相应单元格的值为 1，否则为 0。

F13 单元格表示所选中项目的净现值总额，它是 E3:E10 列与 G3:G10 列对应相乘后的和。

B13 单元格表示所选中项目的成本总和，它是 B3:B10 列与 G3:G10 列对应单元格相乘后的和。资金限额为 500 000。

该问题在 Excel 表中的布局和求解设置，以及求解结果如图 3-23 所示。

	A	B	C	D	E	F	G
1			项目投资问题电子表格模型				
2	项目序号	项目成本	项目周期	年现金流	净现值	内部报酬率	是否投资
3	1	400000	20	59600	98895	0.1354	0
4	2	250000	10	55000	87951	0.177	0
5	3	100000	8	24000	18038	0.173	0
6	4	75000	15	12000	16273	0.137	0
7	5	75000	6	18000	3395	0.115	0
8	6	50000	5	14000	3071	0.124	0
9	7	250000	10	41000	1927	0.102	0
10	8	250000	3	99000	-3802	0.091	0
11							
12		最终成本		资金限额		总净现值	
13		0	<=	500000		0	

	A	B	C	D	E	F	G
1			项目投资				
2	项目序号	项目成本	项目周期	年现金流	净现值	内部报酬率	是否投资
3	1	400000	20	59600	98895	0.1354	0
4	2	250000	10	55000	87951	0.177	0
5	3	100000	8	24000	18038	0.173	0
6	4	75000	15	12000	16273	0.137	0
7	5	75000	6	18000	3395	0.115	0
8	6	50000	5	14000	3071	0.124	0
9	7	250000	10	41000	1927	0.102	0
10	8	250000	3	99000	-3802	0.091	0
11							
12		最终成本		资金限额		总净现值	
13		=SUMPRODUCT(B3:B10,G3:G10)	<=	500000		=SUMPRODUCT(E3:E10,G3:G10)	

	A	B	C	D	E	F	G
1			项目投资问题电子表格模型				
2	项目序	项目成本	项目周期	年现金流	净现值	内部报酬率	是否投资
3	1	400000	20	59600	98895	0.1354	0
4	2	250000	10	55000	87951	0.177	1
5	3	100000	8	24000	18038	0.173	1
6	4	75000	15	12000	16273	0.137	1
7	5	75000	6	18000	3395	0.115	1
8	6	50000	5	14000	3071	0.124	0
9	7	250000	10	41000	1927	0.102	0
10	8	250000	3	99000	-3802	0.091	0
11							
12		最终成本		资金限额		总净现值	
13		500000	<=	500000		125657	

图 3-23 Excel 方法求解项目投资问题

注意：项目取值 0 或 1 必须约束 G3:G10 取 bin 表示二进制数，即限制为 0-1 变量。

从计算结果可以看到，项目 2、3、4、5 的值为 1，为选中项目，该项目组合可在总成本 500 000 元限额条件下，取得最大总净现值为 125 657。

通过 Excel 的规划求解可选项目较多的情况，能得到最好的结果。但在项目的风险程度不同和分批投入项目资金时，单纯用规划求解还无法得出满意的结果，必须作进一步的分析和评价。

例 3-15 网络配送问题：某物流公司要将 A_1、A_2、A_3 三个企业生产的某种产品运送到 B_1、B_2 两个仓库，可以选择铁路和公路两种运送方式。通过铁路运送没有运量限制，A_1、A_2 的产品可以送往仓库 B_1；A_3 的产品可以送往仓库 B_2；通过公路运送必须先从企业送往配送中心，再由配送中心送往仓库，且有运量限制。企业送往配送中心的限额为 80 单位，配送中心送往仓库的限额为 90 单位。单位运输成本、企业的产量和各仓库配送量等数据见表 3-26。试确定运送方案，使总运费最少。

表 3-26 网络配送问题相关数据表

起点＼终点	配送中心	B_1	B_2	产量
A_1	3	7.5	—	100
A_2	3.5	8.2	—	80
A_3	3.4	—	9.2	70
配送中心	—	2.3	2.3	
配送量	—	120	130	250

解：根据条件，假设 $x_{ij}\,(i=1,2,3,4;j=1,2,3)$ 为从 A_1、A_2、A_3 和配送中心送往配送中心和 B_1、B_2 的运送量，则可以得到网络配送问题的线性规划模型为

$$\min z = 3x_{11} + 7.5x_{12} + 3.5x_{21} + 8.2x_{22} + 3.4x_{31} + 9.2x_{33} + 2.3x_{42} + 2.3x_{43}$$

$$\text{s.t.}\begin{cases} x_{11} + x_{12} = 100 \\ x_{21} + x_{22} = 80 \\ x_{31} + x_{33} = 70 \\ x_{12} + x_{22} + x_{42} = 120 \\ x_{33} + x_{43} = 130 \\ x_{11} + x_{21} + x_{31} = x_{42} + x_{43} \\ x_{11} \leqslant 80,\ x_{21} \leqslant 80,\ x_{31} \leqslant 80,\ x_{42} \leqslant 90,\ x_{43} \leqslant 90 \\ x_{ij} \geqslant 0 \quad (i=1,2,3,4;\ j=1,2,3) \end{cases}$$

显然，根据数学模型在 Excel 表中布局会比较复杂，这里依据表 3-26 在 Excel 表中建立 3 张表进行布局，分别是单位运价表、运送限量表和配送方案表。注意，在单位运价表中，用足够大的数(这里用 1000)表示不存在或不允许运送的运价；在运输能力表中，用足够大的数(这里用 1000)表示运送量无限制。在配送方案表中，单元格区域 D25:F28 为决策变量。

在规划求解参数栏中有 4 个约束，\$D\$25:\$F\$28<==\$D\$15:\$F\$18 为运量约束；\$D\$29==\$G\$28 为配送中心平衡约束；\$E\$29:\$F\$29==\$E\$31:\$F\$31 为配送量约束；\$G\$25:\$G\$27==\$I\$25:\$I\$27 为产量约束。

从规划求解结果知道，最优运送方案为企业 A_1 送 30 单位产品到 B_1，A_2 送 40 单位产品到 B_2；A_1、A_2、A_3 分别向配送中心送 70、80 和 30 单位产品，配送中心再向 B_1、B_2 各运送 90 单位产品，可使总运送成本最低为 1599 元。

该问题在 Excel 表中的布局和求解设置，以及求解结果如图 3-24 所示。

	A	B	C	D	E	F	G	H	I
1				网络配送问题					
2									
3					单位运价表(元)				
4					到仓库				
5				配送中心	B1	B2			
6			A1	3	7.5	1000			
7		从企业	A2	3.5	8.2	1000			
8			A3	3.4	1000	9.2			
9			配送中心	1000	2.3	2.3			
10									
12					运送限量表				
13					到仓库				
14				配送中心	B1	B2	产量		
15			A1	80	1000	1000	100		
16			A2	80	1000	1000	80		
17		从企业	A3	80	1000	1000	70		
18			配送中心	1000	90	90			
19			配送量		120	130			
20									
22					配送方案表(最优解)				
23					到仓库				
24				配送中心	B1	B2	合计		产量
25			A1	70	30	0	100	=	100
26			A2	80	0	0	80	=	80
27		从企业	A3	30	0	40	70	=	70
28			配送中心	0	90	90	180		
29			合计	180	120	130	1599	=	总成本
30					=	=			
31			配送量		120	130			

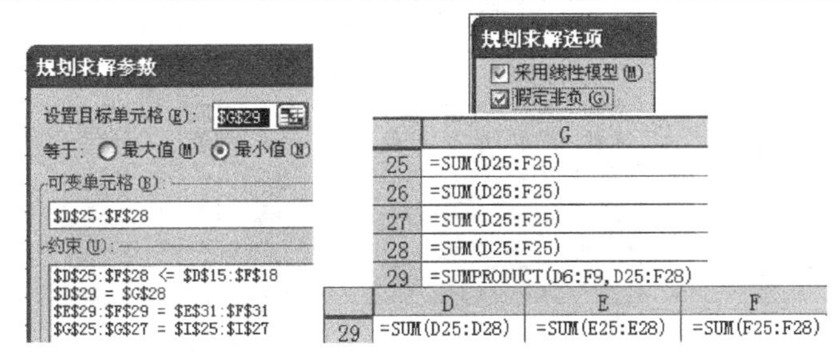

图 3-24　Excel 方法求解网络配送问题

例 3-16　多阶段生产计划问题：某企业要制订为期半年的产品生产计划。根据合同，公司必须在这半年内的每月底交付一批产品，由于市场变化和生产条件不同，每月的生产能力和成本也不同。如果在成本较低的月份多生产产品，则在交付前必须存储，需要付存储费。试确定逐月生产方案，使总成本最低。已知单位生产成本、每月单位存储费、每月最大需求量和最大生产能力等相关数据见表 3-27。

解：设 x_i 为第 i 个月生产的产品件数($i=1,2,3,4,5,6$)，则最大生产能力限制

$$x_i \leqslant l_i \quad (i=1,2,3,4,5,6)$$

若第 i 月底的库存量为 I_i，则有

$$I_i \leqslant f_i \quad (i=1,2,3,4,5,6)$$

显然，有

$$I_{i-1}+x_i-d_i=I_i \quad (i=1,2,3,4,5,6),\quad 且 \quad I_0=0(期初无存货)$$

即

$$第\ i\ 月的储量 = 第\ i\ 月初储量(上月底储量) + 第\ i\ 月产量 - 第\ i\ 月需求量$$

表 3-27 多阶段生产计划问题相关数据表

月份(i)	月底需求量 d_i(件)	最大生产能力 l_i(件)	单位生产成本 c_i(千元)	单位存储费 h_i(千元)	最大存储量 f_i(件)
1	10	20	2.1	0.20	10
2	16	30	2.0	0.25	12
3	20	26	2.3	0.23	6
4	14	28	2.4	0.24	10
5	25	30	2.1	0.20	8
6	23	30	2.6	0.20	0

非负约束

$$x_i \geqslant 0, \quad I_i \geqslant 0 \quad (i = 1,2,3,4,5,6)$$

目标为总成本

$$z = \sum_{i=1}^{6} c_i x_i + \sum_{i=1}^{6} h_i I_i$$

最小化。

该问题在 Excel 中的布局和求解设置,以及求解结果如图 3-25 所示。

	A	B	C	D	E	F	G	H	I	J	K
1			多阶段生产计划问题								
2											
3			成本数据			生产数据			储量数据		
4		月份	月需求量	生产成本	存储成本	当月产量		最大产量	月底储量		最大储量
5		1	10	2.1	0.2	10	<=	20	0	<=	10
6		2	16	2	0.25	28	<=	30	12	<=	12
7		3	20	2.3	0.23	8	<=	26	-0	<=	6
8		4	14	2.4	0.24	14	<=	28	-0	<=	10
9		5	25	2.1	0.2	30	<=	30	5	<=	8
10		6	23	2.6	0.2	18	<=	30	-0	<=	0
11							总成本		243		

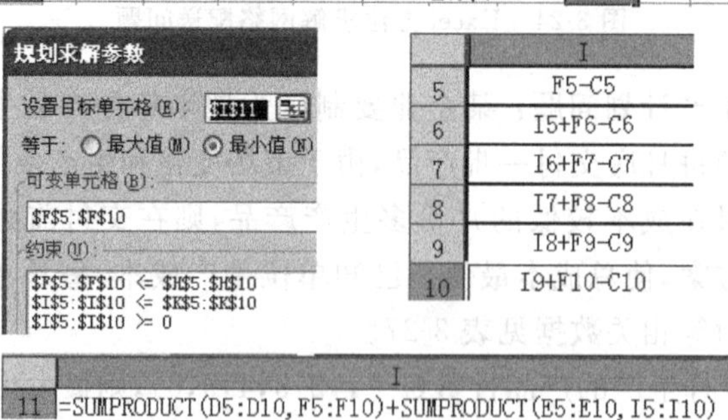

图 3-25 Excel 方法求解多阶段生产计划问题

注意:由于 I_i 不是变量,规划求解选项中的"假定非负"不能使其为非负,所以,必须在添加约束时将"$I_i \geqslant 0$"添加进去,如单元格 \$I\$5:\$I\$10≥0。当然,也可在表中再加一列,令其等于 I_i,并将其设为变量归入可变单元格。

从规划求解结果知道,公司应安排各月分别生产 10、28、8、14、30 和 18 件产品,将使总成本最低为 242.8 千元。

从上面的实例可以看出，在 Excel 中建立电子表格模型求解线性规划问题，只要把数据在 Excel 工作表中布局好，目标函数、变量和约束条件之间的关系设置好，就可以在无须掌握复杂求解过程的情况下，轻松地求得结果。这样不仅速度快，而且计算结果准确，能起到事半功倍的效果，从而使线性规划在经济、管理方面的应用具有更强的可操作性。

习　　题

1. 求解线性规划问题时可能出现哪几种结果？哪些结果反映建模时有错误？

2. 在确定初始可行基时，什么情况下要在约束条件中增添人工变量？在目标函数中人工变量前的系数为$(-M)$的经济意义是什么？

3. 什么是线性规划问题的标准形式？如何将一个非标准型的线性规划问题转化为标准形式？

4. 试述线性规划问题的可行解、基解、基可行解、最优解的概念以及上述解之间的相互关系。

5. 试述线性规划数学模型的结构及各要素的特征。

6. 如果线性规划的标准型变换为求目标函数的极小化 $\min z$，则用单纯形法计算时如何判别问题已得到最优解？

7. 什么是单纯形法计算的两阶段法，为什么要将计算分两个阶段进行，以及如何根据第一所段的计算结果来判定第二阶段的计算是否需继续进行？

8. 简述退化的含义及处理退化的勃兰特规则。

9. 举例说明生产和生活中应用线性规划的方面，并对如何应用进行必要描述。

10. 试述单纯形法的计算步骤，如何在单纯形表上去判别问题是具有唯一最优解、无穷多最优解、无界解还是无可行解？

11. 判断下列说法是否正确：

(1) 若 $\boldsymbol{X}^1,\boldsymbol{X}^2$ 分别是某一线性规划问题的最优解，则 $\boldsymbol{X}=\lambda_1\boldsymbol{X}^1+\lambda_2\boldsymbol{X}^2$ 也是该线性规划问题的最优解，其中 λ_1、λ_2 为正的实数。

(2) 线性规划模型中增加一个约束条件，可行域的范围一般将缩小；减少一个约束条件，可行域的范围一般将扩大。

(3) 如线性规划问题存在最优解，则最优解一定对应可行域边界上的一个点。

(4) 对一个有 n 个变量、m 个约束的标准型的线性规划问题，其可行域的顶点恰好为 C_n^m 个。

(5) 对取值无约束的变量 x_j，通常令 $x_j=x_j'-x_j''$，其中 $x_j'\geqslant 0,x_j''\geqslant 0$，在用单纯形法求得的最优解中有可能同时出现 $x_j'>0,x_j''>0$。

(6) 图解法同单纯形法虽然求解的形式不同，但从几何上理解，两者是一致的。

(7) 用单纯形法求解标准型式的线性规划问题时，与 $\sigma_j>0$ 对应的变量都可以被选作换入变量。

(8) 线性规划问题的每一个基解对应可行域的一个顶点。

(9) 单纯形法计算中，选取最大正检验数 σ_k 对应的变量 x_k 作为换入变量，将使目标函数值得到最快的增长。

(10) 一旦一个人工变量在迭代中变为非基变量后，该变量及相应列的数字可以从单纯形表中删除，而不影响计算结果。

(11) 单纯形法计算中，如不按最小比值原则选取换出变量，则在下一个基解中至少有一个基变量的值为负。

(12) 单纯形法的迭代计算过程是从一个可行解转换到目标函数值更大的另一个可行解。

(13) 线性规划问题的任一可行解都可以用全部基可行解的线性组合表示。

12. 试述线性规划问题数学模型的组成部分及特征，并判别下列数学模型是否为线性规划模型(模型中 a,b,c 为常数，θ 为可取某一常数值的参变量；x,y 为变量)。

(1)
$$\max z=x_1+x_2+2x_3$$
$$\text{s.t.}\begin{cases}x_1+x_2 \geqslant 2\\ x_2+2x_3\leqslant 4\\ x_1+x_2+2x_3\leqslant 3\\ x_j\geqslant 0 \quad (j=1,2,3)\end{cases}$$

(2)
$$\max z=x_1^2+x_2^3$$
$$\text{s.t.}\begin{cases}x_1+3x_2\leqslant 10\\ x_1,x_2\geqslant 0\end{cases}$$

(3)
$$\max z=x_1\cdot x_2\cdot x_3$$
$$\text{s.t.}\begin{cases}ax_1+bx_1^2\leqslant c\\ x_1+x_2\geqslant 3\\ a^2x_1+cx_3=b\\ x_1,x_2,x_3,a,b,c\geqslant 0\end{cases}$$

(4)
$$\max z=\sum_{j=1}^{n}c_jx_j$$
$$\text{s.t.}\begin{cases}\sum_{j=1}^{n}a_{ij}x_j\leqslant b_i+c\varphi \quad (i=1,2,\cdots,m)\\ x_j\geqslant 0 \quad (j=1,2,\cdots,n)\end{cases}$$

13. 设线性规划问题为

$$\min z=4x_1+5x_2$$
$$\text{s.t.}\begin{cases}2x_1+3x_2\geqslant 30\\ x_1+x_2\geqslant 12\\ 2x_1+x_2\geqslant 20\\ x_j\geqslant 0 \quad (j=1,2)\end{cases}$$

(1) 用图解法找出最优解；

(2) 若目标函数变为 $z=4x_1+7x_2$，最优解如何变化？

(3) 若第 3 个约束变为 $2x_1+x_2\geqslant 15$，最优解又将如何变化？

14. 用图解法求解下列线性规划问题，并指出问题是具有唯一最优解、无穷多最优解、无界解还是无可行解。

(1)
$$\max z=x_1+x_2$$
$$\text{s.t.}\begin{cases}2x_1+x_2\leqslant 2\\ -x_1+2x_2\leqslant 2\\ x_1,x_2\geqslant 0\end{cases}$$

(2)
$$\max z=x_1+2x_2$$
$$\text{s.t.}\begin{cases}2x_1+4x_2\leqslant 5\\ 2x_1+x_2\leqslant 2\\ x_1,x_2\geqslant 0\end{cases}$$

(3) $\max z=x_1+x_2$

$$\text{s.t.}\begin{cases}2x_1+x_2\geqslant 2\\-x_1+2x_2\geqslant 2\\x_1,x_2\geqslant 0\end{cases}$$

(4) $\max z=x_1+3x_2$

$$\text{s.t.}\begin{cases}x_1+x_2\leqslant 1\\2x_1+x_2\geqslant 4\\x_1,x_2\geqslant 0\end{cases}$$

15．设线性规划问题为

$$\max z = c_1x_1 + 2x_2$$

$$\text{s.t.}\begin{cases}4x_1+x_2\leqslant 12\\x_1-x_2\geqslant 2\\x_1,x_2\geqslant 0\end{cases}$$

用图解法分析，当 c_1 取不同的值时，相应的最优解情况。

16．用牛肉和土豆配餐时，要保证既有足够的营养又具有较低的成本。相关数据见表 3-28。

(1) 建立线性规划模型，以确定既满足营养需求又具有较低成本的配餐方案；

(2) 用图解法求解此线性规划问题。

表 3-28　配餐数据表

成　分	每份餐包含的营养成分(g)		每餐人体最低营养要求(g)
	牛肉	土豆	
碳水化合物	5	15	50
蛋白质	15	4	36
脂肪	10	3	30
单位成本(元)	15	3	

17．考虑如表 3-29 所示的生产计划问题。

表 3-29　生产计划数据表

资源	单位资源使用量(kg)		可用资源总量(kg)
	甲产品	乙产品	
A	3	3	20
B	2	1	10
C	2	4	20
单位利润(元)	200	300	

(1) 建立线性规划模型，以确定最优生产方案；

(2) 检验下列点中的哪些点是可行解，可行解中哪一个使目标函数值最大；

A(2,2)、B(3,3)、C(2,4)、D(4,2)、E(3,4)、F(4,3)

(3) 用图解法求解该问题。

18. 将下列线性规划问题化为标准型。

(1) $\min z=2x_1-x_2+4x_3$

$$\text{s. t.}\begin{cases}-x_1+x_2+x_3=5\\ -x_1-x_2+x_3\leqslant 8\\ x_1\leqslant 0,\ x_2\geqslant 0,\ x_3\text{ 无约束}\end{cases}$$

(2) $\max z=x_1+x_2+x_3+x_4$

$$\text{s. t.}\begin{cases}x_1+2x_2+3x_3+x_4\leqslant 3\\ x_1-x_2+3x_3+x_4=2\\ x_1+x_3+x_4\geqslant 5\\ x_1,\ x_3\geqslant 0,\ x_2\leqslant 0,\ x_4\text{ 无约束}\end{cases}$$

19. 对于下列线性规划问题,选定一个可行基,并写出初始单纯形表。

(1) $\max z=2x_1+x_2+3x_3-2x_4$

$$\text{s. t.}\begin{cases}2x_1+2x_2+3x_3+x_4=20\\ x_1+x_2+4x_3+2x_4=18\\ x_1-2x_2+2x_3-x_4=6\\ x_i\geqslant 0\quad (i=1,2,3,4)\end{cases}$$

(2) $\min z=3x_1+2x_2-2x_3-3x_4$

$$\text{s. t.}\begin{cases}x_1-2x_2+2x_3-3x_4=4\\ 2x_1+2x_2-3x_3+3x_4=10\\ x_1+x_2+x_3+x_4=8\\ x_i\geqslant 0\quad (i=1,2,3,4)\end{cases}$$

(3) $\min z=x_1-2x_2-4x_3+2x_4$

$$\text{s. t.}\begin{cases}x_1-2x_2\leqslant 4\\ x_2-x_4\leqslant 8\\ -2x_1+x_2+8x_3+x_4\leqslant 12\\ x_i\geqslant 0\quad (i=1,2,3,4)\end{cases}$$

20. 用单纯形法求解下列线性规划问题。

(1) $\max z=3x_1+2x_2$

$$\text{s. t.}\begin{cases}x_1\leqslant 4\\ 2x_1+3x_2\leqslant 12\\ 2x_1+x_2\leqslant 8\\ x_1,x_2\geqslant 0\end{cases}$$

(2) $\max z=x_1+6x_2+4x_3$

$$\text{s. t.}\begin{cases}-x_1+2x_2+2x_3\leqslant 13\\ 4x_1-4x_2+x_3\leqslant 20\\ x_1+2x_2+x_3\leqslant 17\\ x_i\geqslant 0\quad (i=1,2,3)\end{cases}$$

(3) $\max z=2x_1+3x_2+5x_3$

$$\text{s. t.}\begin{cases}2x_1+x_2+3x_3\leqslant 10\\ x_1+2x_2+x_3\leqslant 6\\ 2x_1+2x_2\leqslant 8\\ x_i\geqslant 0\quad (i=1,2,3)\end{cases}$$

(4) $\min z=2x_1+3x_2-x_3$

$$\text{s. t.}\begin{cases}x_1-4x_4+x_5-2x_6=5\\ x_2+2x_4-3x_5+x_6=4\\ x_3+2x_4-5x_5+6x_6=6\\ x_i\geqslant 0\quad (i=1,2,3,4,5,6)\end{cases}$$

(5) $\min z=-6x_1+x_2-10x_3+x_4$

$$\text{s. t.}\begin{cases}5x_1+x_2-4x_3+3x_4\leqslant 20\\ 3x_1-2x_2+2x_3+x_4\leqslant 25\\ 4x_1-x_2+x_3+3x_4\leqslant 10\\ x_i\geqslant 0\quad (i=1,2,3,4)\end{cases}$$

21. 设线性规划问题:

$$\max z = -2x_2 + 3x_3 + 2x_5$$

$$\text{s.t.} \begin{cases} x_1 + 3x_2 - x_3 + 2x_5 = 7 \\ -x_2 + 4x_3 + x_4 = 12 \\ -4x_2 + 3x_3 + 8x_5 + x_6 = 10 \\ x_i \geq 0 \quad (i = 1,2,3,4,5,6) \end{cases}$$

的基 $\boldsymbol{B}$ 对应的单纯形表见表 3-30。

表 3-30 单纯形表

C_B	X_B	b	x_1	x_2	x_3	x_4	x_5	x_6
	x_2		$\frac{2}{5}$	1	0	$\frac{1}{10}$		0
x_3			$\frac{1}{5}$	0	1	$\frac{3}{10}$		0
	x_6		1	0	0	$-\frac{1}{2}$		1
z								

(1) 求上表对应的基 $\boldsymbol{B}$ 的逆 $\boldsymbol{B}^{-1}$；

(2) 在表中空白处填满数字，完成单纯形表；

(3) 判定表中给出的是否最优解。

22. 用人工变量法求解下列线性规划问题。

(1) $\max z = -3x_1 - 2x_2 + 2x_3 + 3x_4$

$$\text{s.t.} \begin{cases} x_1 - x_2 + 2x_3 - 2x_4 = 4 \\ 2x_1 + x_2 - 3x_3 + 2x_4 = 12 \\ x_1 + x_2 + x_3 + x_4 = 6 \\ x_i \geq 0 \quad (i=1,2,3,4) \end{cases}$$

(2) $\max z = 2x_1 + x_2 + 2x_3$

$$\text{s.t.} \begin{cases} x_1 + 3x_2 + 2x_3 \leq 20 \\ 2x_1 + x_2 + x_3 = 10 \\ 2x_1 + x_2 + 3x_3 \leq 18 \\ x_i \geq 0 \quad (i=1,2);\ x_3 \text{ 无约束} \end{cases}$$

(3) $\max z = 3x_1 + 5x_2 + 4x_3$

$$\text{s.t.} \begin{cases} 5x_1 + 3x_2 + x_3 \leq 9 \\ -5x_1 + 6x_2 + 10x_3 \leq 15 \\ x_1 + x_2 + x_3 \geq 4 \\ x_i \geq 0 \quad (i=1,2,3) \end{cases}$$

(4) $\max z = x_1 + x_2 + 2x_3 - 3x_4$

$$\text{s.t.} \begin{cases} x_1 + 2x_2 + 3x_3 = 12 \\ 2x_1 + x_2 + 2x_3 + 3x_4 = 10 \\ x_1 + x_2 - x_3 - x_4 = 4 \\ x_i \geq 0 \quad (i=1,2,3,4) \end{cases}$$

(5) $\max z = 3x_1 + 2x_2 + 4x_3$

$$\text{s.t.} \begin{cases} 2x_1 + x_2 + x_3 \geq 4 \\ x_1 + 4x_2 + x_3 \leq 16 \\ x_1 + 2x_2 \leq 20 \\ x_i \geq 0 \quad (i=1,2,3) \end{cases}$$

23. 已知下列线性规划问题有无穷最优解，试写出最优解的一般表达式。

$$\min z = 2x_1 + x_2 + x_3$$

$$\text{s.t.} \begin{cases} 3x_1 + 4x_2 + 9x_3 \leq 9 \\ 5x_1 + 2x_2 + x_3 \leq 8 \\ x_i \geq 0 \quad (i = 1,2,3) \end{cases}$$

24. 某饲养场饲养动物出售，设每头动物每天至少需 900g 蛋白质、20g 矿物质、150mg 维生素。现有 5 种饲料可供选用，各种饲料每千克营养成分含量及单价见表 3-31 所示。

表 3-31 各种饲料每千克营养成分含量及单价表

饲料	蛋白质(g)	矿物质(g)	维生素(mg)	价格(元/kg)
1	2	1	0.4	0.3
2	5	0.3	1	0.5
3	6	0.5	2	0.4
4	1	3	5	0.2
5	8	0.7	0.8	0.6

求既满足动物生长的营养需要，又使费用最省的选用饲料的方案。

25. 某贸易公司专门经营某种杂粮的批发业务。公司现有库容 4000 担的仓库。1 月 1 日，公司拥有库存 2000 担杂粮，并有资金 10 000 元。估计第一季度杂粮价格见表 3-32。

表 3-32 第一季度杂粮价格表

	进货价(元)	出货价(元)
1 月	2.6	3.2
2 月	2.8	3.4
3 月	2.7	2.9

如买进的杂粮当月到货，但需到下月才能卖出，且规定"货到付款"。公司希望本季末库存为 3000 担，问应采取什么样的买进与卖出的策略使 3 个月总的获利最大？

26. 某炼油厂根据计划每季度需供应合同单位汽油 15 万吨、煤油 12 万吨、柴油 10 万吨。该厂从 A，B 两处运回原油提炼，已知两处原油成分见表 3-33。又如从 A 处采购原油每吨价格(包括运费、下同)为 200 元，B 处原油每吨为 310 元，(1)选择该炼油厂采购原油的最优决策；(2)如 A 处价格不变，B 处降为 100 元/吨，则最优决策有何改变？

表 3-33 原油成分表

	A	B
含汽油	10%	30%
含煤油	30%	16%
含柴油	40%	24%
其他	20%	30%

27. 某电信公司每天各时间段内所需话务员人数以及该时段支付工资见表 3-34。设话务员在各时段开始上班，要连续工作 8 小时，公司领导希望以最低的工资成本来满足服务要求，试建立该问题的线性规划模型，并用 Excel 电子表格求解。

28. 某厂生产一种产品，该产品在未来 5 个月的需求量、每个月最大生产能力和每个月单位生产成本见表 3-35。

表 3-34　各时段所需话务员人数及该时段支付工资表

班次	时　　间	最低所需人数	每人工资(元)
1	6 点～10 点	80	30
2	10 点～14 点	100	28
3	14 点～18 点	110	30
4	18 点～22 点	75	32
5	22 点～2 点	40	38
6	2 点～6 点	55	40

表 3-35　产品数据表

月份	1	2	3	4	5
需求量	15	10	25	20	18
单位生产成本(元)	5	6	8	5	6
最大生产能力	30	20	35	15	20

另外,每件产品每月的存储费为 1 元。假定 1 月初的存货为 5 件。管理层希望制订合理的月生产计划,既满足需求又使得总生产成本最低。

(1) 试建立该问题的线性规划模型;

(2) 用 Excel 电子表格求解此问题。

第4章 对偶理论与灵敏度分析

对偶理论是线性规划发展中最重要的成果之一，该理论认为每一个线性规划问题(称为原始问题)都有一个与它对应的对偶线性规划问题(称为对偶问题)。1928 年美籍匈牙利数学家冯·诺伊曼在研究对策论时，发现线性规划与对策论之间存在着密切的联系，并于 1947 年提出对偶理论。1951 年丹捷格用对偶理论求解线性规划的运输问题，研究出确定检验数的位势法原理。1954 年莱姆基提出的对偶单纯形法，成为管理决策中进行灵敏度分析的重要工具。

对偶理论研究线性规划的对偶关系与解的特征。根据对偶理论，在求解线性规划问题时，可同时得到其对偶问题的最优解，以及相对于各个约束条件的影子价格等信息。当对偶问题比原始问题有较少约束时，求解对偶规划比求解原始规划要方便得多。而且，对偶规划中的变量就是相应资源的影子价格。应用对偶理论，可以推出求解线性规划问题的对偶单纯形法。对偶理论在实际问题中有着广泛的应用。

本章以生产计划问题为引例，逐步阐述对偶问题的相关概念、方法和理论，较为完整地探讨对偶问题的有关内容。其中包括线性规划对偶理论、资源的影子价格、对偶单纯形法、灵敏度分析和参数线性规划，最后应用 Excel 进行灵敏度分析。

4.1 对偶问题的提出

1. 问题的提出

生产计划问题：某工厂在计划期内要安排生产甲、乙两种产品。已知生产单位产品需要消耗的原料和设备台时数、单位产品可获得的利润，以及原料存量和可用设备台时数，见表 4-1。问应如何安排生产使该工厂获利最大？即在原料和设备台时等资源的限制条件下，求使利润最大的生产计划方案。

表 4-1 生产计划问题数据表

	甲	乙	资源限制		甲	乙	资源限制
原料 A	1	0	4	设备	3	2	18
原料 B	0	1	6	单位利润	4	5	

通过引入决策变量 $\boldsymbol{x}_1,\boldsymbol{x}_2$ 可建立如下线性规划模型：

$$\max z = 4x_1 + 5x_2$$

$$\text{s.t.}\begin{cases} x_1 \leqslant 4 \\ x_2 \leqslant 6 \\ 3x_1 + 2x_2 \leqslant 18 \\ x_1, x_2 \geqslant 0 \end{cases}$$

如果管理者从另外一个角度来处理这个问题，即工厂不考虑生产甲、乙两种产品取得盈利，而是将现有资源出售获取收益。试问：管理者应该怎样给每一种资源设置一个合理的价格？

解：设 y_1, y_2, y_3 分别表示 3 种资源的单位售价，管理者考虑问题的关键是卖掉的资源所得的收入不能低于用资源安排生产的获利。由表 4-1 可知 1 个单位的第 1 种资源加上 3 个单位的第 3 种资源可以生产出 1 个单位的甲产品，甲产品的单位利润是 4，两个单位的第 2 种资源加上 2 个单位的第 3 种资源可以生产出 1 个单位的乙产品，乙产品的单位利润是 5，因此，只有当出售 1 个单位的第 1 种资源加上 3 个单位的第 3 种资源的总收益不小于出售甲产品单位利润 4，当出售 2 个单位的第 1 种资源加上 2 个单位的第 3 种资源的总收益不小于出售乙产品单位利润 5 时，管理者才会放弃生产活动，出让自己的资源。所以，应该满足

$$\text{s. t.}\begin{cases} y_1 \quad + 3y_3 \geqslant 4 \\ \quad y_2 + 2y_3 \geqslant 5 \\ y_1, y_2, y_3 \geqslant 0 \end{cases}$$

当这些条件满足时，一定能保证出售资源的获利不低于用资源安排生产的获利。但是，管理者还要考虑如何才能以对方愿意接受的价格出售自己的资源，这就要使得对方购买资源所付出的总代价最小。故有

$$\min w = 4y_1 + 6y_2 + 18y_3$$

于是，这个问题的数学模型转化为求最小化的线性规划问题，

$$\min w = 4y_1 + 6y_2 + 18y_3$$

$$\text{s. t.}\begin{cases} y_1 \quad + 3y_3 \geqslant 4 \\ \quad y_2 + 2y_3 \geqslant 5 \\ y_1, y_2, y_3 \geqslant 0 \end{cases}$$

称之为生产计划问题的对偶问题，而生产计划问题称为原问题。

2. 一般形式的对偶问题

在原问题(P)与对偶问题(D)的模型中，使用的数据参数是同一组，只是数据所在位置不同，其模型实际上是从两种不同角度对同一个问题的描述。对于一般的生产计划问题，原问题为：

$$\max z = \sum_{j=1}^{n} c_j x_j$$

$$\text{s. t.}\begin{cases} \sum_{j=1}^{n} a_{ij} x_j \leqslant b_i & (i = 1, 2, \cdots, m) \\ x_j \geqslant 0 & (j = 1, 2, \cdots, n) \end{cases}$$

其对偶问题为：

$$\min w = \sum_{i=1}^{m} b_i y_i$$

$$\text{s.t.}\begin{cases}\sum_{i=1}^{m} a_{ij} y_i \geqslant c_j & (j=1,2,\cdots,n)\\ y_i \geqslant 0 & (i=1,2,\cdots,m)\end{cases}$$

如果写成矩阵形式，那么，原问题和对偶问题可表示如下：

原问题

$$\max z = \boldsymbol{CX}$$

$$(\text{P})\quad \text{s.t.}\begin{cases}\boldsymbol{AX} \leqslant b\\ \boldsymbol{X} \geqslant 0\end{cases}$$

对偶问题

$$\min w = \boldsymbol{Yb}$$

$$(\text{D})\quad \text{s.t.}\begin{cases}\boldsymbol{YA} \geqslant \boldsymbol{C}\\ \boldsymbol{Y} \geqslant 0\end{cases}$$

由以上定义可以看出，对于一般形式的对偶问题，其原问题与对偶问题具有以下特点和表达形式上的规律：

(1) 原问题的约束个数(不包含非负约束)等于对偶问题变量的个数。

(2) 原问题的目标系数对应于对偶问题的右端项常数。

(3) 原问题的右端项常数对应于对偶问题的目标函数系数。

(4) 原问题的约束矩阵转置就是对偶问题的约束矩阵。

(5) 原问题是求最大值问题，对偶问题是求最小值问题。

(6) 约束条件在原问题中为“≤”，则在对偶问题中为“≥”。

根据上述对应关系，可以由原问题构造出对应的对偶问题。在生产计划问题中，原问题与对偶问题的表达形式的规律可用表 4-2 表示。

表 4-2 生产计划问题原问题与对偶问题的形式关系

原问题 / 对偶问题	x_1	x_2	
y_1	1	0	≤4(min)
y_2	0	1	≤6(min)
y_3	3	2	≤18(min)
	≥4 (max)	≥5	

反过来，对于一般形式的线性规划问题，如果将对偶问题看作是原问题，可以探讨其对偶问题的表达形式。

由于

$$\min w = \boldsymbol{Yb}$$

$$\text{s.t.}\begin{cases}\boldsymbol{YA} \geqslant \boldsymbol{C}\\ \boldsymbol{Y} \geqslant 0\end{cases}$$

可以转化为

$$\max(-w)=-\boldsymbol{Yb}$$
$$\text{s. t.}\begin{cases}-\boldsymbol{YA}\leqslant-\boldsymbol{C}\\ \boldsymbol{Y}\geqslant 0\end{cases}$$

由对偶问题的定义，此问题的对偶问题为

$$\min(-z)=-\boldsymbol{CX}$$
$$\text{s. t.}\begin{cases}-\boldsymbol{AX}\geqslant-b\\ \boldsymbol{X}\geqslant 0\end{cases}$$

等价于

$$\max z=\boldsymbol{CX}$$
$$\text{s. t.}\begin{cases}\boldsymbol{AX}\leqslant b\\ \boldsymbol{X}\geqslant 0\end{cases}$$

这表明，**对偶问题的对偶问题是原问题**。由于线性规划问题都可以表示为一般形式，因此，任何一对原问题和对偶问题，都可以据此相互转化，所以，任何一对对偶问题之间的相互关系是对称的。

于是，可以得到**对称性**结论：**对偶问题的对偶问题是原问题本身**。

根据对称性，一方面，原问题与对偶问题可以相互转化，即由原问题写出对偶问题，或由对偶问题写出原问题。另一方面，对于哪个问题应当称之为原问题或对偶问题可以不加区分。在求解实际问题的过程中，通常将用来阐述某个具体实际问题的结构状态的模型称之为原问题。

线性规划一般形式的原问题与对偶问题之间的形式关系见表 4-3。

表 4-3　一般形式的原问题与对偶问题的形式关系

原问题（求极大） 对偶问题（求极小）		c_1	c_2	…	c_n	右边
		x_1	x_2	…	x_n	
b_1	y_1	a_{11}	a_{12}	…	a_{1n}	$\leqslant b_1$
b_2	y_2	a_{21}	a_{22}	…	a_{2n}	$\leqslant b_2$
⋮	⋮	⋮	⋮	⋮	⋮	⋮
b_m	y_m	a_{m1}	a_{m2}	…	a_{mn}	$\leqslant b_m$
右边		$\geqslant c_1$	$\geqslant c_2$	…	$\geqslant c_n$	

3. 对偶问题的其他形式

对于线性规划一般形式的一对对偶问题：

$$\text{(P)}\quad \max z=\boldsymbol{CX}\quad \text{s. t.}\begin{cases}\boldsymbol{AX}\leqslant b\\ \boldsymbol{X}\geqslant 0\end{cases}\quad 和\quad \text{(D)}\quad \min w=\boldsymbol{Yb}\quad \text{s. t.}\begin{cases}\boldsymbol{YA}\geqslant \boldsymbol{C}\\ \boldsymbol{Y}\geqslant 0\end{cases}$$

根据表 4-3 描述的简单的形式对应关系，两者之间进行转换非常简便。

当原问题(P)为非一般形式时，只要先将其转化为一般形式的线性规划问题，也可以利用一般形式的简单对应关系求得对偶问题。根据问题的不同,其他形式的线性规划问题转化为一般形式的方法可以归纳成表 4-4。根据表 4-4,可以将其他形式的线性规划问题转化为一般形式。

表 4-4　非一般形式线性规划问题转化为一般形式线性规划问题

非一般形式	一般形式
最小化 z	最大化 $-z$
$\sum_{j=1}^{n} a_{ij}x_j \geqslant b_i$	$-\sum_{j=1}^{n} a_{ij}x_j \leqslant -b_i$
$\sum_{j=1}^{n} a_{ij}x_j = b_i$	$\sum_{j=1}^{n} a_{ij}x_j \leqslant b_i$　和　$-\sum_{j=1}^{n} a_{ij}x_j \leqslant -b_i$
x_j 无符号约束	$x_j'-x_j''$，　$x_j'\geqslant 0$，　$x_j''\geqslant 0$

在表 4-4 中,对于约束条件为等式和决策变量无非负约束的情形比较特殊。可以证明,对约束条件中含有等式的原问题,可以转化为含有≤约束条件的原问题来处理,但其对应的对偶变量的非负性约束被消除了;根据对称性,消除原问题中决策变量的非负性,在对偶问题中不等式约束条件将改为等式约束条件。

例如,设原问题为

$$\min z = c_1x_1 + c_2x_2 + \cdots + c_nx_n$$

$$\text{s. t.} \begin{cases} \sum_{j=1}^{n} a_{ij}x_j = b_i & (i = 1,2,\cdots,m) \\ x_j \geqslant 0 & (j = 1,2,\cdots,n) \end{cases}$$

可以首先化为

$$\max(-z) = -(c_1x_1 + c_2x_2 + \cdots + c_nx_n)$$

$$\text{s. t.} \begin{cases} \sum_{j=1}^{n} a_{ij}x_j \leqslant b_i & (i = 1,2,\cdots,m) \\ -\sum_{j=1}^{n} a_{ij}x_j \leqslant -b_i & (i = 1,2,\cdots,m) \\ x_j \geqslant 0 & (j = 1,2,\cdots,n) \end{cases}$$

设 $\boldsymbol{P}=(p_1,p_2,\cdots,p_m)$ 为对应于 $\sum_{j=1}^{n} a_{ij}x_j \leqslant b_i\ (i=1,2,\cdots,m)$ 的对偶变量;$\boldsymbol{Q}=(q_1,q_2,\cdots,q_m)$ 为对应于 $-\sum_{j=1}^{n} a_{ij}x_j \leqslant -b_i(i=1,2,\cdots,m)$ 的对偶变量。则得到对偶问题为

$$\min w = \sum_{i=1}^{m}(p_ib_i - q_ib_i)$$

$$\text{s. t.} \begin{cases} \sum_{i=1}^{m} a_{ij}(p_i - q_i) \geqslant -c_j & (j = 1,2,\cdots,n) \\ p_i \geqslant 0,\quad q_i \geqslant 0 & (i = 1,2,\cdots,m) \end{cases}$$

令 $\boldsymbol{Y}=\boldsymbol{P}-\boldsymbol{Q}=(y_1,y_2,\cdots,y_m)$，则问题可以写成

$$\min w=\sum_{i=1}^{m} y_i b_i$$

$$\text{s.t.}\begin{cases}\sum\limits_{i=1}^{m} a_{ij} y_i \geqslant -c_j & (j=1,2,\cdots,n)\\ y_i \text{ 无符号限制} & (i=1,2,\cdots,m)\end{cases}$$

这就是原问题的对偶问题。

对于拓广形式的线性规划问题，其对偶问题也可通过变换求得。设

$$\max z=\boldsymbol{C}_1\boldsymbol{X}_1+\boldsymbol{C}_2\boldsymbol{X}_2$$

$$\text{s.t.}\begin{cases}\boldsymbol{A}_{11}\boldsymbol{X}_1+\boldsymbol{A}_{12}\boldsymbol{X}_2\leqslant b_1\\ \boldsymbol{A}_{21}\boldsymbol{X}_1+\boldsymbol{A}_{22}\boldsymbol{X}_2=b_2\\ \boldsymbol{A}_{31}\boldsymbol{X}_1+\boldsymbol{A}_{32}\boldsymbol{X}_2\geqslant b_3\\ \boldsymbol{X}_2\geqslant 0,\quad \boldsymbol{X}_1\text{ 无符号限制}\end{cases}$$

其中 $\boldsymbol{A}_{ij}$ 为 $m_i\times n_j$ 阶矩阵，$\boldsymbol{b}_i$ 为 m_i 维列向量，$\boldsymbol{C}_j$ 为 n_j 维行向量，$\boldsymbol{X}_j$ 为 n_j 维列向量 $(i=1,2,3;j=1,2)$，且 $m_1+m_2+m_3=m$，$n_1+n_2=n$。

令 $\boldsymbol{X}_1=\boldsymbol{X}_1'-\boldsymbol{X}_1''$，$\boldsymbol{X}_1'\geqslant 0$，$\boldsymbol{X}_1''\geqslant 0$，则原问题可化为

$$\max z=\boldsymbol{C}_1\boldsymbol{X}_1'-\boldsymbol{C}_1\boldsymbol{X}_1''+\boldsymbol{C}_2\boldsymbol{X}_2$$

$$\text{s.t.}\begin{cases}\boldsymbol{A}_{11}\boldsymbol{X}_1'-\boldsymbol{A}_{11}\boldsymbol{X}_1''+\boldsymbol{A}_{12}\boldsymbol{X}_2\leqslant b_1\\ \boldsymbol{A}_{21}\boldsymbol{X}_1'-\boldsymbol{A}_{21}\boldsymbol{X}_1''+\boldsymbol{A}_{22}\boldsymbol{X}_2\leqslant b_2\\ -\boldsymbol{A}_{21}\boldsymbol{X}_1'+\boldsymbol{A}_{21}\boldsymbol{X}_1''-\boldsymbol{A}_{22}\boldsymbol{X}_2\leqslant -b_2\\ -\boldsymbol{A}_{31}\boldsymbol{X}_1'+\boldsymbol{A}_{31}\boldsymbol{X}_1''-\boldsymbol{A}_{32}\boldsymbol{X}_2\leqslant -b_3\\ \boldsymbol{X}_1'\geqslant 0,\quad \boldsymbol{X}_1''\geqslant 0,\quad \boldsymbol{X}_2\geqslant 0\end{cases}$$

设 $\boldsymbol{P}_1,\boldsymbol{P}_2,\boldsymbol{P}_3,\boldsymbol{P}_4$ 分别为以上 4 组约束的对偶变量，则原问题的对偶问题是：

$$\min w=\boldsymbol{P}_1 b_1+(\boldsymbol{P}_2-\boldsymbol{P}_3)b_2+\boldsymbol{P}_4 b_3$$

$$\text{s.t.}\begin{cases}\boldsymbol{P}_1\boldsymbol{A}_{11}+(\boldsymbol{P}_2-\boldsymbol{P}_3)\boldsymbol{A}_{21}-\boldsymbol{P}_4\boldsymbol{A}_{31}\geqslant \boldsymbol{C}_1\\ -\boldsymbol{P}_1\boldsymbol{A}_{11}-(\boldsymbol{P}_2-\boldsymbol{P}_3)\boldsymbol{A}_{21}+\boldsymbol{P}_4\boldsymbol{A}_{31}\geqslant -\boldsymbol{C}_1\\ \boldsymbol{P}_1\boldsymbol{A}_{12}+(\boldsymbol{P}_2-\boldsymbol{P}_3)\boldsymbol{A}_{22}-\boldsymbol{P}_4\boldsymbol{A}_{32}\geqslant \boldsymbol{C}_2\\ \boldsymbol{P}_i\geqslant 0\quad (i=1,2,3,4)\end{cases}$$

令 $\boldsymbol{P}_1=\boldsymbol{Y}_1$，$\boldsymbol{P}_2-\boldsymbol{P}_3=\boldsymbol{Y}_2$，$-\boldsymbol{P}_4=\boldsymbol{Y}_3$，整理得对偶问题为：

$$\min w=\boldsymbol{Y}_1 b_1+\boldsymbol{Y}_2 b_2+\boldsymbol{Y}_3 b_3$$

$$\text{s.t.}\begin{cases}\boldsymbol{Y}_1\boldsymbol{A}_{11}+\boldsymbol{Y}_2 A_{21}+\boldsymbol{Y}_3\boldsymbol{A}_{31}=\boldsymbol{C}_1\\ \boldsymbol{Y}_1\boldsymbol{A}_{12}+\boldsymbol{Y}_2\boldsymbol{A}_{22}+\boldsymbol{Y}_3\boldsymbol{A}_{32}\geqslant \boldsymbol{C}_2\\ \boldsymbol{Y}_1\geqslant 0,\quad \boldsymbol{Y}_2\text{ 无符号限制},\quad \boldsymbol{Y}_3\leqslant 0\end{cases}$$

一般地，对于最大化问题，如果原问题的约束条件为≥的形式，其对偶问题都可以通过变换求得。首先，将每一个约束条件的形式改为≤的形式：

$$\sum_{j=1}^{n} a_{ij}\boldsymbol{x}_j\geqslant \boldsymbol{b}_i\quad (i=1,2,\cdots,m)\quad\Rightarrow\quad -\sum_{j=1}^{n} a_{ij}\boldsymbol{x}_j\leqslant -\boldsymbol{b}_i\quad (i=1,2,\cdots,m)$$

其次，用一般形式的规律构造对偶问题。构造出对偶问题后，在对偶约束函数的第 j 个

约束式中，将$(-a_{ij})$作为非负变量 y_i 的系数；在对偶问题目标函数中，将原问题的右端项$(-b_i)$作为 y_i 的系数；定义一个新变量 $y_i'=-y_i$。

注意，定义变量 $y_i'=-y_i$ 后，对偶问题表达的含义会有一些变化，一是原问题中第 i 个约束式中第 j 个决策变量的系数，变为对偶问题中第 j 个约束式中第 i 个决策变量的系数，而且原问题的第 i 个右端项，变为对偶问题目标函数中第 i 个变量的系数；二是对偶问题的决策变量的约束条件变为 $y_i'\leqslant 0$。使用 y_i'代替 y_i 作为对偶问题的决策变量（对偶变量）使得原问题约束条件的参数变成对偶问题决策变量（对偶变量）的系数。

综上所述，对于任一一对原始对偶问题，有如下对偶规则：

(1) 原问题为 max，对偶问题为 min；

(2) 原问题目标函数系数为对偶问题的右端项常数；

(3) 原问题右端项常数为对偶问题的目标函数系数；

(4) 原问题约束系数矩阵就是对偶问题的约束系数矩阵；

(5) 原问题变量个数为对偶问题约束个数，原问题约束个数是对偶问题变量个数；

(6) 原问题中约束条件符号$\leqslant$、$\geqslant$ 和$=$，分别对应于对偶问题的对偶变量$\geqslant 0$、$\leqslant 0$ 和无符号限制，原问题中变量约束符号$\geqslant 0$、$\leqslant 0$ 和无符号限制，分别对应于对偶问题的约束条件符号$\geqslant$、$\leqslant$和$=$。

对偶规则可以归纳为表 4-5。

表 4-5　原问题与对偶问题的对偶规则

原问题 max（对偶问题）	对偶问题 min（原问题）
约束条件数$=m$	变量个数$=m$
第 i 个约束条件为“$\leqslant$” 第 i 个约束条件为“$\geqslant$” 第 i 个约束条件为“$=$”	第 i 个变量$\geqslant 0$ 第 i 个变量$\leqslant 0$ 第 i 个变量无限制
变量个数$=n$	约束条件个数$=n$
第 i 个变量$\geqslant 0$ 第 i 个变量$\leqslant 0$ 第 i 个变量无限制	第 i 个约束条件为“$\geqslant$” 第 i 个约束条件为“$\leqslant$” 第 i 个约束条件为“$=$”
第 i 个约束条件的右端项	目标函数第 i 个变量的系数
目标函数第 i 个变量的系数	第 i 个约束条件的右端顶

根据对偶规则，可以由原问题出发，构建出任意线性规划问题的对偶问题。

注意：*由 max→min 时，左栏项对应右栏项（左→右）；由 min→max 时，必须右栏项对应左栏项（右→左）逐项转化。*

例 4-1　已知线性规划问题的模型为：

$$\min w = 4y_1 + 12y_2 + 18y_3$$

$$\text{s.t.}\begin{cases} y_1 \qquad + 3y_3 \geqslant 3 \\ \quad 2y_2 + 2y_3 \geqslant 5 \\ y_1, y_2, y_3 \geqslant 0 \end{cases}$$

写出其对偶问题的模型。

解：先转化为一般形式的线性规划问题形式，再应用规则求解。

(1) 转化为一般形式的原问题：

$$\max w' = -4y_1 - 12y_2 - 18y_3$$

$$\text{s. t.} \begin{cases} -y_1 \quad\quad - 3y_3 \leqslant -3 \\ \quad\quad -2y_2 - 2y_3 \leqslant -5 \\ y_1, y_2, y_3 \geqslant 0 \end{cases}$$

(2) 根据一般形式的对偶规则得到对偶问题：

$$\min z' = -3x_1 - 5x_2$$

$$\text{s. t.} \begin{cases} -x_1 \quad\quad \geqslant -4 \\ \quad\quad -2x_2 \geqslant -12 \\ -3x_1 - 2x_2 \geqslant -18 \\ x_1, x_2 \geqslant 0 \end{cases}$$

(3) 规范对偶线性规划问题的形式：

$$\max z = 3x_1 + 5x_2$$

$$\text{s. t.} \begin{cases} x_1 \quad\quad \leqslant 4 \\ \quad\quad 2x_2 \leqslant 12 \\ 3x_1 + 2x_2 \leqslant 18 \\ x_1, x_2 \geqslant 0 \end{cases}$$

例 4-2　已知线性规划问题

$$\min z = 7x_1 + 4x_2 - 2x_3$$

$$\text{s. t.} \begin{cases} -4x_1 + 2x_2 - 6x_3 \leqslant 24 \\ -3x_1 - 6x_2 - 4x_3 \geqslant 15 \\ \quad\quad 5x_2 + 3x_3 = 10 \\ x_1 \leqslant 0, x_2 \text{ 无约束}, x_3 \geqslant 0 \end{cases}$$

写出其对偶问题的模型。

解：根据其他形式对偶问题的对偶规则，原线性规划问题的对偶问题是：

$$\max w = 24y_1 + 15y_2 + 10y_3$$

$$\text{s. t.} \begin{cases} -4y_1 - 3y_2 \quad\quad \geqslant 7 \\ 2y_1 - 6y_2 + 5y_3 = 4 \\ -6y_1 - 4y_2 + 3y_3 \leqslant -2 \\ y_1 \leqslant 0, \quad y_2 \geqslant 0, \quad y_3 \text{ 无约束} \end{cases}$$

具体对应关系见表 4-6。

表 4-6　原问题与对偶问题的对应关系

原　问　题	对应关系	对　偶　问　题
$\min z = 7x_1 + 4x_2 - 2x_3$	↔	$\max w = 24y_1 + 15y_2 + 10y_3$
$-4x_1 + 2x_2 - 6x_3 \leqslant 24$	↔	$y_1 \leqslant 0$
$-3x_1 - 6x_2 - 4x_3 \geqslant 15$	↔	$y_2 \geqslant 0$

续表

原 问 题	对应关系	对 偶 问 题
$5x_2+3x_3=10$	$\leftrightarrow$	$y_3\in R$
$x_1\leqslant 0$	$\leftrightarrow$	$-4y_1-3y_2\geqslant 7$
$x_2\in R$	$\leftrightarrow$	$2y_1-6y_2+5y_3=4$
$x_3\geqslant 0$	$\leftrightarrow$	$-6y_1-4y_2+3y_3\leqslant -2$

4.2 线性规划的对偶理论

1. 对偶问题解的基本性质

对于一对互为对偶的原问题(P)和对偶问题(D)：

$$\max z=\boldsymbol{CX} \qquad\qquad \min w=\boldsymbol{Y}b$$

$$(\text{P})\quad \text{s.t.}\begin{cases}\boldsymbol{AX}\leqslant b\\ \boldsymbol{X}\geqslant 0\end{cases}\qquad (\text{D})\quad \text{s.t.}\begin{cases}\boldsymbol{YA}\geqslant C\\ \boldsymbol{Y}\geqslant 0\end{cases}$$

若 $\bar{\boldsymbol{X}}$ 和 $\bar{\boldsymbol{Y}}$ 分别是原问题(P)和对偶问题(D)一个可行解，则

$$\boldsymbol{A}\bar{\boldsymbol{X}}\leqslant b,\quad \bar{\boldsymbol{X}}\geqslant 0 \tag{4-1}$$

$$\bar{\boldsymbol{Y}}\boldsymbol{A}\geqslant \boldsymbol{C},\quad \bar{\boldsymbol{Y}}\geqslant 0 \tag{4-2}$$

用 $\bar{\boldsymbol{Y}}$ 左乘式(4-1)两边，$\bar{\boldsymbol{X}}$ 右乘式(4-2)两边，可以得到：

$$\bar{\boldsymbol{Y}}\boldsymbol{A}\bar{\boldsymbol{X}}\leqslant \bar{\boldsymbol{Y}}b,\quad \bar{\boldsymbol{Y}}\boldsymbol{A}\bar{\boldsymbol{X}}\geqslant \boldsymbol{C}\bar{\boldsymbol{X}}$$

因此，可以得到线性规划问题的原问题(P)和对偶问题(D)的下列性质：

定理 4-1(**弱对偶性**) 若 $\bar{\boldsymbol{X}}$ 是原问题(P)的任意可行解，$\bar{\boldsymbol{Y}}$ 是对偶问题(D)的任意可行解，则有 $\boldsymbol{C}\bar{\boldsymbol{X}}\leqslant\bar{\boldsymbol{Y}}b$。

$\boldsymbol{C}\bar{\boldsymbol{X}}$ 是对偶问题(D)的目标函数值的下界，$\bar{\boldsymbol{Y}}b$ 是原问题(P)的目标函数值的上界，即原问题(P)的任何一个可行解的目标函数值，都不会超过对偶问题任何可行解的目标函数值。于是有：

定理 4-2(**最优性准则**) 若 $\bar{\boldsymbol{X}}$ 和 $\bar{\boldsymbol{Y}}$ 分别是原问题(P)和对偶问题(D)的可行解，且 $\boldsymbol{C}\bar{\boldsymbol{X}}=\bar{\boldsymbol{Y}}b$，则 $\bar{\boldsymbol{X}}$ 和 $\bar{\boldsymbol{Y}}$ 分别是原问题(P)和对偶问题(D)的最优解。

证明：设 $\bar{\boldsymbol{X}}$ 是原问题的可行解，$\bar{\boldsymbol{Y}}$ 是其对偶问题的可行解，$\boldsymbol{X}^*$ 是原问题的最优解，$\boldsymbol{Y}^*$ 是其对偶问题的最优解，则

$$\boldsymbol{C}\bar{\boldsymbol{X}}\leqslant \boldsymbol{CX}^*,\quad \boldsymbol{Y}^*b\leqslant\bar{\boldsymbol{Y}}b$$

已知 $\boldsymbol{C}\bar{\boldsymbol{X}}=\bar{\boldsymbol{Y}}b$，所以

$$\boldsymbol{Y}^*b\leqslant\bar{\boldsymbol{Y}}b\leqslant\boldsymbol{CX}^* \tag{4-3}$$

由弱对偶性可知：

$$\boldsymbol{CX}^*\leqslant\boldsymbol{Y}^*b \tag{4-4}$$

由式(4-3)和式(4-4)可知 $\boldsymbol{CX}^*=\boldsymbol{Y}^*b$，所以 $\bar{\boldsymbol{X}}=\boldsymbol{X}^*$，$\bar{\boldsymbol{Y}}=\boldsymbol{Y}^*$。

由定理 4-2 可知，如果原问题(P)的一个可行解的目标函数值，等于其对偶问题(D)的一个可行解的目标函数值，则这两个可行解分别是这一对对偶问题的最优解。

反过来，当一对对偶问题的原问题(P)和对偶问题(D)都有可行解时，由弱对偶性可知，一个问题的可行解的目标函数值是其对偶问题目标函数值的上界或下界。因此，对于最小化线性规划问题，有下界必有最优解；对于最大化线性规划问题，有上界必有最优解。也就是说，原问题(P)和对偶问题(D)都有最优解。因此有强对偶性定理：

定理 4-3(强对偶性) 若 $\boldsymbol{X}^*$ 是原问题的最优解，$\boldsymbol{Y}^*$ 是其对偶问题的最优解，则 $\boldsymbol{CX}^*=\boldsymbol{Y}^*b$。

证明：设 $\boldsymbol{X}^*$ 是原问题的最优解，对应的最优基是 $\boldsymbol{B}$，引入松弛变量 $\boldsymbol{X}_s$ 后化为标准形式

$$\max z=\boldsymbol{CX}+0\cdot\boldsymbol{X}_s$$

$$\text{s. t.}\begin{cases}\boldsymbol{AX}+\boldsymbol{IX}_s=b\\ \boldsymbol{X},\boldsymbol{X}_s\geqslant 0\end{cases}$$

对应的最优基 $\boldsymbol{B}^*$ 的检验数必有 $-\sigma\leqslant 0$，即决策变量的检验数非负

$$\boldsymbol{C}-\boldsymbol{C_B B}^{-1}\boldsymbol{A}\leqslant 0 \tag{4-5}$$

且松弛变量的检验数也非负

$$-\boldsymbol{C_B B}^{-1}\leqslant 0 \tag{4-6}$$

令 $\boldsymbol{Y}^*=\boldsymbol{C_B B}^{-1}$，由式(4-5)和式(4-6)可知 $\boldsymbol{Y}^*\boldsymbol{A}\geqslant\boldsymbol{C}$ 且 $\boldsymbol{Y}^*\geqslant 0$，因此，$\boldsymbol{Y}^*$ 是对偶问题的可行解，相应的目标函数值 $\boldsymbol{W}^*=\boldsymbol{Y}^*b=\boldsymbol{C_B B}^{-1}b$。由于 $\boldsymbol{Z}^*=\boldsymbol{CX}^*=\boldsymbol{C_B B}^{-1}b$，所以 $\boldsymbol{X}^*$、$\boldsymbol{Y}^*$ 分别是原问题(P)和对偶问题(D)的最优解，且其目标值相等。证毕。

由证明过程可知，原问题(P)对应的单纯形表中，松弛变量 $\boldsymbol{X}_s$ 对应的检验数为 $(-\boldsymbol{C_B B}^{-1})$，由线性规划对偶理论可知 $\boldsymbol{Y}^*=\boldsymbol{C_B B}^{-1}$，因此，当原问题(P)的单纯形表为最优表时，$\boldsymbol{Y}^*=\boldsymbol{C_B B}^{-1}$ 就是对偶问题(D)的最优解。可见，用单纯形表求得原问题(P)的最优解时，同时也求出了对偶问题(D)的最优解。

综上所述的性质可知，一对对偶问题的关系只可能是下面三种情况之一：

(1) 原问题与对偶问题都有最优解，且目标值相等。

(2) 两个都无可行解。

(3) 一个问题无界，则另一个问题无可行解。

2. 对偶问题的一种特殊解法

从以上讨论可知，一般情形下，用单纯形法求解原问题时，同时也可求得其对偶问题的解，即对偶问题的最优解也同时包含在原问题的最优单纯形表中。然而，当已知一对对偶问题的一个最优解时，能否不通过单纯形表直接求出另一个问题的最优解呢？下面来探讨已知对偶问题的一个最优解，直接求解另一个问题的最优解的方法。

若 $\boldsymbol{X}^*$ 和 $\boldsymbol{Y}^*$ 分别是原问题和对偶问题的可行解，在原问题和对偶问题中分别引入松弛变量 $\boldsymbol{X}_s$ 和剩余变量 $\boldsymbol{Y}_s$，由 $\boldsymbol{X}^*$ 与 $\boldsymbol{Y}^*$ 的可行性可知

$$\boldsymbol{AX}^*+\boldsymbol{X}_s^*=b\quad \boldsymbol{X}^*\geqslant 0\quad \boldsymbol{X}_s^*\geqslant 0 \tag{4-7}$$

$$\boldsymbol{Y}^*\boldsymbol{A}-\boldsymbol{Y}_s^*=\boldsymbol{C}\quad \boldsymbol{Y}^*\geqslant 0\quad \boldsymbol{Y}_s^*\geqslant 0 \tag{4-8}$$

其中 $\boldsymbol{X}_s^*$ 和 $\boldsymbol{Y}_s^*$ 分别表示对应于 $\boldsymbol{X}^*$ 和 $\boldsymbol{Y}^*$ 的 $\boldsymbol{X}_s$、$\boldsymbol{Y}_s$ 的值。

用 $\boldsymbol{Y}^*$ 左乘式(4-7)和 $\boldsymbol{X}^*$ 右乘式(4-8)得

$$\boldsymbol{Y}^*\boldsymbol{AX}^*+\boldsymbol{Y}^*\boldsymbol{X}_s^*=\boldsymbol{Y}^*b \tag{4-9}$$

$$\boldsymbol{Y}^*\boldsymbol{AX}^*-\boldsymbol{Y}_s^*\boldsymbol{X}^*=\boldsymbol{CX}^* \tag{4-10}$$

若 $\boldsymbol{X}^*$、$\boldsymbol{Y}^*$ 分别是原问题和对偶问题的最优解，则 $\boldsymbol{CX}^* = \boldsymbol{Y}^* b$。

用式(4-9)减去式(4-10)得

$$\boldsymbol{Y}^* \boldsymbol{X}_s^* + \boldsymbol{Y}_s^* \boldsymbol{X}^* = 0$$

由于 $\boldsymbol{X}^*$、$\boldsymbol{Y}^*$、$\boldsymbol{X}_s^*$、$\boldsymbol{Y}_s^*$ 均为非负变量，必有

$$\begin{cases} \boldsymbol{Y}^* \boldsymbol{X}_s^* = 0 & (4\text{-}11) \\ \boldsymbol{Y}_s^* \boldsymbol{X}^* = 0 & (4\text{-}12) \end{cases}$$

反过来，若式(4-11)、式(4-12)两式同时成立，则一定有 $\boldsymbol{CX}^* = \boldsymbol{Y}^* b$，即 $\boldsymbol{X}^*$ 与 $\boldsymbol{Y}^*$ 分别是原问题和对偶问题的最优解。由于 $\boldsymbol{X}_s^* = b - \boldsymbol{AX}^*$，$\boldsymbol{Y}_s^* = \boldsymbol{Y}^* \boldsymbol{A} - \boldsymbol{C}$，因此，可以得到对偶问题的下列性质。

定理 4-4(互补松弛性条件) 设 $\boldsymbol{X}^*$ 与 $\boldsymbol{Y}^*$ 分别是原问题和对偶问题的可行解，它们是最优解的充要条件是下列条件成立

$$\boldsymbol{Y}^* (b - \boldsymbol{AX}^*) = 0$$

$$(\boldsymbol{Y}^* \boldsymbol{A} - \boldsymbol{C}) \boldsymbol{X}^* = 0$$

或

$$\begin{cases} y_i^* \left(b_i - \sum_{j=1}^{n} a_{ij} x_j^*\right) = 0 & (i = 1, 2, \cdots, m) \\ \left(\sum_{i=1}^{m} a_{ij} y_i^* - c_j\right) x_j^* = 0 & (j = 1, 2, \cdots, n) \end{cases}$$

即对线性规划问题原问题(P)和对偶问题(D)的最优解 $\boldsymbol{X}^* = (x_1^*, x_2^*, \cdots, x_n^*)$ 和 $\boldsymbol{Y}^* = (y_1^*, y_2^*, \cdots y_m^*)$ 有

(1) 如果 $x_j^* > 0$，则

$$\sum_{i=1}^{m} a_{ij} y_i^* = c_j$$

如果 $\sum_{i=1}^{m} a_{ij} y_i^* > c_j$，则

$$x_j^* = 0$$

(2) 如果 $y_i^* > 0$，则

$$b_i = \sum_{j=1}^{n} a_{ij} x_j^*$$

如果 $b_i > \sum_{j=1}^{n} a_{ij} x_j^*$，则

$$y_i^* = 0$$

上述性质常称为互补松弛性条件。一般地，当可行解 $\boldsymbol{X}^*$(或 $\boldsymbol{Y}^*$)某分量对应的约束函数式取等号时，称约束函数式为紧约束(或起作用的约束)，当约束函数严格小于(或大于)右端项时，称约束为松约束(或不起作用的约束)；同样，将非负变量($x_j \geqslant 0$ 和 $y_i \geqslant 0$)约束也分为紧约束与松约束，当 $x_j^* = 0$ 时为紧约束，当 $x_j^* > 0$ 时为松约束。因此，定理 4-4 也可以等价地表述为：

定理 4-4′(互补松弛性条件) 松约束的对偶约束是紧约束，紧约束的对偶约束是松约束。

根据互补松弛条件,如果已知一个问题的最优解,则可以利用对偶问题最优解的互补松弛性质,求得对偶问题的另一个最优解。

例 4-3 求解线性规划问题

$$\max z = 3x_1 - 2x_2 + 5x_3 + 2x_4$$

$$\text{s. t.}\begin{cases}4x_1 + 2x_2 + 3x_3 + x_4 \leqslant 14 \\ 3x_1 - 2x_2 + x_3 - 4x_4 \geqslant 3 \\ x_1, x_2, x_3, x_4 \geqslant 0\end{cases}$$

解：该线性规划问题与下述线性规划问题等价

$$\max z = 3x_1 - 2x_2 + 5x_3 + 2x_4$$

$$\text{s. t.}\begin{cases}4x_1 + 2x_2 + 3x_3 + x_4 \leqslant 14 \\ -3x_1 + 2x_2 - x_3 + 4x_4 \leqslant -3 \\ x_1, x_2, x_3, x_4 \geqslant 0\end{cases}$$

它的对偶问题是：

$$\min w = 14y_1 - 3y_2$$

$$\text{s. t.}\begin{cases}4y_1 - 3y_2 \geqslant 3 \\ 2y_1 + 2y_2 \geqslant -2 \\ 3y_1 - y_2 \geqslant 5 \\ y_1 + 4y_2 \geqslant 2 \\ y_1, y_2 \geqslant 0\end{cases}$$

由于对偶问题只含有两个决策变量 y_1, y_2,所以可用图解法求解,如图 4-1 所示。由图解法求解,得最优解为 $Y^* = \left(\frac{22}{13}, \frac{1}{13}\right)$。

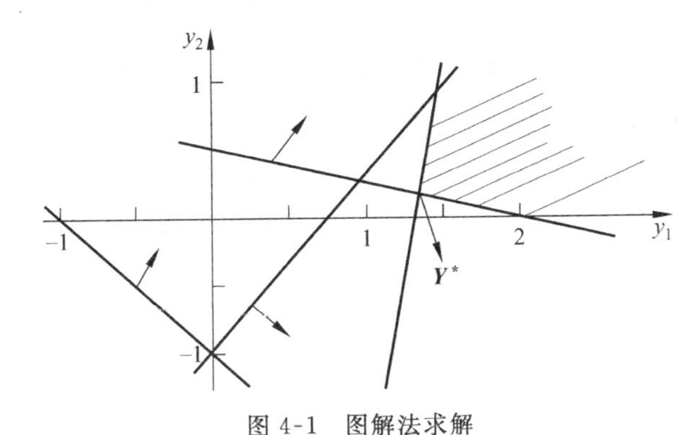

图 4-1 图解法求解

下面利用互补松弛条件求解原问题的最优解。将对偶问题的最优解 $\boldsymbol{Y}^* = \left(\frac{22}{13}, \frac{1}{13}\right)$代入对偶问题的约束条件,可知

第 1 约束条件为松约束：$4\times\frac{22}{13} - 3\times\frac{1}{13} = \frac{85}{13} = 6\frac{7}{13} > 3$

第 2 约束条件为松约束：$2\times\frac{22}{13} + 2\times\frac{1}{13} = \frac{46}{13} = 3\frac{7}{13} > 2$

第3、第4约束为紧约束。

因此，由互补松弛条件，对应于原问题的最优解 $\boldsymbol{X}^*=(x_1^*,x_2^*,x_3^*,x_4^*)$ 中 $x_1^*=0$，$x_2^*=0$。又由于对偶问题的最优解 $y_1=\frac{22}{13}>0$，$y_2=\frac{1}{13}>0$ 是松约束，故原问题的约束函数必为紧约束，即原问题的约束函数必为等式：

$$\begin{cases} 4x_1+2x_2+3x_3+\ \ x_4=14 \\ -3x_1+2x_2-\ \ x_3+4x_4=-3 \end{cases}$$

由于 $x_1^*=0$，$x_2^*=0$，所以

$$\begin{cases} 3x_3+\ \ x_4=14 \\ -x_3+4x_4=-3 \end{cases}$$

解之得

$$\boldsymbol{X}^*=\left(0,0,\frac{59}{13},\frac{5}{13}\right)$$

从上例可以看出，求解一个 m 个约束条件 n 个变量的线性规划问题，可以转化为求解一个 n 个约束条件 m 个变量的对偶问题。当 $m=2$ 时，对偶问题能用图解法求解，因此，可以使原问题的求解大为简化。

4.3 对偶解的经济解释和影子价格

1. 对偶解的经济解释

线性规划对偶问题的经济解释是直接建立在原问题经济解释的基础之上的，从对偶问题的基本性质可以看出，在单纯形法的每次迭代中有目标函数

$$z=\sum_{j=1}^{n}c_jx_j=\sum_{i=1}^{m}b_iy_i$$

其中，b_i 是线性规划原问题的右端项，它代表第 i 种资源的可用量。

对偶变量 y_i 的含义是在当前最优解中对应一个单位第 i 种资源的估价(或对目标函数的利润贡献)。这种估价不是资源的市场价格，而是单位资源在生产中所做出的贡献，这种估价一般称为**影子价格**。

以生产计划问题为例，给出对偶问题的经济解释。由于生产计划问题是分配 m 种资源做 n 种活动，相应的约束形式为

$$\text{约束函数}\leqslant\text{右端项 }b_i\quad(i=1,2,\cdots,m)$$

设 $\boldsymbol{B}$ 是生产计划问题(P)的最优基，则最优目标值

$$z^*=\boldsymbol{C_B}\boldsymbol{B}^{-1}b=\boldsymbol{Y}^*b=y_1^*b_1+y_2^*b_2+\cdots+y_i^*b_i+\cdots+y_m^*b_m$$

在其余参数不变的条件下，当第 i 种资源的数量由 b_i 变为 b_i+1 时，目标函数的最优值为

$$z^*=\boldsymbol{C_B}\boldsymbol{B}^{-1}b=\boldsymbol{Y}^*b=y_1^*b_1+y_2^*b_2+\cdots+y_i^*(b_i+1)+\cdots+y_m^*b_m$$

于是最优目标函数值的改变量为 $\Delta z^*=y_i^*$，即

$$\frac{\partial z^*}{\partial b_i}=y_i^*\quad(i=1,2,\cdots,m)$$

它表示 y_i^* 是目标函数对第 i 种资源的变化率，这就是第 i 种资源的影子价格或边际价格。它说明在给定的生产条件下，y_i^* 的值相当于每增加一个单位 b_i 时目标函数 z 的增量。由于资源的市场价格是已知数，相对比较稳定，而它的影子价格则有赖于资源的利用情况，是未知数。系统内任何资源数量和价格的变化，如生产任务、产品结构等发生变化，都会引起影子价格的变化。从这个意义上讲，影子价格是一种动态价格。从市场的角度看，资源的影子价格实际上是一种机会成本。

然而，由于模型构造方法不同有时也会导致对影子价格的不同解释，所以，对偶变量确切的经济含义要根据模型构造的方法来确定。

通过 Excel 电子表格方法可以方便地求得影子价格，只要增加某种资源值，从规划求解结果就可以看到目标函数值增加的数量。而且 Excel 的规划求解所提供的灵敏度报告，也清楚地显示出每个函数约束的影子价格。在管理中，想要了解增减第 i 种资源的数量对目标函数值增减的影响程度，可以由约束函数的影子价格确定。一般地，在现有资源用量的基础上，若增减一个单位的第 i 种资源，企业获利将增减 y_i^* 个单位。因此，管理者可以根据第 i 种资源的市场价格 P_i 来决定是否应该调整生产规模：如果 $P_i<y_i$（第 i 种资源的市场价格低于影子价格），可从市场上采购第 i 种资源，扩大生产规模；若 $P_i>y_i$（第 i 种资源的影子价格低于市场价格），可以缩小生产规模（变卖资源获利）；若 $P_i=y_i$（第 i 种资源的影子价格等于市场价格），表明该资源在系统内处于平衡状态，无须改变生产规模（既不买入也不卖出该资源）。

例 4-4 设互为对偶 LP 问题的生产计划和资源定价问题的数学模型分别为

$$\max z = 4x_1 + 3x_2 \qquad\qquad \min w = 24y_1 + 26y_2$$

$$(\mathrm{P})\quad \text{s. t.}\begin{cases}2x_1+3x_2\leqslant 24\\3x_1+2x_2\leqslant 26\\x_1,x_2\geqslant 0\end{cases}\qquad (\mathrm{D})\quad \text{s. t.}\begin{cases}2y_1+3y_2\geqslant 4\\3y_1+2y_2\geqslant 3\\y_1,y_2\geqslant 0\end{cases}$$

用单纯形法求得其最优单纯形表见表 4-7。

表 4-7　例 4-4 最优单纯形表

$c_j\to$			4	3	0	0
$\boldsymbol{C_B}$	$\boldsymbol{X_B}$	b	x_1	x_2	x_3	x_4
3	x_2	4	0	1	$\frac{3}{5}$	$-\frac{2}{5}$
4	x_1	6	1	0	$-\frac{2}{5}$	$\frac{3}{5}$
$-z$		-36	0	0	$-\frac{1}{5}$	$-\frac{6}{5}$

求两种资源的影子价格，并解释其相应的经济含义。

解：生产计划问题和资源定价问题的最优解分别是 $\boldsymbol{X}^*=(6,4)^{\mathrm{T}}$ 和 $\boldsymbol{Y}^*=\left(\frac{1}{5},\frac{6}{5}\right)^{\mathrm{T}}$。

最优值为：$z^*=w^*=36=24y_1^*+26y_2^*=24\times\frac{1}{5}+26\times\frac{6}{5}$

影子价格分别为：　　$y_1^* = \frac{\partial z^*}{\partial b_1} = \frac{1}{5}$，　$y_2^* = \frac{\partial z^*}{\partial b_2} = \frac{6}{5}$

注：$\boldsymbol{Y}^* = \left(\frac{1}{5}, \frac{6}{5}\right)$为原问题的松弛变量的检验数的相反数。

经济含义解释：其中 $y_1^* = 1/5$ 表示单独对材料增加 1 个单位，可使 z 值增加 1/5 个单位的利润；$y_2^* = 6/5$ 表示单独对工时增加 1 个单位，可使 z 值增加 6/5 个单位的利润。

例 4-5　某化工厂有三种资源 A,B,C,生产三种产品甲、乙、丙,设甲、乙、丙的产量分别为 x_1, x_2, x_3，其数学模型为：

$$\max z = 3x_1 + 2x_2 + 5x_3$$

$$\text{s.t.} \begin{cases} x_1 + 2x_2 + x_3 \leqslant 430 & (\text{A 资源限制}) \\ 3x_1 + 2x_3 \leqslant 460 & (\text{B 资源限制}) \\ x_1 + 4x_2 \leqslant 420 & (\text{C 资源限制}) \\ x_1, x_2, x_3 \geqslant 0 \end{cases}$$

已解得最优单纯形表见表 4-8。

表 4-8　例 4-5 最优单纯形表

$c_j \to$			3	2	5	0	0	0
$\boldsymbol{C_B}$	$\boldsymbol{X_B}$	b	x_1	x_2	x_3	x_4	x_5	x_6
2	x_2	100	$-\frac{1}{4}$	1	0	$\frac{1}{2}$	$-\frac{1}{4}$	0
5	x_3	230	$\frac{3}{2}$	0	1	0	$\frac{1}{2}$	0
0	x_6	20	2	0	0	-2	1	1
$-z$		-1350	-4	0	0	-1	-2	0

(1) 求三种资源的影子价格，并解释其经济含义；

(2) 市场看好，决定增加一种资源的供应量，问应增加哪种资源？

解：原问题和对偶问题的最优解分别是 $\boldsymbol{X}^* = (0, 100, 230)^{\mathrm{T}}$ 和 $\boldsymbol{Y}^* = (1, 2, 0)^{\mathrm{T}}$。

最优值为：

$$z^* = w^* = 1350 = 3x_1^* + 2x_2^* + 5x_3^* = 3 \times 0 + 2 \times 100 + 5 \times 230$$

$$y_1^* = \frac{\partial z^*}{\partial b_1} = 1, \quad y_2^* = \frac{\partial z^*}{\partial b_2} = 2, \quad y_3^* = \frac{\partial z^*}{\partial b_3} = 0$$

注：$\boldsymbol{Y}^* = (1, 2, 0)$为松弛变量的检验数。

(1) 三种资源 A、B、C 的影子价格分别为 1,2,0；

在现有资源的基础上，增加 1 单位 A 资源，可使总利润增加 1 单位；

增加 1 单位 B 资源，可使总利润增加 2 单位；

增加 1 单位 C 资源，总利润不增加，因为现有 C 资源 420 单位，已用资源 $x_1 + 4x_2 = 4 \times 100 = 400$ 单位，原有资源还未用完，再增加这种资源也不会增加总利润。

(2) B资源对总利润的贡献率最大，应增加资源B的供应量。

下面基于影子价格含义再考察单纯形法，从对偶问题的经济解释入手为原始问题的单纯形法提供完整的经济解释。

首先，在单纯形法的每一次迭代过程中，对任意给定的基可行解 $\overline{X}=(x_1,x_2,\cdots,x_{n+m})$ 来说，基变量的检验系数一直为零，即

$$\sigma_j = c_j - \boldsymbol{C_B B}^{-1}\boldsymbol{A}_j = c_j - \sum_{i=1}^{m} a_{ij} y_i, \quad (x_j > 0,\ j = 1,2,\cdots,n) \tag{4-13}$$

$$y_i = 0, \quad (x_{n+i} > 0,\ i = 1,2,\cdots,m) \tag{4-14}$$

它们恰好就是互补松弛性质的结论。式(4-13)表明，无论何时活动水平 j 处于一个正的水平($x_j>0$)时，所消耗的资源的边际价值必须等于该活动的单位利润；式(4-14)表明，若某种资源 i 未被活动耗尽($x_{n+i}>0$)时，该资源的边际价值等于0($y_i=0$)。从经济上看，这种资源是一种自由物品，由供求规律可知，过度供给的物品价格一定会回落到0。类似地，如果松弛变量 x_{n+i} 是非基变量，以至于第 i 种资源的全部配置量都处于使用中，那么 y_i 就是资源 i 对利润的边际贡献。所以，若 $y_i<0$，则可以通过减少资源 i 的使用量(比如增加 x_{n+i})来增加利润，若 $y_i\geqslant0$，继续充分地使用该资源是有效率的。

其次，单纯形法的目标是发现如何以最有利的方式使用资源。为达到这一目的，要让一个基可行解满足这种有利使用方式的所有条件，这些条件组成算法的最优性条件($\boldsymbol{X_B}=\boldsymbol{B}^{-1}b\geqslant0,\sigma=\boldsymbol{C}-\boldsymbol{C_B B}^{-1}\boldsymbol{A}\leqslant0$)。对于任何给定的基可行解来说，与基变量相对应的要求(对偶限制)是自动满足的(等式)，但是与非基变量相对应的要求就不一定满足。

若 $\sum_{i=1}^{m} a_{ij} y_i - c_j$ 小于0，则表明使用该资源生产产品更有利。

若 $\sum_{i=1}^{m} a_{ij} y_i - c_j$ 大于0，则表明存在更有利的方式使用该资源，没必要在活动 j 上使用该资源。

在对偶问题的互补松弛性质中有：当 $b_i > \sum_{j=1}^{n} a_{ij} x_j^*$ 时，有 $y_i=0$，当 $y_i>0$ 时，有 $b_i = \sum_{j=1}^{n} a_{ij} x_j^*$。

这表明，生产过程中若某种资源 b_i 未得到充分利用时，该种资源的影子价格为0，即其边际价值为0；反过来，当资源的影子价格不为0时，表明该种资源在生产中已全部耗费。

所以，单纯形法即是在目前的基可行解中检验所有的非基变量，看哪种资源能够在增加使用量的情况下，提出一个更有利的使用方式，以增加目标函数的利润。当不存在此类非基变量时，便得到了最优解，这就是单纯形法中各个检验数的经济意义。

一般地，线性规划问题的求解是确定资源的最优分配方案，对偶问题的求解是确定对资源的恰当估价，这种估价直接涉及到资源的有效利用。在公司内部，可以借助资源的影子价格确定内部结算价格，以便控制有限资源的使用和考核下属企业经营的绩效。从宏观调控的层面看，对于一些紧缺的资源，可借助于价格机制，规定使用单位资源时所必须上缴的利润额，以控制一些经济效益低的企业自觉地节约使用紧缺资源，使有限资源发挥更大的经济效益。

对偶问题的经济解释有助于拓展分析原问题的能力，下面将更深入地探讨原问题和对偶问题的关系。

2. 原问题与对偶问题关系的进一步分析

原问题的对偶问题也是一个线性规划问题，同样存在顶点解。通过标准化，可以证明顶点解也是基本解。比如，约束函数的约束条件为$\geqslant$的形式，其标准形式可以从约束条件的左边减去剩余量得到，该剩余量是：

$$z_j - c_j = \sum_{i=1}^{m} a_{ij} y_i - c_j, \quad (j = 1,2,\cdots,n)$$

因此，$z_j - c_j$ 对于每一个约束 j 发挥的是剩余变量的作用(或者发挥松弛变量的作用，如果在该约束条件的两边乘以-1)。因此，每个基本解$(y_1,y_2,\cdots,y_m)$经过扩展使用表达式 $z_j - c_j$ 之后，就变为$(y_1,y_2,\cdots,y_m,z_1-c_1,z_2-c_2,\cdots,z_n-c_n)$。因此扩展后的对偶问题包括 n 个函数约束条件和 $n+m$ 个变量，每个基本解包括 n 个基变量和 m 个非基变量(在这里 n，m 的作用刚好与原问题相反，对偶问题的约束条件个数相当于原问题的决策变量的个数，对偶问题的决策变量个数相当于原问题约束条件的个数)。

3. 互补基本解

原问题和对偶问题之间的重要的关系之一是其基本解的直接对应关系，该对应关系的关键体现在原问题基本解的单纯形表的检验数行。该检验数行可以通过使用公式$\begin{bmatrix} z \\ x_B \end{bmatrix} = \begin{bmatrix} 1 & \boldsymbol{C_B B^{-1}} \\ 0 & \boldsymbol{B^{-1}} \end{bmatrix} \begin{bmatrix} 0 \\ b \end{bmatrix} = \begin{bmatrix} \boldsymbol{C_B B^{-1}} b \\ \boldsymbol{B^{-1}} b \end{bmatrix}$从任意原问题的基本解(无论是否可行)得到。

从检验数行中可以发现，原问题的每个变量在对偶问题中都有相关变量与之对应，如表 4-9 所示。因此，可直接从检验数行得到对偶问题的最优解。

表 4-9　原问题和对偶问题中对应变量的关系

原问题	对 偶 问 题
初始变量 x_j	剩余变量 $z_j - c_j (j=1,2,\cdots,n)$
松弛变量 x_{n+i}	初始变量 $y_i (i=1,2,\cdots,m)$

从检验数行可知，对偶问题的解一定是基本解。因为原问题的 m 个基变量在检验数行中的检验数为 0，在对偶问题中就有 m 个相关变量为 0，如对偶问题的非基变量。给定约束方程的初始条件，剩余的 n 个基变量的值是约束方程的同步解，用矩阵形式可表示为 $\boldsymbol{Z}-\boldsymbol{C}=\boldsymbol{YA}-\boldsymbol{C}$。

由于原问题和对偶问题之间的对称属性，所以原问题和对偶问题的基本解之间的对应关系也是对称的，具有这种对称性的解称之为互补基本解。一对对偶问题的互补基本解具有相同的目标函数值。

概括起来，原问题和对偶问题的基本解之间对应关系的性质主要有：

(1) 互补基本解属性：原问题的每一个基本解在对偶问题中都有一个互补基本解，并且将它们代入相应的目标函数中所得到的目标函数值相等。如果给定原问题单纯形表中基本解的检验数行，则其对偶问题的互补基本解$(\boldsymbol{Z}-\boldsymbol{C},\boldsymbol{Y})$也可以在该单纯形表中找到。

下面的互补松弛性属性表明了如何在互补基本解中确定基变量和非基变量。

(2) 互补松弛性属性：若给定原问题和对偶问题变量之间的对应关系，则对偶问题的互补基本解满足表4-10所示的互补松弛性关系。这种互补松弛关系是对称的，所以两个基本解之间是互补的。

表 4-10　互补基本解的互补松弛关系

原问题的决策变量	对偶问题的决策变量
基变量	非基变量(m个)
非基变量	基变量(n个)

这里使用互补松弛关系的理由是在每一对对偶变量中，如果其中有一个变量满足严格非负的松约束(基变量>0)，则另一个变量一定满足紧约束(非基变量=0)。

以生产计划问题为例，说明该属性对于线性规划问题的意义。在生产计划问题中，所有的8个基本解中有5个可行解和3个非可行解。因此，该问题的对偶问题一定也存在着8个对应的互补基本解，其中每一个基本解都与原问题中的对应基本解是互补的。设生产计划问题的线性规划模型为

$$\max z = 4x_1 + 5x_2$$

$$\text{s.t.}\begin{cases} x_1 \leqslant 4 \\ x_2 \leqslant 6 \\ 3x_1 + 2x_2 \leqslant 18 \\ x_1, x_2 \geqslant 0 \end{cases}$$

则互补基本解情况见表4-11。

表 4-11　生产计划问题的互补基本解

序号	原问题		目标函数值	对偶问题	
	基本解	可行性	$z=y_0$	可行性	基本解
1	(0,0,4,6,18)	是	0	否	(0,0,0,−4,−5)
2	(0,6,4,0,6)	是	30	否	(0,5,0,−4,0)
3	(4,3,0,3,0)	是	31	否	$\left(-\frac{7}{2},0,\frac{5}{2},0,0\right)$
4	(4,0,0,6,6)	是	16	否	(4,0,0,0,−5)
5	(6,0,−2,6,0)	否	24	否	$\left(0,0,\frac{4}{3},0,-\frac{7}{3}\right)$
6	(2,6,2,0,0)	是	38	是	$\left(0,\frac{7}{3},\frac{4}{3},0,0\right)$
7	(4,6,0,0,−6)	否	46	是	(4,5,0,0,0)
8	(0,9,4,−3,0)	否	45	是	$\left(0,0,\frac{5}{2},\frac{7}{2},0\right)$

从单纯形法可以得到原问题的 3 个基可行解，它们在表 4-11 中标号分别为 1,2,6。对偶问题的互补基本解，可以从单纯形表的检验数行中直接得到。在检验数行中，从对偶问题的松弛变量的检验数开始，然后是对偶问题的原始变量的检验数。

另外，对于每一个原问题的基本解，互补松弛属性可以用来确定对偶问题的互补基本解中的基变量和非基变量，已知约束方程组的初始条件就可以直接求出其互补基本解。

例如，注意到表 4-11 中原问题的第三个基本解中 x_1,x_2,x_4 是基变量，根据互补松弛属性，可以推出 z_1-c_1,z_2-c_2,y_3 是对偶问题互补基本解的非基变量。在对偶问题的约束方程组中，令这些变量等于 0，则方程组变为 $y_1+3y_3-(z_1-c_1)=4$ 和 $y_2+2y_3-(z_2-c_2)=5$；立即得出 $y_1=-\frac{7}{2},y_2=\frac{5}{2}$。最后，从表 4-11 中可以看出，$\left(0,\frac{7}{3},\frac{4}{3},0,0\right)$是对偶问题的最优解，因为它是取值最小的基本可行解。

4. 互补基本解之间的关系

首先，探讨互补基本解之间的可行性关系。对于一对互补解来说，其可行性在大部分情况下同样满足互补关系。在表 4-11 中，当一个问题的基本解是可行的，对偶问题的相应基本解就不是可行的。其例外是一对对偶问题的两个互补解都不可行，或原问题与对偶问题的基本解均已经达到最优(如第 6 个解)，且目标函数的最优值为 $z=38$。对偶问题的前 5 个解不可行，且 $z<38$(对偶问题的目标是最小化 z 的值)。同样，原问题的最后两个解也不可行，且 $z>38$。

以上说明是强对偶性原理的佐证，根据该原理，原问题和对偶问题的最优解应该使目标函数获得相同的函数值。

下面给出经过扩展后的一对对偶问题的互补最优解属性的延伸性质。

互补最优基本解属性：每一个原问题的最优基本解在其对偶问题中都可以找到一个相应的互补最优基本解。用这两个最优基本解代入到其相应的目标函数中所得到的目标函数值是相等的。并且，如果给定原问题最优解的单纯形表的检验数行，则对偶问题的最优基本解(y^*,z^*-c)就是该行中的各列元素。

应注意到，对偶问题的解(y^*,z^*-c)对于该对偶问题来说一定是可行的，因为原问题的最优性检验条件保证了所有这些对偶变量的取值是非负的。因为这个解是可行的，所以在弱对偶性条件成立的前提下，它一定是对偶问题的最优解。

基本解可根据它们是否满足两个条件进行分类。一个条件是可行性条件，即基本解中的变量(包括松弛变量)是否非负。另外一个条件是最优性条件，即检验数 c_j-z_j 是否非正(对偶问题互补基本解中所有变量是否非负)。为了便于使用，表 4-12 给出了不同类型的基本解的名称。

例如，在表 4-11 中，原问题的标号为 1,2,3,4 的基本解是次优的，标号为 6 的解是最优的，标号为 7,8 的解是正则的，标号为 5 的解什么都不是。根据这种定义，表 4-13 中给出了互补基本解之间的一般关系。对于表 4-13 中前三对互补基本解之间关系的可能取值范围由图 4-2 给出。

表 4-12　基本解的分类

是否满足可行性条件 \ 是否满足最优性条件	是	否
是	最优解	次优解
否	正则解	非可行非正则解

表 4-13　互补基本解的对应关系

原问题的基本解	互补的对偶问题基本解
次优解	正则解
最优解	最优解
正则解	次优解
非可行非正解	非可行非正解

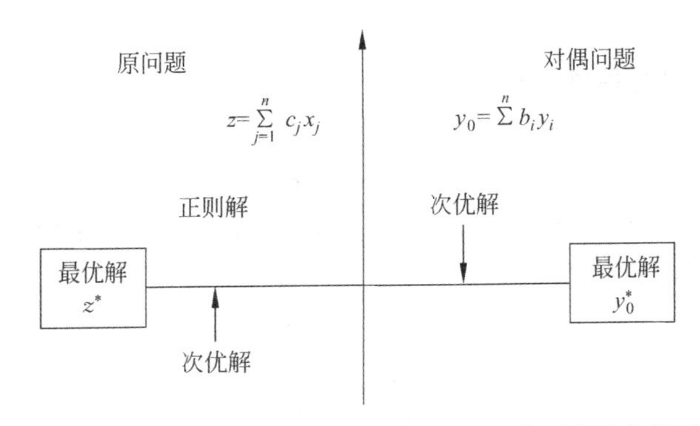

图 4-2　对于特定类型互补基本解使 $z=y_0$ 的可能取值范围

因此，单纯形法求原问题的次优基本解和对其作最优性检验的同时，也间接地求得相应的对偶问题的互补正则解和对该正则解作了对偶可行性检验。在有些场合，直接处理正则解和对原问题作可行性检验是必要和方便的，这是将要讨论的对偶单纯形法的理论依据。互补基本解的关系在实际应用中非常有用，尤其是在灵敏度分析中具有广泛的应用。

4.4　对偶单纯形法

1. 对偶单纯形法的一般概述

对偶单纯形法是根据线性规划的单纯形法和对偶理论提出来的求解线性规划的另一种方法。

单纯形法的求解过程是先找到一个基可行解，然后从该可行解出发，经过换基迭代搜索其相邻基可行解，直到满足 $\boldsymbol{C}-\boldsymbol{C}_B\boldsymbol{B}^{-1}\boldsymbol{A}\leqslant 0$ 为止。

设线性规划问题的标准形式为

$$\max z = \boldsymbol{CX}$$

$$\text{s. t.}\begin{cases}\boldsymbol{AX} = b\\ \boldsymbol{X} \geqslant 0\end{cases}$$

对于任何一个可行基 $\boldsymbol{B}=(\boldsymbol{P}_{i1},\boldsymbol{P}_{i2},\cdots,\boldsymbol{P}_{im})$，则

$$\boldsymbol{X}=\begin{pmatrix}\boldsymbol{X}_B\\ \boldsymbol{X}_N\end{pmatrix}=\begin{pmatrix}\boldsymbol{B}^{-1}b\\ 0\end{pmatrix}$$

为原问题的一个基本解。对任意的基 $\boldsymbol{B}$，其对应的单纯形表见表 4-14。

表 4-14 基于基 B 的单纯形表

$\boldsymbol{C}_B$	$\boldsymbol{X}_B$	$\boldsymbol{X}$	右端
	$\boldsymbol{X}_B$	$\boldsymbol{B}^{-1}\boldsymbol{A}$	$\boldsymbol{B}^{-1}b$
$-z=c_j-z_j$		$\boldsymbol{C}-\boldsymbol{C}_B\boldsymbol{B}^{-1}\boldsymbol{A}$	$-\boldsymbol{C}_B\boldsymbol{B}^{-1}b$

显然，$\boldsymbol{B}$ 为最优基$\left(\text{或 }\boldsymbol{X}=\begin{pmatrix}\boldsymbol{B}^{-1}b\\ 0\end{pmatrix}\text{为最优解}\right)$的充分必要条件是下列两个条件同时成立。

(1) $\boldsymbol{B}^{-1}b\geqslant 0$ （可行性条件）

(2) $\boldsymbol{C}-\boldsymbol{C}_B\boldsymbol{B}^{-1}\boldsymbol{A}\leqslant 0$ 或 $\boldsymbol{C}_B\boldsymbol{B}^{-1}\boldsymbol{A}-\boldsymbol{C}\geqslant 0$ （最优性条件）

单纯形法的思想是从满足可行性条件的一个基可行解出发，经过换基迭代到另一个基可行解，这一过程一直要保证条件(1)成立，直到找出满足最优性条件的基可行解，即原问题的最优解。由于原问题的对偶问题是：

$$\min w=\boldsymbol{Y}b$$

$$\text{s.t.}\begin{cases}\boldsymbol{Y}\boldsymbol{A}\geqslant \boldsymbol{C}\\ \boldsymbol{Y}\text{ 无符号限制}\end{cases}$$

用对偶的观点来解释单纯形法。令 $\boldsymbol{Y}=\boldsymbol{C}_B\boldsymbol{B}^{-1}$，原问题的最优性条件变为 $\boldsymbol{Y}\boldsymbol{A}\geqslant\boldsymbol{C}$，即 $\boldsymbol{Y}$ 是对偶问题的一个可行解，原问题的最优性检验条件与对偶问题的可行性条件是对应的，又由于 $\boldsymbol{Y}=\boldsymbol{C}_B\boldsymbol{B}^{-1}$ 对应的目标函数值 $w=\boldsymbol{C}_B\boldsymbol{B}^{-1}b=z$，所以，当 $\boldsymbol{X}^*$ 是原问题的最优解时，$\boldsymbol{Y}^*$ 也是对偶问题的最优解。

由于对偶问题与原问题的对称性，从对偶的观点看，原问题的最优性条件是对偶问题的可行性条件，而原问题的可行性条件是对偶问题的最优性条件，即：

(3) $\boldsymbol{B}^{-1}b\geqslant 0$ （对偶最优性条件）

(4) $\boldsymbol{C}-\boldsymbol{C}_B\boldsymbol{B}^{-1}\boldsymbol{A}\leqslant 0$ （对偶可行性条件）

因此，可以从一个满足条件(4)的基(常称为正则基)出发，经过换基迭代到另一个正则基，在保持条件(4)成立的前提下，直到找出满足条件(3)的正则基，此时，对应的正则基解就是该规划的最优解，这种求解线性规划问题的方法称为对偶单纯形法。

假定已找出的正则基 $\boldsymbol{B}$ 对应的解 $\boldsymbol{X}^{(0)}$ 不是可行解，由问题(P)化为关于基 $\boldsymbol{B}$ 的规范式：

$$\max z=z^{(0)}+\sum_{j=m+1}^{n}\sigma_j x_j$$

$$\text{s.t.}\begin{cases}x_i+\sum\limits_{j=m+1}^{n}a'_{ij}x_j=b'_1\\ x_j\geqslant 0\quad(j=1,2,\cdots,n)\end{cases}$$

其中，$\sigma_j = c_j - \boldsymbol{C_B B}^{-1} p_j \leqslant 0 (j=m+1, m+2, \cdots, m+n)$，对应的单纯形表见表 4-15。

表 4-15　对偶单纯形表

$\boldsymbol{C_B}$	$\boldsymbol{X_B}$	x_1	x_2	$\cdots$	x_m	x_{m+1}	x_{m+2}	$\cdots$	x_n	b
c_1	x_1	1	0	$\cdots$	0	a'_{1m+1}	a'_{1m+2}	$\cdots$	a'_{1n}	b'_1
c_2	x_2	0	1	$\cdots$	0	a'_{2m+1}	a'_{2m+2}	$\cdots$	a'_{2n}	b'_2
$\vdots$	$\vdots$	$\vdots$	$\vdots$	$\vdots$	$\vdots$	$\vdots$	$\vdots$	$\vdots$	$\vdots$	$\vdots$
c_m	x_m	0	0	$\cdots$	1	a'_{mm+1}	a'_{mm+2}	$\cdots$	a'_{mn}	b'_m
$-z=\{c_j-z_j\}$		0	0	$\cdots$	0	σ_{m+1}	σ_{m+2}	$\cdots$	σ_{m+n}	$-z^{(0)}$

实际上，单纯形法与对偶单纯形法都是求解线性规划原问题的方法。单纯形法是在保持原始可行下，经过迭代逐步实现对偶可行，求出最优解。即单纯形法的迭代过程，是在保证现行解原始可行($\boldsymbol{B}^{-1}b \geqslant 0$)的条件下，再从 $\boldsymbol{C}-\boldsymbol{C_B B}^{-1}\boldsymbol{A} \geqslant 0$ 向 $\boldsymbol{C}-\boldsymbol{C_B B}^{-1}\boldsymbol{A} \leqslant 0$ 转化，最终求出最优解；根据对偶问题的对称性，也可以在保证对偶可行的条件下，经迭代逐步实现原始可行，以求得最优解。即对偶单纯形法的迭代过程，是在保证现行解对偶可行($\boldsymbol{C}-\boldsymbol{C_B B}^{-1}\boldsymbol{A} \leqslant 0$)的条件下，再从 $\boldsymbol{B}^{-1}b \leqslant 0$ 向 $\boldsymbol{B}^{-1}b \geqslant 0$ 转化，最终求出最优解。

对于某些特定的情形，可用对偶单纯形法求解线性规划问题。通常情况下，获得初始基可行解比获得初始正则基解更容易。可是，当引入人工变量去构造人工初始基可行解时，可能从正则基可行解出发使用对偶单纯形法更合适。特别是引入的人工变量不多，换基迭代步骤较少，且无须使太多的人工变量为 0 的情形。

在灵敏度分析中，当最优解已经由单纯形法求得，必须分析模型对某些微小变化的影响时，用对偶单纯形法非常必要。如果某些参数改变后，原最优解不再可行，但仍满足最优性条件时，可以直接从正则基解出发，用对偶单纯形法求解。这种情况下，对偶单纯形法向最优解的收敛速度，通常要比将该问题重新使用单纯形法快得多。

对偶单纯形法的运算规则与单纯形法相类似，这两种方法的区别是选取进基变量和出基变量的标准，以及算法停止的条件不同。

对于最大化线性规划问题，如果要使用对偶单纯形法，必须满足在单纯形表中的所有检验数 c_j-z_j 都非正的要求，即满足最优性条件(对偶可行)。由于一些决策变量的取值是负数，正则基解非可行。对偶单纯形法在迭代过程中，保持所有检验数 c_j-z_j 非正，直到所有决策变量的取值非负。这样得到的基解不仅可行，而且单纯形法的最优性条件得到满足，所以是最优解。

2. 对偶单纯形法的解题步骤

用对偶单纯形法求解线性规划问题的具体步骤表述如下：

(1) 初始化。将所有用$\geqslant$连接的约束条件转换为$\leqslant$形式(在两端乘以-1)，并引入松弛变量将线性规划问题转换成标准型，然后找出该规划问题的一个基解，该基解必须满足在单纯形表检验行中的所有基变量的检验数等于零，而非基变量的检验数 c_j-z_j 小于零。当该基解满足可行性条件时，它就是该线性规划问题的最优解。

(2) 可行性检验。检验所有基变量的取值是否达到非负。如果非负,那么该基解可行,由步骤(1)已知该基解满足最优性条件,因此,该基解是线性规划问题的最优解,求解过程终止。如果不是非负,则转入迭代过程(3)。

(3) 迭代。

① 确定出基变量:选择取值为负的基变量中绝对值最大的决策变量 x_i 出基。

② 确定进基变量:选择出基变量对应的约束方程中系数为负值,且检验数 c_j-z_j 与该系数比值的绝对值最小的非基变量 x_j 进基。将出基变量对应的约束方程中的进基变量的系数 a_{ij} 称为主元。

③ 确定新的基解:用高斯消元法将主元 a_{ij} 化为 1,将进基变量列的其余系数化为 0;此时每个基变量的值等于对应的约束方程的新右端项,从而确定基解。该步骤可称为旋转变换。返回到步骤(2)进行可行性检验。

注意到用对偶单纯形法求解与用单纯形法求解对偶问题的互补基解等价。如迭代步骤①中,确定出基变量等价于确定对偶问题的进基变量。选择绝对值最大的取负值的基变量出基,相当于在对偶问题的单纯形表中选择检验数绝对值最大的正的非基变量进基。迭代步骤②中,确定进基变量等价于确定对偶问题的出基变量。进基变量的检验数变为 0 相当于对偶问题的出基变量的取值变为 0。显然,对偶单纯形法与单纯形法的停止条件是互补的。

在应用中,可将对偶单纯形法的求解和迭代过程程序化,这里 $\sigma_j=c_j-z_j\leqslant 0$,但不能保证右端项 $b_i'\geqslant 0$。其程序化过程表述如下:

(1) 可行性标准。如果所有的 $b_i'\geqslant 0$ 停止,已经找到最优解,否则转到步骤(2)。

(2) 选择出基变量。根据 $\min\{b_i' \mid b_i'<0, i=1,2,\cdots,m\}=b_{i_0}'$ 确定 x_{i_0} 为出基变量,转到步骤(3)。

(3) 选择进基变量。为了保证迭代之后的解仍然是正则解,即所有检验数 c_j-z_j 非正,类似于单纯形法的最小比值法则,计算

$$\theta=\min\left\{\frac{\sigma_j}{a_{i_0j}'} \mid a_{i_0j}'<0, j=1,2,\cdots,n\right\}=\frac{\sigma_{j_0}}{a_{i_0j_0}'}$$

则与 σ_{j_0} 相对应的 x_{j_0} 为进基变量。转到步骤(4)。

注意:*若存在 $b_k'<0$ 且 $a_{kj}'>0(j=m+1,\cdots,n)$,容易看出原问题无可行解。因为单纯形表中第 k 个约束*

$$x_k+\sum_{j=m+1}^{n}a_{kj}'=b_k'$$

无法满足(约束函数非负,不可能等于 b_k')。

(4) 旋转变换。以 $a_{i_0j_0}'$ 为主元素进行旋转变换,即对单纯形表作初等变换,将 x_{j_0} 的系数(包括目标函数系数 σ_{j_0})变为单位向量 $\begin{bmatrix}0\\ \vdots\\ 1\\ \vdots\\ 0\end{bmatrix}$ (第 i_0 行的元素为 1),得到新的正则基,返回步

骤(1)。

下面用例子来说明对偶单纯形法的运用。

例 4-6 用对偶单纯形法求解线性规划问题。

$$\min z = 6x_1 + 3x_2 + 4x_3$$

$$\text{s.t.}\begin{cases}3x_1 + 2x_2 + x_3 \geqslant 4\\4x_1 - x_2 + 4x_3 \geqslant 12\\x_j \geqslant 0 \quad (j = 1,2,3)\end{cases}$$

解:此问题可转化为

$$\max z = -6x_1 - 3x_2 - 4x_3$$

$$\text{s.t.}\begin{cases}-3x_1 - 2x_2 - x_3 + x_4 = -4\\-4x_1 + x_2 - 4x_3 + x_5 = -12\\x_j \geqslant 0 \quad (j = 1,2,3,4,5)\end{cases}$$

其中,x_4,x_5 为松弛变量,可以作为初始基变量,单纯形表见表 4-16(这里不要求右端项为非负常数)。

表 4-16 例 4-6 单纯形表

$C_j \rightarrow$			-6	-3	-4	0	0
C_B 迭代 0 次	X_B	b	x_1	x_2	x_3	x_4	x_5
0	x_4	-4	-3	-2	-1	1	0
0	x_5	-12	-4	1	$[-4]$	0	1
$-z=\{c_j-z_j\}$		0	0	-6	-3	-4	0
C_B 迭代 1 次	X_B	b	x_1	x_2	x_3	x_4	x_5
0	x_4	-1	$[-2]$	$-\frac{9}{4}$	0	1	$-\frac{1}{4}$
-4	x_3	3	1	$-\frac{1}{4}$	1	0	$-\frac{1}{4}$
$-z=\{c_j-z_j\}$		12	-2	4	0	0	-1
C_B 迭代 2 次	X_B	b	x_1	x_2	x_3	x_4	x_5
-5	x_1	$\frac{1}{2}$	1	$\frac{9}{8}$	1	$-\frac{1}{2}$	$\frac{1}{2}$
-4	x_3	$\frac{5}{2}$	0	$-\frac{11}{8}$	0	$\frac{1}{2}$	$-\frac{3}{4}$
$-z=\{c_j-z_j\}$		13	0	$-\frac{7}{4}$	0	-1	$-\frac{3}{4}$

迭代 1 次:由于 $\min\{-12,-4\}=-12$,所以 x_5 为出基变量,计算最小比值 $\theta = \min\left\{-\frac{6}{-4},\frac{-4}{-4}\right\}=1$,因此 x_3 为进基变量,-4 为主元素,作旋转变换。

迭代 2 次：由于$b_1'=-1<0$，所以 x_4 为新的出基变量，计算最小比值 $\theta=\min\left\{\frac{-2}{-2},\frac{-4}{-\frac{9}{4}},\frac{-1}{-\frac{1}{4}}\right\}=\frac{16}{9}$，所以 x_1 为进基变量，以[-2]为主元素作旋转变换。

此时检验数行的元素均小于等于零，由此得到问题的最优解及最优值为 $x_1=\frac{1}{2}$，$x_2=0$，$x_3=\frac{5}{2}$，$\min z=13$。

例 4-7 用对偶单纯形法求解线性规划问题。

$$\min z=5x_1+3x_2$$

$$\text{s.t.}\begin{cases}-2x_1+3x_2\geqslant 6\\ 3x_1-6x_2\geqslant 4\\ x_j\geqslant 0\quad(j=1,2)\end{cases}$$

解：将问题转化为

$$\max z=-5x_1-3x_2$$

$$\text{s.t.}\begin{cases}2x_1-3x_2+x_3=-6\\ -3x_1+6x_2+x_4=-4\\ x_j\geqslant 0\quad(j=1,2,3,4)\end{cases}$$

其中，x_3，x_4 为松弛变量，可以作为初始基变量，单纯形表见表 4-17。

表 4-17 例 4-7 单纯形表

$C_j\to$			-5	-3	0	0
C_B	X_B	b	x_1	x_2	x_3	x_4
0	x_3	-6	2	[-3]	1	0
0	x_4	-4	-3	6	0	1
$-Z=\{c_j-z_j\}$		0	-5	-3	0	0
C_B	X_B	b	x_1	x_2	x_3	x_4
-3	x_2	2	$-\frac{2}{3}$	1	$-\frac{1}{3}$	0
0	x_4	-16	1	0	2	1
$-Z=\{c_j-z_j\}$		6	-7	0	-1	0

在表 4-17 中，$b_2'=-16<0$，而 $y_{2j}\geqslant 0(j=1,2,3,4)$，故该问题无可行解。

注意：对偶单纯形法仍是求解原问题，它适用于当原问题无可行基，且所有检验数均为负的情况。

若原问题既无可行基，而检验数中又有小于 0 的情况，只能用人工变量法求解。

在计算机求解时，只有人工变量法，没有对偶单纯形法。

3. 对偶问题的最优解

由对偶理论可知，在原问题和对偶问题的最优解之间存在着密切的关系，可以根据这些关系，从求解原问题的最优单纯形表中，得到对偶问题的最优解。

(1) 设原问题(P)为

$$\min z = \boldsymbol{C}^{\mathrm{T}}\boldsymbol{X}$$

$$\text{s. t.}\begin{cases}\boldsymbol{AX} \geqslant b\\ \boldsymbol{X} \geqslant 0\end{cases}$$

则标准型(LP)为

$$\max z = -\boldsymbol{C}^{\mathrm{T}}\boldsymbol{X}$$

$$\text{s. t.}\begin{cases}-\boldsymbol{AX} + \boldsymbol{X}_M = -b\\ \boldsymbol{X} \geqslant 0, \quad \boldsymbol{X}_M \geqslant 0\end{cases}$$

其中,$\boldsymbol{X}_M=(x_{n+1},x_{n+2},\cdots,x_{n+m})^{\mathrm{T}}$。

其对偶线性规划(D)为

$$\max w = b^{\mathrm{T}}\boldsymbol{Y}$$

$$\text{s. t.}\begin{cases}\boldsymbol{A}^{\mathrm{T}}\boldsymbol{Y} \leqslant \boldsymbol{C}\\ \boldsymbol{Y} \geqslant 0\end{cases}$$

用对偶单纯形法求解(LP),得最优基 $\boldsymbol{B}$ 和最优单纯形表 T(B)。对于(LP)来说,当 $j=n+i$ $(i=1,2,\cdots,m)$时,有 $\boldsymbol{P}_j=-e_i,c_j=0$,因此,

$$(c_{n+1},c_{n+2},\cdots,c_{n+m}) = (0,0,\cdots,0)$$

$$(\boldsymbol{P}_{n+1},\boldsymbol{P}_{n+2},\cdots,\boldsymbol{P}_{n+m}) = (-e_1,-e_2,\cdots,-e_m) = -\boldsymbol{I}$$

从而,在最优单纯形表 T(B)中,对于检验数 $\sigma_{n+1},\sigma_{n+2},\cdots,\sigma_{n+m}$,有

$$\begin{aligned}(\sigma_{n+1},\sigma_{n+2},\cdots,\sigma_{n+m}) &= (c_{n+1},c_{n+2},\cdots,c_{n+m}) - \boldsymbol{C}_B\boldsymbol{B}^{-1}(\boldsymbol{P}_{n+1},\boldsymbol{P}_{n+2},\cdots,\boldsymbol{P}_{n+m})\\ &= -\boldsymbol{C}_B\boldsymbol{B}^{-1}(-\boldsymbol{I}) = \boldsymbol{C}_B\boldsymbol{B}^{-1}\end{aligned}$$

于是,$\boldsymbol{Y}^*=(\sigma_{n+1},\sigma_{n+2},\cdots,\sigma_{n+m})^{\mathrm{T}}$。可见,在(LP)的最优单纯形表中,剩余变量对应的检验数就是对偶问题的最优解。

同时,在最优单纯形表 T(B)中,由于剩余变量对应的系数

$$(y^{n+1},y^{n+2},\cdots,y^{n+m}) = (\boldsymbol{B}^{-1}\boldsymbol{P}_{n+1},\boldsymbol{B}^{-1}\boldsymbol{P}_{n+2},\cdots,\boldsymbol{B}^{-1}\boldsymbol{P}_{n+m}) = \boldsymbol{B}^{-1}(-\boldsymbol{I}),$$

所以

$$\boldsymbol{B}^{-1} = (-y^{n+1},-y^{n+2},\cdots,-y^{n+m})$$

例 4-8 求下列线性规划问题的对偶问题的最优解。

$$\min z = 6x_1 + 8x_2$$

$$\text{s. t.}\begin{cases}x_1 + 2x_2 \geqslant 20\\ 3x_1 + 2x_2 \geqslant 50\\ x_j \geqslant 0 \quad (j=1,2)\end{cases}$$

解:将原问题转化成线性规划问题的标准形(LP)为:

$$\max z = -6x_1 - 8x_2$$

$$\text{s. t.}\begin{cases}-x_1 - 2x_2 + x_3 = -20\\ -3x_1 - 2x_2 + x_4 = -50\\ x_j \geqslant 0 \quad (j=1,2,3,4)\end{cases}$$

用对偶单纯形法求得(LP)的最优单纯形表见表4-18。

表4-18 例4-8最优单纯形表

$C_j\rightarrow$			-6	-8	0	0
C_B	X_B	b	x_1	x_2	x_3	x_4
-8	x_2	$\frac{5}{2}$	0	1	$-\frac{3}{4}$	$\frac{1}{4}$
-6	x_1	15	1	0	$\frac{1}{2}$	$-\frac{1}{2}$
$-Z=\{c_j-z_j\}$		-110	0	0	3	1

原问题(P)的对偶问题(D)为

$$\max w = 20y_1 + 50y_2$$
$$\text{s. t.} \begin{cases} y_1 + 3y_2 \leqslant 6 \\ 2y_1 + 2y_2 \leqslant 8 \\ y_j \geqslant 0 \quad (j=1,2) \end{cases}$$

由表4-18可知,对偶问题(D)的最优解为

$$\boldsymbol{Y}^* = (\sigma_3, \sigma_4)^{\mathrm{T}} = (3,1)^{\mathrm{T}}$$

同时得到,此时表4-18对应的最优基

$$\boldsymbol{B} = (\boldsymbol{P}_2, \boldsymbol{P}_1) = \begin{pmatrix} 2 & 1 \\ 2 & 3 \end{pmatrix}$$

由表4-18知,最优基 $\boldsymbol{B}$ 的逆矩阵为

$$\boldsymbol{B}^{-1} = (-y^3, -y^4) = \begin{pmatrix} \frac{3}{4} & -\frac{1}{4} \\ -\frac{1}{2} & \frac{1}{2} \end{pmatrix}$$

(2) 设原问题(P)为

$$\max z = \boldsymbol{C}^{\mathrm{T}}\boldsymbol{X}$$
$$\text{s. t.} \begin{cases} \boldsymbol{AX} \leqslant b \\ \boldsymbol{X} \geqslant 0 \end{cases}$$

则标准型(LP)为

$$\max z = \boldsymbol{C}^{\mathrm{T}}\boldsymbol{X}$$
$$\text{s. t.} \begin{cases} \boldsymbol{AX} + \boldsymbol{X}_{\mathrm{S}} = b \\ \boldsymbol{X} \geqslant 0, \quad \boldsymbol{X}_{\mathrm{S}} \geqslant 0 \end{cases}$$

其中,$X_M = (x_{n+1}, x_{n+2}, \cdots, x_{n+m})^{\mathrm{T}}$。

其对偶线性规划(D)为

$$\min w = b^{\mathrm{T}}\boldsymbol{Y}$$
$$\text{s. t.} \begin{cases} \boldsymbol{A}^{\mathrm{T}}\boldsymbol{Y} \geqslant C \\ \boldsymbol{Y} \geqslant 0 \end{cases}$$

因此,最优解为 $\boldsymbol{Y}^* = \boldsymbol{C}_B\boldsymbol{B}^{-1} = (\sigma_{n+1}, \sigma_{n+2}, \cdots, \sigma_{n+m})^{\mathrm{T}}$。即在(LP)的最优单纯形表中,松弛变量对应的检验数就是对偶问题的最优解。

同时,在最优单纯形表T(B)中,由于松弛变量对应的系数

$$(y^{n+1}, y^{n+2}, \cdots, y^{n+m}) = (\boldsymbol{B}^{-1}\boldsymbol{P}_{n+1}, \boldsymbol{B}^{-1}\boldsymbol{P}_{n+2}, \cdots, \boldsymbol{B}^{-1}\boldsymbol{P}_{n+m}) = \boldsymbol{B}^{-1}\boldsymbol{I}$$

所以

$$\boldsymbol{B}^{-1} = (y^{n+1}, y^{n+2}, \cdots, y^{n+m})$$

例 4-9 求下列线性规划问题的对偶问题的最优解。

$$\max z = 20x_1 + 50x_2$$

$$\text{s. t.} \begin{cases} x_1 + 3x_2 \leqslant 6 \\ x_1 + x_2 \leqslant 4 \\ x_j \geqslant 0 \quad (j = 1,2) \end{cases}$$

解：原问题的标准形(LP)为

$$\max z = 20x_1 + 50x_2$$

$$\text{s. t.} \begin{cases} x_1 + 3x_2 + x_3 = 6 \\ x_1 + x_2 + x_4 = 4 \\ x_j \geqslant 0 \quad (j = 1,2,3,4) \end{cases}$$

用单纯形法求得(LP)的最优单纯形表见表 4-19。

表 4-19 例 4-9 最优单纯形表

$C_j \to$			20	50	0	0
C_B	X_B	b	x_1	x_2	x_3	x_4
20	x_2	1	0	1	$\frac{1}{2}$	$-\frac{1}{2}$
50	x_1	3	1	0	$-\frac{1}{2}$	$\frac{3}{2}$
$-Z=\{c_j - z_j\}$		110	0	0	15	5

原问题(P)的对偶问题(D)为

$$\min w = 6y_1 + 4y_2$$

$$\text{s. t.} \begin{cases} y_1 + y_2 \geqslant 20 \\ 3y_1 + y_2 \geqslant 50 \\ y_j \geqslant 0 \quad (j = 1,2) \end{cases}$$

由表 4-19 可知，对偶问题(D)的最优解为

$$\boldsymbol{Y}^* = (\sigma_3, \sigma_4)^{\mathrm{T}} = (15, 5)^{\mathrm{T}}$$

此时，表 4-19 对应的最优基

$$\boldsymbol{B} = (\boldsymbol{P}_2, \boldsymbol{P}_1) = \begin{pmatrix} 3 & 1 \\ 1 & 1 \end{pmatrix}$$

由表 4-19 知，最优基 $\boldsymbol{B}$ 的逆矩阵为

$$\boldsymbol{B}^{-1} = (y^3, y^4) = \begin{pmatrix} \frac{1}{2} & -\frac{1}{2} \\ -\frac{1}{2} & \frac{3}{2} \end{pmatrix}$$

(3) 对于一般形式的线性规划问题，可先将其化为标准型，再用人工变量法求解，最后根据互为对偶问题的解的关系，求得对偶问题的最优解。

4.5 灵敏度分析

在线性规划问题的求解过程中，需要经过收集数据，建立模型，最后用单纯形表或 Excel 方法求出问题的最优解(最优方案)。在实际问题中，由于线性规划模型中的参数 $\boldsymbol{A}$、b、$\boldsymbol{C}$、决策变量或约束条件经常会发生变化，导致原最优方案也有可能发生变化。因此，求得最优解之后，必须考虑当参数、变量或约束条件发生变化时，相应最优管理方案将会产生怎样的变化。

基于最优解的分析主要涉及的问题是：当参数发生变化时，原最优解将如何变化，或参数在什么范围内发生变化时，不会影响原最优解。当变量或条件发生变化时，将对原最优解产生怎样的影响。基于最优解的这种分析称为**灵敏度分析**。

由于市场价格的变化，将导致目标(价值)系数的变动，生产条件的改变将引起资源约束系数的变化，资源投入量的变化将引起右端项的变动，新产品的开发将引起决策变量的增加，增加新的资源限制(或其他限制)将引起约束条件的增加等。因此，灵敏度分析的主要任务是解决以下两类问题：

(1) 当系数 $\boldsymbol{A}$、b、$\boldsymbol{C}$ 中的某个发生变化时，目前的最优基是否仍最优(即目前的最优生产方案是否要变化)？一般称为模型参数的灵敏度分析。

(2) 增加一个变量或增加一个约束条件时，目前的最优基是否仍最优(即目前的最优生产方案是否要变化)？一般称为模型结构的灵敏度分析。

从模型变化的角度考虑，灵敏度分析的主要方面有：

① 目标函数中价值系数 $\boldsymbol{C}$ 的变化；

② 右端项资源约束常数 b 的变化；

③ 约束条件中技术系数 $\boldsymbol{A}$ 的变化；

④ 增加新的决策变量和新的约束条件的变化；

⑤ 目标系数或右端项含有参数的变化。

诚然，当线性规划问题中的一个或几个参数发生变化的时候，可以用单纯形法或 Excel 方法重新计算，考察最优解的变化，但这样做的工作量太大。由于单纯形表的换基迭代计算是从一组基向量变换到另一组基向量的循环过程，每一次变换后，表中迭代计算所得数字只随基向量的变化而变化。所以，有可能将线性规划问题的参数的变化，直接在最优解的最终单纯形表上反映出来。因此，可以直接从最优解的单纯形表开始，考察模型的参数变化后，相关变化是否仍然满足最优解的条件。如果不满足最优解的条件，再从最终表开始进行迭代计算，求出最优解。

灵敏度分析是基于最优基(最优解)的。即当参数 $\boldsymbol{A}$、b、$\boldsymbol{C}$ 中的某一个或几个发生变化，或当变量、约束条件增减时，考察是否影响以下两式的成立：

① 参数的变化是否影响基 $\boldsymbol{B}$ 的原始可行性(即 $\boldsymbol{B}^{-1}b \geqslant 0$)；

② 参数的变化是否影响基 $\boldsymbol{B}$ 的对偶可行性(即 $\boldsymbol{C}-\boldsymbol{C}_B\boldsymbol{B}^{-1}\boldsymbol{A}\leqslant 0$)。

在下面的分析中，均假定基 $\boldsymbol{B}$ 为最终表中的最优基。

一般地，灵敏度分析的步骤大致如下：

(1) 将模型参数的改变通过换基迭代计算反映到最终单纯形表上来；计算由参数 a_{ij}，b_i，c_j 的变化所引起的最终单纯形表上相关系数的变化，如：

$$(0,\cdots,\Delta b_i'\cdots,0)^{\mathrm{T}} = \boldsymbol{B}^{-1}(0,\cdots,\Delta b_i\cdots,0)^{\mathrm{T}}$$

（表示由第 i 个右端项的变化量所引起的在最优单纯形表中右端项列向量的变化量。）

$$\Delta\boldsymbol{P}_j' = \boldsymbol{B}^{-1}\Delta\boldsymbol{P}_j$$

（$\boldsymbol{P}_j$ 为第 j 个变量 x_j 在标准型线性规划模型约束方程组中的系数向量，$\Delta\boldsymbol{P}_j$ 为其改变量，$\Delta\boldsymbol{P}_j'$为其在最优单纯形表中的变化量。）

$$(c_j - z_j)' = c_j - \sum_{i=1}^{m} a_{ij} y_i^*$$

（表示由变量 x_j 的目标系数的变化所引起的在最优单纯形表中检验数行的变化后检验数值。）

(2) 检查原问题是否仍然是可行；

(3) 检查对偶问题是否仍然是可行；

(4) 按照表 4-20 所列情况确定灵敏度分析的结果。

表 4-20　确定灵敏度分析结果的情况列表

原问题	对偶问题	结论或继续计算的步骤
可行解	可行解	问题的最优解或最优基不发生变化
可行解	非可行解	用单纯形法继续换基迭代求最优解
非可行解	可行解	用对偶单纯形法继续迭代求最优解
非可行解	非可行解	引入人工变量，编制新的单纯形表重新计算

由于线性规划模型中参数值发生改变时，原问题的参数值与对偶问题的对应值都会改变。根据原问题和对偶问题之间的关系，可以根据需要在这两个问题中选择一个进行灵敏度分析。在某些情况下，通过直接分析对偶问题来确定参数变化对原问题的影响更为方便。

一般地，如果改变参数得到的是非最优或非可行解，这个解可以作为初始基本解，使用单纯形法或对偶单纯形法来找出新的最优解。

1. 价值系数 C 变化的灵敏度分析

(1) 当非基变量的目标函数系数 $\boldsymbol{C}_N$ 中某个 $\boldsymbol{C}_j$ 发生变化时，只影响非基变量 x_j 的检验数的变化，其他不变。

由于

$$\sigma_j' = (\boldsymbol{C}_j + \Delta\boldsymbol{C}_j) - \boldsymbol{C}_B\boldsymbol{B}^{-1}\boldsymbol{P}_j = \sigma_j + \Delta\boldsymbol{C}_j,$$

所以，当 $\sigma_j' = \sigma_j + \Delta\boldsymbol{C}_j \leqslant 0$ 时，即 $\Delta\boldsymbol{C}_j \leqslant -\sigma_j$ 时，原最优解不变；当 $\sigma_j' = \sigma_j + \Delta\boldsymbol{C}_j \geqslant 0$ 时，即 $\Delta\boldsymbol{C}_j \geqslant -\sigma_j$ 时，原最优解将发生改变；要用单纯形法重新迭代，求出新的最优解。

例 4-10　对于下列线性规划模型，为使最优解不变，讨论非基变量 y_1 的目标函数系数 $\boldsymbol{C}_3$ 的变化范围。

$$\max z = 4x_1 + 3x_2 + 2y_1$$

$$\text{s.t.}\begin{cases}2x_1+3x_2+\ \ y_1\leqslant 24 & (\text{材料约束})\\3x_1+2x_2+2y_1\leqslant 26 & (\text{工时约束})\\x_1,x_2\geqslant 0\end{cases}$$

解：用单纯形法求得的原最优表见表 4-21。

表 4-21 例 4-10 原最优表

c_j			4	3	2	0	0
C_B	X_B	b	x_1	x_2	y_1	x_3	x_4
3	x_2	4	0	1	$-\frac{1}{5}$	$\frac{3}{5}$	$-\frac{2}{5}$
4	x_1	6	1	0	$\frac{4}{5}$	$-\frac{2}{5}$	$\frac{3}{5}$
$-z$		-36	0	0	$-\frac{3}{5}$	$-\frac{1}{5}$	$-\frac{6}{5}$

因为 y_1 为非基变量，其目标函数系数 C_3 的变化只会影响到 y_1 的检验数，要使最优解不变，只需 $\sigma_3'\leqslant 0$ 即可，即 $\Delta C_3 = C_3' - C_3 \leqslant -\sigma_3$；所以，当 $C_3' \leqslant C_3 - \sigma_3 = 2+3/5=13/5$ 时，最优解不变。当 $C_3' > 13/5$ 时，最优解将发生改变。

由于 $\sigma_j' = (C_j+\Delta C_j) - C_B B^{-1} P_j = \sigma_j + \Delta C_j$，若取 $C_3'=3>13/5$，则有

$$\sigma_3' = 3-(3,4)\begin{pmatrix}-\frac{1}{5}\\ \frac{4}{5}\end{pmatrix} = 1-\frac{3}{5}=\frac{2}{5}$$

用 $\sigma_3'=2/5$ 替代最优表中的 σ_3，得到新单纯形表见表 4-22。

表 4-22 例 4-10 新单纯形表

c_j			4	3	2	0	0
C_B	X_B	b	x_1	x_2	y_1	x_3	x_4
3	x_2	4	0	1	$-\frac{1}{5}$	$\frac{3}{5}$	$-\frac{2}{5}$
4	x_1	6	1	0	$\frac{4}{5}$	$-\frac{2}{5}$	$\frac{3}{5}$
$-z$		-36	0	0	$\left[\frac{2}{5}\right]$	$-\frac{1}{5}$	$-\frac{6}{5}$

继续迭代，求出新的最优解为(0,11/2,15/2,0,0)，最优值为 $z=39$。最终得到表 4-23。

(2) 当基变量的目标函数系数 C_B 中某个 C_j 发生变化时，则可能会导致所有变量的检验数 $\sigma = C - C_B B^{-1} A$ 发生变化。要使基的最优性不变，解不等式组 $\sigma' = C - (C_B + \Delta C_B) B^{-1} A \leqslant 0$，就可以得到 ΔC_{Bj} 的范围。当 ΔC_{Bj} 的变化超出范围时，基 B 的对偶可行性将会发生改变，此时，可用单纯形法继续迭代，求得新的最优解。

表 4-23　例 4-10 最终单纯形表

c_j			4	3	2	0	0
$\boldsymbol{C_B}$	$\boldsymbol{X_B}$	b	x_1	x_2	y_1	x_3	x_4
3	x_2	$\frac{11}{2}$	$\frac{1}{4}$	1	0	$\frac{1}{2}$	$-\frac{1}{4}$
2	y_1	$\frac{15}{2}$	$\frac{5}{4}$	0	1	$-\frac{1}{2}$	$\frac{3}{4}$
$-z$		-39	$-\frac{1}{2}$	0	0	0	$-\frac{3}{2}$

例 4-11　在例 4-10 中去掉变量 y_1，设基变量 x_1 的系数 $\boldsymbol{C}_1$ 变化为 $\boldsymbol{C}_1+\Delta\boldsymbol{C}_1$，在最优性不变的条件下，试确定 $\Delta\boldsymbol{C}_1$ 的取值范围。

解：用单纯形法求得的原最优表为表 4-24。

表 4-24　例 4-11 原最优表

c_j			4	3	0	0
$\boldsymbol{C_B}$	$\boldsymbol{X_B}$	b	x_1	x_2	x_3	x_4
3	x_2	4	0	1	$\frac{3}{5}$	$-\frac{2}{5}$
4	x_1	6	1	0	$-\frac{2}{5}$	$\frac{3}{5}$
$-z$		-36	0	0	$-\frac{1}{5}$	$-\frac{6}{5}$

由于

$$\boldsymbol{C}'-\boldsymbol{C}'_B\boldsymbol{B}^{-1}\boldsymbol{A}=[4+\Delta\boldsymbol{C}_1\quad 3\quad 0\quad 0]-[3\quad 4+\Delta\boldsymbol{C}_1]\begin{bmatrix}0 & 1 & \frac{3}{5} & -\frac{2}{5}\\ 1 & 0 & -\frac{2}{5} & \frac{3}{5}\end{bmatrix}$$

$$=[4+\Delta\boldsymbol{C}_1\quad 3\quad 0\quad 0]-\left(4+\Delta\boldsymbol{C}_1\quad 3\quad \frac{1}{5}-\frac{2}{5}\Delta\boldsymbol{C}_1\quad \frac{6}{5}+\frac{3}{5}\Delta\boldsymbol{C}_1\right)$$

$$=\left(0\quad 0\quad -\frac{1}{5}+\frac{2}{5}\Delta\boldsymbol{C}_1\quad -\frac{6}{5}-\frac{3}{5}\Delta\boldsymbol{C}_1\right)\leqslant 0$$

所以，

$$\begin{cases}\frac{1}{5}-\frac{2}{5}\Delta\boldsymbol{C}_1\geqslant 0\\ \frac{6}{5}+\frac{3}{5}\Delta\boldsymbol{C}_1\geqslant 0\end{cases}$$

即

$$-2\leqslant\Delta\boldsymbol{C}_1\leqslant\frac{1}{2}$$

于是

$$2\leqslant\boldsymbol{C}'_1=\boldsymbol{C}_1+\Delta\boldsymbol{C}_1=4+\Delta\boldsymbol{C}_1\leqslant 4.5$$

因此，基变量 x_1 的价值系数 $\boldsymbol{C}_1$ 在[2,4.5]之间变化时，不会影响原最优方案，而目标函

数值相应改变为

$$z' = (4+\Delta C)\times 6 + 4\times 3 = 36 + 6\Delta C_1$$

如果取 $C_1'=5$，则 $\Delta C_1 = C_1' - 4 = 1$，从而

$$C' - C_B' B^{-1} A = \begin{bmatrix} 0 & 0 & \frac{1}{5} & -\frac{9}{5} \end{bmatrix}$$

于是，

$$z' = C_B' B^{-1} b = (35)\begin{pmatrix}4\\6\end{pmatrix} = 42 = 36 + 6\Delta C_1$$

将上述数字替换单纯形表中相应位置的数字得表 4-25。

表 4-25　例 4-11 最优单纯形表

c_j			[4→5]	3	0	0
C_B	X_B	b	x_1	x_2	x_3	x_4
3	x_2	4	0	1	$\left[\frac{3}{5}\right]$	$-\frac{2}{5}$
[5]	x_1	6	1	0	$-\frac{2}{5}$	$\frac{3}{5}$
$-z$		[−42]	0	0	$\left[\frac{1}{5}\right]$	$\left[-\frac{9}{5}\right]$

用单纯形法迭代得最优表见表 4-26。

表 4-26　例 4-11 最终最优表

c_j			5	3	0	0
C_B	X_B	b	x_1	x_2	x_3	x_4
0	x_3	$\frac{20}{3}$	0	$\frac{5}{3}$	1	$-\frac{2}{3}$
5	x_1	$\frac{26}{3}$	1	$\frac{2}{3}$	0	$\frac{1}{3}$
$-z$		$-\frac{130}{3}$	0	$-\frac{1}{3}$	0	$-\frac{16}{15}$

所以，当 $C_1'=5$ 时，得到新的最优解为(26/3,0,20/3,0)，最优值为 $z=130/3$。

(3) 目标函数系数 C 中若干个 C_j 发生变化时，计算出每一系数变动占该系数保持最优解不变的允许变动量的百分比，求得所有百分比之和 S。若 $S\leqslant 1$，则最优解不变；若 $S>1$，则不能确定最优解是否改变。该方法称为百分之百法则，将在 4.7 节中介绍。

2. 右端项变化的灵敏度分析

右端项 b_i 比其他参数在设置和调整过程中更具有灵活性，同时，关于对偶变量 y_i 作为影子价格的经济解释具有重要的应用性。当右端项变化时，目标函数值会产生什么变化，影子价格分析已经提供了这方面的信息。实际上，影子价格是目标函数对右端项变动的单位变化率，因此，影子价格是灵敏度分析的内容。右端项在一定范围内变化时，目标函数值的

变动等于右端项变动值乘以影子价格，确定右端项的变化范围和相应的影子价格。即在原问题其他系数不变的条件下，某个右端项 b_i 发生变化时，最优基 $\boldsymbol{B}$ 是否改变或者为使最优基不变，b_i 的允许变化范围，以及最优目标函数值的变化。

将单纯形表表示为矩阵式见表 4-27。

表 4-27　矩阵式单纯形表

	b	$\boldsymbol{X}$		b	$\boldsymbol{X}$
$\boldsymbol{X}_B$	$\boldsymbol{B}^{-1}b$	$\boldsymbol{B}^{-1}\boldsymbol{A}$	$-z$	$-\boldsymbol{C}_B\boldsymbol{B}^{-1}b$	$\boldsymbol{C}-\boldsymbol{C}_B\boldsymbol{B}^{-1}\boldsymbol{A}$

从矩阵式单纯形表中可知，b 的变化只影响最优解和最优值的变化。

根据最优性条件可知，当 $\boldsymbol{B}^{-1}b\geqslant 0$ 时，最优基不变(即生产产品的品种不变，但数量及最优值会变化)。从不等式组 $\boldsymbol{B}^{-1}b\geqslant 0$ 中，可以解得 b 的变化范围。

若 $\boldsymbol{B}^{-1}b$ 中有小于 0 的分量，则需用对偶单纯形法迭代，以求出新的最优方案。

例 4-12　对于生产计划问题

$$\max z = 4x_1 + 3x_2$$
$$\text{s. t.}\begin{cases}2x_1 + 3x_2 \leqslant 24 & (\text{材料约束})\\3x_1 + 2x_2 \leqslant 26 & (\text{工时约束})\\x_1, x_2 \geqslant 0\end{cases}$$

要使最优方案不变，试求约束条件 b_2 的变化范围。

解：用单纯形法求得的原最优表见表 4-28。

表 4-28　例 4-12 原最优表

c_j			4	3	0	0
$\boldsymbol{C}_B$	$\boldsymbol{X}_B$	b	x_1	x_2	x_3	x_4
3	x_2	4	0	1	$\frac{3}{5}$	$-\frac{2}{5}$
4	x_1	6	1	0	$-\frac{2}{5}$	$\frac{3}{5}$
$-z$		-36	0	0	$-\frac{1}{5}$	$-\frac{6}{5}$

从矩阵式单纯形表中可知，b_2 的变化只影响解的可行性 $\boldsymbol{B}^{-1}b\geqslant 0$。因此，要使原最优解不变，只要使变化后的 $\boldsymbol{B}^{-1}b\geqslant 0$ 即可。

由

$$\boldsymbol{B}^{-1}b=\begin{bmatrix}\frac{3}{5} & -\frac{2}{5}\\-\frac{2}{5} & \frac{2}{5}\end{bmatrix}\begin{bmatrix}24\\b_2\end{bmatrix}=\begin{bmatrix}\frac{72}{5}-\frac{2}{5}b_2\\-\frac{48}{5}+\frac{3}{5}b_2\end{bmatrix}\geqslant 0$$

得

$$\begin{cases}\frac{72}{5}-\frac{2}{5}b_2\geqslant 0\\-\frac{48}{5}+\frac{3}{5}b_2\geqslant 0\end{cases}$$

即

$$16 \leqslant b_2 \leqslant 36$$

可见,资源限量 b_2 在[16,36]之间变化时,原最优解不变。

若 b_2 变化超过范围,则需用对偶单纯形法进行求解。如 $b_2=6$,则

$$B^{-1}b' = \begin{bmatrix} \frac{3}{5} & -\frac{2}{5} \\ -\frac{2}{5} & \frac{3}{5} \end{bmatrix} \begin{bmatrix} 24 \\ 6 \end{bmatrix} = \begin{bmatrix} 12 \\ -6 \end{bmatrix} \geqslant 0$$

$$-C_B B^{-1} b' = -[3 \quad 4] \begin{bmatrix} 12 \\ -6 \end{bmatrix} = 12$$

将上述数字替换最优表中相应位置的数据得表 4-29。

表 4-29　例 4-12 最优表

c_j			4	3	0	0
C_B	X_B	b	x_1	x_2	x_3	x_4
3	x_2	[12]	0	1	$\frac{3}{5}$	$-\frac{2}{5}$
4	x_1	[−6]	1	0	$\left[-\frac{2}{5}\right]$	$\frac{3}{5}$
$-z$		[−12]	0	0	$-\frac{1}{5}$	$-\frac{6}{5}$

用对偶单纯形法迭代,求出的最优表如表 4-30。

表 4-30　例 4-12 最终最优表

c_j			4	3	0	0
C_B	X_B	b	x_1	x_2	x_3	x_4
3	x_2	3	$\frac{3}{2}$	1	0	$\frac{1}{2}$
0	x_3	15	$-\frac{5}{2}$	0	1	$-\frac{3}{2}$
$-z$		−9	$-\frac{1}{2}$	0	0	$-\frac{3}{2}$

得到新的最优解为:$x_1=0, x_2=3$;最优值为:$\max z=9$。

3. 决策变量的技术(消耗)系数变化的灵敏度分析

(1) 非基变量 x_j 的技术(消耗)系数列向量 P_j 发生变化时,只影响 x_j 的检验数 σ_j 的变化,其他检验数不变。为使最优方案不变,只需 $\sigma_j \leqslant 0$。

当原模型中非基变量的系数发生变化时,只影响基 B 的对偶可行性,不影响基 B 的可行性。所以,只要判定它是否仍然是最优解即可。由表 4-20 可知,该问题的等价提法是,对于对偶问题,它的互补基解在原模型参数发生变化时是否依然可行。通常可检查对应的对偶问题的互补基解是否仍然满足修正后的约束条件。因为只要有一个参数的变化使得原问

题的某些约束条件不成立时，就有会影响对偶问题的互补基本解的可行性(即原问题基解的最优性)。

当 a_{ij} 变化为 $a_{ij}+\Delta a_{ij}$ 时，将发生变化的检验数为

$$\sigma_j' = \boldsymbol{C}_j - \boldsymbol{C}_B\boldsymbol{B}^{-1}\boldsymbol{P}_j' = \sigma_j - (\boldsymbol{C}_B\boldsymbol{B}^{-1})_j\Delta a_{ij}$$

其中，$(\boldsymbol{C}_B\boldsymbol{B}^{-1})_j$ 为 $\boldsymbol{C}_B\boldsymbol{B}^{-1}$ 的第 i 个分量。

若要保持基 $\boldsymbol{B}$ 的最优性，则 Δa_{ij} 的允许变化范围为

$$\sigma_j' = \sigma_j - (\boldsymbol{C}_B\boldsymbol{B}^{-1})_j\Delta a_{ij} \leqslant 0$$

即

$$\Delta a_{ij} \geqslant \frac{\sigma_j}{\boldsymbol{C}_B\boldsymbol{B}^{-1}}$$

否则，用单纯形法进行换基迭代。

例 4-13 对于下列规划问题，当工艺改进，y_1 的技术系数改变为 $p_3=(1,1)^{\mathrm{T}}$ 时，试讨论最优解的变化情况。

$$\max z = 4x_1+3x_2+2y_1$$

$$\text{s.t.}\begin{cases}2x_1+3x_2+\ \ y_1\leqslant 24 & (材料约束)\\ 3x_1+2x_2+2y_1\leqslant 26 & (工时约束)\\ x_1,x_2,y_1\geqslant 0\end{cases}$$

解：用单纯形法求得原最优表如表 4-31。

表 4-31 例 4-13 原最优表

c_j			4	3	2	0	0
$\boldsymbol{C}_B$	$\boldsymbol{X}_B$	b	x_1	x_2	y_1	x_3	x_4
3	x_2	4	0	1	$-\frac{1}{5}$	$\frac{3}{5}$	$-\frac{2}{5}$
4	x_1	6	1	0	$\frac{4}{5}$	$-\frac{2}{5}$	$\frac{3}{5}$
$-z$		-36	0	0	$-\frac{3}{5}$	$-\frac{1}{5}$	$-\frac{6}{5}$

由于 $\sigma_3' = \boldsymbol{C}_3 - \boldsymbol{C}_B\boldsymbol{B}^{-1}\boldsymbol{P}_3' = 2-\begin{bmatrix}\frac{1}{5} & \frac{6}{5}\end{bmatrix}\begin{bmatrix}1\\1\end{bmatrix}=\frac{3}{5}>0$，所以原最优解发生改变。其中，$\boldsymbol{C}_B\boldsymbol{B}^{-1}$ 为松弛变量的检验数。

此时 y_1 对应的系数列改变为

$$\boldsymbol{B}^{-1}\boldsymbol{P}_3' = \begin{bmatrix}\frac{3}{5} & -\frac{2}{5}\\ -\frac{2}{5} & \frac{3}{5}\end{bmatrix}\begin{bmatrix}1\\1\end{bmatrix}=\begin{bmatrix}\frac{1}{5}\\ \frac{1}{5}\end{bmatrix}$$

将上述数据替换原最优表中相应位置的数据，得单纯形表见 4-32。

再用单纯形法求得新的最优解为(2，0，20，0，0)，新的最优值为 $z=48$。最终得到最优表，见表 4-33。

表 4-32　例 4-13 单纯形表

c_j			4	3	2	0	0
C_B	X_B	b	x_1	x_2	y_1	x_3	x_4
3	x_2	4	0	1	$\left[\frac{1}{5}\right]$	$\frac{3}{5}$	$-\frac{2}{5}$
4	x_1	6	1	0	$\left[\frac{1}{5}\right]$	$-\frac{2}{5}$	$\frac{3}{5}$
$-z$		-36	0	0	$\left[\frac{3}{5}\right]$	$-\frac{1}{5}$	$-\frac{5}{6}$

表 4-33　例 4-13 最终最优表

c_j			4	3	2	0	0
C_B	X_B	b	x_1	x_2	y_1	x_3	x_4
2	y_1	20	0	5	1	3	-2
4	x_1	2	1	-1	0	-1	$\frac{1}{5}$
$-z$		-48	0	-3	0	-2	0

(2) 基变量 x_j 的技术(消耗)系数发生变化时,由于基 $\boldsymbol{B}$ 中元素的改变,会导致 $\boldsymbol{B}^{-1}$ 的变化,由此可能会导致整个单纯形表 T(B)的变化。当前的基 $\boldsymbol{B}$ 对应的解有可能既不是原始可行,也不是对偶可行,因此,很难给出变化范围的一般公式,对于实际问题不如重新求解。

注意:对于参数的灵敏度分析,在计算机软件中只有对 $\boldsymbol{C}$,b 的分析,没有对 $\boldsymbol{A}$ 的分析。

4. 新增决策变量的灵敏度分析

设某企业在计划期内,拟生产新产品 x_{n+1},并已知新产品的单位利润为 $\boldsymbol{C}_{n+1}$,消耗系数向量为 $\boldsymbol{P}_{n+1}=(a_{1,n+1},a_{2,n+1},\cdots,a_{m,n+1})^{\mathrm{T}}$,此时应该如何确定该新产品是否值得投产?如果投产,最优生产方案又将如何改变?

增加新产品相当于模型中增加一个新变量,而最优表中其他信息不变,因此,该问题可以利用原问题的最优单纯形表求得新的最优解。在表中增加一列,重新求解即可。具体地,假设增加一个新变量 x_{n+1},其对应的目标函数系数为 $\boldsymbol{C}_{n+1}$,在约束函数中对应的列向量为 $\boldsymbol{P}_{n+1}=(a_{1,n+1},a_{2,n+1},\cdots,a_{m,n+1})^{\mathrm{T}}$,此时,原最优单纯形表中的最优基为 $\boldsymbol{B}$,在最优单纯形表中增加一列 $\boldsymbol{P}'_{n+1}=\boldsymbol{B}^{-1}\boldsymbol{P}_{n+1}$,相应的检验数为 $\sigma_{n+1}=\boldsymbol{C}_{n+1}-\boldsymbol{C}_B\boldsymbol{B}^{-1}\boldsymbol{P}_{n+1}$。

若 $\sigma_{n+1}=\boldsymbol{C}_{n+1}-\boldsymbol{C}_B\boldsymbol{B}^{-1}\boldsymbol{P}_{n+1}\geqslant 0$,原最优解发生改变,则应投产,以 x_{n+1} 为新的进基变量,继续迭代求解。

若 $\sigma_{n+1}=\boldsymbol{C}_B\boldsymbol{B}^{-1}\boldsymbol{P}_{n+1}-\boldsymbol{C}_{n+1}\leqslant 0$,原最优解不发生改变,不应投入生产。

上述分析也可以理解为,当新产品的机会成本小于目前的市场价格时,应该投产,否则不应该投入生产。

例 4-14　仍以生产计划问题为例。假设经研发有一新产品丙可以引入企业生产的产品系列，设 x_5 为新增产品的产量。经预测其单位利润为 3，技术消耗系数为 $\boldsymbol{P}_5=(2,2)^{\mathrm{T}}$，问该产品是否值得投产？生产计划问题的线性规划模型为

$$\max z = 4x_1 + 3x_2$$

$$\text{s.t.}\begin{cases}2x_1 + 3x_2 \leqslant 24 & (\text{材料约束})\\ 3x_1 + 2x_2 \leqslant 26 & (\text{工时约束})\\ x_1, x_2 \geqslant 0\end{cases}$$

解：由于 $\sigma_5=C_5-\boldsymbol{C_B}\boldsymbol{B}^{-1}\boldsymbol{P}_5=3-\begin{pmatrix}\frac{1}{5} & \frac{6}{5}\end{pmatrix}\begin{pmatrix}2\\2\end{pmatrix}=\frac{1}{5}>0$，

所以新产品丙值得投产。

新产品丙对应变量 x_5 的系数列为

$$\boldsymbol{B}^{-1}\boldsymbol{P}_5=\begin{bmatrix}-\frac{2}{5} & \frac{3}{5}\\ \frac{3}{5} & -\frac{2}{5}\end{bmatrix}\begin{bmatrix}2\\2\end{bmatrix}=\begin{bmatrix}\frac{2}{5}\\ \frac{2}{5}\end{bmatrix}$$

将此变量加入最优单纯形表中得表 4-34。

表 4-34　例 4-14 最优单纯形表

c_j			4	3	0	0	3
$\boldsymbol{C_B}$	$\boldsymbol{X_B}$	b	x_1	x_2	x_3	x_4	x_5
3	x_2	4	0	1	$\frac{3}{5}$	$-\frac{2}{5}$	$\left[\frac{2}{5}\right]$
4	x_1	6	1	0	$-\frac{2}{5}$	$\frac{3}{5}$	$\left[\frac{2}{5}\right]$
$-z$		-36	0	0	$-\frac{1}{5}$	$-\frac{6}{5}$	$\left[\frac{1}{5}\right]$

将 x_5 作为进基变量，有最小比值法则，x_2 为出基变量，并以 $\left[\frac{2}{5}\right]$ 为主元旋转迭代，得最优单纯形表见表 4-35。

表 4-35　例 4-14 最终最优单纯形表

c_j			4	3	0	0	3
$\boldsymbol{C_B}$	$\boldsymbol{X_B}$	b	x_1	x_2	x_3	x_4	x_5
3	x_5	10	0	$\frac{5}{2}$	$\frac{3}{2}$	-1	1
4	x_1	2	1	-1	-1	1	0
$-z$		-38	0	$-\frac{1}{2}$	$-\frac{1}{2}$	-1	0

因此，新产品丙投产后的最优生产方案为(2,0,0,0,10)，最优值为 $z=38$。

5. 新增约束条件的灵敏度分析

在企业生产过程中，由于自然条件或工艺要求的变化，造成原本不紧缺的某种资源变成为紧缺资源，对生产计划造成影响。如水、电和资源的供应不足，环保部门发现对环境的污染（或噪声）超标等，对生产过程提出新的要求。因此，在原问题线性规划求解之后，经常遇到需要增加新的约束条件的情况。

一般地，若在原问题中增加一个约束条件

$$a_{m+1,1}x_1 + a_{m+1,2}x_2 + \cdots + a_{m+1,n}x_n \leqslant b_{m+1}$$

可将原问题最优解代入新约束条件中，若满足，则原最优解是新问题的最优解，因为新约束条件只会将原来的某些可行解排除而不会增加任何新的可行解。否则，新约束条件确实排除了当前的最优解，要找到新的最优解，需要将新约束加入原问题中，使用最优单纯形表继续求解或用电子表格法重新求解。

用最优单纯形表继续求解的做法是引入松弛变量 x_{n+1}，使新约束变为等式

$$a_{m+1,1}x_1 + a_{m+1,2}x_2 + \cdots + a_{m+1,n}x_n + x_{n+1} = b_{m+1}$$

由于新增加了约束和松弛变量 x_{n+1}，在单纯形表中将增加一行和一列，原来的基向量必须作初等变换后与新增基变量 x_{n+1} 的系数构成新的基向量，再继续迭代求解。

于是，对新增约束条件的分析步骤可归纳为：

(1) 将原最优解代入新增加的约束，若能满足约束条件，则说明新增约束对原最优解（即最优生产方案）不构成影响（称此约束为不起作用约束），可暂时不考虑新增约束条件。否则转下一步；

(2) 把新增约束添加到原问题最终表中，并作初等行变换，构成对偶可行的单纯形表，并用对偶单纯形法迭代，求出新的最优解。

例 4-15 对于生产计划问题，设增加电力约束，生产 1 个单位甲产品需耗电 3 个单位，生产 1 个单位乙产品需耗电 4 个单位，且每天供电量不超过 30 个单位。试分析此时最优解的变化情况。生产计划问题的线性规划模型为

$$\max z = 4x_1 + 3x_2$$

$$\text{s.t.}\begin{cases} 2x_1 + 3x_2 \leqslant 24 & \text{（材料约束）} \\ 3x_1 + 2x_2 \leqslant 26 & \text{（工时约束）} \\ x_1, x_2 \geqslant 0 \end{cases}$$

解：根据题意，可得新约束条件为 $3x_1+4x_2\leqslant 30$。

将原问题最优解 $x_1=6, x_2=4$ 代入新的约束条件中，得

$$3x_1 + 4x_2 = 3\times 6 + 4\times 4 = 34 > 30$$

原问题最优解显然不满足新的约束条件。说明约束条件起作用，增加新约束后，原最优解不是最优解了。

将约束条件加入松弛变量化为等式：

$$3x_1 + 4x_2 + x_5 = 30$$

加入最优单纯形表 4-36。

表 4-36　例 4-15 最优单纯形表

c_j			4	3	0	0	0
C_B	X_B	b	x_1	x_2	x_3	x_4	x_5
3	x_2	4	0	1	$\frac{3}{5}$	$-\frac{2}{5}$	0
4	x_1	6	1	0	$-\frac{2}{5}$	$\frac{3}{5}$	0
0	x_5	30	3	4	0	0	1
$-z$		-36	0	0	$-\frac{1}{5}$	$-\frac{6}{5}$	0

由于基变量 x_1，x_2 对应的向量必须是单位向量，因此，作初等变换将其对应的向量化为单位向量，见表 4-37。

表 4-37　例 4-15 变换后的最优表

c_j			4	3	0	0	0
C_B	X_B	b	x_1	x_2	x_3	x_4	x_5
3	x_2	4	0	1	$\frac{3}{5}$	$-\frac{2}{5}$	0
4	x_1	6	1	0	$-\frac{2}{5}$	$\frac{3}{5}$	0
0	x_5	-4	0	0	$-\frac{6}{5}$	$-\frac{1}{5}$	1
$-z$		-36	0	0	$-\frac{1}{5}$	$-\frac{6}{5}$	0

由于 $b_3'=-4<0$，所以，再用对偶单纯形法求得新的最优表见表 4-38。

表 4-38　新的最优表

c_j			4	3	0	0	0
C_B	X_B	b	x_1	x_2	x_3	x_4	x_5
3	x_2	2	0	1	0	$-\frac{1}{2}$	$\frac{1}{2}$
4	x_1	$\frac{22}{3}$	1	0	0	$\frac{2}{3}$	$-\frac{1}{3}$
0	x_3	$\frac{10}{3}$	0	0	1	$\frac{1}{6}$	$-\frac{5}{6}$
$-z$		$-\frac{106}{3}$	0	0	0	$-\frac{6}{7}$	$-\frac{1}{6}$

新的最优解为 $\boldsymbol{X}^*=(22/3,2,10/3,0,0)$，新的最优值为 106/3。

如果在原线性规划问题中新增的约束为一个等式约束

$$a_{m+1,1}x_1+a_{m+1,2}x_2+\cdots+a_{m+1,n}x_n=b_{m+1}$$

同样，将原最优解代入新增约束条件，若满足，最优解不变，否则需要引入人工变量，再用人工变量法求解新的线性规划问题。

综上所述，某些参数变化时，相应的最优解如何变化，并不一定要用单纯形法重新计算，而可以从原最优单纯形表出发，作适当的修改，再根据具体情况求新的最优解，其基本步骤可归纳如下：

(1) 修改原最优单纯形表，以反映参数的变化。

(2) 检验以上修改是否使最优解有变化，即右端项 $\boldsymbol{B}^{-1}b$ 是否依然非负（可行性检验）和所有检验数 $\boldsymbol{C}-\boldsymbol{C}_B\boldsymbol{B}^{-1}\boldsymbol{A}$ 是否非正（最优性检验）。

(3) 若满足可行性而不满足最优性，用单纯形法求解；若满足最优性而不满足可行性，则用对偶单纯形法继续求解；若可行性与最优性同时不满足，则引入人工变量后重新求解；若两者都满足时，最优基不变。

为了系统理解单纯形法和灵敏度分析方法，再举例进行阐述。

例 4-16 一家企业制造三种产品，需要利用技术服务、劳动力和行政管理等三种资源，表 4-39 列出了三种产品每单位数量对每种资源的需要量。

表 4-39 三种产品对资源的需求量

产品	A	B	C	资源限量
技术服务	1	1	1	100
劳动力	10	4	5	600
行政管理	2	2	6	300
单位利润	10	6	4	

(1) 问如何安排生产，可使利润最大？

(2) C 产品的单位利润为多少时才值得生产？

(3) 若劳动力资源增加到 800 小时，问最优计划是否要改变，若要改变，应如何改变？

(4) 制造部门提出要生产一种产品，需要技术服务 1 小时、劳动力 4 小时、行政管理 3 小时，问其单位利润为多少方可否投产？

(5) 若有一种原材料，如今受到限制，限制条件为 $3x_1+2x_2+5x_3\leqslant 400$，问最优计划是否受到影响？

解：设 x_1,x_2,x_3 分别为生产产品 A,B,C 的数量，z 为总利润，则得到该问题的线性规划模型为

$$\max z = 10x_1+6x_2+4x_3$$

$$\text{s.t.}\begin{cases} x_1+\ x_2+\ x_3\leqslant 100 \\ 10x_1+4x_2+5x_3\leqslant 600 \\ 2x_1+2x_2+6x_3\leqslant 300 \\ x_j\geqslant 0 \quad (j=1,2,3) \end{cases}$$

引入变量 x_4，x_5，x_6 分别作为第 1、第 2、第 3 个约束的松弛变量，可将模型化为标准型。

(1) 用单纯形法求得最优表见表 4-40。

表 4-40　例 4-16 最优单纯形表

c_j			10	6	4	0	0	0
$\boldsymbol{C_B}$	$\boldsymbol{X_B}$	b	x_1	x_2	x_3	x_4	x_5	x_6
6	x_2	$\frac{200}{3}$	0	1	$\frac{5}{6}$	$\frac{5}{3}$	$-\frac{1}{6}$	0
10	x_1	$\frac{100}{3}$	1	0	$\frac{1}{6}$	$-\frac{2}{3}$	$\frac{1}{6}$	0
0	x_6	100	0	0	4	-2	0	1
$-z$		$-\frac{2200}{3}$	0	0	$-\frac{8}{3}$	$-\frac{10}{3}$	$-\frac{2}{3}$	0

(2) 由最优性理论可知，仅当 $\sigma_3'\geqslant 0$ 时，才值得投产。即

$$\sigma_3' = \boldsymbol{C}_3' - \boldsymbol{C_B B}^{-1}\boldsymbol{P}_3 = \boldsymbol{C}_3' - \begin{bmatrix}\frac{10}{3} & \frac{2}{3} & 0\end{bmatrix}\begin{bmatrix}1\\5\\6\end{bmatrix}\geqslant 0$$

于是，$\boldsymbol{C}_3'\geqslant 20/3$，即当 C 产品的单位利润不小于 20/3 时，才值得投产。

(3) 由最优单纯形表可知，$\boldsymbol{B}^{-1}=\begin{bmatrix}\frac{5}{3} & -\frac{1}{6} & 0\\ -\frac{2}{3} & \frac{1}{6} & 0\\ -2 & 0 & 1\end{bmatrix}$。由于资源限量的变化只影响解的可行性 $\boldsymbol{B}^{-1}b\geqslant 0$。因此，若变化后 $\boldsymbol{B}^{-1}b\geqslant 0$，则原最优解不受影响。

由于

$$\boldsymbol{B}^{-1}b' = \begin{bmatrix}\frac{5}{3} & -\frac{1}{6} & 0\\ -\frac{2}{3} & \frac{1}{6} & 0\\ -2 & 0 & 1\end{bmatrix}\begin{bmatrix}100\\800\\300\end{bmatrix} = \begin{bmatrix}\frac{100}{3}\\ \frac{200}{3}\\ 100\end{bmatrix}\geqslant 0$$

所以，劳动力资源增加 800 小时，其最优基不变，最优方案不变。

(4) 根据新增产品的灵敏度分析可知，若 $\sigma_{n+1}=\boldsymbol{C}_{n+1}-\boldsymbol{C_B B}^{-1}\boldsymbol{P}_{n+1}\geqslant 0$，原最优解发生改变，则应投产，并且以 x_{n+1} 为新的进基变量，继续迭代求得新的最优解。

若 $\sigma_{n+1}=\boldsymbol{C}_{n+1}-\boldsymbol{C_B B}^{-1}\boldsymbol{P}_{n+1}\leqslant 0$，原最优解不发生改变，不应投入生产。

设新产品为 x_7，由

$$\sigma_7 = \boldsymbol{C}_7 - \boldsymbol{C_B B}^{-1}\boldsymbol{P}_7 = \boldsymbol{C}_7 - \begin{bmatrix}\frac{10}{3} & \frac{2}{3} & 0\end{bmatrix}\begin{bmatrix}1\\4\\3\end{bmatrix}\geqslant 0$$

得

$$\boldsymbol{C}_7 \geqslant 6$$

所以当新产品的单位利润不少于 6 个单位时，方可投产。

(5) 将原最优解代入新增约束条件，如果满足则说明新约束对最优解不构成影响，最优

方案不变。将最优解 $x_1=100/3, x_2=200/3$ 代入新约束条件 $3x_1+2x_2+5x_3\leqslant 400$ 的左边，有

$$3\times\frac{100}{3}+2\times\frac{200}{3}=100+\frac{400}{3}=233\frac{1}{3}<400$$

因此，最优计划不变。

例 4-17 设线性规划问题为

$$\max z=x_1-x_2+2x_3$$

$$\text{s.t.}\begin{cases}x_1+x_2+3x_3\leqslant 15\\2x_1-x_2+\ x_3\leqslant 2\\-x_1+x_2+\ x_3\leqslant 4\\x_j\geqslant 0\quad(j=1,2,3)\end{cases}$$

引入变量 x_4,x_5,x_6 分别作为第1、第2、第3个约束的松弛变量，应用单纯形法得到不完全的最优单纯形表如表 4-41。

表 4-41 例 4-17 不完全最优单纯形表

c_j			1	-1	2	0	0	0
$\boldsymbol{C_B}$	$\boldsymbol{X_B}$	b	x_1	x_2	x_3	x_4	x_5	x_6
	x_4					1	-1	-2
	x_3					0	$\frac{1}{2}$	$\frac{1}{2}$
	x_2					0	$-\frac{1}{2}$	$\frac{1}{2}$
$-z$								

(1) 完成上述最优单纯形表(在空格处填上相应数字)。

(2) 当右端项 b 变为 $(12,4,2)^{\mathrm{T}}$ 时，最优解将如何变化？

(3) 当价值系数 c_1 由1变为4时，最优解将如何变化？

(4) 当价值系数 c_1 为何值时，原最优解仍是最优的，且有无穷多个最优解，并求出这些最优解。

(5) 若增加一个变量 y，其价值系数为 -2，相应的约束系数为 $(2,-3,3)^{\mathrm{T}}$，最优解将如何变化？

(6) 若增加一个约束条件 $3x_1+2x_2+x_3\leqslant 2$，最优解如何变化？

解：将模型化为标准型为

$$\max z=x_1-x_2+2x_3$$

$$\text{s.t.}\begin{cases}x_1+x_2+3x_3+x_4=15\\2x_1-x_2+\ x_3+x_5=2\\-x_1+x_2+\ x_3+x_6=4\\x_j\geqslant 0\quad(j=1,2,3,4,5,6)\end{cases}$$

由于 x_4,x_5,x_6 是松弛变量，对应的系数矩阵为单位矩阵，则 x_4,x_5,x_6 在单纯形表中的

系数为 $\boldsymbol{B}^{-1}$，所以对最优基 $\boldsymbol{B}$ 有

$$\boldsymbol{B}^{-1}=\begin{pmatrix}1 & -1 & -2\\ 0 & \frac{1}{2} & \frac{1}{2}\\ 0 & -\frac{1}{2} & \frac{1}{2}\end{pmatrix}$$

因此，右端项 $b'=\boldsymbol{B}^{-1}b=\begin{pmatrix}1 & -1 & -2\\ 0 & \frac{1}{2} & \frac{1}{2}\\ 0 & -\frac{1}{2} & \frac{1}{2}\end{pmatrix}\begin{pmatrix}15\\ 2\\ 4\end{pmatrix}=\begin{pmatrix}5\\ 3\\ 1\end{pmatrix}$

x_1 的技术系数向量 $\boldsymbol{P}_1'=\boldsymbol{B}^{-1}\boldsymbol{P}_1\begin{pmatrix}1 & -1 & -2\\ 0 & \frac{1}{2} & \frac{1}{2}\\ 0 & -\frac{1}{2} & \frac{1}{2}\end{pmatrix}\begin{pmatrix}1\\ 2\\ -1\end{pmatrix}=\begin{pmatrix}1\\ \frac{1}{2}\\ -\frac{3}{2}\end{pmatrix}$

x_2 的技术系数向量 $\boldsymbol{P}_2'=\boldsymbol{B}^{-1}\boldsymbol{P}_2\begin{pmatrix}1 & -1 & -2\\ 0 & \frac{1}{2} & \frac{1}{2}\\ 0 & -\frac{1}{2} & \frac{1}{2}\end{pmatrix}\begin{pmatrix}1\\ -1\\ 1\end{pmatrix}=\begin{pmatrix}0\\ 0\\ 1\end{pmatrix}$

x_3 的技术系数向量 $\boldsymbol{P}_3'=\boldsymbol{B}^{-1}\boldsymbol{P}_3\begin{pmatrix}1 & -1 & -2\\ 0 & \frac{1}{2} & \frac{1}{2}\\ 0 & -\frac{1}{2} & \frac{1}{2}\end{pmatrix}\begin{pmatrix}3\\ 1\\ 1\end{pmatrix}=\begin{pmatrix}0\\ 1\\ 0\end{pmatrix}$

由于基变量为 x_4，x_3，x_2，故对应的价值系数 $\boldsymbol{C_B}=(0,2,-1)$；

相应的检验数

$$\sigma_j=c_j-\boldsymbol{C_B}\boldsymbol{B}^{-1}\boldsymbol{P}_j \quad (j=1,2,\cdots,6)$$

于是，

$$\sigma_1=1-(0,2,-1)\begin{pmatrix}1\\ \frac{1}{2}\\ -\frac{3}{2}\end{pmatrix}=-\frac{3}{2},$$

$$\sigma_2=\sigma_3=\sigma_4=0,$$

$$\sigma_5=0-(0,2,-1)\begin{pmatrix}-1\\ \frac{1}{2}\\ -\frac{1}{2}\end{pmatrix}=-\frac{3}{2},$$

$$\sigma_6 = 0-(0,2,-1)\begin{pmatrix}-2\\ \frac{1}{2}\\ \frac{1}{2}\end{pmatrix}=-\frac{1}{2},$$

$$z = \boldsymbol{C_B B}^{-1}b = (0,2,-1)\begin{pmatrix}5\\3\\1\end{pmatrix}=5$$

(1) 因此,最优单纯形表为表 4-42。

表 4-42　例 4-17 最优单纯形表

c_j			1	-1	2	0	0	0
$\boldsymbol{C_B}$	$\boldsymbol{X_B}$	b	x_1	x_2	x_3	x_4	x_5	x_6
0	x_4	5	1	0	0	1	-1	-2
2	x_3	3	$\frac{1}{2}$	0	1	0	$\frac{1}{2}$	$\frac{1}{2}$
-1	x_2	1	$-\frac{3}{2}$	1	0	0	$-\frac{1}{2}$	$\frac{1}{2}$
$-z$		-5	$-\frac{3}{2}$	0	0	0	$-\frac{3}{2}$	$-\frac{1}{2}$

(2) 当右端项 b 变为(12,4,2)时,相应的 $\boldsymbol{B}^{-1}b$ 变为

$$\boldsymbol{B}^{-1}b=\begin{pmatrix}1 & -1 & -2\\ 0 & \frac{1}{2} & \frac{1}{2}\\ 0 & -\frac{1}{2} & \frac{1}{2}\end{pmatrix}\begin{pmatrix}12\\4\\2\end{pmatrix}=\begin{pmatrix}4\\3\\-1\end{pmatrix}$$

$$z = \boldsymbol{C_B B}^{-1}b = (0,2,-1)\begin{pmatrix}4\\3\\-1\end{pmatrix}=7$$

由于 $b_3'=-1<0$,所以用对偶单纯形法求得新的最优单纯形表 4-43。

表 4-43　例 4-17 用对偶单纯形法求得最优单纯形表

c_j			1	-1	2	0	0	0
$\boldsymbol{C_B}$	$\boldsymbol{X_B}$	b	x_1	x_2	x_3	x_4	x_5	x_6
0	x_4	4	1	0	0	1	-1	-2
2	x_3	3	$\frac{1}{2}$	0	1	0	$\frac{1}{2}$	$\frac{1}{2}$
-1	x_2	-1	$\left[-\frac{3}{2}\right]$	1	0	0	$-\frac{1}{2}$	$\frac{1}{2}$
$-z$		-7	$-\frac{3}{2}$	0	0	0	$-\frac{3}{2}$	$-\frac{1}{2}$

续表

c_j			1	−1	2	0	0	0
C_B	X_B	b	x_1	x_2	x_3	x_4	x_5	x_6
0	x_4	$\frac{10}{3}$	0	$\frac{2}{3}$	0	1	$\frac{2}{3}$	$-\frac{2}{3}$
2	x_3	$\frac{8}{3}$	0	$\frac{1}{3}$	1	0	$\frac{1}{3}$	$\frac{2}{3}$
1	x_1	$\frac{2}{3}$	1	$-\frac{2}{3}$	0	0	$\frac{1}{3}$	$-\frac{1}{3}$
$-z$		−6	0	−1	0	0	−1	−1

最优解为 $\boldsymbol{X}^*=(2/3,0,8/3,10/3,0,0)^{\mathrm{T}}$

(3) 当 c_1 由 1 变为 4 时，原最优表中 $\sigma_1'=4-(0,2,-1)\begin{pmatrix}1\\ \frac{1}{2}\\ -\frac{3}{2}\end{pmatrix}=\frac{3}{2}>0$，最优条件不满足，所以，以 x_1 为进基变量，得最优单纯形表 4-44，最优解为

$$\boldsymbol{X}^* = (17/3,28/3,0,0,0,1/3)^{\mathrm{T}}$$

表 4-44

c_j			4	−1	2	0	0	0
C_B	X_B	b	x_1	x_2	x_3	x_4	x_5	x_6
4	x_1	$\frac{17}{3}$	1	0	$\frac{4}{3}$	$\frac{1}{3}$	$\frac{1}{3}$	0
0	x_6	$\frac{1}{3}$	0	0	$\frac{2}{3}$	$-\frac{1}{3}$	$\frac{2}{3}$	1
−1	x_2	$\frac{28}{3}$	0	1	$\frac{5}{3}$	$\frac{2}{3}$	$-\frac{1}{3}$	0
$-z$		$-\frac{40}{3}$	0	0	$-\frac{11}{3}$	$-\frac{2}{3}$	$-\frac{5}{3}$	0

(4) 当 x_1 的检验数为 0 时，原最优解仍是最优解，但此时 x_1 可以作为进基变量进行迭代，求出另一个最优基，所以有

$$\sigma_1 = c_1-(0,2,-1)\begin{pmatrix}1\\ \frac{1}{2}\\ -\frac{3}{2}\end{pmatrix}=c_1-\frac{5}{2}$$

当 $c_1=5/2$ 时($\Delta c_1=3/2$)，$\sigma_1=0$，此时原最优解仍为最优。为求所有最优解，让 x_1 进基，求得最优单纯形表 4-45，并且得到另一个最优解 $\boldsymbol{X}^*=(5,17/2,1/2,0,0,0)^{\mathrm{T}}$。

表 4-45

c_j			4	−1	2	0	0	0
C_B	X_B	b	x_1	x_2	x_3	x_4	x_5	x_6
$\frac{5}{2}$	x_1	5	1	0	0	1	−1	−2
2	x_3	$\frac{1}{2}$	0	0	1	$-\frac{1}{2}$	1	$\frac{3}{2}$
−1	x_2	$\frac{17}{2}$	0	1	0	$\frac{3}{2}$	2	$-\frac{5}{2}$
$-z$		−5	0	0	0	0	$-\frac{3}{2}$	$-\frac{1}{2}$

（5）若增加一个变量 y，只要在原最优表中增加一列

$$B^{-1}P_7=\begin{pmatrix}1 & -1 & -2\\ 0 & \frac{1}{2} & \frac{1}{2}\\ 0 & -\frac{1}{2} & \frac{1}{2}\end{pmatrix}\begin{pmatrix}2\\ -3\\ 3\end{pmatrix}=\begin{pmatrix}-1\\ 0\\ 3\end{pmatrix}$$

相应地，$\sigma_7=-2-(0,2,-1)\begin{pmatrix}-1\\ 0\\ 3\end{pmatrix}=1$。将新变量列加入原最优表中，得表 4-46。

表 4-46

c_j			1	−1	2	0	0	0	−2
C_B	X_B	b	x_1	x_2	x_3	x_4	x_5	x_6	y
0	x_4	5	1	0	0	1	−1	−2	−1
2	x_3	3	$\frac{1}{2}$	0	1	0	$\frac{1}{2}$	$\frac{1}{2}$	0
−1	x_2	1	$-\frac{3}{2}$	1	0	0	$-\frac{1}{2}$	$\frac{1}{2}$	[3]
$-z$		−5	$-\frac{3}{2}$	0	0	0	$-\frac{3}{2}$	$-\frac{1}{2}$	1

将 y 作为进基变量，得到最优单纯形表 4-47。

表 4-47

c_j			1	−1	2	0	0	0	−2
C_B	X_B	b	x_1	x_2	x_3	x_4	x_5	x_6	y
0	x_4	$\frac{16}{3}$	$\frac{1}{2}$	$\frac{1}{3}$	0	1	$-\frac{7}{6}$	$-\frac{11}{6}$	0
2	x_3	3	$\frac{1}{2}$	0	1	0	$\frac{1}{2}$	$\frac{1}{2}$	0
−2	y	$\frac{1}{3}$	$-\frac{1}{2}$	$\frac{1}{3}$	0	0	$-\frac{1}{6}$	$\frac{1}{6}$	1
$-z$		$-\frac{16}{3}$	−1	$-\frac{1}{3}$	0	0	$-\frac{4}{3}$	$-\frac{2}{3}$	0

新的最优解为 $\boldsymbol{X}^* = (0,0,3,16/3,0,0,1/3)^{\mathrm{T}}$，最优值为 $z=16/3$。

(6) 若增加一个约束条件 $3x_1+2x_2+x_3 \leqslant 2$，此时原最优解不满足该新的约束条件。引入松弛变量 x_8，得 $3x_1+2x_2+x_3+x_8=2$，在原最优表中增加一行一列，得表 4-48。

表 4-48

c_j			1	-1	2	0	0	0	0
$\boldsymbol{C_B}$	$\boldsymbol{X_B}$	b	x_1	x_2	x_3	x_4	x_5	x_6	x_8
0	x_4	5	1	0	0	1	-1	-2	0
2	x_3	3	$\frac{1}{2}$	0	1	0	$\frac{1}{2}$	$\frac{1}{2}$	0
-1	x_2	1	$-\frac{3}{2}$	1	0	0	$-\frac{1}{2}$	$\frac{1}{2}$	0
0	x_8	2	3	2	1	0	0	0	1
$-z$		-5	$-\frac{3}{2}$	0	0	0	$-\frac{3}{2}$	$-\frac{1}{2}$	0

首先要将 x_4, x_3, x_2, x_8 对应的系数变为单位阵，作旋转变换得表 4-49。

表 4-49

c_j			1	-1	2	0	0	0	0
$\boldsymbol{C_B}$	$\boldsymbol{X_B}$	b	x_1	x_2	x_3	x_4	x_5	x_6	x_8
0	x_4	5	1	0	0	1	-1	-2	0
2	x_3	3	$\frac{1}{2}$	0	1	0	$\frac{1}{2}$	$\frac{1}{2}$	0
-1	x_2	1	$-\frac{3}{2}$	1	0	0	$-\frac{1}{2}$	$\frac{1}{2}$	0
0	x_8	-3	$\frac{11}{2}$	0	0	0	$\frac{1}{2}$	$\left[-\frac{3}{2}\right]$	1
$-z$		-5	$-\frac{3}{2}$	0	0	0	$-\frac{3}{2}$	$-\frac{1}{2}$	0

由于右端项 $b_4'=-3<0$，所以用对偶单纯形法求得新的最优单纯形表 4-50。

表 4-50

c_j			1	-1	2	0	0	0	0
$\boldsymbol{C_B}$	$\boldsymbol{X_B}$	b	x_1	x_2	x_3	x_4	x_5	x_6	x_8
0	x_4	9	$-\frac{19}{3}$	0	0	1	$-\frac{5}{3}$	0	$-\frac{4}{3}$
2	x_3	2	$\frac{7}{3}$	0	1	0	$\frac{2}{3}$	0	$\frac{1}{3}$
-1	x_2	0	$\frac{1}{3}$	1	0	0	$-\frac{1}{3}$	0	$\frac{1}{3}$
0	x_6	2	$-\frac{11}{3}$	0	0	0	$-\frac{1}{3}$	1	$-\frac{2}{3}$

得到的新的最优解 $\boldsymbol{X}^*=(0,0,2,9,0,2,0)^{\mathrm{T}}$ 是一个退化的基可行解，相应的最优值为 $Z=4$。

4.6 参数线性规划

灵敏度分析时，主要讨论在最优基不变的条件下，确定系数 A,b,C 的变化范围，即单个离散地考察参数的某种特定变化情形。在实际问题中，经常会遇到单个或若干个系数随着某一个参数的变化而连续变化时，需要考察线性规划最优解的变化情况。例如，在生产计划问题中，产品的单位利润可能与某种替代品的价格变化有关，即目标函数中的决策变量系数 C 随着参数 θ 的变化而变化。类似地，约束右端项 b 也可能随着某个参数连续变化。这种同时连续改变一个或几个参数值的线性规划问题叫做参数线性规划。在参数线性规划问题中，要研究某参数连续变化时，使最优解发生变化的各临界点的值。如果将某参数作为参变量，由于目标函数在某区间内是该参数的线性函数，含有该参变量的约束条件是线性等式或不等式，因此，仍可用单纯形法和对偶单纯形法分析参数线性规划问题。

一般地，求解步骤简要地表述为：

(1) 对含有某参变量 θ 的参数线性规划问题，先令 $\theta=0$，用单纯形法求出最优解；

(2) 用灵敏度分析法，将参变量 θ 直接反映到最终单纯形表中；

(3) 当参变量 θ 连续变化时，考察 b 列和检验数行各数字的变化情况。若在 b 列首先出现某负值时，则以它对应的变量作为出基变量，用对偶单纯形法迭代一步；若在检验数行首先出现某正值时，则将它对应的变量作为进基变量，用单纯形法迭代一步；

(4) 在经过迭代一步后得到的新表上，令参变量 θ 继续变化，重复步骤(3)，直到 b 列不再出现负值，检验数行不再出现正值为止。

对目标函数中的价值系数 C 或约束条件右端项 b 是参数 θ 的函数的情形，通过例子得出解参数线性规划问题的一般方法。

1. 目标函数的价值系数 C 含有参数 θ 的线性规划问题

例 4-18 试分析下列参数线性规划问题，当参数 $\theta\geqslant 0$ 时，最优解的变化情况。

$$\max z(\theta)=(3+2\theta)x_1+(5-\theta)x_2$$

$$\text{s.t.}\begin{cases} x_1 \leqslant 4 \\ 2x_2 \leqslant 12 \\ 3x_1+2x_2 \leqslant 18 \\ x_j \geqslant 0 \quad (j=1,2) \end{cases}$$

解：将模型化为标准型

$$\max z(\theta)=(3+2\theta)x_1+(5-\theta)x_2$$

$$\text{s.t.}\begin{cases} x_1+x_3=4 \\ 2x_2+x_4=12 \\ 3x_1+2x_2+x_5=18 \\ x_j \geqslant 0 \quad (j=1,2,3,4,5) \end{cases}$$

令 $\theta=0$，用单纯形法求解，得最优单纯形表如表 4-51。

表 4-51　例 4-18 最优单纯形表

c_j			3	5	0	0	0
$\boldsymbol{C_B}$	$\boldsymbol{X_B}$	b	x_1	x_2	x_3	x_4	x_5
0	x_3	2	0	0	1	$\frac{1}{3}$	$-\frac{1}{3}$
5	x_2	6	0	1	0	$\frac{1}{2}$	0
3	x_1	2	1	0	0	$-\frac{1}{3}$	$\frac{1}{3}$
$-z$		-36	0	0	0	$-\frac{3}{2}$	-1

将 c 的变化直接反映到最优单纯形表如表 4-52。

表　4-52

c_j			$3+2\theta$	$5-\theta$	0	0	0
$\boldsymbol{C_B}$	$\boldsymbol{X_B}$	b	x_1	x_2	x_3	x_4	x_5
0	x_3	2	0	0	1	$\frac{1}{3}$	$-\frac{1}{3}$
$5-\theta$	x_2	6	0	1	0	$\frac{1}{2}$	0
$3+2\theta$	x_1	2	1	0	0	$-\frac{1}{3}$	$\frac{1}{3}$
$-z$			0	0	0	$-\frac{3}{2}+\frac{7}{6}\theta$	$-1-\frac{2}{3}\theta$

当 θ 增大，$\theta\geqslant(3/2)/(7/6)=9/7$ 时，首先出现 $\sigma_4\geqslant0$，在 $\sigma_4\leqslant0$，即 $0\leqslant\theta\leqslant9/7$ 时，得最优解 $(2,6,2,0,0)^{\mathrm{T}}$，$\theta=9/7$ 为第一临界点。当 $\theta>9/7$ 时，$\sigma_4>0$，这时 x_4 作为进基变量，用单纯形法迭代一步，得表 4-53。

表　4-53

c_j			$3+2\theta$	$5-\theta$	0	0	0
$\boldsymbol{C_B}$	$\boldsymbol{X_B}$	b	x_1	x_2	x_3	x_4	x_5
0	x_4	6	0	0	3	1	$-\frac{1}{3}$
$5-\theta$	x_2	3	0	1	$-\frac{3}{2}$	0	0
$3+2\theta$	x_1	4	1	0	1	0	$\frac{1}{3}$
$-z$			0	0	$\frac{9}{2}-\frac{7}{2}\theta$	0	$-\frac{5}{2}+\frac{1}{2}\theta$

当 θ 增大，$\theta\geqslant(5/2)/(1/2)=5$ 时，首先出现 $\sigma_5\geqslant0$，在 $\sigma_5\leqslant0$，即 $9/7\leqslant\theta\leqslant5$ 时，得最优解 $(4,3,0,6,0)^{\mathrm{T}}$，$\theta=5$ 为第二临界点。当 $\theta>5$ 时，$\sigma_5>0$，这时 x_5 作为进基变量，用单纯形

法迭代一步，得表4-54。

表 4-54

c_j			$3+2\theta$	$5-\theta$	0	0	0
C_B	X_B	b	x_1	x_2	x_3	x_4	x_5
0	x_4	12	0	2	0	1	0
0	x_5	6	0	2	-3	0	1
$3+2\theta$	x_1	4	1	0	1	0	0
$-z$			0	$-5+\theta$	$3+2\theta$	0	0

在表4-54中，当θ继续增大时，恒有$\sigma_2\leqslant 0,\sigma_3\leqslant 0$，故当$\theta\geqslant 5$时，最优解为$(4,0,0,12,6)^{\mathrm{T}}$。

例 4-19 解下列参数线性规划问题。

$$\max z(\theta)=(4+2\theta)x_4+(2-4\theta)x_5+(-3+\theta)x_6$$

$$\text{s. t.}\begin{cases}x_1 \qquad + x_4-x_5+4x_6=2\\ \quad x_2+ \qquad x_4+x_5-2x_6=6\\ \qquad x_3-2x_4+x_5-3x_6=6\\ x_j\geqslant 0 \quad (j=1,2,3,4,5,6)\end{cases}$$

解：先求当$\theta=0$时的线性规划问题，用单纯形法求解，得最优单纯形表见表4-55。

表 4-55 例 4-19 最优单纯形表

c_j			0	0	0	4	2	-3
C_B	X_B	b	x_1	x_2	x_3	x_4	x_5	x_6
4	x_4	4	$\frac{1}{2}$	$\frac{1}{2}$	0	1	0	1
2	x_5	2	$-\frac{1}{2}$	$\frac{1}{2}$	0	0	1	-3
0	x_3	12	$\frac{3}{2}$	$\frac{1}{2}$	1	0	0	2
$-z$		-20	-1	-3	0	0	0	-1

最优解为$(0,0,12,4,2,0)^{\mathrm{T}}$，当$\theta$变化时，影响目标函数，因此检验数会发生变化，为使原最优解仍为参数规划的最优解，由最优性条件可知，

$$\sigma_j(\theta)=c_j-\boldsymbol{C_B}\boldsymbol{B}^{-1}\boldsymbol{P}_j=c_j-\boldsymbol{C_B}\,\boldsymbol{P}'_j\leqslant 0 \quad (j=1,2,\cdots,6)$$

因此有

$$\sigma_1(\theta)=0-(4+2\theta,2-4\theta,0)\begin{pmatrix}\frac{1}{2}\\ -\frac{1}{2}\\ \frac{3}{2}\end{pmatrix}=-1-3\theta\leqslant 0$$

$$\sigma_2(\theta) = 0 - (4+2\theta, 2-4\theta, 0)\begin{pmatrix} \frac{1}{2} \\ \frac{1}{2} \\ \frac{1}{2} \end{pmatrix} = -3+\theta \leqslant 0$$

$$\sigma_6(\theta) = (-3+\theta) - (4+2\theta, 2-4\theta, 0)\begin{pmatrix} 1 \\ -3 \\ 2 \end{pmatrix} = -1-13\theta \leqslant 0$$

解不等式组得：$-\frac{1}{13} \leqslant \theta \leqslant 3$。

对于 θ 取值区间[$-1/13$,3]上的任何一个值，参数规划的最优解不变，最优值为：

$$z^* = \boldsymbol{C_B B^{-1} B} b = (4+2\theta, 2-4\theta, 0)\begin{pmatrix} 4 \\ 2 \\ 12 \end{pmatrix} = 20$$

此时，最优单纯形表为表 4-56。

表　4-56

c_j			0	0	0	$4+2\theta$	$2-4\theta$	$-3+\theta$
$\boldsymbol{C_B}$	$\boldsymbol{X_B}$	b	x_1	x_2	x_3	x_4	x_5	x_6
$4+2\theta$	x_4	4	$\frac{1}{2}$	$\frac{1}{2}$	0	1	0	1
$2-4\theta$	x_5	2	$-\frac{1}{2}$	$\frac{1}{2}$	0	0	1	-3
0	x_3	12	$\frac{3}{2}$	$\frac{1}{2}$	1	0	0	2
$-z$		-20	$-1-3\theta$	$-3+\theta$	0	0	0	$-1-13\theta$

当 $\theta < -1/13$ 时，由于 $\sigma_6(\theta) = -1-13\theta > 0$，表 4-55 不再是最优表，必须进行换基迭代优化。将 x_6 作为进基变量，由最小比值法则，x_4 为出基变量，用单纯形法迭代一步，得表 4-57。

表　4-57

c_j			0	0	0	$4+2\theta$	$2-4\theta$	$-3+\theta$
$\boldsymbol{C_B}$	$\boldsymbol{X_B}$	b	x_1	x_2	x_3	x_4	x_5	x_6
$-3+\theta$	x_6	4	$\frac{1}{2}$	$\frac{1}{2}$	0	1	0	1
$2-4\theta$	x_5	14	1	2	0	3	1	0
0	x_3	4	$\frac{1}{2}$	$-\frac{1}{2}$	1	-2	0	0
$-z$		$-16+52\theta$	$-\frac{1}{2}+\frac{7}{2}\theta$	$-\frac{5}{2}+\frac{15}{2}\theta$	0	$1+13\theta$	0	0

在表 4-57 中，最优解为$(0,0,4,0,14,4)^T$。为使该最优解不变，所有的非基变量的检验数应为非正，即

$$\sigma_1(\theta) = -\frac{1}{2} + \frac{7}{2}\theta \leqslant 0$$

$$\sigma_2(\theta) = -\frac{5}{2} + \frac{15}{2}\theta \leqslant 0$$

$$\sigma_6(\theta) = 1 + 13\theta \leqslant 0$$

同时成立，所以有 $\theta \leqslant -1/13$。因此，当 $\theta \leqslant -1/13$ 时，最优解$(0,0,4,0,14,4)^T$ 不变，相应的目标函数最优值为 $z^* = 16 - 52\theta$。

当 $\theta > 3$ 时，由于 $\sigma_2(\theta) = -3 + \theta > 0$，所以，原最优表也不再是最优表，将 x_2 作为进基变量，由最小比值法则，x_5 为出基变量，用单纯形法迭代一步，得表 4-58。

表 4-58

c_j			0	0	0	$4+2\theta$	$2-4\theta$	$-3+\theta$
C_B	X_B	b	x_1	x_2	x_3	x_4	x_5	x_6
$4+2\theta$	x_4	4	$\frac{1}{2}$	$\frac{1}{2}$	0	1	0	1
$2-4\theta$	x_5	2	$-\frac{1}{2}$	$\frac{1}{2}$	0	0	1	-3
0	x_3	12	$\frac{3}{2}$	$\frac{1}{2}$	1	0	0	2
$-z$		-20	$-1-3\theta$	$-3+\theta$	0	0	0	$-1-13\theta$
$4+2\theta$	x_4	2	1	0	0	1	-1	4
0	x_2	4	-1	1	0	0	2	-6
0	x_3	10	2	0	1	0	-1	5
$-z$		$-8-4\theta$	$-4-2\theta$	0	0	0	$-2\theta+6$	$-19-7\theta$

最优解变为$(0,4,10,2,0,0)^T$，相应的目标函数最优值为 $z^* = 8 + 4\theta$。

综上所述，参数规划问题的解如表 4-59 所示。

表 4-59

θ	最优解 X^*	最优值 z^*
$\left(-\infty, -\frac{1}{13}\right)$	$(0,0,4,0,14,4)^T$	$16-52\theta$
$\left[-\frac{1}{13}, 3\right]$	$(0,0,12,4,2,0)^T$	20
$(3, +\infty)$	$(0,4,10,2,0,0)^T$	$8+4\theta$

2. 右端项 b 含有参数 θ 的线性规划问题

例 4-20 试分析下列参数线性规划问题，当参数 $\theta \geqslant 0$ 时，其最优解的变化情况。

$$\max z = x_1 + 3x_2$$

$$\text{s. t.}\begin{cases} x_1 + x_2 \leqslant 6 - \theta \\ -x_1 + 2x_2 \leqslant 6 + \theta \\ x_j \geqslant 0 \quad (j = 1,2) \end{cases}$$

解：将模型化为标准型

$$\max z = x_1 + 3x_2$$

$$\text{s. t.}\begin{cases} x_1 + x_2 + x_3 \qquad \leqslant 6 - \theta \\ -x_1 + 2x_2 \qquad + x_4 \leqslant 6 + \theta \\ x_j \geqslant 0 \quad (j = 1,2,3,4) \end{cases}$$

令 $\theta=0$ 用单纯形法求解，得最优单纯形表如表 4-60。

表 4-60　例 4-20 最优单纯形表

c_j			1	3	0	0
$\boldsymbol{C_B}$	$\boldsymbol{X_B}$	b	x_1	x_2	x_3	x_4
1	x_1	2	1	0	$\frac{2}{3}$	$-\frac{1}{3}$
3	x_2	4	0	1	$\frac{1}{3}$	$\frac{1}{3}$
$-z$			0	0	$-\frac{5}{3}$	$-\frac{2}{3}$

计算

$$\boldsymbol{B}^{-1}\Delta b = \begin{pmatrix} \frac{2}{3} & -\frac{1}{3} \\ \frac{1}{3} & \frac{1}{3} \end{pmatrix}\begin{pmatrix} -\theta \\ \theta \end{pmatrix} = \begin{pmatrix} -\theta \\ 0 \end{pmatrix}$$

将此计算结果反映到最终表 4-60，得表 4-61。

表　4-61

c_j			1	3	0	0
$\boldsymbol{C_B}$	$\boldsymbol{X_B}$	b	x_1	x_2	x_3	x_4
1	x_1	$2-\theta$	1	0	$\frac{2}{3}$	$-\frac{1}{3}$
3	x_2	4	0	1	$\frac{1}{3}$	$\frac{1}{3}$
$-z$			0	0	$-\frac{5}{3}$	$-\frac{2}{3}$

在表 4-61 中，当 θ 增大至 $\theta\geqslant 2$ 时，则有 $b\leqslant 0$。即 $0\leqslant\theta\leqslant 2$ 时，得最优解为 $(2-\theta,4,0,0)^{\mathrm{T}}$。当 $\theta>2$ 时，则有 $b_1<0$；这时将 x_1 作为出基变量，用对偶单纯形法迭代一步，得表 4-62。

从表 4-62 可见，当 $\theta>6$ 时，问题无可行解；当 $2\leqslant\theta\leqslant 6$ 时，得问题的最优解为 $(0,6-\theta,0,-6+3\theta)^{\mathrm{T}}$。

表 4-62

c_j			1	3	0	0
C_B	X_B	b	x_1	x_2	x_3	x_4
0	x_4	$-6+3\theta$	-3	0	-2	1
3	x_2	$6-\theta$	1	1	1	0
$-z$			-2	0	-3	0

例 4-21 解下列参数线性规划问题。

$$\max z = 4x_4 + 2x_5 - 3x_6$$

$$\text{s. t.} \begin{cases} x_1 \quad\quad + \ x_4 - x_5 + 4x_6 = 2 + 4\theta \\ \quad x_2 + \ x_4 + x_5 - 2x_6 = 6 - 2\theta \\ \quad\quad x_3 - 2x_4 + x_5 - 3x_6 = 6 - \theta \\ x_j \geqslant 0 \quad (j = 1,2,3,4,5,6) \end{cases}$$

解：令 $\theta=0$，相应线性规划问题的最优单纯形表如表 4-63。

表 4-63 例 4-21 最优单纯形表

c_j			0	0	0	4	2	-3
C_B	X_B	b	x_1	x_2	x_3	x_4	x_5	x_6
4	x_4	4	$\frac{1}{2}$	$\frac{1}{2}$	0	1	0	1
0	x_3	12	$\frac{3}{2}$	$\frac{1}{2}$	1	0	0	2
$-z$		-20	-1	-3	0	0	0	-1

由于 θ 变化时影响 b，可能影响可行性条件 $\boldsymbol{B}^{-1}b\geqslant 0$，要使得最优基 $\boldsymbol{B}=(\boldsymbol{P}_4,\boldsymbol{P}_5,\boldsymbol{P}_3)$不变，则

$$\boldsymbol{B}^{-1}b = \begin{pmatrix} \frac{1}{2} & \frac{1}{2} & 0 \\ -\frac{1}{2} & \frac{1}{2} & 0 \\ \frac{3}{2} & \frac{1}{2} & 1 \end{pmatrix} \begin{pmatrix} 2+4\theta \\ 6-2\theta \\ 6-\theta \end{pmatrix} = \begin{pmatrix} 4-\theta \\ 2-3\theta \\ 12+4\theta \end{pmatrix} \geqslant 0$$

所以有 $-3\leqslant\theta\leqslant\frac{2}{3}$，即当 $-3\leqslant\theta\leqslant\frac{2}{3}$ 时，最优基不变，最优解为

$$\boldsymbol{X}^* = (0,0,12+4\theta,4-\theta,2-3\theta,0)$$

相应最优值为

$$z^* = 20 - 10\theta$$

当 $\theta>\frac{2}{3}$ 时，$b_2'=2-3\theta<0$，不满足可行性条件，将 x_5 出基，用对偶单纯形法求出新的最优基与最优解，最优单纯形表见表 4-64。

表 4-64

c_j			0	0	0	4	2	-3
C_B	X_B	b	x_1	x_2	x_3	x_4	x_5	x_6
4	x_4	$4-\theta$	$\frac{1}{2}$	$\frac{1}{2}$	0	1	0	1
2	x_5	$2-3\theta$	$-\frac{1}{2}$	$\frac{1}{2}$	0	0	1	[-3]
0	x_3	$12+4\theta$	$\frac{3}{2}$	$\frac{1}{2}$	1	0	0	2
$-z$		$-20+10\theta$	-1	-3	0	0	0	-1
4	x_4	$\frac{14}{3}-2\theta$	$\frac{1}{3}$	$\frac{2}{3}$	0	1	$\frac{1}{3}$	0
-3	x_6	$-\frac{2}{3}+\theta$	$\frac{1}{6}$	$-\frac{1}{6}$	0	0	$-\frac{1}{3}$	1
0	x_3	$\frac{40}{3}+2\theta$	$\frac{7}{6}$	$\frac{5}{6}$	1	0	$\frac{2}{3}$	0
$-z$		$-\frac{62}{3}+11\theta$	$-\frac{5}{6}$	$-\frac{19}{6}$	0	0	$-\frac{1}{3}$	0

得最优解 $\boldsymbol{X}^*=\left(0,0,\frac{40}{3}+\theta,\frac{14}{3}-2\theta,0,-\frac{2}{3}+\theta\right)^{\mathrm{T}}$，最优目标值 $z^*=\frac{62}{3}-11\theta$。

要使最优基不变，必有$\frac{14}{3}-2\theta\geqslant 0,-\frac{2}{3}+\theta\geqslant 0,\frac{40}{3}+2\theta\geqslant 0$ 同时成立，所以有

$$\frac{2}{3}\leqslant\theta\leqslant\frac{7}{3}$$

当 $\theta>\frac{7}{3}$ 时，$b_1'=\frac{14}{3}-2\theta<0$，由单纯形表可知，第一个约束方程变为

$$\frac{1}{3}x_1+\frac{2}{3}x_2+x_4+\frac{1}{3}x_5=\frac{14}{3}-2\theta$$

可知上式左端非负，而右端小于 0，故原问题无可行解，当然无最优解。

当 $\theta<-3$ 时，原问题最优表中 $b_3'=12+4\theta<0$，将 x_3 出基，此时第 3 个约束方程为

$$\frac{3}{2}x_1+\frac{1}{2}x_2+x_3+2x_6=12+4\theta$$

上式左端非负，右端小于 0，故原问题无可行解。

综上所述，参数线性规划问题的解见表 4-65。

表 4-65

θ	最优解 $\boldsymbol{X}^*$	最优值 z^*
$(-\infty,-3)$	无可行解	
$\left[-3,\frac{2}{3}\right]$	$(0,0,12+4\theta,4-\theta,2-3\theta,0)^{\mathrm{T}}$	$20-10\theta$
$\left(\frac{2}{3},\frac{7}{3}\right)$	$\left(0,0,\frac{40}{3}+2\theta,\frac{14}{3}-2\theta,0,-\frac{2}{3}+\theta\right)^{\mathrm{T}}$	$\frac{62}{3}-11\theta$
$\left(\frac{7}{3},+\infty\right)$	无可行解	

4.7 用 Excel 作灵敏度分析

Excel 电子表格为展示和分析许多管理问题提供了一个功能强大而直观的分析工具。下面介绍用 Excel 电子表格作灵敏度分析的方法。

1. 单个目标函数系数变动

线性规划模型的许多参数,都只是对实际数据的大致估计,而不能在建模研究时就获得精确的数值。灵敏度分析可以得出每一个估计值要精确到何种程度,才能避免得出错误的最优解。

下面,以产品组合问题为例介绍用 Excel 进行灵敏度分析的过程。

例 4-22 某门窗制品公司有 1,2,3 三个分厂,为开拓市场,公司将开发生产两种新产品。估计做门需 1 厂的生产设备每周约 4 小时,做窗需 2 厂的生产设备每周约 12 小时,生产两种产品需 3 厂的生产设备每周约 18 个小时。而且每扇门需要 1 厂生产时间 1 个小时和 3 厂生产时间 3 个小时,每扇窗需要 2 厂和 3 厂生产时间各为 2 小时。预测门的单位利润为 30 元,窗的单位利润为 50 元。请问公司是否应投产这两种新产品?如果投入生产,两种新产品的产品生产组合应如何确定?其生产数量应该是多少?

设门窗的生产数量分别为 x_1,x_2,则该问题的线性规划模型为

$$\max z = 30x_1 + 50x_2$$

$$\text{s.t.}\begin{cases} x_1 \leqslant 4 \\ 2x_2 \leqslant 12 \\ 3x_1 + 2x_2 \leqslant 18 \\ x_1, x_2 \geqslant 0 \end{cases}$$

如图 4-3 所示为产品组合线性规划问题的最优解为(2,6),最优值为 360 元。

	A	B	C	D	E	F	G
1	某公司的产品组合问题						
2							
3			门	窗			
4		单位利润	30	50			
5							
6		每单位产品所用时间			所用工时		可用工时
7		工厂1	1	0	2	<=	4
8		工厂2	0	2	12	<=	12
9		工厂3	3	2	18	<=	18
10							
11		决策变量	门	窗			总利润
12		最优解	2	6			360

图 4-3　例 4-22 Excel 方法求解

Excel 求完最优解后会自动给出敏感性报告。即在用规划求解运算后,打开"规划求解结果"对话框,在"报告"列表框中选择敏感性报告(如图 4-4 所示),再单击"确定"按钮就可以显示出一份灵敏度分析报告,如图 4-5 所示。

在敏感性报告中给出了为使最优解不变，每一个目标系数 c_j 和每一个右边常数项 b_i 单独变化的范围。如图 4-5 所示，门的目标系数允许变化范围是[0,75]，窗的目标系数允许变化范围是[20,＋∞)；工厂 1 的可用工时的变化范围是[2,＋∞)，工厂 2 的可用工时的变化范围是[6,18]，工厂 3 的可用工时的变化范围是[12,24]。

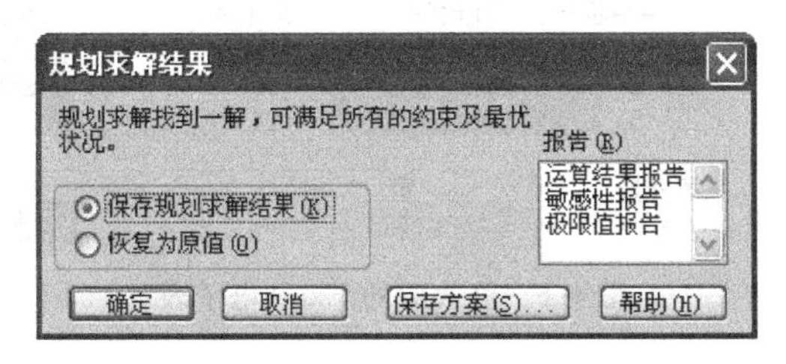

图 4-4 “规划求解结果”对话框

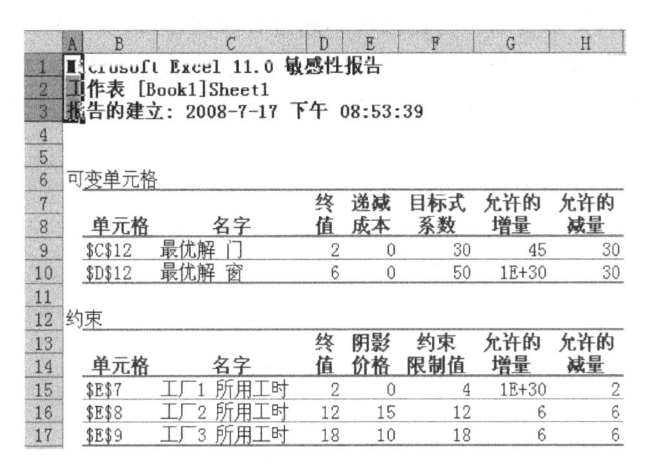

Microsoft Excel 11.0 敏感性报告
工作表 [Book1]Sheet1
报告的建立：2008-7-17 下午 08:53:39

可变单元格

单元格	名字	终值	递减成本	目标式系数	允许的增量	允许的减量
$C$12	最优解 门	2	0	30	45	30
$D$12	最优解 窗	6	0	50	1E+30	30

约束

单元格	名字	终值	阴影价格	约束限制值	允许的增量	允许的减量
$E$7	工厂1 所用工时	2	0	4	1E+30	2
$E$8	工厂2 所用工时	12	15	12	6	6
$E$9	工厂3 所用工时	18	10	18	6	6

图 4-5 灵敏度分析报告

2. 多个模型系数同时变动的影响

在实际决策问题中，由于未来情况的不确定性，经常遇到多个模型系数同时变化的情况，这在 Excel 电子表格中非常容易处理，只需要将电子表格中相应的系数进行更改，然后重新求解，就可以判断这些系数的改变是否会影响最优解(方案)的变化。

例 4-23 在例 4-22 中若门的单位利润 30 元改为 50 元，窗的单位利润由 50 元改为 25 元，工厂 3 的可用工时由 18 元改为 24 元，观察最优解的变化？

解：改变后的电子表格如图 4-6 所示，从图中可以看出，最优解已经发生了改变，最优解由 $X=(x_1,x_2)=(2,6)$ 改变为 $X=(x_1,x_2)=(4,6)$，总利润由 $\max z-360$ 改变为 $\max z=350$。

多个模型系数同时变动的情况还可以用解析法进行分析，这里介绍百分百法则。

百分百法则：当模型中多个系数同时变动时，计算出每一系数变动量占该系数允许变化范围的允许变动量的百分比，而后，将各个系数的变动百分比相加，如果所得的和不超过百分之百，模型的最优解不会改变；如果变动百分比之和超过了百分之百，则不能确定最优

	A	B	C	D	E	F	G
1	某公司的产品组合问题						
2							
3			门	窗			
4		单位利润	50	25			
5							
6		每单位产品所用时间			所用工时		可用工时
7		工厂1	1	0	4	<=	4
8		工厂2	0	2	12	<=	12
9		工厂3	3	2	24	<=	24
10							
11		决策变量	门	窗			总利润
12		最优解	4	6			350

图 4-6　修改后的 Excel 电子表

解是否改变。

百分百法则表明，只要变动百分比之和不超过百分之百，最优解肯定不会发生变化。

仍以前面的问题为例，并参照图 4-5 中灵敏度报告所提供的信息来阐述。假设门的单位利润 P_D 从原来的 30 元增加到 45 元，而窗的单位利润 P_W 从原来的 50 元下降到 40 元。运用百分百法则，有：

$$P_D \quad 30\text{元} \rightarrow 45\text{元}$$

$$\text{占允许增加量的百分比}=100\left(\frac{45-30}{45}\right)\%=33\frac{1}{3}\%$$

$$P_W \quad 50\text{元} \rightarrow 40\text{元}$$

$$\text{占允许增加量的百分比}=100\left(\frac{50-40}{30}\right)\%=33\frac{1}{3}\%$$

$$\text{总和}=66\frac{2}{3}\%$$

因为变动百分比之和不超过百分之百，所以可以断定初始的最优解(2,6)没有发生改变。

如果 P_D 从原来的 30 元增加到了 60 元，而窗的单位利润 P_W 从原来的 50 元下降到 30 元。运用百分之百法则，则有：

$$P_D \quad 30\text{元} \rightarrow 60\text{元}$$

$$\text{占允许增加量的百分比}=100\left(\frac{60-30}{45}\right)\%=66\frac{2}{3}\%$$

$$P_W \quad 50\text{元} \rightarrow 30\text{元}$$

$$\text{占允许增加量的百分比}=100\left(\frac{50-30}{30}\right)\%=66\frac{2}{3}\%$$

$$\text{总和}=133\frac{1}{3}\%$$

显然，百分比之和超过了百分之百，此时百分之百法则无法判定，原最优解有可能改变，也有可能不改变。事实上，此时最优解已经变为(4,3)，如图 4-7 所示。

如果 P_D 从原来的 30 元降低到了 15 元，而窗的单位利润 P_W 从原来的 50 元下降到 25 元。运用百分之百法则，则有：

$$P_D \quad 30\text{元} \rightarrow 15\text{元}$$

占允许增加量的百分比$=100\left(\dfrac{30-15}{30}\right)\%=50\%$

$$P_W \quad 50\text{ 元} \rightarrow 25\text{ 元}$$

占允许增加量的百分比$=100\left(\dfrac{50-25}{30}\right)\%=83.3\%$

$$\text{总和} = 133.3\%$$

	A	B	C	D	E	F	G
1	某公司的产品组合问题						
2							
3			门	窗			
4		单位利润	60	30			
5							
6		每单位产品所用时间			所用工时		可用工时
7		工厂1	1	0	4	<=	4
8		工厂2	0	2	6	<=	12
9		工厂3	3	2	18	<=	18
10							
11		决策变量	门	窗			总利润
12		最优解	4	3			330

图 4-7 Excel 方法求解最优解

显然，百分比之和超过了百分之百，此时百分之百法则无法判定，原最优解有可能改变，也有可能不改变。事实上，此时最优解没有变化，仍为(2,6)，但最优值发生了改变，这是因为单位利润发生了改变，如图 4-8 所示。

	A	B	C	D	E	F	G
1	某公司的产品组合问题						
2							
3			门	窗			
4		单位利润	15	25			
5							
6		每单位产品所用时间			所用工时		可用工时
7		工厂1	1	0	2	<=	4
8		工厂2	0	2	12	<=	12
9		工厂3	3	2	18	<=	18
10							
11		决策变量	门	窗			总利润
12		最优解	2	6			180

图 4-8

习　题

1. 已知单纯形法某一步迭代的基为 $\boldsymbol{B}$，对应的基变量为$(x_1,\cdots,x_{i-1},x_h,x_{i+1},\cdots,x_m)$，经迭代后其基为 $\boldsymbol{B}_1$，对应的基变量为$(x_1,\cdots,x_{i-1},x_j,x_{i+1},\cdots,x_m)$，试写出 $\boldsymbol{B}^{-1}$ 同 $\boldsymbol{B}_1^{-1}$ 之间的关系式。

2. 试述对偶单纯形法的计算步骤，它的优点及应用上的局限性。

3. 试从经济上解释对偶问题及对偶变量的含义。

4. 根据原问题同对偶问题之间的对应关系，分别找出两个问题变量之间、基解以及检验数之间的对应关系。

5. 对用矩阵形式表达的一般线性规划问题 $\max\{Z=CX+0X_s, AX\leqslant b, X\geqslant 0, X_s\geqslant 0\}$，若以 $\boldsymbol{X_B}$ 表示基变量，$\boldsymbol{X_N}$ 表示非基变量，$\boldsymbol{C_B}$，$\boldsymbol{C_N}$ 分别为它们相应在目标函数中的系数，试据此列出初始单纯形表及迭代后的最终单纯形表，并根据最终单纯形表写出此一般线性规划问题的典式。

6. 什么是资源的影子价格？它与相应的市场价格之间有何区别？请说明影子价格的意义。

7. 将 a_{ij}，b_i，c_j 的变化分别直接反映到最终单纯形表中，表中原问题和对偶问题的解各自将会出现什么变化？有多少种不同情况？如何去处理？

8. 试述参数线性规划问题的分析步骤，它同灵敏度分析的相似处及主要差别表现在哪里？

9. 判断下列说法是否正确

(1) 应用对偶单纯形法计算时，若单纯形表中某一基变量 $x_i<0$，又 x_i 所在行的元素全部小于或等于零，则可以判断其对偶问题具有无界解。

(2) 对偶问题的对偶一定是原问题。

(3) 若某种资源的影子价格等于 k，在其他条件不变的情况下，当该种资源增加 5 个单位时，相应的目标函数值将增大 $5k$。

(4) 根据对偶问题的性质，当原问题为无界解时，其对偶问题无可行解；反之，当对偶问题无可行解时，其原问题具有无界解。

(5) 若线性规划的原问题有无穷多最优解，则其对偶问题也一定具有无穷多最优解。

(6) 已知 y_i^* 为线性规划的对偶问题的最优解，若 $y_i^*>0$，说明在最优生产计划中第 i 种资源已完全耗尽。

(7) 在线性规划问题的最优解中，如某一变量 x_j 为非基变量，则在原来问题中，无论改变它在目标函数中的系数 c_j，或在各约束中的相应系数 a_{ij} 反映到最终单纯形表中，除该列数字有变化外，将不会引起其他列数字的变化。

(8) 已知 y_i^* 为线性规划的对偶问题的最优解，若 $y_i^*=0$，说明在最优生产计划中第 i 种资源一定有剩余。

(9) 若线性规划问题中的 b_i，c_j，值同时发生变化，反映到最终单纯形表中，不会出现原问题与对偶问题均为非可行解的情况。

(10) 任何线性规划问题存在并具有唯一的对偶问题。

10. 已知线性规划问题

$$\max z = c_1x_1 + c_2x_2 + c_3x_3$$

$$\begin{cases}\begin{pmatrix} a_{11} & a_{12} & a_{13} & 1 & 0 \\ a_{21} & a_{22} & a_{23} & 0 & 1 \end{pmatrix}\begin{pmatrix} x_1 \\ x_2 \\ x_3 \\ x_4 \\ x_5 \end{pmatrix} = \begin{pmatrix} b_1 \\ b_2 \end{pmatrix} \\ x_j \geqslant 0 \quad (j=1,\cdots,5)\end{cases}$$

用单纯形法求解得最终单纯形表见表 4-66。

(1) 求 $a_{11}, a_{12}, a_{13}, a_{21}, a_{22}, a_{23}$ 和 b_1, b_2；

(2) 求 c_1, c_2, c_3。

表 4-66 最终单纯形表

$\boldsymbol{X}_B$	b	x_1	x_2	x_3	x_4	x_5
x_3	$\frac{5}{2}$	1	0	1	$\frac{3}{2}$	$-\frac{1}{2}$
x_2	2	1	1	0	-1	4
$c_j - z_j$		-1	0	0	-2	-3

11. 写出下列线性规划问题的对偶问题：

(1)
$$\max z = x_1 + 2x_2 + 3x_3$$
$$\text{s.t.}\begin{cases} x_1 + x_2 + 3x_3 \leqslant 5 \\ 3x_1 + 2x_2 + x_3 \leqslant 10 \\ x_1, x_2, x_3 \geqslant 0 \end{cases}$$

(2)
$$\max z = x_1 + x_2 + x_3 + x_4$$
$$\text{s.t.}\begin{cases} x_1 + x_2 + x_3 + 2x_4 \leqslant 5 \\ 2x_1 + x_2 + x_4 = -2 \\ x_1 - x_2 + x_3 \geqslant 3 \\ x_1, x_2 \geqslant 0; \quad x_3, x_4 \leqslant 0 \end{cases}$$

12. 已知线性规划问题

$$\max z = 2x_1 + x_2 + x_3$$
$$\text{s.t.}\begin{cases} 2x_1 + x_2 \geqslant 3 \\ 3x_1 + x_2 - x_3 \geqslant 4 \\ x_1, x_2, x_3 \geqslant 0 \end{cases}$$

应用对偶理论证明上述线性规划问题无最优解。

13. 已知线性规划问题

$$\max z = x_1 + 2x_2$$
$$\text{s.t.}\begin{cases} x_1 - 2x_2 \leqslant 2 \\ 2x_1 + 3x_2 \leqslant 10 \\ x_1 + x_2 \leqslant 6 \\ x_1, x_2 \geqslant 0 \end{cases}$$

(1) 写出它的对偶问题。

(2) 应用对偶理论证明原问题和对偶问题都存在最优解。

14. 已知线性规划问题 $\max z = \boldsymbol{CX}, \boldsymbol{AX} = b, \boldsymbol{X} \geqslant 0$ 分别说明发生下列情况时，其对偶问题的解的变化：

(1) 问题的第 i 个约束条件乘上常数 $\lambda(\lambda \neq 0)$；

(2) 将第 f 个约束条件乘上常数 $\lambda(\lambda \neq 0)$ 后加到第 j 个约束条件上；

(3) 目标函数改变为 $\max z = \lambda CX(\lambda \neq 0)$；

(4) 模型中全部 x_1 用 $3x_1$ 为代换。

15. 已知线性规划问题

$$\max z = 3x_1 + x_2 + 5x_3$$

$$\text{s.t.}\begin{cases} x_1 + 2x_2 + 3x_3 \leqslant 20 \\ 3x_1 + 3x_2 + 5x_3 \leqslant 5 \\ x_1, x_2, x_3 \geqslant 0 \end{cases}$$

应用对偶理论证明该问题最优解的目标函数值不大于 25。

16. 已知线性规划问题

$$\max z = \sum_{j=1}^{n} c_j x_j$$

$$\text{s.t.}\begin{cases} \sum_{j=1}^{n} a_{ij} x_j \leqslant b_i & (i = 1, \cdots, m) \\ x_j \geqslant 0 & (j = 1, \cdots, n) \end{cases}$$

若(y_1^*, y_2^*, y_m^*)为其对偶问题的最优解，又若原问题约束条件的右端项 b_i 变换为 b_i'，这时原问题的最优解变为$(x_1', x_2', \cdots, x_n')$，试证明 $\sum_{j=1}^{n} c_j x_j' \leqslant \sum_{i=1}^{m} b_i' y_i^*$ 。

17. 已知表 4-67 为求解某线性规划问题的最终单纯形表，表中 x_4, x_5 为松弛变量，问题的约束均为≤形式。

表 4-67 某线性问题的最终单纯形表

X_B	b	x_1	x_2	x_3	x_4	x_5
x_3	5	0	1	1	2	0
x_1	5	1	−1	0	−6	3
$c_j - z_j$		0	−2	0	−2	−4

(1) 写出原线性规划问题。

(2) 写出原问题的对偶问题。

(3) 直接由表 4-67 写出对偶问题的最优解。

18. 已知线性规划问题

$$\min z = 2x_1 + 3x_2 + 1.9x_3 + 4x_4$$

$$\text{s.t.}\begin{cases} x_1 + 3x_2 + 2x_3 + x_4 \geqslant 2 \\ -3x_1 + x_2 + x_3 + 2x_4 \leqslant -5 \\ x_j \geqslant 0 \quad (j = 1,2,3,4) \end{cases}$$

(1) 写出其对偶问题。

(2) 求对偶问题的解。

(3) 利用(2)的结果及对偶性质求解原问题。

19. 已知某实际问题的线性规划模型为

$$\max z = \sum_{j=1}^{n} c_j x_j$$

$$\text{s.t.} \begin{cases} \sum_{j=1}^{n} a_{ij} x_j \leqslant b_i & (i = 1, \cdots, m) \\ x_j \geqslant 0 & (j = 1, \cdots, n) \end{cases}$$

若第 i 项资源的影子价格为 y_i，

(1) 若第一个约束条件两端乘以 2，变为 $\sum_{j=1}^{n} 2a_{1j}x_j \leqslant 2b_1$，$y_1'$是这个对应的新约束条件的影子价格，求 y_1'与 y_1 的关系。

(2) 令 $x_1' = 3x_1$，用 $(x_1'/3)$ 替换模型中所有的 x_1，问影子价格 y_1 是否变化？若 x_1 不能在最优基中出现，问 x_1'有否可能在最优基中出现。

(3) 如目标函数变为 $\max z = \sum_{j=1}^{n} 2c_j x_j$，问影子价格有何改变？

(4) 如模型中约束条件变为 $\sum_{j=1}^{n} a_{ij} x_j = b_j$ $(i=1,2,\cdots,m)$，问(1)、(2)、(3)部分的答案有何改变？

20. 若线性规划问题 $\min z = \boldsymbol{CX}$，约束于 $\boldsymbol{AX} = b$，$\boldsymbol{X} \geqslant 0$，具有最优解，试应用对偶性质证明下述线性问题不可能具有无界解。$\min z = \boldsymbol{CX}$，约束于 $\boldsymbol{AX} = d$，$\boldsymbol{X} \geqslant 0$，$d$ 可以是取任意值的向量。

21. 证明当用对偶单纯形法求解线性规划问题时，若有 $b_r < 0$，而 $a_{rj} \geqslant 0$ $(j=1,2,\cdots,n)$，则该对偶问题具有无界解。

22. 已知某线性规划问题

$$\max z = 10x_1 + 3x_2$$

$$\text{s.t.} \begin{cases} 3x_1 + 5x_2 \leqslant 9 \\ x_1 + 2x_2 \leqslant 4 \\ x_1, x_2 \geqslant 0 \end{cases}$$

用单纯形法求得最终表见表 4-68。

表 4-68 单纯形法求得最终表

$\boldsymbol{X_B}$	b	x_1	x_2	x_3	x_4
x_1	3	1	$\frac{5}{3}$	$\frac{1}{3}$	0
x_4	1	0	$\frac{1}{3}$	$-\frac{1}{3}$	1
$c_j - z_j$		0	$-\frac{41}{3}$	$-\frac{10}{3}$	0

试用灵敏度分析的方法分别判断：

(1) 目标函数系数 c_1 或 c_2 分别在什么范围内变动，上述最优解不变。

(2) 约束条件右端项 b_1, b_2，当一个保持不变时，另一个在什么范围内变化，上述最优基保持不变。

(3) 问题的目标函数变为 $\max z=12x_1+4x_2$ 时上述最优解的变化。

(4) 约束条件右端项由 $\begin{pmatrix}9\\8\end{pmatrix}$ 变为 $\begin{pmatrix}11\\19\end{pmatrix}$ 时上述最优解的变化。

23. 线性规划问题

$$\max z = 2x_1 + x_2 + x_3$$

$$\text{s.t.}\begin{cases} x_1+2x_2+x_3\leqslant 4 \\ -x_1+3x_2 \leqslant 6 \\ x_1,x_2,x_3\geqslant 0 \end{cases}$$

用单纯形法求解得最终单纯形表见表 4-69。

表 4-69　单纯形法求得最终单纯形表

X_B	b	x_1	x_2	x_3	x_4	x_5
x_1	4	1	2	1	1	0
x_5	10	0	5	1	1	1
c_j-z_j		0	−3	−1	−2	0

试说明分别发生下列变化时，新的最优解是什么？

(1) 目标函数变为 $\max z=2x_1+3x_2+x_3$。

(2) 约束条件右端项由 $\begin{pmatrix}4\\6\end{pmatrix}$ 变为 $\begin{pmatrix}1\\6\end{pmatrix}$。

(3) 增添一个新的约束 $-x_1+2x_3\geqslant 2$。

24. 某厂生产甲、乙、丙三种产品，有关数据见表 4-70，试分别回答下列问题：

(1) 建立线性规划模型，求使该工厂获利最大的生产计划。

(2) 若产品乙、丙的单件利润不变，则产品甲的单位利润在什么范围内变化时，上述最优解不变？

(3) 若有一种新产品丁，其原料消耗定额：A 为 3 单位，B 为 2 单位，单件利润为 2.5 单位。问该种产品是否值得安排生产，并求新的最优计划。

(4) 若原材料 A 市场紧缺，除拥有量外一时无法购进，而原材料 B 如数量不足可去市场购买，单价为 0.5，问该厂是否应该购买，以购进多少为宜？

(5) 由于某种原因该厂决定暂停甲产品的生产，试重新确定该厂的最优生产计划。

表 4-70　产品有关数据表

原料＼产品	甲	乙	丙	原料拥有量
A	6	3	5	45
B	3	4	5	30
单位利润	3	1	6	

25. 某厂生产甲、乙、丙三种产品，分别经过 A,B,C 三种设备加工。已知生产单位各种产品所需的设备台时、设备的现有加工能力及每件产品的预期利润见表 4-71。

表 4-71　生产单位相关数据信息表

原料＼产品	甲	乙	丙	原料拥有量
A	1	1	1	100
B	8	4	5	500
C	1	1	3	200
单位利润(元)	8	6	4	

(1) 求获利最大的产品生产计划。

(2) 产品丙每件的利润增加到多大时才值得安排生产？如产品丙每件利润增加到$\frac{50}{6}$元，求最优计划的变化。

(3) 产品甲的利润在多大范围内变化时，原最优计划保持不变。

(4) 设备 A 的能力如为 $100+10\theta$，确定保持最优基不变的 θ 的变化范围。

(5) 如有一种新产品丁，加工一件需设备 A，B，C 的台时分别为 1，4，3 小时，预期每件的利润为 8 元，是否值得安排生产？

(6) 如合同规定该厂至少生产 10 件产品丙，试确定最优计划的变化。

26. 某文教用品厂用原材料白坯纸生产原稿纸、日记本和练习本三种产品。该厂现有工人 100 人，每月白坯纸供应量为 30 000 千克。已知工人的劳动生产率为：每人每月可生产原稿纸 30 捆，或生产日记本 30 打，或练习本 30 箱。已知原材料消耗为：每捆原稿纸用白坯纸 $3\frac{1}{3}$千克，每打日记本用白坯纸 $13\frac{1}{3}$千克，每箱练习本用白坯纸 $26\frac{2}{3}$千克。又知每生产一捆原稿纸可获利 3 元，生产一打日记本获利 3 元，生产一箱练习本获利 2 元。试确定：

(1) 现有生产条件下获利最大的方案。

(2) 如白坯纸的供应数量不变，当工人数不足时可招收临时工，临时工工资支出为每人每月 40 元，则该厂要不要招收临时工，招多少临时工最合适？

27. 某厂准备生产 A，B，C 三种产品，它们都消耗劳动力和材料，有关数据见表 4-72。

表 4-72　三种产品相关数据表

资源＼产品	A	B	C	资源拥有量
劳动力	3	2	4	60
材料	3	5	1	30
单位利润(元)	3	4	6	

(1) 确定获利最大的产品生产计划。

(2) 产品 A 的利润在什么范围内变动时，上述最优计划不变？

(3) 如设计一种新产品 D，单件劳动力消耗为 8 单位，材料消耗为 2 单位，每件可获利 3 元，问该种产品是否值得生产？

(4) 如劳动力数量不变，材料不足时可从市场购买，每单位 0.4 元，问该厂要不要购进原材料扩大生产，购多少为宜？

第5章 运输问题及其解法

在经济建设中，经常有大批物资调运，如煤、木材、钢铁、粮食等物资的调运。这些物资从一些产地运往另外一些销地，而单位物资的运输费用一般来说都与运输距离有关，根据已有的交通网络，如何调运可以使总的运输费用最少，就是运输问题。

例如，有三个工厂 F_1，F_2，F_3 生产同一种产品，它们的产量分别是 25 单位、10 单位、15 单位，需要将这些产品运送到四个需求地 D_1、D_2、D_3、D_4 去，四个需求地的需求量分别为 13 单位、21 单位、9 单位和 7 单位。从工厂运送单位产品到需求地的费用如表 5-1 所示。

表 5-1 单位运价/产销量表

单位费用 需求地 / 产地	D_1	D_2	D_3	D_4	产量
F_1	6	7	5	3	25
F_2	8	4	2	7	10
F_3	5	9	10	6	15
需求量	13	21	9	7	

其网络模型如图 5-1 所示。

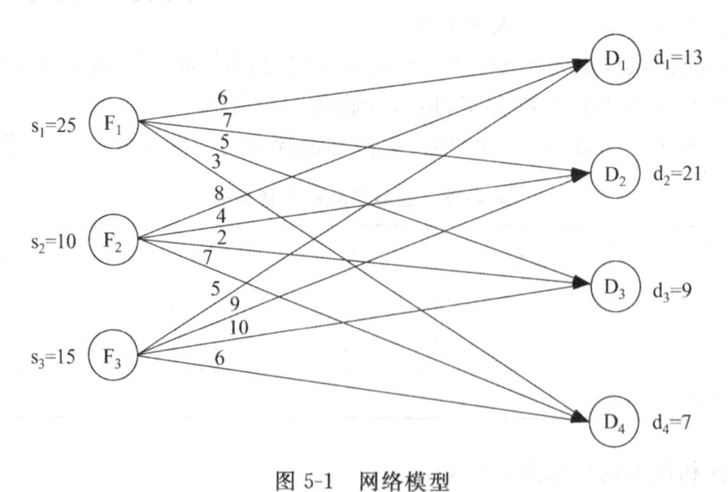

图 5-1 网络模型

若设 x_{ij} 为从产地 F_i 到需求地 D_j 的产品运输量，则该运输问题的线性规划模型为：

$$\max z = 6x_{11} + 7x_{12} + 5x_{13} + 3x_{14} + 8x_{21} + 4x_{22} + 2x_{23} + 7x_{24}$$
$$+ 5x_{31} + 9x_{32} + 10x_{33} + 6x_{34}$$

$$\text{s.t.}\begin{cases} x_{11}+x_{12}+x_{13}+x_{14}=25 \\ x_{21}+x_{22}+x_{23}+x_{24}=10 \\ x_{31}+x_{32}+x_{33}+x_{34}=15 \\ x_{11}+x_{21}+x_{31}=13 \\ x_{12}+x_{22}+x_{32}=21 \\ x_{13}+x_{23}+x_{33}=9 \\ x_{14}+x_{24}+x_{34}=7 \\ x_{ij}\geqslant 0, \quad i=1,2,3;\ j=1,2,3,4 \end{cases}$$

由此可以看出，运输问题是线性规划的一个重要应用，也是一类特殊的线性规划问题，它的约束方程组的系数矩阵具有特殊的结构，可以找到比单纯形法更为简便的求解方法。

5.1 运输问题的一般模型

已知有 m 个产地 $A_i(i=1,2,\cdots,m)$ 可供应某种物资，其供应量(产量)分别为 a_i，有 n 个销地 $B_j(j=1,2,\cdots,n)$ 其销量(需求量)分别为 b_j，从 A_i 到 B_j 的单位物资运价为 c_{ij}，这些数据可汇总于如下产销量及单位运价表 5-2 中。

表 5-2 运输问题的单位运价表

单位运价 销地 / 产地	B_1	B_2	$\cdots$	B_n	产量
A_1	c_{11}	c_{12}	$\cdots$	c_{1n}	a_1
A_2	c_{21}	c_{22}	$\cdots$	c_{2n}	a_2
$\vdots$	$\vdots$	$\vdots$	$\vdots$	$\vdots$	$\vdots$
A_m	c_{m1}	c_{m2}	$\cdots$	c_{mn}	a_m
销量	b_1	b_2	$\cdots$	b_n	

设 x_{ij} 表示从产地 A_i 到销地 B_j 的调运量，那么在产销平衡的条件下 $\left(\sum_{i=1}^{m}a_i=\sum_{j=1}^{n}b_j\right)$，要确定总运输费用最小的调运方案，可表示为如下的数学模型：

$$\min z=\sum_{i=1}^{m}\sum_{j=1}^{n}c_{ij}x_{ij}$$

$$\text{s.t.}\begin{cases} \sum_{i=1}^{m}x_{ij}=b_j & (j=1,2,\cdots,n) \\ \sum_{j=1}^{n}x_{ij}=a_i & (i=1,2,\cdots,m) \\ x_{ij}\geqslant 0 & (i=1,2,\cdots,m;\ j=1,2,\cdots,n) \end{cases}$$

将上面的数学模型写成矩阵形式：

$$\min z = \boldsymbol{CX}$$

$$\text{s. t.} \begin{cases} \boldsymbol{AX} = b \\ \boldsymbol{X} \geqslant 0 \end{cases}$$

其中：

$$\boldsymbol{C} = (c_{11}, c_{12}, \cdots, c_{1n}, c_{21}, c_{22}, \cdots, c_{2n}, \cdots, c_{m1}, c_{m2}, c_{mn})$$

$$\boldsymbol{X} = (x_{11}, x_{12}, \cdots, x_{1n}, x_{21}, x_{22}, \cdots x_{2n}, \cdots, x_{m1}, x_{m2}, \cdots, x_{mn})^{\mathrm{T}}$$

$$b = (a_1, a_2, \cdots a_m, b_1, b_2, \cdots b_n)^{\mathrm{T}}$$

$$\begin{array}{c} \quad\; x_{11}\; x_{12}\; \cdots\; x_{1n}\; x_{21}\; x_{22}\; \cdots\; x_{2n}\; \cdots\; x_{m1}\; x_{m2}\; \cdots\; x_{mn} \\ \boldsymbol{A} = \begin{bmatrix} 1 & 1 & \cdots & 1 & & & & & & & & \\ & & & & 1 & 1 & \cdots & 1 & \cdots & & & \\ & & & & & & & & & 1 & 1 & \cdots & 1 \\ 1 & & & & 1 & & & & & 1 & & & \\ & 1 & & & & 1 & & & & & 1 & & \\ & & \ddots & & & & \ddots & & \cdots & & & \ddots & \\ & & & 1 & & & & 1 & & & & & 1 \end{bmatrix} \begin{matrix} \left.\begin{matrix} \\ \\ \\ \end{matrix}\right\} m\text{行} \\ \left.\begin{matrix} \\ \\ \\ \\ \end{matrix}\right\} n\text{行} \end{matrix} \end{array}$$

在上面运输问题的模型中，包含 $m \times n$ 个变量，$(m+n)$ 个约束，系数矩阵 $\boldsymbol{A}$ 结构松散，x_{ij} 对应的列向量 $\boldsymbol{P}_{ij}$ 为 $\boldsymbol{P}_{ij} = e_i + e_{m+j}$，即其分量中除第 i 个和第 $m+i$ 个元素为 1 以外，其余的都为零，并且可以证明矩阵 $\boldsymbol{A}$ 的秩 $\operatorname{rank}(\boldsymbol{A}) = m+n-1$。因而运输问题的任一基可行解均有 $m+n-1$ 个基变量，其值构成一个可行的调运方案。

由于运输问题有可行解，而 $0 \leqslant x_{ij} \leqslant \min(a_i, b_j)$，故无论是求最大值 max 问题，还是求最小值 min 问题，它们的目标函数一定是有上界或是有下界，从而运输问题一定有最优解。由于运输问题的变量和约束均较多，虽然是线性规划，但是却不适宜用单纯形法求解。针对运输问题的特点和系数矩阵的特殊结构，人们在单纯形法的基础上，设计了求解运输问题的表上作业法。

5.2 表上作业法

当求解的运输问题中满足条件

$$\sum_{i=1}^{m} a_i = \sum_{j}^{n} b_j$$

则称该问题为产销平衡的运输问题。

表上作业法是单纯形法在求解产销平衡的运输问题时的一种简化方法，其实质仍是单纯形法，但具体计算和术语有所不同。具体操作步骤如下：

(1) 找出初始基可行解。即在 $(m \times n)$ 产销平衡表上给出 $m+n-1$ 个数字格（基变量）。

(2) 求各非基变量（空格）的检验数，即在表上计算空格的检验数。判别是否达到最优解。如果是最优解，则停止计算，否则进入下一步。

(3) 确定换入变量和换出变量，找出新的基可行解。在表上用闭回路法进行方案的调整。

(4) 重复(2)、(3)直到得到最优解为止。

以上运算都可以在运价表上进行，下面通过具体例子说明表上作业法的方法与步骤。

例 5-1 某公司有三个生产基地 A_1、A_2、A_3 和四个存储仓库 B_1、B_2、B_3、B_4，生产基地生产的产品需要运送到仓库去存储。各生产基地的生产能力(吨)和各存储仓库的存储量(吨)以及从生产基地到存储仓库的单位运费(百元/吨)见表 5-3。问如何存储可以使总运费最低？

表 5-3 单位运价表 (单位：百元/吨)

单位运价 仓库 / 产地	B_1	B_2	B_3	B_4	产量
A_1	2	2	2	1	3
A_2	10	8	5	4	6
A_3	7	6	6	8	6
销量	4	3	4	4	

解：

1) 确定初始基可行解

确定初始基可行解的方法很多，一般希望的方法是既简便，又尽可能接近最优解。下面介绍两种方法：最小元素法和伏格尔(Vogel)法。

(1) 最小元素法

最小元素法的基本思想是按运价最小的优先调运原则确定初始方案，即从单位运价表中选择运价最小的开始确定调运关系，然后次小，一直到给出初始基可行解为止。下面用最小元素法给出例 5-1 的初始调运方案。首先在表 5-4 中找到最小运价 1，将 A_1 优先供应 3 吨给 B_4，由于 A_1 已无多余的量，所以划去运价表中的 A_1 行，见表 5-4。

表 5-4 最小元素法：A_1 行的确定 (单位：百元/吨)

单位运价 销地 / 产地	B_1	B_2	B_3	B_4	产量
A_1	2	2	2	1 ③	3
A_2	10	8	5	4	6
A_3	7	6	6	8	6
销量	4	3	4	4	

再从余下的运价表中找到最小运价 4，A_2 优先供应 1 吨给 B_4，这时 B_4 列已满足，故划去 B_4 列。如此下去，直到划去所有行和列，这些过程详见表 5-5～表 5-9。

表 5-5　最小元素法：B_4 列的确定　（单位：百元/吨）

单位运价　销地 产地	B_1	B_2	B_3	B_4	产量
A_1	2	2	2	1 ③	3
A_2	10	8	5	4 ①	6
A_3	7	6	6	8	6
销量	4	3	4	4	

表 5-6　最小元素法：B_3 列的确定　（单位：百元/吨）

单位运价　销地 产地	B_1	B_2	B_3	B_4	产量
A_1	2	2	2	1 ③	3
A_2	10	8	5 ④	4 ①	6
A_3	7	6	6	8	6
销量	4	3	4	4	

表 5-7　最小元素法：B_2 列的确定　（单位：百元/吨）

单位运价　销地 产地	B_1	B_2	B_3	B_4	产量
A_1	2	2	2	1 ③	3
A_2	10	8	5 ④	4 ①	6
A_3	7	6 ③	6	8	6
销量	4	3	4	4	

表 5-8　最小元素法：A_3 行的确定　（单位：百元/吨）

单位运价　销地 产地	B_1	B_2	B_3	B_4	产量
A_1	2	2	2	1 ③	3
A_2	10	8	5 ④	4 ①	6
A_3	7 ③	6 ③	6	8	6
销量	4	3	4	4	

表 5-9　最小元素法：A_2 行的确定　　　（单位：百元/吨）

产地 \ 单位运价 \ 销地	B_1	B_2	B_3	B_4	产量
A_1	2	2	2	1 ③	3
A_2	10 ①	8	5 ④	4 ①	6
A_3	7 ③	6 ③	6	8	6
销量	4	3	4	4	

表 5-9 给出可行方案为：$A_1 \to B_4$ 运输 3 单位产品，$A_2 \to B_1$ 运输 1 单位产品，$A_2 \to B_3$ 运输 4 单位产品，$A_2 \to B_4$ 运输 1 单位产品，$A_3 \to B_1$ 运输 3 单位产品，$A_3 \to B_2$ 运输 3 单位产品；该方案对应的运输总费用为：

$$z = 1 \times 10 + 3 \times 7 + 3 \times 6 + 4 \times 5 + 3 \times 1 + 1 \times 4 = 76$$

用最小元素法给出的初始解是运输问题的基可行解，其理由为：

① 用最小元素法给出的初始解，是从单位运价表中逐次地挑选最小元素，并比较产量和销量。当产大于销，划去该元素所在列。当产小于销，划去该元素所在行。然后在未划去的元素中再找最小元素，再确定调运关系。这样在单位运价表上每填入一个打圈的数字，在运价表上就划去一行或一列。表中共有 m 行 n 列，总共可划 $(m+n)$ 条直线。但当表中只剩一个元素时，并在这个元素处填打圈的数字时，需要同时划去一行和一列。此时把单位运价表上所有元素都划去了，相应地在表上填了 $(m+n-1)$ 个打圈的数字。由于这 $(m+n-1)$ 个变量对应的系数列向量是线性独立的，所以这实际上就是给出了 $(m+n-1)$ 个基变量的值。

② 在调运方案中有打圈数字的格叫数格，其他未填打圈数字的格叫空格。一个合理的调运方案中数格的个数应为 $(m+n-1)$ 个。

③ 用最小元素法给出初始解时，有可能在单位运价表上填入一个数字后，会出现在表上同时需要划去一行和一列的情况，这时就出现了退化。关于退化的处理将在后面讲述。

(2) 伏格尔(Vogel)法

最小元素法的缺点是：为了节省某一处的费用，有时造成了在其他处要多花几倍的运费。伏格尔法考虑到，一产地的产品若不能按最小运费就近供应，就考虑次小运费，这就有一个差额。差额越大，说明不能按最小运费调运时，运费增加越多。因而对差额最大处，就应当采用最小运费调运。基于此，伏格尔法的基本步骤是：

① 分别计算表中各行和各列中最小运费和次小运费的差额，并填入表中的最右列和最下行。

② 从行和列的差额中选出最大者，选择其所在行或列中的最小元素，按类似于最小元素法优先供应，划去相应的行或列。

③ 对表中未划去的元素，重复①、②，直到所有的行和列划完为止。

下面仍以例 5-1 来说明伏格尔法的应用，具体操作步骤见表 5-10～表 5-15。

表 5-10　伏格尔法：A_1 行的确定　　（单位：百元/吨）

产地＼销地	B_1	B_2	B_3	B_4	产量	行差额
A_1	2 ③	2	2	1	3	1
A_2	10	8	5	4	6	1
A_3	7	6	6	8	6	0
销量	4	3	4	4		
列差额	5*	4	3	3		

表 5-11　伏格尔法：B_4 列的确定　　（单位：百元/吨）

产地＼销地	B_1	B_2	B_3	B_4	产量	行差额
A_1	2 ③	2	2	1	3	1
A_2	10	8	5	4 ④	6	1
A_3	7	6	6	8	6	0
销量	4	3	4	4		
列差额	3	2	1	4*		

表 5-12　伏格尔法：A_2 行的确定　　（单位：百元/吨）

产地＼销地	B_1	B_2	B_3	B_4	产量	行差额
A_1	2 ③	2	2	1	3	1
A_2	10	8	5 ②	4 ④	6	3*
A_3	7	6	6	8	6	0
销量	4	3	4	4		
列差额	3	2	1	4		

表 5-13　伏格尔法：B_1 列的确定　　（单位：百元/吨）

销地 产地	B_1	B_2	B_3	B_4	产量	行差额
A_1	2 ③	2	2	1	3	1
A_2	10	8	5 ②	4 ④	6	3
A_3	7 ①	6	6	8	6	0
销量	4	3	4	4		
列差额	7^*	6	6	4		

表 5-14　伏格尔法：B_2 列的确定　　（单位：百元/吨）

销地 产地	B_1	B_2	B_3	B_4	产量	行差额
A_1	2 ③	2	2	1	3	1
A_2	10	8	5 ②	4 ④	6	3
A_3	7 ①	6 ③	6	8	6	0
销量	4	3	4	4		
列差额	7	6^*	6^*	4		

表 5-15　伏格尔法：B_3 列、A_3 行的确定　　（单位：百元/吨）

销地 产地	B_1	B_2	B_3	B_4	产量	行差额
A_1	2 ③	2	2	1	3	1
A_2	10	8	5 ②	4 ④	6	3
A_3	7 ①	6 ③	6 ②	8	6	0
销量	4	3	4	4		
列差额	7	6	6^*	4		

表 5-15 给出可行方案为：$A_1 \to B_1$ 运输 3 单位产品，$A_2 \to B_3$ 运输 2 单位产品，$A_2 \to B_4$ 运输 4 单位产品，$A_3 \to B_1$ 运输 1 单位产品，$A_3 \to B_2$ 运输 3 单位产品，$A_3 \to B_3$ 运输 2 单位产品；该方案对应的运输总费用为：

$$z = 3 \times 2 + 2 \times 5 + 4 \times 4 + 1 \times 7 + 3 \times 6 + 2 \times 6 = 69$$

可以证明，用伏格尔法给出的初始方案是运输问题的基可行解。本例用伏格尔法给出的初始方案也是最优解。

2）最优方案的判别

与单纯形法类似，表上作业法最优方案的判别是当空格（非基变量）对应的检验数大于等于 0（因为运输问题目标函数是求最小值 $\min z=\sum_{i=1}^{m}\sum_{j=1}^{n}c_{ij}x_{ij}$）时所对应的方案为最优方案。

计算空格检验数的方法有两种：闭回路法和位势法。

（1）闭回路法

在一个已给可行方案的运输表上，一条闭回路是以空格为起点，用水平或垂直的线向前划，每碰到一数字格可以转90°弯后继续前进，直到回到起点为止的 一条封闭折线，如图 5-2 所示。

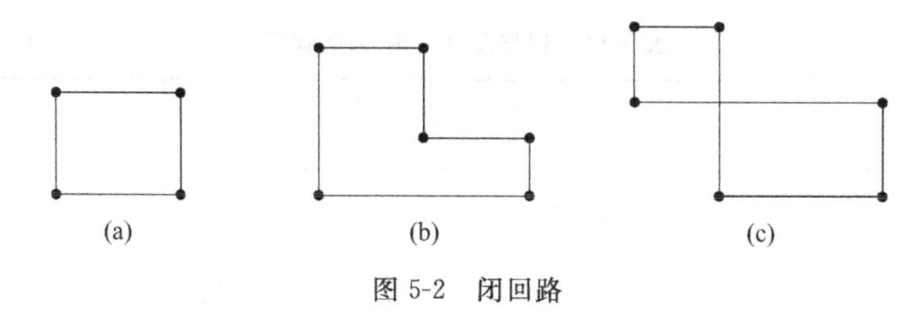

图 5-2　闭回路

理论上已经证明，一个基可行解对应的调运方案①没有以数格为始点的闭回路，②每一个空格有且只有一条闭回路。

下面以最小元素法求得的初始调运方案表 5-8 为例来说明运用闭回路计算空格检验数的方法。

空格（A_1，B_1）有闭回路（A_1，B_1）→（A_1，B_4）→（A_2，B_4）→（A_2，B_1）→（A_1，B_1），若要增加（A_1，B_1）的运输量，那么总的运费将有何变化呢？假设由 A_1 供应 1 吨给 B_1，显然为了保持产销平衡，那么 A_1 至少要少运 1 吨给 B_4，A_2 要多运 1 吨给 B_4，A_2 要少运 1 吨给 B_1，见表 5-16。这样调整以后的方案，增加的运费为 2－1＋4－10＝－5 百元，即总运费减少了 5 百元。这表明如果这样调整将减少运费。由此，空格（A_1，B_1）的检验数为 $\sigma_{11}=c_{11}-c_{14}+c_{24}-c_{21}=2-1+4-10=-5$。

表 5-16　闭回路法：空格（A_1，B_1）　　（单位：百元/吨）

调运量 销地 产地	B_1	B_2	B_3	B_4	产量
A_1	2	2	2	1 ③	3
A_2	10 ①	8	5 ④	4 ①	6
A_3	7 ③	6 ③	6	8	6
销量	4	3	4	4	

空格（A_1，B_2）的检验数为：

$$\sigma_{12} = c_{12} - c_{14} + c_{24} - c_{21} + c_{31} - c_{32} = 2 - 1 + 4 - 10 + 7 - 6 = -4$$

见表 5-17。

表 5-17　闭回路法：空格(A_1,B_2)　　(单位：百元/吨)

调运量 销地 / 产地	B_1	B_2	B_3	B_4	产量
A_1	2	2	2	1 ③	3
A_2	10 ①	8	5 ④	4 ①	6
A_3	7 ③	6 ③	6	8	6
销量	4	3	4	4	

类似可计算其他空格的检验数，列于表中每单元格的右上角小框中的数据，见表 5-18。

表 5-18　闭回路法　　(单位：百元/吨)

调运量 销地 / 产地	B_1	B_2	B_3	B_4	产量
A_1	2 [−5]	2 [−4]	2 [0]	1 ③	3
A_2	10 ①	8 [−1]	5 ④	4 ①	6
A_3	7 ③	6 ③	6 [4]	8 [7]	6
销量	4	3	4	4	

从表 5-18 可以看出，共有 3 个负检验数，故这个初始方案不是最优方案。

(2) 位势法

用闭回路求检验数时，需要给每个空格找一条闭回路。当产销点很多时，这种方法的计算工作量较大，而且没有规律，不适合于计算机求解。下面介绍用位势法，位势法计算空格的检验数原理来自于对偶理论。

由线性规划的对偶理论可知，$\boldsymbol{C_B B^{-1}}$ 表示运输问题 $m+n$ 个约束条件的对偶变量向量，设其分量为 $u_1, u_2, \cdots, u_m, v_1, v_2, \cdots, v_n$。

因为检验数 $\sigma_{ij} = c_{ij} - \boldsymbol{C_B B^{-1} P_{ij}}$，而 $\boldsymbol{P}_{ij} = e_i + e_{m+j}$，所以，$\sigma_{ij} = c_{ij} - (u_i + v_j)$。其中基变量(数格)的检验数 $\sigma_{ij} = c_{ij} - (u_i + v_j) = 0 (i, j \in J_B)$。因而由 $m+n$ 个变量和 $m+n-1$ 个方程组成方程组

$$u_i + v_j = c_{ij} \quad (i, j \in J_B)$$

显然，上述方程组中含有一个自由变量，令其中某个为任一确定的值，可得到方程组的解 u_i 和 $v_j (i = 1, 2, \cdots, m; j = 1, 2, \cdots, n)$，从而可求出非基变量(空格)检验数。这些计算均

可在表上进行。

下面仍以表 5-8 为例，介绍具体的操作方法。

在表 5-8 的下边和右侧各加一行和一列，分别称为位势行和位势列，记为 u_i 和 v_j（见表 5-19）。

表 5-19　位势法求检验数　　（单位：百元/吨）

调运量　销地 产地	B_1	B_2	B_3	B_4	u_i	产量
A_1	2　[−5]	2　[−4]	2　[0]	1 ③	0	3
A_2	10 ①	8　[−1]	5 ④	4 ①	3	6
A_3	7 ③	6 ③	6　[4]	8　[7]	0	6
v_j	7	6	2	1		
销量	4	3	4	4		

对于数格点（基变量）$u_i+v_j=c_{ij}\ (i,j\in J_B)$，有如下方程组：

$$\begin{cases} u_1+v_4=c_{14} \\ u_2+v_1=c_{21} \\ u_2+v_3=c_{23} \\ u_2+v_4=c_{24} \\ u_3+v_1=c_{31} \\ u_3+v_2=c_{32} \end{cases} \quad \text{令 } u_1=0 \quad \text{得} \quad \begin{cases} u_1=0 \\ u_2=3 \\ u_3=0 \\ v_1=7 \\ v_2=6 \\ v_3=2 \\ v_4=1 \end{cases}$$

按 $\sigma_{ij}=c_{ij}-(u_i+v_j)\ (i,j\in J_B)$，在表中直接计算空格相应的检验数，其结果见表 5-19。可以看到，用该位势法和闭回路法求得的检验数是完全一样的。

3）用闭回路法调整方案

当在运输表中空格处出现负检验数时，表明当前方案不是最优方案，必须对其进行调整。具体调整的方法如下：若有两个或两个以上的负检验数时，一般选其中绝对值最大的负检验数，以它对应的格为调入格，如本例中的(A_1,B_1)格。然后在此空格的闭回路中进行最大可能的调整。该最大调整量 θ 等于闭回路中为了给调入格增加运量，又要保持产销平衡而必须减少运量的数格中的最小运量。如表 5-20 中，(A_1,B_1)为调入格，需要增加运量，(A_1,B_4)格需要减少运量，(A_2,B_4)需要增加运量，(A_2,B_1)需要减少运量。则在(A_1,B_1)格的闭回路上调整的最大量 $\theta=\min\{(A_1,B_4)\text{的运量},(A_2,B_1)\text{的运量}\}=\min\{3,1\}=1$。调整以后的方案见表 5-21。

利用位势法重新计算表 5-21 所对应方案的检验数，见表 5-22。

表 5-20　初始调运方案表/检验数表

调运量 销地 产地	B_1	B_2	B_3	B_4	u_i	产量
A_1	2 [−5]	2 [−4]	2 [0]	1 ③	0	3
A_2	10 ①	8 [−1]	5 ④	4 ①	3	6
A_3	7 ③	6 ③	6 [4]	8 [7]	0	6
v_j	7	6	2	1		
销量	4	3	4	4		

表 5-21　方案一调整表

调运量 销地 产地	B_1	B_2	B_3	B_4	u_i	产量
A_1	2 [−5] ①	2 [−4]	2 [0]	1 ②	0	3
A_2	10	8 [−1]	5 ④	4 ②	3	6
A_3	7 ③	6 ③	6 [4]	8 [7]	0	6
v_j	7	6	2	1		
销量	4	3	4	4		

表 5-22　方案一检验数表

调运量 销地 产地	B_1	B_2	B_3	B_4	u_i	产量
A_1	2 ①	2 [1]	2 [0]	1 ②	0	3
A_2	10 [5]	8 [4]	5 ④	4 ②	3	6
A_3	7 ③	6 ③	6 [−1]	8 [2]	5	6
v_j	2	1	2	1		
销量	4	3	4	4		

第二次调整：空格(A_3,B_3)对应的检验数为负，以(A_3,B_3)为调入格，沿此格所在的闭回路(见表 5-23)进行调整，重新调整后如表 5-24 所示，相应检验数表见表 5-25。

表 5-23 (A_3,B_3)格所对应的闭回路

调运量 销地 / 产地	B_1	B_2	B_3	B_4	u_i	产量
A_1	2 (1)	2 [1]	2 [0]	1 (2)	0	3
A_2	10 [5]	8 [4]	5 (4)	4 (2)	3	6
A_3	7 (3)	6 (3)	6 [−1]	8 [2]	5	6
v_j	2	1	2	1		
销量	4	3	4	4		

表 5-24 方案二调整表

调运量 销地 / 产地	B_1	B_2	B_3	B_4	u_i	产量
A_1	2 (3)	2 [1]	2 [0]	1 [1]	0	3
A_2	10 [5]	8 [4]	5 (2)	4 (4)	3	6
A_3	7 (1)	6 (3)	6 (2) [−1]	8 [2]	5	6
v_j	2	1	2	1		
销量	4	3	4	4		

表 5-25 方案二检验数表

调运量 销地 / 产地	B_1	B_2	B_3	B_4	u_i	产量
A_1	2 (3)	2 [1]	2 [1]	1 [1]	0	3
A_2	10 [4]	8 [3]	5 (2)	4 (4)	4	6
A_3	7 (1)	6 (3)	6 (2)	8 [3]	5	6
v_j	2	1	1	0		
销量	4	3	4	4		

表 5-25 中所有空格所对应的检验数均为正，说明这个方案已经是最优调运方案。此时总运费为 $\min z=3\times2+1\times7+3\times6+2\times6+2\times5+4\times4=69$(百元)。

5.3 表上作业法计算中的相关问题

1. 无穷多最优解的问题

由线性规划理论知，当最优方案表中存在某空格检验数为 0 时，则该运输问题一定有多重最优解。

多重最优解的情况在运输问题中非常普遍，如例 5-2 所示。

例 5-2 现有生产彩电的三个分厂 A_1,A_2,A_3，销售彩电的四个销售企业 B_1,B_2,B_3,B_4，其产销量及单位运价表如表 5-26 所示。试求总费用最少的调运方案。

表 5-26 单位运价/产销量表

调运量 仓库 / 产地	B_1	B_2	B_3	B_4	产量
A_1	2	2	3	7	5
A_2	4	3	5	9	6
A_3	1	6	7	8	3
销量	3	2	5	4	

解：用表上作业法求得的最优方案见表 5-27。

表 5-27 最优方案表一

调运量 销地 / 产地	B_1	B_2	B_3	B_4	产量
A_1	2 ⓪	2	3 ⑤	7	5
A_2	4	3 ②	5 ⓪	9 ④	6
A_3	1 ③	6	7	8	3
销量	3	2	5	4	

其检验数表见表 5-28。从检验数表可以看到，其中有两个空格(A_1,B_4)和(A_2,B_1)的检验数为 0，说明该问题有多重最优解。不妨以空格(A_1,B_4)为调入格(进基变量)进行方案的调整，调整后的另一个最优方案见表 5-29。两个最优方案的总运输费用均为 60(百元)。

2. 具有退化解的情况

当运输问题的最优表中有数格(基变量)的运量为 0，则出现退化解的情况。在运输问题中出现退化解的情况同样是非常普遍的。一般有以下两种情况导致退化解的产生：

表 5-28　最优方案检验数表

调运量 产地＼销地	B_1	B_2	B_3	B_4	u_i	产量
A_1	2 ⓪	2 [1]	3 ⑤	7 [0]	0	5
A_2	4 [0]	3 ②	5 ⓪	9 ④	2	6
A_3	1 ③	6 [6]	7 [5]	8 [2]	−1	3
v_j	2	1	3	7		
销量	3	2	5	4		

表 5-29　最优方案表二

调运量 产地＼销地	B_1	B_2	B_3	B_4	u_i	产量
A_1	2 ⓪	2 [1]	3 ①	7 ④	0	5
A_2	4 [0]	3 ②	5 ④	9 [0]	2	6
A_3	1 ③	6 [6]	7 [5]	8 [2]	−1	3
v_j	2	1	3	7		
销量	3	2	5	4		

(1) 确定初始方案时，若出现同时需要划去一行和一列的情况，则需在填写数格的行或列上，写上一个 0 数格。

(2) 在闭回路中进行调整时，如同时有 $r(r>1)$ 个最小值数格时，则只有一个运量为 0 的数格必须调出（出基），其余的必须补上 $(r-1)$ 个 0 数格。

在表 5-28 与表 5-29 的最优方案中，都出现了退化解的情况。在表 5-28 中，有两个数格 (A_1, B_1)，(A_2, B_3) 的运量为 0，在表 5-29 中，有一个数格 (A_1, B_1) 的运量为 0。

3. 当目标为求极大值的情况

当运输模型为求极大值时，可采用将极大化问题转变为极小化问题的方法加以解决。设极大化问题的运价矩阵为 $\boldsymbol{C}=(c_{ij})_{m\times n}$，用一个较大的数 M（一般令 $M=\max\{c_{ij}\}$）来减每一个 c_{ij} 得到矩阵 $\boldsymbol{C}'=(c'_{ij})_{m\times n}$，其中 $c'_{ij}=M-c_{ij}\geqslant 0$，将 C' 作为极小化问题的运价表，用运输单纯形法求出最优解，目标函数值为 $z=\sum_{i=1}^{m}\sum_{j=1}^{n}c'_{ij}x_{ij}$。

例 5-3 有三个农产品产地甲、乙、丙,运输商需要将货物运到三个销地 A、B、C,获得的利润见表 5-30。问如何安排运输方案使总利润最大。

表 5-30

销地 产地	A	B	C	产量
甲	2	5	8	9
乙	9	10	7	10
丙	6	5	4	12
销量	8	14	9	

解:取 $M=\max\{\boldsymbol{C}_{ij}\}=10, \boldsymbol{C}_{ij}'=10-\boldsymbol{C}_{ij}$,则

$$\boldsymbol{C}'=\begin{bmatrix}8 & 5 & 2\\1 & 0 & 3\\4 & 5 & 6\end{bmatrix}$$

以此费用矩阵作为单位运价表,由表上作业法可求得最优运输方案为甲运输 9 单位到 C 地区;乙运输 10 单位到 B 地区;丙运输 8 单位到 A 地区,运输 4 单位到 B 地区。最大利润为 240(百元)。

5.4 产销不平衡的运输问题及其解法

所谓产销不平衡的运输问题,是指在运输问题中有:

$$\sum_{i=1}^{m} a_i \neq \sum_{j=1}^{n} b_j$$

即总产量不等于总销量,这种情况在实际中是非常普遍的。对于这样的运输问题,解决的思路是首先把它转化为平衡运输问题,然后再用表上作业法进行求解。

产销不平衡问题分为两种情况:

(1) 当产大于销时,即

$$\sum_{i=1}^{m} a_i > \sum_{j=1}^{n} b_j$$

此时的数学模型修改为

$$\min z=\sum_{i=1}^{m}\sum_{j=1}^{n} c_{ij}x_{ij}$$

$$\text{s.t.}\begin{cases}\sum_{j=1}^{n} x_{ij} \leqslant a_i & (i=1,2,\cdots,m)\\ \sum_{i=1}^{m} x_{ij}=b_j & (j=1,2,\cdots,n)\\ x_{ij} \geqslant 0 & (i=1,2,\cdots,m;\ j=1,2,\cdots,n)\end{cases}$$

由于总产量大于总销量,为化成平衡运输问题,就要考虑多余的物资在哪一个产地就地

存储的问题，而就地存储的运输费用为0。可虚拟 B_{n+1} 为存储地，并设 $x_{i,n+1}$ 是产地 A_i 的存储量，于是有：

$$\sum_{j=1}^{n} x_{ij} + x_{i,n+1} = \sum_{j=1}^{n+1} x_{ij} = a_i \quad (i = 1,2,\cdots,m)$$

$$\sum_{i=1}^{m} x_{ij} = b_j \quad (j = 1,2,\cdots,n)$$

$$c'_{ij} = c_{ij} \quad (i = 1,2,\cdots,m;\ j = 1,2,\cdots,n)$$

$$c'_{ij} = 0 \quad (i = 1,2,\cdots,m;\ j = n+1)$$

将其分别代入，从而化为产销平衡的运输模型：

$$\min z' = \sum_{i=1}^{m}\sum_{j=1}^{n+1} c'_{ij} x_{ij} = \sum_{i=1}^{m}\sum_{j=1}^{n} c'_{ij} x_{ij} + \sum_{i=1}^{m} c'_{i,n+1} x_{ij} = \sum_{i=1}^{m}\sum_{j=1}^{n} c_{ij} x_{ij}$$

$$\text{s.t.}\begin{cases} \sum_{j=1}^{n+1} x_{ij} = a_i \\ \sum_{i=1}^{m} x_{ij} = b_j \\ x_{ij} \geqslant 0 \end{cases}$$

（2）当销大于产时，即

$$\sum_{i=1}^{m} a_i < \sum_{j=1}^{n} b_j$$

此时的数学模型修改为

$$\min z = \sum_{i=1}^{m}\sum_{j=1}^{n} c_{ij} x_{ij}$$

$$\text{s.t.}\begin{cases} \sum_{j=1}^{n+1} x_{ij} = a_i & (i = 1,2,\cdots,m) \\ \sum_{i=1}^{m} x_{ij} < b_j & (j = 1,2,\cdots,n) \\ x_{ij} \geqslant 0 & (i = 1,2,\cdots,m;\ j = 1,2,\cdots,n) \end{cases}$$

为化成平衡运输问题，只需要再增加一个虚拟的产地 A_{m+1}，它的产量为

$$a_{m+1} = \sum_{j=1}^{n} b_j - \sum_{i=1}^{m} a_i$$

从 A_{m+1} 到销地 B_j 的单位运费为 $c_{m+1,j}=0(j=1,2,\cdots,n)$。

例 5-4 求表 5-31 中运输问题的最优解。

解：总产量为22吨，总销量为20吨，这是一个产销不平衡的典型运输问题，并且属于产大于销的情况，所以增加虚拟的销地 B_6，其销量为 22－20＝2 吨，得到新的产销平衡表 5-32。

对表 5-32 利用表上作业法，得最优方案见表 5-33 所示。最优调运方案为 A_1 调运给 B_3 3 吨，调运给 B_6 2 吨，即自己储存 2 吨；A_2 调运给 B_1 4 吨，调运给 B_5 2 吨；A_3 调运给 B_5 2 吨；A_4 调运给 B_2 4 吨，调运给 B_3 3 吨，调运给 B_4 2 吨。总的费用为 $z=4\times2+3\times5+4\times6+3\times3+2\times7+2\times4+2\times6=90$（千元）。

表 5-31　单位运价表　　　　(单位：千元/吨)

产地 \ 运价 \ 销地	B_1	B_2	B_3	B_4	B_5	产量
A_1	10	20	5	9	10	5
A_2	2	10	8	30	6	6
A_3	1	20	7	10	4	2
A_4	8	6	3	7	5	9
销量	4	4	6	2	4	22 \ 20

表 5-32　产销平衡表　　　　(单位：千元/吨)

产地 \ 运价 \ 销地	B_1	B_2	B_3	B_4	B_5	B_6	产量
A_1	10	20	5	9	10	0	5
A_2	2	10	8	30	6	0	6
A_3	1	20	7	10	4	0	2
A_4	8	6	3	7	5	0	9
销量	4	4	6	2	4	2	

表 5-33　最优方案　　　　(单位：千元/吨)

产地 \ 运价 \ 销地	B_1	B_2	B_3	B_4	B_5	B_6	产量
A_1	10	20	5 ③	9	10	0 ②	5
A_2	2 ④	10	8	30	6 ②	0	6
A_3	1	20	7	10	4 ②	0	2
A_4	8	6 ④	3 ③	7 ②	5 ⓪	0	9
销量	4	4	6	2	4	2	

例 5-5　设有三个工厂生产某种生活必须品，向四个地区供应。各地区年需要量(由于是生活必需品，所以存在最低需求的要求)及从工厂运送到各地区的运价表见表 5-34。求使总的运费最节省的调运方案。

解：对于这个问题先作如下分析：

(1) 总产量为 200，四个地区的最低需求量为 70＋30＋20＋0＝120，最高需求为 70＋90＋60＋80＝300，因此这是一个产销不平衡问题。

(2) 由于是生活必需品，因此最低需求是必须要满足的，而且从目前产量情况看是能够满足最低需求的。最高需求则可满足可不满足，总产量小于最高需求量之和，因此从这个角度上看该问题属于销大于产的问题。

表 5-34　运价表

运价 \ 地区 / 工厂	Ⅰ	Ⅱ	Ⅲ	Ⅳ	产量
A	55	42	—	53	80
B	37	18	32	48	50
C	29	—	51	35	70
最低需求	70	30	20	0	
最高需求	70	90	60	80	

(3) 将Ⅱ,Ⅲ各拆分成两个销地Ⅱ^1,Ⅱ^2,Ⅲ^1,Ⅲ^2。

(4) 表中“—”意味着某个产地的产品不能运输到某个销地,即由于地理上的原因或其他无法克服的障碍,A 工厂的产品不能运到地区Ⅲ,C 工厂的产品不能运到地区Ⅱ,其运价用 M 表示(相当于运价为无穷大)。

(5) 虚设一个产地 D,产量为 300－200＝100。各地区最低需求都不能由虚拟的产地来供应,因而相应的运价为 M,其余运价为 0。

由此得到产销平衡表,见表 5-35。

表 5-35　产销平衡表

运价 \ 地区 / 工厂	Ⅰ	Ⅱ^1	Ⅱ^2	Ⅲ^1	Ⅲ^2	Ⅳ	产量
A	55	42	42	M	M	53	80
B	37	18	18	32	32	48	50
C	29	M	M	51	51	35	70
D	M	M	0	M	0	0	100
需求量	70	30	60	20	40	80	

运用表上作业法计算,可以得到这个问题的最优方案见表 5-36,最小费用为 6790。

表 5-36　最优方案表

运价 \ 地区 / 工厂	Ⅰ	Ⅱ^1	Ⅱ^2	Ⅲ^1	Ⅲ^2	Ⅳ	产量
A	55	42	42 ⑥⓪(60)	M	M	53 (20)	80
B	37	18 (30)	18 (0)	32 (20)	32	48	50
C	29 (70)	M	M	51	51	35 (0)	70
D	M	M	0	M	0 (40)	0 (60)	100
需求量	70	30	60	20	40	80	

5.5　转运问题及其解法

转运问题是运输问题中一个比较复杂的问题，产生转运的原因可能有下列因素：

(1) 产地与销地之间没有直达路线，货物必须通过某中转站转运才可以由产地到销地。

(2) 某些产地既输出货物，也吸收一部分货物；某些销地既吸收货物，也输出部分货物。即产地或销地也可起到中转站的作用，或者既是产地又是销地。

(3) 产地与销地之间虽然有直达路线，但直达运输的费用比经过某些中转站还要高或运输距离更远。

解决平衡转运问题的基本思路是先将问题转化为无转运产销平衡的运输问题，然后再用表上作业法求解。而非平衡的转运问题，则首先要添加虚拟产地或虚拟销地，再转化为平衡转运问题。因此，需作如下假设：

① 首先根据具体问题求出最大可能中转量 θ，$\theta = \max\left\{\sum_i a_i, \sum_j b_j\right\}$。

② 纯中转站可看作为输出量和输入量均为 θ 的一个产地和一个销地。

③ 兼中转站的产地 A_i 可视为一个输入量为 θ 的销地和一个产量为 $a_i+\theta$ 的产地。

④ 兼中转站的销地 B_j 可视为一个输出量为 θ 的产地和一个销量为 $b_j+\theta$ 的销地。

在此假设的基础上，列出各产地的输出量、各销地的输入量及各产销地之间的运价表，然后用表上作业法求解。

例 5-6　甲、乙两个炼焦厂分别生产焦炭 500 万吨，供 A,B,C 三个钢铁厂使用，各钢铁厂需求量分别为 300、300、400 万吨。已知炼焦厂之间，炼焦厂和钢铁厂之间以及钢铁厂之间相互距离(单位：公里)如表 5-37～表 5-39 所示。焦炭可以直接运达，也可以经转运抵达，试确定从炼焦厂到各钢铁厂的最优调运方案(最小总吨公里数)。

表 5-37　炼焦厂与钢铁厂间距离　(单位：公里)

终＼始	A	B	C
甲	150	120	80
乙	60	160	40

表 5-38　焦炼厂间距离　(单位：公里)

终＼始	甲	乙
甲	0	120
乙	100	0

表 5-39　钢铁厂间距离　(单位：公里)

终＼始	A	B	C
A	0	70	100
B	50	0	120
C	100	150	0

解：从表 5-37～表 5-39 可以看出，此处甲、乙、A、B、C 都为兼中转站，最大可能中转量为 1000 万吨，各产地的输出量，各销地的输入量及各产销地之间相互距离的产销平衡表见表 5-40 所示。

用表上作业法求得最优解见表 5-41。

表 5-40　产销平衡表

产地＼销地	甲	乙	A	B	C	产量
甲	0	120	150	120	80	1500
乙	100	0	60	160	40	1500
A	150	60	0	70	100	1000
B	120	160	50	0	120	1000
C	80	40	100	150	0	1000
销量	1000	1000	1300	1300	1400	

表 5-41　调运量表

产地＼销地	甲	乙	A	B	C	产量
甲	1000				500	1500
乙		900	300	300		1500
A			1000			1000
B				1000		1000
C		100			900	1000
销量	1000	1000	1300	1300	1400	

表 5-41 说明甲运送 500 吨货物到 C，C 留下了自己需求的 400 吨货物，而另外 100 吨货物转运到乙，再由乙将货物 600 吨分别运到 A 处 300 吨和 B 处 300 吨。

例 5-7　有三个煤矿 A_1, A_2, A_3，供应 B_1, B_2, B_3, B_4 四个电厂发电需要，产量、销量和运价见表 5-42。

表 5-42　产量/销量/运价表

产地＼运价＼销地	B_1	B_2	B_3	B_4	产量
A_1	3	11	3	10	70
A_2	1	9	2	8	40
A_3	7	4	10	5	90
销量	30	60	50	60	

另外还假定这些物资在三个煤矿产地之间可以相互调运，在四个销地也可以相互调运，其运价见表 5-43、表 5-44，其中 M 为充分大的正数。

表 5-43　煤矿间运价表

	A_1	A_2	A_3
A_1	0	1	3
A_2	1	0	M
A_3	3	M	0

表 5-44　销地间运价表

	B_1	B_2	B_3	B_4
B_1	0	1	4	2
B_2	1	0	2	1
B_3	4	2	0	3
B_4	2	1	3	0

另外再假定还有四个纯中转站 T_1，T_2，T_3，T_4，它们到各产地、各销地及中转站之间的运价见表 5-45。求在考虑到产销地之间直接运输和非直接转运的各种可能方案的情况下，怎样将三个煤矿所产煤运往四个电厂，使总运费最少？

表 5-45　中转站到各产业、各销地及中转站间运价表

	A_1	A_2	A_3	T_1	T_2	T_3	T_4	B_1	B_2	B_3	B_4
T_1	2	3	1	0	1	3	2	2	8	4	6
T_2	1	5	M	1	0	1	1	4	5	2	7
T_3	4	M	2	3	1	0	2	1	8	2	4
T_4	3	2	3	2	1	2	0	1	M	2	6

解：这是一个产销平衡且有纯中转站的运输问题，最大可能中转量为 200。由于问题中所有产地、中间转运站、销地都既可看作产地，又可看作销地，因此可把整个问题当作有 11 个产地和 11 个销地的扩大的运输问题。建立扩大的运输问题产销平衡表和单位运价见表 5-46。

表 5-46　单位运价表

产地＼销地	A_1	A_2	A_3	T_1	T_2	T_3	T_4	B_1	B_2	B_3	B_4	产量
A_1	0	1	3	2	1	4	3	3	11	3	10	270
A_2	1	0	M	3	5	M	2	1	9	2	8	240
A_3	3	M	0	1	M	2	3	7	4	10	5	290
T_1	2	3	1	0	1	3	2	2	8	4	6	200
T_2	1	5	M	1	0	1	1	4	5	2	7	200
T_3	4	M	2	3	1	0	2	1	8	2	4	200
T_4	3	2	3	2	1	2	0	1	M	2	6	200
B_1	3	1	7	2	4	1	1	0	1	4	2	200
B_2	11	9	4	8	5	8	M	1	0	2	1	200
B_3	3	2	10	4	2	2	2	4	2	0	3	200
B_4	10	8	5	6	7	4	6	2	1	3	0	200
销量	200	200	200	200	200	200	200	230	260	250	260	

用表上作业法求得最优调运方案见表 5-47。

表 5-47　最优调运方案表

产地＼销地	A_1	A_2	A_3	T_1	T_2	T_3	T_4	B_1	B_2	B_3	B_4	产量
A_1	200	70										270
A_2		130						110				240
A_3			200	50		40						290
T_1				150	50							200
T_2					150					50		200
T_3						160		40				200
T_4							200					200

续表

产地 \ 销地	A_1	A_2	A_3	T_1	T_2	T_3	T_4	B_1	B_2	B_3	B_4	产量
B_1								80	120			200
B_2									140		60	200
B_3										200		200
B_4											200	200
销量	200	200	200	200	200	200	200	230	260	250	260	

即 $A_2 \to B_1$ 运量为 30；$A_3 \to T_1 \to T_2 \to B_3$ 运量为 50；$A_1 \to A_2 \to B_1 \to B_2$ 运量为 60；$A_1 \to A_2 \to B_1 \to B_2 \to B_4$ 运量为 10；$A_2 \to B_1 \to B_2 \to B_4$ 运量为 10；$A_3 \to T_3 \to B_1 \to B_2 \to B_4$ 运量为 40。总运输费用为：

$$\min z = 70 + 110 + 50 + 80 + 50 + 40 + 100 + 120 + 60 = 680$$

5.6 运输问题的 Excel 求解

下面讨论如何利用 Excel 电子表格来求解运输问题。使用 Excel 电子表格求解运输问题涉及两个基本步骤：首先需要在电子表格上构建单位运价表与产销运量表；其次是利用 Excel 的“规划求解”求解运输问题。

例 5-8 以例 5-1 为例，利用 Excel 求解该运输问题。

该问题的产销平衡表和单位运价表见表 5-48。

表 5-48 产销平衡/单位运价表

调运量 \ 销地 \ 产地	B_1	B_2	B_3	B_4	产量
A_1	2	2	2	1	3
A_2	10	8	5	4	6
A_3	7	6	6	8	6
销量	4	3	4	4	

实际上，把表 5-48 的数据转换到 Excel 中并进行简单的扩充，就可获得求解该问题的 Excel 模板。图 5-3 模板的上半部分是该运输问题的单位运价表数据，下半部分是该运输问题的调运方案表。B12:E14 单元格表示决策变量，B4:E6 单元格表示已知数据，D20 单元格表示目标函数(如图 5-3 所示)。设初始运量等于 0，空格即默认为 0，可以不用填写。运输问题的目标函数值放在单元格 D20 中，输入的公式为 SUMPRODUCT(B4:E6,B12:E14)。

第二组公式位于单元格 F12～F14，比如单元格 F12 中的公式为 SUM(B12:E12)，表示从工厂 A1 运往四个仓库的运量之和，即产量约束；第三组公式位于单元格 B15～E15，例如 B15 中的公式为 SUM(B12:B14)，表示从 3 个供应点到仓库 B1 的运量之和，即需求约束(这些公式都在图 5-3 的下半部分的三个表格中)。

在设置完运输问题的模板之后，利用“规划求解”的参数设置功能进行目标、约束、选项等相关参数的设置，参见图 5-4 和图 5-5。

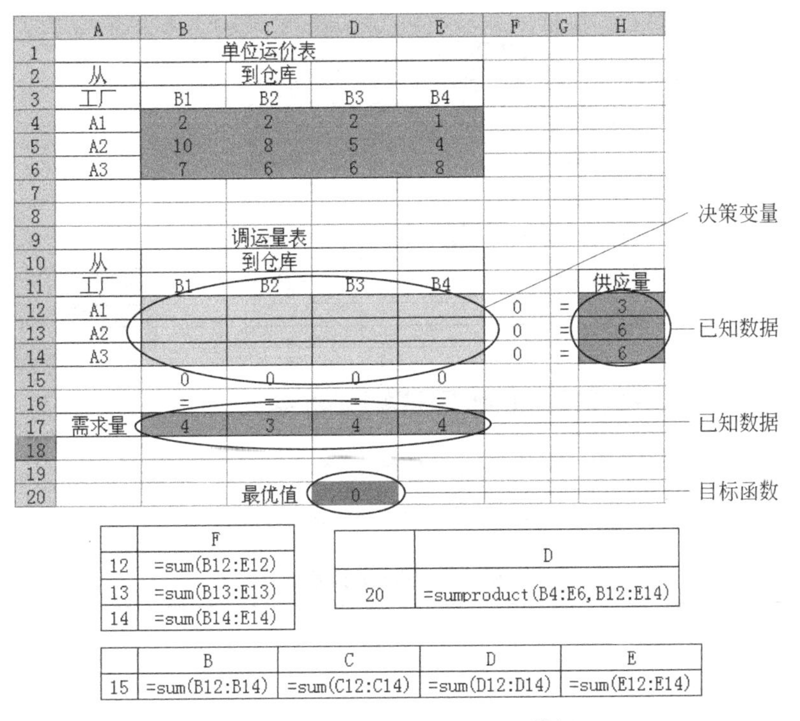

	F
12	=sum(B12:E12)
13	=sum(B13:E13)
14	=sum(B14:E14)

	D
20	=sumproduct(B4:E6,B12:E14)

	B	C	D	E
15	=sum(B12:B14)	=sum(C12:C14)	=sum(D12:D14)	=sum(E12:E14)

图 5-3　产品运输问题的 Excel 模板

图 5-4　运输问题规划求解参数设置

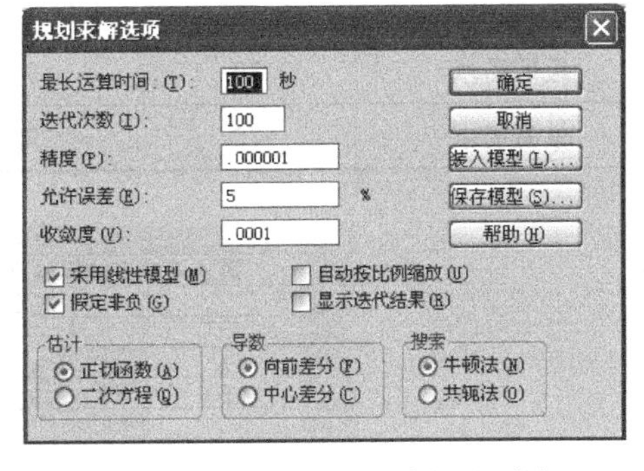

图 5-5　运输问题的规划求解选项设置

所有的线性规划求解问题一定要在“规划求解选项”对话框中选中“假定非负”和“采用线性模型”复选框，再单击“规划求解参数”对话框中的“求解”按钮，就可以获得该运输问题的最优解，相关结果如图 5-6 所示。

对于产销不平衡和有转运的运输问题，如果手工计算，则需要把产销不平衡和有转运的运输问题转化成普通的平衡运输问题。然而在 Excel 中只需要改变约束条件即可，不需要添加虚拟的产地或者销地。下面以一个例子说明如何使用 Excel 求解非平衡的运输问题。

例 5-9　以例 5-5 为例，利用 Excel 求解。该问题的原始数据表见表 5-49。

解：首先建立该运输问题的 Excel 模板。为便于计算机求解，根据单位运价的大小，将工厂不能运达的地区“—”设置单位费用为较大正数 M＝1000，最低需求与最高需求的处理是让实际分配量大于等于最低需求，小于等于最高需求，如图 5-7 所示。

	A	B	C	D	E	F	G	H
1			单位运价表					
2	从		到仓库					
3	工厂	B1	B2	B3	B4			
4	A1	2	2	2	1			
5	A2	10	8	5	4			
6	A3	7	6	6	8			
7								
8								
9			调运量表					
10	从		到仓库					
11	工厂	B1	B2	B3	B4			供应量
12	A1	3	0	0	0	3	=	3
13	A2	0	0	2	4	6	=	6
14	A3	1	3	2	0	6	=	6
15		4	3	4	4			
16		=	=	=	=			
17	需求量	4	3	4	4			
18								
19								
20			最优值	69				

图 5-6　运输问题的最优调运方案表

表 5-49　例 5-5 运价表

运价 \ 地区 / 工厂	Ⅰ	Ⅱ	Ⅲ	Ⅳ	产量
A	55	42	—	53	80
B	37	18	32	48	50
C	29	—	51	35	70
最低需求	70	30	20	0	
最高需求	70	90	60	80	

	A	B	C	D	E	F	G	H
1	需求不确定的运输问题							
2			地区					
3	工厂	I	II	III	IV			
4	A	55	42	1000	53			
5	B	37	18	32	48			
6	C	29	1000	51	35			
7								
8								
9		I	II	III	IV	供应量		实际总产量
10	A					0	=	80
11	B					0	=	50
12	C					0	=	70
13	最低需求	70	30	20	0			
14		<=	<=	<=	<=			总运费
15	实际分配量	0	0	0	0			0
16		<=	<=	<=	<=			
17	最高需求	70	90	60	80			

	F
10	=sum(B10:E10)
11	=sum(B11:E11)
12	=sum(B12:E12)

	H
15	=sumproduct(B4:E6,B10:E12)

	B	C	D	E
15	=sum(B10:B12)	=sum(C10:C12)	=sum(D10:D12)	=sum(E10:E12)

图 5-7　需求不确定运输问题的 Excel 模板

每个地区的实际分配量应该在最低需求和最高需求之间，因此只需把平衡问题中等号的约束条件改成该不等式约束条件即可，如图 5-8 所示。

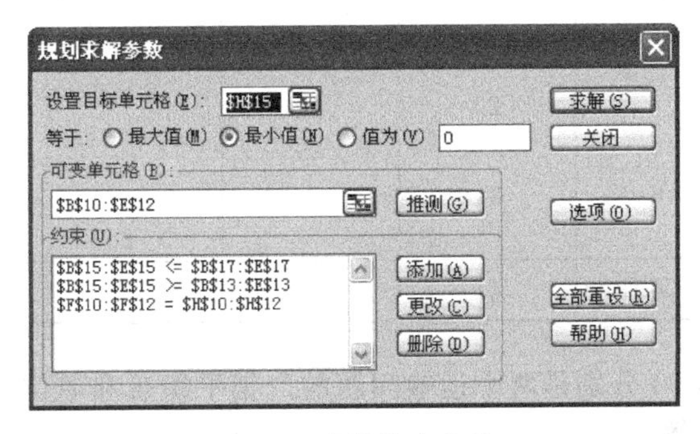

图 5-8　参数约束条件

单击“求解”按钮，即可得到最优结果，如图 5-9 所示，从图中可以看出，与化成平衡问题所求的结果是一致的。

	A	B	C	D	E	F	G	H
1	需求不确定的运输问题							
2			地区					
3	工厂	I	II	III	IV			
4	A	55	42	1000	53			
5	B	37	18	32	48			
6	C	29	1000	51	35			
7								
8								
9		I	II	III	IV	供应量		实际总产量
10	A	0	60	0	20	80	=	80
11	B	0	30	20	0	50	=	50
12	C	70	0	0	0	70	=	70
13	最低需求	70	30	20	0			
14		<=	<=	<=	<=			总运费
15	实际分配量	70	90	20	20			6790
16		<=	<=	<=	<=			
17	最高需求	70	90	60	80			

图 5-9　煤炭运输问题的求解结果

习　题

1. 判断表 5-50 和表 5-51 中给出的调运方案是否可以作为表上作业法求解时的初始解？为什么？

表　5-50

产地＼销地	1	2	3	4	产量
A	0	150			150
B			150	100	250
C	50				50
销量	50	150	150	100	

表　5-51

销地 产地	1	2	3	4	5	产量
A	15			25		40
B		20	30			50
C			25		5	30
D	9	21				30
E				8	2	10
销量	24	41	55	33	7	

2. 表 5-52 和表 5-53 分别是两个运输问题的产销平衡表和单位运价表，试利用伏格尔(Vogel)法求出其初始解。

表　5-52

销地 产地	1	2	3	产量
A	2	1	5	12
B	5	4	3	14
C	3	8	5	4
销量	10	10	10	

表　5-53

销地 产地	1	2	3	4	5	产量
A	10	2	3	10	9	10
B	5	10	—	2	4	30
C	5	5	14	7	15	20
D	20	10	13	—	8	20
销量	20	20	10	10	20	

3. 用表上作业法求表 5-54 和表 5-55 中给出的运输问题最优解。

表　5-54

销地 产地	甲	乙	丙	丁	产量
A	464	513	654	867	75
B	352	416	690	791	125
C	995	682	388	685	100
销量	80	65	70	85	

4. 某厂按合同规定须于当年每个季度末分别提供 10,15,25,20 台同一规格的柴油机。已知该厂各季度的生产能力及生产每台柴油机的成本见表 5-56。又如果生产出来的柴油机当季不交货的，每台每积压一个季度需储存、维护等费用 0.15 万元。要求在完成合同的情况下，做出使该厂全年生产（包括储存、维护）费用最小的决策(利用运输问题的解法求解)。

表　5-55

产地＼销地	甲	乙	丙	丁	产量
A	41	27	28	24	45
B	40	29	—	23	30
C	37	30	27	21	45
销量	20	30	30	40	

表　5-56

季度	生产能力(台)	单位成本(万元)	季度	生产能力(台)	单位成本(万元)
1	25	10.8	3	30	11.0
2	35	11.1	4	10	11.3

5. 对表 5-57 给出的运输问题建立运输模型并求解。

表　5-57

产地＼销地	B_1	B_2	B_3	最低产量	最高产量
A_1	4	6	7	60	80
A_2	—	7	8	40	40
A_3	5	4	6	40	不限
A_4	4	5	—	0	50
销量	70	80	50		

6. 设有三个化肥厂供应四个地区的化肥。各厂家的年产量、各地区的年需求量及各厂到各地区的单位运价见表 5-58,试求出总的运费最省的化肥调拨方案。

表　5-58

厂家＼地区	甲	乙	丙	丁	产量(万吨)
A	6	3	12	6	10
B	4	3	9	—	12
C	9	10	13	10	10
最低需求(万吨)	6	14	0	5	
最高需求(万吨)	10	14	6	不限	

7. 表 5-59 给出了一个运输表。现在规定产地 A_i 至销地 B_j 的运量不能超过 d_{ij}，由表 5-60 给出。试建立该运输问题的模型并求解。

表　5-59

产地＼销地	B_1	B_2	B_3	产量
A_1	3	5	4	8
A_2	2	6	7	10
销量	7	5	6	

表　5-60

d_{ij}	B_1	B_2	B_3
A_1	4	3	3
A_2	4	2	5

8. 由表 5-61 给定一个运输问题。又物资可在 A_2，B_2 和 B_3 处转运，A_1 与 A_2，B_2 与 B_1，B_3 与 B_1，B_2 与 B_3 之间单位运价分别为 1,2,1,3。试建立运输模型并求解。

表 5-61

销地 / 产地	B_1	B_2	B_3	产量
A_1	5	3	5	10
A_2	4	1	2	20
销量	10	10	10	

9. 某公司在接下来的三个月内每月都要按照销售合同生产出两种产品。这两种产品使用相同的设备并需要投入相同的生产能力。每个月可供使用的生产和存储设备都会发生变化。所以生产能力、单位生产成本以及单位存储成本每个月都不相同，有必要在某些月中多生产一种或多种产品并存储起来以备需要的时候使用。

对于每个月来说，表 5-62 给出了在正常生产时间(Regular Time,RT)和加班生产时间(Over Time,OT)内生产能力，按照合同需要的销售数量。在正常生产时间和加班生产时间内的单位产品生产成本和每件产品存储到下一个月的存储成本。两种产品 1,2 的数量用"/"分开。

表 5-62　生产数据表

月份	最大生产总量		产品 1/产品 2			
			销售 产品 1/产品 2	单位生产成本(1000/件)		单位存储成本 (1000/件)
	RT	OT		RT	OT	
1	10	3	5/3	15/16	18/20	1/2
2	8	2	3/5	17/15	20/18	2/1
3	10	3	4/4	19/17	22/22	

生产管理人员想要开发一个在正常时间(如果正常时间不够的话，就要用加班时间)内生产每一种产品的数量的计划进度，目标是在满足合同规定的基础上，使 3 个月的总生产和存储成本最小。初始和在 3 个月结束后的存储量都为零。

(1) 对这个问题进行分析，将它描述成一个运输问题的产销平衡表，使之可以用运输问题的表上作业法进行求解。

(2) 用 Excel 软件进行求解。

10. 某百货公司去外地采购 A、B、C、D 四种规格的服装，数量分别为：A—1500 套，B—2000 套，C—3000 套，D—3500 套。有三个城市可供应上述规格服装，各城市供应数量分别为：Ⅰ—2500 套，Ⅱ—2500 套，Ⅲ—5000 套。由于这些城市的服装质量、运价和销售情况不同，预计售出后的利润(元/套)也不同，详见表 5-63。请制定该公司的采购方案，使预期盈利最大。

11. 甲、乙、丙三个城市每年需要煤炭分别为：320,250,350 万吨，由 A、B 两处煤矿负责供应。已知煤炭年供应量分别为：A—400 万吨，B—450 万吨。由煤矿至各城市的单位运价(万元/万吨)见表 5-64。由于需求大于供给，经研究平衡决定，甲城市供应量可减少 0～30 万吨，乙城市需要量应全部满足，丙城市供应量不少于 270 万吨。求将供应量分配完且总运费为最低的调运方案。

表 5-63　利润表

城市＼规格	A	B	C	D
Ⅰ	10	5	6	7
Ⅱ	8	2	7	6
Ⅲ	9	3	4	8

表 5-64　单位运价表

	甲	乙	丙
A	15	18	22
B	21	25	16

12. 某造船厂根据合同要从当年起连续三年末各提供三条规格型号相同的大型客货轮。已知该厂这三年内生产大型客货轮的能力及每艘客货轮成本见表 5-65。已知加班生产时，每艘客货轮成本比正常生产时高出 70 万元。又知造出来的客货轮如当年不交货，每艘每积压一年造成的积压损失为 40 万元。在签订合同时，该厂已储存了两艘客货轮，而该厂希望在第三年末完成合同后还能储存一艘备用。问该厂应如何安排每年客货轮的生产量，使在满足上述各项要求的情况下，总的生产费用加积压损失为最少？

表 5-65　生产及成本表

年度	正常生产时间内可完成的客货轮数	加班生产时间内可完成的客货轮数	正常生产时每艘成本（万元）
1	2	3	500
2	4	2	600
3	1	3	550

13. 某农场承包 100 亩地，但因土壤等自然条件不同，土地分为三类。现要在三类土地上种植三种作物，各类土地的亩数，各类作物计划播种面积以及各种作物在各类土地上的亩产量见表 5-66。问如何安排播种方案（即某块土地种植某作物多少）可使作物总产量最多？

表 5-66　种植面积及亩产数据表

土地＼作物	A	B	C	面积
甲	600	700	700	100
乙	800	500	500	500
丙	400	150	150	400
亩数	200	300	500	

14. 某公司有三个工厂和四个客户，这三个工厂在下一时期将分别制造产品 3000，5000 和 4000 件。公司答应卖给客户 1，2，3，4 的数量分别为 4000 件，3000 件，1000 件，4000 件。

工厂 i 卖给客户 j 的单位利润见表 5-67。问如何安排生产和供应才能使总利润最大?

表 5-67　单位利润表

客户＼工厂	B_1	B_2	B_3	B_4
A_1	15	13	12	14
A_2	18	17	15	12
A_3	13	10	9	10

15. 某公司决定使用三个有生产余力的工厂进行四种新产品的生产制造。每单位产品需要等量的工作,所以工厂的有效生产能力以每天生产的任意种产品的数量来衡量。最后一行给出了要求的产品生产率(每天生产的产品数量),以满足计划的销售量。每一家工厂都可以制造这些产品,除了工厂 B_2 不能生产产品 A_3 以外。各种产品在不同工厂中的单位生产成本(千元)是不同的,具体数据见表 5-68,问公司应如何安排生产计划,使得生产的总成本最少?

表 5-68　需求量及生产能力数据表

工厂＼产品	A_1	A_2	A_3	A_4	生产能力
B_1	41	27	28	24	75
B_2	40	29	—	23	75
B_3	37	30	27	21	45
需求量	20	30	30	40	

16. 设某仓库 E_1 储存某种原料的一等品 200,二等品 300;仓库 E_2 有该种原料一等品 100,三等品 150。工厂 F_1 将该种原材料供应给 3 个不同的车间:第一车间可将这三种等级的原材料相互代用;第二车间只能用一等品,需求量是 50;第三车间只能用二等品或三等品,需求量是 50。工厂 F_2 将该种原料供应给两个车间,第一车间使用一等品或二等品,需求量是 200;第二车间只用一等品,需求量是 300。仓库 E_1 到工厂 F_1,F_2 的单位运价分别为 5,7;仓库 E_2 到工厂 F_1,F_2 的单位运价分别为 8,6。又设有一个该原材料的存储点 Q,它的输入量与输出量及该原材料的等级均不受限制,Q 点存储的原材料可以运往 F_1 和 F_2,单位运价分别为 6 和 9;E_1 和 E_2 的原材料业可以运往 Q 点,单位运价分别为 2 和 3。若 F_1 和 F_2 的需求量必须得到满足,E_1 和 E_2 的原材料必须运走,试建立运输模型(列出其产销平衡表)并求解。

17. 关于运输问题,下列说法正确的是:

(1) 运输问题是一种特殊的线性规划模型,因而求解结果也可能出现下列情况之一:有唯一解,有无穷多解,无界解,无可行解。

(2) 在运输问题中,只要给出一组含 $(m+n-1)$ 个非零的 $\{x_{ij}\}$,且满足 $\sum_{j=1}^{n} x_{ij} = a_i$,$\sum_{i=1}^{m} x_{ij} = b_j$,就可以作为一个初始基可行解。

(3) 如果运输问题单位运价表的某一行(或某一列)元素分别加上一个常数 k,最优调运方案将不会产生变化。

(4) 如果运输问题单位运价表的某一行(或某一列)元素分别乘上一个常数 k,最优调运方案将不会产生变化。

(5) 按最小元素法给出的初始基可行解,从每一空格出发可以找出而且仅能找出唯一的闭回路。

(6) 当所有产地的产量和销地的销量均为整数时,运输问题的最优解也为整数值。

18. 证明运输问题中,任何一个方程可以取作多余方程。

第6章 目标规划

6.1 目标规划问题的数学模型

在现实生活中存在着这样的一类问题，目标不止是一个而是多个，这些目标有的相互制约，有的又相互排斥。例如，在企业生产问题中，企业既希望利润最大，又希望产值最高，市场占有率最高，还希望成本最小，而且这些目标的重要性各不相同，往往具有不同的量纲。这类问题就是所谓的多目标问题，目标规划就是处理多目标问题的一种重要模型和方法。若目标函数和约束条件都是线性的，就称为线性目标规划。本章只讨论线性目标规划（简称目标规划）的数学模型及方法。

为了具体说明目标规划与线性规划在处理问题的方法上的区别，先通过例子来引入目标规划的相关概念和数学模型。

1. 顺序目标规划模型

例 6-1 设有一纺织厂可生产衣料和窗帘布共两种产品。该厂两班生产，每周的生产时间为 80 小时，无论生产哪种产品，该厂每小时的产量都是 1 千米。据市场预测，每周窗帘布的销售量为 70 千米，而衣料的销售量为 45 千米。工厂有纺纱 9000 千克，生产 1 千米窗帘布需要纺纱 800 千克，生产 1 千米衣料需要纺纱 500 千克。假定窗帘布和衣料的单位利润分别为 2.5 千元/千米和 1.5 千元/千米，上级主管部门对该厂提出了以下 4 个顺序目标：

(1) 尽可能避免开工不足；

(2) 尽可能限制每周加班时间不超过 10 小时；

(3) 尽可能满足市场需求；

(4) 尽可能减少加班时间。

问该厂应如何安排生产才能使这些目标依序实现？

解：为了建立该问题的数学模型，作如下分析：

(1) 设该厂每周生产衣料和窗帘各为 x_1, x_2 千米，即为决策变量。此外，为合理表述目标，引进正、负偏差变量 d^+, d^-。正偏差变量 d^+ 表示决策值超过目标值的部分；负偏差变量 d^- 表示决策值未达到目标值的部分。因决策值不可能既超过目标值同时又未达到目标值，所以恒有 $d^+ \times d^- = 0$。

(2) 资源约束和目标约束。资源约束是指由于资源用量限制所造成的约束，一般为可为等式约束和不等式约束，如线性规划问题中的所有约束。

在此问题中，纺纱的约束：$500x_1 + 800x_2 \leqslant 9000$ 即为资源约束。

这类约束又称为硬约束，因为不能满足这些约束条件的解称为非可行解。

目标约束是目标规划特有的，可把约束右端值看作要追求的目标值，而实际值与目标值之间允许存在正或负偏差。它一般是根据所提目标而且目标值确定而得，故称为目标约束。

在此问题中，目标约束有：

$$x_1 + x_2 + d_1^- - d_1^+ = 80 \quad \text{（生产工时约束）}$$

$$d_1^+ + d_2^- - d_2^+ = 10 \quad \text{（加班时间约束）}$$

$$x_1 + d_3^- - d_3^+ = 70 \quad \text{（窗帘布销售量约束）}$$

$$x_2 + d_4^- - d_4^+ = 45 \quad \text{（衣料销售量约束）}$$

一般来说实际值与目标值之间总是有一定差距，因此这类约束也称为软约束。

(3) 优先因子(优先等级)与权系数。一个规划问题常常有若干个目标，但决策者在要求达到这些目标时，是有主次、轻重缓急之分的。凡要求第一位达到的目标赋予优先因子 $\boldsymbol{P}_1$，次位的目标赋予优先因子 $\boldsymbol{P}_2,\cdots$，并规定 $\boldsymbol{P}_k \gg \boldsymbol{P}_{k+1}(k=1,2,\cdots,K)$，表示 $\boldsymbol{P}_k$ 比 $\boldsymbol{P}_{k+1}$ 有更大的优先权。即首先保证 $\boldsymbol{P}_1$ 级目标的实现，这时可不考虑次级目标；而 $\boldsymbol{P}_2$ 级目标是在实现 P_1 级目标的基础上考虑的；依此类推，若要区别具有相同优先因子的两个目标的差别，这时可分别赋予它们不同的权系数 ω_j，这些都由决策者按具体情况而定。在此问题中的 4 个有序目标分别为：

$$\boldsymbol{P}_1: \quad \min z_1 = d_1^-$$

$$\boldsymbol{P}_2: \quad \min z_2 = d_2^+$$

$$\boldsymbol{P}_3: \quad \min z_3 = 5d_3^- + 3d_4^-$$

$$\boldsymbol{P}_4: \quad \min z_4 = d_1^+$$

其中第 3 个满足市场需求目标具有权系数，即利润大的先满足需求。

(4) 目标规划的目标函数。目标规划的目标函数是按各目标约束的正、负偏差变量和赋予相应的优先因子而构成的。当每一目标值确定后，决策者的要求是使偏离目标值的偏离量尽可能小。因此目标规划的目标函数只能是 $\min z = f(d^+, d^-)$。其基本形式有 3 种：

① 要求恰好达到目标值，即正、负偏差变量都要尽可能地小，这时

$$\min z = f(d^+ + d^-)$$

② 要求不超过目标值，即允许达不到目标值，就是正偏差变量要尽可能小，这时

$$\min z = f(d^+)$$

③ 要求超过目标值，即超过量不限，但是负偏差量要尽可能小，这时

$$\min z = f(d^-)$$

综合上述步骤，该问题的目标规划模型为：

$$\min z_1 = d_1^-$$

$$\min z_2 = d_2^+$$

$$\min z_3 = 5d_3^- + 3d_4^-$$

$$\min z_4 = d_1^+$$

$$\begin{cases} 500x_1 + 800x_2 \leqslant 9000 \\ x_1 + x_2 + d_1^- - d_1^+ = 80 \\ \qquad d_1^+ + d_2^- - d_2^+ = 10 \\ x_1 \qquad + d_3^- - d_3^+ = 70 \\ \qquad x_2 + d_4^- - d_4^+ = 45 \\ x_j \geqslant 0, \quad d_i^-, d_i^+ \geqslant 0 \end{cases}$$

2. 加权目标规划模型

例 6-2 如在例 6-1 中,4 个目标没有优先顺序,而是对于达不到目标值的目标给予一定惩罚,用惩罚因子表示,见表 6-1。

表 6-1 目标惩罚因子

目标描述	目标值	惩罚因子
尽可能避免开工不足	80	5
尽可能限制每周加班时间不超过 10 小时	10	8
尽可能满足市场需求	70,45	9
尽可能减少加班时间	0	2

问该厂应如何安排生产才能使这些目标实现?

解:该问题属于加权目标规划问题,每一目标的惩罚因子为目标重要性权系数,用于区分目标重要性。因此,该问题的目标函数表述为:

$$\min z = 5d_1^- + 8d_2^+ + 9(5d_3^- + 3d_4^-) + 2d_1^+$$

约束条件及其他分析与例 6-1 完全一致,则该问题的加权目标规划模型为:

$$\min z_1 = 5d_1^- + 8d_2^+ + 9(5d_3^- + 3d_4^-) + 2d_1^+$$

$$\begin{cases} 500x_1 + 800x_2 \leqslant 9000 \\ x_1 + x_2 + d_1^- - d_1^+ = 80 \\ \quad d_1^+ + d_2^- - d_2^+ = 100 \\ x_1 \quad + d_3^- - d_3^+ = 70 \\ \quad x_2 + d_4^- - d_4^+ = 45 \\ x_j \geqslant 0, \quad d_i^-, d_i^+ \geqslant 0 \end{cases}$$

上述模型说明,加权目标规划实质上就是一个线性规划模型,其求解可以直接用单纯形法求解。

因此,为简便起见,本章以后内容中所称目标规划均指顺序目标规划。

仿照线性规划,将目标规划的优先因子作为权因子,则目标规划的一般模型可写为:

$$\min z = \sum_{r=1}^{L} \boldsymbol{P}_r \left(\sum_{k=1}^{K} (\omega_{rk}^- d_k^- + \omega_{rk}^+ d_k^+) \right)$$

$$\text{s. t.} \begin{cases} \sum_{j=1}^{n} a_{ij} x_j \leqslant b_i & (i = 1,2,\cdots,m) \\ \sum_{j=1}^{n} c_{kj} x_j + d_k^- - d_k^+ = g_k & (k = 1,2,\cdots,K) \\ x_j \geqslant 0 \quad (j = 1,2,\cdots,n); \quad d_k^-, d_k^+ \geqslant 0 & (k = 1,2,\cdots,K) \end{cases}$$

其中 $\boldsymbol{P}_r$ 为目标优先因子,ω_{rk}^-,ω_{rk}^+ 为目标权系数,d_k^-,d_k^+ 为偏差变量。建立目标规划的数学模型时,确立各个目标的优先等级,确定各目标值和权系数等,一般可以通过专家评定来事先解决。

注记：①目标规划是一种多目标的处理技术。②加权目标规划适用于各目标之间重要性区别不大的多目标问题。③优先目标规划适用于各目标之间重要性具有显著差异的问题。其在求解时，先满足重要性高的目标，将重要性高的目标达到目标值作为约束条件，再来优化重要性低的目标。④也有一些情况，需要结合使用两种方法来分析。当目标可以被分成几组，每组内的目标的重要性比较相似，而组与组之间的重要性有很大的差异，此时应当结合使用两种方法。在这种情况下，加权目标规划可用于每组内部，而优先目标规划可用来按照重要性顺序处理组与组之间的问题。

6.2　解目标规划问题的图解法

对于只具有两个决策变量的目标规划的数学模型，用图解法求解比较简单、直观。下面用一具体实例的求解来说明图解法的步骤。

例 6-3　用图解法求解下列线性目标规划问题。

$$\min z = \boldsymbol{P}_1 d_1^- + \boldsymbol{P}_2 d_2^-$$

$$\text{s.t.}\begin{cases} x_1 - x_2 + d_1^- - d_1^+ = 50 \\ 2x_1 + 3x_2 + d_2^- - d_2^+ = 0 \\ x_1 + x_2 \leqslant 1000 \\ x_1, x_2 \geqslant 0, \quad d_i^+ \geqslant 0, \quad d_i^- \geqslant 0 \quad (i = 1,2) \end{cases}$$

解：

(1) 先在平面直角坐标系中做出各约束条件所确定的区域。

资源约束条件的作图与线性规划相同，如图 6-1 所示阴影部分，即三角形 OCD 所围的区域为可行域。对目标约束条件，令相应的正、负偏差(d_i^+，d_i^-)均为 0，作相应的直线。

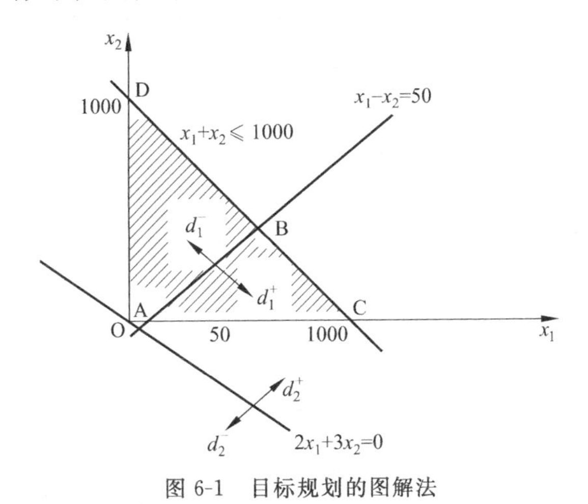

图 6-1　目标规划的图解法

(2) 标出目标约束在相应直线上(d_i^+，d_i^-)的方向。

(3) 根据目标函数的优先因子分析求解。

在可行域中，首先考虑 $\boldsymbol{P}_1$ 的实现，即要求 $\min z_1=d_1^-$，由图 6-1 中可见，满足 $d_1^-=0$ 的区域为三角形 ABC；接着考虑 $\boldsymbol{P}_2$ 相对应的目标，即在区域 ABC 中要实现 $\min z_2=d_2^-$，可以看到只有 A 点使 d_2^- 最小，故图 6-1 中的 A 点为满意解，即 $x_1=50, d_2^+=100$。

6.3 解目标规划问题的单纯形法

目标规划的数学模型结构和线性规划的模型结构类似，所以，可用单纯形法求解。解目标规划的单纯形法与线性规划的单纯形法基本相似，但主要有以下两点区别：

① 在单纯形表中，每一顺序级目标都有一行检验数，从而构成一个检验数矩阵。

② 由于各个目标都是极小化，因此，对于每一目标而言，当检验数 $c_j-z_j\geqslant 0$ 时为最优。但目标规划问题一般没有最优解而只有满意解。满意解的判定是：在检验数矩阵中每一列，从上至下第一个非零元为正数，则所对应的解为满意解。

下面结合实例，说明其方法步骤。

例 6-4 用单纯形法求解下列线性目标规划问题。

$$\min z=\boldsymbol{P}_1 d_1^-+\boldsymbol{P}_2 d_2^++\boldsymbol{P}_3(d_3^-+d_3^+)$$

$$\text{s.t.}\begin{cases}3x_1+x_2+d_1^--d_1^+=60\\ x_1-x_2+2x_3+d_2^--d_2^+=10\\ x_1+x_2-x_3+d_3^--d_3^+=20\\ x_i\geqslant 0;\quad d_i^+\geqslant 0;\quad d_i^-\geqslant 0\quad(i=1,2,3)\end{cases}$$

解：先将目标规划问题转化为标准型，该题已经是标准型，故不需变动。

(1) 建立初始单纯形表。

取 d_1^-, d_2^-, d_3^- 为基变量，建立初始单纯形表 6-2。

表 6-2 单纯形表

$c_j\rightarrow$			0	0	0	$\boldsymbol{P}_1$	0	$\boldsymbol{P}_3$	0	$\boldsymbol{P}_2$	$\boldsymbol{P}_3$	
$\boldsymbol{C_B}$	$\boldsymbol{X_B}$	b	x_1	x_2	x_3	d_1^-	d_2^-	d_3^-	d_1^+	d_2^+	d_3^+	θ
$\boldsymbol{P}_1$	d_1^-	60	3	1	0	1	0	0	−1	0	0	20
0	d_2^-	10	[1]	−1	2	0	1	0	0	−1	0	10
$\boldsymbol{P}_3$	d_3^-	20	1	1	−1	0	0	1	0	0	−1	20
$\sigma_j\rightarrow$		$\boldsymbol{P}_1$	−3	−1	0	0	0	0	1	0	0	
		$\boldsymbol{P}_2$	0	0	0	0	0	0	0	1	0	
		$\boldsymbol{P}_3$	−1	−1	1	0	0	0	0	0	2	

表 6-2 中的检验数矩阵是这样得到的：

线性目标规划有多个目标函数，且分别具有不同的优先等级，其各级目标函数系数中的非基变量的检验数，都含有不同等级的优先因子，因此，检验数可表示为

$$\sigma_j=c_j-z_j=c_j-\sum_{k=1}^{K}a_{kj}\boldsymbol{P}_k\quad(j=1,2,\cdots,n)$$

对于本例而言，非基变量 x_1 的检验数

$$\sigma_1 = c_1 - z_1 = 0 - (3 \quad 1 \quad 1)\begin{bmatrix} \boldsymbol{P}_1 \\ 0 \\ \boldsymbol{P}_2 \end{bmatrix} = -3\boldsymbol{P}_1 - 0\boldsymbol{P}_2 - \boldsymbol{P}_3$$

把 σ_1 中各级优先因子的系数写成具有 K 行的列向量 $\begin{bmatrix} -3 \\ 0 \\ -1 \end{bmatrix}$ 并填入表中。其他非基变量的检验数也如此计算并分别填入表中，便得到表中具有 K 行的检验数矩阵。

(2) 判别满意解。

线性目标规划满意解的检验是对单纯形表中检验数矩阵每一列从上至下检查，若每一列从上至下第一个非零元为正数，则表中相应的解为满意解，停止计算。否则转(3)。

本例中，表 6-2 中检验数矩阵的第 1 列和第 2 列含有负数(－3)和(－1)，所以转入下一步。

(3) 换基迭代。

① 换入变量的确定。如果表中检验数矩阵第 $k(1 \leqslant k \leqslant K)$ 行中有负数，且它们所在列的前第 $k-1$ 个数均为 0，则取其中最左边负系数对应的变量为换入变量。

② 按最小比值原则确定换出变量，当存在两个或两个以上相同的最小比值时，选取具有较高优先级的变量为换出变量。

本例中，x_1 为换入变量，d_2^- 为换出变量，且 a_{21} 为主元。按单纯形法进行迭代运算，得到新表 6-3，返回(2)。重复进行(2)、(3)，具体迭代过程见表 6-3 至表 6-5。

表 6-3

$c_j \to$			0	0	0	$\boldsymbol{P}_1$	0	$\boldsymbol{P}_3$	0	$\boldsymbol{P}_2$	$\boldsymbol{P}_3$	
$\boldsymbol{C}_B$	$\boldsymbol{X}_B$	b	x_1	x_2	x_3	d_1^-	d_2^-	d_3^-	d_1^+	d_2^+	d_3^+	θ
$\boldsymbol{P}_1$	d_1^-	30	0	4	－6	1	－3	0	－1	3	0	$\frac{15}{2}$
0	x_1	10	1	－1	2	0	1	0	0	－1	0	—
$\boldsymbol{P}_3$	d_3^-	10	0	[2]	－3	0	－1	1	0	1	－1	5
$\sigma_j \to$		$\boldsymbol{P}_1$	0	－4	6	0	3	0	1	－3	0	
		$\boldsymbol{P}_2$	0	0	0	0	0	0	0	1	0	
		$\boldsymbol{P}_3$	0	－2	3	0	1	0	0	－1	2	

表 6-4

$c_j \to$			0	0	0	$\boldsymbol{P}_1$	0	$\boldsymbol{P}_3$	0	$\boldsymbol{P}_2$	$\boldsymbol{P}_3$	
$\boldsymbol{C}_B$	$\boldsymbol{X}_B$	b	x_1	x_2	x_3	d_1^-	d_2^-	d_3^-	d_1^+	d_2^+	d_3^+	θ
$\boldsymbol{P}_1$	d_1^-	10	0	0	0	1	－1	－2	－1	1	[2]	5
0	x_1	15	1	0	$\frac{1}{2}$	0	$\frac{1}{2}$	$\frac{1}{2}$	0	$-\frac{1}{2}$	$-\frac{1}{2}$	—

续表

$c_j \rightarrow$			0	0	0	$\boldsymbol{P}_1$	0	$\boldsymbol{P}_3$	0	$\boldsymbol{P}_2$	$\boldsymbol{P}_3$	
0	x_2	5	0	1	$-\frac{3}{2}$	0	$-\frac{1}{2}$	$\frac{1}{2}$	0	$\frac{1}{2}$	$-\frac{1}{2}$	—
$\sigma_j \rightarrow$		$\boldsymbol{P}_1$	0	0	0	0	1	2	1	−1	−2	
		$\boldsymbol{P}_2$	0	0	0	0	0	0	0	1	0	
		$\boldsymbol{P}_3$	0	0	0	0	0	1	0	0	1	

表 6-5

$c_j \rightarrow$			0	0	0	$\boldsymbol{P}_1$	0	$\boldsymbol{P}_3$	0	$\boldsymbol{P}_2$	$\boldsymbol{P}_3$	
$\boldsymbol{C}_B$	$\boldsymbol{X}_B$	b	x_1	x_2	x_1	d_1^-	d_2^-	d_3^-	d_1^+	d_2^+	d_3^+	θ
$\boldsymbol{P}_1$	d_3^+	5	0	0	0	$\frac{1}{2}$	$-\frac{1}{2}$	−1	$-\frac{1}{2}$	$\frac{1}{2}$	1	5
0	x_1	$\frac{35}{2}$	1	0	$\frac{1}{2}$	$\frac{1}{4}$	$\frac{1}{4}$	0	$-\frac{1}{4}$	$-\frac{1}{4}$	0	—
0	x_2	$\frac{15}{2}$	0	1	$-\frac{3}{2}$	$\frac{1}{4}$	$-\frac{3}{4}$	0	$-\frac{1}{4}$	$\frac{3}{4}$	0	—
$\sigma_j \rightarrow$		$\boldsymbol{P}_1$	0	0	0	1	0	0	0	0	0	
		$\boldsymbol{P}_2$	0	0	0	0	0	0	0	1	0	
		$\boldsymbol{P}_3$	0	0	0	$-\frac{1}{2}$	$\frac{1}{2}$	2	$\frac{1}{2}$	$-\frac{1}{2}$	0	

上表检验数矩阵中每一列从上至下第一个非零元均为正数,因此,表中对应的解为目标规划的满意解,满意解为$(x_1,x_2,d_3^+)^{\mathrm{T}}=\left(\frac{35}{2},\frac{15}{2},5\right)^{\mathrm{T}}$,其余变量为 0,第 1 目标 $\boldsymbol{P}_1$ 已达最优,即 $\min z_1=0$;第 2 目标 $\boldsymbol{P}_2$ 也达最优,$\min z_2=0$;第 3 目标 $\boldsymbol{P}_3$ 未达最优,$\min z_3=5$。

6.4 目标规划问题的 Excel 求解

利用计算机求解线性规划问题的效率是非常高的。而目标规划只不过多了些变量和约束条件,但仍然是线性规划,所以可以利用 Excel 来求解目标规划。以本章例 6-4 为例来说明目标规划的 Excel 求解。

例 6-5 用 Excel 求解下列目标规划的解

$$\min z=\boldsymbol{P}_1 d_1^- + \boldsymbol{P}_2 d_2^+ + \boldsymbol{P}_3(d_3^- + d_3^+)$$

$$\text{s. t.}\begin{cases} 3x_1+x_2 \qquad\quad + d_1^- - d_1^+ = 60 \\ x_1-x_2+2x_3+d_2^- - d_2^+ = 10 \\ x_1+x_2-\ x_3+d_3^- - d_3^+ = 20 \\ x_i \geqslant 0;\quad d_i^+ \geqslant 0;\quad d_i^- \geqslant 0 \quad (i=1,2,3) \end{cases}$$

目标规划与普通线性规划的最大区别是目标规划的目标函数系数不是一个具体的值,而是代表一种优先权,因此在 Excel 求解中需要对其设定一个值,根据权系数的要求 $\boldsymbol{P}_1 \gg$

$P_2 \gg P_3$，不妨设本例中 $P_1=1000$，$P_2=10$，$P_3=1$，这个值可以依据情况有不同的设置。该目标规划的模板如图 6-2 所示。

	A	B	C	D	E	F	G	H	I	J	K	L	M
1					目标规划求解								
2	变量	x1	x2	x3	d1-	d2-	d3-	d1+	d2+	d3+	目标函数值		
3	目标函数	0	0	0	1000	0	1	0	10	1	0		
4											左端值	符号	右端约束值
5	目标1	3	1	0	1	0	0	-1	0	0	0	=	60
6	目标2	1	-1	2	0	1	0	0	-1	0	0	=	10
7	目标3	1	1	-1	0	0	1	0	0	-1	0	=	20
8													
9					最优解								
10		x1	x2	x3	d1-	d2-	d3-	d1+	d2+	d3+			
11													
12													

图 6 2　目标规划求解的模板

目标函数值位于单元格 K3，在其中输入的公式为 SMUPRODUCT(B3:J3,B11:J11)，左端值是约束条件左边的求和，如单元格 K5，在其中输入的公式为 SUMPRODUCT(B5:J5,B11,J11)。

该目标规划的参数设置如图 6-3 所示。

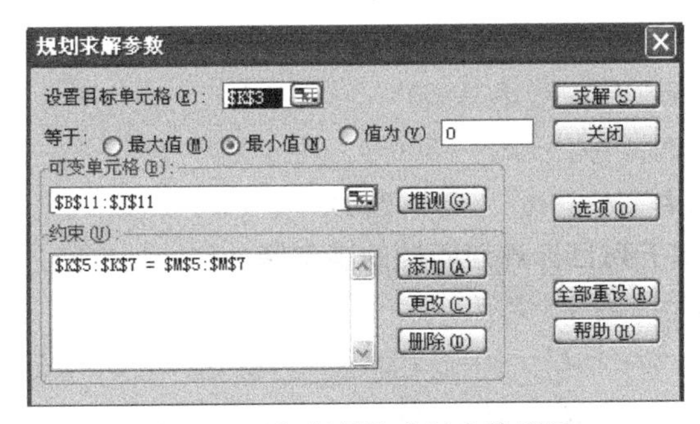

图 6-3　目标规划的求解参数设置

单击“规则求解参数”对话框中的“求解”按钮，得到该规划的最优解，如图 6-4 所示。

	A	B	C	D	E	F	G	H	I	J	K	L	M
1					目标规划求解								
2	变量	x1	x2	x3	d1-	d2-	d3-	d1+	d2+	d3+	目标函数值		
3	目标函数	0	0	0	1000	0	1	0	10	1	5		
4											左端值	符号	右端约束值
5	目标1	3	1	0	1	0	0	-1	0	0	60	=	60
6	目标2	1	-1	2	0	1	0	0	-1	0	10	=	10
7	目标3	1	1	-1	0	0	1	0	0	-1	20	=	20
8													
9					最优解								
10		x1	x2	x3	d1-	d2-	d3-	d1+	d2+	d3+			
11		17	7.5	0	0	0	0	0	0	5			
12													
13													

图 6-4　目标规划问题的最优解

习　　题

1. 用图解法找出下列目标规划的满意解。

(1) $\min z=\boldsymbol{P}_1(d_1^-+d_1^+)+\boldsymbol{P}_2(2d_2^++d_3^+)$

$$\text{s.t.}\begin{cases} x_1-10x_2+d_1^--d_1^+=50 \\ 3x_1+5x_2+d_2^--d_2^+=20 \\ 8x_1+6x_2+d_3^--d_3^+=100 \\ x_1,x_2,d_i^-,d_i^+\geqslant 0 \quad (i=1,2,3) \end{cases}$$

(2) $\min z=\boldsymbol{P}_1(d_3^++d_4^+)+\boldsymbol{P}_2d_1^++\boldsymbol{P}_3d_2^-+\boldsymbol{P}_4(d_3^-+1.5d_4^-)$

$$\text{s.t.}\begin{cases} x_1+x_2+d_1^--d_1^+=40 \\ x_1+x_2+d_2^--d_2^+=100 \\ x_1+d_3^--d_3^+=30 \\ x_2+d_4^--d_4^+=15 \\ x_1,x_2,d_i^-,d_i^+\geqslant 0 \quad (i=1,2,3,4) \end{cases}$$

(3) $\min z=\boldsymbol{P}_1(d_1^-+d_1^+)+\boldsymbol{P}_2d_2^-+\boldsymbol{P}_3d_3^+$

$$\text{s.t.}\begin{cases} x_1+x_2+d_1^--d_1^+=10 \\ 3x_1+4x_2+d_2^--d_2^+=50 \\ 8x_1+10x_2+d_3^--d_3^+=300 \\ x_1,x_2,d_i^-,d_i^+\geqslant 0 \quad (i=1,2,3) \end{cases}$$

2. 用单纯形法求解下列目标规划问题的满意解。

(1) $\min z=\boldsymbol{P}_1(d_2^++d_2^-)+\boldsymbol{P}_2d_1^-$

$$\text{s.t.}\begin{cases} x_1+2x_2+d_1^--d_1^+=10 \\ 10x_1+12x_2+d_2^--d_2^+=62.4 \\ 2x_1+x_2\leqslant 8 \\ x_1,x_2,d_i^-,d_i^+\geqslant 0 \quad (i=1,2) \end{cases}$$

(2) $\min z=\boldsymbol{P}_1d_1^-+\boldsymbol{P}_2d_2^++\boldsymbol{P}_3(5d_3^-+3d_4^-)+\boldsymbol{P}_4d_1^+$

$$\text{s.t.}\begin{cases} x_1+x_2+d_1^--d_1^+=80 \\ x_1+x_2+d_2^--d_2^+=90 \\ x_1+d_3^--d_3^+=70 \\ x_2+d_4^--d_4^+=45 \\ x_1,x_2,d_i^-,d_i^+\geqslant 0 \quad (i=1,2,3,4) \end{cases}$$

(3) $\min z=\boldsymbol{P}_1(d_1^++d_2^+)+\boldsymbol{P}_2d_3^-$

$$\text{s.t.}\begin{cases} x_1+x_2+d_1^--d_1^+=1 \\ 2x_1+2x_2+d_2^--d_2^+=4 \\ 6x_1-4x_2+d_3^--d_3^+=50 \\ x_1,x_2,d_i^-,d_i^+\geqslant 0 \quad (i=1,2,3) \end{cases}$$

3. 某商标的酒是用三种等级的酒兑制而成。若这三种酒每天的供应量和单位成本见

表 6-6。设该种酒有三种商标(红、黄、蓝),各种商标的酒对原料酒的混合比及售价,见表 6-7。决策者规定:首先必须严格按规定比例兑制各商标的酒;其次是获利最大;再次是红商标的酒每天至少生产 2000 千克。试列出该问题的数学模型。

表 6-6　供应量及单位成本数据表

等　　级	日供应量(千克)	成本(元/千克)
Ⅰ	1500	6
Ⅱ	2000	4.5
Ⅲ	1000	3

表 6-7　混合比及售价表

商　　标	兑 制 要 求	售价(元/千克)
红	Ⅲ少于 10% Ⅰ多于 50%	5.5
黄	Ⅲ少于 70% Ⅰ多于 20%	5.0
蓝	Ⅲ少于 50% Ⅰ多于 10%	4.8

4. 某彩色电视机组装工厂,生产 A,B,C 三种规格的电视机。装配工作在同一线上完成,三种产品装配时的工时消耗分别为 6 小时、8 小时和 10 小时。生产线每月正常工作为 200 小时;三种规格电视机销售后,每台获利分别为 500 元,650 元和 800 元。每月销量预计为 12 台、10 台和 6 台。该厂经营目标如下:

(1) 利润指标为每月 1.6 万元;

(2) 充分利用生产能力;

(3) 加班时间不超过 24 小时;

(4) 产量以预计销量为标准。

为确定生产计划,试建立该问题的目标规划模型。

5. 某公司从两个不同仓库向 3 个居民点提供某种产品,在计划期内该产品供不应求,公司决定重点保证某些居民点的需要,同时又要保证总运费最省。现在已知总需要超出供应能力 1500 单位。从仓库 i 到居民点 j 的单位运输费用如表 6-8 所示($i=1,2;j=1,2,3$)。

表 6-8　单位运输费用表

运价　居民点 仓库	居民点 1	居民点 2	居民点 3	库存量
仓库 1	10	4	12	3000
仓库 2	8	10	3	4000
需求量	2000	1500	5000	

公司有下列 6 个有序目标:

(1) 完全满足居民点 3 的需要;

(2) 至少75%满足所有居民点的需要；

(3) 使总运费最少；

(4) 从仓库2给居民点1的货运用船运输，其最小运货量为1000单位；

(5) 从仓库1给居民点3和从仓库2给居民点1的公路是危险段，尽可能减少运货量；

(6) 平衡居民点1和居民点2之间的供货量满意水平。

试建立该问题的数学模型。

6. 某企业集团计划用1000万元对下属5家企业进行技术改造，各企业单位的投资额已知，考虑两种市场需求变化、现有竞争对手、替代品的威胁等影响收益的4个因素，技术改造完成后预测单位投资收益率((单位投资获得利润/单位投资额)×100%)见表6-9。

表6-9 单位投资收益率

		企业1	企业2	企业3	企业4	企业5
单位投资额(万元)		12	10	15	13	26
单位投资收益率预测 r_{ij}	市场需求1	4.32	5	5.84	5.2	6.56
	市场需求2	3.52	3.04	5.08	4.2	6.24
	现有竞争对手	3.16	2.2	3.56	3.28	4.08
	替代品的威胁	2.24	3.12	2.6	2.2	3.24
期望(平均)收益率(%)		3.31	3.34	4.27	3.72	5.03

集团制定的目标是：

(1) 希望完成总投资额又不超过预算；

(2) 总期望收益率达到总投资的30%；

(3) 投资风险尽可能小(用$(r_{ij}-E(r_j))$度量风险值)；

(4) 保证企业5的投资额占20%左右；

集团应如何做出投资决策，试给出目标规划模型。

7. 车间计划生产甲、乙两种产品，每种产品均需经过A,B,C三道工序，工艺资料见表6-10。

表6-10 生产工艺资料

工序＼产品	甲	乙	每天加工能力(小时)
A	2	2	120
B	1	2	100
C	2.2	0.8	90
产品售价(元/件)	50	70	
产品利润(元/件)	10	8	

(1) 车间如何安排生产计划，使产值和利润都尽可能高。

(2) 如果认为利润比产值重要，怎样决策。

8. 某企业计划生产甲、乙两种产品，这些产品需要使用两种材料，要在两种不同设备上加工，工艺资料见表 6-11。

表 6-11　生产工艺资料

	甲	乙	现有资源
材料Ⅰ	3	0	12(kg)
材料Ⅱ	0	4	14(kg)
设备 A	2	2	12(h)
设备 B	5	3	15(h)
产品利润(元/件)	20	40	

企业怎样安排生产计划，尽可能满足下列目标：

(1) 力求使利润指标不低于 80 元；

(2) 考虑到市场需求，甲、乙两种产品的生产量需保持 1∶1 的比例；

(3) 设备 A 既要充分利用，又尽可能不加班；

(4) 设备必要时可以加班，但加班时间尽可能少；

(5) 材料不能超用。

列出该问题的数学模型。

9. 已知三个工厂生产的产品供应四个用户需要，各工厂生产量、用户需求量及从各工厂到用户的单位产品的运输费用见表 6-12。求得的最优调配方案见表 6-13，总运费为 2950 元。

表 6-12　生产量/需求量/运输费用

工厂＼用户	甲	乙	丙	丁	生产量
A	5	2	6	7	300
B	3	5	4	6	200
C	4	5	2	3	400
需求量	200	100	450	250	

表 6-13　最优调配方案

工厂＼用户	甲	乙	丙	丁	生产量
A	200	100			300
B	0		200		200
C			250	150	400
虚拟 D				100	100
需求量	200	100	450	250	

但上述方案是考虑运费为最少，没有考虑到很多具体情况和条件。故上级部门研究后确定了制定调配方案时要考虑的 7 项目标，并规定重要性依次为：

(1) 用户丁是非常重要的客户，需求量必须全部满足；

(2) 供应客户甲的产品中,工厂 C 的产品不少于 100 单位;

(3) 为兼顾一般,每个客户满足率不低于 80%;

(4) 新方案总运费不超过原方案的 110%;

(5) 因道路限制,从工厂 B 到用户丁的路线应尽量避免分配运输任务;

(6) 用户甲和用户丙的满足率应尽量保持平衡;

(7) 力求减少总运费。

根据新的要求,该部门应如何确定最优的调配方案,列出该问题的模型。

10. 某纺织厂生产 A,B 两种布料,平均生产能力均为 1 千米/小时,工厂正常生产能力是 80 小时/周。又 A 布料每千米获利 2500 元,B 布料每千米获利 1500 元。已知 A,B 两种布料每周的市场需求量分别是 70 千米和 45 千米。现该厂确定一周内的目标为:

(1) 避免生产开工不足;

(2) 加班时间不超过 10 小时;

(3) 根据市场需求达到最大销售量;

(4) 尽可能减少加班时间;

试求该问题的最优方案。

11. 假设某电视机厂生产 46 厘米和 51 厘米两种彩电,平均生产能力都是 1 台/小时。工厂的正常生产能力是每日两班、每周 80 小时。根据市场预测,下周的最大销售量是 46 厘米 70 台,51 厘米 35 台。已知该厂每出售一台 46 厘米彩电可获利 250 元,出售一台 51 厘米彩电可获利 150 元。企业不仅需要追求利润最大化,还有如下目标:

(1) 尽量避免开工不足,使职工的正常就业保持稳定;

(2) 当生产任务重时,可以加班,但每周加班最好不超过 10 小时;

(3) 努力达到预计的销售量;

(4) 尽可能减少加班时间。

试确定生产方案。

12. 某单位领导在考虑本单位职工的升级调资方案时,依次遵守以下规定:

(1) 不超过年工资总额 60000 元;

(2) 每级的人数不超过定编规定的人数;

(3) Ⅱ,Ⅲ级的升级面尽可能达到现有人数的 20%;

(4) Ⅲ级不足编制的人数可录用新职工,又Ⅰ级职工中有 10%要退休。

相关数据见表 6-14,求该领导应如何拟定一个满意的方案。

表 6-14　工资级别表

等　级	工资额(元/年)	现有人数	编制人数
Ⅰ	2000	10	12
Ⅱ	1500	12	15
Ⅲ	1000	15	15
合计		37	42

13. 某厂计划在下一个生产周期内生产甲、乙两种产品,已知每件产品消耗的资源数、

现有资源限制及每件产品可获得的利润见表 6-15。

表 6-15　消耗的资源/现有资源/利润表

单位消耗 产品 / 资源	甲	乙	资源限制
钢材(吨)	9	4	3600
煤炭(吨)	4	5	2000
设备台时	3	10	3000
单件利润	70	120	

现要达到如下要求：

(1) 完成或超额完成利润指标 50000 元；

(2) 产品甲的生产件数不得超过 200 件；产品乙的生产件数不得低于 250 件；

(3) 现有钢材 3600 吨必须用完。

要使总利润最大，试建立该问题的数学模型。

14. 某计算机制造厂生产 A,B,C 三种型号的计算机，它们在同一条生产线上装配，三种产品的工时消耗分别为 5 小时、8 小时、12 小时。生产线上每月正常运转时间是 170 小时。这三种产品的利润分别为 1000 元、1440 元、2520 元。该厂的经营目标为：

(1) 充分利用现有工时，必要时可以加班；

(2) A,B,C 的最低产品分别为 5,5,8 台，并依单位工时的利润比例确定权系数；

(3) 生产线的加班时间每月不超过 20 小时；

(4) A,B,C 的月销售指标分别定为 10,12,10 台，并依单位工时的利润比例确定权系数。

试建立其目标规划模型。

15. 某汽车工厂生产大轿车和载重汽车两种型号的汽车，生产每辆汽车所用的钢材一直都是 2 吨，该工厂每年供应的钢材为 1600 吨；工厂的生产能力是每 2.5 小时可生产一辆载重汽车，每 5 小时可生产一辆大轿车，工厂全年的有效工时为 2500 小时；已知供应给该厂大轿车用的座椅每年可装配 400 辆。据市场调查，出售一辆大轿车可获利 4 千元，出售一辆载重汽车可获利 3 千元。但目前面临着几个问题，即座椅供应不足，大轿车的需求量有所下降，订单不足 200 辆，而载重汽车的需求量增加。为此经理确定了以下 4 个目标：

(1) 希望总利润为 2600 千元；

(2) 为了不使产品滞销，决定大轿车的产量不超过 300 辆；

(3) 保持正常生产，避免加班加点；

(4) 钢材的消耗量不超过库存量。

试确定如何制定生产方案。

16. 某企业生产甲、乙、丙三种产品，相关资料见表 6-16。现在决策者根据企业的实际情况和市场需求，需要重新制定经营目标，其目标的优先顺序如下：

(1) 利润不少于 3200 元；

(2) 产品甲与产品乙的产量比例尽量不超过 1.5；

(3) 提高产品丙的产量使之达到 30 件；

(4) 设备加工能力不足可以加班解决，能不加班最好不加班；

(5) 受到资金限制，只能使用现有材料而不能再购进。

问，企业决策者如何制定生产计划达到这些目标。

表 6-16 产品相关资料

消耗 产品 资源	甲	乙	丙	现有资源
设备 A	3	1	2	200
设备 B	2	2	4	200
材料 C	4	5	1	360
材料 D	2	3	5	300
利润(元/件)	40	30	50	

17. 若用以下表达式作为目标规划的目标函数，试论述其逻辑是否正确？

(1) $\max z=d^{-}+d^{+}$　　(2) $\max z=d^{-}-d^{+}$

(3) $\min z=d^{-}+d^{+}$　　(4) $\min z=d^{-}-d^{+}$

第7章　整数规划

7.1　整数规划的数学模型

在许多实际问题中，决策变量并不可无限细分，只有取非负的整数才有实际意义。例如，最优调度的车辆数，设置的银行网点数，指派工作的人员数等，这样的规划问题就称为整数规划问题(Integer Programming)。如果目标函数和约束条件均为线性的，则称为整数线性规划(Integer Linear Programming)。

如果一个整数规划问题中的全部变量都要求取整数，则称为纯整数规划(Pure Integer Programming)；要求 部分变量取整数值的，称为混合整数规划(Mixed Integer Programming)；决策变量全部取 0 或 1 的规划称为 0-1 整数规划(Binary Integer Programming)。

整数线性规划问题与线性规划问题的区别就是决策变量要求部分或全部为整数，其模型建立类似于线性规划。本章只讨论整数线性规划(简称整数规划)。

整数线性规划问题的一般模型为：

求一组变量 $x_1,x_2,\cdots,x_n$，使 $z=\sum_{j=1}^{n} c_j x_j$ 达到最大值或最小值，并满足约束

$$\text{s.t.}\begin{cases}\sum_{j=1}^{n} a_{ij}x_j \leqslant b_i & (i=1,2,\cdots,m)\\ x_j \geqslant 0 & (j=1,2,\cdots,n)\\ x_j \text{ 皆为整数或部分为整数} & \end{cases}$$

例 7-1　下料问题：设用某种型号的圆钢下零件 $A_1,A_2,\cdots,A_m$ 的毛坯，在一根圆钢上，下料的不同方式有 $B_1,B_2,\cdots,B_n$ 种，每种下料方式可以得到各种零件的毛坯数以及每种零件的需要数见表 7-1。问怎样安排下料方式，可以既满足需要，又使所用原料最少？试建立其模型。

表 7-1　零件的毛坯数以及每种零件的需要数

下料方式 / 各方式下的毛坏个数 / 零件名称	B_1	B_2	…	B_n	零件的需要数量
A_1	C_{11}	C_{12}	…	C_{1n}	a_1
A_2	C_{21}	C_{22}	…	C_{2n}	a_2
⋮	⋮	⋮	⋮	⋮	⋮
A_m	C_{m1}	C_{m2}	…	C_{mn}	a_n

解：设用 B_j 方式下料的圆钢有 x_j 根，则该问题的数学模型为

$$\min z = \sum_{j=1}^{n} x_j$$

$$\text{s. t.} \begin{cases} \sum_{j=1}^{n} c_{ij} x_j \geqslant a_i \quad (i = 1,2,\cdots,m) \\ x_j \geqslant 0 \text{ 且为整数} \end{cases}$$

其中目标函数 $\min z = \sum_{j=1}^{n} x_j$ 表示所用圆钢数最少，约束条件 $\sum_{j=1}^{n} c_{ij} x_j \geqslant a_i$ 表示各种零件实际数量必须满足需要数量。这是一个纯整数规划问题。

0-1 规划是整数规划的一种特殊情形，只取 0 或 1 两个值的变量称为 0-1 变量。在实际建模问题中出现 0-1 变量的情形很多，诸如开与关、取与舍、有与无等逻辑现象都可用 0-1 变量来描述。

例 7-2 投资问题：现有总额为 b 的资金可用于投资，共有 n 个项目可供投资者选择。已知项目 j 所需投资额为 a_j，投资后可得利润 $c_j(j=1,2,\cdots,n)$，不妨设 b,a_j,c_j 均是整数。求为使所得利润最大，应选取哪些项目进行投资。试建立其模型。

解：先引入 0-1 变量 x_j，令

$$x_j = \begin{cases} 1, & \text{对项目 } j \text{ 投资} \\ 0, & \text{对项目 } j \text{ 不投资} \end{cases}$$

便可得到如下 0-1 整数规划问题

$$\max \sum_{j=1}^{n} c_j x_j$$

$$\text{s. t.} \begin{cases} \sum_{j=1}^{n} c_j x_j \leqslant b \\ x_j = 0 \text{ 或 } 1 \quad (j = 1,2,\cdots,n) \end{cases}$$

上述问题也可以解释为，一位有一定承载能力的旅行者，在出发前考虑他的旅行背包内应装哪些物品才最为划算，因而这类问题也称作背包问题。

例 7-3 背包问题：某地质队员外出勘查，他仅能携带 22.5kg 的东西，可带的东西有 5 种，不同的东西有不同的使用价值和重量，见表 7-2，问他应带什么东西才能使总的使用价值最大？列出该问题的数学模型。

表 7-2 不同物品的不同使用价值和重量

物　　品	重量(kg)	价　　值
1	9.0	27
2	6.0	9
3	7.5	30
4	8.0	16
5	6.5	7

解：设

$$x_j = \begin{cases} 1, & \text{选择第 } j \text{ 种物品} \\ 0, & \text{不选择第 } j \text{ 种物品} \end{cases}$$

则有

$$\max z = 27x_1 + 9x_2 + 30x_3 + 16x_4 + 7x_5$$

$$\text{s.t.}\begin{cases}9.0x_1 + 6.0x_2 + 7.5x_3 + 8.0x_4 + 6.5x_5 \leqslant 22.5 \\ x_j = 0 \text{ 或 } 1, \quad j = 1,2,\cdots,5\end{cases}$$

例 7-4 选址问题：设有 n 个需求点，有 m 个可供选择的厂址，每个厂址只能建一个工厂。在 i 处建厂，生产能力为 D_i，单位时间的固定成本为 a_i，需求点 j 的需求量为 b_j，从厂址 i 到需求点 j 的单位运费为 c_{ij}，问应如何选择厂址才能获得经济上总花费最小的方案。

设在单位时间内，从厂址 i 运往需求点 j 的产品数量为 x_{ij}，引入 0-1 变量

$$y_i = \begin{cases}1, & \text{在 } i \text{ 处建厂} \\ 0, & \text{不在 } i \text{ 处建厂}\end{cases}$$

设在单位时间内的总花费为 Z，则上述问题的数学模型为

$$\min z = \sum_{i=1}^{m}\sum_{j=1}^{n} c_{ij}x_{ij} + \sum_{i=1}^{m} a_i y_i$$

$$\text{s.t.}\begin{cases}\sum_{j=1}^{n} x_{ij} \leqslant D_i y_i & (i = 1,2,\cdots,m) \\ \sum_{i=1}^{m} x_{ij} \geqslant b_j & (j = 1,2,\cdots,n) \\ x_{ij} \geqslant 0 & (y_i = 0 \text{ 或 } 1)\end{cases}$$

例如，现准备从 A_1，A_2，A_3 三个地点选择两处开设工厂，它们每月的生产能力 $a_i(i=1,2,3)$分别为 70，80 和 90 个单位，每月的经营费用 d_i（与产量无关）分别为 100，90 和 120。有三个客户 B_1，B_2 和 B_3，他们每月的需求量 $b_j(j=1,2,3)$分别为 40，60 和 45 个单位。A_i 至 B_j 的单位运价 c_{ij}见表 7-3。求如何选址，可使每月经营和运输费用最低？试建立其整数规划模型。

表 7-3　A_i 至 B_j 的单位运价

	B_1	B_2	B_3
A_1	4	5	3
A_2	2	3	4
A_3	6	4	5

解：设 $y_i = \begin{cases}1, & \text{选择在 } A_i \text{ 开设工厂} \\ 0, & \text{不选择在 } A_i \text{ 开设工厂}\end{cases}$

又设 x_{ij} 为当在地点 A_i 处开设工厂时，从 A_i 运到客户 B_j 的运输量。

因为只开两个工厂，所以有 $y_1 + y_2 + y_3 = 2$。

若在 A_i 处开设工厂，则每个月 A_i 至 B_j 的运量之和不超过 A_i 的产量 a_i；如果不在 A_i 处开设工厂，则运量为 0；那么有约束条件

$$x_{i1} + x_{i2} + x_{i3} \leqslant a_i y_i \quad (i = 1,2,3)$$

又客户 B_j 的需求量必须得到满足，所以有约束条件

$$x_{1j}+x_{2j}+x_{3j}=b_j \quad (j=1,2,3)$$

每月的总费用 Z 为

$$z=\sum_{i=1}^{3}\sum_{j=1}^{3}c_{ij}x_{ij}+\sum_{i=1}^{3}d_iy_i$$

综上可得本题的数学模型为

$$\begin{aligned}\min z=&4x_{11}+5x_{12}+3x_{13}+2x_{21}+3x_{22}+4x_{23}+6x_{31}\\&+4x_{32}+5x_{33}+100y_1+99y_2+120y_3\end{aligned}$$

$$\text{s.t.}\begin{cases}x_{11}+x_{12}+x_{13}\leqslant 70y_1\\x_{21}+x_{22}+x_{23}\leqslant 80y_2\\x_{31}+x_{32}+x_{33}\leqslant 90y_3\\x_{11}+x_{21}+x_{31}=40\\x_{12}+x_{22}+x_{32}=60\\x_{13}+x_{23}+x_{33}=45\\y_1+y_2+y_3=2\\x_{ij}\geqslant 0 \quad (i,j=1,2,3)\\y_i=0\text{ 或 }1 \quad (i=1,2,3)\end{cases}$$

利用 0-1 变量,在建模中可以非常方便地表述相互排斥和相互制约的决策变量。为叙述方便,将对决策变量的选择看成对项目的选择,下面就一般情况加以讨论。

(1) 如果在可供选择的前 $k(k\leqslant n)$ 个项目中,必须且只能选择一项,则可表述为约束条件:$\sum_{j=1}^{k}x_j=1$。

(2) 如果可供选择的 $k(k\leqslant n)$ 个项目是相互排斥的,则可表述为约束条件:$\sum_{j=1}^{k}x_j\leqslant 1$,同时它还表示在 k 个项目中至多只能选择一项。

(3) 如果在可供选择的 $k(k\leqslant n)$ 个项目中,至少应选择一项,则可表述为约束条件:$\sum_{j=1}^{k}x_j\geqslant 1$。

(4) 如果选择项目 j 必须以选择项目 i 为前提条件,则可表述为约束条件:$x_j\leqslant x_i$。

(5) 如果项目 i 与项目 j 要么同时被选中,要么同时不被选中,则可表述为约束条件:$x_i=x_j(i\neq j)$。

在建模中,同样可以利用 0-1 变量非常方便地表述资源约束之间的选择问题,解决种种"二选一"或"多选一"的情况。

设有 r 组约束条件如下:

$$\begin{gathered}A^{(1)}\boldsymbol{X}\leqslant b^{(1)}\\A^{(2)}\boldsymbol{X}\leqslant b^{(2)}\\\vdots\\A^{(r)}\boldsymbol{X}\leqslant b^{(r)}\end{gathered}$$

要求其中至少有 q 组约束得到满足,而其他 $r-q$ 组约束可以满足,也可以不满足。对应于每组的 $b^{(k)}$,用 $M^{(k)}$ 表示一个维数与它相同(对于不同的 k,可以不同)的向量,其分量充分大，使得 $A^{(k)}\boldsymbol{X}\leqslant b^{(k)}+M^{(k)}$ 对与所考虑的问题有关的全部向量 X 都成立。设 y_k 是一个0-1变量，则约束 $A^{(k)}\boldsymbol{X}\leqslant b^{(k)}+y_kM^{(k)}$ 在 $y_k=0$ 时相应于约束 $A^{(k)}\boldsymbol{X}\leqslant b^{(k)}$；在 $y_k=1$ 时相应于约束 $A^{(k)}\boldsymbol{X}\leqslant b^{(k)}+M^{(k)}$；考虑到前面对 $M^{(k)}$ 的约定，此不等式对 X 不起约束作用。为了使 $A^{(k)}\boldsymbol{X}\leqslant b^{(k)}$ $(k=1,2,\cdots,r)$ 至少有 q 组成立，则至少应有 q 个 y_k 为零，则不等式组

$$\begin{cases}A^{(k)}\boldsymbol{X}\leqslant b^{(k)}+y_kM^{(k)}, & (k=1,2,\cdots,r)\\ \sum y_k\leqslant r-q\end{cases}$$

就能满足要求。

例 7-5 租赁问题：因为资金和管理水平的限制，某公司想以相同的价格和不同的租期（工时）租赁另一公司的甲、乙、丙、丁4个车间中的两个来生产新开发的5种产品A,B,C,D,E中的三种。由于不同车间的机床和工人的经验不同，因此生产不同产品的效率也不同，导致不同的产品所用的工时也不同。每种产品的单位利润和租期内的最大销售量以及各车间在租期内的总工时等数据见表7-4。求公司管理者应如何选择车间和产品，才能使租期内所获得的利润最大？

表 7-4 各种产品的信息和各车间在租期内的总工时数

		单位产品的生产工时（小时）					租期内总工时数（小时）
		A	B	C	D	E	
车间	甲	5	8	4	9	7	180
	乙	7	11	3	10	7	230
	丙	4	9	3	8	6	170
	丁	3	7	5	9	5	165
单位利润（百元）		11	14	8	15	9	
最大销售量（件）		21	25	23	15	18	

解：这是一个有相互排斥条件的从 $N(N=4)$ 个约束中选择 $K(K=2)$ 个约束的问题。在引入0-1变量前，先不考虑这两个约束的情形。设5种产品分别生产了 x_1,x_2,x_3,x_4,x_5 件，根据题意，可得到如下约束。

（1）租期内总工时的约束

$$\begin{cases}5x_1+8x_2+4x_3+9x_4+7x_5\leqslant 180\\ 7x_1+11x_2+3x_3+10x_4+7x_5\leqslant 230\\ 4x_1+9x_2+3x_3+8x_4+6x_5\leqslant 170\\ 3x_1+7x_2+5x_3+9x_4+5x_5\leqslant 165\end{cases}$$

（2）租期内最大销售量的约束，生产量不能大于销售量

$$\begin{cases}x_1\leqslant 21\\ x_2\leqslant 25\\ x_3\leqslant 23\\ x_4\leqslant 15\\ x_5\leqslant 18\end{cases}$$

目标函数是公司的利润最大化，即

$$\max z = 11x_1 + 14x_2 + 8x_3 + 15x_4 + 9x_5$$

如果考虑到4个车间只能选两个车间，引入 4 个 0-1 决策变量，$i=1,2,3,4$ 分别代表甲、乙、丙、丁 4 个车间

$$y_i = \begin{cases} 1, & \text{租 } i \text{ 车间} \\ 0, & \text{否} \end{cases} \quad (i = 1,2,3,4)$$

再选取一个足够大的正数 M，经过调整后，租期内的总工时约束变为

$$\begin{cases} 5x_1 + 8x_2 + 4x_3 + 9x_4 + 7x_5 \leqslant 180 + M(1 - y_1) \\ 7x_1 + 11x_2 + 3x_3 + 10x_4 + 7x_5 \leqslant 230 + M(1 - y_2) \\ 4x_1 + 9x_2 + 3x_3 + 8x_4 + 6x_5 \leqslant 170 + M(1 - y_3) \\ 3x_1 + 7x_2 + 5x_3 + 9x_4 + 5x_5 \leqslant 165 + M(1 - y_4) \\ y_1 + y_2 + y_3 + y_4 = 2 \end{cases}$$

再考虑 5 种产品只生产三种产品这个约束，引入 5 个 0-1 决策变量，$j=1,2,3,4,5$ 分别表示 A,B,C,D,E 五种产品

$$z_j = \begin{cases} 1, & \text{生产第 } j \text{ 种产品} \\ 0, & \text{否} \end{cases} \quad (j = 1,2,3,4,5)$$

$z_j=0$ 时表示不生产第 j 种产品，销量乘以 z_j 也等于 0，所以可以通过将不生产的产品的销量调整为 0 的办法来使产量为 0(即不生产)，这样，租期内销售量的约束调整如下

$$\begin{cases} x_1 \leqslant 21z_1 \\ x_2 \leqslant 25z_2 \\ x_3 \leqslant 23z_3 \\ x_4 \leqslant 15z_4 \\ x_5 \leqslant 18z_5 \\ z_1 + z_2 + z_3 + z_4 + z_5 = 3 \end{cases}$$

综上可以得到该问题的整数规划模型

$$\max z = 11x_1 + 14x_2 + 8x_3 + 15x_4 + 9x_5$$

$$\begin{cases} 5x_1 + 8x_2 + 4x_3 + 9x_4 + 7x_5 \leqslant 180 + M(1 - y_1) \\ 7x_1 + 11x_2 + 3x_3 + 10x_4 + 7x_5 \leqslant 230 + M(1 - y_2) \\ 4x_1 + 9x_2 + 3x_3 + 8x_4 + 6x_5 \leqslant 170 + M(1 - y_3) \\ 3x_1 + 7x_2 + 5x_3 + 9x_4 + 5x_5 \leqslant 165 + M(1 - y_4) \\ y_1 + y_2 + y_3 + y_4 = 2 \\ x_1 \leqslant 21z_1 \\ x_2 \leqslant 25z_2 \\ x_3 \leqslant 23z_3 \\ x_4 \leqslant 15z_4 \\ x_5 \leqslant 18z_5 \\ z_1 + z_2 + z_3 + z_4 + z_5 = 3 \\ x_i \geqslant 0 \text{ 且为整数} \quad (i = 1,2,3,4,5) \\ y_i = 0 \text{ 或 } 1 \quad (i = 1,2,3,4,5; \quad z_j = 0 \text{ 或 } 1,\ j = 1,2,3,4,5) \end{cases}$$

7.2　一般整数规划的解法——分枝定界法

严格地说，整数规划问题是非线性问题。这是因为整数规划的可行解集是由一些离散的非负整数格点组成的，而不是一个凸集。目前，求解整数规划问题尚无统一有效的算法。

求解整数规划问题，首先会考虑是否能先不考虑整数性约束，而去求解相应的线性规划问题（称为松弛问题），然后，将所得到的非整数最优解用“舍入取整”的方法得到整数规划的最优解。一般地说，用“舍入取整”方法得到的解不是原问题的最优解，甚至是非可行解。因此“舍入取整”法求解整数规划问题是不可取的。

但由于用整数规划方法求整数最优解要花费较多的人力和计算机机时，因此在处理经济活动中的某些实际问题时，如果允许目标函数值在某一误差范围内，有时也可以采用“舍入取整”法得到的整数可行解作为原问题整数最优解的近似。

其次，考虑能否将整数规划问题所有可行的整数解完全枚举出来，经过比较其相应的目标函数值，从而得到最优解。很明显，在变量个数很少时该方法才有效，而对于变量个数稍多的问题就不适用了。如后面将介绍的指派问题，可行解的个数是变量数 N 阶乘，当 $N=20$ 时，得到的可行解数目将是 10^{18} 数量级，可见这种方法也是不可取的。因此，有必要对不同的整数规划问题找出有效的特殊解法。

分枝定界法可用于解纯整数或混合整数规划问题。该方法在 20 世纪 60 年代初由 Land Doig 和 Dakin 等人提出。由于该方法灵活且便于利用计算机求解，所以它是目前求解整数规划的重要方法。它的基本思想是：先不考虑原整数规划问题中的整数性约束，去解其相应的松弛问题。对于最大化问题，松弛问题的最优值就是原问题最优值的上界 $\bar{Z}$。如果松弛问题的最优解满足整数性约束，则它就是原问题的最优解。否则，就在不满足整数性约束的变量中，任意选一个 x_i（假设其值为 b_i），将新的约束条件 $x_i \leqslant [b_i]$ 和 $x_i \geqslant [b_i]+1$ 分别加入原问题中，把原问题分枝为两个子问题，并分别求解子问题的松弛问题。若子问题的松弛问题的最优解满足整数性约束，则不再分枝，其相应的目标函数值就是原问题目标函数值的一个下界 $\bar{Z}$。对不满足整数性约束的子问题，如果需要，继续按上述方法进行新的分枝，并分别求解其对应的松弛问题，直至求得原问题的最优解为止。

下面以例题来说明分枝定界法的方法步骤。

例 7-6　用分枝定界法求解下列混合整数规划问题

$$
\text{(A)} \quad \max z = 3x_1 + x_2 + 3x_3
$$

$$
\text{s.t.} \begin{cases} -x_1 + 2x_2 + x_3 \leqslant 4 \\ 4x_2 - 3x_3 \leqslant 2 \\ x_1 - 3x_2 + 2x_3 \leqslant 3 \\ x_1, x_2, x_3 \geqslant 0 \text{ 且 } x_1, x_3 \text{ 为整数} \end{cases}
$$

解：首先不考虑整数约束，得问题 B，而原问题称为 A。

$$(\text{B})\quad \max z = 3x_1 + x_2 + 3x_3$$

$$\text{s.t.}\begin{cases} -x_1 + 2x_2 + x_3 \leqslant 4 \\ 4x_2 - 3x_3 \leqslant 2 \\ x_1 - 3x_2 + 2x_3 \leqslant 3 \\ x_1, x_2, x_3 \geqslant 0 \end{cases}$$

用单纯形法求得问题(B)的最优解为 $x_1 = 16/3, x_2 = 3, x_3 = 10/3, \max z = 29$，因为 $x_1 = 16/3$ 为非整数，所以将约束 $x_1 \leqslant 5$ 和 $x_1 \geqslant 6$ 分别增加到(B)中，构成两个分枝问题(B_1)和(B_2)。

$$(\text{B}_1)\quad \max z = 3x_1 + x_2 + 3x_3 \qquad (\text{B}_2)\quad \max z = 3x_1 + x_2 + 3x_3$$

$$\text{s.t.}\begin{cases} -x_1 + 2x_2 + x_3 \leqslant 4 \\ 4x_2 - 3x_3 \leqslant 2 \\ x_1 - 3x_2 + 2x_3 \leqslant 3 \\ x_1 \leqslant 5 \\ x_1, x_2, x_3 \geqslant 0 \end{cases} \qquad \text{s.t.}\begin{cases} -x_1 + 2x_2 + x_3 \leqslant 4 \\ 4x_2 - 3x_3 \leqslant 2 \\ x_1 - 3x_2 + 2x_3 \leqslant 3 \\ x_1 \geqslant 6 \\ x_1, x_2, x_3 \geqslant 0 \end{cases}$$

用单纯形法解问题(B_1)，得最优解 $x_1 = 5, x_2 = \frac{20}{7}, x_3 = \frac{23}{7}, \max z = \frac{194}{7}$。

因为 $x_3 = \frac{23}{7}$ 为非整数，所以将约束 $x_3 \leqslant 3$ 和 $x_3 \geqslant 4$ 分别增加到(B_1)中构成问题(B_{11})和(B_{12})。

$$(\text{B}_{11})\quad \max z = 3x_1 + x_2 + 3x_3 \qquad (\text{B}_{12})\quad \max z = 3x_1 + x_2 + 3x_3$$

$$\text{s.t.}\begin{cases} -x_1 + 2x_2 + x_3 \leqslant 4 \\ 4x_2 - 3x_3 \leqslant 2 \\ x_1 - 3x_2 + 2x_3 \leqslant 3 \\ x_1 \leqslant 5 \\ x_3 \leqslant 3 \\ x_1, x_2, x_3 \geqslant 0 \end{cases} \qquad \text{s.t.}\begin{cases} -x_1 + 2x_2 + x_3 \leqslant 4 \\ 4x_2 - 3x_3 \leqslant 2 \\ x_1 - 3x_2 + 2x_3 \leqslant 3 \\ x_1 \leqslant 5 \\ x_3 \geqslant 4 \\ x_1, x_2, x_3 \geqslant 0 \end{cases}$$

用单纯形法求解问题(B_{11})，得最优解为 $x_1 = 5, x_2 = \frac{11}{4}, x_3 = 3, \max z = \frac{107}{4}$. 而问题($\text{B}_{12}$)无可行解。因此问题($\text{B}_{12}$)被舍弃，而($\text{B}_{11}$)已得到满足条件的解。问题($\text{B}_2$)无可行解，舍弃。

因此，原混合整数规划的最优解为 $x_1 = 5, x_2 = \frac{11}{4}, x_3 = 3, \max z = \frac{107}{4}$.

该问题的求解过程可用下面的框图直观地表述。

例 7-7 求解整数规划问题

$$\max z = 5x_1 + 8x_2$$

$$\text{s.t.}\begin{cases} x_1 + x_2 \leqslant 6 \\ 5x_1 + 9x_2 \leqslant 45 \\ x_1 \geqslant 0,\quad x_2 \geqslant 0 \text{ 且皆为整数} \end{cases}$$

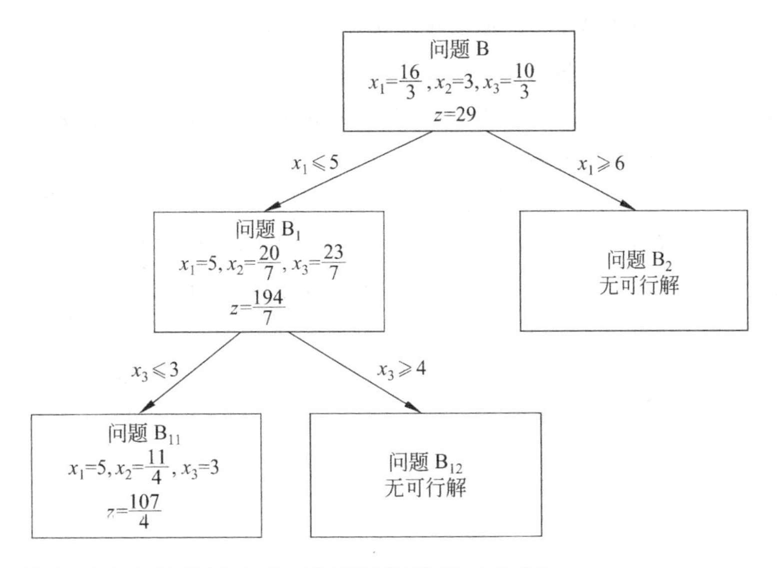

解:(1) 首先不考虑整数性约束,得原问题的松弛问题

$$(\mathrm{B})\quad \max z = 5x_1 + 8x_2$$

$$\text{s.t.}\begin{cases} x_1 + x_2 \leqslant 6 \\ 5x_1 + 9x_2 \leqslant 45 \\ x_1 \geqslant 0,\quad x_2 \geqslant 0, \end{cases}$$

利用单纯形法求得最优解为 $x_1=2.25, x_2=3.75, \max z=41.25$。令 $\underline{z}=0, \bar{z}=41.25$。

(2) 在不满足约束性条件的两个变量中任选一个,不妨选 x_1,对原问题分别增加约束条件 $x_1\leqslant 2$ 和 $x_1\geqslant 3$,将原问题分枝为两个子问题,该子问题对应的松弛问题是(B_1)和(B_2),即

$$(\mathrm{B}_1)\quad \max z = 5x_1 + 8x_2$$

$$\text{s.t.}\begin{cases} x_1 + x_2 \leqslant 6 \\ 5x_1 + 9x_2 \leqslant 45 \\ x_1 \leqslant 2 \\ x_1 \geqslant 0,\quad x_2 \geqslant 0, \end{cases}$$

$$(\mathrm{B}_2)\quad \max z = 5x_1 + 8x_2$$

$$\text{s.t.}\begin{cases} x_1 + x_2 \leqslant 6 \\ 5x_1 + 9x_2 \leqslant 45 \\ x_1 \geqslant 3 \\ x_1 \geqslant 0,\quad x_2 \geqslant 0, \end{cases}$$

(3) 先求解问题(B_1)。利用单纯形法得到(B_1)的最优解,$x_1=2, x_2=3.89, \max z=41.1$。因为 x_2 还不是整数,且 $\max z=41.1>\underline{z}$,所以还要对问题($\mathrm{B}_1$)进行分枝。分别增加新的约束条件 $x_2\leqslant 3$ 和 $x_2\geqslant 4$,将问题(B_1)分枝为两个子问题(B_{11})和(B_{12}),其对应的松弛问题即为

$$(\mathrm{B}_{11})\quad \max z = 5x_1 + 8x_2$$

$$\text{s.t.}\begin{cases} x_1 + x_2 \leqslant 6 \\ 5x_1 + 9x_2 \leqslant 45 \\ x_1 \leqslant 2 \\ x_2 \leqslant 3 \\ x_1 \geqslant 0,\quad x_2 \geqslant 0 \end{cases}$$

$$(\mathrm{B}_{12})\quad \max z = 5x_1 + 8x_2$$

$$\text{s.t.}\begin{cases} x_1 + x_2 \leqslant 6 \\ 5x_1 + 9x_2 \leqslant 45 \\ x_1 \leqslant 2 \\ x_2 \geqslant 4 \\ x_1 \geqslant 0,\quad x_2 \geqslant 0 \end{cases}$$

(4) 用单纯形法求解问题(B_2),得最优解为 $x_1=3, x_2=3, \max z=39$,已经为整数解,不再分枝,同时修改原问题的下界,即 $\underline{z}=\max\{0,39\}=39$。

(5) 再求解问题(B_{11}),利用单纯形法求得最优解为 $x_1=2, x_2=3, \max z=34$,由于最优解已满足整数性要求,故不再分枝。

(6) 对问题(B_{12})进行求解,得最优解 $x_1=1.8, x_2=4, \max z=41$。还没有得到整数解,且目标函数值大于下界 $\max z=41>39$,因此,还需要继续分枝求解。由于 x_1 又不满足整数性约束,加入约束条件 $x_1\leqslant 1$ 和 $x_1\geqslant 2$ 进行分枝,其对应的松弛问题为问题(B_{121})和(B_{122}),即

$$(B_{121})\quad \max z = 5x_1+8x_2 \qquad\qquad (B_{122})\quad \max z = 5x_1+8x_2$$

$$\text{s.t.}\begin{cases} x_1+x_2\leqslant 6\\ 5x_1+9x_2\leqslant 45\\ x_1\leqslant 2\\ x_2\geqslant 4\\ x_1\leqslant 1\\ x_1\geqslant 0,\quad x_2\geqslant 0\end{cases} \qquad\qquad \text{s.t.}\begin{cases} x_1+x_2\leqslant 6\\ 5x_1+9x_2\leqslant 45\\ x_1\leqslant 2\\ x_2\geqslant 4\\ x_1\geqslant 2\\ x_1\geqslant 0,\quad x_2\geqslant 0\end{cases}$$

(7) 对问题(B_{121})进行求解,得最优解 $x_1=1, x_2=4.44, \max z=40.6$,由于最优值 $z=40.6>\underline{z}=39$,还需要继续分枝。而问题(B_{122})已无可行解。

(8) 对问题(B_{121})加入约束 $x_2\leqslant 4$ 和 $x_2\geqslant 5$ 继续分枝,得子问题(B_{1211})和(B_{1212})。问题(B_{1211})的最优解为 $x_1=1, x_2=4, \max z=37$,问题(B_{1212})的最优解为 $x_1=0, x_2=5, \max z=40$。

由此,所有分枝全部求解完毕。原问题的最优解为 $x_1^*=0, x_2^*=5, \max z^*=40$。

$$(B_{1211})\quad \max z = 5x_1+8x_2 \qquad\qquad (B_{1212})\quad \max z = 5x_1+8x_2$$

$$\text{s.t.}\begin{cases} x_1+x_2\leqslant 6\\ 5x_1+9x_2\leqslant 45\\ x_1\leqslant 2\\ x_2\geqslant 4\\ x_1\leqslant 1\\ x_2\leqslant 4\\ x_1\geqslant 0,\quad x_2\geqslant 0\end{cases} \qquad\qquad \text{s.t.}\begin{cases} x_1+x_2\leqslant 6\\ 5x_1+9x_2\leqslant 45\\ x_1\leqslant 2\\ x_2\geqslant 4\\ x_1\leqslant 1\\ x_2\geqslant 5\\ x_1\geqslant 0,\quad x_2\geqslant 0\end{cases}$$

上述两个例题的求解过程遵循了以下分枝定界的原则:

(1) 每个松弛问题的最优值均是相应整数规划问题最优值的上界。

(2) 在求解子问题的松弛问题时:

① 若松弛问题无可行解,则相应的子问题也无可行解,舍弃不再分枝。

② 若松弛问题的解满足整数性约束,则此解为相应子问题的最优解,此时不分枝。如果目标函数值大于目前的下界值,则修改下界值。

③ 如果松弛问题的解不满足整数性约束,但目标函数值不大于目前的下界值,则不再分枝。

④ 若松弛问题的解不满足整数性约束,但目标函数值大于目前的下界值,则对相应的

子问题需进一步分枝。

7.3 0-1 整数规划的解法

对于 0-1 整数规划，由于决策变量只取 0,1 两个值，除了能用一般整数规划的求解方法——分枝定界法求解外，还有其特殊的解法。下面介绍求解 0-1 规划的完全枚举法和隐枚举法。

1. 完全枚举法

解 0-1 规划问题时，一种很自然的想法是检查变量取 0 或 1 的每一个组合，比较目标函数值的大小以求得最优解。

例 7-8 用完全枚举法求解 0-1 规划问题

$$\max z = 3x_1 - 2x_2 + 5x_3$$

$$\text{s.t.}\begin{cases} x_1 + 2x_2 - x_3 \leqslant 2 & ① \\ x_1 + 4x_2 + x_3 \leqslant 4 & ② \\ x_1 + x_2 \leqslant 3 & ③ \\ 4x_2 + x_3 \leqslant 6 & ④ \\ x_1, x_2, x_3 = 0 \text{ 或 } 1 & ⑤ \end{cases}$$

解：(x_1, x_2, x_3)共有 $2^3 = 8$ 种不同的组合，各种组合下目标函数及各约束条件左端的值列于表 7-5 中。

表 7-5 各种组合下目标函数及各约束条件左端的值

约束条件 / (x_1, x_2, x_3)	①	②	③	④	Z
(0,0,0)	0	0	0	0	0
(0,0,1)	−1	1	0	1	5
(0,1,0)	2	4	1	4	−2
(0,1,1)	1	5*	1	5	3
(1,0,0)	1	1	1	0	3
(1,0,1)	0	2	1	1	8
(1,1,0)	3*	5*	2	4	1
(1,1,1)	2	6*	2	5	6

表中标注“*”的，表示相应的组合不满足该约束条件，可知相应的可行解为(0,0,0)，(0,0,1)，(0,1,0)，(1,0,0)，(1,0,1)，最优值为 8，最优解为(1,0,1)。

2. 隐枚举法

0-1 规划的隐枚举法实际上是一种简化的分枝定界法，它利用变量只能取 0 或 1 进行分枝，以达到隐枚举之目的，它适用于任何 0-1 规划问题的求解。

为便于求解，首先需要将 0-1 规划化为规范形。所谓规范形就是如下形式的 0-1 规划模型。

$$\max z = \sum_{j=1}^{n} c_j x_j \quad (\text{其中所有 } c_j \leqslant 0)$$

$$\text{s.t.} \begin{cases} \sum_{i=1}^{n} a_{ij} x_j \leqslant b_i & (i = 1,2,\cdots,m) \\ x_j = 0 \text{ 或 } 1 & (j = 1,2,\cdots,n) \end{cases}$$

经过以下 4 个步骤就可将一个 0-1 规划模型化为规范形。

(1) 如果目标函数为求极小值，则对目标函数两边乘以 -1，化为求极大值。

(2) 若目标函数中某变量 x_j 的系数 $c_j > 0$，则令 $x_j = 1 - y_j$。

(3) 如果约束条件是"$\geqslant$"形，则可两边乘 -1，改为"$\leqslant$"形。

(4) 若某个约束条件为"$=$"形，则化为两个"$\leqslant$"的不等式，如

$$\sum_{j=1}^{n} a_{ij} x_j = b_i \quad \text{可化成} \quad \begin{cases} \sum_{j=1}^{n} a_{ij} x_j \leqslant b_i \\ \sum_{j=1}^{n} a_{ij} x_j \geqslant b_i \end{cases} \Rightarrow \begin{cases} \sum_{j=1}^{n} a_{ij} x_j \leqslant b_i \\ -\sum_{j=1}^{n} a_{ij} x_j \leqslant -b_i \end{cases}$$

0-1 规划的隐枚举法的基本思想是：首先令全部变量取 0(因为目标函数的系数全非正，此时，相应的目标函数值 $Z=0$ 就是上界)。如果此解可行，则为最优解，计算终止；否则，有选择地指定某个变为 0 或 1，并把它们固定下来(称为固定变量)，将问题分枝成两个子问题。继续分别对它们进行检验，即对未被固定取值的变量(称为自由变量)，令其全部为 0，检查是否可行。如果可行，则它们与固定变量所组成的解就是原问题目前最好的可行解(不一定是最优解)，不再分枝，其相应的目标函数值就是原问题的一个下界；否则，在余下的自由变量中，继续上述过程。经过检验，或者停止分枝，修改下界，或者有选择地将某个自由变量，令其为 0 或 1，将子问题再分枝。如此下去，直到所有的子问题停止分枝，或没有自由变量为止，并以最大下界值对应的可行解为最优解。

下面以例题来说明求解方法。

例 7-9 用隐枚举法求解下列 0-1 规划问题

$$\max z = 2x_1 - x_2 + 5x_3 - 3x_4 + 4x_5$$

$$\text{s.t.} \begin{cases} 3x_1 - 2x_2 + 7x_3 - 5x_4 + 4x_5 \leqslant 6 \\ x_1 - x_2 + 2x_3 - 4x_4 + 2x_5 \leqslant 0 \\ x_j = 0 \text{ 或 } 1 \quad (j = 1,2,3,4,5) \end{cases}$$

解：首先将该问题化为规范形，令

$$x_1 = 1 - y_1, \quad x_2 = y_2, \quad x_3 = 1 - y_3, \quad x_4 = y_4, \quad x_5 = 1 - y_5,$$

化为规范形

$$\max z = 11 - 2y_1 - y_2 - 5y_3 - 3y_4 - 4y_5$$

$$\text{s.t.} \begin{cases} -3y_1 - 2y_2 - 7y_3 - 5y_4 - 4y_5 \leqslant -8 \\ -y_1 - y_2 - 2y_3 - 4y_4 - 2y_5 \leqslant -5 \\ y_j = 0 \text{ 或 } 1 \quad (j = 1,2,3,4,5) \end{cases}$$

然后再用隐枚举法求解为树枝图，如图 7-1 所示。

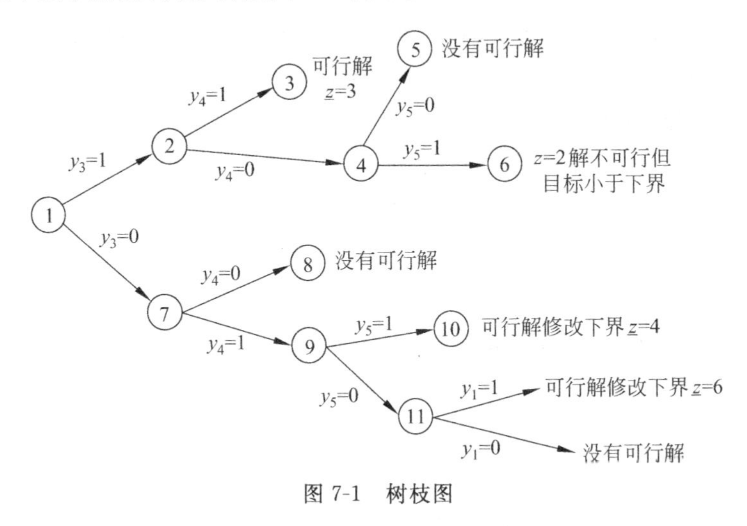

图 7-1　树枝图

由此得到最优解为 $y_1=1, y_2=0, y_3=0, y_4=1, y_5=0$。即 $x_1=0, x_2=0, x_3=1, x_4=1, x_5=1$；最优值为 $\max z=6$。

7.4　指派问题及其解法

在生活中经常遇到这样的问题，有 n 项任务需要完成，正好有 n 个人可承担这些任务。由于每个人的专长与经验不同，各人完成任务所需的时间不同，效率也不同，则应派哪个人去完成哪项任务，才能够使完成 n 项任务的总效率最高(所需总时间最少)。这类问题就是指派问题。

例 7-10　某单位准备安排 4 位员工到 4 个不同的岗位工作，每个岗位一个人。经考核 4 个人在不同岗位的成绩(百分制)见表 7-6，问应如何安排他们的工作才可使总成绩最好？

表 7-6　4 个人在不同岗位的成绩

工时 任务 / 人员	A	B	C	D
甲	85	92	73	90
乙	95	87	78	95
丙	82	83	79	90
丁	86	90	80	88

解：此工作问题可以采用枚举法求解，将所有分配方案求出，总分最大的方案就是最优解。本例的方案有 $4!=4\times3\times2\times1=24$ 种。由于方案数是人数的阶乘，当人数和任务数较多时，计算量非常大。用 0-1 规划模型描述此类分配问题则比较简单。

设

$$x_{ij}=\begin{cases}1, & \text{分配第 } i \text{ 人做 } j \text{ 工作时}\\0, & \text{不分配第 } i \text{ 人做 } j \text{ 工作时}\end{cases}$$

目标函数为

$$\max z = 85x_{11} + 92x_{12} + 73x_{13} + 90x_{14} + 95x_{21} + 87x_{22} + 78x_{23} + 95x_{24} + 82x_{31} + 83x_{32} + 79x_{33} + 90x_{34} + 86x_{41} + 90x_{42} + 80x_{43} + 88x_{44}$$

要求每人做一项工作,约束条件为

$$\begin{cases} x_{11} + x_{12} + x_{13} + x_{14} = 1 \\ x_{21} + x_{22} + x_{23} + x_{24} = 1 \\ x_{31} + x_{32} + x_{33} + x_{34} = 1 \\ x_{41} + x_{42} + x_{43} + x_{44} = 1 \end{cases}$$

要求每项工作只能安排一人,约束条件为

$$\begin{cases} x_{11} + x_{21} + x_{31} + x_{41} = 1 \\ x_{12} + x_{22} + x_{32} + x_{42} = 1 \\ x_{13} + x_{23} + x_{33} + x_{43} = 1 \\ x_{14} + x_{24} + x_{34} + x_{44} = 1 \end{cases}$$

变量约束为

$$x_{ij} = 0 \text{ 或 } 1 \quad (i,j = 1,2,3,4)$$

如果把 4 位员工看成是产量为 1 的产地,把 4 项任务看成是 4 个需求量为 1 的销地,那么该问题又可以转化成运输问题模型来求解。

下面给出指派问题的一般模型。假设 n 个人恰好做 n 项工作,第 i 个人做第 j 项工作的效率为 $c_{ij} \geqslant 0$,费用矩阵为 $\boldsymbol{C}=(c_{ij})_{n\times n}$,如何分配工作使费用最省(效率最高)的数学模型为

$$\min z = \sum_{i=1}^{n} \sum_{j=1}^{n} c_{ij} x_{ij}$$

$$\text{s.t.} \begin{cases} \sum_{j=1}^{n} x_{ij} = 1 & (i = 1,2,\cdots,n) \\ \sum_{i=1}^{n} x_{ij} = 1 & (j = 1,2,\cdots,n) \\ x_{ij} = 0 \text{ 或 } 1 & (i,j = 1,2,\cdots,n) \end{cases}$$

从例 7-10 可以看出,指派问题既是 0-1 规划问题的特例,也是运输问题的特例;当然可以用整数规划,0-1 规划或运输问题的解法去求解,然而这样是不合算的,就如用单纯形法去求解运输问题一样,针对指派问题的特殊性有更简便的方法。

指派问题具有这样的性质:若从系数矩阵 $\boldsymbol{C}=(c_{ij})_{n\times n}$的一行(列)各元素中分别加上或减去一个常数 k,得到新矩阵$(b_{ij})_{n\times n}$,那么以$(b_{ij})_{n\times n}$为系数矩阵的指派问题与原问题具有相同的最优解,但最优值与原问题的最优值相差一个常数 k。

利用这个性质,可使原系数矩阵变换为含有很多 0 元素的新系数矩阵,而最优解保持不变。由于指派问题的目标函数一般是求最小值,在系数矩阵$(b_{ij})_{n\times n}$中,关注位于不同行不同列的 0 元素,或者称为独立的 0 元素。若能在系数矩阵$(b_{ij})_{n\times n}$中找出 n 个独立的 0 元素,

则令解矩阵$(x_{ij})_{n\times n}$中对应这n个独立的0元素的变量取值为1。将其代入目标函数中得到$z_b=0$，它一定最小。这就是以$(b_{ij})_{n\times n}$为系数矩阵的指派问题的最优解，也就得到了原问题的最优解。

1955年，库恩(W. W. Kuhn)提出了指派问题的解法，他引用了匈牙利数学家康尼格一个关于矩阵中0元素的定理：系数矩阵中独立0元素的最多个数等于能覆盖所有0元素的最少直线数，这个解法也就称为匈牙利法。匈牙利法的基本解题步骤如下。

第一步：变换指派问题的系数矩阵，使在各行各列中都出现0元素。

(1) 从系数矩阵的每行元素中减去该行的最小元素。

(2) 再从所得系数矩阵的每列元素中减去该列的最小元素，若某行(列)已有0元素，则不需要再减了。

第二步：进行试指派，以寻求最优解。按以下步骤进行。

经第一步变换后，系数矩阵中每行每列中都已有0元素，但需要找出n个独立的0元素。如能找出，就以这些独立的0元素对应解矩阵(x_{ij})中的元素为1，其余为0，这就得到最优解。具体步骤为：

① 从只有一个0元素的行(列)开始，给这个0元素加圈，记作◎。这表示对这行所代表的人只有一种任务可指派。然后划去◎所在列(行)的其他0元素，记作∅，这表示这列所代表的任务已指派完，不必再考虑别人了。

② 给只有一个0元素列(行)的0元素加圈，记作◎；然后划去◎所在行的0元素，记作∅。

③ 反复进行①、②步骤，直到所有0元素都被圈出和划掉为止。

④ 若仍有没有划圈的0元素，且同行(列)的0元素至少有两个(表示对这人可以从两项任务中指派其一)，则从剩有0元素最少的行(列)开始，比较这行各0元素所在列中0元素的数目，对0元素少的那列的这个0元素加圈(表示选择性多的应该先满足选择性少的)，然后划掉同行同列的其他0元素。可反复进行，直到所有0元素都已划圈或划掉为止。

⑤ 若◎元素的数目m等于矩阵的阶数n，那么该指派问题的最优解已得到；若$m<n$，则转入下一步。

第三步：作最少的直线覆盖所有0元素，以确定该系数矩阵中能找到最多的独立0元素。为此按以下步骤进行：

① 对没有◎的行打√。

② 对已打√的行中所有含0元素的列打√。

③ 再对打有√的列中含有◎元素的行打√。

④ 重复②、③直到得不出新的打√的行、列为止。

⑤ 对没有打√的行画一横线，有打√的列画一纵线，这就得到覆盖所有0元素的最少直线数。

令直线数为k。若$k<n$，则说明必须再变换当前的系数矩阵，才能找到n个独立的0元素，转第四步；若$k=n$，而$m<n$，则返回第二步④，重新尝试。

第四步：对直线数 $k<n$ 的矩阵进行变换的目的是增加 0 元素。为此在没有被直线覆盖的部分中找出最小元素。然后在打√行各元素中都减去这个最小元素，而在打√列的各元素都加上这最小元素，以保证原来 0 元素不变。这样得到新系数矩阵(它的最优解与原问题相同)。若得到 n 个独立的 0 元素，则已得到最优解，否则返回到第三步重复进行。

当指派问题的系数矩阵，经过变换得到了同行和同列中都有两个或两个以上 0 元素时，可以任选一行(列)中某一个元素，再划去同行(列)的其他元素。这时会出现多重解。下面将通过两个例子来具体说明匈牙利法的解题步骤。

例 7-11 某零件生产需要 4 项工序 A,B,C,D,有 4 个员工甲、乙、丙、丁能胜任 4 项工序中的任何一项，每个人消耗的工时是不一样的，见表 7-7。求应指派何人去完成何项工序，使总的所需工时最少？

表 7-7 每个人完成工序的工时

工时 / 工序 / 人员	A	B	C	D
甲	2	15	13	4
乙	10	4	14	15
丙	9	14	16	13
丁	7	8	11	9

解：按第一步的(1)和(2)先让系数矩阵减去每行的最小元素，然后再减去每列的最小元素。

$$(c_{ij})=\begin{bmatrix}2&15&13&4\\10&4&14&15\\9&14&16&13\\7&8&11&9\end{bmatrix}\to\begin{bmatrix}0&13&11&2\\6&0&10&11\\0&5&7&4\\0&1&4&2\end{bmatrix}\to\begin{bmatrix}0&13&7&0\\6&0&6&9\\0&5&3&2\\0&1&0&0\end{bmatrix}=(b_{ij})$$

然后按第二步进行试指派，寻求最优解。按步骤(1)，先给 b_{22} 加圈，然后给 b_{31} 加圈，同时划掉 b_{11}，b_{41}；按步骤(2)给 b_{43} 加圈，划掉 b_{44}，最后给 b_{14} 加圈。如下所示。

$$\begin{bmatrix}0&13&7&0\\6&\circledcirc&6&9\\0&5&3&2\\0&1&0&0\end{bmatrix}\to\begin{bmatrix}\varnothing&13&7&0\\6&\circledcirc&6&9\\\circledcirc&5&3&2\\\varnothing&1&0&0\end{bmatrix}\to\begin{bmatrix}\varnothing&13&7&0\\6&\circledcirc&6&9\\\circledcirc&5&3&2\\\varnothing&1&\circledcirc&\varnothing\end{bmatrix}\to\begin{bmatrix}\varnothing&13&7&\circledcirc\\6&\circledcirc&6&9\\\circledcirc&5&3&2\\\varnothing&1&\circledcirc&\varnothing\end{bmatrix}$$

此时 $k=n=4$，所以最优解为

$$(x_{ij})=\begin{bmatrix}0&0&0&1\\0&1&0&0\\1&0&0&0\\0&0&1&0\end{bmatrix}$$

这表示，指定甲做 D 工序，乙做 B 工序，丙做 A 工序，丁做 C 工序。所需总的工时最少，总的工时为 4+4+9+11=28。

例 7-12 有甲、乙、丙、丁、戊五位工人被指派去完成 A,B,C,D,E 五项任务,每个人完成任务所需的工时各不相同,见表 7-8。求如何指派人员才能使得所用工时最少?

表 7-8 每个人完成任务所需的工时

工时＼任务 人员	A	B	C	D	E
甲	12	7	9	7	9
乙	8	9	6	6	6
丙	7	17	12	14	9
丁	15	14	6	6	10
戊	4	10	7	10	9

解:按第一步将系数矩阵进行变换,即

$$(c_{ij})=\begin{bmatrix}12&7&9&7&9\\8&9&6&6&6\\7&17&12&14&9\\15&14&6&6&10\\4&10&7&10&9\end{bmatrix}\to\begin{bmatrix}5&0&2&0&2\\2&3&0&0&0\\0&10&5&7&2\\9&8&0&0&4\\0&6&3&6&5\end{bmatrix}=(b_{ij})$$

按第二步进行试指派,得

$$\begin{bmatrix}5&0&2&0&2\\2&3&0&0&0\\\circledcirc&10&5&7&2\\9&8&0&0&4\\\varnothing&6&3&6&5\end{bmatrix}\to\begin{bmatrix}5&\circledcirc&2&\varnothing&2\\2&3&0&0&0\\\circledcirc&10&5&7&2\\9&8&0&0&4\\\varnothing&6&3&6&5\end{bmatrix}$$

$$\to\begin{bmatrix}5&\circledcirc&2&\varnothing&2\\2&3&\varnothing&\varnothing&\circledcirc\\\circledcirc&10&5&7&2\\9&8&0&0&4\\\varnothing&6&3&6&5\end{bmatrix}\to\begin{bmatrix}5&\circledcirc&2&\varnothing&2\\2&3&\varnothing&\varnothing&\circledcirc\\\circledcirc&10&5&7&2\\9&8&\circledcirc&\varnothing&4\\\varnothing&6&3&6&5\end{bmatrix}$$

可以看到◎的个数 $m=4$,而 $n=5$,所以要转入第三步。

按第三步的步骤进行,过程如下

$$\begin{bmatrix}5&\circledcirc&2&\varnothing&2\\2&3&\varnothing&\varnothing&\circledcirc\\\circledcirc&10&5&7&2\\9&8&\circledcirc&\varnothing&4\\\varnothing&6&3&6&5\end{bmatrix}\begin{matrix}\\\\\\\\\checkmark\end{matrix}\to\begin{array}{c}\begin{bmatrix}5&\circledcirc&2&\varnothing&2\\2&3&\varnothing&\varnothing&\circledcirc\\\circledcirc&10&5&7&2\\9&8&\circledcirc&\varnothing&4\\\varnothing&6&3&6&5\end{bmatrix}\begin{matrix}\\\\\\\\\checkmark\end{matrix}\\\begin{matrix}\checkmark&\quad&\quad&\quad&\quad&\quad\end{matrix}\end{array}\to\begin{array}{c}\begin{bmatrix}5&\circledcirc&2&\varnothing&2\\2&3&\varnothing&\varnothing&\circledcirc\\\circledcirc&10&5&7&2\\9&8&\circledcirc&\varnothing&4\\\varnothing&6&3&6&5\end{bmatrix}\begin{matrix}\\\\\checkmark\\\\\checkmark\end{matrix}\\\begin{matrix}\checkmark&\quad&\quad&\quad&\quad&\quad\end{matrix}\end{array}$$

$$
\rightarrow
\begin{bmatrix}
5 & \circledcirc & 2 & \varnothing & 2 \\
2 & 3 & \varnothing & \varnothing & \circledcirc \\
\circledcirc & 10 & 5 & 7 & 2 \\
9 & 8 & \circledcirc & \varnothing & 4 \\
\varnothing & 6 & 3 & 6 & 5
\end{bmatrix}
\begin{matrix} \\ \\ \surd \\ \\ \surd \end{matrix}
\qquad (1)
$$

$$\surd$$

由于矩阵(1)中覆盖直线数 $k=4<n$，所以应转到第四步，对第二步得到的矩阵进行变换，过程如下：矩阵(1)没有被直线覆盖的部分(第 3 行、第 5 行)中，最小元素是 2，所以在第 3 行、第 5 行各减去 2，而在第 1 列中加上 2，得到新矩阵，然后再按第二步找出所有独立 0 元素。如下所示

$$
\begin{bmatrix}
5 & 0 & 2 & 0 & 2 \\
2 & 3 & 0 & 0 & 0 \\
0 & 10 & 5 & 7 & 2 \\
9 & 8 & 0 & 0 & 4 \\
0 & 6 & 3 & 6 & 5
\end{bmatrix}
\begin{matrix} \\ \\ -2 \\ \\ -2 \end{matrix}
\rightarrow
\begin{bmatrix}
7 & 0 & 2 & 0 & 2 \\
4 & 3 & 0 & 0 & 0 \\
0 & 8 & 3 & 5 & 0 \\
11 & 8 & 0 & 0 & 4 \\
0 & 4 & 1 & 4 & 3
\end{bmatrix}
\rightarrow
\begin{bmatrix}
7 & \circledcirc & 2 & \varnothing & 2 \\
4 & 3 & \circledcirc & \varnothing & \varnothing \\
\varnothing & 8 & 3 & 5 & \circledcirc \\
11 & 8 & \varnothing & \circledcirc & 4 \\
\circledcirc & 4 & 1 & 4 & 3
\end{bmatrix}
$$

$$+2$$

可以看出，得到的结果具有 5 个独立 0 元素。这就得到了最优解，相应的解矩阵为

$$
\begin{bmatrix}
0 & 1 & 0 & 0 & 0 \\
0 & 0 & 1 & 0 & 0 \\
0 & 0 & 0 & 0 & 1 \\
0 & 0 & 0 & 1 & 0 \\
1 & 0 & 0 & 0 & 0
\end{bmatrix}
$$

由解矩阵可得最优指派方案：甲→B，乙→C，丙→E，丁→D，戊→A。所需总工时为 32。

在前面已经指出，当指派问题的系数矩阵，经过变换得到了同行和同列中都有两个或两个以上 0 元素时会出现多重解。本例还可得到另一指派方案

$$
\begin{bmatrix}
5 & 0 & 2 & 0 & 2 \\
2 & 3 & 0 & 0 & 0 \\
0 & 10 & 5 & 7 & 2 \\
9 & 8 & 0 & 0 & 4 \\
0 & 6 & 3 & 6 & 5
\end{bmatrix}
\begin{matrix} \\ \\ -2 \\ \\ -2 \end{matrix}
\rightarrow
\begin{bmatrix}
7 & 0 & 2 & 0 & 2 \\
4 & 3 & 0 & 0 & 0 \\
0 & 8 & 3 & 5 & 0 \\
11 & 8 & 0 & 0 & 4 \\
0 & 4 & 1 & 4 & 3
\end{bmatrix}
\rightarrow
\begin{bmatrix}
7 & \circledcirc & 2 & \varnothing & 2 \\
4 & 3 & \varnothing & \circledcirc & \varnothing \\
\varnothing & 8 & 3 & 5 & \circledcirc \\
11 & 8 & \circledcirc & \varnothing & 4 \\
\circledcirc & 4 & 1 & 4 & 3
\end{bmatrix}
$$

$$+2$$

即，甲→B，乙→D，丙→E，丁→C，戊→A。

$$\begin{bmatrix} 0 & 1 & 0 & 0 & 0 \\ 0 & 0 & 0 & 1 & 0 \\ 0 & 0 & 0 & 0 & 1 \\ 0 & 0 & 1 & 0 & 0 \\ 1 & 0 & 0 & 0 & 0 \end{bmatrix}$$

以上讨论的只是求最小值问题。对求最大值问题，即求

$$\max z = \sum_i \sum_j c_{ij} x_{ij}$$

可令

$$b_{ij} = \mathrm{M} - c_{ij}$$

其中 M 是足够大的常数(一般选 c_{ij} 中最大元素为 M 即可)，这时系数矩阵可转化为

$$\boldsymbol{B} = (b_{ij})$$

这时 $b_{ij} \geqslant 0$，符合匈牙利法的条件。目标函数经变换后，即求解

$$\min z' = \sum_i \sum_j b_{ij} x_{ij}$$

所得最小解就是原问题的最大解，因为

$$\begin{aligned} \sum_i \sum_j b_{ij} x_{ij} &= \sum_i \sum_j (\mathrm{M} - c_{ij}) x_{ij} = \sum_i \sum_j \mathrm{M} x_{ij} - \sum_i \sum_j c_{ij} x_{ij} \\ &= n\mathrm{M} - \sum_i \sum_j c_{ij} x_{ij} \end{aligned}$$

因为 $n\mathrm{M}$ 是常数，所以当 $\sum_i \sum_j b_{ij} x_{ij}$ 取最小值时，$\sum_i \sum_j c_{ij} x_{ij}$ 便取最大值。

例 7-13 某工厂有 4 个工人甲、乙、丙、丁，他们都可以从事 4 种不同的工作 A,B,C,D，但每个人在不同的岗位创造的产出是不同的，见表 7-9。现给每个工人分配一个岗位，求如何安排才能使产出最大？

表 7-9 每个工人在不同岗位的产出

产出 工种 / 人员	A	B	C	D
甲	10	9	8	7
乙	3	4	5	6
丙	2	1	1	2
丁	4	3	5	6

解：这是一个求最大值的问题，因此首先对系数矩阵进行变换，表中的系数矩阵最大值是 10，因此 $b_{ij} = \mathrm{M} - c_{ij} = 10 - c_{ij}$，然后就可以按照匈牙利法的步骤进行求解，具体过程如下

$$(c_{ij}) = \begin{bmatrix} 10 & 9 & 8 & 7 \\ 3 & 4 & 5 & 6 \\ 2 & 1 & 1 & 2 \\ 4 & 3 & 5 & 6 \end{bmatrix} \xrightarrow{b_{ij} = 10 - c_{ij}} (b_{ij}) = \begin{bmatrix} 0 & 1 & 2 & 3 \\ 7 & 6 & 5 & 4 \\ 8 & 9 & 9 & 8 \\ 6 & 7 & 5 & 4 \end{bmatrix} \rightarrow \begin{bmatrix} 0 & 1 & 2 & 3 \\ 3 & 2 & 1 & 0 \\ 0 & 1 & 1 & 0 \\ 2 & 3 & 1 & 0 \end{bmatrix}$$

$$\rightarrow\begin{bmatrix}0&0&1&3\\3&1&0&0\\0&0&0&0\\2&2&0&0\end{bmatrix}\rightarrow\begin{bmatrix}◎&\varnothing&1&3\\3&1&◎&\varnothing\\\varnothing&◎&\varnothing&\varnothing\\2&2&\varnothing&◎\end{bmatrix}$$

即最优方案为甲→A,乙→C,丙→B,丁→D,最大产出为 10+15+1+6=22。

设分配问题中人数为 m,任务数为 n,当 $m>n$ 时虚拟 $m-n$ 项任务,对应的效率为零;当 $m<n$ 时虚拟 $n-m$ 个人,对应的效率为零,转化为人数与任务数相等的平衡问题后再求解。如有 5 个人分配做 3 项工作,则虚拟 2 项工作,效率矩阵变化如下,

$$\begin{bmatrix}5&8&9\\10&15&17\\9&4&3\\16&17&18\\8&6&11\end{bmatrix}\rightarrow\begin{bmatrix}5&8&9&0&0\\10&15&17&0&0\\9&4&3&0&0\\16&17&18&0&0\\8&6&11&0&0\end{bmatrix}$$

再用匈牙利法求解。

当某人不能完成某项任务时,令对应的效率为一个大 M(表示完成的费用为无穷大)的值即可。

例 7-14 某企业集团计划在市内 4 个点投资 4 个专业超市,考虑的商品有家电、服装、食品、家具和计算机 5 个类别。通过评估,家具超市不能放在第三个点,计算机超市不能放在第 4 个点,不同类别的商品投资到各点的年利润(万元)预测值见表 7-10。该商业集团如何做出投资决策才可使年利润最大?

解:这是求最大值、人数与任务数不相等及不可接受的配置的一个综合指派问题,分别对表 7-10 进行转换。

表 7-10 不同类别的商品投资到各点的年利润预测值

年利润预测值 / 地点 / 商品	1	2	3	4
家电	120	300	360	400
服装	80	350	420	260
食品	150	160	380	300
家具	90	200	—	180
计算机	220	260	270	—

(1) 令 $c_{43}=c_{34}=0$。

(2) 转换成求最小值问题,令 M=420,得到效率表。

(3) 虚拟一个地点 5。

转换后得到表 7-11。

表 7-11 转换后的表

地点 年利润预测值 商品	1	2	3	4	5
家电	300	120	60	20	0
服装	340	70	0	160	0
食品	270	260	40	120	0
家具	330	220	420	240	0
计算机	200	160	150	420	0

利用匈牙利法求解得到最优解为

$$\begin{bmatrix} 0 & 0 & 0 & 1 & 0 \\ 0 & 1 & 0 & 0 & 0 \\ 0 & 0 & 1 & 0 & 0 \\ 0 & 0 & 0 & 0 & 1 \\ 1 & 0 & 0 & 0 & 0 \end{bmatrix}$$

最优投资方案为地点 1 投资建设计算机超市，地点 2 投资建设服装超市，地点 3 投资建设食品超市，地点 4 建设家电超市，年利润总额预测值为 1350 万元。

7.5 整数规划问题的 Excel 求解

1. 整数规划的 Excel 求解

例 7-15 用 Excel 求解下列整数规划问题的最优解

$$\max z = 3x_1 + x_2 + 3x_3$$

$$\text{s.t.}\begin{cases} -x_1 + 2x_2 + x_3 \leqslant 4 \\ 4x_2 - 3x_3 \leqslant 2 \\ x_1 - 3x_2 + 2x_3 \leqslant 3 \\ x_1, x_2, x_3 \geqslant 0 \text{ 且 } x_1, x_3 \text{ 为整数} \end{cases}$$

解：整数规划与普通的线性规划相比，只是决策变量的约束更加严格而已，在 Excel 中有专门针对整数规划设置的约束条件，用 int 表示。首先给出该问题的求解模板，如图 7-2 所示。

	A	B	C	D	E	F	G
1			整数规划问题				
2		x1	x2	x3			
3	目标函数系数	3	1	3			
4					左端求和	符号	右端项
5	约束条件1	-1	2	1	0	<=	4
6	约束条件2	0	4	-3	0	<=	2
7	约束条件3	1	-3	2	0	<=	3
8							
9			最优解				
10	决策变量	x1	x2	x3			
11							
12							
13	最优值	0					

图 7-2 整数规划问题的求解模板

在设置好模板后，需要对求解参数进行设置，如图 7-3 和图 7-4 所示。

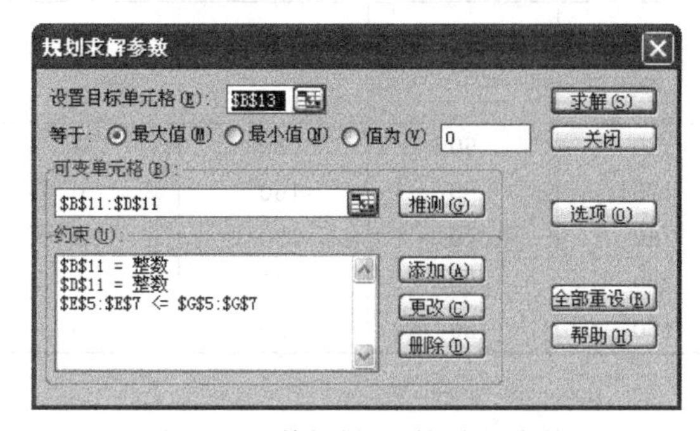

图 7-3　整数规划问题的求解参数

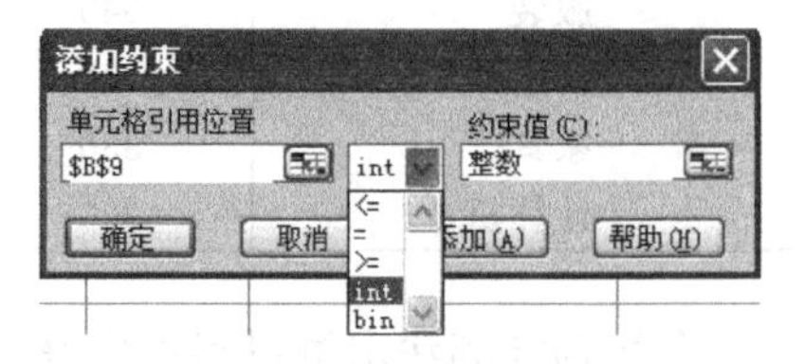

图 7-4　整数约束的添加

单击图 7-3 中"求解"按钮，得到该问题的最优解，如图 7-5 所示。

	A	B	C	D	E	F	G
1			整数规划问题				
2		x1	x2	x3			
3	目标函数系数	3	1	3			
4					左端求和	符号	右端项
5	约束条件1	-1	2	1	3.5	<=	4
6	约束条件2	0	4	-3	2	<=	2
7	约束条件3	1	-3	2	2.75	<=	3
8							
9			最优解				
10	决策变量	x1	x2	x3			
11		5	2.75	3			
12							
13	最优值	26.75					

图 7-5　整数规划问题的最优解

2. 0-1 规划的 Excel 求解

例 7-16　用 Excel 求解下列 0-1 规划的最优解

$$\max z = 3x_1 - 2x_2 + 5x_3$$

$$\text{s.t.}\begin{cases} x_1 + 2x_2 - x_3 \leqslant 2 & ① \\ x_1 + 4x_2 + x_3 \leqslant 4 & ② \\ x_1 + x_2 \leqslant 3 & ③ \\ 4x_2 + x_3 \leqslant 6 & ④ \\ x_1, x_2, x_3 = 0 \text{ 或 } 1 & ⑤ \end{cases}$$

解：0-1 规划是特殊的整数规划，也是特殊的线性规划，因此它的求解方法和前面介绍的整数规划基本相同，只需要在约束条件上稍加修改即可。而 Excel 中也专门提供了 0-1 约束，也称为二进制约束，在 Excel 中用 bin 表示。具体过程如图 7-6～图 7-9 所示。

3. 指派问题的 Excel 求解

例 7-17　表 7-12 给出了每位工人执行各项任务所需的工时，用 Excel 求解下列指派问题的最优指派方案，使总的工时量最小。

	A	B	C	D	E	F	G
1		0-1规划问题					
2		x1	x2	x3			
3	目标函数系数	3	-2	5			
4					左端求和	符号	右端项
5	约束条件1	1	2	-1	0	<=	2
6	约束条件2	1	4	1	0	<=	4
7	约束条件3	1	1	0	0	<=	3
8	约束条件4	0	4	1	0	<=	6
9			最优解				
10	决策变量	x1	x2	x3			
11							
12							
13	最优值	0					

图 7-6　0-1 规划问题的求解模板

图 7-7　0-1 规划问题的求解参数

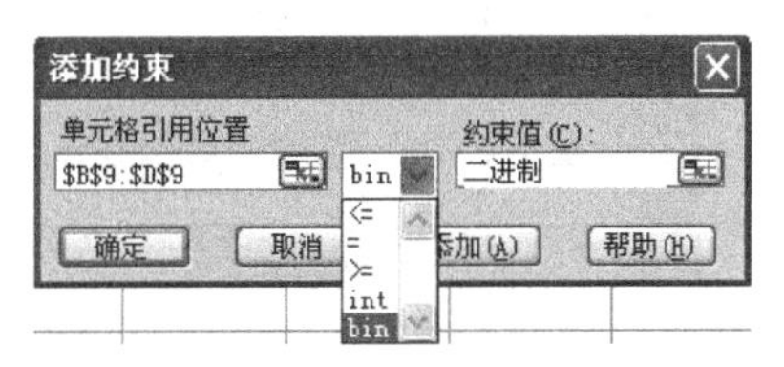

图 7-8　0-1 规划的二进制约束条件的设置

	A	B	C	D	E	F	G
1		0-1规划问题					
2		x1	x2	x3			
3	目标函数系数	3	-2	5			
4					左端求和	符号	右端项
5	约束条件1	1	2	-1	0	<=	2
6	约束条件2	1	4	1	2	<=	4
7	约束条件3	1	1	0	1	<=	3
8	约束条件4	0	4	1	1	<=	6
9			最优解				
10	决策变量	x1	x2	x3			
11		1	0	1			
12							
13	最优值	8					

图 7-9　0-1 规划问题的最优解

表 7-12　每位工人执行各项任务所需的工时

任务 / 人员	A	B	C	D	E
甲	12	7	9	7	9
乙	8	9	6	6	6
丙	7	17	12	14	9
丁	15	14	6	6	10
戊	4	10	7	10	9

解：指派问题是运输问题的一个特例，因此可以把指派问题看成是供应量和需求量都等于 1 的产销平衡运输问题，同时注意变量的取值是 0 还是 1，那么就可以利用 Excel 直接求解了。具体过程如图 7-10～图 7-12 所示。

	A	B	C	D	E	F	G	H	I
1				指派问题的求解					
2				任务					
3	人员	A	B	C	D	E			
4	甲	12	7	9	7	9			
5	乙	8	9	6	6	6			
6	丙	7	17	12	14	9			
7	丁	15	14	6	6	10			
8	戊	4	10	7	10	9			
9									
10				最优解					
11				任务					
12	人员	A	B	C	D	E	实际指派次数		可用人员量
13	甲	0	0	0	0	0	0	=	1
14	乙	0	0	0	0	0	0	=	1
15	丙	0	0	0	0	0	0	=	1
16	丁	0	0	0	0	0	0	=	1
17	戊	0	0	0	0	0	0	=	1
18	实际指派次数	0	0	0	0	0			
19		=	=	=	=	=			
20	需求人员量	1	1	1	1	1			
21									
22	最优值	0							

图 7-10　指派问题的求解模板

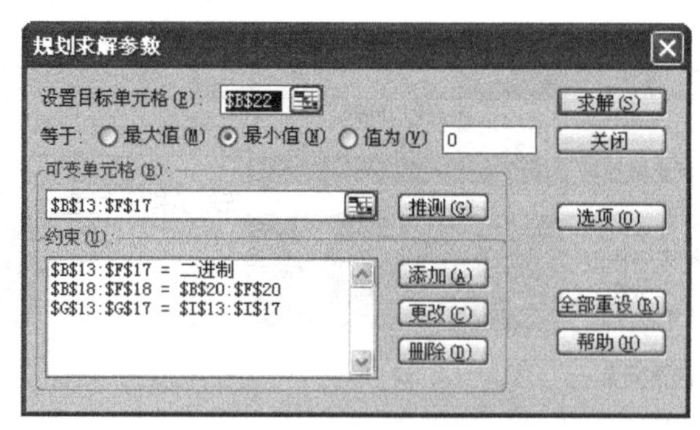

图 7-11　指派问题的求解参数设置

对于求最大值的指派问题，利用 Excel 特点，不需要进行效率矩阵的转换，而只需将目标函数由求最小值改为求最大值即可；对于分派人员数量与任务数量不相等的情况，只要将约束条件修改为“⩽”或“⩾”即可，大大简化了求解步骤。

例 7-18　表 7-13 给出了一个项目投标问题。有 4 位科学家对 5 个项目进行投标，每位科学家有 1000 点可以投向他感兴趣的项目，具体投标情况见表 7-13。其中“—”表示某科学家由于没有某项技能而不能从事某项目。问如何指派可以使总投标点最高？

解：在这个指派问题中，目标函数为求最大值，且出现了任务数与人员数不等，有的人能够做两项任务，有的人不能做某项任务的复杂情况。如果用匈牙利法进行求解，则非常麻烦，但是用 *Excel* 处理则较简便。其求解模板如图 7-13～图 7-15 所示。

	A	B	C	D	E	F	G	H	I
1				指派问题的求解					
2				任务					
3	人员	A	B	C	D	E			
4	甲	12	7	9	7	9			
5	乙	8	9	6	6	6			
6	丙	7	17	12	14	9			
7	丁	15	14	6	6	10			
8	戊	4	10	7	10	9			
9									
10				最优解					
11				任务					
12	人员	A	B	C	D	E	实际指派次数		可用人员量
13	甲	0	1	0	0	0	1	=	1
14	乙	0	0	0	1	0	1	=	1
15	丙	0	0	0	0	1	1	=	1
16	丁	0	0	1	0	0	1	=	1
17	戊	1	0	0	0	0	1	=	1
18	实际指派次数	1	1	1	1	1			
19		=	=	=	=	=			
20	需求人员量	1	1	1	1	1			
21									
22	最优值	32							

图 7-12　指派问题的最优解

表 7-13　项目投标

人员＼项目	A	B	C	D	E
甲	100	400	200	200	100
乙	0	200	800	0	0
丙	100	100	100	100	600
丁	—	133	33	34	800

	A	B	C	D	E	F	G	H	I
1				项目投标问题					
2		项目1	项目2	项目3	项目4	项目5			
3	科学家1	100	400	200	200	100			
4	科学家2	0	200	800	0	0			
5	科学家3	100	100	100	100	600			
6	科学家4	-	133	33	34	800			
7									
8									
9	最优指派	项目1	项目2	项目3	项目4	项目5	实际指派次数		供应量
10	科学家1						0	<=	2
11	科学家2						0	=	1
12	科学家3						0	<=	2
13	科学家4						0	=	1
14	实际指派次数	0	0	0	0	0			
15		=	=	=	=	=			
16	需求量	1	1	1	1	1			
17									
18	总投标点	0							

图 7-13　投标问题的求解模板

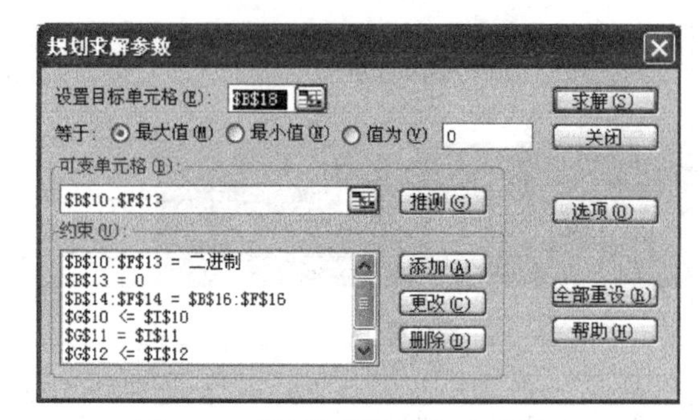

图 7-14　投标问题的求解参数设置

	A	B	C	D	E	F	G	H	I
1				项目投标问题					
2		项目1	项目2	项目3	项目4	项目5			
3	科学家1	100	400	200	200	100			
4	科学家2	0	200	800	0	0			
5	科学家3	100	100	100	100	600			
6	科学家4	-	133	33	34	800			
7									
8									
9	最优指派	项目1	项目2	项目3	项目4	项目5	实际指派次数		供应量
10	科学家1	0	1	0	1	0	2	<=	2
11	科学家2	0	0	1	0	0	1	=	1
12	科学家3	1	0	0	0	0	1	<=	2
13	科学家4	0	0	0	0	1	1	=	1
14	实际指派次数	1	1	1	1	1			
15		=	=	=	=	=			
16	需求量	1	1	1	1	1			
17									
18	总投标点	2300							

图 7-15　投标问题的最优解

习　题

1. 用分枝界定法求解下列整数规划：

(1) $\max z=3x_1+2x_2$

$$\text{s.t.}\begin{cases}2x_1+3x_2\leqslant 14\\2x_1+x_2\leqslant 9\\x_1,x_2\geqslant 0\text{ 且为整数}\end{cases}$$

(2) $\max z=20x_1+10x_2$

$$\text{s.t}\begin{cases}-x_1+2x_2+x_3\leqslant 4\\4x_2-3x_3\leqslant 2\\x_1-3x_2+2x_3\leqslant 3\\x_1,x_2,x_3\geqslant 0\text{ 且为整数}\end{cases}$$

2. 用分枝定界法求解下列混合整数规划：

(1) $\max z=7x_1+9x_2$

$$\text{s.t.}\begin{cases}-x_1+3x_2\leqslant 6\\7x_1+x_2\leqslant 35\\x_1,x_2\geqslant 0\text{ 且 }x_1\text{ 为整数}\end{cases}$$

(2) $\max z=3x_1+x_2+3x_3$

$$\text{s.t.}\begin{cases}-x_1+2x_2+x_3\leqslant 4\\4x_2-3x_3\leqslant 2\\x_1-3x_2+2x_3\leqslant 3\\x_1,x_2,x_3\geqslant 0\text{ 且 }x_1,x_3\text{ 为整数}\end{cases}$$

3. 用完全枚举法求解下列 0-1 规划：

$$\max z = 3x_1 - 2x_2 + 5x_3$$

$$\text{s.t.}\begin{cases} x_1 + 2x_2 - x_3 \leqslant 2 \\ x_1 + 4x_2 + x_3 \leqslant 4 \\ x_1 + x_2 \leqslant 3 \\ 4x_2 + x_3 \leqslant 6 \\ x_j = 0 \text{ 或 } 1 \quad (j = 1,2,3) \end{cases}$$

4. 用隐枚举法求解下列 0-1 规划问题：

(1) $\max z = 4x_1 + 3x_2 + 2x_3$

$$\text{s.t.}\begin{cases} 2x_1 - 5x_2 + 3x_3 \leqslant 4 \\ 4x_1 + x_2 + 3x_3 \geqslant 3 \\ x_2 + x_3 \geqslant 1 \\ x_1, x_2, x_3 = 0 \text{ 或 } 1 \end{cases}$$

(2) $\max z = 5x_1 + 6x_2 + 7x_3 + 8x_4 + 9x_5$

$$\text{s.t.}\begin{cases} 3x_1 - x_2 + x_3 + x_4 - 2x_5 \geqslant 2 \\ x_1 + 3x_2 - x_3 - 2x_4 + 2x_5 \geqslant 0 \\ -x_1 - x_2 + 3x_3 + x_4 + x_5 \geqslant 2 \\ x_j = 0 \text{ 或 } 1 \quad (j = 1,2,3,4,5) \end{cases}$$

5. 某公司拟在市区的东、西、南三区建立门市部，拟议中有 7 个位置 $A_i(i=1,2,\cdots,7)$ 可供选择。并要求：

(1) 在东区，由 A_1, A_2, A_3 三个中至多选两个。

(2) 在西区，由 A_4, A_5 两个点中至少选一个。

(3) 在南区，由 A_6, A_7 两个点中只能选一个。

如选用位置 A_i，设备投资估计为 b_i 万元，每年可获利润估计为 c_i 万元，但投资总额不超过 B 万元。问选择哪几个点可使年利润最大？试建立此问题的 0-1 规划模型。

6. 某校篮球队准备从以下 6 名预备队员中选拔 3 名为正式队员，并使平均身高尽可能高。这 6 名预备队员情况见表 7-14。

表 7-14　预备队员的情况

预备队员	号　码	身高(cm)	位　置
A	4	193	中锋
B	5	191	中锋
C	6	187	前锋
D	7	186	前锋
E	8	180	后卫
F	9	185	后卫

队员的挑选要满足下列条件：

(1) 至少补充一名后卫队员。

(2) 队员 B 或 E 之间只能入选一名。

(3) 最多补充一名中锋。

(4) 如果队员 B 或 D 入选，E 就不能入选。

试建立此问题的数学模型。

7. 考虑资金分配问题，在今后三年内有五项工程考虑施工，每项工程的期望收入和年度费用(千元)见表7-15。假定每一项已经批准的工程要在整个三年内完成,目标是要选出使总收入达到最大的那些工程。

表7-15 每项工程的期望收入和年度费用

工　　程	费用(千元)			收入(千元)
	第一年	第二年	第三年	
1	5	1	8	20
2	4	7	10	40
3	3	9	2	20
4	7	4	1	15
5	8	6	10	30
最大的可用基金数(千元)	25	25	25	

试建立该问题的0-1规划模型。

8. 某公司要把4个有关能源工程项目承包给4个互不相关的外商投标者,规定每个承包商只能且必须承包一个项目,求在总费用最小的条件下确定各个项目的承包者,总费用为多少?各承包商对工程的报价见表7-16。

表7-16 各承包商对工程的报价

报价(万元) 项目 / 投标者	Ⅰ	Ⅱ	Ⅲ	Ⅳ
甲	15	18	21	24
乙	19	23	22	18
丙	26	17	16	19
丁	19	21	23	17

9. 已知6个工厂担任4种任务的费用矩阵如下,求应如何分配任务,使总费用最小?

$$\boldsymbol{C}=\begin{bmatrix}3&6&2&6\\7&1&4&4\\3&8&5&8\\6&4&3&7\\5&2&4&3\\5&7&6&2\end{bmatrix}$$

10. 设6项任务由4个工厂担任,每个工厂可担任1项或2项任务。已知每个工厂担任各项任务的费用矩阵如下,求如何分配任务,使总的费用最小?

$$\boldsymbol{C}=\begin{bmatrix}3&7&3&6&5&5\\6&1&8&4&2&7\\2&7&5&3&4&6\\6&4&8&7&3&2\end{bmatrix}$$

11. 一服装厂可生产三种服装,生产不同种类的服装要租用不同的设备,设备租金和其他经济参数见表 7-17。假定市场供不应求，服装厂每月可用人工工时为 2000 小时。求：该厂如何安排生产，可使每月的利润最大？

表 7-17　设备租金和其他经济参数

序号	服装种类	设备租金（元）	生产成本（元/件）	销售价格（元/件）	人工工时（小时/件）	设备工时（小时/件）	设备可用工时（小时）
1	西服	5000	280	400	5	3	300
2	衬衫	2000	30	40	1	0.5	300
3	羽绒服	3000	200	300	4	2	300

12. 上海港务局第五装卸区第七装卸队在安排所属 5 个班组进行 5 条作业线的配工时，先把以往各班组完成某项作业的实际效率的具体数据列出见表 7-18。试安排一个效率最高的配工方案。

表 7-18　以往各班组完成作业的情况

项目 / 完成某项作业的数量（吨） / 组别	"风益"4 舱卸钢材	"铜川"1 舱卸化肥	"风益"2 舱卸卷纸	"汉川"5 舱装砂	"汉川"3 舱装杂
1 组	400	315	2220	120	145
2 组	435	295	240	220	160
3 组	505	370	320	200	165
4 组	495	310	250	180	135
5 组	450	320	310	190	100

13. 某工厂近期接到一批订单，要安排生产甲、乙、丙、丁 4 种产品，每件产品分别需要原料 A、B、C 中的一种或几种中的若干单位，合同规定要在 15 天内完成，但数量不限。由于 4 种产品都在一种设备上生产，且一台设备同一时间只能加工一件产品。目前，工厂只有一台正在使用中的这种设备（设备 1），合同期内可以挤出 3 天来生产这批订单，但是会产生 150 元的机会成本损失；还有一台长期未用的设备（设备 2）可以启用，启用时要做必要的检查和修理，费用是 1000 元；公司还考虑向邻厂租用两台这种设备（设备 3 和设备 4），由于对方也在统筹使用设备，租期分别只能是 7 和 12 天，而且租期正好在合同期内，租金分别是 2000 和 3100 元，工厂可决定租一台或两台，或者一台也不租。另外，每种产品如果生产的话会有固定成本和变动成本，这些数据都是已知的，见表 7-19。假设每天工作 8 小时（意味着 4 台设备的可用台时分别为 24，120，56，96），并且假设工厂最多使用这 4 台设备中的 3 台。问：工厂如何安排这 4 种产品的产量和利用哪种设备，才可使得在上述资源限制的条件下获得的利润最大？

14. 某公司准备向华中、华南、华北和东北 4 个地区各派一位营销总监，现有 4 位人选，分别是甲、乙、丙、丁，由于他们对各地区的文化、市场、媒体等熟悉程度不同，不同的人在不同的地区预期创造的效益也不相同（见表 7-20）。问：如何将这 4 位营销总监安排到各大区域中才能使总的预期效益最大？列出其数学模型并求解。

表 7-19　生产每种产品的固定成本和变动成本

	产　品				资源限制			
	甲	乙	丙	丁	设备 1	设备 2	设备 3	设备 4
原料 A	4	6	9	0	156			
原料 B	2	0	4	1	94			
原料 C	3	8	0	5	183			
设备台时(小时)	5	7	3	8	24	120	56	96
固定成本(元)	350	400	180	310	150	120	56	96
变动成本(元)	12	14	16	11	—	—	—	—
单位产品价格(元)	120	160	135	95	—			

表 7-20　不同人在不同地区预期创造的效益

效益（百万元）/地区/人员		1	2	3	4
		华中	华南	华北	东北
1	甲	12	7	11	10
2	乙	8	10	8	9
3	丙	6	5	6	12
4	丁	4	4	9	8

15. 假设在上题中该公司的 4 位营销总监的月薪分别是 2.5,2.1,1.8,1.6 万元,若该公司还想将业务范围扩大到西北和西南,现在公司想在 6 个区中筹建销售分公司,考虑到甲业务最熟练,他最多可以负责三个区的建设,乙的业务也比较熟练,他最多可以负责两个区的分公司的建设。为了避免多头领导,每个地区只派一个营销总监进行筹建工作。表 7-21 是各位营销总监在不同地区建分公司预计所用时间(单位:月)。问:如何指派各位营销总监区建设各区的分公司才能使总工资成本最低?建立数学模型并求解。

表 7-21　各位营销总监在不同地区建分公司预计所用时间

所用筹建时间(月)/地区/人员	1 华中	2 华南	3 华北	4 东北	5 西北	6 西南	月薪(万元)
1 甲	3	4	3.5	6	4	8	2.5
2 乙	3.5	4	3	8	6	7	2.1
3 丙	4	5.5	5	6	4	9	1.8
4 丁	5	6	7	5	5	7.5	1.6

16. 某旅行推销员,从城市 1 出发,要到另 5 个城市去推销商品,各城市之间行程见表 7-22。

表 7-22　某旅行推销员在各城市间的行程

行程 到达点 / 出发点	1	2	3	4	5	6
1	0	3	2	1	5	4
2	3	0	1	2	3	1
3	2	1	0	2	2	2
4	1	2	2	0	1	5
5	5	3	2	1	0	2
6	4	1	2	5	2	0

试建立求最短巡回路线的 0-1 规划模型。

17. 一条装配线由一系列工作站组成，被装配可制造的产品在装配线上流动的过程中，每站都要完成一道或几道工序，假定一共有 a，b，c，d，c，f 六道工序，这些工序按先后次序在各工作站上完成。关于这些工序的相关数据见表 7-23。且规定，在任一给定的工作站上，不管完成哪些工序，能用的总时间不得超过 10 分钟，希望将这些工序分配给各个工作站，并使需要的工作站数量最少，试建立此问题的整数规划模型。

表 7-23　这些工序的相关数据

工　序	完成时间(分钟)	前面必须完成的工序
a	3	—
b	5	—
c	2	b
d	6	a，c
e	8	b
f	3	d

18. 某地区从电网中分配得到的电力共有 6 万千瓦，可用于工业，而该地区有机械、化工、轻纺、建材 4 大部类，各部类获得电力(单位：万千瓦)以后，可以为该地区提供的利润(单位：万元)见表 7-24 所示，问应如何分配电力可使该地区所获得的利润达到最大?

表 7-24　各部类提供的利润

利润(万元) 部类 / 电力	机　械	化　工	轻　纺	建　材
1	3	5	4	5
2	6	7	6	8
3	8	9	8	10
4	10	10	9	11
5	12	11	10	12
6	13	12	11	13

19. 判断下列说法是否正确：

(1) 整数规划问题解的目标函数值一般优于其相应的松弛问题解的目标函数值。

(2) 用分枝定界法求解一个极大化的整数规划问题时，任何一个可行解的目标函数值是该问题目标函数值的一个下界。

(3) 用分枝定界法求解一个极大化的整数规划问题，当得到多于一个的可行解时，通常可取其中一个作为下界值，经比较后确定是否进行分枝。

(4) 指派问题效率矩阵的每个元素乘上同一常数 k，将不影响最优指派方案。

(5) 指派问题数学模型的形式与运输问题十分相似，故也可以用表上作业法求解。

20. 选择题：

(1) 求解整数规划常用的算法有________，求解 0-1 规划常用的算法有________，求解指派问题常用的方法有________。

(A) 单纯形法　　(B) 分枝定界法　　(C) 割平面法

(D) 完全枚举法　　(E) 隐枚举法　　(F) 匈牙利法

(G) 表上作业法

(2) 关于匈牙利法，下列说法正确的是________。

(A) 匈牙利法只能用于求解平衡分配问题

(B) 对于极大化问题，匈牙利法不能直接求解

(C) 对于极大化问题 $\max z = \sum_{i=1}^{n}\sum_{j=1}^{n} c_{ij}x_{ij}$，令 $c = \max\{c_{ij}\}$，$b_{ij} = c - c_{ij}$ 转化为极小值问题 $\min W = \sum_{i=1}^{n}\sum_{j=1}^{n} b_{ij}x_{ij}$，则用匈牙利法求解时，极大化问题的最优解就是极小化问题的最优解，但目标函数值相差 $n+c$。

第8章 非线性规划

前面讨论的线性规划，其目标函数和约束条件都是决策变量的线性函数。如果目标函数或约束条件中含有决策变量的非线性函数，就称为非线性规划。非线性规划与线性规划一样，也是运筹学的一个极为重要的分支，它在经济、管理、计划、统计以及军事、系统控制等方面得到越来越广泛的应用。

非线性规划模型的建立与线性规划模型的建立类似，但是非线性规划问题的求解却是至今为止的一个研究难题。虽然开发了很多求解非线性规划的算法，但是目前还没有适用于求解所有非线性规划问题的一般算法，每个方法都有自己特定的适用范围。本章重点介绍非线性规划的基本理论和常用的具有代表性的算法。

8.1 基本概念

例 8-1 某企业生产一种产品 y 需要生产资料 x_1 和 x_2，用计量经济学方法根据统计资料可写出生产函数为

$$y = 2x_1^{\frac{1}{3}} \cdot x_2^{\frac{2}{3}}$$

但是投入的资源有限，能源总共 10 个单位，而每单位生产资料 x_1 要消耗 1 单位能源，每单位生产资料 x_2 要消耗 2 单位能源，见表 8-1。问：应如何安排生产资料才可使产出最大？

表 8-1 生产过程的资源需求

	生产资料 1(x_1)	生产资料 2(x_1)	能 源 限 量
能源 产量 y	1	2	10

解：设企业计划安排两种生产资料分别是 x_1 和 x_2 个单位，$y=f(x_1,x_2)$表示产量。容易得到这个问题的数学模型如下

$$\max f(x_1,x_2) = 2x_1^{\frac{1}{3}} \cdot x_2^{\frac{2}{3}}$$

$$\begin{cases} x_1 + 2x_2 \leqslant 10 \\ x_1 \geqslant 0, \quad x_2 \geqslant 0 \end{cases}$$

例 8-1 的约束条件是自变量的线性函数，但目标函数是自变量的非线性函数，因而它是非线性规划问题。

1. 非线性规划的数学模型

非线性规划数学模型的一般形式为

$$\min f(X)$$
$$\begin{cases} h_i(X) = 0 & (i = 1,2,\cdots,m) \\ g_j(X) \geqslant 0 & (j = 1,2,\cdots,l) \end{cases} \tag{8-1}$$

其中，$X=(x_1,x_2,\cdots,x_n)^{\mathrm{T}}$ 是 n 维欧氏空间 E^n 中的点（向量），$f(X)$ 为目标函数，$h_i(X)=0$ 和 $g_j(X)\geqslant 0$ 为约束条件。

由于 $\max f(X)=-\min[-f(X)]$，且这两种情况下求出的最优解相同（若最优解存在），故当需要使目标函数极大化时，只需使其负值极小化即可。为统一起见，一般形式中仅考虑极小化问题。

如果某个约束条件是"$\leqslant$"不等式的形式，只需用 -1 乘这个约束的两端，即可将其变成"$\geqslant$"的形式。

如果有某一约束为等式 $g_j(X)=0$，则可用如下两个不等式约束替代

$$\begin{cases} g_j(X) \geqslant 0 \\ -g_j(X) \geqslant 0 \end{cases}$$

因而，有时将非线性规划数学模型写成以下形式

$$\begin{cases} \min f(X) \\ g_j(X) \geqslant 0 & (j = 1,2,\cdots,l) \end{cases} \tag{8-2}$$

2. 几个定义

设 $f(X)$ 是定义在 n 维欧氏空间 E^n 的某一区域 R 上的 n 元实函数，其中，$X=(x_1,x_2,\cdots,x_n)^{\mathrm{T}}$。对于 $X^*\in R$，如果存在某个 $\varepsilon>0$，使所有与 X^* 的距离小于 ε 的 $X\in R$（即 $\|X-X^*\|<\varepsilon, X\in R$）都满足 $f(X)\geqslant f(X^*)$，则称 X^* 为 $f(X)$ 在 R 上的局部极小点，$f(X^*)$ 为局部极小值。若对于所有与 X^* 的距离小于 ε 的 $X\in R(X\neq X^*)$，都有 $f(X)>f(X^*)$，则称 X^* 为 $f(X)$ 在 R 上的严格局部极小点，$f(X^*)$ 为严格局部极小值。

若存在 $X^*\in R$，对于所有 $X\in R$，都有 $f(X)\geqslant f(X^*)$，则称 X^* 为 $f(X)$ 在 R 上的全局极小点，$f(X^*)$ 为全局极小值。若对于所有 $X\in R(X\neq X^*)$，都有 $f(X)>f(X^*)$，则称 X^* 为 $f(X)$ 在 R 上的严格全局极小点，$f(X^*)$ 为严格全局极小值。

若将上述不等式反向，就可得到相应的极大点和极大值的定义。

图 8-1 从几何上说明了局部极小点、严格局部极小点和严格全局极小点之间的关系。可以看出，对于非线性规划，局部或严格局部极小点不是全局或严格全局极小点，反之，全局或严格全局极小点一定是局部或严格局部极小点。

3. 多元函数极值点存在的条件

定理 8-1（**必要条件**） 设 R 是 n 维欧氏空间 E^n 中的一个开集，$f(X)$ 在 R 上有一阶连续偏导数，并且在点 $X^*\in R$ 处取得局部极值，则有

$$\frac{\partial f(X^*)}{\partial x_1} = \frac{\partial f(X^*)}{\partial x_2} = \cdots = \frac{\partial f(X^*)}{\partial x_n} = 0 \tag{8-3}$$

或写成

$$\nabla f(X^*) = 0 \tag{8-4}$$

此处

$$\nabla f(X^*)=\left(\frac{\partial f(X^*)}{\partial x_1},\frac{\partial f(X^*)}{\partial x_2},\cdots,\frac{\partial f(X^*)}{\partial x_n}\right)^{\mathrm{T}} \tag{8-5}$$

为函数 $f(X)$在点 X^* 处的梯度。

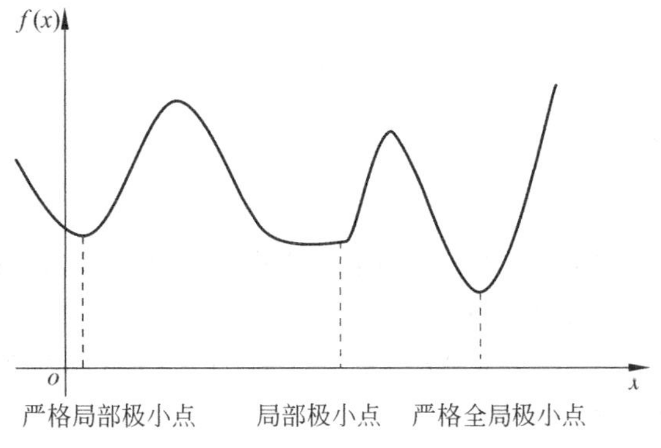

图 8-1　全局最优与局部最优点

证明从略。称满足条件(8-3)或(8-4)的点为稳定点(驻点)。在区域内部,极值点一定是稳定点,但稳定点不一定是极值点。

函数 $f(X)$的梯度$\nabla f(X)$有两个重要的性质:(1)梯度向量的方向是函数值(在该点处)增加最快的方向,负梯度方向则是函数值(在该点处)下降最快的方向;(2)$\nabla f(X)$的方向为 $f(X)$在点 X 处的等值面(等值线)的法线方向。

定理 8-2(充分条件)　设 R 是 n 维欧氏空间 E^n 中的一个开集,$f(X)$在 R 上具有二阶连续偏导数,$X^*\in R$,若$\nabla f(X^*)=0$,且$\nabla^2 f(X^*)$正定,则 $X^*\in R$ 为 $f(X)$的严格局部极小点。此处

$$\nabla^2 f(X^*)=\begin{bmatrix}\frac{\partial^2 f(X^*)}{\partial x_1^2} & \frac{\partial^2 f(X^*)}{\partial x_1\partial x_2} & \cdots & \frac{\partial^2 f(X^*)}{\partial x_1\partial x_n}\\ \frac{\partial^2 f(X^*)}{\partial x_2\partial x_1} & \frac{\partial^2 f(X^*)}{\partial x_2^2} & \cdots & \frac{\partial^2 f(X^*)}{\partial x_2\partial x_n}\\ \vdots & \vdots & \vdots & \vdots\\ \frac{\partial^2 f(X^*)}{\partial x_n\partial x_1} & \frac{\partial^2 f(X^*)}{\partial x_n\partial x_2} & \cdots & \frac{\partial^2 f(X^*)}{\partial x_n^2}\end{bmatrix}$$

为 $f(X)$在点 X^* 处的二阶偏导数矩阵,通常称其为 Hessian 矩阵,记为 $H(X^*)$。

证明从略。若将$\nabla^2 f(X^*)$正定改为负定,定理 8-2 就变成了 X^* 为 $f(X)$的严格局部极大点的充分条件。

例 8-2　讨论函数 $f(X)=2x_1^2-x_1x_2+x_2^2-7x_2$ 是否存在极值点。

解:先求函数的稳定点

$$\frac{\partial f(X)}{\partial x_1}=4x_1-x_2,\quad \frac{\partial f(X)}{\partial x_2}=-x_1+2x_2-7$$

令$\nabla f(X)=0$,得稳定点 $X=(x_1,x_2)^{\mathrm{T}}=(1,4)^{\mathrm{T}}$。

再用充分条件检验

$$\frac{\partial^2 f(X)}{\partial x_1^2}=4,\quad \frac{\partial^2 f(X)}{\partial x_2^2}=2,\quad \frac{\partial^2 f(X)}{\partial x_1 \partial x_2}=\frac{\partial^2 f(X)}{\partial x_2 \partial x_1}=-1$$

在稳定点处

$$\nabla^2 f(X)=\begin{pmatrix} 4 & -1 \\ -1 & 2 \end{pmatrix}$$

由线性代数知识知道，Hessian 矩阵$\nabla^2 f(X)$是正定的，所以 $X=(1,4)^{\mathrm{T}}$ 是极小值点。

4. 凸函数和凹函数

1) 定义

设 $f(X)$是定义在 n 维欧氏空间E^n 中某个凸集 R 上的函数，若对任何实数 $\alpha(0<\alpha<1)$ 以及 R 中的任意两点 $X^{(1)}, X^{(2)}$，恒有

$$f(\alpha X^{(1)}+(1-\alpha)X^{(2)}) \leqslant \alpha f(X^{(1)})+(1-\alpha)f(X^{(2)}) \tag{8-6}$$

则称 $f(X)$为定义在 R 上的凸函数。

若对每一个 $\alpha(0<\alpha<1)$和任意两点 $X^{(1)} \neq X^{(2)} \in R$，恒有

$$f(\alpha X^{(1)}+(1-\alpha)X^{(2)}) < \alpha f(X^{(1)})+(1-\alpha)f(X^{(2)}) \tag{8-7}$$

则称 $f(X)$为定义在 R 上的严格凸函数。

若式(8-6)和式(8-7)中的不等号反向，就得到凹函数和严格凹函数的定义。如果函数 $f(X)$是凸函数(严格凸函数)，则$-f(X)$一定是凹函数。

凸函数图形上任两点的连线均在此函数图形的上方；凹函数则相反。线性函数既可以看成凸函数，也可以看成凹函数。图 8-2 表示了一元函数的情形。

2) 凸函数的性质

性质 8-1 设 $f(X)$是定义在凸集 R 上的凸函数，则对任意实数 $\lambda \geqslant 0$，函数 $\lambda f(X)$也是 R 上的凸函数。

性质 8-2 设 $f_1(X), f_2(X)$是凸集 R 上的凸函数，则 $f(X)=f_1(X)+f_2(X)$也是凸集 R 上的凸函数。

对任意的 $X^1, X^2 \in R$ 和 $\alpha(0<\alpha<1)$，有

$$f_1(\alpha X^1+(1-\alpha)X^2) \leqslant \alpha f_1(X^1)+(1-\alpha)f_1(X^2)$$
$$f_2(\alpha X^1+(1-\alpha)X^2) \leqslant \alpha f_2(X^1)+(1-\alpha)f_2(X^2)$$

两端相加即得

$$f(\alpha X^1+(1-\alpha)X^2) \leqslant \alpha f(X^1)+(1-\alpha)f(X^2)$$

所以 $f(X)=f_1(X)+f_2(X)$也是凸集 R 上的凸函数。

由以上两个性质可以推得：有限个凸函数的非负线性组合

$$\lambda_1 f_1(X)+\lambda_2 f_2(X)+\cdots \lambda_m f_m(X)$$
$$\lambda_i \geqslant 0 \quad (i=1,2,\cdots,m)$$

仍为凸函数。

性质 8-3 设 $f(X)$是定义在凸集 R 上的凸函数，则对每一实数 β，集合(称为水平集)

$$S_\beta=\{X \mid X \in R, f(X) \leqslant \beta\} \tag{8-8}$$

是凸集。

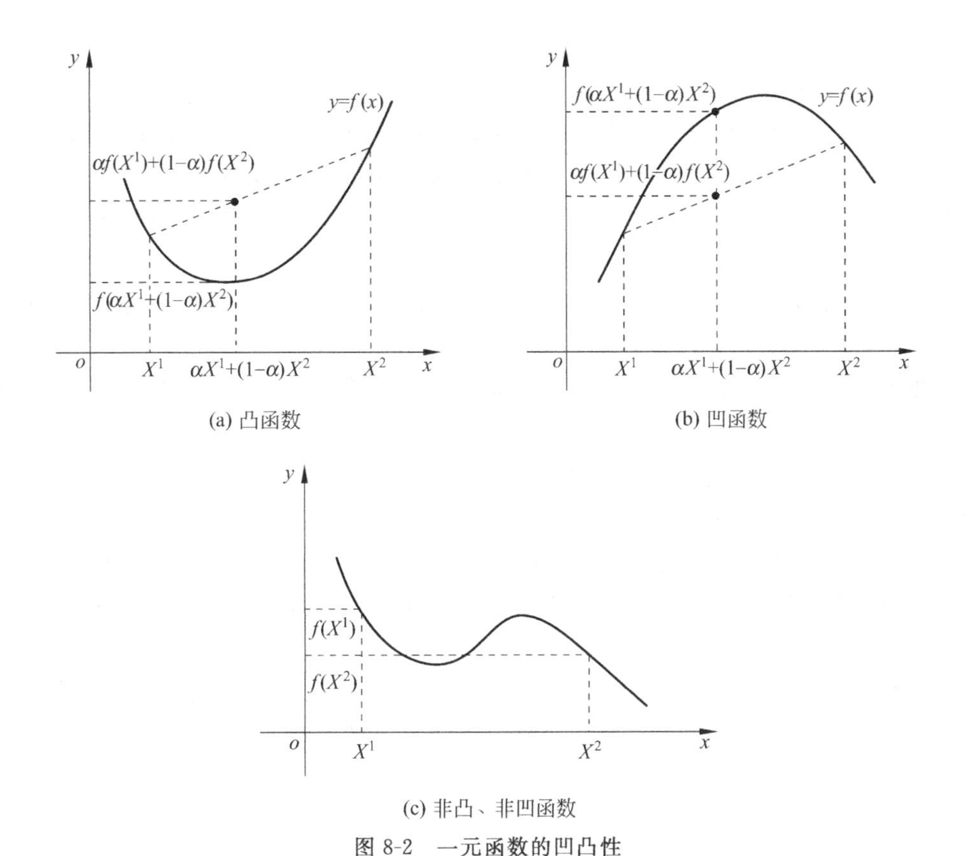

图 8-2 一元函数的凹凸性

3）凸函数的判定

可直接依据定义判定一个函数是否为凸函数；对于可微凸函数，也可利用下面两个条件。

(1) 一阶条件。设 R 为 E^n 上的开凸集，$f(X)$在 R 上具有一阶连续偏导数，则 $f(X)$为 R 上的凸函数的充分必要条件是：对 R 中的任意两点 $X^{(1)}$，$X^{(2)}$，恒有

$$f(X^{(2)}) \geqslant f(X^{(1)}) + \nabla f(X^{(1)})^{\mathrm{T}}(X^{(2)} - X^{(1)}) \tag{8-9}$$

证明从略。如果式(8-9)为严格不等式，它就是严格凸函数的充分必要条件。

(2) 二阶条件。设 R 为 E^n 上的开凸集，$f(X)$在 R 上具有二阶连续偏导数，则 $f(X)$为 R 上的凸函数的充分必要条件是：对所有 $X \in R$，$f(X)$的 Hessian 矩阵半正定。

证明可在有关文献中找到，在此从略。

如果对所有 $X \in R$，$f(X)$的 Hessian 矩阵正定，则 $f(X)$为 R 上的严格凸函数。同理，对于凹函数，可以得到和上述类似的结果。

例 8-3 讨论函数 $f(X) = -x_1^2 - x_2^2 + x_1 + x_2$ 的凹凸性。

解：容易算出 $f(X)$的 Hessian 矩阵为

$$\nabla^2 f(X) = \begin{bmatrix} -2 & 0 \\ 0 & -2 \end{bmatrix}$$

因为$\nabla^2 f(X)$负定，故 $f(X)$为严格凹函数。

4) 凸函数的极值

一般情况下，函数的局部极小值并不一定就是它的最小值。极小值反映了函数的局部性质，当要求解函数在整个定义域中的最小值时，必须将所有的极小值作比较（有时要考虑边界值），以便从中选出最小者。但是，对于定义在凸集上的凸函数来说，它的任一极小值就等于最小值。

定理 8-3 如果 $f(X)$是定义在凸集 R 上的凸函数，则它的任一极小点就是它在 R 上的最小点（即全局极小点），并且它的极小点形成一个凸集。

定理 8-4 设 $f(X)$是定义在凸集 R 上的可微凸函数，如果存在点 $X^* \in R$，对于所有 $X \in R$ 有

$$\nabla f(X^*)^{\mathrm{T}}(X - X^*) \geqslant 0 \tag{8-10}$$

则 X^* 是 $f(X)$在 R 上的最小点（即全局极小点）。

若 X^* 是 R 的内点，则向量 $\boldsymbol{X}-\boldsymbol{X}^*$ 在 n 维欧氏空间中可取任一方向，意味着这时可将式(8-10)改为$\nabla f(X^*)=0$。在这种情况下，$\nabla f(X^*)=0$ 不仅是极值点存在的充分条件，而且是必要条件。

以上两个定理（证明从略）说明，凸集上的凸函数的稳定点就是其全局极小点。全局极小点并不一定是唯一的，但对于严格凸函数，其全局极小点是唯一的。

5. 凸规划

对于非线性规划

$$\begin{cases} \min\limits_{X \in R} f(X) \\ R = \{X \mid g_j(X) \geqslant 0 \quad (j = 1,2,\cdots,l)\} \end{cases} \tag{8-11}$$

如果 $f(X)$为凸函数，$g_j(X)(j=1,2,\cdots,l)$全为凹函数（即所有$-g_j(X)$都是凸函数），就称这种规划为凸规划。

由于线性函数既可看作凹函数，又可看作凸函数，所以线性规划也是一种凸规划。

凸规划具有下列性质：

(1) 可行解集为凸集。

(2) 最优解集为凸集（如果最优解存在）。

(3) 任何局部最优解也是全局最优解。

(4) $f(X)$为严格凸函数时，其最优解唯一（如果最优解存在）。

6. 下降迭代算法

前面已经知道，为了求可微函数的最优解，可先令其梯度等于零，求出稳定点，然后用充分条件进行判别，以求出最优解。表面上，问题似乎已经解决。但是，对一般多元函数 $f(X)$来说，由梯度等于零得到的常常是一个非线性方程组，求解它非常困难。另外，许多实际问题往往求不出或很难求出目标函数对各自变量的偏导数，因此，常常使用所谓的迭代法求最优解。

迭代法的基本思想：首先给定一个初始点 $X^{(0)}$，按照一定的规则(即所谓算法)，找一个比 $X^{(0)}$ 更好的点 $X^{(1)}$（对极小化问题来说，$f(X^{(1)})<f(X^{(0)})$；对极大化问题来说，$f(X^{(1)})>f(X^{(0)})$)，再按此种规则找出比 $X^{(1)}$ 更好的点 $X^{(2)}$，……如此继续，就产生了一个解点的序列 $\{X^{(k)}\}$。若该点列有极限 X^*，即

$$\lim_{k\to\infty}\| X^{(k)}-X^* \| = 0$$

则称该点列收敛于 X^*。

对于某一算法来说，要求它产生的点列 $\{X^{(k)}\}$ 中的某一点本身就是最优解，或者该点列的极限点 X^* 是问题的最优解。由于计算机只能进行有限次迭代，一般说很难得到准确解，只能得到近似解。当满足所要求的精度时，即可停止迭代。

如果由某算法所产生的点的序列 $\{X^{(k)}\}$ 使目标函数值 $f(X^{(k)})$ 逐步减小，就称该算法为下降迭代算法。

下降迭代算法的一般步骤：

(1) 选定初始点 $X^{(0)}$，令 $k:=0$。

(2) 确定搜索方向。如果已得到某一迭代点 $X^{(k)}$，且不是极小点。这时，要从 $X^{(k)}$ 出发，确定一个搜索方向 $P^{(k)}$，沿这个方向能找到使目标函数值下降的点。对约束极值问题，有时还要求这样的点是可行点。

(3) 确定步长。从 $X^{(k)}$ 出发，沿方向 $P^{(k)}$ 求步长 λ_k，以产生下一个迭代点 $X^{(k+1)}$。即在从 $X^{(k)}$ 出发的射线

$$X = X^{(k)} + \lambda P^k \quad (\lambda \geqslant 0)$$

上，选定步长 $\lambda=\lambda_k$，得到下一个迭代点

$$X^{(k+1)} = X^{(k)} + \lambda_k P^{(k)}$$

使得

$$f(X^{(k+1)}) = f(X^{(k)} + \lambda_k P^{(k)}) < f(X^{(k)})$$

(4) 检查新点 $X^{(k+1)}$ 是否为极小点或近似极小点。如果是，则停止迭代；否则，令 $k:=k+1$，返回第(2)步继续迭代。

上面的步骤中，最关键的一步是选取搜索方向 $P^{(k)}$，各种算法的区分，主要在于确定搜索方向的方法不同。

确定步长 λ_k 的方法中，步长的选定是以使目标函数值沿搜索方向下降最快(极小化问题)为依据的，即选取 λ_k，使

$$f(X^{(k)} + \lambda_k P^{(k)}) = \min_{\lambda} f(X^{(k)} + \lambda P^{(k)})$$

因为这一工作是求以 λ 为变量的一元函数 $f(X^{(k)}+\lambda P^{(k)})$ 的极小点，所以这个过程称为(最优)一维搜索，其确定的步长称为最佳步长。

一维搜索有个十分重要的性质：在搜索方向上所得最优点处的梯度和该搜索方向正交。这可表述为如下定理。

定理 8-5 设目标函数 $f(X)$ 具有一阶连续偏导数，$X^{(k+1)}$ 按下列规则产生

$$\begin{cases} f(X^{(k)} + \lambda_k P^{(k)}) = \min\limits_{\lambda} f(X^{(k)} + \lambda P^{(k)}) \\ X^{(k+1)} = X^{(k)} + \lambda_k P^{(k)} \end{cases}$$

则

$$\nabla f(X^{(k+1)})^{\mathrm{T}} \cdot P^{(k)} = 0 \tag{8-12}$$

由于真正的最优解事先并不知道，在决定什么时候停止迭代时，只能根据相继两次迭代的结果。一般终止计算的准则有下列几种。

(1) 根据两次迭代的绝对误差：

$$\| X^{(k+1)} - X^{(k)} \| < \varepsilon_1$$

$$| f(X^{(k+1)}) - f(X^{(k)}) | < \varepsilon_2$$

(2) 根据两次迭代的相对误差(要求分母不为零)：

$$\frac{\| X^{(k+1)} - X^{(k)} \|}{\| X^{(k)} \|} < \varepsilon_3$$

$$\frac{| f(X^{(k+1)}) - f(X^{(k)}) |}{| f(X^{(k)}) |} < \varepsilon_4$$

(3) 根据目标函数梯度的模足够小：

$$\| \nabla f(X^{(k)}) \| < \varepsilon_5$$

其中，$\varepsilon_i (i=1,2,3,4,5)$是事先给定的足够小的正数。

7. 一维搜索技术

由于一维非线性函数极小化问题是诸多无约束非线性规划问题算法的基础，下面考虑如下一维非线性函数极小化问题

$$\min_{x \in [a,b]} f(x) \tag{8-13}$$

一维搜索的方法较多，这里仅介绍黄金分割法(0.618 法)和斐波那契(Fibonacci)法。这两个方法属于直接法，只需计算函数值，而不必计算函数的导数。

设函数 $f(x)$是区间$[a,b]$上的单变量下的单峰函数，即它在该区间上有唯一极小点 c，而且函数在 c 之左严格下降，在 c 之右严格上升，称$[a,b]$是函数 $f(x)$的单峰区间。

为求解一维函数极小化问题(8-13)，下面讨论 $f(x)$是单峰函数情况下的迭代算法。

1) 黄金分割法(0.618 法)

假设初始单峰区间为$[a_0,b_0]$，黄金分割法的基本思路是：在区间$[a_0,b_0]$中选取两个对称点 a_1 和点 b_1，并假设 $a_1<b_1$。如果 $f(a_1)<f(b_1)$，那么极小点一定落在区间$[a_0,b_1]$上(图 8-3(a))；如果 $f(a_1)>f(b_1)$，则极小点落在区间$[a_1,b_0]$上。这里，$[a_0,b_1]$和$[a_1,b_0]$缩

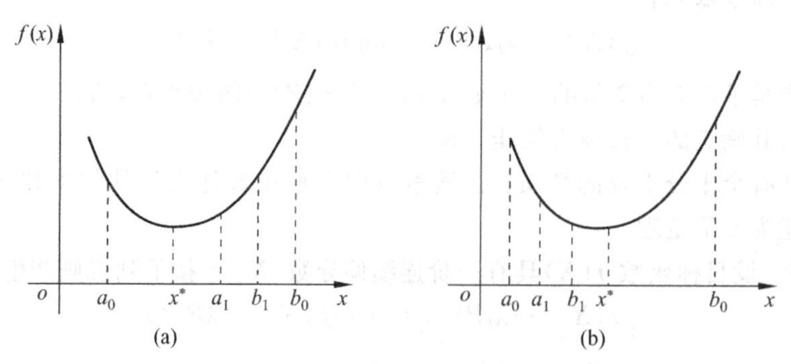

图 8-3 黄金分割法

短了单峰区间$[a_0,b_0]$(图 8-3(b))。

对于新的单峰区间$[a_0,b_1]$或$[a_1,b_0]$,重复以上过程直到单峰区间缩短到足够小时,取最后的收敛点作为最优解的近似值。为使单峰区间的长度能尽快缩短,设$l=b_0-a_0$,给定$0<\rho<1/2$,根据图 8-4,$b_1-a_0=(1-\rho)l$,$b_0-b_1=\rho l$,而区间$[b_1,b_0]$的长度与区间$[a_0,b_1]$的长度之比等于$[a_0,b_1]$与$[a_0,b_0]$的比例

$$\frac{\rho}{1-\rho}=(1-\rho) \tag{8-14}$$

由于$0<\rho<1/2$,解上述方程得$\rho\approx0.382$,于是,在一次迭代之后,单峰区间缩短了$\rho\approx0.382$倍。因为每次迭代的步长都等于$(1-\rho)$,所以在 n 步之后,单峰区间缩短到$(1-\rho)^n\approx0.618^n$。

0.618 法是一种等速对称进行试探的方法,每次的试点都取在区间长度的 0.618 倍和 0.382 倍处。

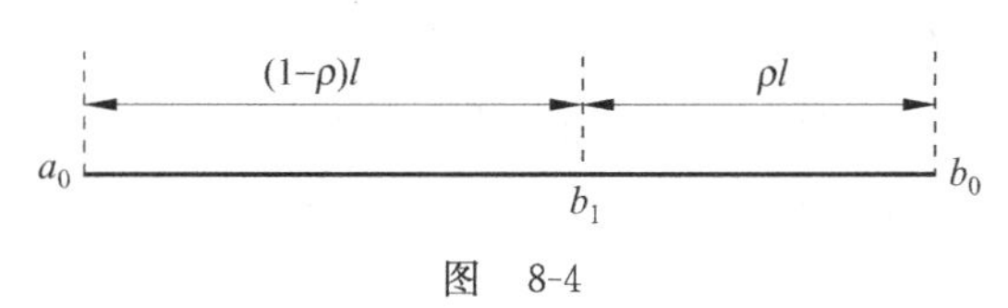

图 8-4

例 8-4 用黄金分割法求函数 $f(x)=4x^2-6x-3$ 在区间$[0,1]$上的近似极小点和极小值,要求缩短后的区间长度不大于原区间长度的 8%。

解:因为 $a_0=0,b_0=1$,用黄金分割法得迭代点

$$x_1=0.382\times(1-0)=0.382,\quad x_1'=0.618\times(1-0)=0.618$$

$$f(x_1)=4\times0.382^2-6\times0.382-3=-4.71$$

$$f(x_1')=4\times0.618^2-6\times0.618-3=-5.11$$

由于$f(x_1)>f(x_1')$,故极小点在区间$[x_1',b_0]$中,令$a_1=x_1'=0.618$,$b_1=b_0=1$,则

$$x_2=0.618+0.382\times(1-0.618)=0.764$$

$$x_2'=0.618+0.618\times(1-0.618)=0.854$$

$$f(x_2)=4\times0.764^2-6\times0.764-3=-5.249$$

$$f(x_2')=4\times0.854^2-6\times0.854-3=-5.21$$

由于$f(x_2)<f(x_2')$,故极小点在区间$[a_1,x_2]$中,令$a_2=a_1=0.618$,$b_2=x_2=0.764$,则有

$$x_3=0.618+0.382\times(0.764-0.618)=0.674$$

$$x_3'=0.618+0.618\times(0.764-0.618)=0.708$$

$$f(x_3)=4\times0.674^2-6\times0.674-3=-5.227$$

$$f(x_3')=4\times0.708^2-6\times0.708-3=-5.243$$

由于$f(x_3)>f(x_3')$,故极小点在区间$[x_3',b_2]$中,令$a_3=x_3'=0.708$,$b_3=b_2=0.764$,注意到$(b_3-a_3)/(b_0-a_0)=(0.764-0.708)/(1-0)=0.056<0.08$,所以区间$[a_3,b_3]$为所求区间,极小点为$b_3=0.764$,极小值为$f(b_3)=-5.249$。

2）斐波那契(Fibonacci)法

设 $F_0=F_1=1, F_{k+1}=F_{k-1}+F_k(k=1,2,\cdots,n-1)$，$\{F_k\}$称为 Fibonacci 数列，称 F_k 为第 k 个 Fibonacci 数，F_{k-1}/F_k 称为 Fibonacci 分数。据此，可计算出 F_k 的值，见表 8-2。

表 8-2　F_k 的值

k	0	1	2	3	4	5	6	7	8	9	10	11
F_k	1	1	2	3	5	8	13	21	34	55	89	144

斐波那契法的基本思想是在每次迭代中使用不同的步长

$$1-\rho_k,\quad \rho_k \in \left[0,\frac{1}{2}\right) \quad (k=1,2,\cdots,n)$$

根据式(8-14)，则有

$$\rho_{k+1}=1-\frac{\rho_k}{1-\rho_k} \quad (k=1,2,\cdots,n-1)$$

为了以最快速度求得最优解，可考虑如下优化问题

$$\begin{cases}\min(1-\rho_1)(1-\rho_2)\cdots(1-\rho_n) \\ \rho_{k+1}=1-\dfrac{\rho_k}{1-\rho_k} \quad (k=1,2,\cdots,n-1) \\ 0\leqslant \rho_k \leqslant \dfrac{1}{2} \quad (k=1,2,\cdots,n)\end{cases} \tag{8-15}$$

得到最优解为

$$\rho_k=1-\frac{F_{n-k+1}}{F_{n-k+2}} \quad (k=1,2,\cdots,n)$$

其中，F_k 为第 k 个 Fibonacci 数。

例 8-5　试用斐波那契法求函数 $f(x)=x^2-x+2$ 在区间$[-1,3]$上的近似极小点和极小值，要求缩短后的区间不大于原区间长度的 8%。

解：由于缩短后的区间长度与区间$[-1,3]$的长度之比为 $1/F_n$，根据题意要求 $1/F_n<0.08$，即 $F_n>12.5$，故 $n>6$，需要迭代 6 次。

由于 $a_0=-1, b_0=3$，选择前两个迭代点，并计算迭代点处的函数值：

$$x_1=b_0+\frac{F_5}{F_6}(a_0-b_0)=3+\frac{8}{13}(-1-3)=0.538$$

$$x_1'=a_0+\frac{F_5}{F_6}(b_0-a_0)=-1+\frac{8}{13}(3-(-1))=1.462$$

$$f(x_1)=0.538^2-0.538+2=1.751$$

$$f(x_1')=1.462^2-1.462+2=2.675$$

因为 $f(x_1)<f(x_1')$，故取

$$a_1=-1,\quad b_1=1.462,\quad x_2'=0.538,$$

$$x_2=b_1+\frac{F_4}{F_5}(a_1-b_1)=1.462+\frac{5}{8}(-1-1.462)=-0.077$$

$$f(x_2)=(-0.077)^2-(-0.077)+2=2.083$$

由于 $f(x_2)>f(x_2')=1.751$，故取

$$a_2 = -0.077,\quad b_2 = 1.462,\quad x_3 = 0.538,$$

$$x_3' = a_2 + \frac{F_3}{F_4}(b_2 - a_2) = -0.077 + \frac{3}{5}(1.462 - (-0.077)) = 0.846$$

$$f(x_3') = 0.846^2 - 0.846 + 2 = 1.870$$

由于 $f(x_3')>f(x_3)=1.751$,故取

$$a_3 = -0.077,\quad b_3 = 0.864,\quad x_4' = 0.538,$$

$$x_4 = b_3 + \frac{F_2}{F_3}(a_3 - b_3) = 0.846 + \frac{2}{3}(-0.077 - 0.846) = 0.231$$

$$f(x_4) = 0.231^2 - 0.231 + 2 = 1.822$$

由于 $f(x_4)>f(x_4')=1.751$,故取

$$a_4 = 0.231,\quad b_4 = 0.846,\quad x_5 = 0.538,$$

$$x_5' = a_4 + \frac{F_1}{F_2}(b_4 - a_4) = 0.231 + \frac{1}{2}(0.846 - 0.231) = 0.539$$

$$f(x_5') = 0.539^2 - 0.539 + 2 = 1.752 > f(x_5) = 1.751$$

取 $a_5=0.231, b_5=0.539, x_5=0.538$ 为近似极小点,近似极小值为 1.751。这时区间长度为 $0.539-0.231=0.308$,且 $0.308/4=0.077<0.08$,满足题意要求。

8.2 无约束极值问题的求解

考虑具有 n 个变量的无约束的极值问题

$$\min_{X\in E^n} f(X) \tag{8-16}$$

其中,$f(X)$具有一阶连续偏导数。

1. 最速下降法

最速下降法(即梯度法)是一种古老的方法,其迭代过程简单,使用方便,并且是理解其他非线性最优化方法的基础。

最速下降法的迭代步骤如下。

第一步:取初始点 $X^{(0)}$ 和允许误差 $\varepsilon>0$,令 $k:=0$。

第二步:计算 $f(X^{(k)})$ 和 $\nabla f(X^{(k)})$,若 $\|\nabla f(X^{(k)})\|\leqslant\varepsilon$,停止迭代,得到近似最优解 $X^{(k)}$;否则,转到第三步。

第三步:求单变量极值问题的最优解 λ_k:

$$\min_{\lambda\geqslant 0} f(X^{(k)} - \lambda\nabla f(X^{(k)}))$$

并计算 $X^{(k+1)}=X^{(k)}-\lambda_k f(X^{(k)})$,再令 $k:=k+1$,转回第二步。

例 8-6 用最速下降法计算函数 $f(X)=(x_1-2)^2+(x_2-2)^2$ 的极小点和极小值,设初始点为 $X^{(0)}=(0,0)^{\mathrm T}$,取迭代误差为 $\varepsilon=0.05$。

解:函数 $f(X)$ 的梯度为 $\nabla f(X)=(2x_1-4, 2x_2-4)^{\mathrm T}$,则在 $X^{(0)}=(0,0)^{\mathrm T}$ 处,$\nabla f(X^{(0)})=(-4,-4)^{\mathrm T}$,$\|\nabla f(X^{(0)})\|=4\sqrt{2}>\varepsilon$。而且

$$X^{(0)} - \lambda\nabla f(X^{(0)}) = (0,0)^{\mathrm T} - \lambda(-4,-4)^{\mathrm T} = (4\lambda, 4\lambda)^{\mathrm T}$$

$$\min_{\lambda\geqslant 0} f(X^{(0)} - \lambda\nabla f(X^{(0)})) = 2(4\lambda - 2)^2$$

由此求得单变量极值问题的最优解为 $\lambda=\frac{1}{2}$，所以下一个迭代点为

$$X^{(1)} = X^{(0)} - \lambda\nabla f(X^{(0)}) = (2,2)^{\mathrm{T}}$$

函数 $f(X)$ 在 $X^{(1)}$ 处的梯度为 $\nabla f(X^{(1)})=(0,0)^{\mathrm{T}}$，由于 $\|\nabla f(X^{(1)})\|=0<\varepsilon=0.05$，故 $X^{(1)}$ 是局部极小点，迭代停止。极小值为 0。

2. 共轭梯度法

在最速下降法的每一步迭代中，迭代方向的选择不依赖于过去的信息，收敛的速度有时较慢。共轭梯度法在确定搜索方向时用了上一阶段的梯度信息，其迭代步骤如下。

第一步：取初始点 $X^{(0)}$ 和允许误差 $\varepsilon>0$，初始搜索方向为负梯度方向 $P^{(0)}=-\nabla f(X^{(0)})$，初始迭代步长为 λ_0，使得 $f(X^{(0)}+\lambda_0 P^{(0)})=\min\limits_{\lambda\geqslant 0} f(X^{(0)}+\lambda P^{(0)})$。

第二步：若 $\|\nabla f(X^{(k)})\|\leqslant\varepsilon$，停止迭代；否则按下面公式计算在点 $X^{(k)}$ 处的搜索方向

$$\begin{cases} P^{(k)} = -\nabla f(X^{(k)}) + \beta_k P^{(k-1)} \\ \beta_k = \left(\dfrac{\|\nabla f(X^{(k)})\|}{\|\nabla f(X^{(k-1)})\|}\right)^2 \\ k = 1,2,\cdots,n \end{cases}$$

第三步：计算点 $X^{(k)}$ 的步长 λ_k，使得 $f(X^{(k)}+\lambda_k P^{(k)})=\min\limits_{\lambda\geqslant 0} f(X^{(k)}+\lambda P^{(k)})$。

第四步：令 $X^{(k+1)}=X^{(k)}+\lambda_k P^{(k)}$，转回第二步。

例 8-7 用共轭梯度法求函数 $f(X)=x_1^2+x_2^2-x_1x_2-10x_1-4x_2+60$ 的极小点和极小值。设初始点为 $X^{(0)}=(0,0)^{\mathrm{T}}$，取迭代误差为 $\varepsilon=0.05$。

解：函数 $f(X)$ 的梯度为 $\nabla f(X)=(2x_1-x_2-10,2x_2-x_1-4)^{\mathrm{T}}$，在点 $X^{(0)}=(0,0)^{\mathrm{T}}$ 处，$\nabla f(X^{(0)})=(-10,-4)^{\mathrm{T}}$，$P^{(0)}=(10,4)^{\mathrm{T}}$。则有

$$X^{(0)}+\lambda P^{(0)} = (10\lambda,4\lambda)^{\mathrm{T}}, \quad \min_{\lambda\geqslant 0} f(X^{(0)}+\lambda P^{(0)}) = 76\lambda^2-116\lambda+60$$

由此求得单变量极值问题的最优解为 $\lambda=0.7632$，所以 $X^{(1)}=X^{(0)}+\lambda P^{(0)}=(7.63,3.05)^{\mathrm{T}}$。

计算函数 $f(X)$ 在 $X^{(1)}$ 处的梯度 $\nabla f(X^{(1)})=(-2.2105,5.5260)^{\mathrm{T}}$，搜索方向为

$$\begin{cases} \beta_1 = \left(\dfrac{\|\nabla f(X^1)\|}{\|\nabla f(X^0)\|}\right)^2 = \dfrac{35.4226}{116} = 0.3054 \\ P^{(1)} = -\nabla f(X^{(1)}) + \beta_1 P^{(0)} = (0.8435,6.7479)^{\mathrm{T}} \end{cases}$$

$X^{(2)}=X^{(1)}+\lambda P^{(1)}=(7.63,3.05)^{\mathrm{T}}+\lambda\,(0.8435,6.7479)^{\mathrm{T}}=(7.63+0.8435\lambda,3.05+6.7479\lambda)^{\mathrm{T}}$，将 $X^{(2)}$ 代入目标函数中，解 $\min\limits_{\lambda\geqslant 0} f(7.63+0.8435\lambda,3.05+6.7479\lambda)$，求得最优步长为 $\lambda=0.43678$，所以 $X^{(2)}=X^{(1)}+\lambda P^{(1)}=(7.9993,5.9997)^{\mathrm{T}}$。

由于函数 $f(X)$ 在 $X^{(2)}$ 处的梯度 $\nabla f(X^{(2)})=(-0.0011,0.0001)^{\mathrm{T}}$，$\|\nabla f(X^{(2)})\|=0.0011<\varepsilon$，故 $X^{(2)}$ 是极小点，对应的极小值为 $f(X^{(2)})\approx 8$。

8.3 约束极值问题及库恩-塔克(Kuhn-Tucker)条件

考虑带约束条件的非线性规划问题

$$\begin{cases} \min f(X) \\ g_j(X) \geqslant 0 \quad (j=1,2,\cdots,l) \end{cases} \tag{8-17}$$

设 $X^{(0)}$ 是非线性规划的一个可行解，它必然满足所有约束。对于某一不等式约束条件 $g_j(X)\geqslant 0$，$X^{(0)}$ 满足它有两种可能：一是 $g_j(X^{(0)})>0$，此时，点 $X^{(0)}$ 不处于由该约束条件形成的可行域的边界上，因而它对 $X^{(0)}$ 点的微小摄动不起限制作用，称该约束条件是 $X^{(0)}$ 点的不起作用约束（或无效约束）；二是 $g_j(X^{(0)})=0$，此时，点 $X^{(0)}$ 处于由该约束条件形成的可行域的边界上，因而它对 $X^{(0)}$ 点的摄动起到了某种限制作用，故称该约束条件是 $X^{(0)}$ 点的起作用约束（或有效约束）。显然，等式约束对所有可行点来说都起作用约束。

定理 8-6（Kuhn-Tucker 条件） 设 X^* 是式(8-17)的局部最优解，函数 $f(X)$ 和 $g_j(X)$ $(j=1,2,\cdots,l)$ 在点 X^* 处有一阶连续偏导数，且与 X^* 处所有起作用约束对应的约束函数的梯度线性无关，则存在不全为零的实数 $\lambda_1,\lambda_2,\cdots,\lambda_l$，使

$$\begin{cases}\nabla f(X^*)-\sum_{j=1}^{l}\lambda_j\nabla g_j(X^*)=0\\ \lambda_j g_j(X^*)=0,\quad \lambda_j\geqslant 0\quad (j=1,2,\cdots,l)\end{cases}\tag{8-18}$$

条件(8-18)简称为 K-T 条件，满足该条件的点称为 K-T 点。

现考虑一般非线性规划问题(8-1)的 K-T 条件。对每一个 i，以 $h_i(X)\geqslant 0$，$-h_i(X)\geqslant 0$ 来代替 $h_i(X)=0$，于是，可由条件(8-18)得到非线性规划问题(8-1)的 K-T 条件：若 X^* 是问题(8-1)的局部最优解，且与在 X^* 处所有起作用约束对应的约束函数的梯度线性无关，则存在向量 $\boldsymbol{\mu}=(\mu_1,\mu_2,\cdots,\mu_m)$，$\boldsymbol{\lambda}=(\lambda_1,\lambda_2,\cdots,\lambda_l)$ 使下列 K-T 条件成立

$$\begin{cases}\nabla f(X^*)-\sum_{i=1}^{m}\mu_i\nabla h_i(X^*)-\sum_{j=1}^{l}\lambda_j\nabla g_j(X^*)=0\\ \lambda_j g_j(X^*)=0,\quad \lambda_j\geqslant 0\quad (j=1,2,\cdots,l)\end{cases}\tag{8-19}$$

其中，$\mu_1,\mu_2,\cdots,\mu_m,\lambda_1,\lambda_2,\cdots,\lambda_l$ 称为广义拉格朗日(Lagrange)乘子。

K-T 条件是确定某点为局部最优解的必要条件，只要是局部最优解，且与该点处所有起作用约束的梯度线性无关，就满足该条件。但是，一般来说，它并不是充分条件，即满足 K-T 条件的点不一定是局部最优解。不过，下面定理将说明，对于凸规划来说，K-T 条件不但是局部最优解存在的必要条件，同时也是充分条件。

定理 8-7 设 $f(X)$，$h_i(X)(i=1,2,\cdots,m)$，$g_j(X)(j=1,2,\cdots,l)$ 在 X^* 连续可微，且 $f(X)$，$g_j(X)(j=1,2,\cdots,l)$ 是凸函数，$h_i(X)(i=1,2,\cdots,m)$ 是线性函数，若 X^* 是非线性规划问题(8-1)的 K-T 点，则 X^* 是其全局最优解。

例 8-8 用 Kuhn-Tucker 条件解非线性规划

$$\min f(X)=(x_1-2)^2+(x_2-3)^2$$

$$\begin{cases}(2-x_1)^3\geqslant x_2\\ 2x_1-x_2=1\end{cases}$$

解：先将该非线性规划写成以下形式

$$\min f(X)=(x_1-2)^2+(x_2-3)^2$$

$$\begin{cases}g(X)=(2-x_1)^3-x_2\geqslant 0\\ h(X)=2x_1-x_2-1=0\end{cases}$$

因为，$\nabla f(X)=(2(x_1-2),2(x_2-3))^{\mathrm{T}}$，$\nabla g(X)=(-3(x_1-2)^2,1)^{\mathrm{T}}$，$\nabla h(X)=(2,-1)^{\mathrm{T}}$，令 $X^*=(x_1^*,x_2^*)^{\mathrm{T}}$ 为全局最优解，则 X^* 满足 Kuhn-Tucker 条件

$$\begin{cases}2(x_1^*-2)-2\mu+3\lambda(x_1^*-2)^2=0 & (1)\\ 2(x_2^*-3)+\mu+\lambda=0 & (2)\\ \lambda[(2-x_1^*)^3-x_2^*]=0,\quad \lambda\geqslant 0 & (3)\\ (2-x_1^*)^3-x_2^*\geqslant 0 & (4)\\ 2x_1^*-x_2^*-1=0 & (5)\end{cases}$$

为解上述方程组，考虑以下两种情形：

(1) 令 $\lambda=0$，由方程组的第(1)、(2)和(5)式可得 $X^*=(x_1^*,x_2^*)^{\mathrm{T}}=(2,3)^{\mathrm{T}}$，$\mu=0$，但这组解不满足第(4)式，故方程组无解。

(2) 令 $\lambda\neq 0$，解之，得 $X^*=(x_1^*,x_2^*)^{\mathrm{T}}=(1,1)^{\mathrm{T}}$，$\lambda=\mu=2$，$X^*=(1,1)^{\mathrm{T}}$ 是 K-T 点。

由于该非线性规划问题为凸规划，故 $X^*=(1,1)^{\mathrm{T}}$ 就是其全局极小点，即全局最优解，目标函数值 $f(X^*)=5$。

8.4 二次规划

目标函数为二次函数，约束均用线性形式给出的非线性规划问题称为二次规划。二次规划求解比较容易，下面介绍利用 K-T 条件并转化为等价求解相应线性规划问题的方法。

二次规划的数学模型可表示为

$$\begin{cases}\min f(X)=\dfrac{1}{2}\sum_{j=1}^{n}\sum_{k=1}^{n}c_{jk}x_jx_k+\sum_{j=1}^{n}c_jx_j & (8\text{-}20)\\ \sum_{j=1}^{n}a_{ij}x_j+b_i\geqslant 0\quad (i=1,2,\cdots,m) & (8\text{-}21)\\ x_j\geqslant 0\quad (j=1,2,\cdots,n) & (8\text{-}22)\end{cases}$$

其中，$c_{jk}=c_{kj}(j,k=1,2,\cdots,n)$，式(8-20)右端的第一项为正定(或半正定)二次形。如果该二次形正定(或半正定)，则目标函数为严格凸函数(或凸函数)；由于二次规划的可行域为凸集，所以上述规划属于凸规划。前面已经指出，凸规划的局部极值即为全局极值。K-T 条件不但是极值点存在的必要条件，而且也是充分条件。

因为$\nabla f(X)=\begin{pmatrix}c_{11}&\cdots&c_{1k}&\cdots&c_{1n}\\ \vdots&\vdots&\vdots&\vdots&\vdots\\ c_{k1}&\cdots&c_{kk}&\cdots&c_{kn}\\ \vdots&\vdots&\vdots&\vdots&\vdots\\ c_{n1}&\cdots&c_{nk}&\cdots&c_{nn}\end{pmatrix}\begin{pmatrix}x_1\\ \vdots\\ x_k\\ \vdots\\ x_n\end{pmatrix}+\begin{pmatrix}c_1\\ \vdots\\ c_k\\ \vdots\\ c_n\end{pmatrix}$，令 $g_j(X)=x_j\geqslant 0(j=1,2,\cdots,n)$，$g_{n+i}(X)=x_{n+i}=\sum_{j=1}^{n}a_{ij}x_j+b_i\geqslant 0(i=1,2,\cdots,m)$，则

$$\nabla g_j(X) = \begin{pmatrix} 0 \\ \vdots \\ 1 \\ \vdots \\ 0 \end{pmatrix} \text{第 } j \text{ 行}, \quad \nabla g_{n+i}(X) = \begin{pmatrix} a_{i1} \\ \vdots \\ a_{ij} \\ \vdots \\ a_{in} \end{pmatrix} \quad (i = 1,2,\cdots,m;\ j = 1,2,\cdots,n)$$

由 K-T 条件

$$\nabla f(X) - \sum_{j=1}^{n} \lambda_j \nabla g_j(X) - \sum_{i=1}^{m} \lambda_{n+i} \nabla g_{n+i}(X) = 0$$

得

$$\sum_{k=1}^{n} c_{jk} x_k + c_j - \lambda_j - \sum_{i=1}^{m} a_{ij} \lambda_{n+i} = 0 \quad (j = 1,2,\cdots,n)$$

又

$$\lambda_j g_j(X) = 0 \quad (j - 1,2,\cdots,n,n+1,\cdots,n+m)$$

得

$$\lambda_j x_j = 0 \quad (j = 1,2,\cdots,n,n+1,\cdots,n+m)$$

$$\lambda_j \geqslant 0, \quad x_j \geqslant 0 \quad (j = 1,2,\cdots,n,n+1,\cdots,n+m)$$

解方程组

$$\begin{cases} -\sum_{k=1}^{n} c_{jk} x_k + \sum_{i=1}^{m} a_{ij} \lambda_{n+i} + \lambda_j = c_j & (j = 1,2,\cdots,n) \\ \sum_{j=1}^{n} a_{ij} x_j - x_{n+i} + b_i = 0 & (i = 1,2,\cdots,m) \\ \lambda_j x_j = 0 & (j = 1,2,\cdots,n,n+1,\cdots,n+m) \\ x_j \geqslant 0, \quad \lambda_j \geqslant 0 & (j = 1,2,\cdots,n,n+1,\cdots,n+m) \end{cases} \tag{8-23}$$

所得解为原二次规划的解。

为求解方程组(8-23),引进辅助规划如下

$$\begin{cases} \min \phi(Y) = \sum_{j=1}^{n} y_j \\ -\sum_{k=1}^{n} c_{jk} x_k + \sum_{i=1}^{m} a_{ij} \lambda_{n+i} + \lambda_j + \operatorname{sgn}(C_j) y_j = c_j & (j = 1,2,\cdots,n) \\ \sum_{j=1}^{n} a_{ij} x_j - x_{n+i} + b_i = 0 & (i = 1,2,\cdots,m) \\ x_j \geqslant 0, \quad \lambda_j \geqslant 0 & (j = 1,2,\cdots,n+m) \\ y_j \geqslant 0 & (j = 1,2,\cdots,n) \end{cases} \tag{8-24}$$

其中,$\operatorname{sgn}(c_j)$为符号函数,当 $c_j<0$ 时,$\operatorname{sgn}(c_j)=-1$;当 $c_j\geqslant 0$ 时,$\operatorname{sgn}(c_j)=1$。另外,该线性规划还应满足 $\lambda_j x_j=0(j=1,2,\cdots,n,n+1,\cdots,n+m)$。若得到最优解为$(x_1^*,x_2^*,\cdots,x_{n+m}^*,\lambda_1^*,\lambda_2^*,\cdots,\lambda_{n+m}^*,y_1=0,y_2=0,\cdots,y_n=0)$,则$(x_1^*,x_2^*,\cdots,x_n^*)$就是原二次规划问题的最优解。

例 8-9 求解二次规划问题

$$\min f(X) = 2x_1^2 - 4x_1x_2 + 4x_2^2 - 6x_1 - 3x_2$$

$$\begin{cases} x_1 + x_2 \leqslant 3 \\ 4x_1 + x_2 \leqslant 9 \\ x_1, x_2 \geqslant 0 \end{cases}$$

解：上述二次规划可写成以下形式

$$\min f(X) = \frac{1}{2}(4x_1^2 - 8x_1x_2 + 8x_2^2) - 6x_1 - 3x_2$$

$$\begin{cases} 3 - x_1 - x_2 \geqslant 0 \\ 9 - 4x_1 - x_2 \geqslant 0 \\ x_1, x_2 \geqslant 0 \end{cases}$$

目标函数为严格凸函数，且

$$c_1 = -6, \quad c_2 = -3, \quad c_{11} = 4, \quad c_{12} = c_{21} = -4, \quad c_{22} = 4,$$

$$b_1 = 3, \quad a_{11} = -1, \quad a_{12} = -1, \quad b_2 = 9, \quad a_{21} = -4, \quad a_{22} = -1$$

引进辅助规划如下

$$\min \phi(Y) = y_1 + y_2$$

$$\begin{cases} -4x_1 + 4x_2 + \lambda_1 - \lambda_3 - 4\lambda_4 - y_1 = -6 \\ 4x_1 - 8x_2 + \lambda_2 - \lambda_3 - \lambda_4 - y_2 = -3 \\ x_1 + x_2 + x_3 - 3 = 0 \\ 4x_1 + x_2 + x_4 - 9 = 0 \\ x_1, x_2, x_3, x_4, y_1, y_2, \lambda_1, \lambda_2, \lambda_3, \lambda_4 \geqslant 0 \end{cases}$$

或

$$\min \phi(Y) = y_1 + y_2$$

$$\begin{cases} 4x_1 - 4x_2 - \lambda_1 + \lambda_3 + 4\lambda_4 + y_1 = 6 \\ -4x_1 + 8x_2 - \lambda_2 + \lambda_3 + \lambda_4 + y_2 = 3 \\ x_1 + x_2 + x_3 - 3 = 0 \\ 4x_1 + x_2 + x_4 - 9 = 0 \\ x_1, x_2, x_3, x_4, y_1, y_2, \lambda_1, \lambda_2, \lambda_3, \lambda_4 \geqslant 0 \end{cases}$$

解之，得

$$x_1^* = \frac{39}{20}, \quad x_2^* = \frac{21}{20}, \quad x_3^* = 0, \quad x_4^* = \frac{3}{20},$$

$$y_1^* = 0, \quad y_2^* = 0,$$

$$\lambda_1^* = \frac{9}{5}, \quad \lambda_2^* = \frac{9}{5}, \quad \lambda_3^* = \frac{21}{5}, \quad \lambda_4^* = 0$$

由此得二次规划的最优解为 $x_1^* = \frac{39}{20}, x_2^* = \frac{21}{20}$，最优值是 $f(X^*) = -\frac{441}{40}$。

8.5 非线性规划问题的 Excel 求解

例 8-10 资金配置问题：一个投资者考虑将其资金投入到 3 只股票。设 $s_i(i=1,2,3)$ 表示 3 只股票，如果它们的年期望收益率分别为 $E(s_1)=18.4\%$，$E(s_2)=12.8\%$ 及 $E(s_3)=$

8.2%，方差为 $Var(s_1)=0.36$，$Var(s_2)=0.24$ 及 $Var(s_3)=0.28$，协方差为 $Cov(s_1,s_2)=0.072$，$Cov(s_1,s_3)=0.22$ 及 $Cov(s_2,s_3)=-0.06$。这个投资者想要将投资组合中股票收益的标准差最小化以降低投资风险，并且年期望收益率不低于 13%。

解：设 x_i 为投资于股票 $s_i(i=1,2,3)$ 的资金比例。那么，投资组合的年收益率为

$$x_1E(s_1)+x_2E(s_2)+x_3E(s_3)$$

得到收益率约束条件： $0.184x_1+0.128x_2+0.082x_3\geqslant 0.13$；

资金比例的约束条件： $x_1+x_2+x_3=1$；

不允许卖空的限制： $x_1\geqslant 0,\quad x_2\geqslant 0,\quad x_3\geqslant 0$。

目标是希望最小化投资组合的风险，将其用方差表示为

$$\begin{aligned}&Var(x_1s_1+x_2s_2+x_3s_3)\\&=x_1^2Var(s_1)+x_2^2Var(s_2)+x_3^2Var(s_3)+2x_1x_2Cov(s_1,s_2)\\&\quad+2x_1x_3Cov(s_1,s_3)+2x_2x_3Cov(s_2,s_3)\end{aligned}$$

代入数据后得

$$0.36x_1^2+0.24x_2^2+0.28x_3^2+0.144x_1x_2+0.44x_1x_3-0.12x_2x_3$$

最后，得到如下非线性规划问题

$$\min z=0.36x_1^2+0.24x_2^2+0.28x_3^2+0.144x_1x_2+0.44x_1x_3-0.12x_2x_3$$

$$\begin{cases}0.184x_1+0.128x_2+0.082x_3\geqslant 0.13\\ x_1+x_2+x_3=1\\ x_1\geqslant 0,\quad x_2\geqslant 0,\quad x_3\geqslant 0\end{cases}$$

这个问题的约束是三个决策变量的线性函数，而目标函数则是非线性的，直接利用 Excel 的规划求解功能就能求解。需要注意的是：规划求解参数的选项中不要选中“采用线性模型”复选框。

首先，将有关数据输入 Excel 电子表格中，在单元格 D5 中输入设置总投资比例公式：=SUM(A5:C5)。在单元格 D7 中设置投资组合收益率公式：=SUMPRODUCT(A7:C7,A5:C5)。在单元格 D10 中设置投资组合方差计算公式：=0.36×A5^2+0.24×B5^2+0.28×C5^2+0.144×A5×B5+0.44×A5×C5−0.12×B5×C5。

然后，最小化投资组合的方差(D10)，约束条件是投资比例之和应当等于 1(D5=F5)，年期望收益率不低于 13%(D7≥F7)，及投资比例不能为负(A5:C5≥0)等条件，建立该问题的 Excel 模板(图 8-5)。

	A	B	C	D	E	F
1	组合投资管理中资金配置问题					
2						
3	投资比例					
4	x1	x2	x3			
5	0.00%	0.00%	0.00%	0.00%	=	100.00%
6	E(x1)	E(x2)	E(x3)	期望收益		
7	0.184	0.128	0.082	0	>=	0.13
8						
9	协方差矩阵			方差（风险）		
10	0.36	0.072	0.22	0.0000		
11	0.072	0.24	-0.06			
12	0.22	-0.06	0.28			
13						

图 8-5 组合投资资金配置问题的电子表格模板

再设置规划求解的参数(图 8-6),注意在选项中不要选中“采用线性模型”复选框。

图 8-6　规划求解的参数设置

规划求解运行后的最优结果如图 8-7 所示,即购买 3 只股票的投资比例分别为 23.5%、52.2%和 24.3%,方差(总体组合风险)是 0.1294。

	A	B	C	D	E	F
1	组合投资管理中资金配置问题					
2						
3		投资比例				
4	x1	x2	x3			
5	23.51%	52.22%	24.27%	100.00%	=	100.00%
6	E(x1)	E(x2)	E(x3)	期望收益		
7	0.184	0.128	0.082	0.13	>=	0.13
8						
9		协方差矩阵		方差(风险)		
10	0.36	0.072	0.22	0.1294		
11	0.072	0.24	-0.06			
12	0.22	-0.06	0.28			

图 8-7　组合投资资金配置问题的运行结果

如果投资者希望收益最大化,而以表示风险的方差的大小作为约束,例如要求方差最大不超过 0.15,则得到如下非线性规划

$$\min z = 0.184x_1 + 0.128x_2 + 0.082x_3$$

$$\begin{cases} 0.36x_1^2 + 0.24x_2^2 + 0.28x_3^2 + 0.144x_1x_2 + 0.44x_1x_3 - 0.12x_2x_3 \leqslant 0.15 \\ x_1 + x_2 + x_3 = 1 \\ x_1 \geqslant 0, \quad x_2 \geqslant 0, \quad x_3 \geqslant 0 \end{cases}$$

并将有关数据输入 Excel 电子表格中,建立电子表格模板,如图 8-8 所示。设置新的规划求

	A	B	C	D	E	F
1	组合投资管理中资金配置问题(收益最大化)					
2						
3		投资比例				
4	x1	x2	x3			
5	0.00%	0.00%	0.00%	0.00%	=	100.00%
6	E(x1)	E(x2)	E(x3)	期望收益		
7	0.184	0.128	0.082	0.0000		
8						
9		协方差矩阵		方差(风险)		
10	0.36	0.072	0.22	0.0000	<=	0.15
11	0.072	0.24	-0.06			
12	0.22	-0.06	0.28			

图 8-8　组合投资资金配置(收益最大化)的电子表格模板

解参数，如图 8-9 所示，应用 Excel 求解工具得到非线性规划问题的解，如图 8-10 所示。即投资者将其资金购买 3 只股票的比例分别为 35.1%，50.1%及 14.8%，在一定的风险下(收益的方差最大是 0.15)获得的最大收益率是 14.1%。这表明，如果投资者愿意承担多一些的风险，就可以获得更高的收益。

图 8-9　规划求解的参数设置

	A	B	C	D	E	F
1	组合投资管理中资金配置问题(收益最大化)					
2						
3		投资比例				
4	x1	x2	x3			
5	35.11%	50.07%	14.82%	100.00%	=	100.00%
6	E(x1)	E(x2)	E(x3)	期望收益		
7	0.184	0.128	0.082	0.1408		
8						
9		协方差矩阵		方差（风险）		
10	0.36	0.072	0.22	0.1500	<=	0.15
11	0.072	0.24	-0.06			
12	0.22	-0.06	0.28			

图 8-10　组合投资资金配置(收益最大化)的运行结果

习　题

1. 计算下列各函数的梯度和 Hessian 矩阵：

(1) $f(X)=x_1^2+2x_2^2+x_3^2$

(2) $f(X)=2x_1^2+x_2^2+x_3^2-x_1x_2$

2. 判断函数 $f(x_1,x_2)=(x_1-x_2^3)^2$ 是否是集合 $R=\{(x_1,x_2)\mid -1\leqslant x_1\leqslant 1,-1\leqslant x_2\leqslant 1\}$上的凸函数。

3. 判定下列非线性规划是否为凸规划：

(1) $\begin{cases}\min f(X)=x_1^2+x_2^2+8\\ x_1^2-x_2\geqslant 0\\ -x_1-x_2^2+2=0\\ x_1,x_2\geqslant 0\end{cases}$　　(2) $\begin{cases}\min f(X)=2x_1^2+x_2^2+x_3^2-x_1x_2\\ x_1^2+x_2^2\leqslant 4\\ 5x_1^2+x_3=10\\ x_1,x_2,x_3\geqslant 0\end{cases}$

4. 用 0.618 法求函数 $f(x)=\begin{cases}\dfrac{x}{2}, & \text{如果 } x\leqslant 2\\ -x+3, & \text{如果 } x>2\end{cases}$，在区间[0,3]上的极大点，要求缩短后的区间长度不大于原区间长度的 10%。

5. 用斐波那契法求函数 $f(x)=x^2-2x$ 在区间[−1,2]上的近似极小点和极小值，要求缩短后的区间不大于原区间长度的 10%。

6. 试用最速下降法求 $f(x_1,x_2)=x_1^2+4x_2^2$ 的极小点，初始点为 $(1,1)^{\mathrm{T}}$。迭代两次，计算各迭代点的函数值、梯度及其模，并验证相邻两个搜索方向是正交的。

7. 用共轭梯度法求解 $\min f(x_1,x_2)=x_1^2+4x_2^2$，初始点为 $(1,1)^{\mathrm{T}}$，迭代误差为 $\varepsilon=0.01$。

8. 已知非线性规划

$$\begin{cases}\min f(x_1,x_2)=-(x_1+1)^2-(x_2+1)^2\\ -x_1^2-x_2^2+2\geqslant 0\\ -x_2+1\geqslant 0\end{cases}$$

(1) 写出 K-T 条件；

(2) 求出 K-T 点；

(3) 求最优解和最优值。

9. 利用 K-T 条件求解以下问题

$$\min f(x_1,x_2)=(x_1-1)^2+(x_2-2)^2$$

$$\begin{cases}-x_1+x_2=1\\ \quad x_1+x_2\leqslant a\\ x_1,x_2\geqslant 0\end{cases}$$

其中 a 为常数。

(1) 试写出 K-T 条件；

(2) a 满足什么条件时上述问题有最优解？分别求出相应的最优解和最优值。

10. 求以下非线性规划问题的 K-T 点

$$\begin{cases}\min f(X)=x_1^2+x_2\\ g_1(X)=-x_1^2-x_2^2+9\geqslant 0\\ g_2(X)=-x_1-x_2+1\geqslant 0\end{cases}$$

11. 求解二次规划问题

$$\begin{cases}\min f(X)=x_1^2+x_2^2-8x_1-10x_2\\ 3x_1+2x_2\leqslant 6\\ x_1,x_2\geqslant 0\end{cases}$$

第9章 动态规划

前面各章所介绍的各种规划都是在决策条件下相对确定的，即系统处于某一确定阶段时的最优化决策方法。但是，在实际工作中，当对一个经济系统进行分析时，往往要求对系统在包括若干阶段的整个过程进行最优化决策(称为多阶段决策问题)。20世纪50年代初期由美国的理查德·贝尔曼首先提出的动态规划是解决此类多阶段决策问题的有效方法。

所谓多阶段决策过程，是指这样一类决策过程，由于它的特殊性，可以将该过程(一般是按时间或空间)划分为若干个互相联系的阶段，而在每个阶段都需要做出决策，以使整个过程取得最优的效益。在多阶段决策过程中，各个阶段所采取的决策通常与时间有关，前一阶段采取的决策如何，不但决定着该阶段的效益，而且还直接影响到以后各阶段的效益，可见它是一个动态的规划问题，所以称为动态规划。当然动态规划也可以用来处理本来与时间无关的静态问题，这只需在静态模型中人为地引进“时间”因素，并按时间分段将静态问题转化为动态模型，然后按动态规划方法处理。

9.1 多阶段决策过程及实例

为了引入动态规划的有关概念，说明多阶段决策问题，下面先列举几个实例。

例 9-1(**最短路线问题**) 设在图 9-1 中，A，B_i，C_j，D_p，E($i,j=1,2,3,p=1,2$)代表城市，两城市之间的连线代表道路，连线旁的数字代表道路的长度。求由城市 A 到城市 E 的最短路线。

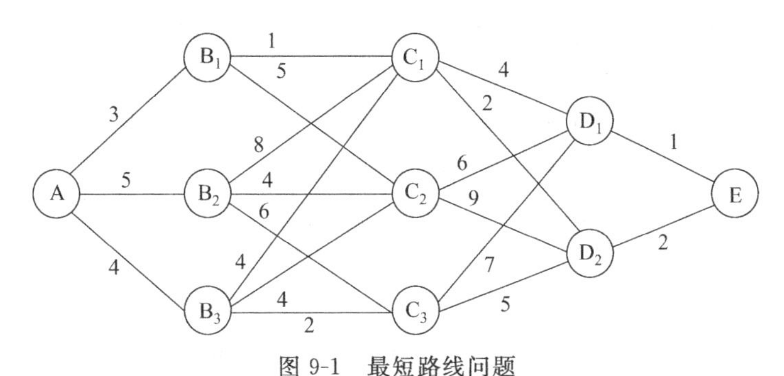

图 9-1 最短路线问题

解此问题可以先求出一切可能的由点 A 到点 E 的路线，求出各条路线的总长度，再比较它们的大小，选出其中的最小者即为所求。这种解法(穷举法)想起来十分简单，但真要实现它却比较困难，特别是当城市和道路的数量较多时，穷举法的计算量非常大，以致使大型计算机的计算也会失去实用价值。

容易看出，在穷举法中有许多计算是重复的，例如在计算路线 $AB_1C_2D_1E$ 与路线 $AB_1C_2D_2E$ 的总长时，其中 AB_1C_2 的长度就要重复计算两次，显然没有必要。下面给出一种高效的计算方法。首先依照空间的自然顺序，将该问题划分为 4 个阶段，并引入如下符号：

k 称为阶段变量，表示由某点到 E 点的阶段数，k 可取 1,2,3,4 中任一数。

S 称为状态变量，表示在任意阶段所处的位置，S 可取 A,B_i,C_j,D_p,E 中任一点。

$u_k(S)$称为决策变量，表示当状态处于 S 且还有 k 个阶段要走时，下一步所选取的点。例如 $u_3(B_2)=C_1$，表示现在处于 B_2 点，还有 3 个阶段要走，下一步选取 C_1，即要走 $B_2\rightarrow C_1$ 的路线。

$f_k(S)$称为目标函数或指标函数，表示现在处于状态 S，还有 k 个阶段要走，由 S 到终点 E 的最短的距离。例如 $f_3(B_2)$，表示现在处于 B_2 点，还有 3 个阶段要走，由点 B_2 到终点 E 的最短的距离。

$d(S,u_k(S))$ 称为报酬函数，表示从 S 到下一步所选的点 $u_k(S)$ 的距离。例如，$d(A,B_2)=5$ 表示由 A 到 B_2 的距离为 5。

本题的目的是要求从始点 A 到终点 E 的最短距离 $f_4(A)$。如果已知 B_1 到 E，B_2 到 E 和 B_3 到 E 的最短距离 $f_3(B_1)$，$f_3(B_2)$和 $f_3(B_3)$，就容易求出点 A 到点 E 的最短距离。只要比较 $d(A,B_1)+f_3(B_1)$，$d(A,B_2)+f_3(B_2)$，$d(A,B_3)+f_3(B_3)$，即找出 $3+f_3(B_1)$，$5+f_3(B_2)$，$4+f_3(B_3)$中的最小者，就可得出 A 到 E 的最短距离

$$f_4(A)=\min\{3+f_3(B_1),5+f_3(B_2),4+f_3(B_3)\}$$

但是，$f_3(B_1)$，$f_3(B_2)$，$f_3(B_3)$都是未知的，要得到它们，必须先求得 $f_2(C_1)$，$f_2(C_2)$，$f_2(C_3)$，然后再做比较，即

$$f_3(B_1)=\min\{1+f_2(C_1),5+f_2(C_2)\}$$

$$f_3(B_2)=\min\{8+f_2(C_1),4+f_2(C_2),6+f_2(C_3)\}$$

$$f_3(B_3)=\min\{4+f_2(C_1),4+f_2(C_2),2+f_2(C_3)\}$$

依此类推，最后只要求出 D_1 到 E 与 D_2 到 E 的最短距离 $f_1(D_1)$与 $f_1(D_2)$即可。显然有 $f_1(D_1)=1$，$f_1(D_2)=2$。这样，计算由点 D_1 和点 D_2 开始，逐步远离点 E，最后推向点 A。于是得到了由 A 到 E 的最短距离，同时也可以得到由任意一点到 E 的最短距离，相应的最短路线也可以得出，其计算过程这里不详细写出，结果如下

最短路线：$A\rightarrow B_1\rightarrow C_1\rightarrow D_2\rightarrow E$

最短距离：8

在上面的计算中，利用了第 k 阶段与第 $k-1$ 阶段的关系

$$f_k(S)=\min\{d(S,u_k(S))+f_{k-1}(u_k(S))\} \tag{9-1}$$

当 $k=1$ 时，有 $f_1(S)=d(S,E)$。

例 9-2 背包问题：一个旅行者需要某些物品。假设可以在 4 种物品中随意挑选，且已知每件物品的重量及其效用，效用能够用数量表示出来。又设旅行者背包最多只能装 10kg 物品，相应数据由表 9-1 给出。问如何选取装入背包中的物品及件数，才可使总效用最大？

表 9-1　每件物品的相应信息

物　　品	重量(kg)	效　　用
1	5	26
2	3	16
3	2	9
4	1	5

解：这是一个整数规划问题，当然可以用第 7 章的方法去求解。然而，由于该模型的特殊结构，可以通过对问题的分析得出用动态规划解此类问题的基本思想和基本方法。类似于例 9-1 的做法，首先对某一物品求最优。假设在背包中装物品 1,2,3 的最优件数已定，要决定如何装物品 4，使效用最大。对物品 4 求最优时，其限装数量应是 0 到 10 之间的整数，记为 s_4(表示装入物品 4 的重量，因为每件物品 4 的重量等于 1kg)，求得的最大效用是 s_4 的函数 $f_4(s_4)$，于是

$$f_4(s_4) = \max_{0 \leqslant u_4 \leqslant s_4} \{5u_4\} = 5s_4 \tag{9-2}$$

其中 u_4 表示第四种物品的件数。记 u_4 的最优值为 u_4^*，则 $u_4^* = s_4(s_4 = 0,1,\cdots,10)$。

第二步：考虑背包中装有物品 3 和物品 4，装入物品 3 的件数为 u_3，两种物品的总限重为 s_3，与 s_3 相应的最大效用记为 $f_3(s_3)$。s_3、u_3 和 s_4 之间存在下列关系

$$s_4 = s_3 - 2u_3 \tag{9-3}$$

类似于例 9-1，两种物品 3 和 4 的最优组合，对于相应的物品 4 来说也是最优的，于是得到关系式

$$\begin{aligned} f_3(s_3) &= \max_{0 \leqslant 2u_3 \leqslant s_3} \{9u_3 + f_4(u_4)\} = \max_{0 \leqslant u_3 \leqslant [s_3/2]} \{9u_3 + 5(s_3 - 2u_3)\} \\ &= 5s_3 \quad (s_3 = 0,1,\cdots,10) \end{aligned} \tag{9-4}$$

其中 $\left[\frac{s_3}{2}\right]$ 表示取最大整数。记 u_3 的最优值为 u_3^*，则 $u_3^* = 0$。

第三步：考虑背包中装有物品 2,3,4，装入背包中的物品 2 的件数记 u_2，s_2 为物品的总限重，相应的最大效用记为 $f_2(s_2)$。存在下列关系

$$s_3 = s_2 - 3u_2 \tag{9-5}$$

$$\begin{aligned} f_2(s_2) &= \max_{0 \leqslant 3u_2 \leqslant s_2} \{16u_2 + f_3(u_3)\} = \max_{0 \leqslant u_2 \leqslant [s_2/3]} \{16u_2 + 5(s_2 - 3u_2)\} \\ &= 5s_2 + \left[\frac{s_2}{3}\right] \quad (s_2 = 0,1,\cdots,10) \end{aligned} \tag{9-6}$$

记 u_2 的最优值为 u_2^*，故 $u_2^* = \left[\frac{s_2}{3}\right]$。

最后，考虑背包中装有 4 种物品。设装有物品 1 的件数为 u_1，4 种物品的总限重为 s_1，与 s_1 相应的最大效用记为 $f_1(s_1)$，类似地，有

$$s_2 = s_1 - 5u_1 \tag{9-7}$$

$$f_1(s_1) = \max_{0 \leqslant 5u_1 \leqslant s_1} \{26u_1 + f_2(u_2)\} = \max_{0 \leqslant u_1 \leqslant [s_1/5]} \{26u_1 + f_2(s_1 - 5u_1)\} \tag{9-8}$$

因为 s_1 为 4 种物品的总限重，且假设旅行者的背包最多只能装 10kg，所以 $s_1=10$，于是

$$
\begin{aligned}
f_1(10) &= \max_{0\leqslant u_1\leqslant[10/5]}\left\{26u_1+5(10-5u_1)+\left[\frac{10-5u_1}{3}\right]\right\} \\
&= \max_{0\leqslant u_1\leqslant 2}\left\{50+u_1+\left[\frac{10-5u_1}{3}\right]\right\} \\
&= \max\{53,52,52\}=53
\end{aligned}
\tag{9-9}
$$

对应的 u_1 的最优值 $u_1^*=0$。与 4 种物品的最优组合相对应，最大效用为 53。下面求最优组合。

$u_1^*=0$ 表示背包中不装入物品 1，由式(9-7)、$u_2^*=\left[\frac{s_2}{3}\right]$、式(9-5)和式(9-3)，以及 $u_4^*=s_4$，分别得出 $s_2=10$，$u_2^*=3$，$s_3=1$，$u_4^*=s_4=1$。故背包中装入的 4 种物品的最优组合为 $(u_1^*,u_2^*,u_3^*,u_4^*)=(0,3,0,1)$。

需要说明的是，上述两个例子的解法的关键有两点，一是应用了下面介绍的 Bellman 最优性原理，二是所谓的逆序递推算法。上述解法不仅可获得问题的最佳答案，而且也获得中间每步的最佳答案。解法的这一优点正是动态规划所体现的，在解决实际问题时有重要价值。

9.2 动态规划的基本概念和优化原理

1. 动态规划的基本概念

1）阶段

应用动态规划方法时，必须根据所给问题的特点和要求，恰当地把问题的全过程划分为若干相关联的阶段。通常用 k 表示阶段变量($k\leqslant n$，n 为阶段总数)。

例 9-1 中按各城市不同的位置被划分为 4 个阶段，例 9-2 中按背包的装载情况被划分为 4 个阶段。

2）状态

状态是系统在变化过程中的某一时刻(广义的时间计量，即在过程发展变化的某一阶段)的性态表征。用来描述过程演变的参数称为状态变量，通常用 s_k 表示第 k 阶段的状态变量。它可以是一个数、一组数或一个变量。

例 9-1 中的 S 就表示在阶段 k 中某城市的位置，例 9-2 中的 s_k 表示物品 k 的限重等。

3）决策

在过程的任一阶段，当其初始状态确定时，本阶段拟采用来影响过程发展的方法或方式称为该阶段的决策。描述决策的变量称为决策变量，用字母 $u_k(s_k)$ 表示第 k 阶段的初始状态为 s_k 时的一个决策。$u_k(s_k)$ 的全体可能值(允许决策)所构成的集合称为允许决策集合，记为 $D_k(s_k)$。

4）策略

由从过程的第一阶段开始到最后一个阶段结束位置的各个阶段的相互关联的决策所构成的决策序列($u_1(s_1)$，$u_2(s_2)$，…，$u_n(s_n)$)称为全过程的一个允许策略，记为

$$p_{1n}(s_1) = (u_1(s_1), u_2(s_2), \cdots, u_n(s_n))$$

全部允许策略构成允许策略集，记为 P。

从第 k 阶段的某一初始状态 s_k 开始到最后一个阶段终止的过程称为全过程的 k 后部子过程，称这一后部子过程的决策序列

$$p_{kn}(s_k) = (u_k(s_k), u_{k+1}(s_{k+1}), \cdots, u_n(s_n))$$

为 k 后部子策略，记为 $P_{kn}(s_k)$。

一般情况下，任一多阶段决策问题的允许策略都有多个，其中使全过程的整体效果最佳的策略称为最优策略。

5）状态转移方程

动态规划中本阶段的状态往往是上一阶段状态和上一阶段决策的结果。一旦给定了第 k 阶段的状态 s_k，决策 $u_k(s_k)$，那么第 $k+1$ 阶段的状态 s_{k+1} 也就被完全确定，它们的关系可表示为

$$s_{k+1} = T_k(s_k, u_k)$$

表示由第 k 阶段到第 $k+1$ 阶段的状态转移规律，称为状态转移方程。

6）指标函数和最优指标值

动态规划问题的求解就是寻找最优策略。这就需要一个用来衡量允许策略优劣的指标，即衡量一个策略对全过程带来的整体效果的优劣。如例 9-1 中从起点 A 到终点 E 的距离就是这类指标。从例 9-1 的求解过程可知，动态规划方法是一个递推决策过程，不仅求得了全过程的最优策略，还求得了每一个后部子过程的最优后部子策略（任一中间点到终点的距离最短的子策略），称 $V_{kn}(s_k)=V_{kn}(s_k, p_{kn}(s_k))=V_{kn}(s_k, d_k(s_k), s_{k+1}, \cdots, s_n, d_n(s_n))$ 为指标函数（$k=1,2,\cdots,n$）。

当第 k 阶段的初始状态为 s_k 时，从第 k 阶段到最后一个阶段终止的后部子过程的最优指标值记为

$$f_{kn}(s_k) = \operatorname*{opt}_{p_{kn}(s_k) \in P_{kn}(s_k)} V_{kn}(s_k, p_{kn}(s_k))$$

其中 $f_{kn}(s_k)$ 简记为 $f_k(s_k)$。opt 的全称是 optimum，表示最优化，根据具体问题分别表示为 max 或 min。

当 $k=1$ 时，表示全过程的初始状态为 s_1 时使整体效果最佳的最优整体指标值。对于不同的问题，指标的含义可以不同。

2. 动态规划的分类

动态规划的数学模型，根据决策过程的演变是确定性的还是随机性的，可分为确定性决策过程和随机性决策过程。另外，也可按时间参量是离散的还是连续的变量，分为离散决策过程和连续决策过程。组合起来就有离散确定性、离散随机性、连续确定性和连续随机性 4 种决策过程模型。

对于确定性决策过程，问题中下一阶段的状态已由当前阶段的状态及决策完全确定。对于随机性决策过程，它与确定性决策过程的区别在于下一阶段的状态并不能由当前阶段的状态及决策完全确定，而是按某一概率分布来决定下一阶段的状态，这种概率分布由当前阶段的状态和决策完全确定。

3. 最优化原理和基本方程

动态规划的最优化原理是由贝尔曼(Bellman)首先提出来的。具体叙述为：一个过程的最优策略具有这样的性质，即无论其初始状态和初始决策如何，其今后诸决策对以第一个决策所形成的状态作为初始状态而言，必须构成最优策略。通俗来说就是：如果整个策略最优，那么其任一子策略也必是最优的。利用这个原理，可以把多阶段决策问题的求解过程看成是一个连续的递推过程，由后向前逐步推算。在求解时，在各阶段以前的状态和决策，对其后面的子问题来说，只不过相当于其初始条件而已，并不影响后面过程的最优策略。因此，可把一个问题按阶段分解成许多相互联系的子问题，其中每一个子问题都是一个比原问题简单得多的优化问题，且每一个子问题的求解仅利用它的下一阶段子问题的优化结果，这样依次求解，最后可求得原问题的最优解。

动态规划的基本方程是递推逐段求解的根据，一般的动态规划基本方程可以表示为

$$\begin{cases} f_k(s_k) = \underset{u_k \in D_k(s_k)}{\text{opt}} \{v_k(s_k, u_k) + f_{k+1}(s_{k+1})\} \quad (k = n, n-1, \cdots, 1) \\ f_{n+1}(s_{n+1}) = 0 \end{cases}$$

其中 opt 可根据具体问题分别取 max 或 min，$v_k(s_k, u_k)$为状态 s_k，决策 u_k 是对应的第 k 阶段的指标函数值。

9.3 动态规划模型的建立与求解

1. 动态规划模型的建立

建模步骤如下。

(1) 确定阶段和阶段变量。

(2) 明确状态变量和状态的可能集合，使其既能描述过程的演变，又要满足无后效性。

(3) 确定决策变量和决策允许集合。

(4) 正确写出状态转移方程。

(5) 正确写出指标函数和最优指标值，得出动态规划的基本方程。

建立动态规划模型，就是分析问题并建立问题的动态规划基本方程。关键在于识别问题的多阶段特征，将问题分解为可用递推关系式联系起来的若干子问题。一个问题的动态规划模型是否正确给出，它集中地反映在恰当地定义最优指标值函数和正确地写出递推关系式及边界条件上。

例 9-3 某投资者有资金 10 万元，假设投资于项目 $i(i=1,2,3)$的投资额为 x_i 时，其收益分别为 $g_1(x_1)=4x_1, g_2(x_2)=9x_2, g_3(x_3)=2x_3^2$，问应该如何分配投资数额才能使总收益最大?

解：这是与时间无明显关系的静态优化问题，容易写出其静态模型

$$\begin{cases} \max z = 4x_1 + 9x_2 + 2x_3^2 \\ x_1 + x_2 + x_3 = 10 \\ x_1, x_2, x_3 \geqslant 0 \end{cases}$$

这是一个非线性规划模型，用非线性规划的算法求解时，计算也是比较复杂的，这里介绍用动态规划的方法进行求解。为了应用动态规划方法求解，人为地赋予它“时段”的概念，将投资项目排序，首先考虑对项目 1 投资，然后是对项目 2 投资，最后对项目 3 投资，即把问题划分为 3 个阶段，每个阶段只决定对一个项目投资的数额。问题就转化为一个 3 阶段决策过程。下面的关键问题是如何正确选择状态变量，使各后部子过程之间具有递推关系。

通常可以把决策变量 u_k 设为原静态问题中的变量 x_k，即设 $u_k=x_k(k=1,2,3)$。状态变量与决策变量有密切关系，状态变量一般为累积量或递推过程变化的量。这里把每一阶段可供使用的资金设为状态变量 s_k，初始状态 $s_1=10$。u_1 为可分配用于第一个项目的最大资金，则在第一阶段，有

$$\begin{cases} s_1 = 10 \\ u_1 = x_1 \end{cases}$$

在第二阶段，状态变量 s_2 为可投资于其余两个项目的资金，即

$$\begin{cases} s_2 = s_1 - u_1 \\ u_2 = x_2 \end{cases}$$

一般地，在第 k 阶段

$$\begin{cases} s_k = s_{k-1} - u_{k-1} \\ u_k = x_k \end{cases}$$

于是有

阶段 k：本例中取 1,2,3；

状态变量 s_k：第 k 阶段可以投资于第 k 个到第 3 个项目的总资金；

决策变量 x_k：决定给第 k 个项目投资的金额；

状态转移方程：

$$s_{k+1} = s_k - x_k$$

指标函数：

$$V_{k,3} = \sum_{i=k}^{3} g_i(x_i)$$

最优指标函数 $f_k(s_k)$：当可投资金为 s_k 时，投资第 k 项到第 3 项所得的最大总收益；

基本方程为：

$$\begin{cases} f_k(s_k) = \max\limits_{0\leqslant x_k\leqslant s_k}\{g_k(x_k) + f_{k+1}(s_{k+1})\}(k = 3,2,1) \\ f_4(s_4) = 0 \end{cases}$$

用动态规划方法逐段求解，就可得到各项目最优投资金额，$f_1(10)$就是所求的最大收益。

2. 动态规划的求解方法

动态规划的求解有两种基本方法：逆序解法（后向动态规划方法）和顺序解法（前向动态规划方法）。下面分别用逆序解法和顺序解法来求解例 9-3。

1）逆序解法

由前面分析得知，$k=3$ 时，$f_3(s_3)=\max\limits_{0\leqslant x_3\leqslant s_3}\{2x_3^2\}$。

显然，当 $x_3^*=s_3$ 时，取得极大值

$$f_3(s_3)=\max_{0\leqslant x_3\leqslant s_3}\{2x_3^2\}=2s_3^2$$

$k=2$ 时，

$$f_2(s_2)=\max_{0\leqslant x_2\leqslant s_2}\{9x_2+f_3(s_3)\}=\max_{0\leqslant x_2\leqslant s_2}\{9x_2+2(s_2-x_2)^2\}$$

令 $h(s_2,x_2)=9x_2+2(s_2-x_2)^2$，由 $\frac{\mathrm{d}h}{\mathrm{d}x_2}=9-4(s_2-x_2)=0$，得 $x_2=s_2-\frac{9}{4}$。而 $\frac{\mathrm{d}^2h}{\mathrm{d}x_2^2}=4>0$，故 $x_2=s_2-\frac{9}{4}$ 是极小值点。于是，极大值只可能在 $[0,s_2]$ 的端点取得

$$f_2(0)=2s_2^2,\quad f_2(s_2)=9s_2$$

当 $f_2(0)=f_2(s_2)$ 时，解得 $s_2=\frac{9}{2}$。

当 $s_2>\frac{9}{2}$ 时，$f_2(0)>f_2(s_2)$，此时 $x_2^*=0$；当 $s_2<\frac{9}{2}$ 时，$f_2(0)<f_2(s_2)$，此时 $x_2^*=s_2$。

$k=1$ 时，$f_1(s_1)=\max\limits_{0\leqslant x_1\leqslant s_1}\{4x_1+f_2(s_2)\}$。当 $f_2(s_2)=9s_2$ 时，

$$\begin{aligned}f_1(10)&=\max_{0\leqslant x_1\leqslant s_1}\{4x_1+9s_1-9x_1\}=\max_{0\leqslant x_1\leqslant s_1}\{9s_1-5x_1\}\\&=9s_1\end{aligned}$$

$x_1^*=0$，但此时 $s_2=s_1-x_1=10>\frac{9}{2}$，与 $s_2<\frac{9}{2}$ 矛盾，舍去。

当 $f_2(s_2)=2s_2^2$ 时，$f_1(10)=\max\limits_{0\leqslant x_1\leqslant 10}\{4x_1+2(s_1-x_1)^2\}$。令 $\varphi(s_1,x_1)=4x_1+2(s_1-x_1)^2$，由 $\frac{\mathrm{d}\varphi}{\mathrm{d}x_1}=4-4(s_1-x_1)=0$，解得 $x_1=s_1-1$，而 $\frac{\mathrm{d}^2\varphi}{\mathrm{d}x_1^2}=1>0$，故 $x_1=s_1-1$ 是极小值点。

下面比较区间 $[0,10]$ 的两个端点，$x_1=0$ 时，$f_1(10)=200$；$x_1=10$ 时，$f_1(10)=40$，所以 $x_1^*=0$。再由状态方程顺推 $s_2=s_1-x_1^*=10$，因为 $s_2>\frac{9}{2}$，所以 $x_2^*=0$，$s_3=s_2-x_2^*=10$，且 $x_3^*=s_3=10$。于是，最优投资方案是将全部资金投向第 3 个项目，得到最大收益 200 万元。

2) 顺序解法

阶段划分及决策变量的设定与逆序解法一样，设状态变量 s_{k+1} 表示可用于第 1 到第 k 个项目投资的金额，那么

$$s_4=10,\quad s_3=s_4-x_3,\quad s_2=s_3-x_2,\quad s_1=s_2-x_1$$

即状态转移方程为 $s_k=s_{k+1}-x_k$。

设最优指标函数 $f_k(s_{k+1})$ 表示第 k 阶段末投资额为 s_{k+1} 时，第 1 到第 k 项目得到的最大收益，于是顺序解法的基本方程为

$$\begin{cases}f_k(s_{k+1})=\max\limits_{0\leqslant x_k\leqslant s_{k+1}}\{g_k(x_k)+f_{k-1}(s_k)\}\quad(k=1,2,3)\\f_0(s_1)=0\end{cases}$$

当 $k=1$ 时，

$$f_1(s_2)=\max_{0\leqslant x_1\leqslant s_2}\{g_1(x_1)+f_0(s_1)\}=\max_{0\leqslant x_1\leqslant s_2}\{4x_1\}=4s_2$$

$$x_1^*=s_2$$

当 $k=2$ 时，

$$f_2(s_3)=\max_{0\leqslant x_2\leqslant s_3}\{9x_2+f_1(s_2)\}=\max_{0\leqslant x_2\leqslant s_3}\{9x_2+4(s_3-x_2)\}$$

$$=\max_{0\leqslant x_2\leqslant s_3}\{5x_2+4s_3\}=9s_3$$

$$x_2^*=s_3$$

当 $k=3$ 时，

$$f_3(s_4)=\max_{0\leqslant x_3\leqslant s_4}\{2x_3^2+f_2(s_3)\}=\max_{0\leqslant x_3\leqslant s_4}\{2x_3^2+9(s_4-x_3)\}$$

令 $h(s_4,x_3)=2x_3^2+9(s_4-x_3)$，由 $\frac{\mathrm{d}h}{\mathrm{d}x_3}=4x_3-9=0$，得 $x_3=\frac{9}{4}$，而 $\frac{\mathrm{d}^2h}{\mathrm{d}x_3^2}=4>0$，所以该点为极小值点，极大值应在 $[0,s_4]=[0,10]$ 端点取得。

当 $x_3=0$ 时，$f_3(10)=90$；当 $x_3=10$ 时，$f_3(10)=200$，所以 $x_3^*=10$。再由状态转移方程逆推 $s_3=10-x_3^*=0, x_2^*=0, s_2=s_3-x_2^*=0, x_1^*=0$。

最优投资方案与逆序解法结果一样。对本例题而言，顺序解法比逆序解法要简单一些。但是对于大多数的动态规划，逆序解法比顺序解法更容易理解，求解过程也更简单。

逆序解法寻优的方向与阶段决策过程的实际行进方向相反，从最后一阶段开始计算逐段前推，以求得全过程的最优策略。而顺序解法的寻优方向与阶段决策过程的行进方向一致，从第一阶段开始逐段向后递推，计算后一阶段要用到前一阶段的寻优结果，最后一阶段计算的结果就是全过程的最优结果。顺序解法与逆序解法本质上并无区别，一般来说，当初始状态给定时可用逆序解法，当终止状态给定时可用顺序解法。如果问题给出了一个初始状态和一个终止状态，那么两种方法都可使用，如例 9-3。若初始状态给定，终止状态有多个，需要比较到达不同终止状态的各条路径及最优指标函数值，以选取总收益最佳的终止状态时，使用顺序解法比较简便。一般针对问题的不同特点，灵活地选用这两种方法之一，可以使求解简化。

3）两种解法的区别

使用上述两种方法求解时，除了求解的行进方向不同外，在建模时要注意以下区别。

(1) 状态转移方式不同。逆序解法中，第 k 阶段的输入状态为 s_k，决策为 u_k，确定输出第 $k+1$ 阶段的状态为 s_{k+1}，从状态 s_k 到 s_{k+1} 的顺序状态转移方程为 $s_{k+1}=T_k(s_k,u_k)$。但在顺序解法中，第 k 阶段的输入状态为 s_{k+1}，决策为 u_k，输出为 s_k，所以状态转移方程为 $s_k=T_k(s_{k+1},u_k)$，它是由状态 s_{k+1} 到 s_k 的逆序状态转移方程。

类似地，逆序解法中的阶段指标函数为 $v_k(s_k,u_k)$，顺序解法中阶段指标函数应表示为 $v_k(s_{k+1},u_k)$。

(2) 指标函数的定义不同。逆序解法中，定义最优指标函数 $f_k(s_k)$ 表示第 k 阶段从状态 s_k 出发，到终点的后部子过程最优效益值，$f_1(s_1)$ 是整体最优函数值。

顺序解法中，定义最优指标函数值 $f_k(s_{k+1})$ 表示第 k 阶段从起点到状态 s_{k+1} 的前部子过程最优效益值，$f_n(s_{n+1})$ 是整体最优函数值。

(3) 基本方程形式不同。当指标函数是阶段指标和的形式时，在逆序解法中，$V_{k,n}=\sum_{j=k}^{n}v_j(s_j,u_j)$，基本方程为

$$\begin{cases} f_k(s_k) = \underset{u_k \in D_k}{\text{opt}} \{v_k(s_k, u_k) + f_{k+1}(s_{k+1})\} \quad (k = n, \cdots, 2, 1) \\ f_{n+1}(s_{n+1}) = 0 \end{cases}$$

顺序解法中，$V_{1,k} = \sum_{j=1}^{k} v_j(s_{j+1}, u_j)$，基本方程为

$$\begin{cases} f_k(s_{k+1}) = \underset{u_k \in D_k}{\text{opt}} \{v_k(s_{k+1}, u_k) + f_{k-1}(s_k)\} \quad (k = 1, 2, \cdots, n) \\ f_0(s_1) = 0 \end{cases}$$

当指标函数是阶段指标积的形式时，在逆序解法中，$V_{k,n} = \prod_{j=k}^{n} v_j(s_j, u_j)$，基本方程为

$$\begin{cases} f_k(s_k) = \underset{u_k \in D_k}{\text{opt}} \{v_k(s_k, u_k) \cdot f_{k+1}(s_{k+1})\} \quad (k = n, \cdots, 2, 1) \\ f_{n+1}(s_{n+1}) = 1 \end{cases}$$

顺序解法中，$V_{1,k} = \prod_{j=1}^{k} v_j(s_{j+1}, u_j)$，基本方程为

$$\begin{cases} f_k(s_{k+1}) = \underset{u_k \in D_k}{\text{opt}} \{v_k(s_{k+1}, u_k) \cdot f_{k-1}(s_k)\} \quad (k = 1, 2, \cdots, n) \\ f_0(s_1) = 1 \end{cases}$$

9.4 典型的动态规划问题举例

1. 求解静态规划问题

对于线性规划、整数规划以及非线性规划这些静态问题用动态规划方法求解时，阶段数就是变量数，状态变量是资源限量，指标函数依目标函数而定。

例 9-4 用动态规划方法求解非线性规划问题

$$\max z = 8x_1^2 + 4x_2^2 + x_3^3$$

$$\begin{cases} 2x_1 + x_2 + 10x_3 \leqslant 20 \\ x_1, x_2, x_3 \geqslant 0 \end{cases}$$

解：过程共分 3 个阶段，阶段变量 $k=1,2,3$，决策变量为 $x_k(k=1,2,3)$。状态变量 s_k 表示从第 1 阶段到第 k 阶段可供分配的量，则状态转移方程为

$$s_{k-1} = s_k - a_k x_k \quad (k = 1, 2, 3)$$

并取 $s_0=0$，相当于将一个不大于 20 的量分 3 个阶段进行分配，其中 a_1, a_2, a_3 分别为约束条件中 x_1, x_2, x_3 的系数。

最优指标函数 $f_k(s_k)$表示从第一阶段到第 k 阶段指标函数的最优值，则当 $k=1$ 时，有

$$f_1(s_1) = \max_{0 \leqslant x_1 \leqslant \frac{s_1}{2}} \{8x_1^2\} = 2s_1^2, \quad x_1 = \frac{s_1}{2}$$

当 $k=2$ 时，有

$$f_2(s_2) = \max_{0 \leqslant x_2 \leqslant s_2} \{4x_2^2 + f_1(s_1)\} = \max_{0 \leqslant x_2 \leqslant s_2} \{4x_2^2 + 2(s_2 - x_2)^2\}$$

令 $\varphi_2(x_2) = 4x_2^2 + 2(s_2 - x_2)^2$，则 $\varphi_2'(x_2) = 8x_2 - 4(s_2 - x_2)$。

由 $\varphi_2'(x_2)=0$,得 $x_2=\frac{s_2}{3}$。但由于 $\varphi_2''(x_2)=12>0$,所以 $x_2=\frac{s_2}{3}$为极小值点。极大值点必在区间$[0,s_2]$的端点,计算两端点的函数值 $\varphi_2(0)=2s_2^2$,$\varphi_2(s_2)=4s_2^2$,比较大小可知,极大值点位于 $x_2=s_2$。此时,$f_2(s_2)=4s_2^2$。

当 $k=3$ 时,有

$$f_3(s_3)=\max_{0\leqslant x_3\leqslant\frac{s_3}{10}}\{x_3^3+f_2(s_2)\}=\max_{0\leqslant x_3\leqslant\frac{s_3}{10}}\{x_3^3+4(s_3-10x_3)^2\}$$

由于 $s_3\leqslant 20$,所以取 $s_3=20$,得

$$f_3(20)=\max_{0\leqslant x_3\leqslant 2}\{x_3^3+4(20-10x_3)^2\}$$

可知 $x_3=0$ 为极大值点。故 $f_3(20)=1600$,$x_3^*=0$。又因为

$$s_2=s_3-10x_3=20,\quad x_2^*=s_2=20$$

所以

$$s_1=s_2-x_2=20-20,\quad x_1^*=\frac{s_1}{2}=0$$

即最优解为

$$x_1^*=0,\quad x_2^*=20,\quad x_3^*=0$$

目标函数最优值为 1600。

2. 资源分配问题

资源分配问题就是将数量一定的一种或若干种资源(例如原材料、资金、设备、设施、劳力等),恰当地分配给若干使用者或地区,从而使目标函数最优。

设有某种原料,总数量为 a,用于生产 n 种产品。若分配数量 x_i 用于生产第 i 种产品,其收益为 $g_i(x_i)$。如何分配原料使生产 n 种产品的总收益最大?

这个问题可写成如下的静态规划问题模型

$$\begin{cases}\max z=g_1(x_1)+g_2(x_2)+\cdots+g_n(x_n)\\ x_1+x_2+\cdots+x_n=a\\ x_i\geqslant 0\quad(i=1,2,\cdots,n)\end{cases}$$

在应用动态规划方法处理这类"静态规划"问题时,通常可以把资源分配给一个或几个使用者的过程作为一个阶段,把问题中的变量 x_i 作为决策变量,将累计的量或随递推过程变化的量选为状态变量。

设状态变量 s_k 表示分配给生产第 k 至第 n 种产品的原料数量。决策变量 x_k 表示分配给生产第 k 种产品的原料数量。最优值函数 $f_k(s_k)$表示将数量为 s_k 的原料分配给生产第 k 至第 n 种产品所得到的最大总收益。

该资源分配问题的动态规划的基本方程为

$$\begin{cases}f_k(s_k)=\max\limits_{s_k}\{g_k(x_k)+f_{k+1}(s_{k+1})\}\quad(k=n,\cdots,2,1)\\ f_{n+1}(s_{n+1})=0\\ s_{k+1}=s_k-x_k\end{cases}$$

利用这个递推关系式进行逐步计算,最后得出的 $f_1(s_1)=f_1(a)$就是所求问题的最大收

益。上面考虑的这类资源分配问题，只是将资源合理分配而不考虑回收的问题，所以称为资源平行分配问题。在资源分配问题中，还有一种要考虑资源回收利用的问题。这里决策变量为连续值，称为资源连续分配问题。这类资源分配问题一般叙述如下：设有数量为 s_1 的某种资源，可以投入生产两种产品 A 和 B。第一年以数量 x_1 投入生产 A，剩下的量 s_1-x_1 投入生产 B，可以得到收益为 $g(x_1)+h(s_1-x_1)$。这种资源在投入生产 A 和 B 后，年终还可以回收再投入生产。设生产两种产品的年回收率分别为 $a(0<a<1)$ 和 $b(0<b<1)$，则在第一年生产后，回收的资源量合计为 $s_2=ax_1+b(s_1-x_1)$。第二年再将资源数量 s_2 中的 x_2 和 s_2-x_2 分别再投入生产 A 和 B，则第二年又可得到收益 $g(x_2)+h(s_2-x_2)$。如此继续进行 n 年，试问：如何决定每年投入生产 A 的资源量 $x_1,x_2,\cdots,x_n$，才能使总收益最大？

这个问题可写成如下的静态规划问题模型

$$\max z=\{g(x_1)+h(s_1-x_1)+g(x_2)+h(s_2-x_2)+\cdots+g(x_n)+h(s_n-x_n)\}$$

$$\begin{cases} s_2=ax_1+b(s_1-x_1) \\ s_3=ax_2+b(s_2-x_2) \\ \vdots \\ s_{n+1}=ax_n+b(s_n-x_n) \\ 0\leqslant x_i\leqslant s_i \quad (i=1,2,\cdots,n) \end{cases}$$

应用动态规划解决该问题时，决策过程根据年份分为 k 个阶段。设 A 和 B 为状态变量，表示在第 k 阶段(第 k 年)可投入生产 A 和 B 的资源量；x_k 为决策变量，表示在第 k 阶段用于生产 A 的资源量，则 s_k-x_k 表示用于生产 B 的资源量；最优值函数 $f_k(s_k)$表示在第 k 阶段的初始有资源量 s_k，从第 k 至第 n 阶段采取最优分配方案进行生产后所得的最大总收益。

该资源分配问题的动态规划的基本方程为

$$\begin{cases} f_k(s_k)=\max\limits_{x_k}\{g(x_k)+h(s_k-x_k)+f_{k+1}(s_{k+1})\} \\ f_{n+1}(s_{n+1})=0 \\ s_{k+1}=ax_k+b(s_k-x_k) \end{cases}$$

最终求出的 $f_1(s_1)$就是所求问题的最大总收益。

例 9-5 机器负荷分配问题：某种机器可在高低两种负荷下进行生产，设机器在高负荷下的产量 g 与投入生产的机器数量 x 的关系为 $g=10x$，年完好率为 $a=0.75$；在低负荷下的产量 h 与投入生产的机器数量 y 的关系为 $h=8y$，年完好率为 $b=0.9$。假定开始生产时完好的机器数量 $s_1=100$，试制订一个 5 年计划，确定每年投入高、低两种负荷下生产的机器数量，使 5 年内产品的总产量最大。

解：假设阶段变量 $k(k=1,2,3,4,5,6)$表示年度，状态变量 s_k 表示第 k 年初拥有的完好机器数，也是第 $k-1$ 年末拥有的完好机器数，决策变量 x_k 表示第 k 年初投入高负荷生产的机器数，状态转移方程为 $s_{k+1}=0.75x_k+0.9(s_k-x_k)$，允许决策集合为 $D_k(s_k)=\{x_k|0\leqslant x_k\leqslant s_k\}$。最优指标函数 $f_k(s_k)$表示第 k 年初从资源量 s_k 出发到第 5 年末的产量的最大值。

动态规划的基本方程为

$$\begin{cases} f_k(s_k) = \max\limits_{x_k \in D_k(s_k)} \{10x_k + 8(s_k - x_k) + f_{k+1}(s_{k+1})\} \quad (k = 5,4,3,2,1) \\ f_6(s_6) = 0 \end{cases}$$

当 $k=5$ 时，有

$$f_5(s_5) = \max_{0 \leqslant x_5 \leqslant s_5} \{10x_5 + 8(s_5 - x_5) + f_6(s_6)\} = \max_{0 \leqslant x_5 \leqslant s_5} \{2x_5 + 8s_5\}$$

显然，当 $x_5^* = s_5$ 时，$f_5(s_5)$的最大值为 $10s_5$。

当 $k=4$ 时，

$$\begin{aligned} f_4(s_4) &= \max_{0 \leqslant x_4 \leqslant s_4} \{10x_4 + 8(s_4 - x_4) + f_5(s_5)\} = \max_{0 \leqslant x_4 \leqslant s_4} \{10x_4 + 8(s_4 - x_4) + 10s_5\} \\ &= \max_{0 \leqslant x_4 \leqslant s_4} \{10x_4 + 8(s_4 - x_4) + 10[0.75x_4 + 0.9(s_4 - x_4)]\} \\ &= \max_{0 \leqslant x_4 \leqslant s_4} \{0.5x_4 + 17s_4\} \end{aligned}$$

由于 $f_4(s_4)$是 x_4 的线性递增函数，所以当 $x_4^* = s_4$ 时，$f_4(s_4)$的最大值为 $17.5s_4$。

当 $k=3$ 时，有

$$\begin{aligned} f_3(s_3) &= \max_{0 \leqslant x_3 \leqslant s_3} \{10x_3 + 8(s_3 - x_3) + f_4(s_4)\} = \max_{0 \leqslant x_3 \leqslant s_3} \{10x_3 + 8(s_3 - x_3) + 17.5s_4\} \\ &= \max_{0 \leqslant x_3 \leqslant s_3} \{10x_3 + 8(s_3 - x_3) + 17.5[0.75x_3 + 0.9(s_3 - x_3)]\} \\ &= \max_{0 \leqslant x_3 \leqslant s_3} \{-0.625x_3 + 23.75s_3\} \end{aligned}$$

易知，当 $x_3^* = 0$ 时，$f_3(s_3)$的最大值为 $23.75s_3$。

当 $k=2$ 时，有

$$\begin{aligned} f_2(s_2) &= \max_{0 \leqslant x_2 \leqslant s_2} \{10x_2 + 8(s_2 - x_2) + f_3(s_3)\} = \max_{0 \leqslant x_2 \leqslant s_2} \{10x_2 + 8(s_2 - x_2) + 23.75s_3\} \\ &= \max_{0 \leqslant x_2 \leqslant s_2} \{10x_2 + 8(s_2 - x_2) + 23.75[0.75x_2 + 0.9(s_2 - x_2)]\} \\ &= \max_{0 \leqslant x_2 \leqslant s_2} \{-1.5625x_2 + 29.375s_2\} \end{aligned}$$

显然，当 $x_2^* = 0$ 时，$f_2(s_2)$的最大值为 $29.375s_2$。

当 $k=1$ 时，有

$$\begin{aligned} f_1(s_1) &= \max_{0 \leqslant x_1 \leqslant s_1} \{10x_1 + 8(s_1 - x_1) + f_2(s_2)\} = \max_{0 \leqslant x_1 \leqslant s_1} \{10x_1 + 8(s_1 - x_1) + 29.375s_2\} \\ &= \max_{0 \leqslant x_1 \leqslant s_1} \{10x_1 + 8(s_1 - x_1) + 29.375[0.75x_1 + 0.9(s_1 - x_1)]\} \\ &= \max_{0 \leqslant x_1 \leqslant s_1} \{-2.406x_1 + 34.4375s_1\} \end{aligned}$$

于是，当 $x_1^* = 0$ 时，$f_1(s_1)$的最大值为 $34.4375s_1$。

因为 $s_1 = 100$，所以 5 年的最大总产量为 $f_1(s_1) = 3443.75$。

由于 $x_1^* = x_2^* = x_3^* = 0, x_4^* = s_4, x_5^* = s_5$，所以机器的最优分配策略是：第 1 至第 3 年将机器全部用于低负荷生产，第 4 年和第 5 年将机器全部用于高负荷生产。每年投入高负荷生产的机器数以及每年年初完好的机器数为

$$\begin{aligned} & s_1 = 100 \\ & x_1^* = 0, \quad s_2 = 0.75x_1 + 0.9(s_1 - x_1) = 90 \\ & x_2^* = 0, \quad s_3 = 0.75x_2 + 0.9(s_2 - x_2) = 81 \end{aligned}$$

$$x_3^* = 0, \quad s_4 = 0.75x_3 + 0.9(s_3 - x_3) = 73$$

$$x_4^* = s_4 = 73, \quad s_5 = 0.75x_4 + 0.9(s_4 - x_4) = 55$$

$$x_5^* = s_5 = 55, \quad s_6 = 0.75x_5 + 0.9(s_5 - x_5) = 41$$

第 5 年年末还有 41 台完好机器。

例 9-5 对终端 s_6 没有限制,有时要对最后一年年末完好机器数施加约束,例如要求最后一年完好机器数不少于 50 台,即 $s_6 \geqslant 50$,此时决策变量 x_5 的决策允许集合为

$$D_5(s_5) = \{x_5 \mid 0.75x_5 + 0.9(s_5 - x_5) \geqslant 50, x_5 \geqslant 0\}$$

或者 $0 \leqslant x_5 \leqslant 3.65s_5 - 200$。

通常情况下,设一个生产周期为 n 年,高负荷生产时机器的完好率为 a,单台产量为 g;低负荷完好率为 b,单台产量为 h。如果 t 满足条件

$$\sum_{i=0}^{n-t-1} a^i \leqslant \frac{g-h}{g(b-a)} \leqslant \sum_{i=0}^{n-t} a^i$$

那么机器设备的最优分配策略是:从 1 至 $t-1$ 年,年初将全部完好机器投入低负荷生产,从 t 到 n 年,年初将全部完好机器投入高负荷生产,总产量达到最大。

在例 9-5 中,$n=5, a=0.75, b=0.9, g=10, h=8, (g-h)/g(b-a)=1.3333$。

由 $a^0=1<1.3333<a^0+a^1=1.75$ 可知,$n-t-1=0, t=4$,则 1～3 年低负荷生产,4～5 年为高负荷生产。

例 9-6 某公司有 5 台新设备,将有选择地分配给 3 个工厂,所得收益见表 9-2。问每个工厂各应分配多少台设备,才能使公司获得的总收益最大?请用动态规划方法求出收益最大的分配方案。

表 9-2 设备所得收益

收益 工厂 / 设备	1	2	3
0	0	0	0
1	2	1	3
2	4	3	4
3	5	4	5
4	5	6	5
5	6	8	6

解:设 $x_j(j=1,2,3)$ 表示分配给第 j 个工厂的设备台数,$g_j(x_j)(j=1,2,3)$ 表示第 j 个工厂得到 x_j 台设备后获得的收益,由表 9-2 给出。于是得到如下整数规划问题

$$\max z = g_1(x_1) + g_2(x_2) + g_3(x_3)$$

$$\begin{cases} x_1 + x_2 + x_3 = 5 \\ x_j \geqslant 0 \quad (j = 1,2,3) \end{cases}$$

且 x_j 为整数。目标函数中的每一项都没有解析表达式,只是由表 9-2 给出对应数据。

取 $k=1,2,3$ 共分为 3 个阶段,决策变量 x_k 表示分配给第 k 个工厂的设备台数,状态变量 s_k 为给第 k 至第 3 个工厂分配的设备台数。状态转移方程为 $s_{k+1}=s_k-x_k$。允许决策集

合为 $D_k(s_k)=\{x_k \mid 0 \leqslant x_k \leqslant s_k\}$（$x_k$ 为整数）。允许状态集合 $s_k=\{0,1,2,\cdots,5\}$，$s_1=\{5\}$。令最优指标函数 $f_k(s_k)$ 表示以数量为 s_k 的设备分配给第 k 至第 3 个工厂所得到的最大收益。可写出动态规划的递推关系式

$$\begin{cases} f_k(s_k) = \max\limits_{0 \leqslant x_k \leqslant s_k} \{g_k(x_k) + f_{k+1}(s_{k+1})\} \quad (k = 3,2,1) \\ f_4(s_4) = 0 \end{cases}$$

当 $k=3$ 时，有 $f_3(s_3)=\max\limits_{0 \leqslant x_3 \leqslant s_3}\{g_3(x_3)+f_4(s_4)\}$。由于 $g_3(x_3)$ 是单调增加的，因此当 $x_3=s_3$ 时，$f_3(s_3)$ 取得最大值。计算结果由表 9-3 给出。

表 9-3　$k=3$ 时的计算结果

s_3 \ x_3 \ f	$g_3(x_3)+f_4(s_4)$						$f_3(s_3)$	x_3^*	s_4
	0	1	2	3	4	5			
0	0						0	0	0
1	0	3					3	1	0
2	0	3	4				4	2	0
3	0	3	4	5			5	3	0
4	0	3	4	5	5		5	3,4	1,0
5	0	3	4	5	5	6	6	5	0

当 $k=2$ 时，有 $f_2(s_2)=\max\limits_{0 \leqslant x_2 \leqslant s_2}\{g_2(x_2)+f_3(s_3)\}=\max\limits_{0 \leqslant x_2 \leqslant s_2}\{g_2(x_2)+f_3(s_2-x_2)\}$，计算结果见表 9-4。

表 9-4　$k=2$ 时的计算结果

s_2 \ x_2 \ f	$g_2(x_2)+f_3(s_2-x_2)$						$f_2(s_2)$	x_2^*	s_3
	0	1	2	3	4	5			
0	0+0						0	0	0
1	0+3	1+0					3	0	1
2	0+4	1+3	3+0				4	0,1	2,1
3	0+5	1+4	3+3	4+0			6	2	1
4	0+5	1+5	3+4	4+3	6+0		7	2,3	2,1
5	0+6	1+5	3+5	4+4	6+3	8+0	9	4	1

当 $k=1$ 时，$s_1=5$，得 $f_1(s_1)=\max\limits_{0 \leqslant x_1 \leqslant s_1}\{g_1(x_2)+f_2(s_2)\}=\max\limits_{0 \leqslant x_1 \leqslant s_1}\{g_1(x_1)+f_2(s_1-x_1)\}$，计算结果见表 9-5。

表 9-5　$k=1$ 时的计算结果

s_1 \ x_1 \ f	$g_1(x_1)+f_2(s_1-x_1)$						$f_1(s_1)$	x_1^*	s_2
	0	1	2	3	4	5			
5	0+9	2+7	4+6	5+4	5+3	6+0	10	2	3

由表 9-5 可知，$x_1^*=2$，$s_2=3$，查表 9-4 得 $x_2^*=2$，$s_3=1$，再查表 9-3 得 $x_3^*=1$，所以最

优解为 $x_1^*=2,x_2^*=2,x_3^*=1$。即第一个工厂分配 2 台，第二个工厂分配 2 台，第三个工厂分配 1 台，其总收益最大值是 10。

例 9-7 某企业在一年内进行了 A，B，C 三种新产品试制，由于资金不足，估计在一年内这三种新产品研制不成功的概率分别为 0.4，0.6，0.8，因而都研制不成功的概率是 0.4×0.6×0.8=0.192。为了促进三种新产品的研制，决定增拨 2 万元研制费，并要求资金集中使用，以万元为单位进行分配，其增拨研制费与新产品不成功的概率见表 9-6。问如何分配研制费，才能使这三种新产品研制都不成功的概率最小？

表 9-6 研制费与新产品不成功的概率

产品 / 不成功概率 / 研制费	新产品不成功概率		
	A	B	C
0	0.40	0.60	0.80
1	0.20	0.40	0.50
2	0.15	0.20	0.30

解：根据三种新产品，把问题分为 3 个阶段，阶段变量 $k=1,2,3$；状态变量 s_k 表示分配给第 k 至第 3 种产品的研制费用，$s_1=2$；决策变量 x_k 表示分配给第 k 种产品的研制费用。状态转移方程为 $s_{k+1}=s_k-x_k$，指标函数 $p_k(x_k)$ 表示将 x_k（万元）研制费分配给第 k 种产品，该产品研制不成功的概率，最优指标函数 $f_k(s_k)$ 表示将 s_k 万元研制费分配给第 k 至第 3 种产品，而第 k 至第 3 种产品研制都不成功的概率。故有递推关系式：

$$\begin{cases} f_k(s_k) = \min\limits_{0 \leqslant x_k \leqslant s_k} \{p_k(x_k) \cdot f_{k+1}(s_{k+1})\} \quad (k = 3,2,1) \\ f_4(s_4) = 1 \end{cases}$$

计算过程见表 9-7。从计算表格反方向推算，得到最优分配方案为 $x_1^*=1,x_2^*=0,x_3^*=1$，即分配给三种新产品的研制费用分别是：A 产品 1 万元，B 产品不分配，C 产品 1 万元。三种新产品研制都不成功的概率最小为 0.06。

表 9-7 计算过程

k	s_k	x_k	$p_k(x_k)$	$f_{k+1}(x_{k+1})$	$p_k(x_k)\cdot f_{k+1}(x_{k+1})$	$f_k(x_k)$	x_k^*
3	0	0	0.8	1	0.8	0.8	0
	1	1	0.5	1	0.5	0.5	1
	2	2	0.3	1	0.3	0.3	2
2	0	0	0.6	0.8	0.48	0.48	0
	1	0	0.6	0.5	0.3	0.3	0
		1	0.4	0.8	0.32		
	2	0	0.6	0.3	0.18	0.16	2
		1	0.4	0.5	0.2		
		2	0.2	0.8	0.16		

续表

k	s_k	x_k	$p_k(x_k)$	$f_{k+1}(x_{k+1})$	$p_k(x_k)\cdot f_{k+1}(x_{k+1})$	$f_k(x_k)$	x_k^*
1	2	0	0.4	0.16	0.64	0.06	1
		1	0.2	0.3	0.06		
		2	0.15	0.48	0.072		

3. 生产与存储问题

在一项具有 n 个时期的生产计划中，决策者如何制定生产(或采购)策略，确定不同时期的生产量(或采购量)和存储量，在满足产品需求量的条件下，使得总成本(生产成本 + 存储成本)最小，就是生产与存储问题。

假设：x_k 为第 k 时期该产品的牛产量，生产限量为 X_k；

d_k 为第 k 时期该产品的需求量；

$C_k(x_k)$为第 k 时期生产 x_k 件产品的成本；

$H_k(s_k)$为第 k 时期开始时有存储量 s_k 所需要的存储成本；

M 为各期产品量存储上限，如不允许缺货，则存储量下限非负，有时也设定一个下限(安全存储量)；

其他假设：第 1 期期初和第 n 期期末的存储量为零(也可以为一常数)，各期产品在期末交货。

于是该问题的数学模型为

$$\begin{cases}\min z=\sum\limits_{k=1}^{n}[C_k(x_k)+H_k(s_k)] \\ s_1=0,\quad s_{n+1}=0 \\ 0\leqslant s_k=\sum\limits_{j=1}^{k-1}x_j-\sum\limits_{j=1}^{k-1}d_j\leqslant M \\ 0\leqslant x_k\leqslant X_k\quad(k=1,2,\cdots,n)\end{cases}$$

利用动态规划方法求解时，将问题看成是一个 n 阶段的决策问题，决策变量 x_k 表示第 k 阶段的生产量，状态变量 s_k 表示第 k 阶段开始的存储量。最优指标函数 $f_k(s_k)$在第 k 阶段初的存储量为 s_k 时，从第 k 到第 n 阶段的最小总成本。动态规划的基本方程为

$$\begin{cases}f_k(s_k)=\min\limits_{x_k}\{C_k(x_k)+H_k(s_k)+f_{k+1}(s_{k+1})\}\quad(k=n,\cdots,2,1) \\ f_{n+1}(s_{n+1})=0 \\ s_{k+1}=s_k+x_k-d_k\end{cases}$$

最后求出 $f_1(s_1)$就是最小总成本。

例 9-8 某工厂生产某种产品，1～6 月份生产成本和产品需求量的变化情况见表 9-8。如果没有生产准备成本，单位产品一个月的存储费 $h_k=0.6$ 元，月底交货，分别求下列两种情形下 6 个月总成本最小的生产方案。

(1) 1 月初与 6 月底存储量为零，不允许缺货，仓库容量 $S=50$ 件，生产能力无限制；

(2) 其他条件不变,1 月初存储量为 10。

表 9-8 生产成本和产品需求量的变化情况

月份	1	2	3	4	5	6
需求量	20	30	35	40	25	45
单位产品成本(c_k)	15	12	16	19	18	16

解:用动态规划求解。设

阶段 k:表示月份,$k=1,2,\cdots,7$

状态变量 s_k:表示第 k 个月初的存储量

决策变量 x_k:表示第 k 个月的生产量

状态转移方程:

$$s_{k+1}=s_k+x_k-d_k$$

决策允许集合:

$$D_k(s_k)=\{x_k \mid 0\leqslant s_k+x_k-d_k\leqslant 50, x_k\geqslant 0\}$$

动态规划的基本方程

$$\begin{cases} f_k(s_k)=\min\limits_{x_k\in D_k(s_k)}\{c_kx_k+0.6s_k+f_{k+1}(s_{k+1})\} \\ f_7(s_7)=0, \quad s_7=0 \end{cases}$$

当 $k=6$ 时,有 $s_7=s_6+x_6-d_6=s_6+x_6-45=0, x_6=45-s_6, s_6\leqslant 45$, 所以

$$f_6(s_6)=\min_{x_6=45-s_6}\{16x_6+0.6s_6+f_7(s_7)\}=\min_{x_6=45-s_6}\{16x_6+0.6s_6\}$$
$$=-15.4s_6+720$$

此时,最优解为 $x_6^*=45-s_6$。

当 $k=5$ 时,由 $0\leqslant s_6\leqslant 45, 0\leqslant s_5+x_5-d_5=s_5+x_5-25\leqslant 45$,可得 $25-s_5\leqslant x_5\leqslant 70-s_5$。由于 $s_5\leqslant 50$,故当 $25-s_5<0$ 时,x_5 的值取 0,决策允许集合为

$$D_5(s_5)=\{x_5 \mid \max[0,25-s_5]\leqslant x_5\leqslant 70-s_5\}$$

$$\begin{aligned} f_5(s_5) &= \min_{x_5\in D_5(s_5)}\{18x_5+0.6s_5+f_6(s_6)\} \\ &= \min_{x_5\in D_5(s_5)}\{18x_5+0.6s_5-15.4s_6+720\} \\ &= \min_{x_5\in D_5(s_5)}\{18x_5+0.6s_5-15.4(s_5+x_5-25)+720\} \\ &= \min_{x_5\in D_5(s_5)}\{2.6x_5-14.8s_5+1105\} \\ &= \begin{cases} -17.4s_5+1170, & s_5\leqslant 25, \quad x_5^*=25-s_5 \\ -14.8s_5+1105, & s_5>25, \quad x_5^*=0 \end{cases} \end{aligned}$$

当 $k=4$ 时,$0\leqslant s_5\leqslant 25, 0\leqslant s_4+x_4-40\leqslant 25$,有 $40-s_4\leqslant x_4\leqslant 65-s_4$,决策允许集合为

$$D_4(s_4)=\{x_4 \mid \max[0,40-s_4]\leqslant x_4\leqslant 65-s_4\}$$

$$\begin{aligned} f_4(s_4) &= \min_{x_4\in D_4(s_4)}\{19x_4+0.6s_4+f_5(s_5)\} \\ &= \min_{x_4\in D_4(s_4)}\{19x_4+0.6s_4-17.4s_5+1170\} \end{aligned}$$

$$= \min_{x_4 \in D_4(s_4)} \{1.6x_4 - 16.8s_4 + 1866\}$$

$$= \begin{cases} -18.4s_4 + 1930, & s_4 \leqslant 40, \quad x_4^* = 40 - s_4 \\ -16.8s_4 + 1866, & 40 < s_4 \leqslant 50, \quad x_5^* = 0 \end{cases}$$

当 $25 < s_5 \leqslant 50, x_5 = 0, 25 \leqslant s_4 + x_4 - 40 \leqslant 50$ 时，有

$$D_4(s_4) = \{x_4 \mid 65 - s_4 \leqslant x_4 \leqslant 90 - s_4\}$$

$$f_4(s_4) = \min_{x_4 \in D_4(s_4)} \{19x_4 + 0.6s_4 + f_5(s_5)\}$$

$$= \min_{x_4 \in D_4(s_4)} \{19x_4 + 0.6s_4 - 14.8s_5 + 1105\}$$

$$= \min_{x_4 \in D_4(s_4)} \{4.2x_4 - 14.2s_4 + 1697\}$$

$$= -18.4s_4 + 1970 \quad (\text{取 } x_4^* = 65 - s_4)$$

很明显，该决策不可行，$x_5 = 0, s_4 + x_4 - 65 = d_4 + d_5, s_5 - s_6 = 0, x_6 = 45$，与 $s_5 > 25$ 矛盾。所以有

$$f_4(s_4) = \begin{cases} -18.4s_4 + 1930, & 0 \leqslant s_4 \leqslant 40, x_4^* = 40 - s_4 \text{ 且 } 0 \leqslant s_5 \leqslant 25, x_5 = 25 - s_5 \\ -16.8s_4 + 1866, & 40 < s_4 \leqslant 50, x_5^* = 0 \text{ 且 } 0 \leqslant s_5 \leqslant 25, x_5 = 25 - s_5 \end{cases}$$

当 $k=3$ 时，有 $0 \leqslant s_4 \leqslant 40, 0 \leqslant s_3 + x_3 - 35 \leqslant 40$，决策允许集合为

$$D_3(s_3) = \{x_3 \mid \max[0, 35 - s_3] \leqslant x_3 \leqslant 75 - s_3\}$$

$$f_3(s_3) = \min_{x_3 \in D_3(s_3)} \{16x_3 + 0.6s_3 + f_4(s_4)\}$$

$$= \min_{x_3 \in D_3(s_3)} \{16x_3 + 0.6s_3 - 18.4s_4 + 1930\}$$

$$= \min_{x_3 \in D_3(s_3)} \{-2.4x_3 - 17.8s_3 + 2574\}$$

$$= -15.4s_3 + 2394 \quad (x_3^* = 75 - s_3)$$

当 $40 \leqslant s_4 \leqslant 50$ 时，$40 \leqslant s_3 + x_3 - 35 \leqslant 50$，得

$$D_3(s_3) = \{x_3 \mid 75 - s_3 \leqslant x_3 \leqslant 85 - s_3\}$$

$$f_3(s_3) = \min_{x_3 \in D_3(s_3)} \{16x_3 + 0.6s_3 + f_4(s_4)\}$$

$$= \min_{x_3 \in D_3(s_3)} \{16x_3 + 0.6s_3 - 16.8s_4 + 1866\}$$

$$= \min_{x_3 \in D_3(s_3)} \{-0.8x_3 - 16.2s_3 + 2454\}$$

$$= -15.4s_3 + 2386 \quad (x_3^* = 85 - s_3)$$

当 $k=2$ 时，由 $40 \leqslant s_4 \leqslant 50, 0 \leqslant s_3 \leqslant 50, 0 \leqslant s_2 + x_2 - 30 \leqslant 50$，有 $30 - s_2 \leqslant x_2 \leqslant 80 - s_2$，决策允许集合为

$$D_2(s_2) = \{x_2 \mid \max[0, 30 - s_2] \leqslant x_2 \leqslant 80 - s_2\}$$

$$f_2(s_2) = \min_{30 - s_2 \leqslant x_2 \in 80 - s_2} \{12x_2 + 0.6s_2 + f_3(s_3)\}$$

$$= \min_{30 - s_2 \leqslant x_2 \in 80 - s_2} \{12x_2 + 0.6s_2 - 15.4s_3 + 2386\}$$

$$= \min_{30 - s_2 \leqslant x_2 \in 80 - s_2} \{-3.4x_2 - 14.8s_2 + 2848\}$$

$$=-11.4s_2+2576 \quad (x_2^*=80-s_2)$$

当 $k=1$ 时，有 $0\leqslant s_2\leqslant 50, 0\leqslant s_1+x_1-20\leqslant 50, 20-s_1\leqslant x_1\leqslant 70-s_1$，期初存储量 $s_1\leqslant 20$，x_1 的决策允许集合为

$$D_1(s_1)=\{x_1 \mid 20-s_1\leqslant x_1\leqslant 70-s_1\}$$

$$\begin{aligned} f_1(s_1) &= \min_{x_1\in D_1(s_1)}\{15x_1+0.6s_1+f_2(s_2)\} \\ &= \min_{x_1\in D_1(s_1)}\{15x_1+0.6s_1-11.4s_2+2576\} \\ &= \min_{x_1\in D_1(s_1)}\{3.6x_1-10.8s_1+2804\} \\ &= -14.4s_1+2876 \quad (x_1^*=20-s_1) \end{aligned}$$

（1）当期初存储量 $s_1=0$ 时，可由各阶段的最优决策 x_i^* 和状态转移方程，倒推求出最优策略。即

$$\begin{aligned} &x_1=20, && s_2=s_1+x_1-d_1=0+20-20=0 \\ &x_2=80, && s_3=s_2+x_2-d_2=0+80-30=50 \\ &x_3=85-50=35, && s_4=s_3+x_3-d_3=50+35-35=50>40 \\ &x_4=0, && s_5=s_4+x_4-d_4=50+0-40=10<25 \\ &x_5=25-s_5=15, && s_6=s_5+x_5-d_5=10+15-25=0 \\ &x_6=45 && \end{aligned}$$

总成本为 2876。1 至 6 月份的生产与存储详细计划表见表 9-9。

表 9-9　$S_1=0$ 时的生产与存储详细计划表

月份 k	1	2	3	4	5	6	合计
需求量	20	30	35	40	25	45	195
单位产品成本 c_k	15	12	16	19	18	16	
单位存储费 h_k	0.6	0.6	0.6	0.6	0.6	0.6	
产量 x_k	20	80	35	0	15	45	195
期初存量 s_k	0	0	50	50	10	0	110
生产成本 $C_k(x_k)$	300	960	560	0	270	720	2810
存储成本 $H_k(s_k)$	0	0	30	30	6	0	66
合计							2876

（2）当期初存储量 $s_1=10$ 时，与上述计算类似，得到最优策略为

$$x_1=10, \quad x_2=80, \quad x_3=35, \quad x_4=0, \quad x_5=15, \quad x_6=45$$

总成本为 2732。1 至 6 月份的生产与存储详细计划表见表 9-10。

表 9-10　$S_1=10$ 时的生产与存储详细计划表

月份 k	1	2	3	4	5	6	合计
需求量	20	30	35	40	25	45	195
单位产品成本 c_k	15	12	16	19	18	16	
单位存储费 h_k	0.6	0.6	0.6	0.6	0.6	0.6	

续表

产量 x_k	10	80	35	0	15	45	185
期初存量 s_k	10	0	50	50	10	0	120
生产成本 $C_k(x_k)$	150	960	560	0	270	720	2660
存储成本 $H_k(s_k)$	6	0	30	30	6	0	72
合计							2732

例 9-9 随机采购问题：某企业打算在 5 周内采购一批原料。事先可估计出未来 5 周的每周内可能有 3 种价格，且每种价格的概率变化见表 9-11。

表 9-11 每种价格的概率变化

价　格	概　率
450	0.25
470	0.35
500	0.40

企业由于生产需要，必须在这 5 周内采购该原料。如果第 1 周内价格过高，可以等待到第 2 周、第 3 周或第 4 周，以至于在最后一周(即第 5 周)进行采购；如果第 1 周及第 2 周价格都偏高，可以等待到第 3 周、第 4 周或第 5 周进行采购；以此类推，如果认为前 4 周的价格都偏高，则在第 5 周不管市场价格如何都必须采购。问题是，究竟应该在哪周、按什么价格进行采购才是最佳决策？

解：这是一个带有随机性的多阶段决策问题。用动态规划求解，按采购期限 5 周分为 5 个阶段，将每周的价格看作该阶段的状态。设状态变量 s_k 表示第 k 周的实际价格，决策变量 x_k 表示第 k 周是否采购的 0-1 变量，若决定采购，则 $x_k=1$；若决定等待，则 $x_k=0$；s_{kE} 表示若第 k 周决定等待，而在以后采取最优决策时采购价格的期望值。最优指标函数 $f_k(s_k)$ 表示当第 k 周实际价格为 s_k 时，从第 k 至第 5 周采取最优策略所得的最小期望值。由 s_{kE} 和 $f_k(s_k)$ 的定义可知

$$s_{kE} = Ef_{k+1}(s_{k+1}) = 0.25f_{k+1}(450) + 0.35f_{k+1}(470) + 0.4f_{k+1}(500)$$

动态规划的基本方程如下

$$\begin{cases} f_k(s_k) = \min\{s_k, s_{kE}\} \\ f_5(s_5) = s_5 \\ s_k \in \{450, 470, 500\} \quad (k = 1,2,3,4,5) \end{cases}$$

并且得出最优决策为

$$x_k = \begin{cases} 1, & 若\ f_k(s_k) = s_k \\ 0, & 若\ f_k(s_k) = s_{kE} \end{cases}$$

从最后一周开始，逐步向前递推计算，具体计算过程如下。

当 $k=5$ 时，由于 $f_5(s_5)=s_5$，所以有

$$f_5(450) = 450, \quad f_5(470) = 470, \quad f_5(500) = 500$$

即在第 5 周时，若所需的原料还没有买进，则无论市场价格如何，都必须购买，不能等待。

当 $k=4$ 时，由于

$$\begin{aligned} s_{4E} &= 0.25f_5(450) + 0.35f_5(470) + 0.4f_5(500) \\ &= 0.25 \times 450 + 0.35 \times 470 + 0.4 \times 500 \\ &= 477 \end{aligned}$$

于是得到

$$f_4(s_4)=\min\{s_4,s_{4E}\}=\min\{s_4,477\}$$

$$=\begin{cases}450, & 若\ s_4=450\\ 470, & 若\ s_4=470\\ 477, & 若\ s_4=500\end{cases}$$

即第 4 周的最优决策为：如果第 4 周的价格是 450 或 470，就采购；若价格是 500，就不进行采购。

当 $k=3$ 时，$s_{3E}=0.25\times450+0.35\times470+0.4\times477=467.8$

$$f_3(s_3)=\min\{s_3,s_{3E}\}=\min\{s_3,467.8\}$$

$$=\begin{cases}450, & 若\ s_3=450\\ 467.8, & 若\ s_3=470\ 或\ 500\end{cases}$$

故第 3 周的最优决策为：如果第 3 周价格是 450，就采购；如果第 3 周价格是 470 或 500，就等待，不采购。

当 $k=2$ 时，$s_{2E}=0.25\times450+0.35\times467.8+0.4\times467.8=463.35$

$$f_2(s_2)=\min\{s_2,s_{2E}\}=\min\ \{s_2,463.35\}$$

$$=\begin{cases}450, & 若\ s_2=450\\ 463.35, & 若\ s_2=470\ 或\ 500\end{cases}$$

故第 2 周的最优决策为：如果第 2 周价格是 450，就采购；如果第 2 周价格是 470 或 500，就等待，不采购。

当 $k=1$ 时，$s_{1E}=0.25\times450+0.35\times463.35+0.4\times463.35=460.01$

$$f_1(s_1)=\min\{s_1,s_{1E}\}=\min\{s_1,460.01\}$$

$$=\begin{cases}450, & 若\ s_1=450\\ 460.01, & 若\ s_1=470\ 或\ 500\end{cases}$$

故第 1 周的最优决策为：如果第 1 周价格是 450，就采购；如果第 1 周价格是 470 或 500，就等待，不采购。

综上所述，最优的采购策略方案为：如果第 1、第 2、第 3 周原料的价格是 450，就立即采购，否则就应该等待；在第 4 周，如果原料价格是 450，就应该采购，否则第 4 周不采购，进行等待；在第 5 周，无论什么价格都要采购。

9.5 动态规划问题的 Excel 求解

例 9-10 用 Excel 求解 9.1 节中的例 9-2(背包问题)。

解：设 $x_i(i=1,2,3,4)$表示背包中装载物品 i 的件数，可得背包问题的整数规划模型

$$\begin{cases}\max z=26x_1+16x_2+9x_3+5x_4\\ 5x_1+3x_2+2x_3+x_4\leqslant10\\ x_i(i=1,2,3,4)\ 为非负整数\end{cases}$$

将有关数据输入 Excel 电子表格中。单元格设置为 F5 =SUMPRODUCT(B5:E5,B8:E8),H8 =SUMPRODUCT(B2:E2,B8:E8)。应用 Excel 规划求解工具得到该背包问题的解：$x_1=0, x_2=3, x_3=0, x_4=1$。建立背包问题的电子表格模板如图 9-2 所示。

	A	B	C	D	E	F	G	H
1		物品1	物品2	物品3	物品4			
2	单位效用	26	16	9	5			
3						实际		最大
4		每种物品的重量				装载重量		装载重量
5	单位重量	5	3	2	1	0	<=	10
6								
7		物品1	物品2	物品3	物品4			总价值
8	装载数量							0

图 9-2　背包问题的运行结果

设置规划求解参数，如图 9-3 所示。

规划求解参数
设置目标单元格(E): $H$8
等于: ⊙最大值(M) ○最小值(N) ○值为(V) 0
可变单元格(B):
$B$8:$E$8　推测(G)
约束(U):
$B$8:$E$8 = 整数
$F$5 <= $H$5
添加(A)　更改(C)　删除(D)
求解(S)　关闭　选项(O)　全部重设(R)　帮助(H)

图 9-3　规划求解的参数设置

单击“求解”按钮，得到最优求解结果如图 9-4 所示。

	A	B	C	D	E	F	G	H
1		物品1	物品2	物品3	物品4			
2	单位效用	26	16	9	5			
3						实际		最大
4		每种物品的重量				装载重量		装载重量
5	单位重量	5	3	2	1	10	<=	10
6								
7		物品1	物品2	物品3	物品4			总价值
8	装载数量	0	3	0	1			53

图 9-4　背包问题的运行结果

例 9-11　用 Excel 求解 9.4 节中的例 9-5(机器负荷分配问题)。

解：将有关数据输入 Excel 电子表格中。单元格设置为：C11=SUM(C6:C10)，D11=SUM(D6:D10)，E6=SUM(C6:D6)，E7=SUM(C7:D7)，E8=SUM(C7:D8)，E9=SUM(C9:D9)，E10=SUM(C10:D10)，C12=SUMPRODUCT(C3:D3,C11:D11)，G7=SUMPRODUCT(C2:D2,C6:D6)，G8=SUMPRODUCT(C2:D2,C7:D7)，G9=SUMPRODUCT(C2:D2,C8:D8)，G10=SUMPRODUCT(C2:D2,C9:D9)。建立 Excel 电子表格模板，如图 9-5 所示。

设置规划求解参数，如图 9-6 所示。

应用 Excel 规划求解工具得到最优解(图 9-7)为：第 1 至第 3 年将机器全部用于低负荷

	A	B	C	D	E	F	G
1			高负荷生产	低负荷生产			
2		完好率	3/4	9/10			
3		收益	10	8			
4							
5		机器数量	高负荷生产	低负荷生产	实际分配		可用机器数
6		1年			0	=	100
7		2年			0	=	0
8		3年			0	=	0
9		4年			0	=	0
10		5年			0	=	0
11		合计	0	0			
12		总收益	0				

图 9-5　机器负荷分配问题的电子表格模板

规划求解参数

设置目标单元格(E): 总收益　求解(S)

等于: ⊙最大值(M) ○最小值(N) ○值为(V) 0　关闭

可变单元格(B):

$C$6:$D$10　推测(G)　选项(O)

约束(U):

$E$6:$E$10 = $G$6:$G$10　添加(A)　更改(C)　删除(D)　全部重设(R)　帮助(H)

图 9-6　规划求解的参数设置

生产,第 4 年和第 5 年将机器全部用于高负荷生产。总收益为 3443.75 元。

	A	B	C	D	E	F	G
1			高负荷生产	低负荷生产			
2		完好率	3/4	9/10			
3		收益	10	8			
4							
5		机器数量	高负荷生产	低负荷生产	实际分配		可用机器数
6		1年	0	100	100	=	100
7		2年	0	90	90	=	90
8		3年	0	81	81	=	81
9		4年	72.9	0	72.9	=	72.9
10		5年	54.675	0	54.675	=	54.675
11		合计	127.575	271			
12		总收益	3443.75				

图 9-7　机器负荷分配问题的运行结果

例 9-12　用 Excel 求解 9.4 节中的例 9-6。

解：将有关数据输入 Excel 电子表格中,建立 Excel 电子表格模板,如图 9-8 所示。单元格设置为：G15＝SUMPRODUCT(B2:D7,B10:D15),B16＝SUM(B10:B15),C16＝SUM(C10:C15),D16＝SUM(D10:D15),E20＝SUM(B20:D20),B20＝SUMPRODUCT(A10:A15,B10:B15),C20＝SUMPRODUCT(A10:A15,C10:C15),D20＝SUMPRODUCT(A10:A15,D10:D15)。

设置规划求解参数,如图 9-9 所示。

应用 Excel 规划求解工具得到问题的解：三个工厂分别投放 2 台、2 台和 1 台设备,总收益为 10,如图 9-10 所示。

	A	B	C	D	E	F	G
1	收益	工厂1	工厂2	工厂3			
2	0	0	0	0			
3	1	2	1	3			
4	2	4	3	4			
5	3	5	4	5			
6	4	5	6	5			
7	5	6	8	6			
8							
9	是否投放	工厂1	工厂2	工厂3			
10	0						
11	1						
12	2						
13	3						
14	4						总收益
15	5						0
16	合计	0	0	0			
17		=	=	=			
18	最多1次	1	1	1			
19					总投放设备		设备限制
20	投放设备	0	0	0	0	<=	5

图 9-8 设备分配问题的电子表格模板

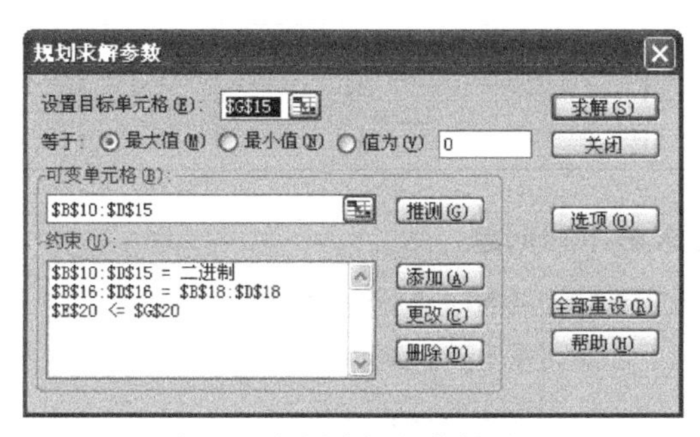

图 9-9 规划求解的参数设置

	A	B	C	D	E	F	G
1	收益	工厂1	工厂2	工厂3			
2	0	0	0	0			
3	1	2	1	3			
4	2	4	3	4			
5	3	5	4	5			
6	4	5	6	5			
7	5	6	8	6			
8							
9	是否投放	工厂1	工厂2	工厂3			
10	0	0	0	0			
11	1	0	0	1			
12	2	1	1	0			
13	3	0	0	0			
14	4	0	0	0			总收益
15	5	0	0	0			10
16	合计	1	1	1			
17		=	=	=			
18	最多1次	1	1	1			
19					总投放设备		设备限制
20	投放设备	2	2	1	5	<=	5

图 9-10 设备分配问题的运行结果

习　题

1. 动态规划解题方法与一般解题方法有什么不同？这种解题方法有哪些优缺点？

2. 考虑一个有 m 个产地和 n 个销地的运输问题。设 $a_i(i=1,2,\cdots,m)$ 为产地 i 可发运的物资数，$b_j(j=1,2,\cdots,n)$ 为销地 j 所需要的物资数。又从产地 i 到销地 j 发运 x_{ij} 单位物资所需的费用为 $h_{ij}(x_{ij})$，试为此问题建立动态规划的模型。

3. 某保卫部门有 12 支巡逻队负责 4 个仓库的巡逻。按规定对每个仓库可分别派 2～4 支队伍巡逻。由于所派队伍数量上的差别，各仓库一年内预期发生事故的次数见表 9-12。试用动态规划的方法确定派往各仓库的巡逻队数，使预期事故的总次数为最少。

表 9-12　各仓库一年内预期发生事故的次数

事故次数 / 仓库 / 巡逻队数	1	2	3	4
2	18	38	14	34
3	16	36	12	31
4	12	30	11	25

4. 用动态规划方法求解下列问题

$$\begin{cases}\max z = 3x_1^2 + 4x_2^2 + x_3^2 \\ x_1x_2x_3 \geqslant 9 \\ x_1, x_2, x_3 \geqslant 0\end{cases}$$

5. 生产计划问题：根据合同，某厂明年每个季度末应向销售公司提供产品，有关信息见表 9-13 所示。若产品过多，季末有积压，则一个季度每积压一吨产品需支付存储费 0.2 万元。现需找出明年的最优生产方案，使该厂能在完成合同的情况下使全年的生产费用最低。

表 9-13　某厂向销售公司提供产品的信息

季度 j	生产能力 a_j(吨)	生产成本 d_j(万元/吨)	需求量 b_j(吨)
1	30	15.6	20
2	40	14.0	25
3	25	15.3	30
4	10	14.8	15

(1) 请建立此问题的线性规划模型。(提示：设第 j 季度工厂生产产品 x_j 吨，第 j 季度初存储的产品为 y_j 吨，显然 $y_1=0$)

(2) 请建立此问题的动态规划模型。(均不用求解)

6. 在图 9-11 中，A，B_i，C_j，D$(i=1,2,3,j=1,2)$代表城市，两城市之间的连线代表道路，连线旁的数字代表道路的长度。求由始点 A 到终点 D 的最短的路线。

7. 某厂计划用 220 万元资金，购买生产同一种产品的 4 种型号的设备 A，B，C，D，这 4

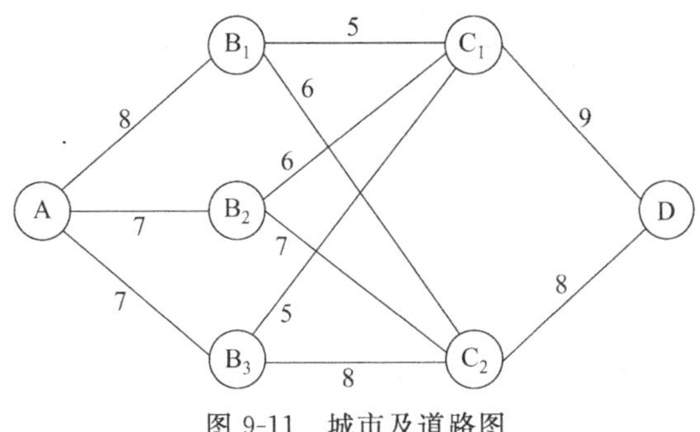

图 9-11　城市及道路图

种型号的设备设计生产能力和价格见表 9-14。每种型号的设备应购买多少台，才使总生产能力最强。

表 9-14　设备设计生产能力和价格

设备型号	A	B	C	D
设计生产能力 k_i（吨/台）	150	180	200	210
价格 p_i（万元/台）	70	75	80	85

（1）建立该问题的数学规划模型（不求解）。

（2）建立该问题的动态规划模型：列出阶段变量、状态变量、决策变量、状态转移方程、阶段指标、最优指标函数、递推方程（不求解）。

8. 某公司有资金 4 百万元向 A，B，C 三个项目追加投资，各个项目可以有不同的投资额（以百万元为单位），相应的效益值见表 9-15。问怎样分派资金，使总效益值最大，试用动态规划方法求解。

表 9-15　项目效益值

效益值 \ 投资额 \ 项目	0	1	2	3	4
A	38	41	48	60	66
B	40	42	50	60	66
C	38	64	68	78	76

9. 有一艘装运 N 种货物的船，它的最大载重量是 W，其中第 j 种货物每件重量为 w_j，价值为 $r_j(j=1,\cdots,N)$，见表 9-16。在不超过船的最大载重条件下，拟确定每种货物各装多少件可使所载货物的总价值最大。试就以下两小题选答一题：

（1）拟用动态规划方法求解，请写出此问题的阶段变量、状态变量、决策变量、状态转移、阶段指标、最优指标函数、递推方程（不求解）。

（2）若最大载重量 $W=5$，共有 $N=3$ 种货物，每种货物每件重量 w_j 和价值 r_j 见表 9-16。请用动态规划方法求解使总价值最大的装载方案。

表 9-16　船的载重信息

j	w_j	r_j
1	1	30
2	3	80
3	2	65

10. 设某公司拟将 5 台设备分配给下属的甲、乙和丙 3 个工厂。各工厂获得这种设备后，可以为公司带来的盈利见表 9-17。问分配给各工厂多少台设备，可以为公司带来盈利的总和为最大。用动态规划求解。

表 9-17　各工厂可为公司带来的盈利

盈利 \ 设备台数 \ 工厂	甲	乙	丙
0	0	0	0
1	3	5	4
2	7	10	6
3	9	11	11
4	12	11	12
5	13	11	13

第10章 图与网络优化

17、18世纪时，出现了一些有趣的问题，如迷宫问题、博弈问题、回路问题及棋盘上棋子的行走线路之类的游戏问题，这些问题吸引了许多学者。学者们将这些看起来无足轻重的问题抽象为数学问题，从而开辟了图论这门新学科的研究。从以下例子中可以初步了解图论这门学科的起源与发展。

例 10-1 在18世纪的东欧有个小城哥尼斯堡（今俄罗斯加里宁格勒），在城中有一条河——普雷格尔河流贯全城，在河的两岸及河中心的两个小岛之间有7座小桥相通，如图10-1所示。当时哥尼斯堡的居民热衷于讨论这样一个话题：一个人怎样才能一次走遍7座桥，且每座桥只走过一次，最后回到出发点？大家都试图找出问题的答案，没有人能够找到这样的走法，但是又无法说明这种走法不存在。这就是著名的哥尼斯堡七桥问题。

1736年欧拉(Euler)发表了图论方面的第一篇论文。欧拉用A，B，C，D表示4个城区，用7条线表示7座桥，将哥尼斯堡七桥问题抽象为一个图论模型，如图10-2所示，从而将哥尼斯堡七桥问题抽象为一个数学问题：能否从某一点出发，经过图中每条边一次且仅一次，并回到出发点，即一笔画问题，也称之为欧拉回路。

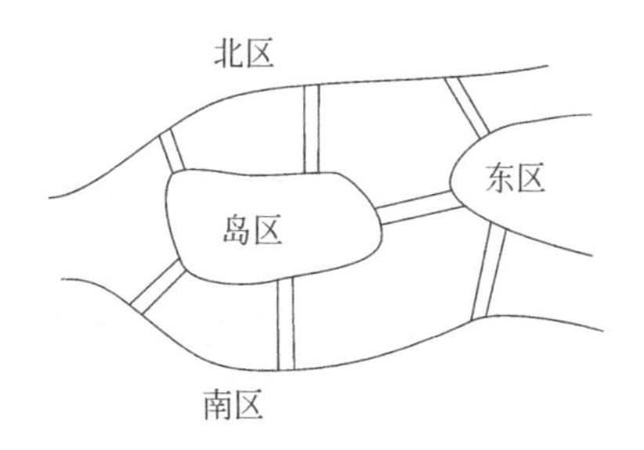

图10-1 哥尼斯堡七桥问题示意图

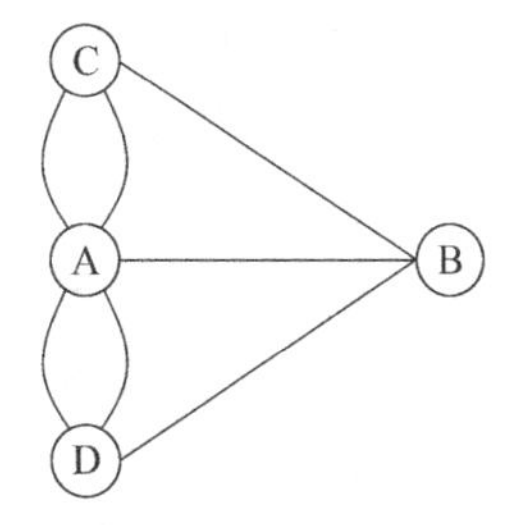

图10-2 哥尼斯堡七桥问题的图论模型

欧拉论证了这样的回路是不存在的，并且将问题进行了一般化处理，即对于任意多的城区和任意多的桥，给出了是否存在欧拉回路的判定规则。

(1) 如果连接奇数桥的顶点多于两个，则不存在欧拉回路。

(2) 如果只有两个点连接奇数桥，可以从这两个地方之一出发，找到欧拉回路。

(3) 如果没有一个点连奇数桥，则无论从哪里出发，都能找到欧拉回路。

例 10-2 环球旅行问题：1857年，英国数学家哈密尔顿(Hamilton)发明了一种游戏，他用一个实心正12面体象征地球，正12面体的20个顶点分别表示世界上20座名城，要求游戏者从任一城市出发，寻找一条可经由每个城市一次且仅一次再回到原出发点的路，这就是“环球旅行”问题，如图10-3所示。它与七桥问题不同的是，前者是要在图中找一条经过每边一次且仅一次的路，通称欧拉回路；而后者是要在图中找一条经过每个点一次且仅一次的路，通称为哈密尔顿回路。哈密尔顿根据这个问题的特点，给出了一种解法，如图10-4所示。

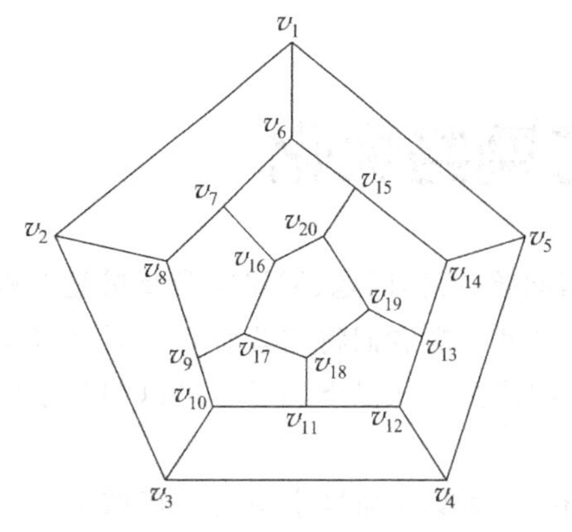

图 10-3　哈密尔顿环球旅行问题示意图

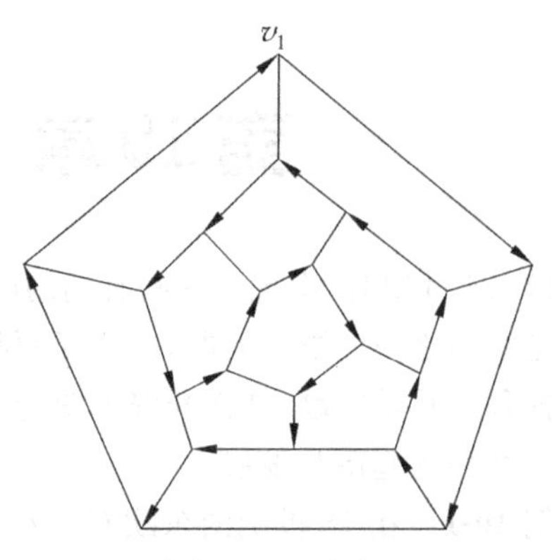

图 10-4　哈密尔顿环球旅行问题解法

例 10-3　中国邮路问题：中国邮路问题由中国数学家管梅谷先生在 1962 年首先提出。一个邮递员送信，要走完他负责投递的全部街道，完成任务后回到邮局，应按怎样的路线走，他所走的路程才会最短？

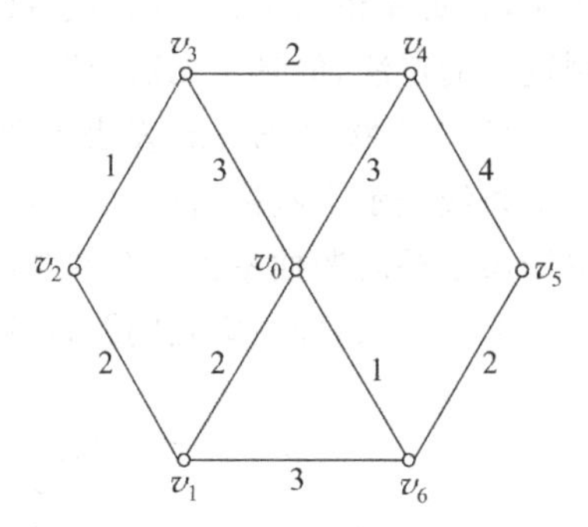

图 10-5　中国邮路问题的图模型

如果将这个问题抽象成图论的语言，就是给定一个各点相互连通的图，如图 10-5 所示，连通图的每条边的权值为对应的街道的长度(距离)，要在图中求一回路，使得回路的总权值(总长度)最小。该问题与哥尼斯堡七桥问题的显著区别是邮递员要完成任务可能必须在某些街道上重复走若干次。

图论的第一本专著是匈牙利数学家 O. Koing 写的《有限图与无限图的理论》，发表于 1936 年。从 1736 年欧拉的第一篇论文到这本专著，前后经历了 200 年之久，总的来说这一时期图论的发展是缓慢的。直到 20 世纪中期，随着计算机的发展与离散数学问题具有越来越重要的地位，作为提供离散模型的图论才得以迅速发展，成为运筹学的一个重要分支。

10.1　图与网络的基本概念

1. 无向图

设 V 是一个有 n 个顶点的非空集合：$V=\{v_1, v_2, \cdots, v_n\}$；$E$ 是一个有 m 条无向边的集合：$E=\{e_1, e_2, \cdots, e_m\}$，则称 V 和 E 这两个集合构成了一个无向图，记为无向图 $G=(V,E)$。E 中任一条边 e 若连接顶点 u 和 v，则记该边为 $e=[u,v]$(或$[v,u]$)，并称 u 与 v 为无向边 e 的两个端点，且边 e 与顶点 u 及 v 相关联，顶点 u 和顶点 v 相邻。对于图 G，有时为说明问题，顶点集 V 和无向边集 E 也可以分别表示为 $V(G)$ 和 $E(G)$。

一般用 $|V|$ 和 $|E|$ 表示图中顶点个数和边的条数。

实际上无向图是一个由顶点和无向边构成的一个网络结构。一般可以作出其几何图，并直接对几何图进行分析。请看以下几个无向图的几何图。

平行边——若无向图 G 的两条不同的边 e 和 e' 具有相同的端点，则称 e 和 e' 为 G 的平行边。如图 10-6 所示的 e_4 和 e_6 为平行边，e_5 和 e_7 也是平行边。

简单图——若无向图 G 中不存在平行边，则称 G 为简单图。图 10-5 和图 10-7 都是简单图。

完备图——若无向图 G 中的任意两个顶点之间都恰好有一条边相关联，则称 G 为一个完备图。图 10-8 是一个完备图。

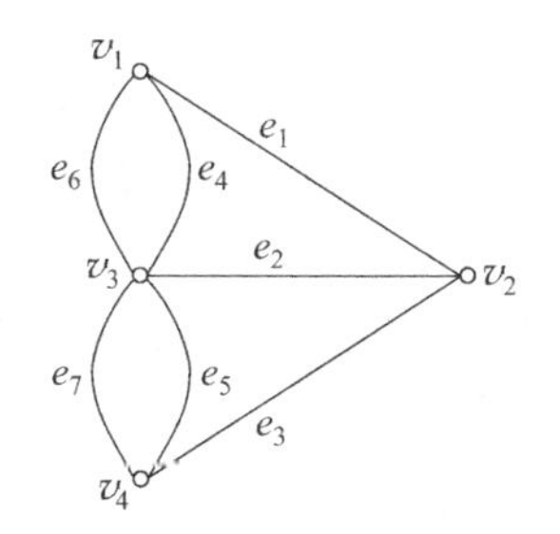

图 10-6　带平行边的无向图

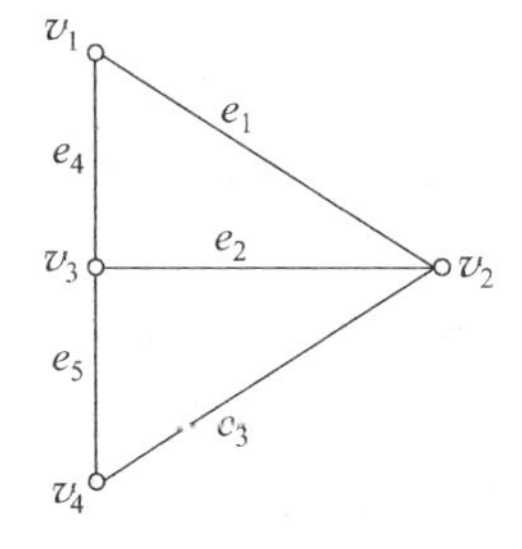

图 10-7　简单图

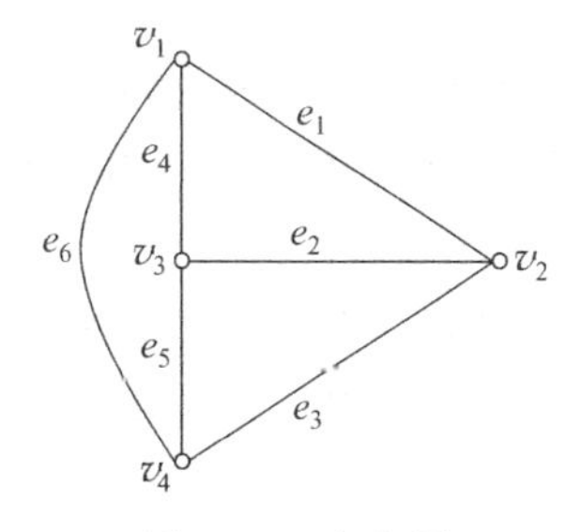

图 10-8　完备图

子图——若两个无向图 $G=(V,E)$ 和 $G_1=(V_1,E_1)$ 满足 $V_1\subseteq V,E_1\subseteq E$，则称图 G_1 是图 G 的子图，记为 $G_1\subseteq G$。显然图 10-7 是图 10-6 和图 10-8 的子图。

生成子图——若图 G_1 是图 G 的子图，且满足 $V_1=V$，则称图 G_1 是图 G 的生成子图。显然生成子图的顶点不能减少，图 10-7 也是图 10-6 和图 10-8 的生成子图。

导出子图——设无向图 $G=(V,E)$，对于非空边集 $E_1\subset E$，将图 G 中所有与 E_1 中的边相关联顶点的全体记为 V_1，则称子图 $G_1=(V_1,E_1)$ 为图 G 的导出子图。

如在图 10-6 中取 $E_1=\{e_3,e_4,e_6\}$，相应的 $V_1=\{v_1,v_2,v_3,v_4\}$，从而得到导出子图 $G_1=(V_1,E_1)$，如图 10-9 所示。

链——无向图 $G(V,E)$ 中的一个由顶点和边交错组成的非空有限序列。如

$$Q=v_{i_0}e_{j_0}v_{i_1}e_{j_1}v_{i_2}\cdots v_{i_{k-1}}e_{j_{k-1}}v_{i_k}$$

其中要求 $e_{j_s}=[v_{i_s},v_{i_{s+1}}]$，$s=0,1,\cdots,k-1$，则称 Q 为 $G(V,E)$ 中的一条连接顶点 v_{i_0} 与 v_{i_k} 的一条链。

如在图 10-6 中，$Q=v_2e_1v_1e_4v_3e_7v_4$ 即为一条链，如图 10-10 所示。

如果无向图 $G(V,E)$ 是一个简单图，链可以用它的顶点序列简化表示，$Q=v_{i_0}v_{i_1}\cdots v_{i_k}$，并且将所有属于链 Q 的所有边的全体记为 $E(Q)$。

如果一条链 $Q=v_{i_0}e_{j_0}v_{i_1}e_{j_1}v_{i_2}\cdots v_{i_{k-1}}e_{j_{k-1}}v_{i_k}$ 的起始顶点 v_{i_0} 和最后顶点 v_{i_k} 相同，即 $v_{i_0}=v_{i_k}$，则称 Q 为一条**闭链**，否则称为**开链**。图 10-6 中的链 $Q_1=v_2e_1v_1e_4v_3e_7v_4$ 为一条开链（图 10-10），链 $Q_2=v_2e_1v_1e_4v_3e_7v_4e_3v_2$ 为一条闭链（图 10-11）。

初等链——如果开链 Q 中的全部顶点互不相同，则称 Q 为一条初等链。图 10-10 中的链 $Q_1=v_2e_1v_1e_4v_3e_7v_4$ 即为一条初等链。

回路——在一条闭链 Q 中，除了初始顶点和结束顶点为相同顶点，没有其他相同的两个顶点，则称闭链 Q 为一个回路，回路也称为圈。上述闭链 $Q_2=v_2e_1v_1e_4v_3e_7v_4e_3v_2$ 就是一个回路（图 10-11）。

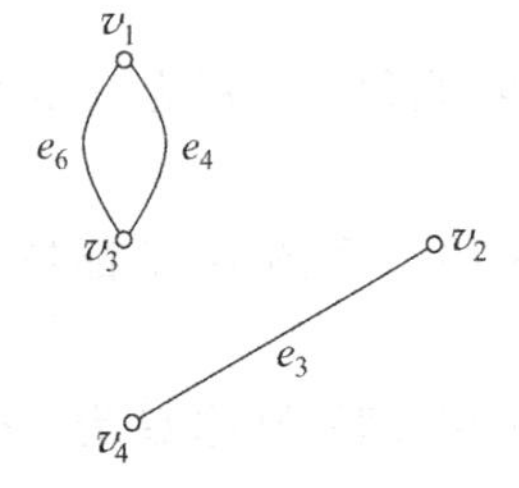

图 10-9　生成子图

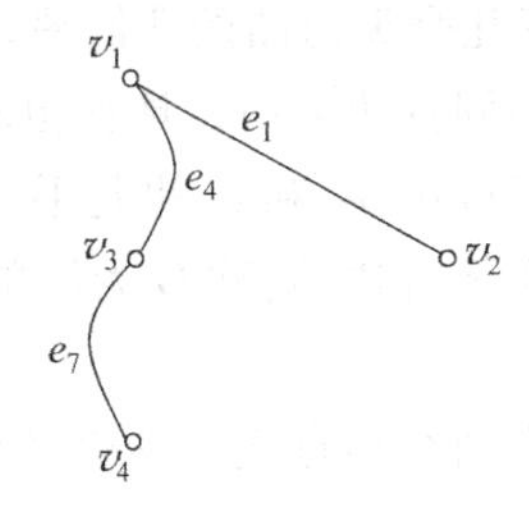

图 10-10　链、开链、初等链示意图

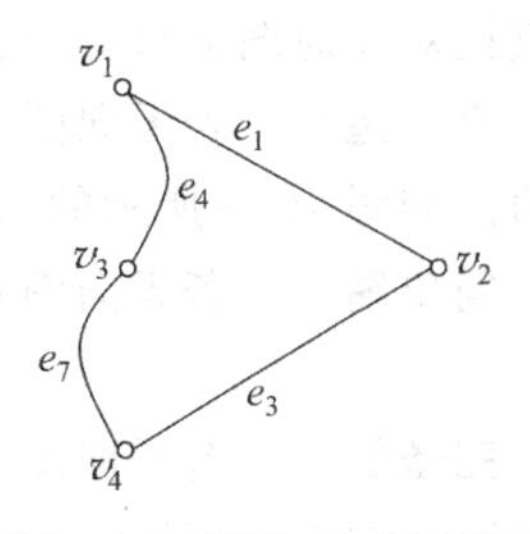

图 10-11　闭链、回路示意图

连通图——在无向图 $G(V,E)$ 中，若其中任意两个顶点 u 和 v 之间都存在一条链，则称 G 为连通图，称顶点 u 和 v 在 G 内连通。G 不是连通图，则称为分离图。如图 10-9 所示为一个分离图。

割边——在一个连通图 G 中，如果存在一条边 e，将 e 取走后所得的图为一个分离图，则称边 e 为图 G 的割边。如图 10-10 所示为一个连通图，边 e_4 就是一个割边。

赋权连通图——在一个连通图 $G=(V,E)$ 中，对每一条边 $e\in E$，指定一个实数 $w(e)$，以表示每条边的权重，则称 G 为一个赋权连通图，记为 $G=(V,E,w)$。通常若 $e=[u,v]$，$w(e)$ 也可以记为 $w(e)=w(u,v)$，或者 $e=[v_i,v_j]$ 时，$w(e)=w_{ij}$。如图 10-5 所示为一个赋权连通图，赋权连通图也称为网络。

赋权连通图是网络规划考虑的一个重要对象。根据实际问题的需要，每条边的权重可以是时间、距离、成本等相应的数值。

2. 有向图

弧——在一个网络图中带方向的边称为弧。弧必须有一个**起点**和一个**终点**。若弧 e 的起点为 u、终点为 v，则记为 $e=(u,v)$。弧只能按所示方向行进，用带箭头的线表示，如图 10-12 所示。

有向图——设 V 是一个有 n 个顶点的非空集合：$V=\{v_1,v_2,\cdots,v_n\}$；E 是一个有 m 条弧的集合：$E=\{e_1,e_2,\cdots,e_m\}$，则称 V 和 E 这两个集合构成了一个有向图，记为有向图 $D=(V,E)$，如图 10-13 和图 10-14 所示。

入度——在有向图 $D=(V,E)$ 中，$v_i\in V$，以顶点 v_i 为终点的弧的数量称为 v_i 的入度。

出度——在有向图 $D=(V,E)$ 中，$v_i\in V$，以顶点 v_i 为起点的弧的数量称为 v_i 的出度。

平行边——有向图 $D=(V,E)$ 的不同的弧 e 和 e' 的起点和终点对应相同，则称弧 e 和 e' 为 D 的平行边。如图 10-14 所示的 e_4 和 e_6 就是平行边。

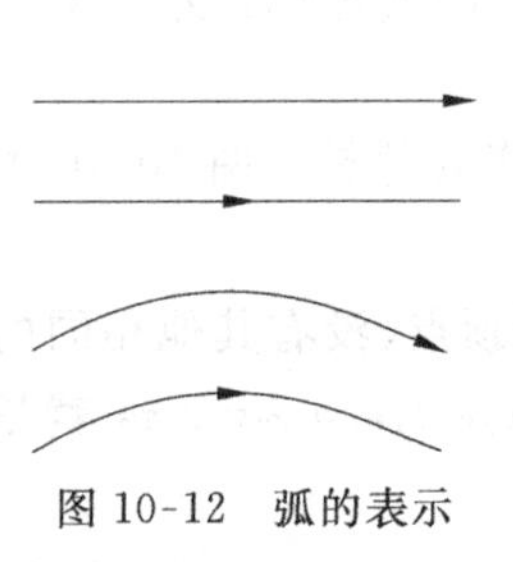
图 10-12　弧的表示

图 10-13　有向图示意图

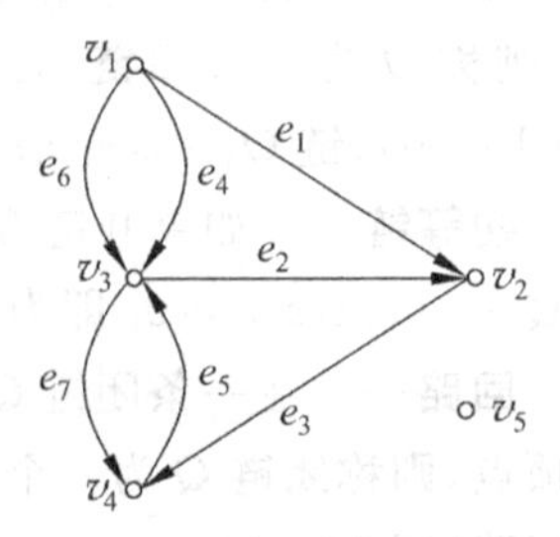

图 10-14　有向图示意图

孤立点——有向图 $D=(V,E)$的顶点集 V 中不与弧集 E 中任一条弧关联的点称为 D 的孤立点。如图 10-14 所示的顶点 v_5 就是一个孤立点。

简单图——如果有向图 $D=(V,E)$中没有平行边，则称 D 为简单图。如图 10-13 所示图是一个简单图。

完备图——如果有向图 $D=(V,E)$中任意两个顶点 u 和 v 之间都恰有两条弧(u,v)和(v,u)与其关联，则称 D 为完备图。

基本图——如果将有向图 $D=(V,E)$中的所有弧的方向去除就得到一个相应的无向图 $G=(V,E)$，则称 G 为 D 的基本图，称 D 为 G 的定向图。

子图——若两个有向图 $D=(V,E)$和 $D'=(V',E')$满足 $V'\subseteq V, E'\subseteq E$，则称 D'为 D 的子图，记为 $D'\subseteq D$。

导出子图——有向图 $D=(V,E)$，若 $V'\subseteq V, E'=\{e|e=(u,v)\in E, u,v\in V'\}$，则称有向图 $D'=(V',E')$为 D 的关于 V'的导出子图。

导出生成子图——若 $D'=(V',E')$是有向图 $D=(V,E)$的关于 V'的导出子图，则图(V,E')称为 D 的关于 V'的导出生成子图，记为 $D(V')=(V,E')$。

同构图——若有向图 $D_1=(V_1,E_1)$和 $D_2=(V_2,E_2)$的顶点集 V_1 和 V_2 以及边集 E_1 和 E_2 之间在保持关联性质的条件下一一对应，则称 D_1 和 D_2 为同构图。图 10-15 中(a)和(b)就是一对同构图。

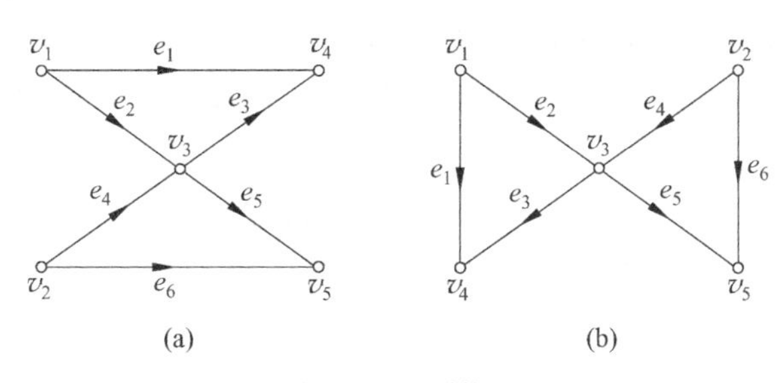

图 10-15　同构图

实际上，同构图的实质是两个图可以在不增加顶点和边的前提下互相转化，只要将一个图的顶点进行必要的挪动，就可以转化为另一个图。

链——若 G 是有向图 D 的基本图，Q 是 G 中的一条链，则 Q 也称为 D 的一条链。

初等链——若 G 是有向图 D 的基本图，Q 是 G 中的一条初等链，则 Q 也称为 D 的一条初等链。

路——$Q=v_{i_0}e_{j_0}v_{i_1}e_{j_1}\cdots v_{i_{k-1}}e_{j_{k-1}}v_{i_k}$是有向图 D 的一条链，且 $e_{j_s}=(v_{i_s},v_{i_{s+1}}), s=1,2,\cdots,k$，则称 Q 为 D 的顶点 v_{i_0} 到 v_{i_k} 的一条单向路，简称路。

路径——若有向图 D 的路 Q 中的每个顶点都不相同，则称 Q 为一条单向路径，简称路径，同时称顶点 v_{i_0} 可达顶点 v_{i_k}。

回路——若有向图 D 的路 Q 中的第一个顶点 v_{i_0} 和最后一个顶点 v_{i_k} 相同，则称 Q 为一个单向回路，简称回路。

赋权有向图——和赋权连通图一样，在一个有向图 $D=(V,E)$中，对每一有向边 $e\in E$，指定一个实数 $w(e)$，以表示每条边的权重，则称 D 为一个赋权有向图，记为 $D=(V,E,w)$。通常

若 $e=(u,v)$，$w(e)$也可以记为 $w(e)=w(u,v)$，或者 $e=(v_i,v_j)$时，$w(e)=w_{ij}$。赋权有向图也是网络的一种。

3. 图的矩阵表示

在实际问题中遇到的图往往比较庞大。例如一个城市的公交系统，公交站点形成了图的顶点，公交线路形成了图的弧，这样就形成了一个庞大的有向图。人工分析这样的一个图中顶点之间、顶点与边之间的关联关系是不现实的，必须借助计算机等工具进行处理。那么如何将图的有关信息输入到计算机中？一种简单的办法就是构造关联矩阵和邻接矩阵。

1）无向图的关联矩阵和邻接矩阵

设 $G=(V,E)$为一个无向图，其中 $V=\{v_1,v_2,\cdots,v_n\}$，$E=\{e_1,e_2,\cdots,e_m\}$，构造一个矩阵 $\boldsymbol{A}=(a_{ij})_{n\times m}$，其中

$$a_{ij}=\begin{cases}1, & v_i\text{ 与 }e_j\text{ 关联}\\0, & v_i\text{ 与 }e_j\text{ 不关联}\end{cases}$$

称矩阵 $\boldsymbol{A}$ 为无向图 G 的关联矩阵，也记为 $\boldsymbol{A}(G)$。关联矩阵描述无向图顶点与边的关联状态。

如果构造矩阵 $\boldsymbol{B}=(b_{ij})_{n\times n}$，其中 b_{ij} 为连接顶点 v_i 和 v_j 的边的数量，则称 $\boldsymbol{B}$ 为无向图 G 的邻接矩阵，也记为 $\boldsymbol{B}(G)$。邻接矩阵描述的是无向图顶点间的邻接状态。

例 10-4 写出图 10-8 中无向图的关联矩阵和邻接矩阵。

解：设如图 10-8 所示无向图为 $G(V,E)$，$V=\{v_1,v_2,v_3,v_4\}$，$E=\{e_1,e_2,\cdots,e_6\}$，V 和 E 关系见表 10-1。

表 10-1 V 和 E 的关系

e	e_1	e_2	e_3	e_4	e_5	e_6
$e=[u,v]$	$[v_1,v_2]$	$[v_2,v_3]$	$[v_2,v_4]$	$[v_1,v_3]$	$[v_3,v_4]$	$[v_1,v_4]$

一般，在关联矩阵 $\boldsymbol{A}(G)$的左边标出图 G 的各顶点，在矩阵上方标出图 G 的各边，得图 G 的关联矩阵

$$\boldsymbol{A}(G)=\begin{matrix} & e_1 & e_2 & e_3 & e_4 & e_5 & e_6\\ v_1 & 1 & 0 & 0 & 1 & 0 & 1\\ v_2 & 1 & 1 & 1 & 0 & 0 & 0\\ v_3 & 0 & 1 & 0 & 1 & 1 & 0\\ v_4 & 0 & 0 & 1 & 0 & 1 & 1\end{matrix}$$

同样，在邻接矩阵 $\boldsymbol{B}(G)$的左边和上面标出图 G 的各顶点，可以得到图 G 邻接矩阵

$$\boldsymbol{B}(G)=\begin{matrix} & v_1 & v_2 & v_3 & v_4\\ v_1 & 0 & 1 & 1 & 1\\ v_2 & 1 & 0 & 1 & 1\\ v_3 & 1 & 1 & 0 & 1\\ v_4 & 1 & 1 & 1 & 0\end{matrix}$$

从例 10-4 中，可以总结出无向图的关联矩阵和邻接矩阵的几个特点。

(1) 无向图的关联矩阵 $\boldsymbol{A}(G)$的第 i 行各元素之和为与顶点 v_i 关联的边的数量，而 $\boldsymbol{A}(G)$的任何一列元素之和总是 2。

(2) 无向图的邻接矩阵 $\boldsymbol{B}(G)$为一个对称矩阵。

2) 有向图的关联矩阵和邻接矩阵

对于有向图 $D=(V,E)$，其中 $V=\{v_1,v_2,\cdots,v_n\}$，$E=\{e_1,e_2,\cdots,e_m\}$，同样可以构造一个关联矩阵 $\boldsymbol{A}(D)=(a_{ij})_{n\times m}$和一个邻接矩阵 $\boldsymbol{B}(D)=(b_{ij})_{n\times n}$，其中

$$a_{ij}=\begin{cases}0, & \text{顶点 } v_i \text{ 和边 } e_j \text{ 不关联} \\ 1, & \text{顶点 } v_i \text{ 为边 } e_j \text{ 的起点} \\ -1, & \text{顶点 } v_i \text{ 为边 } e_j \text{ 的终点}\end{cases}$$

$$b_{ij}=\text{以顶点 } v_i \text{ 为起点、以 } v_j \text{ 为终点的有向边的数量}$$

无向图的邻接矩阵是对称矩阵，那么有向图的邻接矩阵是否为对称矩阵呢？

例 10-5 计算如图 10-14 所示有向图的关联矩阵和邻接矩阵。

解：设如图 10-14 所示有向图为 $D(V,E)$，$V=\{v_1,v_2,v_3,v_4,v_5\}$，$E=\{e_1,e_2,\cdots,e_7\}$，$V$ 和 E 关系见表 10-2。

表 10-2 V 和 E 的关系

e	e_1	e_2	e_3	e_4	e_5	e_6	e_7
$e=(u,v)$	(v_1,v_2)	(v_3,v_2)	(v_2,v_4)	(v_1,v_3)	(v_4,v_3)	(v_1,v_3)	(v_3,v_4)

图 D 的关联矩阵和邻接矩阵为

$$\boldsymbol{A}(D)=\begin{array}{c} \\ v_1\\ v_2\\ v_3\\ v_4\\ v_5\end{array}\begin{array}{c}\begin{array}{ccccccc} e_1 & e_2 & e_3 & e_4 & e_5 & e_6 & e_7\end{array}\\ \begin{bmatrix} 1 & 0 & 0 & 1 & 0 & 1 & 0\\ -1 & -1 & 1 & 0 & 0 & 0 & 0\\ 0 & 1 & 0 & -1 & -1 & -1 & 1\\ 0 & 0 & -1 & 0 & 1 & 0 & -1\\ 0 & 0 & 0 & 0 & 0 & 0 & 0\end{bmatrix}\end{array}$$

$$\boldsymbol{B}(D)=\begin{array}{c} \\ v_1\\ v_2\\ v_3\\ v_4\\ v_5\end{array}\begin{array}{c}\begin{array}{ccccc} v_1 & v_2 & v_3 & v_4 & v_5\end{array}\\ \begin{bmatrix} 0 & 1 & 2 & 0 & 0\\ 0 & 0 & 0 & 1 & 0\\ 0 & 1 & 0 & 1 & 0\\ 0 & 0 & 1 & 0 & 0\\ 0 & 0 & 0 & 0 & 0\end{bmatrix}\end{array}$$

同样从例 10-5 中，也可以总结出有向图的关联矩阵和邻接矩阵的几个特点。

(1) 有向图的关联矩阵 $\boldsymbol{A}(D)$的第 i 行非零元素的个数为与顶点 v_i 关联的边的数量，而 $\boldsymbol{A}(D)$的任何一列元素之和总是 0。

(2) 有向图的邻接矩阵 $\boldsymbol{B}(D)$不一定对称。

(3) 有向图的邻接矩阵 $\boldsymbol{B}(D)$的第 i 行各元素之和为以顶点 v_i 为起点的弧的数量，第 j

列各元素之和为以顶点 v_i 为终点的弧的数量。

10.2 最小支撑树问题

树是图论中最简单但却十分重要的图，在自然科学和社会科学中的许多领域有着广泛的应用。

1. 树

树——是一种特殊的无向图，也称为无向树，要求图中无回路并且连通，树中的边称为枝。树一般用 T 表示。

树的等价定义——如果 $T=(V,E)$ 是一棵树，$|V|=n$，$|E|=m$，则下列命题等价。

(1) T 连通且无回路。

(2) T 无回路且只有 $n-1$ 条边，即 $m=n-1$。

(3) T 连通且只有 $n-1$ 条边。

(4) T 无回路，但在不相邻的任意两个顶点之间加上一条边，恰好得到一个回路。

(5) T 连通，但去掉 T 的任何一条边，T 将不再连通。

(6) T 的任意两个顶点之间有且仅有一条初等链。

该等价定义请读者自证。

有向树——在有向图 T 中存在一个顶点 x，且 x 至 T 的其他顶点都恰有一条路径，则称 T 为有向树，x 为 T 的树根，简称根。

请读者朋友思考，无向树有根吗？

2. 支撑树

支撑树——若 T 是无向图 G 的生成子图，并且 T 同时又是树，则称 T 是 G 的支撑树，也称为生成树。

图 G 中属于支撑树的边仍称为树枝，不在生成树中的边称为弦。在图 10-16 中，图(b)为图(a)的支撑树，v_3 为根，e_2,e_3,e_4,e_5,e_7,e_8 为支撑树的树枝，其他边为弦。

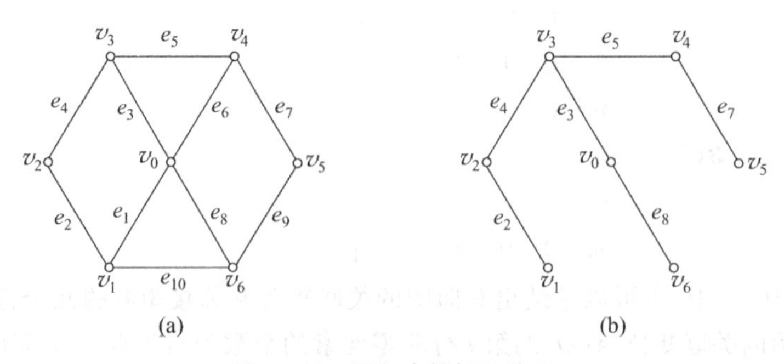

图 10-16 图与支撑树的关系

定理 10-1 图 $G=(V,E)$ 有支撑树的充分必要条件是 G 为连通图。

证明：必要性显然成立；

充分性的证明如下

任取顶点 $v_1 \in V$，令集合 $V_1=\{v_1\}$，此时进入支撑树 T 的边集合 $E_T^{(1)}=\Phi$。因为图 G 为连通图，V_1 与 $V-V_1$ 之间必有边相连，不妨设 $e_1=[v_1,v_2]$为其中一边，取

$$V_2=\{v_1,v_2\},\quad E_T^{(2)}=\{e_1\}$$

重复以上步骤，假设第 $i-1$ 步后，得到

$$V_i=\{v_1,v_2,\cdots,v_i\},\quad E_T^{(i)}=\{e_1,e_2,\cdots,e_{i-1}\},\quad (i<n)$$

同样可以找到边 e_i 满足其一端在 V_i 中，另一端在 $V-V_i$ 中，显然 e_i 不会与 $E_T^{(i)}$ 中的边构成回路。依此类推，当 $i=n$ 时，得到

$$V_n=V,\quad E_T^{(n)}=\{e_1,e_2,\cdots,e_{n-1}\}$$

即图 $T=(V,E_T^{(n)})$ 中有 $n-1$ 条边且无回路，因此，T 即为一棵树，且为图 G 的支撑树。证毕。

该定理的证明属于一种构造性的证明，该方法给出了如何寻求图的支撑树。

例 10-6 在一个有 9 个区域的小区安装有线电视网络，小区道路如图 10-17(a)所示，有线电视网络线必须沿道路架设，应如何架设？

解：根据定理 10-1，得到图 10-17(a)的两棵不同的支撑树，如图 10-17(b)和(c)所示。

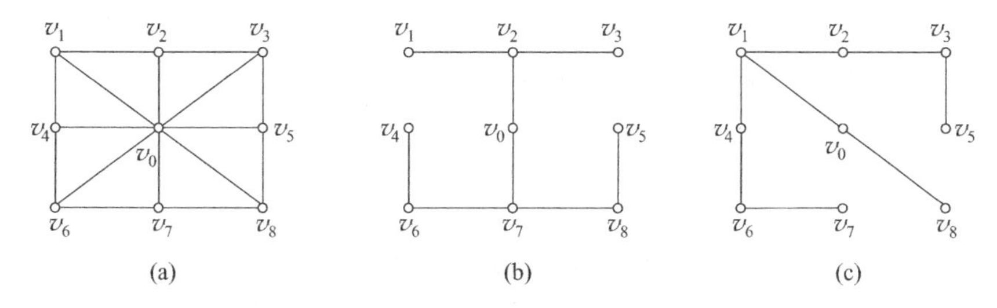

图 10-17 小区有线电视网络的架设网

从例 10-6 中可以看出，支撑树显然不一定是唯一的。

3. 最小支撑树

在例 10-6 中，如果将小区道路长度作为考虑的因素，则图 10-17(a)将成为一个赋权连通图。相应问题转化为一个最小支撑树问题。

赋权图和赋权有向图中的边和弧可以根据实际问题的需要，赋予不同的含义，如时间、距离、成本等。

给定一个网络 $G=(V,E,w)$，设 $T=(V,E_1)$是 G 的支撑树，称 T 中所有边的权数之和为树 T 的权，记为 $w(T)$，即

$$w(T)=\sum_{e\in E_1} w(e)$$

由于网络 $G=(V,E,w)$的支撑树不是唯一的，不同的支撑树的权也将不一样，如果 G 的支撑树 $T^*=(V,E^*)$满足

$$w(T^*)=\min_{E_1} w(T) \quad 或 \quad \sum_{e\in E^*} w(e)=\min_{E_1}\sum_{e\in E_1} w(e)$$

则称 T^* 为 G 的最小支撑树，简称最小树。对于一个连通的网络，如何寻找或构造一个最小

支撑树，通常称为最小支撑树问题。

例 10-7 在例 10-6 中的图上添上权，表示小区道路的距离，如图 10-18 所示，则应如何架设有线电视网络线才能使成本最低？假设架设单位距离电视网络线的费用相同。

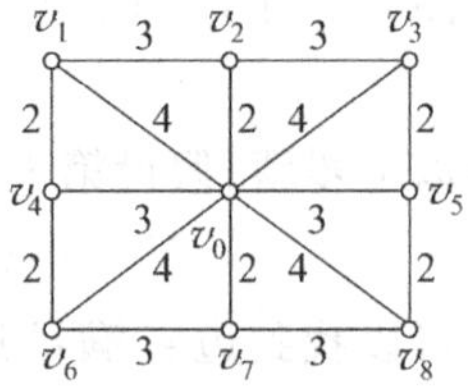

图 10-18 小区有线电视网络的赋权连通图

解：由于小区的道路长短不一，架设网络线必须考虑成本因素，因此变成了一个构造最小支撑树问题。该问题支撑树有多棵，为构造最小支撑树，结合该例介绍两种方法。

方法一：Kruskal 算法

Kruskal 算法的基本思想是先将网络中的边全部去除，然后逐步挑选边来构成最小支撑树，要求每次挑选的边是备选边中权最小的，并且确保与已经选好的边不产生回路。Kruskal 算法也称为加边算法，如图 10-19 所示。

$$w(T^*)=18$$

该小区有线电视网络线的架设方式如图 10-19(b)所示，总长度为 18。

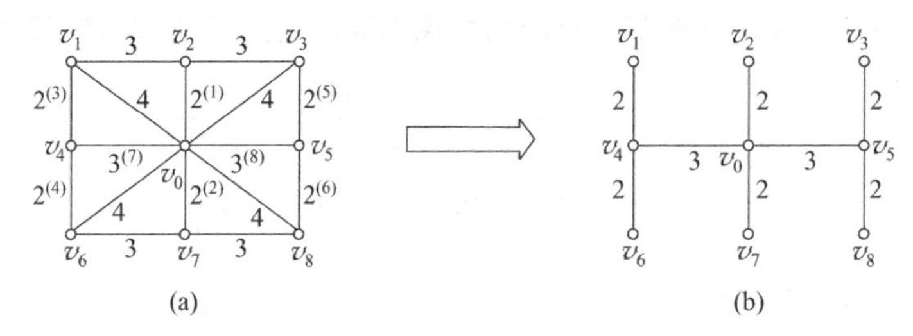

图 10-19 小区有线电视网络线的 Kruskal 架设方式

方法二：破圈法

破圈法和 Kruskal 算法的方向相反，逐步将网络中权最大的边去除，直至网络形成支撑树。破圈法也称为破回路法，破圈法具体步骤见图 10-20。

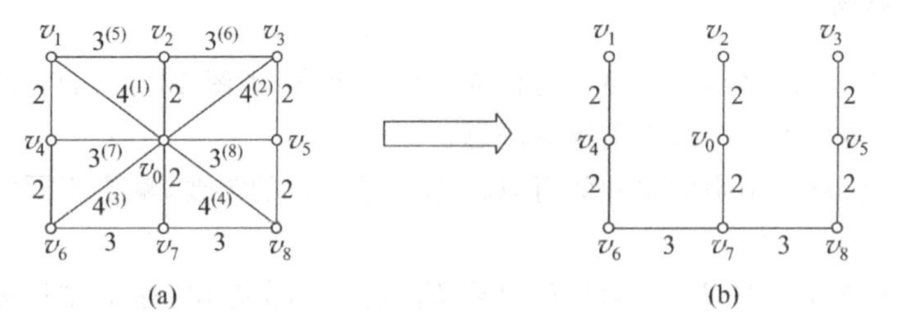

图 10-20 小区有线电视网络线的破圈法架设方式

$$w(T^*)=18$$

该小区有线电视网络线的架设方式如图 10-20(b)所示，总长度为 18。

Kruskal 算法步骤如下：

(1) 将图 G 的 m 条边按权的递增顺序排列：$w(e_{i_1})\leqslant w(e_{i_2})\leqslant\cdots\leqslant w(e_{i_m})$；

(2) 令 $l(v_j)=j, j=1,2,\cdots,n, E_1=\Phi$，循环变量赋值 $k=1$；

(3) 设 $e_{i_k}=[u,v]$，若 $l(u)=l(v)$，转步骤(6)，否则令 $E_1=E_1\cup\{e_{i_k}\}$；

(4) 对满足 $l(v_j)=\max\{l(u),l(v)\}$ 的 v_j，令 $l(v_j)=\min\{l(u),l(v)\}$；

(5) 若 E_1 中的顶点个数 $|E_1|=n-1$，算法终止，否则转步骤(6)；

(6) 若 $|E_1|=m<n-1$，终止，图 G 为非连通图，无支撑树，否则，令 $k=k+1$，转步骤(3)。

Kruskal 算法是一种“避圈”的算法，破圈法的算法步骤请读者自己完成。

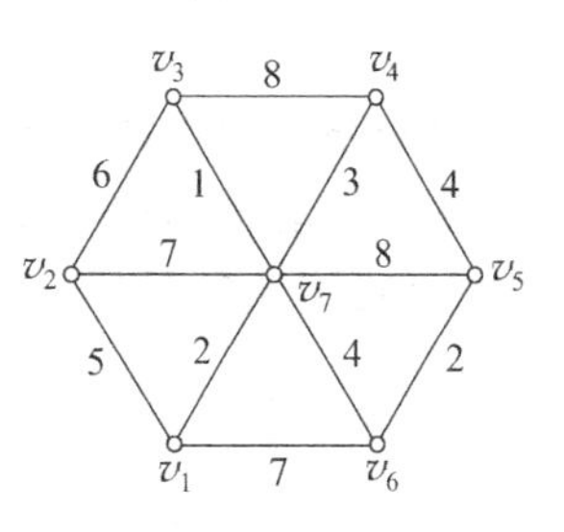

图 10-21　网络

例 10-8　使用 Kruskal 算法求如图 10-21 所示网络的一棵最小支撑树。

解：根据 Kruskal 算法，求最小支撑树的过程如图 10-22(a)～(g)所示，图 10-22(h)就是该问题的最小支撑树。

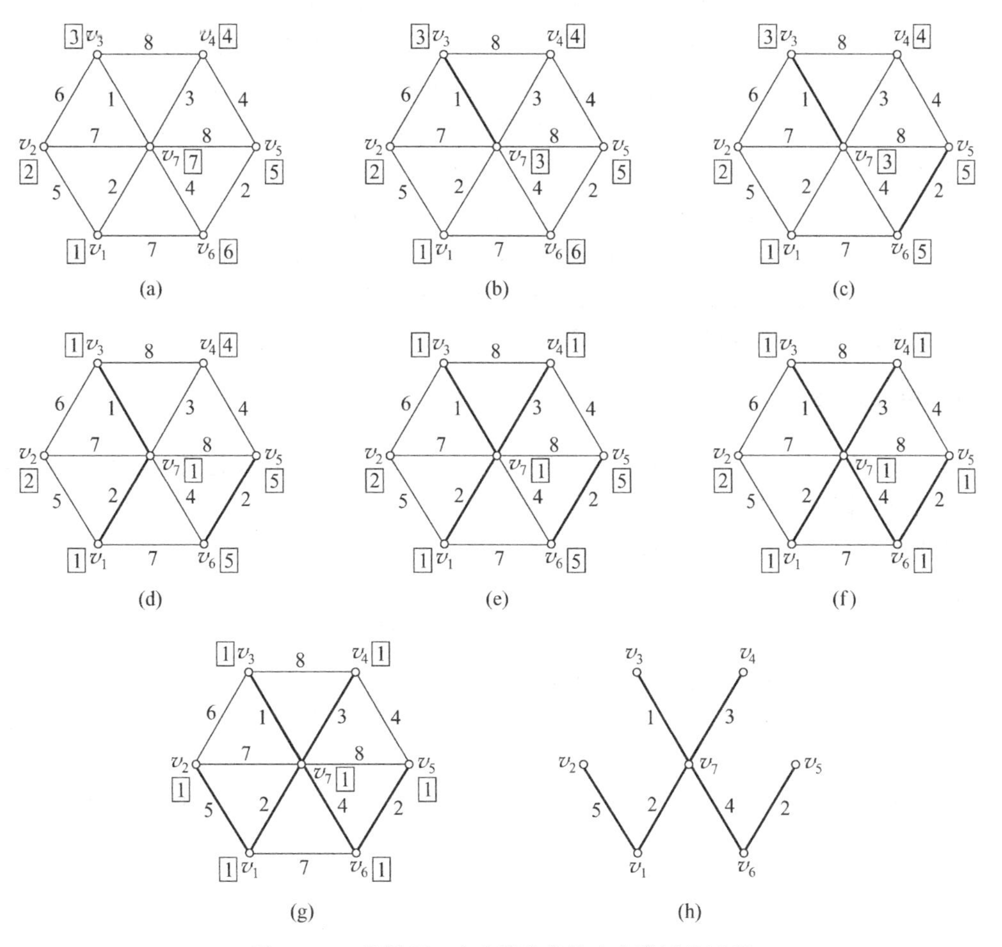

图 10-22　根据 Kruskal 算法求最小支撑树的过程

10.3 最短路径问题

最短路径问题是网络优化理论中最基本的问题之一。在生产实践、运输管理和工程建设等很多活动中，如运输线路、生产安排、销售网点布局、管道线网铺设等问题，都与寻找一个图的“最短路径”问题密切相关。

1. 最短路径

对于一个赋权有向图 $G=(V,E)$，$V=\{v_1,v_2,\cdots,v_n\}$，$w(v_i,v_j)=w_{ij}$。若 Q 为一条顶点 u 至 v 的有向路径，则称 $w(Q)=\sum_{e\in Q}w(e)$ 为路径 Q 的长度。由于顶点 u 至 v 的有向路径不一定是唯一的，因此一定存在一条有向路径 Q^*，使得

$$w(Q^*)=\min\{w(Q)\mid Q\text{ 为 }u\text{ 至 }v\text{ 路径}\}$$

称 Q^* 为顶点 u 至 v 的最短路径，$w(Q^*)$ 为顶点 u 至 v 的最短路径的长度，并记为 $d(u,v)$。

一般求有向图 D 中顶点 u 至 v 的最短路径时可以假定 D 是一个完备图，当然这是一个大胆的假定，但这将给寻求最短路径提供方便。其实如果 D 中某两个顶点 v_i 与 v_j 之间存在平行边，则可以保留其权重最小的边，将其他的平行边去除；同样如果 v_i 与 v_j 之间不存在弧，则可假设有一条弧 $e=(v_i,v_j)$，并且其权重 $w(e)=+\infty$。

经过上述的假定，在有向图 D 中，如果 $d(u,v)=+\infty$，则 u 与 v 之间不存在最短路径，即 u 至 v 之间不连通，否则 u 与 v 之间最少存在一条最短路径。

本节将介绍三种获取最短路径的算法。

2. Dijkstra 算法

Dijkstra 算法是当前公认的求无负赋权有向图最短路径的最好算法，于 1959 年由 Dijkstra 提出，因此而得名。

假设顶点 v_1 至 v_k 的最短路径为 $Q_{1k}^*=v_1v_2\cdots v_k$，其长度记为 $d(v_1,v_k)=d_{ik}$。

引理 10-1 若 $Q_{1k}^*=v_1v_2\cdots v_k$ 为顶点 v_1 至 v_k 的最短路径，则其子路径 $v_1v_2\cdots v_i$ 和 $v_iv_{i+1}\cdots v_k$ 分别为顶点 v_1 至 v_i 和顶点 v_i 至 v_k 的最短路径。

根据引理 10-1，可以这样选取 D 中的顶点 v_1 至其他任意顶点的最短路径：若 Q_{1k}^* 为顶点 v_1 至 v_k 的最短路径，且顶点 v_i 在 Q_{1k}^* 上，则 Q_{1k}^* 上顶点 v_1 至 v_i 的子路径即为 v_1 至 v_i 的最短路径。

Dijkstra 算法采用标号的方法，如求顶点 v_1 至其余顶点的最短路径的 Dijkstra 算法步骤如下。

第一步，$k=1$，取 $L_1(v_1)=0$；$L_1(v_j)=+\infty(j=2,3,\cdots,n)$，取

$$L_1(v^*)=\min_{v_j\in V}L_1(v_j),\quad A=\{v_1\},\quad \overline{A}=V-A,$$

$$d(v_1,v_1)=0;$$

第二步，对于 $v_j\in\overline{A}$，$k=k+1$，令

$$L_k(v_j)=\min\{L_{k-1}(v_j),L_{k-1}(v^*)+w(v^*,v_j)\},$$

取

$$L_k(v^*) = = \min_{v_j \in \overline{A}} L_2(v_j), A = A \cup \{v^*\}, \quad \overline{A} = \overline{A} - \{v^*\},$$

$$d(v_1, v^*) = L_k(v^*);$$

第三步，若 $d(v_1, v^*) = +\infty$，D 中 v_1 至 $\overline{A}$ 的路径不存在，算法终止；

第四步，若 $k=n$，则输出最短路径的长度 $L_n(v_1, v^*)$，算法终止，否则转第二步。

上述 Dijkstra 算法可以给出最短路径长度是否存在及其长度，如果还要给出具体的最短路径，则要将每一步 $L_k(v^*)$ 中的 v^* 记录下来，同时记录前列顶点。

在比较简单的赋权有向图的实际计算中，常采用一种表格形式的 Dijkstra 算法，具体形式见例 10-9。

例 10-9 求如图 10-23(a)所示的赋权有向图顶点 v_1 到其余各点的最短路径及其长度。

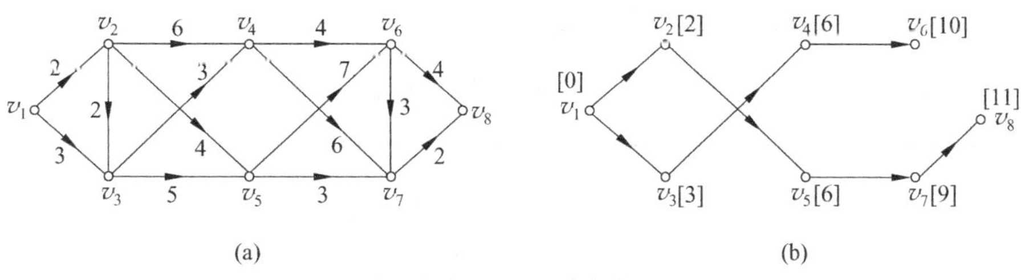

图 10-23 赋权有向图 v_1 到其余各点的最短路径

解：采用 Dijkstra 算法，步骤如下。

$k=1$	v_j	v_1	v_2	v_3	v_4	v_5	v_6	v_7	v_8
	$L_1(v_j)$	0^*	$+\infty$	$+\infty$	$+\infty$	$+\infty$	$+\infty$	$+\infty$	$+\infty$

$$v^* = v_1, d(v_1, v_1) = L_1(v^*) = \min_{v \in V} L_1(v_j) = 0;$$

$k=2$	v_j	v_1	v_2	v_3	v_4	v_5	v_6	v_7	v_8
	$L_2(v_j)$	0^*	2^*	3	$+\infty$	$+\infty$	$+\infty$	$+\infty$	$+\infty$

$v^* = v_2, d(v_1, v_2) = L_2(v^*) = \min_{v \in \overline{A}} L_2(v_j) = 2$，前列顶点 v_1；

$k=3$	v_j	v_1	v_2	v_3	v_4	v_5	v_6	v_7	v_8
	$L_3(v_j)$	0^*	2^*	3^*	8	6	$+\infty$	$+\infty$	$+\infty$

$v^* = v_3, d(v_1, v_3) = L_3(v^*) = \min_{v \in \overline{A}} L_3(v_j) = 3$，前列顶点 v_1；

$k=4$	v_j	v_1	v_2	v_3	v_4	v_5	v_6	v_7	v_8
	$L_4(v_j)$	0^*	2^*	3^*	6^*	6	$+\infty$	$+\infty$	$+\infty$

$v^* = v_4, d(v_1, v_4) = L_4(v^*) = \min_{v \in \overline{A}} L_4(v_j) = 6$，前列顶点 v_3；

$k=5$	v_j	v_1	v_2	v_3	v_4	v_5	v_6	v_7	v_8
	$L_5(v_j)$	0^*	2^*	3^*	6^*	6^*	10	12	$+\infty$

$v^*=v_5, d(v_1,v_5)=L_5(v^*)=\min\limits_{v\in\bar{A}} L_5(v_j)=6$，前列顶点 v_2；

$k=6$	v_j	v_1	v_2	v_3	v_4	v_5	v_6	v_7	v_8
	$L_6(v_j)$	0^*	2^*	3^*	6^*	6^*	10	9^*	$+\infty$

$v^*=v_7, d(v_1,v_7)=L_6(v^*)=\min\limits_{v\in\bar{A}} L_6(v_j)=9$，前列顶点 v_5；

$k=7$	v_j	v_1	v_2	v_3	v_4	v_5	v_6	v_7	v_8
	$L_7(v_j)$	0^*	2^*	3^*	6^*	6^*	10^*	9^*	11

$v^*=v_6, d(v_1,v_6)=L_7(v^*)=\min\limits_{v\in\bar{A}} L_7(v_j)=10$，前列顶点 v_4；

$k=8$	v_j	v_1	v_2	v_3	v_4	v_5	v_6	v_7	v_8
	$L_8(v_j)$	0^*	2^*	3^*	6^*	6	10^*	9^*	11^*

$v^*=v_8, d(v_1,v_8)=L_8(v^*)=\min\limits_{v\in\bar{A}} L_8(v_j)=11$，前列顶点 v_7。

综合以上过程，得到顶点 v_1 到其余各点的最短路径及其长度，如图 10-23(b)所示。

3. 逐次逼近算法

Dijkstra 算法只能给出无负赋权有向图的最短路径，如果网络中出现了负赋权的弧，Dijkstra 算法将给出错误的结果。

引理 10-2 在赋权有向图 $D=(V,E)$ 中，如果 v_1 到 v_j 的最短路径总沿着该路径从 v_1 先到某一点 v_i，然后再沿边 (v_i,v_j) 到达 v_j，则 v_1 到 v_i 的这条路径也是 v_1 到 v_i 的最短路径。

令 P_{ij} 为 v_i 到 v_j 的最短路径长度，则 P_{1i} 为 v_1 到 v_i 最短路径长度，且

$$P_{1j}=\min_i(P_{1i}+w_{ij})$$

其中 $w_{ij}=w(v_i,v_j)$ 为弧 (v_i,v_j) 的长度，当 v_i 与 v_j 之间无弧时，$w_{ij}=+\infty$，上述方程可以用构造迭代法进行迭代

$$P_{1j}^{(1)}=w_{1j}\quad(j=1,2,\cdots,n)$$
$$P_{1j}^{(k)}=\min_i(P_{1i}^{(k-1)}+w_{ij})\quad(k=2,3,\cdots,n)$$

当出现 $P_{1j}^{(k)}=P_{1j}^{(k-1)}(j=1,2,\cdots,n)$ 时，迭代终止，并且 $P_{1j}^{(k)}(j=1,2,\cdots,n)$ 即是 v_1 到 v_j 的最短路径长度。

例 10-10 求如图 10-24(a)所示网络中 v_1 到各点的最短路径。

解：初始条件为

$$P_{11}^{(1)}=0,\quad P_{12}^{(1)}=5,\quad P_{13}^{(1)}=5,\quad P_{14}^{(1)}=3,\quad P_{15}^{(1)}=P_{16}^{(1)}=P_{17}^{(1)}=P_{18}^{(1)}=+\infty$$

开始进行迭代，结果见表 10-3。

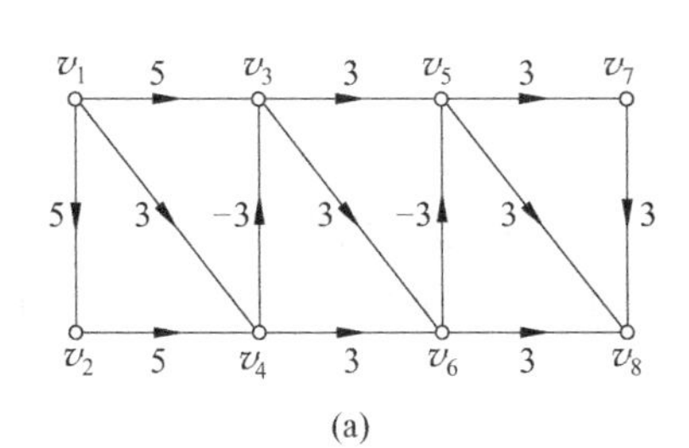

(a)

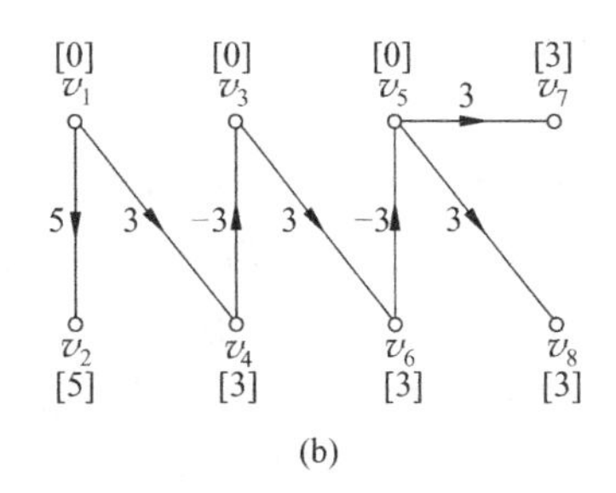

(b)

图 10-24　网络中 v_1 到各点的最短路径

表 10-3　迭代过程及结果

j \ i	w_{ij}								$P_{1j}^{(1)}$	$P_{1j}^{(2)}$	$P_{1j}^{(3)}$	$P_{1j}^{(4)}$	$P_{1j}^{(5)}$	$P_{1j}^{(6)}$	$P_{1j}^{(7)}$
	v_1	v_2	v_3	v_4	v_5	v_6	v_7	v_8							
v_1	0	5	5	3	$+\infty$	$+\infty$	$+\infty$	$+\infty$	0	0	0	0	0	0	0
v_2	$+\infty$	0	$+\infty$	5	$+\infty$	$+\infty$	$+\infty$	$+\infty$	5	5	5	5	5	5	5
v_3	$+\infty$	$+\infty$	0	$+\infty$	3	3	$+\infty$	$+\infty$	5	0	0	0	0	0	0
v_4	$+\infty$	$+\infty$	-3	0	$+\infty$	3	$+\infty$	$+\infty$	3	3	3	3	3	3	3
v_5	$+\infty$	$+\infty$	$+\infty$	$+\infty$	0	$+\infty$	3	3	$+\infty$	8	3	3	0	0	0
v_6	$+\infty$	$+\infty$	$+\infty$	$+\infty$	-3	0	$+\infty$	3	$+\infty$	6	3	3	3	3	3
v_7	$+\infty$	$+\infty$	$+\infty$	$+\infty$	$+\infty$	$+\infty$	0	3	$+\infty$	$+\infty$	11	6	6	3	3
v_8	$+\infty$	$+\infty$	$+\infty$	$+\infty$	$+\infty$	$+\infty$	$+\infty$	0	$+\infty$	$+\infty$	9	6	6	3	3

迭代到第七步时，$P_{1j}^{(7)}=P_{1j}^{(6)}(j=1,2,\cdots,8)$，迭代终止，顶点 v_1 到 v_j 的最短路径长度在表 10-3 中的最后一列，见表 10-4，其中顶点 v_1 到 v_8 的最短路径长度为 3。

表 10-4　顶点 v_1 到 v_j 的最短路径长度

v_1	v_1	v_2	v_3	v_4	v_5	v_6	v_7	v_8
P_{1j}^*	0	5	0	3	0	3	3	3

表 10-4 只给出了最短路径的长度，若需要求出详细的最短路径，可以采取反向追踪法。反向追踪法步骤：

(1) $P_{18}^{(7)}=3$，利用 $P_{18}^{(7)}=\min\limits_i(P_{1i}^{(7)}+w_{i8})$，得出 $i=5$，记录(v_5,v_8)；

(2) $P_{17}^{(7)}=3$，利用 $P_{17}^{(7)}=\min\limits_i(P_{1i}^{(7)}+w_{i7})$，得出 $i=5$，记录(v_5,v_7)；

(3) $P_{16}^{(7)}=3$，利用 $P_{16}^{(7)}=\min\limits_i(P_{1i}^{(7)}+w_{i6})$，得出 $i=3$，记录(v_3,v_6)；

(4) $P_{15}^{(7)}=0$，利用 $P_{15}^{(7)}=\min\limits_i(P_{1i}^{(7)}+w_{i5})$，得出 $i=6$，记录(v_6,v_5)；

(5) $P_{14}^{(7)}=3$，利用 $P_{14}^{(7)}=\min\limits_i(P_{1i}^{(7)}+w_{i4})$，得出 $i=1$，记录(v_1,v_4)；

(6) $P_{13}^{(7)}=0$，利用 $P_{13}^{(7)}=\min\limits_i(P_{1i}^{(7)}+w_{i3})$，得出 $i=4$，记录(v_4,v_3)；

(7) $P_{12}^{(7)}=5$，利用 $P_{12}^{(7)}=\min\limits_i(P_{1i}^{(7)}+w_{i2})$，得出 $i=1$，记录(v_1,v_2)。

得到最短路径如图 10-24(b)所示。

(1) $v_1 \to v_2$,长度 5;

(2) $v_1 \to v_4 \to v_3 \to v_6 \to v_5 \to v_7$,长度 3;

(3) $v_1 \to v_4 \to v_3 \to v_6 \to v_5 \to v_8$,长度 3。

最短路径问题在实际应用中有着广泛的用途,网络中边的权重不一定就是其长度,根据实际需要,边可以表示实际活动的成本、时间等,因此,最短路径问题也可以用于解决一系列活动的总成本最小或总时间最小等实际问题。

例 10-11 最小运行费用问题:某工厂计划了一笔 21 000 元的资金,用于购买一台设备并用于后续 4 年的运行,也可以在接下来的三年一次或多次将老设备出售并重新购买新设备,具体数据见表 10-5。该工厂应该如何使用该笔资金,使 4 年内购买设备和运行总费用最少?

表 10-5 设备的相关费用

购买价格	设备使用年限及当年运行费用				设备使用后卖出价格			
	新设备	1 年后	2 年后	3 年后	使用 1 年	使用 2 年	使用 3 年	使用 4 年
12 000	2000	3000	4500	6500	8500	6500	4500	3000

解:问题的本质是该工厂在第 1 年购进设备后,什么时间更换设备,使得 4 年内总费用最省。事实上这类问题可以化为最短路径问题,如图 10-25 所示,顶点中数字代表相应年份,各方向边的权重为相应决策的购买设备和运行费用之和。

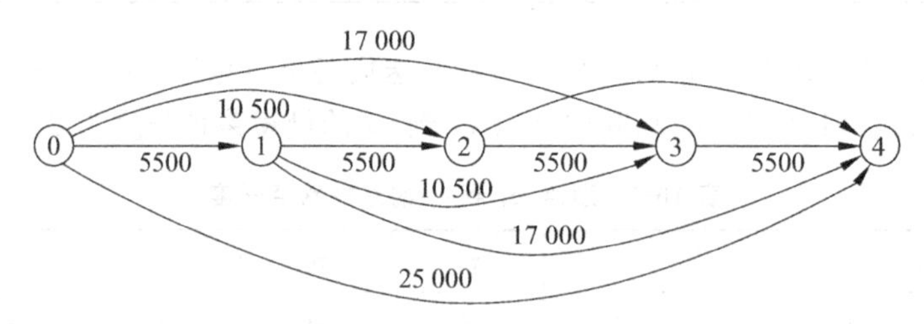

图 10-25 设备采购网络图

仍采用逐次逼近法进行迭代,迭代过程见表 10-6。

表 10-6 迭代过程

$i \backslash j$	w_{ij} 0	1	2	3	4	$P_{0j}^{(1)}$	$P_{0j}^{(2)}$	$P_{0j}^{(3)}$
0	0	5500	10 500	17 000	25 000	0	0	0
1	$+\infty$	0	5500	10 500	17 000	5500	5500	5500
2	$+\infty$	$+\infty$	0	5500	10 500	10 500	10 500	10 500
3	$+\infty$	$+\infty$	$+\infty$	0	5500	17 000	16 000	16 000
4	$+\infty$	$+\infty$	$+\infty$	$+\infty$	0	25 000	21 000	21 000

迭代 3 次后终止,最短路长度为 21 000,采用反向追踪法,最短路径为

$$0 \to 2 \to 4$$

即该工厂于第一年年初购进设备,并于第二年年末将旧设备售出后再购进新的设备,直至用到第四年末,总费用为 21 000 元。

4. Floyd 算法

Dijkstra 算法和逐次逼近法可以给出网络从某一起始顶点到其他顶点的最短路,但是某些问题中,要求网络中任意两顶点间的最短路。当然该类问题可以使用上述两种方法通过依次改变起始顶点的方法计算,但是显然计算工作量是相当大的。下面介绍一种不仅能求某一点到其他各点的最短路,还能求各点到某一点的最短路和任意两顶点间的最短路的算法——Floyd 算法。在 Floyd 算法中权值 w_{ij} 正负不限。该方法于 1962 年提出。

1) 权矩阵

设 $D=(V,E,w)$ 是一个赋权有向图,其中 $V=\{v_1,v_2,\cdots,v_n\}$,w_{ij} 为弧 (v_i,v_j) 的权重,当 v_i 和 v_j 之间没有弧相连时,$w_{ij}=+\infty$。构造网络的权矩阵 $\boldsymbol{W}=(w_{ij})_{n\times n}$,其中

$$\boldsymbol{W}_{ij}=\begin{cases}w_{ij}, & (v_i,v_j)\in E\\ +\infty, & (v_i,v_j)\notin E\end{cases}$$

以图 10-26 所示的网络为例,权矩阵为

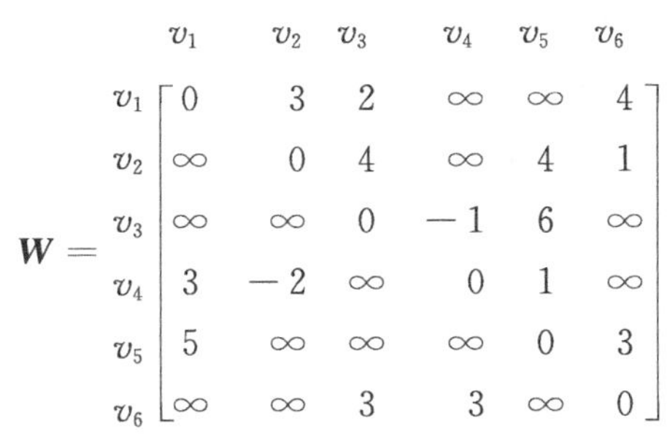

$$\boldsymbol{W}=\begin{array}{c}\\ v_1\\ v_2\\ v_3\\ v_4\\ v_5\\ v_6\end{array}\begin{array}{c}\begin{array}{cccccc}v_1 & v_2 & v_3 & v_4 & v_5 & v_6\end{array}\\ \begin{bmatrix}0 & 3 & 2 & \infty & \infty & 4\\ \infty & 0 & 4 & \infty & 4 & 1\\ \infty & \infty & 0 & -1 & 6 & \infty\\ 3 & -2 & \infty & 0 & 1 & \infty\\ 5 & \infty & \infty & \infty & 0 & 3\\ \infty & \infty & 3 & 3 & \infty & 0\end{bmatrix}\end{array}$$

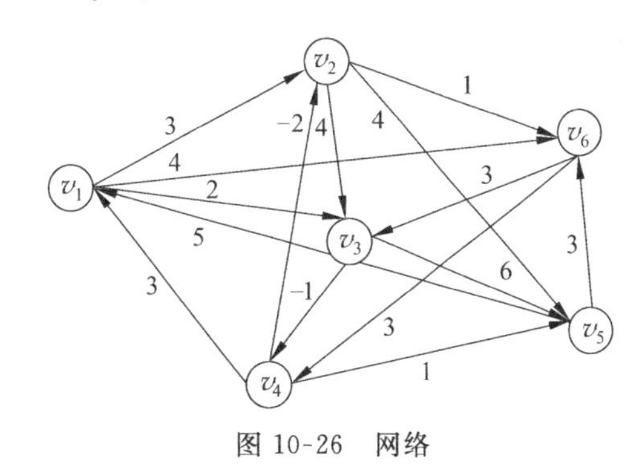

图 10-26 网络

2) 求各点至某点的最短路径

设要寻求各点 $v_i(i=1,2,\cdots,n)$ 至某点 v_r 的最短路径。

由于从 v_i 到 v_r 的最短路径不一定是从 v_i 直达 v_r,也可经过一个、两个,…,或 $n-2$ 个中间点才能到达 v_r,因此,为便于讨论,把从一点直达另一点称为走一步,并且把原地踏步(如从 v_i 到 v_i)也视为走一步。这样,令

$d_{ir}^{(k)}$ 为从 v_i 走 k 步到达 v_r 的最短路径,则 $d_{ir}^{(1)}=w_{ir}$。

由于从 v_i 走 k 步到达 v_r 的路都可分为两段:先从 v_i 走一步到达 v_j,其最短距离为 w_{ij},再从 v_j 走 $k-1$ 步到达 v_r,其最短距离为 $d_{jr}^{(k-1)}$,因此有

$$d_{ir}^{(k)}=\min_{1\leqslant j\leqslant n}\{w_{ij}+d_{jr}^{(k-1)}\} \tag{10-1}$$

令

$$\boldsymbol{d}_k=(d_{1r}^{(k)},d_{2r}^{(k)},\cdots,d_{nr}^{(k)})^{\mathrm{T}}\quad(k=1,2,\cdots)$$

则按式(10-1),列矩阵 $\boldsymbol{d}_k$ 中的第 i 个元素 $d_{ir}^{(k)}$ 是权矩阵 $\boldsymbol{W}$ 的第 i 行

$$(w_{i1},w_{i2},\cdots,w_{in})$$

与列矩阵 $\boldsymbol{d}_{k-1}$

$$(d_{1r}^{(k-1)},d_{2r}^{(k-1)},\cdots,d_{nr}^{(k-1)})^{\mathrm{T}}$$

的对应元素求和取最小而计算的。记为

$$\boldsymbol{d}_k = \boldsymbol{W} * \boldsymbol{d}_{k-1}$$

这种运算类似于矩阵的乘法运算，称为矩阵的摹乘运算。当所有 $w_{ij} \geqslant 0$ 时，v_i 到 v_r 的最短路径必不含圈，即途中经过的点不会重复。由于网络中总共有 n 个结点，所以从 v_i 到 v_r 的最短路径最多只需走 $n-1$ 步，而走 n 步的最短路径必然要在某点原地踏一步，实际上与走 $n-1$ 步的最短路径一致，故有

$$\boldsymbol{d}_n = \boldsymbol{d}_{n-1}$$

这意味着最多只需经过 $n-1$ 次矩阵，摹乘运算就能求各点到 v_r 的最短路径。实际计算中，只要出现 $\boldsymbol{d}_k = \boldsymbol{d}_{k-1}$，说明走 k 步和走 $k-1$ 步的最短距离是一致的，就可结束运算。而列矩阵 $\boldsymbol{d}_k$ 中的元素就是各点到 v_r 的最短距离。

例 10-12 求如图 10-26 所示网络中各点到 v_6 的最短路径。

解：权矩阵为

$$\boldsymbol{w} = \begin{array}{c} \\ v_1 \\ v_2 \\ v_3 \\ v_4 \\ v_5 \\ v_6 \end{array}\begin{array}{c} \begin{array}{cccccc} v_1 & v_2 & v_3 & v_4 & v_5 & v_6 \end{array} \\ \begin{bmatrix} 0 & 3 & 2 & \infty & \infty & 4 \\ \infty & 0 & 4 & \infty & 4 & 1 \\ \infty & \infty & 0 & -1 & 6 & \infty \\ 3 & -2 & \infty & 0 & 1 & \infty \\ 5 & \infty & \infty & \infty & 0 & 3 \\ \infty & \infty & 3 & 3 & \infty & 0 \end{bmatrix} \end{array}$$

从各点最多走一步到 v_6 的最短距离为 $\boldsymbol{d}_1 = \begin{bmatrix} 4 \\ 1 \\ \infty \\ \infty \\ 3 \\ 0 \end{bmatrix}$

从各点最多走两步到 v_6 的最短距离为

$$\boldsymbol{d}_2 = \boldsymbol{W} * \boldsymbol{d}_1 = \begin{bmatrix} 0 & 3 & 2 & \infty & \infty & 4 \\ \infty & 0 & 4 & \infty & 4 & 1 \\ \infty & \infty & 0 & -1 & 6 & \infty \\ 3 & -2 & \infty & 0 & 1 & \infty \\ 5 & \infty & \infty & \infty & 0 & 3 \\ \infty & \infty & 3 & 3 & \infty & 0 \end{bmatrix} * \begin{bmatrix} 4 \\ 1 \\ \infty \\ \infty \\ 3 \\ 0 \end{bmatrix} = \begin{bmatrix} 4 \\ 1 \\ 9 \\ -1 \\ 3 \\ 0 \end{bmatrix}$$

从各点最多走三步到 v_6 的最短距离为

$$d_3 = W * d_2 = \begin{bmatrix} 0 & 3 & 2 & \infty & \infty & 4 \\ \infty & 0 & 4 & \infty & 4 & 1 \\ \infty & \infty & 0 & -1 & 6 & \infty \\ 3 & -2 & \infty & 0 & 1 & \infty \\ 5 & \infty & \infty & \infty & 0 & 3 \\ \infty & \infty & 3 & 3 & \infty & 0 \end{bmatrix} * \begin{bmatrix} 4 \\ 1 \\ 9 \\ -1 \\ 3 \\ 0 \end{bmatrix} = \begin{bmatrix} 4 \\ 1 \\ -2 \\ -1 \\ 3 \\ 0 \end{bmatrix}$$

从各点最多走 4 步到 v_6 的最短距离为

$$d_4 = W * d_3 = \begin{bmatrix} 0 & 3 & 2 & \infty & \infty & 4 \\ \infty & 0 & 4 & \infty & 4 & 1 \\ \infty & \infty & 0 & -1 & 6 & \infty \\ 3 & -2 & \infty & 0 & 1 & \infty \\ 5 & \infty & \infty & \infty & 0 & 3 \\ \infty & \infty & 3 & 3 & \infty & 0 \end{bmatrix} * \begin{bmatrix} 4 \\ 1 \\ -2 \\ -1 \\ 3 \\ 0 \end{bmatrix} = \begin{bmatrix} 0 \\ 1 \\ -2 \\ -1 \\ 3 \\ 0 \end{bmatrix}$$

从各点最多走 5 步到 v_6 的最短距离为

$$d_5 = W * d_4 = \begin{bmatrix} 0 & 3 & 2 & \infty & \infty & 4 \\ \infty & 0 & 4 & \infty & 4 & 1 \\ \infty & \infty & 0 & -1 & 6 & \infty \\ 3 & -2 & \infty & 0 & 1 & \infty \\ 5 & \infty & \infty & \infty & 0 & 3 \\ \infty & \infty & 3 & 3 & \infty & 0 \end{bmatrix} * \begin{bmatrix} 0 \\ 1 \\ -2 \\ -1 \\ 3 \\ 0 \end{bmatrix} = \begin{bmatrix} 0 \\ 1 \\ -2 \\ -1 \\ 3 \\ 0 \end{bmatrix}$$

由于 $d_5 = d_4$，运算结束。从而求得各点到 v_6 的最短距离如 d_5 列矩阵所示。

3) 求某点至各点的最短路径

设要寻求某点 v_r 至各点 $v_j(j=1,2,\cdots,n)$ 的最短路径。

令 $l_{rj}^{(k)}$ 为从 v_r 走 k 步到达 v_j 的最短路径，则 $l_{rj}^{(1)} = w_{rj}$。

可以把从 v_r 走 k 步到达 v_j 的路都可分为两段：先从 v_r 走 $k-1$ 步到达 v_i，其最短距离为 $l_{ri}^{(k-1)}$，再从 v_i 走一步到达 v_j，其最短距离为 w_{ij}，因此有

$$l_{ij}^{(k)} = \min_{1 \leqslant i \leqslant n} \{ l_{ri}^{(k-1)} + w_{ij} \} \tag{10-2}$$

令

$$l_k = (l_{r1}^{(k)}, l_{r2}^{(k)}, \cdots, l_{rn}^{(k)})^{\mathrm{T}} \quad (k = 1, 2, \cdots)$$

矩阵摹乘迭代公式：

$$l_k^{\mathrm{T}} = l_{k-1}^{\mathrm{T}} * W$$

只要计算中出现 $l_k = l_{k-1}$ 就可结束。

例 10-13 求如图 10-26 所示网络中点 v_1 到各点的最短路径。

解：权矩阵为

$$
W = \begin{array}{c} \\ v_1 \\ v_2 \\ v_3 \\ v_4 \\ v_5 \\ v_6 \end{array}
\begin{array}{c} \begin{array}{cccccc} v_1 & v_2 & v_3 & v_4 & v_5 & v_6 \end{array} \\
\begin{bmatrix} 0 & 3 & 2 & \infty & \infty & 4 \\ \infty & 0 & 4 & \infty & 4 & 1 \\ \infty & \infty & 0 & -1 & 6 & \infty \\ 3 & -2 & \infty & 0 & 1 & \infty \\ 5 & \infty & \infty & \infty & 0 & 3 \\ \infty & \infty & 3 & 3 & \infty & 0 \end{bmatrix} \end{array}
$$

从 v_1 最多走一步到各点的最短距离为

$$
\boldsymbol{l}_1^{\mathrm{T}} = [0 \quad 3 \quad 2 \quad \infty \quad \infty \quad 4]
$$

从 v_1 最多走两步到各点的最短距离为

$$
\boldsymbol{l}_2^{\mathrm{T}} = \boldsymbol{l}_1^{\mathrm{T}} * \boldsymbol{W} = [0 \quad 3 \quad 2 \quad \infty \quad \infty \quad 4] * \begin{bmatrix} 0 & 3 & 2 & \infty & \infty & 4 \\ \infty & 0 & 4 & \infty & 4 & 1 \\ \infty & \infty & 0 & -1 & 6 & \infty \\ 3 & -2 & \infty & 0 & 1 & \infty \\ 5 & \infty & \infty & \infty & 0 & 3 \\ \infty & \infty & 3 & 3 & \infty & 0 \end{bmatrix}
$$

$$
= [0 \quad 3 \quad 2 \quad 1 \quad 7 \quad 4]
$$

从 v_1 最多走三步到各点的最短距离为

$$
\boldsymbol{l}_3^{\mathrm{T}} = \boldsymbol{l}_2^{\mathrm{T}} * \boldsymbol{W} = [0 \quad 3 \quad 2 \quad 1 \quad 7 \quad 4] * \begin{bmatrix} 0 & 3 & 2 & \infty & \infty & 4 \\ \infty & 0 & 4 & \infty & 4 & 1 \\ \infty & \infty & 0 & -1 & 6 & \infty \\ 3 & -2 & \infty & 0 & 1 & \infty \\ 5 & \infty & \infty & \infty & 0 & 3 \\ \infty & \infty & 3 & 3 & \infty & 0 \end{bmatrix}
$$

$$
= [0 \quad -1 \quad 2 \quad 1 \quad 2 \quad 4]
$$

从 v_1 最多走 4 步到各点的最短距离为

$$
\boldsymbol{l}_4^{\mathrm{T}} = \boldsymbol{l}_3^{\mathrm{T}} * \boldsymbol{W} = [0 \quad -1 \quad 2 \quad 1 \quad 2 \quad 4] * \begin{bmatrix} 0 & 3 & 2 & \infty & \infty & 4 \\ \infty & 0 & 4 & \infty & 4 & 1 \\ \infty & \infty & 0 & -1 & 6 & \infty \\ 3 & -2 & \infty & 0 & 1 & \infty \\ 5 & \infty & \infty & \infty & 0 & 3 \\ \infty & \infty & 3 & 3 & \infty & 0 \end{bmatrix}
$$

$$
= [0 \quad -1 \quad 2 \quad 1 \quad 2 \quad 0]
$$

从 v_1 最多走 5 步到各点的最短距离为

$$
\boldsymbol{l}_5^{\mathrm{T}} = \boldsymbol{l}_4^{\mathrm{T}} * \boldsymbol{W} = [0 \quad -1 \quad 2 \quad 1 \quad 2 \quad 0] * \begin{bmatrix} 0 & 3 & 2 & \infty & \infty & 4 \\ \infty & 0 & 4 & \infty & 4 & 1 \\ \infty & \infty & 0 & -1 & 6 & \infty \\ 3 & -2 & \infty & 0 & 1 & \infty \\ 5 & \infty & \infty & \infty & 0 & 3 \\ \infty & \infty & 3 & 3 & \infty & 0 \end{bmatrix}
$$

$$
= [0 \quad -1 \quad 2 \quad 1 \quad 2 \quad 0]
$$

由于 $\boldsymbol{l}_5^{\mathrm{T}}=\boldsymbol{l}_4^{\mathrm{T}}$，计算结束，求得 v_1 最到各点的最短距离如行矩阵 $\boldsymbol{l}_5^{\mathrm{T}}$ 所示。

4）求网络中各点到各点的最短距离

设矩阵 $\boldsymbol{D}_k=(d_{ij}^{(k)})_{n\times n}$ 表示网络中各点经过 k 步到达各点的最短距离矩阵。则 $\boldsymbol{D}_1=\boldsymbol{W}$，即一步距离矩阵为权矩阵。且 $\boldsymbol{D}_k=\boldsymbol{D}_{k-1}*\boldsymbol{D}_{k-1}$，此处为矩阵摹乘法，其中

$$d_{ij}^{(k)}=\min_{1\leqslant s\leqslant n}\{d_{is}^{(k-1)}+d_{sj}^{(k-1)}\}\quad (i,j=1,2,\cdots,n)$$

即网络中各点经过 k 步到达各点的最短距离可分为两段：先求出各点到各点经过 $k-1$ 步的最短距离矩阵，然后在 $k-1$ 步的基础上再走一步求最短距离。

例 10-14 某地区 7 个村镇之间的现有交通道路如图 10-27 所示。弧线上的数字为各村镇之间道路的长度。求各村之间的最短距离。

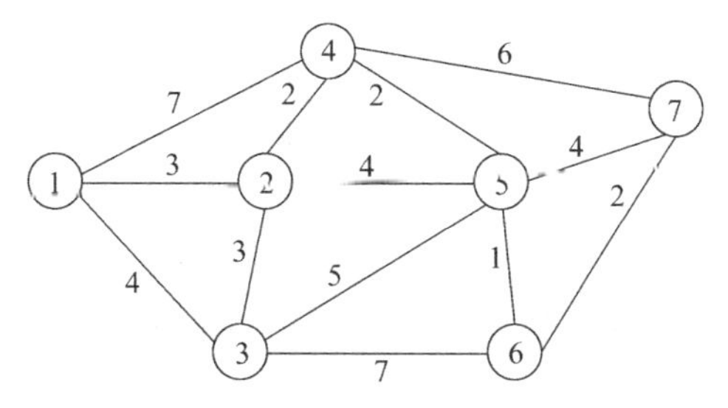

图 10-27 7 个村镇间的现有交通道路图

解：写出权矩阵

$$\boldsymbol{D}_1=\boldsymbol{W}=\begin{bmatrix}0&3&4&7&\infty&\infty&\infty\\3&0&3&2&4&\infty&\infty\\4&3&0&\infty&5&7&\infty\\7&2&\infty&0&2&\infty&6\\\infty&4&5&2&0&1&4\\\infty&\infty&7&\infty&1&0&2\\\infty&\infty&\infty&6&4&2&0\end{bmatrix}$$

$$\boldsymbol{D}_2=\boldsymbol{D}_1*\boldsymbol{D}_1=\begin{bmatrix}0&3&4&7&\infty&\infty&\infty\\3&0&3&2&4&\infty&\infty\\4&3&0&\infty&5&7&\infty\\7&2&\infty&0&2&\infty&6\\\infty&4&5&2&0&1&4\\\infty&\infty&7&\infty&1&0&2\\\infty&\infty&\infty&6&4&2&0\end{bmatrix}*\begin{bmatrix}0&3&4&7&\infty&\infty&\infty\\3&0&3&2&4&\infty&\infty\\4&3&0&\infty&5&7&\infty\\7&2&\infty&0&2&\infty&6\\\infty&4&5&2&0&1&4\\\infty&\infty&7&\infty&1&0&2\\\infty&\infty&\infty&6&4&2&0\end{bmatrix}$$

$$=\begin{bmatrix}0&3&4&5&7&11&13\\3&0&3&2&4&5&8\\4&3&0&5&5&6&9\\5&2&5&0&2&3&6\\7&4&5&2&0&1&3\\11&5&6&3&1&0&2\\13&8&9&6&3&2&0\end{bmatrix}$$

$$D_3 = D_2 * D_2 = \begin{bmatrix} 0 & 3 & 4 & 5 & 7 & 11 & 13 \\ 3 & 0 & 3 & 2 & 4 & 5 & 8 \\ 4 & 3 & 0 & 5 & 5 & 6 & 9 \\ 5 & 2 & 5 & 0 & 2 & 3 & 6 \\ 7 & 4 & 5 & 2 & 0 & 1 & 3 \\ 11 & 5 & 6 & 3 & 1 & 0 & 2 \\ 13 & 8 & 9 & 6 & 3 & 2 & 0 \end{bmatrix} * \begin{bmatrix} 0 & 3 & 4 & 5 & 7 & 11 & 13 \\ 3 & 0 & 3 & 2 & 4 & 5 & 8 \\ 4 & 3 & 0 & 5 & 5 & 6 & 9 \\ 5 & 2 & 5 & 0 & 2 & 3 & 6 \\ 7 & 4 & 5 & 2 & 0 & 1 & 3 \\ 11 & 5 & 6 & 3 & 1 & 0 & 2 \\ 13 & 8 & 9 & 6 & 3 & 2 & 0 \end{bmatrix}$$

$$= \begin{bmatrix} 0 & 3 & 4 & 5 & 7 & 8 & 10 \\ 3 & 0 & 3 & 2 & 4 & 5 & 7 \\ 4 & 3 & 0 & 5 & 5 & 6 & 8 \\ 5 & 2 & 5 & 0 & 2 & 3 & 5 \\ 7 & 4 & 5 & 2 & 0 & 1 & 3 \\ 8 & 5 & 6 & 3 & 1 & 0 & 2 \\ 10 & 7 & 8 & 5 & 3 & 2 & 0 \end{bmatrix}$$

$$D_4 = D_3 * D_3 = \begin{bmatrix} 0 & 3 & 4 & 5 & 7 & 8 & 10 \\ 3 & 0 & 3 & 2 & 4 & 5 & 7 \\ 4 & 3 & 0 & 5 & 5 & 6 & 8 \\ 5 & 2 & 5 & 0 & 2 & 3 & 5 \\ 7 & 4 & 5 & 2 & 0 & 1 & 3 \\ 8 & 5 & 6 & 3 & 1 & 0 & 2 \\ 10 & 7 & 8 & 5 & 3 & 2 & 0 \end{bmatrix} * \begin{bmatrix} 0 & 3 & 4 & 5 & 7 & 8 & 10 \\ 3 & 0 & 3 & 2 & 4 & 5 & 7 \\ 4 & 3 & 0 & 5 & 5 & 6 & 8 \\ 5 & 2 & 5 & 0 & 2 & 3 & 5 \\ 7 & 4 & 5 & 2 & 0 & 1 & 3 \\ 8 & 5 & 6 & 3 & 1 & 0 & 2 \\ 10 & 7 & 8 & 5 & 3 & 2 & 0 \end{bmatrix}$$

$$= \begin{bmatrix} 0 & 3 & 4 & 5 & 7 & 8 & 10 \\ 3 & 0 & 3 & 2 & 4 & 5 & 7 \\ 4 & 3 & 0 & 5 & 5 & 6 & 8 \\ 5 & 2 & 5 & 0 & 2 & 3 & 5 \\ 7 & 4 & 5 & 2 & 0 & 1 & 3 \\ 8 & 5 & 6 & 3 & 1 & 0 & 2 \\ 10 & 7 & 8 & 5 & 3 & 2 & 0 \end{bmatrix}$$

由于 $D_4 = D_3$，结束运算，求得各村之间的最短距离如矩阵 D_4 所示。

例 10-15　对于例 10-14 中的网络即图 10-27，假设现在要在某村建一商店和小学，试问：

(1) 商店应该建在何处，能使各村都离它较近？

(2) 已知各村的小学生人数见表 10-7，则小学应该建在何处，才能使各村小学生走的总路程最短？

表 10-7　各村的小学生人数

村镇	1	2	3	4	5	6	7
小学生人数	40	25	45	30	20	35	50

解：

(1) 这是一个求网络的中心问题。网络的中心即是各村到该点的距离都较短。先求出网络中任意两点之间的最短距离，列在表 10-8 中。

表 10-8　网络中任意两点之间的最短距离

v_i \ v_j	最短距离矩阵 $\boldsymbol{D}=(d_{ij})$							$d(v_i)=\max\limits_j\{d_{ij}\}$
	1	2	3	4	5	6	7	
1	0	3	4	5	7	8	10	10
2	3	0	3	2	4	5	7	7
3	4	3	0	5	5	6	8	8
4	5	2	5	0	2	3	5	5(min)
5	7	4	5	2	0	1	3	7
6	8	5	6	3	1	0	2	8
7	10	7	8	5	3	2	0	10

然后，对最短距离矩阵每行求最大值，列在表 10-8 的最后一列。其含义是若商店设在 v_i 处，其他各村到商店的最长距离。如第 1 行的最大值为 10，说明若商店设在 v_1 处，其他各村到商店的最长距离是 10。

最后，在表 10-8 的最后一列求最小值，v_4 所在行对应的 5 最小，说明若把商店建在 v_4 村，则其余各村到商店的最长距离不超过 5。所以，商店应该建在 v_4 村。

(2) 建小学与建商店不同，它还需要考虑各村的小学生人数，要尽可能使小学生人数最多的村离小学最近。因此，这是一个求网络重心的问题。设各村的小学生人数为权重 g_i。同样先求出网络中任意两点之间的最短距离矩阵 $\boldsymbol{D}$，然后用 v_i 村的小学生人数 g_i 乘以矩阵 $\boldsymbol{D}$ 的第 i 行，得表 10-9。

表 10-9　例 10-15 的运算结果

v_i \ v_j	$g_i d_{ij}$						
	1	2	3	4	5	6	7
1	0	3	4	5	7	8	10
2	3	0	3	2	4	5	7
3	4	3	0	5	5	6	8
4	5	2	5	0	2	3	5
5	7	4	5	2	0	1	3
6	8	5	6	3	1	0	2
7	10	7	8	5	3	2	0
$h(v_j)$	1325	920	1095	870	850(min)	925	1215

再将表中每列数字相加，得小学建于 v_j 村时各村小学生走的总路程 $h(v_j)$，最后按 $h(v_j)$ 最小选取网络的重心。因表 10-9 中 $h(v_5)$ 最小，所以小学应该建在 v_5 村。

10.4 最大流问题

最大流问题在交通运输网络中运输流、供水网络水流、通信网络中信息流、金融系统中的现金流等问题中有着广泛的应用。

1. 基本概念

若有向图中弧上的数字(权)表示允许通过该弧的容量,而所要解决的问题是从网络的出发点(源)到网络的终点(汇)通过的最大流,诸如此类问题称为最大流问题。

例 10-16 某企业为了保证其某地区营销中心的配件供应,要求从其生产配件的工厂 v_S 运送尽可能多的配件到营销中心 v_T,运输网络如图 10-28 所示,弧上的数据为流量限制。问应如何安排运输,才可获得从 v_S 到 v_T 的最大运输能力?

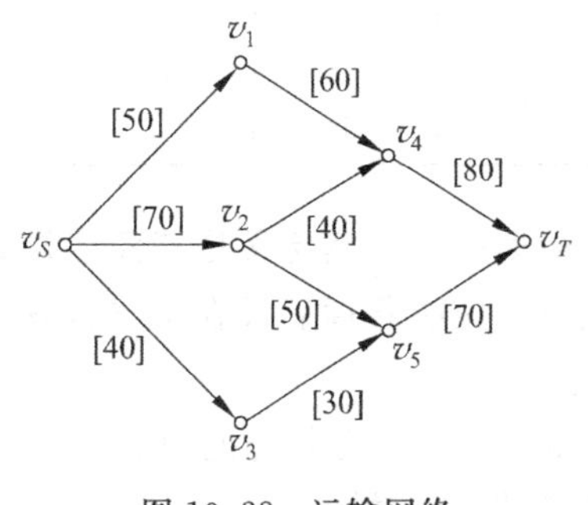

图 10-28 运输网络

为了更好地介绍最大流问题,下面引入几个概念。

容量网络——设 $D=(V,E)$ 为一个赋权有向连通图,每条弧的非负权重 c_{ij} 为该弧的最大流容量。如果 D 中仅有一个入度为 0 的顶点 v_S 和一个出度为 0 的顶点 v_T,则称 D 为一个容量网络或运输网络。其中称 v_S 为源,称 v_T 为汇,称其余顶点为中间点。容量网络一般记为 $D=(V,E,C)$,其中 C 为弧的最大流容量集合。

如图 10-28 所示为一个容量网络。由于在一个容量网络中,每条弧都有容量限制,因此在整个网络中的流必须受到一定限制,假设 f_{ij} 表示弧 (v_i,v_j) 上的流量,则 f_{ij} 必须受到如下约束。

(1) 容量限制条件:对 D 中的任意一条弧 v_{ij},$0\leqslant f_{ij}\leqslant c_{ij}$。

(2) 平衡条件:对 D 中的任意一个中间点 v_i,要求 $\sum\limits_{j} f_{ij}=\sum\limits_{k} f_{ki}$,即中间点的总流入量和总流出量相等,净流量(流出量与流入量之差)为零。

对源和汇,要求 $\sum\limits_{j} f_{Sj}=\sum\limits_{k} f_{kT}$,即从源发出的流量必须与汇接收到的流量相等。

可行流——满足以上两个条件的流量 f_{ij} 的集合称为一个可行流,记为 $f=\{f_{ij}\}$。显然可行流一定存在,最大流问题就是在一个容量网络中寻找流量最大的可行流。

饱和弧——如果容量网络 D 中某弧 (v_i,v_j) 上的流量 f_{ij} 等于其容量限制 c_{ij},即 $f_{ij}=c_{ij}$,则称 (v_i,v_j) 为 D 的饱和弧。

前向弧、后向弧——假设 Q 为容量网络 D 中从 v_S 到 v_T 的链,并且规定 v_S 和 v_T 为链的方向,链上与链的方向一致的弧称为前向弧,与链的方向相反的弧称为后向弧。前向弧集合用 Q^+ 表示,后向弧集合用 Q^- 表示,如图 10-29 所示,(v_4,v_3) 和 (v_5,v_4) 为后向弧,其余为前向弧。

可增广链——假设 f 是容量网络 D 的一个可行流,如果满足

$$\begin{cases} 0 \leqslant f_{ij} < c_{ij} & (v_i, v_j) \in Q^+ \\ 0 < f_{ij} \leqslant c_{ij} & (v_i, v_j) \in Q^- \end{cases}$$

则称 Q 为从 v_S 和 v_T 的(关于 f 的)可增广链。

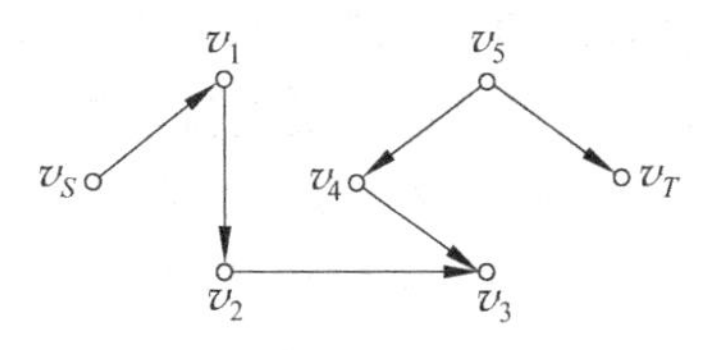

图 10-29　前向弧、后向弧

割集——容量网络 $D=(V,E,C)$，v_S 和 v_T 为源和汇，若存在弧集 $E'\subset E$，将网络 D 分为两个子图 D_1 和 D_2，其顶点集合分别为 S 和 $\overline{S}$，$S\cup\overline{S}=V$，$S\cap\overline{S}=\varphi$，$v_S$ 和 v_T 为别属于 S 和 $\overline{S}$，则称弧集

$$E' = (S,\overline{S}) = \{(u,v) \mid u \in S, v \in \overline{S}\}$$

为 D 的一个割集。

割集容量——$E'=(S,\overline{S})$ 为容量网络 $D=(V,E,C)$ 的一个割集，称 E' 中所有弧的容量之和

$$C(S,\overline{S}) = \sum_{e\in E'} c(e)$$

为 E' 的割集容量。

最小割集——容量网络 D 一般有多个割集，其中容量最小的割集称为 D 的最小割集，其割集容量称为 D 的最小割集容量。

例 10-17　在如图 10-30(a)所示的容量网络中，分别就顶点集 $S_1=\{v_S,v_1,v_2\}$ 和 $S_2=\{v_S,v_1,v_2,v_5\}$ 求其割集和割集容量。

解：

(1)
$$S_1=\{v_S,v_1,v_2\},\quad \overline{S}_1=\{v_3,v_4,v_5,v_T\}$$
$$(S_1,\overline{S}_1)=\{(u,v)\mid(v_1,v_3),(v_2,v_5)\}$$
$$C(S_1,\overline{S}_1)=c(v_1,v_3)+c(v_2,v_5)=23$$

如图 10-30(b)所示，割集 $(S_1,\overline{S}_1)$ 显然是从 S_1 到 $\overline{S}_1$ 或者是 v_S 到 v_T 的必经之路。

(2)
$$S_2=\{v_S,v_1,v_2,v_5\},\quad \overline{S}_2=\{v_3,v_4,v_T\}$$
$$(S_2,\overline{S}_2)=\{(u,v)\mid(v_1,v_3),(v_5,v_T)\}$$
$$C(S_2,\overline{S}_2)=c(v_1,v_3)+c(v_5,v_T)=20$$

如图 10-30(c)所示，割集 $(S_2,\overline{S}_2)$ 显然也是从 S_2 到 $\overline{S}_2$ 或者是 v_S 到 v_T 的必经之路，将割集 $(S_2,\overline{S}_2)$ 从网络中剔除，则网络一定中断。

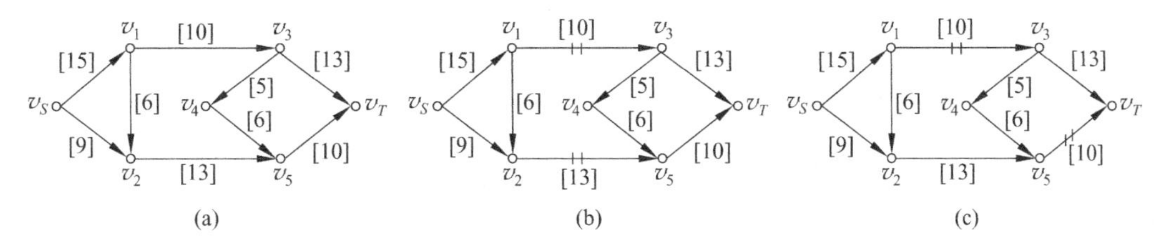

图 10-30　容量网络及其割集

2. 最大流最小割集定理

在例 10-17 中已经指出，在容量网络中，割集是由 v_S 到 v_T 的必经之路，无论拿掉哪个

割集，v_S 到 v_T 都将不再连通，所以，任何一个可行流的流量都不会超过任一割集的容量。因此，容量网络的最大流与最小割集容量满足下面的定理。

定理 10-2 设 f 为网络 $D=(V,E,C)$ 的任一可行流，流量为 W，$(S,\bar{S})$ 为分离 v_S 到 v_T 的一个割集，则有 $W \leqslant C(S,\bar{S})$。

从定理 10-2 不难想象，最大流问题可以转化为寻找一个可行流 f^* 和一个割集 $(S^*,\bar{S}^*)$，使得 f^* 的流量 $W^*=C(S^*,\bar{S}^*)$，而 $(S^*,\bar{S}^*)$ 实际上是网络中的最小割集，因此有下面的最大流—最小割定理。

定理 10-3（最大流—最小割集定理） 任意一个容量网络 $D=(V,E,C)$ 中，从源 v_S 到汇 v_T 的最大流的流量等于分离 v_S 和 v_T 的最小割集容量。

证明：假设 f^* 是一个最大流，流量为 W^*，用下面的方法定义顶点集合 S^*。

令 $v_S \in S^*$；

若顶点 $v_i \in S^*$，且 $f_{ij}^* < c_{ij}$，则令 $v_j \in S^*$；

若顶点 $v_i \in S^*$，且 $f_{ji}^* > 0$，则令 $v_j \in S^*$。

在这种定义下，v_T 一定不属于 S^*，否则，若 $v_T \in S^*$，则得到一条从 v_S 到 v_T 的链 Q，规定从 v_S 到 v_T 为 Q 的方向，如图 10-30 所示。

根据 S^* 的定义，Q 上的前向弧上必有 $f_{ij}^* < c_{ij}$，而后向弧上必有 $f_{ij}^* > 0$，为此，令

$$\delta_{ij}=\begin{cases} c_{ij}-f_{ij}^*, & (v_i,v_j)\text{ 为 } Q \text{ 的前向弧} \\ f_{ij}^*, & (v_i,v_j)\text{ 为 } Q \text{ 的后向弧} \end{cases}$$

且 $\delta=\min\{\delta_{ij}\}$。

定义 f_1^* 为

$$f_1^*=\begin{cases} f_{ij}^*+\delta, & (v_i,v_j)\text{ 为 } Q \text{ 上的前向弧} \\ f_{ij}^*-\delta, & (v_i,v_j)\text{ 为 } Q \text{ 上的后向弧} \\ f_{ij}^*, & \text{其他} \end{cases}$$

显然，可以验证 f_1^* 也是 D 的可行流，且其流量为

$$W_1^* = W^* + \delta$$

与 f^* 为最大流相矛盾，因此，v_T 不属于 S^*。于是，可令 $\bar{S}^*=V-S^*$，从而 $v_T \in \bar{S}^*$。于是得到 D 的一个割集 $(S^*,\bar{S}^*)$，对于该割集中的任意弧 (v_i,v_j) 有

$$f_{ij}^*=\begin{cases} c_{ij}, & v_i \in S^*, v_j \in \bar{S}^* \\ 0, & v_i \in \bar{S}^*, v_j \in S^* \end{cases}$$

同时，f^* 的流量 W^* 满足

$$W^* = \sum_{v_i \in S^*, v_j \in \bar{S}^*} (f_{ij}^* - f_{ji}^*) = \sum_{v_i \in S^*, v_j \in \bar{S}^*} c_{ij} = C(S^*,\bar{S}^*)$$

所以，最大流的流量等于最小割集容量。证毕。

根据定理 10-2 和可增广链的定义，不难得到以下推论。

推论 10-1 可行流 f 是最大流的充要条件是不存在从 v_S 到 v_T 关于 f 的可增广链。

3. 最大流算法

网络的最大流，虽然可以通过枚举法从最小割集中得到，但是即使求出了最小割集，也

不能得到网络中流量的详细分布，因此，枚举法不是一种有效的方法。

求最大流的有效算法为标号算法。根据定理 10-3 和推论 10-1，从一个可行流 f 开始，寻找一条从 v_S 到 v_T 的可增广链，直到找不到可增广链为止，最后的流量即为最大流。标号算法一般分为两个过程：第一是标号过程，通过标号来寻找可增广链；第二是调整过程，沿可增广链调整流以增加流量。

第一步：标号过程

(1) 对于源 v_S，标号为$(-,+\infty)$；

(2) 选择每个已经标号的顶点 v_i，对于 v_i 的所有未给标号的邻接点 v_j，作如下处理。

① 若$(v_j,v_i)\in E$，且 $f_{ji}>0$，则令 $\delta_j=\min(f_{ji},\delta_i)$，并且将 v_j 标号为$(-v_i,\delta_j)$。$-v_i$ 表示 v_i 是 v_j 的后续点。

② 若$(v_i,v_j)\in E$，且 $f_{ij}<c_{ij}$，则令 $\delta_j=\min(c_{ij}-f_{ij},\delta_i)$，并且将 v_j 标号为$(+v_i,\delta_j)$。$+v_i$ 表示 v_i 是 v_j 的前列点。

(3) 重复步骤(2)，直到汇 v_T 不再有顶点可被标号。若 v_T 被标号，则得到一条可增广链，继续调整过程。若根据步骤(2)，v_T 不能获得标号，则说明 f 已经是最大流。

第二步：调整过程

调整一般反向进行，重新计算各条弧的流量。用 f'_{ij} 表示调整后的弧(v_i,v_j)的流量，令

$$f'_{ij}=\begin{cases}f_{ij}+\delta_T, & (v_i,v_j)\text{ 为可增广链上的前向弧时}\\ f_{ij}-\delta_T, & (v_i,v_j)\text{ 为可增广链上的后向弧时}\\ f_{ij}, & (v_i,v_j)\text{ 不在可增广链上}\end{cases}$$

将调整后的流 f' 的标号全部去除，并重复第一步和第二步的标号和调整过程，对 f' 重新进行标号，直到不能再进行标号为止。

例 10-18 计算如图 10-31 所示网络的从 v_S 到 v_T 的最大流。弧上记号表示为(c_{ij},f_{ij})，其中 $f=\{f_{ij}\}$为一个已知的可行流。

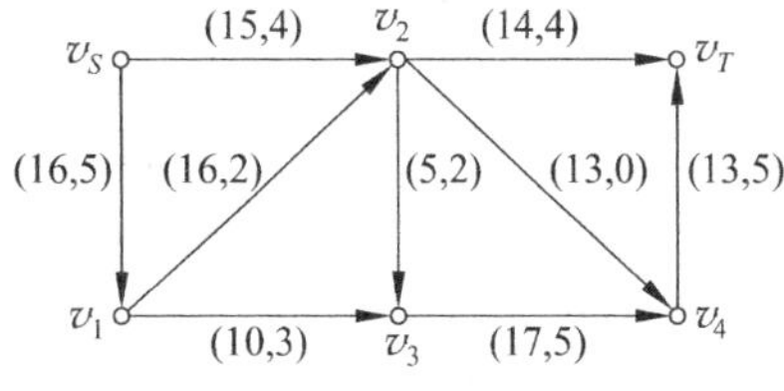

图 10-31 例 10-18 的网络

解：使用标号法求该网络的最大流。

第一步：标号过程

将 v_S 标号为$(-,+\infty)$，$\delta_S=+\infty$；

检查 v_S 的邻接点 v_1，v_1 满足$(v_S,v_1)\in E$，$f_{S1}<c_{S1}$，令 $\delta_1=\min(c_{S1}-f_{S1},\delta_S)=\min(16-5,+\infty)=11$，将 v_1 标号为$(+v_S,11)$。

检查 v_1 的邻接点 v_2，v_2 满足$(v_1,v_2)\in E$，$f_{12}<c_{12}$，令 $\delta_2=\min(c_{12}-f_{12},\delta_1)=\min(16-2,11)=11$，将 v_2 标号为$(+v_1,11)$。

检查 v_2 的邻接点 v_T，v_T 满足$(v_1,v_T)\in E$，$f_{2T}<c_{2T}$，令 $\delta_T=\min(c_{2T}-f_{2T},\delta_2)=\min(14-4,11)=10$，将 v_T 标号为$(+v_2,10)$。

得到可增广链：$v_S\to v_1\to v_2\to v_T$，$\delta_T=10$。

第二步：调整过程

由 $f'_{ij}=f_{ij}+\delta_T$，知

$$f'_{2T}=f_{2T}+\delta_T=4+10=14,$$
$$f'_{12}=f_{12}+\delta_T=2+10=12,$$

$$f'_{S1} = f_{S1} + \delta_T = 5 + 10 = 15;$$

结果如图 10-32(a)所示。

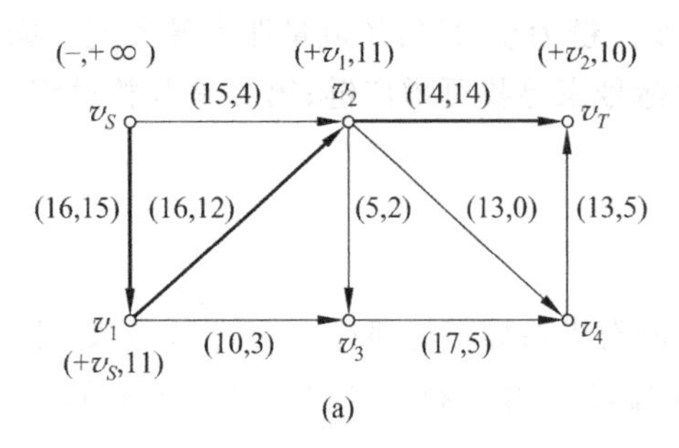

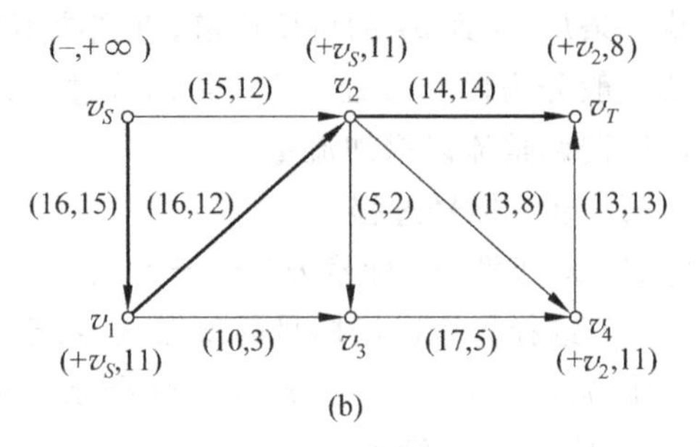

图 10-32 第一次和第二次迭代标号、调整

对图 10-32(a)重复第一步和第二步，得到可增广链 $v_S \to v_2 \to v_4 \to v_T$，其中 $\delta_T = 8$。得到第二次迭代标号、调整网络，如图 10-32(b)所示。

继续标号过程，发现与 v_2 和 v_4 邻接的点 v_T 已经不满足标号条件，标号过程无法继续，此时

$$W = f_{S1} + f_{S2} = 15 + 12 = 27$$

即为最大流量，算法结束。

例 10-19 在例 10-16 中，该企业应如何安排运输，才可获得从 v_S 到 v_T 的最大运输能力？

解：在图 10-28 中，弧上记号只有最大流容量，没有给出已知的可行流，为了采用标号法计算最大流，将可行流的所有流量计算为 0，如图 10-33 所示。采取标号法计算最大流。

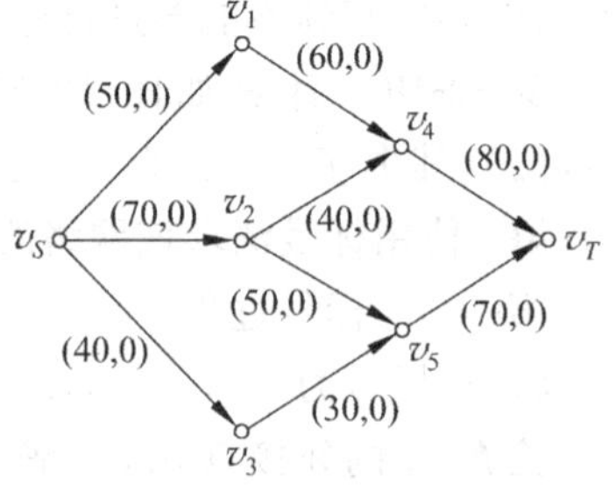

图 10-33 可行流的所有流量计算为 0 的示意图

第一步：标号过程

将 v_S 标号为$(-,+\infty)$，$\delta_S = +\infty$；

检查 v_S 的邻接点 v_1，v_1 满足$(v_S, v_1) \in E$，$f_{S1} < c_{S1}$，令 $\delta_1 = \min(c_{S1} - f_{S1}, \delta_S) = \min(50-0, +\infty) = 50$，将 v_1 标号为$(+v_S, 50)$。

检查 v_1 的邻接点 v_4，v_4 满足$(v_1, v_4) \in E$，$f_{14} < c_{14}$，令 $\delta_4 = \min(c_{14} - f_{14}, \delta_1) = \min(60-0, 50) = 50$，将 v_4 标号为$(+v_1, 50)$。

检查 v_4 的邻接点 v_4，v_T 满足$(v_4, v_T) \in E$，$f_{4T} < c_{4T}$，令 $\delta_T = \min(c_{4T} - f_{4T}, \delta_4) = \min(80-0, 50) = 50$，将 v_T 标号为$(+v_4, 50)$。

得到可增广链 $v_S \to v_1 \to v_4 \to v_T$，$\delta_T = 50$。

第二步：调整过程

由 $f'_{ij} = f_{ij} + \delta_T$，知

$$f'_{4T} = f_{4T} + \delta_T = 0 + 50 = 50,$$
$$f'_{14} = f_{14} + \delta_T = 0 + 50 = 50,$$
$$f'_{S1} = f_{S1} + \delta_T = 0 + 50 = 50;$$

结果如图 10-34(a)所示。

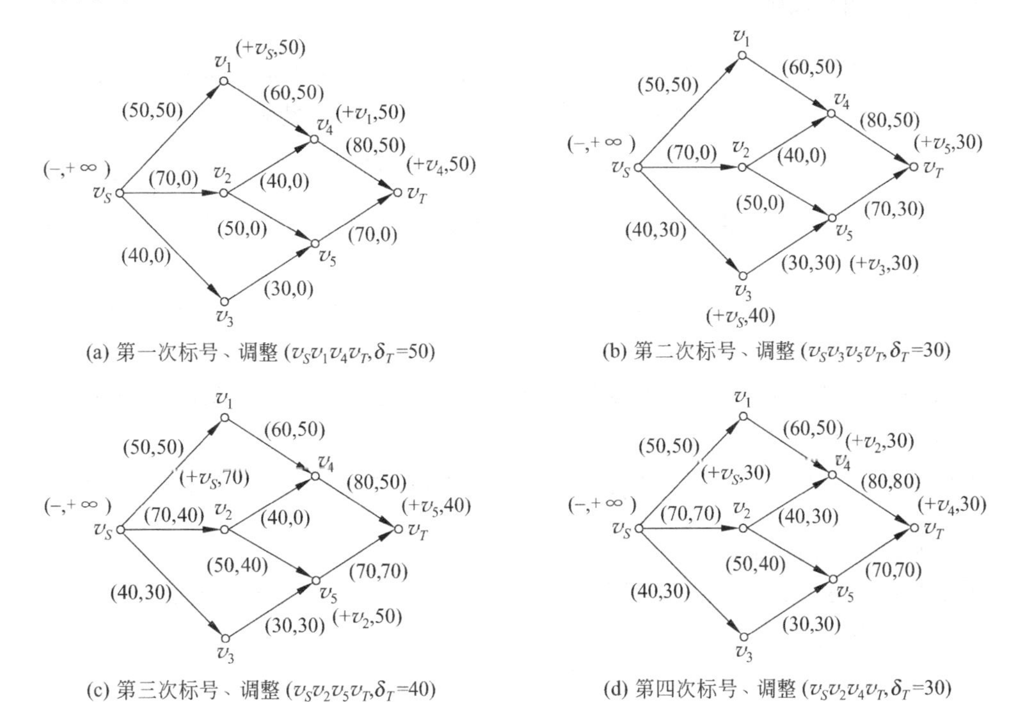

图 10-34 标号、调整过程示意图

经过 4 次标号调整，(v_S,v_1)，(v_S,v_2)，(v_3,v_5)已经达到最大流容量限制，不再满足标号条件，标号过程无法继续。令 $S_1=\{v_S,v_3\}$，$\bar{S}_1=\{v_1,v_2,v_4,v_5,v_T\}$，$(S_1,\bar{S}_1)$为最小割集，其容量即为网络的最大流量，$W=C(S,\bar{S})=50+70+30=150$。因此，该企业只要按照图 10-34(d)的方式安排运输，即可获得从 v_S 到 v_T 的最大运输能力，最大运输能力为 150。

10.5 最小费用最大流问题

在上一节中介绍了最大流问题，但是在最大流问题中只考虑了流的大小，没有考虑流的成本。实际上，在许多实际问题中，要求同时考虑流的大小和成本。

在例 10-16 中，某企业为了保证其某地区营销中心的配件供应，要求从其生产配件的工厂 v_S 运送尽可能多的配件到营销中心 v_T，运输网络如图 10-28 所示，弧上数据为流量限制，同时给出了每条弧上的单位流量费用，如图 10-35 所示，该企业应如何安排运输，在获得从 v_S 到 v_T 的最大运输能力的前提下使运输成本最小？

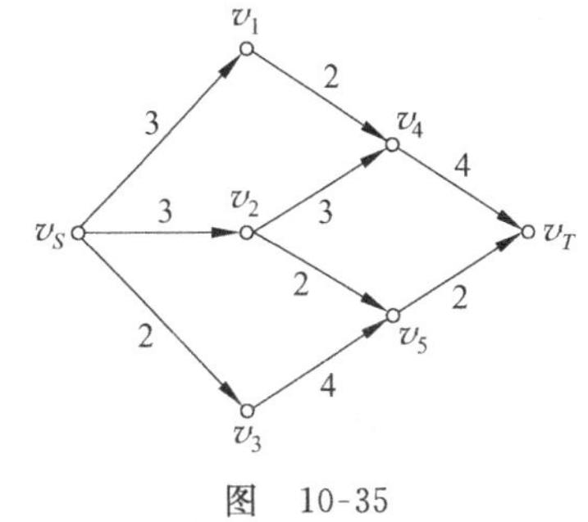

图 10-35

1. 最小费用流问题

已知容量网络 $D=(V,E,C)$，每条弧(v_i,v_j)上除了给出最大流容量 c_{ij} 外，还给出了单位流量的成本 $d_{ij}(\geqslant 0)$，一般将带成本的容量网络称为**赋权容量网络**，记为 $D=(V,E,C,d)$。求 D 的一个可行流 $f=\{f_{ij}\}$，使得流量 $W(f)=w^*$，且总费用 $d(f)=\sum\limits_{(v_i,v_j)\in E} d_{ij}f_{ij}$ 达到最小。这一类问题称为**最小费用流问题**。特别地，当要求 f 为最大流时，此类问题即称为**最小费用最大流问题**。

最小费用流问题一般采用对偶算法求解，在介绍对偶算法之前，先介绍几个有关可增广链的概念。

已知 $D=(V,E,C,d)$是一个赋权容量网络，f 是 D 上的一个可行流，Q 是从源 v_S 到汇 v_T 的一条关于 f 的可增广链。给出以下概念。

链的费用——称 $\sum\limits_{Q^+} d_{ij}f_{ij}-\sum\limits_{Q^-} d_{ij}f_{ij}$ 为 Q 的费用，记为 $d(Q)$，其中 Q^+ 为 Q 的前向弧集合，Q^- 为 Q 的后向弧集合。

最小费用可增广链——若 Q^* 是从源 v_S 到汇 v_T 所有可增广链中费用最小的链，则称 Q^* 为最小费用可增广链。

对偶算法基本思路：先寻找一个流量满足 $W(f^{(0)})<w^*$ 的最小费用流 $f^{(0)}$，然后寻找从 v_S 到 v_T 的可增广链 Q，用最大流方法将 $f^{(0)}$ 调整到 $f^{(1)}$，使 $f^{(1)}$ 的流量为 $W(f^{(1)})=W(f^{(0)})+\theta$，并保证 $f^{(1)}$ 是在流量 $W(f^{(0)})+\theta$ 下的最小费用流，继续以上步骤，直到 $W(f^{(k)})=w^*$ 为止。

由于对偶算法中要求 $f^{(1)}$ 是在流量 $W(f^{(0)})+\theta$ 下的最小费用流，为此不加证明便给出定理 10-4。

定理 10-4 若 f 是流量为 $W(f)$下的最小费用流，Q 是关于 f 的从 v_S 到 v_T 的一条最小费用可增广链，则 f 经过 Q 调整流量 θ 后得到的新可行流 f' 一定是流量为 $W(f)+\theta$ 下的最小费用流。

由于 $d_{ij}\geqslant 0$，因此通常在选取初始最小费用流时，取 $f^{(0)}=\{0\}$，接下来的问题是如何寻找关于 $f^{(0)}$ 的最小费用可增广链，为此，引进长度网络的概念。

在赋权容量网络 $D=(V,E,C,d)$中，对于可行流 f，保持原网络各顶点，每条弧用两条方向相反的弧代替，各弧的权重 l_{ij} 按如下规则。

(1) 当弧$(v_i,v_j)\in E$ 时，令 $l_{ij}=\begin{cases} d_{ij} & \text{当 } f_{ij}<c_{ij} \text{ 时} \\ +\infty, & \text{当 } f_{ij}=c_{ij} \text{ 时} \end{cases}$，$+\infty$ 的意义是：这条弧已经饱和，不能再增加流量，否则代价太高，实际无法实现，因此，权 $+\infty$ 的弧可以从网络中去除。

(2) 当弧(v_j,v_i)为原网络 D 中弧(v_i,v_j)的反向弧时，令 $l_{ji}=\begin{cases} -d_{ij}, & \text{当 } f_{ij}>0 \text{ 时} \\ +\infty, & \text{当 } f_{ij}=0 \text{ 时} \end{cases}$，$+\infty$的意义是该弧流量已经减少到 0，不能再减少，实际上权为 $+\infty$ 的弧也可以从网络中去除。

由以上规则定义的网络称为长度网络，记为 $L(f)$，其本质是将费用看成长度。显然在 D 中求关于 f 的最小费用可增广链相当于在长度网络 $L(f)$ 中求从 v_S 到 v_T 的最短路，可以利用 Dijkstra 算法求解最短路。

2. 对偶算法基本步骤

(1) 初始可行流取零流，即 $f^{(0)}=\{0\}$。

(2) 若有可行流 $f^{(k-1)}$ 流量满足 $W(f^{(k-1)})<w^*$，构造长度网络 $L(f^{(k-1)})$。

(3) 用 Dijkstra 算法求长度网络 $L(f^{(k-1)})$ 中从 v_S 到 v_T 的最短路。若不存在最短路，则 $f^{(k-1)}$ 即为最大流，不存在流量为 w^* 的流，算法停止，否则继续第(4)步。

(4) 在 D 中与这条最短路相应的可增广链 Q 上，作 $f^{(k)}=f_Q^{(k-1)}\theta$，其中

$$\theta=\min\{\min_{Q^+}(c_{ij}-f_{ij}^{(k-1)}),\min_{Q^-}f_{ij}^{(k-1)}\}$$

此时 $f^{(k)}$ 的流量为 $W(f^{(k)})=W(f^{(k-1)})+\theta$，若 $W(f^{(k)})=w^*$，则停止，否则令 $f^{(k)}$ 代替 $f^{(k-1)}$ 返回第(2)步。

例 10-20 在例 10-16 中，该企业应如何安排运输，才使得在获得从 v_S 到 v_T 的最大运输能力的前提下运输成本最小？容量网络和单位运输成本如图 10-28 和图 10-35 所示。

解：在例 10-19 中，已经求出了例 10-16 中企业的最大运输能力为 150。现在只要求流量为 150 时的最小费用流即可。

(1) 从 $f^{(0)}=\{0\}$开始，作长度网络 $L(f^{(0)})$，如图 10-36(a)所示，用 Dijkstra 算法求出 $L(f^{(0)})$的最短路为 $v_S\to v_2\to v_5\to v_T$。在网络中相应的可增广链上用最大流算法进行流的调整：

$$Q^+=\{(v_S,v_2),(v_2,v_5),(v_5,v_T)\},\quad Q^-=\phi$$

$$\theta_1=\min\{\min_{Q^+}(c_{ij}-f_{ij}^{(0)}),\quad \min_{Q^-}f_{ij}^{(0)}\}=\{70,50,70\}=50$$

$$f^{(1)}=\begin{cases}f_{ij}^{(0)}+\theta_1, & (v_i,v_j)\in Q^+\\ f_{ij}^{(0)}, & \text{其他}\end{cases},\quad W(f^{(1)})=W(f^{(0)})+\theta_1=50$$

$$d(f^{(1)})=50\times 3+50\times 2+50\times 2=350$$

$f^{(1)}$ 的结果如图 10-36(b)所示。

(2) 作长度网络 $L(f^{(1)})$如图 10-36(c)所示，弧上有负权，故只能采取逐次逼近法求最短路，最短路为 $v_S\to v_3\to v_5\to v_T$。在网络中相应的可增广链上用最大流算法进行流的调整：

$$Q^+=\{(v_S,v_3),(v_3,v_5),(v_5,v_T)\},\quad Q^-=\theta$$

$$\theta_2=\min\{\min_{Q^+}(c_{ij}-f_{ij}^{(1)},\min_{Q^-}f_{ij}^{(1)}\}=\min\{40-0,30-0,70-50\}=20$$

$$f^{(2)}=\begin{cases}f_{ij}^{(1)}+\theta_2, & (v_i,v_j)\in Q^+\\ f_{ij}^{(0)}, & \text{其他}\end{cases},\quad W(f^{(2)})=W(f^{(1)})+\theta_2=70$$

$$d(f^{(2)})=510$$

$f^{(2)}$ 的结果如图 10-36(d)所示。

(3) 作长度网络 $L(f^{(2)})$如图 10-36(e)所示，弧上有负权，故只能采取逐次逼近法求最短路，最短路为 $v_S\to v_1\to v_4\to v_T$。在网络中相应的可增广链上用最大流算法进行流的

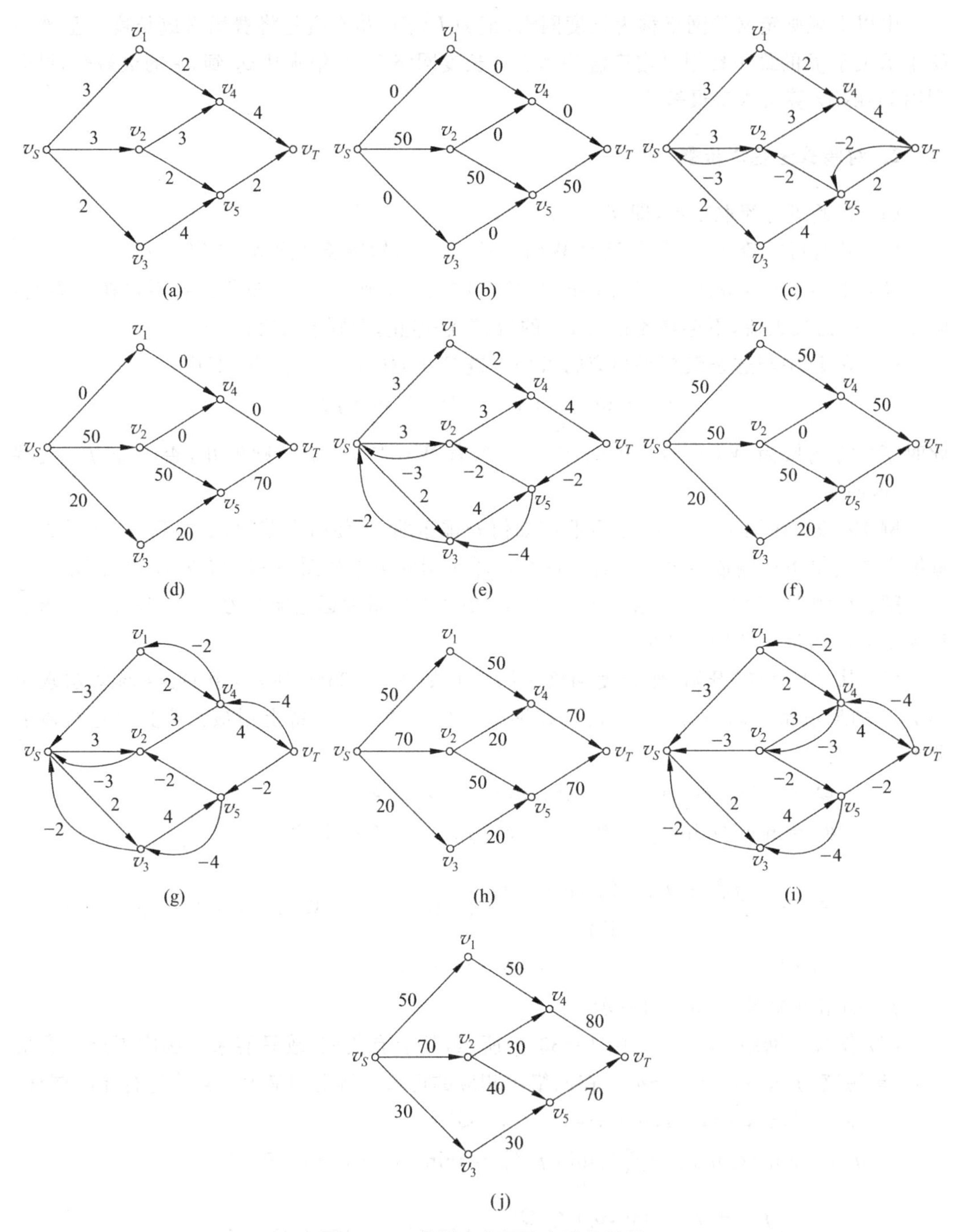

图 10-36　求最小费用最大流的过程

调整：

$$Q^{+}=\{(v_S,v_1),(v_1,v_4),(v_4,v_T)\},\quad Q^{-}=\theta$$

$$\theta_3=\min\{\min_{Q^{+}}(c_{ij}-f_{ij}^{(2)},\min_{Q^{-}}f_{ij}^{(2)}\}=\min\{50,60,80\}=50$$

$$f^{(3)} = \begin{cases} f_{ij}^{(2)} + \theta_3, & (v_i, v_j) \in Q^+ \\ f_{ij}^{(0)}, & \text{其他} \end{cases}, \quad W(f^{(3)}) = W(f^{(2)}) + \theta_3 = 120$$

$$d(f^{(3)}) = 960$$

$f^{(3)}$的结果如图 10-36(f)所示。

(4) 作长度网络 $L(f^{(3)})$如图 10-36(g)所示,最短路为 $v_S \to v_2 \to v_4 \to v_T$。

$$W(f^{(4)}) = W(f^{(3)}) + \theta_4 = 120 + 20 = 140$$

$$d(f^{(4)}) = 1160$$

$f^{(4)}$的结果如图 10-36(h)所示。

(5) 作长度网络 $L(f^{(4)})$如图 10-36(i)所示,最短路为 $v_S \to v_3 \to v_5 \to v_2 \to v_4 \to v_T$。

$$W(f^{(5)}) = W(f^{(4)}) + \theta_5 = 140 + 10 = 150$$

$$d(f^{(5)}) = 1270$$

$f^{(5)}$的结果如图 10 36(j)所示。

由于 $W(f^{(5)})=150$,$f^{(5)}$就是所求的最小费用最大流,最小费用为 1270。

10.6 网络优化的 Excel 求解

本节讨论如何利用 Excel 电子表格来求解网络优化问题。使用 Excel 电子表格求解网络优化问题涉及两个基本步骤:首先需要在电子表格上构建网络优化模型;其次是利用 Excel 的规划求解工具求解。

顶点的净流量——在一个赋权有向图中,每个顶点的净流量等于所有流出该顶点的弧上流量之和减去所有流入该顶点的弧上流量之和。

在最大流问题中,对于每一个可行流 f,源 v_S 的净流量等于 f 的流量,汇 v_T 的净流量等于 f 的流量的负值,其他顶点的净流量一定为零,否则 f 将不是可行流。

在最短路径问题中,由于不存在流量,只有边的权重(例如长度、费用等),将在最短路径上的边的流量定为 1,而不在最短路径上的边的流量定为 0,因此最短路径上出发点的净流量为 1,终点的净流量为−1,而其他顶点的净流量为 0。

1. 最短路问题的 Excel 求解

例 10-21 求如图 10-37(a)所示的赋权有向图顶点 v_1 到其余各点的最短路径及其长度(见本章例 10-9)。

解:以求顶点 v_1 到顶点 v_8 的最短路径及其长度为例,先建立 LP 模型。

将图中所有的有向边排序,共有 14 条边,每条边的长度记为 $c_i(i=1,2,\cdots,14)$,用 x_i 表示第 i 条边是否在最短路径中,

$$x_i = \begin{cases} 1, & \text{第 } i \text{ 条边在最短路径中} \\ 0, & \text{第 } i \text{ 条边不在最短路径中} \end{cases}$$

显然,x_i 也是第 i 条边的流量,因此,目标函数为 $y = \sum_{i=1}^{14} c_i x_i$。

将最短路径记为 Q,所有边的起点集合记为 E_S,所有边的终点集合记为 E_T,顶点 v_i 的

净流量为 $\sum\limits_{v_i \in E_S} x_j - \sum\limits_{v_i \in E_T} x_k$，其中 x_j 为所有以 x_i 为起点的边的流量，x_k 为所有以 x_i 为终点的边的流量，例如顶点 v_3 是第 6、第 7 条边的起点，是第 2、第 3 条边的终点，因此顶点 v_3 的净流量为

$$\sum_{v_3 \in E_S} x_j - \sum_{v_3 \in E_T} x_v = (x_6 + x_7) - (x_2 - x_3)$$

得到最短路径的 LP 模型

$$\min y = \sum_{i=1}^{14} c_i x_i$$

$$\text{s. t.} \begin{cases} \sum\limits_{v_1 \in E_S} x_j = 1 \\ \sum\limits_{v_i \in E_S} x_j - \sum\limits_{v_i \in E_T} x_k = 0 \quad (i = 2,3,\cdots,7) \\ -\sum\limits_{v_8 \in E_T} x_k = -1 \\ x_1, x_2, \cdots, x_{14} \text{ 为 } 0,1 \text{ 变量} \end{cases}$$

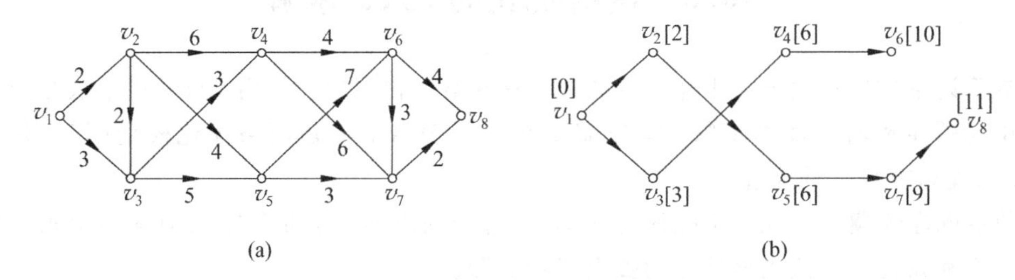

图 10-37　赋权有向图的最短路径求解

将 LP 模型的最优解中为 1 的 x_i 关联的顶点连接起来就是最短路径，而目标函数 $y = \sum\limits_{i=1}^{14} c_i x_i$ 的值就是最短路径的长度。

将上述 LP 模型转换为 Excel 模型，如图 10-38 所示。Excel 模型中包含每条边的序号、起点、终点和边的长度等基本数据，决策变量 x_i 放在“是否在路径中”单元格中，目标函数即最短路径长度在 I16 单元格中，其取值采取 Excel 中的 SUMPRODUCT 函数，方法为＝SUMPRODUCT(E6:E19,F6:F19)，具体形式如图 10-39 所示。

对于每个顶点的净流量限制，包含顶点、净流量、流量控制等数据。顶点净流量的计算采用 Excel 中的 SUMIF 函数，如顶点 v_1 的净流量(单元格 I6)为＝SUMIF($C$6:$C$19,H6,$F$6:$F$19)，其他顶点的净流量类似设置，具体形式如图 10-40 和图 10-41 所示。

最后使用 Excel 的规划求解工具求解，具体设置如图 10-42 所示，最优解结果如图 10-38 所示，可以看出，第 1、第 5、第 11、第 14 条边在最短路径中，最短路径为 $Q = v_1 v_2 v_5 v_7 v_8$，其长度为 $w(Q) = 11$，如图 10-37(b)所示。

	B	C	D	E	F	G	H	I	J	K
2		例 10-21　最短路径及其长度								
3										
4	边序号	起点	终点	长度	是否在路径中		顶点	净流量		流量控制
5										
6	1	v1	v2	2	1		v1	1	=	1
7	2	v1	v3	3	0		v2	0	=	0
8	3	v2	v3	2	0		v3	0	=	0
9	4	v2	v4	6	0		v4	0	=	0
10	5	v2	v5	4	1		v5	0	=	0
11	6	v3	v4	3	0		v6	0	=	0
12	7	v3	v5	5	0		v7	0	=	0
13	8	v4	v6	4	0		v8	−1	=	−1
14	9	v4	v7	6	0					
15	10	v5	v6	7	0			最短路		
16	11	v5	v7	3	1			11		
17	12	v6	v7	3	0					
18	13	v6	v8	4	0					
19	14	v7	v8	2	1					

图 10-38　最短路径的 Excel 模型和求解结果

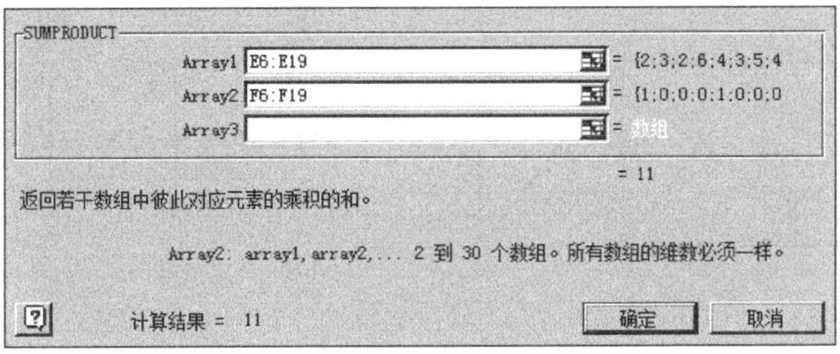

SUMPRODUCT

Array1 E6:E19 = {2;3;2;6;4;3;5;4

Array2 F6:F19 = {1;0;0;0;1;0;0;0

Array3 = 数组

= 11

返回若干数组中彼此对应元素的乘积的和。

Array2: array1, array2,... 2 到 30 个数组。所有数组的维数必须一样。

计算结果 = 11　　确定　取消

图 10-39　最短路径的目标函数设置

	I
6	=SUMIF(C6:C19,H6,F6:F19)
7	=SUMIF(C6:C19,H7,F6:F19)−SUMIF(D6:D19,H7,F6:F19)
8	=SUMIF(C6:C19,H8,F6:F19)−SUMIF(D6:D19,H8,F6:F19)
9	=SUMIF(C6:C19,H9,F6:F19)−SUMIF(D6:D19,H9,F6:F19)
10	=SUMIF(C6:C19,H10,F6:F19)−SUMIF(D6:D19,H10,F6:F19)
11	=SUMIF(C6:C19,H11,F6:F19)−SUMIF(D6:D19,H11,F6:F19)
12	=SUMIF(C6:C19,H12,F6:F19)−SUMIF(D6:D19,H12,F6:F19)
13	=−SUMIF(D6:D19,H13,F6:F19)

图 10-40　Excel 中净流量的计算

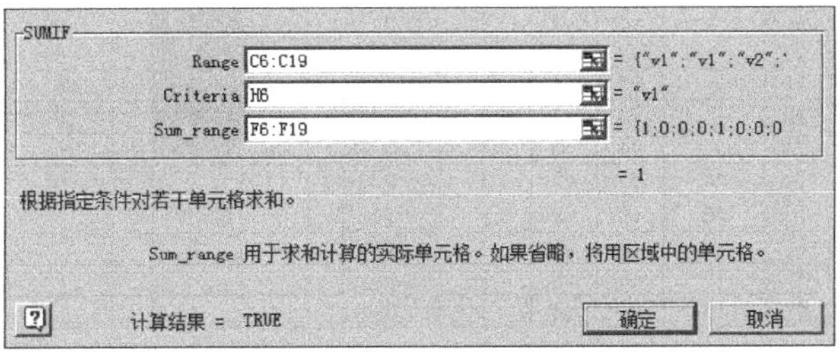

SUMIF

Range C6:C19 = {"v1";"v1";"v2";

Criteria H6 = "v1"

Sum_range F6:F19 = {1;0;0;0;1;0;0;0

= 1

根据指定条件对若干单元格求和。

Sum_range 用于求和计算的实际单元格。如果省略，将用区域中的单元格。

计算结果 = TRUE　　确定　取消

图 10-41　SUMIF 的使用方法

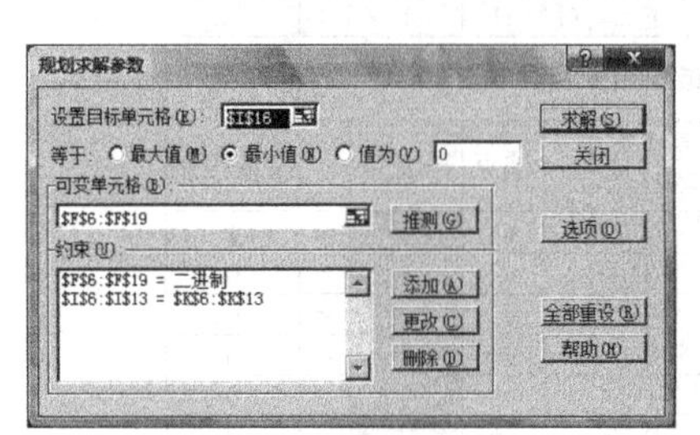

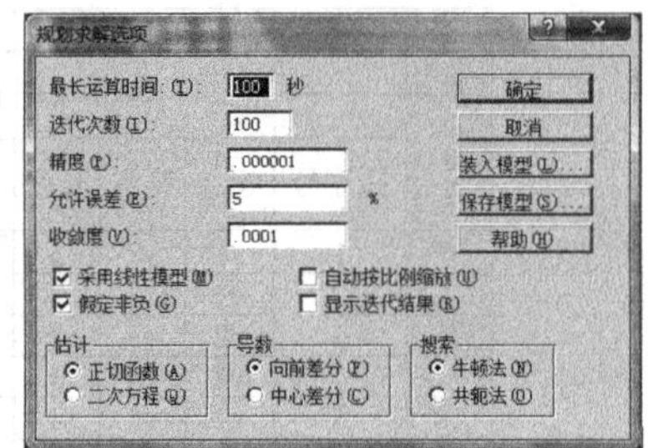

图 10-42 最短路径规划求解的参数设置

如果要求顶点 v_1 到其他顶点的最短路径，只需将该终点替代 v_8，其流量限制改为－1即可，具体情况，读者可以自己动手做。

使用 Excel 求解最短路径问题，一般不要求给出 LP 模型，而是直接在电子表格中建立直观模型并求解。

例 10-22 求如图 10-43(a)所示网络中 v_1 到各点的最短路径(见本章例 10-10)。

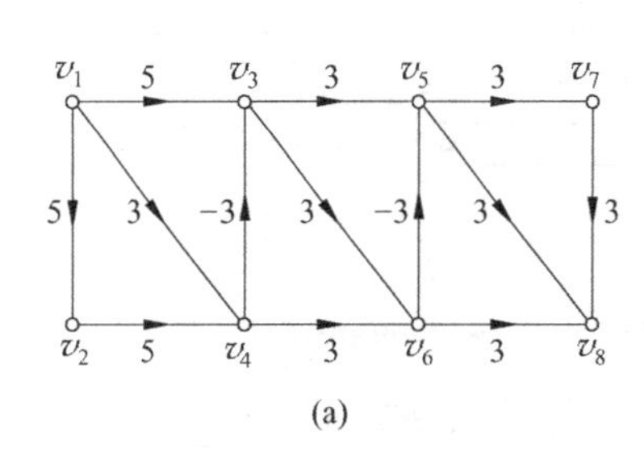

(a)

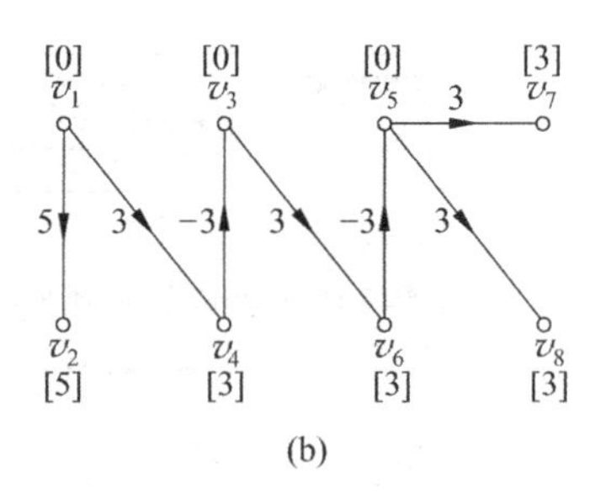

(b)

图 10-43 网络中 v_1 到各点的最短路径

解：具体的 Excel 模型中最短路起点 v_1 的流量控制为 1(单元格 K6)，终点的流量控制为－1，其他中间点的流量控制为 0，其他设置和例 10-21 类似。图 10-44 是从 v_1 到 v_8 的求解结果，最短路 $Q=v_1v_4v_3v_6v_5v_8$，最短路径长度 $w(Q)=3$。v_1 到其他各顶点的最短路径和长度用同样方法求解，具体求解结果如图 10-43(b)所示。

	B	C	D	E	F	G	H	I	J	K
2		例 10-22 最短路径及其长度								
3										
4	边序号	起点	终点	长度	是否在路径中		顶点	净流量		流量控制
5										
6	1	v1	v2	5	0		v1	1	=	1
7	2	v1	v3	5	0		v2	0	=	0
8	3	v1	v4	3	1		v3	0	=	0
9	4	v2	v4	5	0		v4	0	=	0
10	5	v3	v5	3	0		v5	0	=	0
11	6	v3	v6	3	1		v6	0	=	0
12	7	v4	v3	-3	1		v7	0	=	0
13	8	v4	v6	3	0		v8	-1	=	-1
14	9	v5	v7	3	0					
15	10	v5	v8	3	1			最短路		
16	11	v6	v5	-3	1			3		
17	12	v6	v8	3	0					
18	13	v7	v8	3	0					

图 10-44 v_1 到 v_8 的求解结果

例 10-23 最小运行费用问题：某工厂计划了一笔 21 000 元的资金，用于购买一台设备并用于后续 4 年的运行，也可以在接下来的三年一次或多次将老设备出售并重新购买新设备，具体数据见表 10-10。该工厂应该如何使用该笔资金，使 4 年内购买设备和运行总费用最少？（见本章例 10-11）

表 10-10 设备的相关费用

购买价格（元）	设备使用年限及当年运行费用				设备使用后卖出价格			
	新设备	1 年后	2 年后	3 年后	使用 1 年	使用 2 年	使用 3 年	使用 4 年
12 000	2000	3000	4500	6500	8500	6500	4500	3000

解：参照例 10-11 的思路，将问题化为最短路径问题，如图 10-45 所示，顶点中数字代表相应年份，各方向边的权重为相应决策的购车和运行费用，4 年内购买设备和运行总费用的最小值显然是从顶点 0 到顶点 4 的最短路长度。

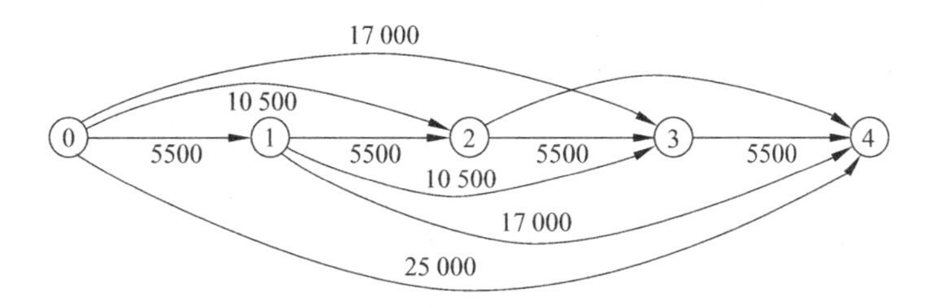

图 10-45 设备采购网络图

为上述最短路径问题建立 Excel 模型，如图 10-46 所示。该工厂应该在两年后将老设备出售并重新购买新设备，总的费用为 21 000 元。

	B	C	D	E	F	G	H	I	J	K
2		例 10-23 设备采购最短路径模型								
3										
4	边序号	起点	终点	长度（费用）	是否在路径中		顶点	净流量		流量控制
5										
6	1	0	1	5500	0		0	1	=	1
7	2	0	2	10 500	1		1	0	=	0
8	3	0	3	17 000	0		2	0	=	0
9	4	0	4	25 000	0		3	0	=	0
10	5	1	2	5500	0		4	−1	=	−1
11	6	1	3	10 500	0					
12	7	1	4	17 000	0			最小费用		
13	8	2	3	5500	0			21 000		
14	9	2	4	10 500	1					
15	10	3	4	5500	0					

图 10-46 最短路径的 Excel 模型

例 10-24 选址问题：某小镇共有 7 个村，其交通网络如图 10-47 所示，现在该镇要在其中一个村中扩建一所中学，应该选在哪个村中建设，使得最远村庄的学生上学距离最短？

解：用 Excel 求解选址问题比较麻烦，首先，该问题的网络图并不是有向图但可将其理解为有向图，并且每条边都是双向的。其次，该问题是一个选择性问题，要求出每两个村庄的最短路径，最后比较，选择最小值对应的村庄建设中学。

由于使用 Excel 求解时必须求每两个村庄之间的最短路径，步骤较多，这里只给出了 v_3 和 v_7 的最短路径的 Excel 模型，如图 10-48 所示，其他最短路径的长度见表 10-11。从表中可以看出，距离 v_3 最远的村庄为 v_7，距离 48，其他结果都更远，因此，应该在 v_3 建设中学，可使最远的村庄学生上学距离最短。

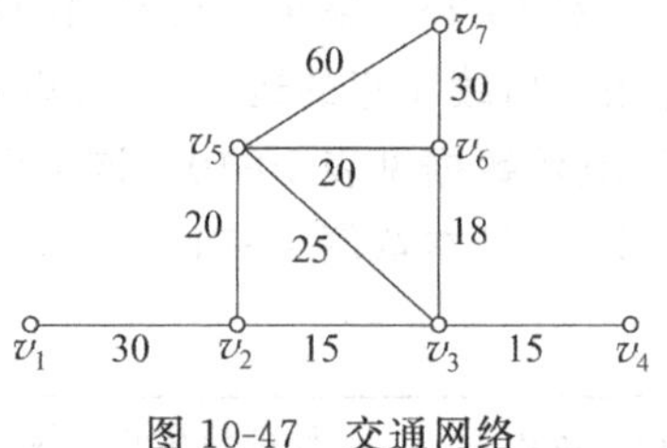

图 10-47　交通网络

	B	C	D	E	F	G	H	I	J	K
2		例 10-24　选址问题								
3										
4	边序号	起点	终点	长度	是否在路径中		顶点	净流量		流量控制
5										
6	1	v1	v2	30	0		v1	0	=	0
7	2	v2	v3	15	0		v2	0	=	0
8	3	v2	v5	20	0		v3	1	=	1
9	4	v3	v2	15	0		v4	0	=	0
10	5	v3	v4	15	0		v5	0	=	0
11	6	v3	v5	25	0		v6	0	=	0
12	7	v3	v6	18	1		v7	−1	=	−1
13	8	v4	v3	15	0					
14	9	v5	v2	20	0					
15	10	v5	v3	25	0			最短路		
16	11	v5	v6	20	0			48		
17	12	v5	v7	60	0					
18	13	v6	v3	18	0					
19	14	v6	v5	20	0					
20	15	v6	v7	30	1					
21	16	v7	v5	60	0					
22	17	v7	v6	30	0					

图 10-48　v_3 和 v_7 的最短路径的长度

表 10-11　其他最短路径的长度

	v_1	v_2	v_3	v_4	v_5	v_6	v_7
v_1		30	45	60	50	63	93
v_2	30		15	30	20	33	63
v_3	45	15		15	25	18	48
v_4	60	30	15		40	33	63
v_5	50	20	25	40		20	50
v_6	63	33	18	33	20		30
v_7	93	63	48	63	50	20	

求解例 10-24 的过程复杂而冗长，有兴趣的读者可以尝试建立简单的 Excel 模型。

2. 最大流问题的 Excel 求解

最大流问题也可以方便地应用 Excel 建立模型来求解，下面以例 10-25 为例介绍最大流问题的 Excel 求解方法。

例 10-25 某企业为了保证其某地区营销中心的配件供应，要求从其生产配件的工厂 v_S 运送尽可能多的配件到营销中心 v_T，运输网络如图 10-49 所示，弧上数据为流量限制。应如何安排运输，可获得从 v_S 到 v_T 的最大运输能力？（见本章例 10-16）

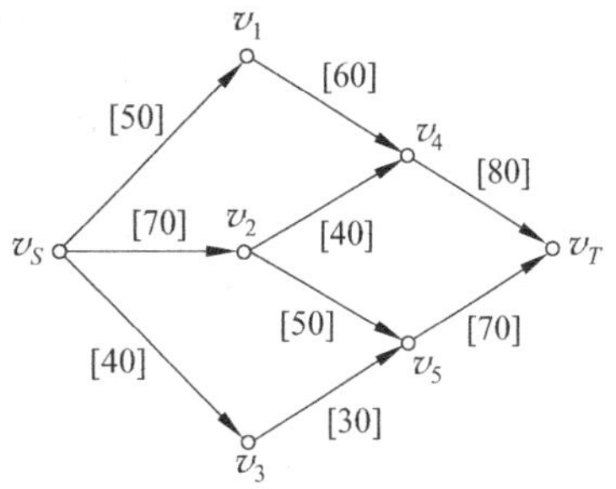

图 10-49 运输网络

解：从 v_S 到 v_T 要获得最大流量，每条弧的流量要尽可能大的同时，必须保证中间所有转运点的净流量为 0。将图 10-49 中的所有有向弧排序，并假设每条弧的流量为 x_i，每条弧的流量限制为 $c_i(i=1,2,\cdots,9)$。目标是从 v_S 出发的流量总和或进入 v_T 的流量总和最大。

将所有弧的起点集合记为 E_S，所有弧的终点集合记为 E_T，顶点 v_i 的净流量为 $\sum\limits_{v_i \in E_S} x_j - \sum\limits_{v_i \in E_T} x_k$，其中 x_j 为所有以 v_i 为起点的弧的流量，x_k 为所有以 v_i 为终点的弧的流量。根据最大流问题的原理，得到 LP 模型：

$$\max y = \sum_{v_S \in E_S} x_j$$

$$\text{s.t.}\begin{cases} \sum\limits_{v_i \in E_S} x_j - \sum\limits_{v_i \in E_T} x_k = 0 \quad (i=1,2,\cdots,5) \\ x_i \leqslant c_i \quad (i=1,2,\cdots,9) \\ x_1, x_2, \cdots, x_9 \geqslant 0 \end{cases}$$

下面根据 LP 模型建立求解最大流问题的 Excel 模型。与最短路问题一样，将网络中每条弧的起点和终点分别在 Excel 电子表格中标出（单元格 C6～C14 和 D6～D14），如图 10-50 所示，每条弧的实际流量在可变单元格（单元格 E6～E14）中，每条弧的最大流量在单元格 G6～G14 中。每个顶点的净流量（单元格 J6～J12）用 SUMIF 函数求，具体格式如图 10-51 所示。最大流（单元格 J14）实际上是顶点 v_S 的净流量，单元格赋值为"=J6"。最后设置 Excel 模型的参数，如图 10-52 所示，求解后得到最大流为 150，具体结果如图 10-50 所示。该企业应该按照每条边上的实际流量数据安排运输，可获得从 v_S 到 v_T 最大的运输能力。

	B	C	D	E	F	G	H	I	J	K	L
2		例 10-25 最大流问题									
3											
4	边序号	起点	终点	实际流量		最大流量		顶点	净流量		净流量控制
5											
6	1	vS	v1	50	<=	50		vS	150		
7	2	vS	v2	70	<=	70		v1	0	=	0
8	3	vS	v3	30	<=	40		v2	0	=	0
9	4	v1	v4	50	<=	60		v3	0	=	0
10	5	v2	v4	30	<=	40		v4	0	=	0
11	6	v2	v5	40	<=	50		v5	0	=	0
12	7	v3	v5	30	<=	30		vT	−150		
13	8	v4	vT	80	<=	80			最大流		
14	9	v5	vT	70	<=	70			150		

图 10-50 最大流问题的 Excel 模型及求解结果

	J
6	=SUMIF(C6:C14,I6,E6:E14)
7	=SUMIF(C6:C14,I7,E6:E14)−SUMIF(D6:D14,I7,E6:E14)
8	=SUMIF(C6:C14,I8,E6:E14)−SUMIF(D6:D14,I8,E6:E14)
9	=SUMIF(C6:C14,I9,E6:E14)−SUMIF(D6:D14,I9,E6:E14)
10	=SUMIF(C6:C14,I10,E6:E14)−SUMIF(D6:D14,I10,E6:E14)
11	=SUMIF(C6:C14,I11,E6:E14)−SUMIF(D6:D14,I11,E6:E14)
12	=−SUMIF(D6:D14,I12,E6:E14)

图 10-51　最大流问题的净流量计算

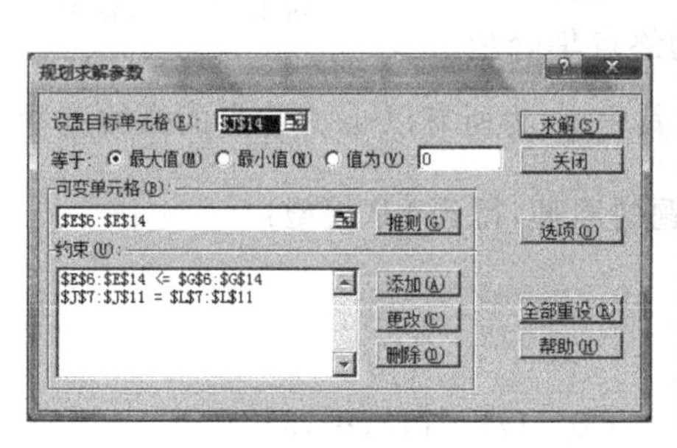

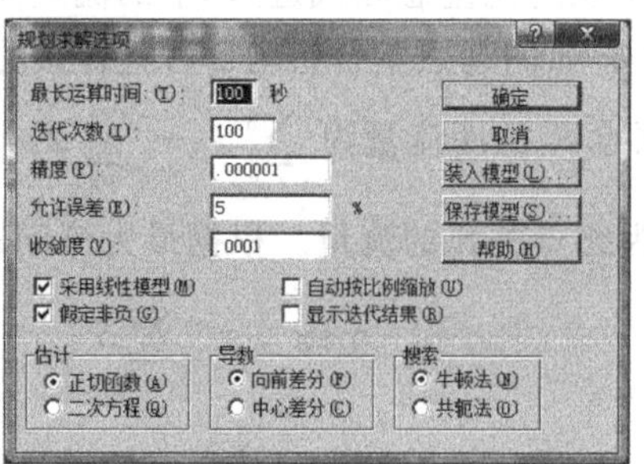

图 10-52　最大流问题 Excel 模型的参数设置

通常,利用 Excel 求解最大流问题也不需要建立 LP 模型的代数形式,只需要直接建立 Excel 模型。

例 10-26　计算如图 10-53 所示的网络从 v_S 到 v_T 的最大流。边上记号表示为 (c_{ij},f_{ij}),其中 $f=\{f_{ij}\}$为一个已知的可行流(见本书例 10-18)。

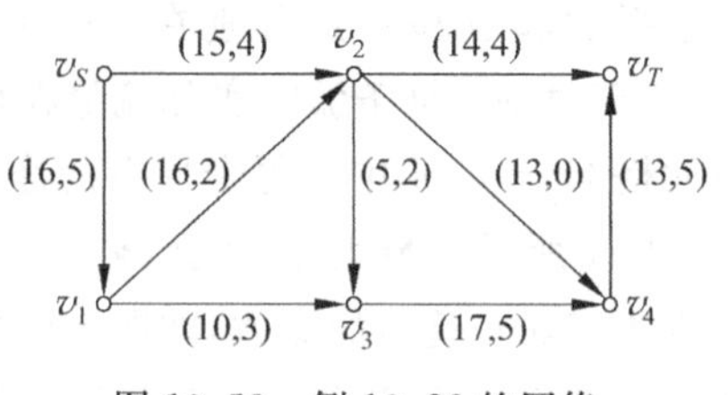

图 10-53　例 10-26 的网络

解:利用 Excel 求解最大流问题,由于使用了 LP 模型的原理,不需要实际的迭代过程,因此,问题中给出的可行流数据没有实际价值。建立其 Excel 模型不需要设置可行流数据,具体单元格设置与例 10-25 类似,具体求解结果如图 10-54 所示。从中可以看出,v_S 到 v_T 的最大流为 27。

3. 最小费用最大流问题的 Excel 求解

例 10-27　在例 10-25 中,该企业应如何安排运输,在获得从 v_S 到 v_T 的最大运输能力的前提下使运输成本最小?运输网络和单位流量运输成本如图 10-55(a)(b)所示。

解:在例 10-25 中,已经求出了该企业的最大运输能力为 150,现在只要求流量为 150 时的最小费用流即可。由于问题增加了单位流量成本,在 Excel 模型中增加了一列“单位流量成本”单元格(单元格 H6～H14),如图 10-56 所示,每个顶点的净流量(单元格 K6～K12)计算如图 10-57 所示,最大流(单元格 K13)和最小费用(单元格 M14)的计算如图 10-58 所示。

	B	C	D	E	F	G	H	I	J	K	L
2		例10-26　最大流问题									
3											
4	边序号	起点	终点	流量		流量限制		节点	净流量		流量控制
5											
6	1	vS	v1	12	<=	16		vS	27		
7	2	vS	v2	15	<=	15		v1	0	=	0
8	3	v1	v2	12	<=	16		v2	0	=	0
9	4	v1	v3	0	<=	10		v3	0	=	0
10	5	v2	v3	0	<=	5		v4	0	=	0
11	6	v2	v4	13	<=	13		vT	-27		
12	7	v2	vT	14	<=	14					
13	8	v3	v4	0	<=	17			最大流		
14	9	v4	vT	13	<=	13			27		

图 10-54　例 10-26 的求解结果

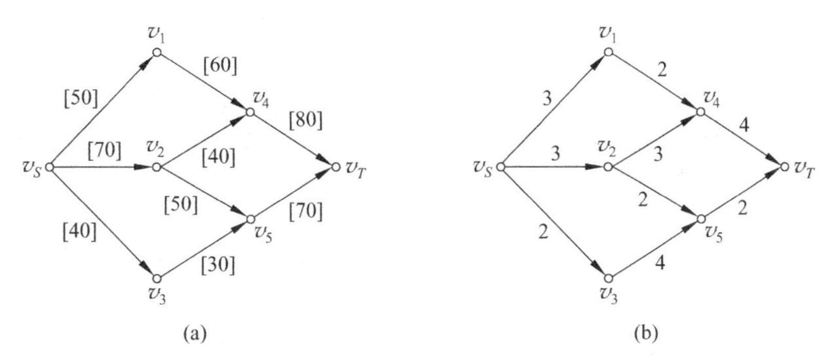

图 10-55　运输网络和单位流量运输成本

	B	C	D	E	F	G	H	I	J	K	L	M
2		例10-27　最小费用最大流问题										
3												
4	边序号	起点	终点	流量		流量限制	单位流量成本		节点	净流量		流量控制
5												
6	1	vS	v1	50	<=	50	3		vS	150		
7	2	vS	v2	70	<=	70	3		v1	0	=	0
8	3	vS	v3	30	<=	40	2		v2	0	=	0
9	4	v1	v4	50	<=	60	2		v3	0	=	0
10	5	v2	v4	30	<=	40	3		v4	0	=	0
11	6	v2	v5	40	<=	50	2		v5	0	=	0
12	7	v3	v5	30	<=	30	4		vT	-150		
13	8	v4	vT	80	<=	80	4		最大流	150	=	150
14	9	v5	vT	70	<=	70	2			最小费用		1270

图 10-56　最小费用最大流问题的 Excel 模型

求解设置时，目标单元格不再是最大流，而是在最大流下的最小费用，因此目标单元格为最小费用 M14，约束除了顶点的净流量控制和弧上的容量限制外，还要增加最大流确定为 150 的约束，如图 10-59 所示，设置好参数后求解，结果如图 10-56 所示，最小费用为 1270。

	K
6	=SUMIF(C6:C14,J6,E6:E14)
7	=SUMIF(C6:C14,J7,E6:E14)–SUMIF(D6:D14,J7,E6:E14)
8	=SUMIF(C6:C14,J8,E6:E14)–SUMIF(D6:D14,J8,E6:E14)
9	=SUMIF(C6:C14,J9,E6:E14)–SUMIF(D6:D14,J9,E6:E14)
10	=SUMIF(C6:C14,J10,E6:E14)–SUMIF(D6:D14,J10,E6:E14)
11	=SUMIF(C6:C14,J11,E6:E14)–SUMIF(D6:D14,J11,E6:E14)
12	=–SUMIF(D6:D14,J12,E6:E14)

图 10-57　顶点的净流量的计算

	J	K	L	M
13	最大流	=K6	=	150
14		最小费用		=SUMPRODUCT(E6:E14,H6:H14)

图 10-58　最大流和最小费用的计算

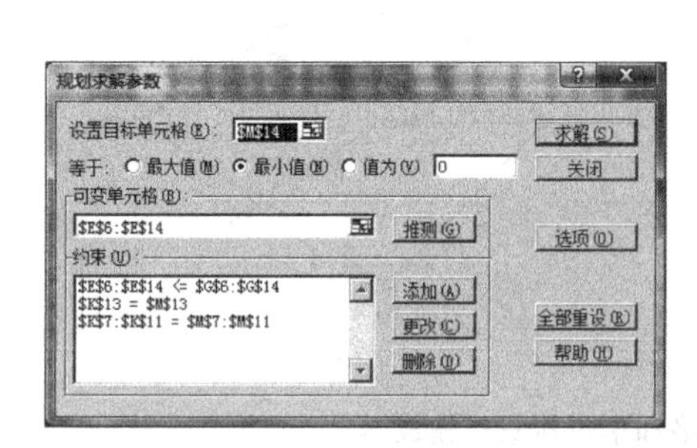

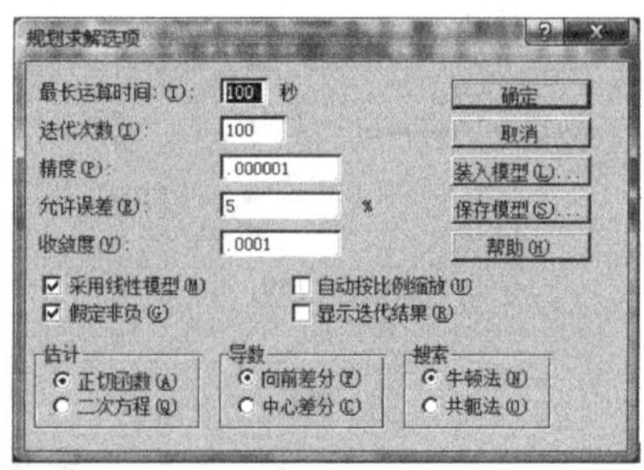

图 10-59　最小费用最大流问题 Excel 模型的参数设置

习　题

1. 判断下列说法是否正确：

(1) 图论中的图不仅反映了研究对象之间的关系，而且是真实图形的写照，因而对图中点与点的相对位置、点与点连线的长短曲直都要十分注意。

(2) 在任一连通图 G 中，当点集 V 确定后，树是 G 中边数最少的连通子图。

(3) 如果图中从 v_1 至其他各点的最短路在去掉重复部分，则恰好构成该图的最小支撑树。

(4) 求网络最大流问题可归结为求解一个线性规划问题。

2. 证明：在一个简单图 G 中，如果 $m>\frac{(n-1)(n-2)}{2}$，则 G 中不存在孤立点，其中 m 为图中边的数量，n 为顶点个数。

3. 在 n 个企业之间（n 为奇数），每个企业都与其他若干企业有业务往来。证明：

(1) 至少有一个企业与其他偶数个企业有业务往来；

(2) 不可能有偶数个企业与其他偶数个企业有业务往来。

4. 简单图与某顶点关联的边的数量称为该顶点的次，次为奇数的顶点称为奇点。证明：

(1) 简单图中所有顶点次的和一定为偶数，且为图中边的数量的两倍；

(2) 简单图中奇点的个数一定为偶数。

5. 设 $G=(V,E)$ 是一个简单图，令 $\delta(G)=\min\limits_{v\in V}\{d(v)\}$（$d(v)$ 为顶点 v 的次，称 $\delta(G)$ 为 G 的最小次）。证明：

(1) 若 $\delta(G)\geqslant 2$，则 G 中必有圈；

(2) 若 $\delta(G)\geqslant 2$，则 G 中必有包含至少 $\delta(G)+1$ 条边的圈。

6. 设 G 是一个连通图，不含奇点。证明：G 中不含割边。

7. 设 $D=(V,A,C)$ 是一个有向网络，证明：如果 D 中所有弧的容量 c_{ij} 都是整数，那么必存在一个最大流 $f=\{f_{ij}\}$，使所有 f_{ij} 都是整数。

8. 求如图 10-60 所示的无向图的关联矩阵和邻接矩阵。

9. 求如图 10-61 所示的有向图的关联矩阵和邻接矩阵。

10. 已知图 10-62 为某城市 7 个乡镇间拟修建一条能连接各个乡镇的通信线路，每条边的权数表示两个乡镇之间通信线路的建设费用。问应如何修建，才能使该线路的建设费用最低。

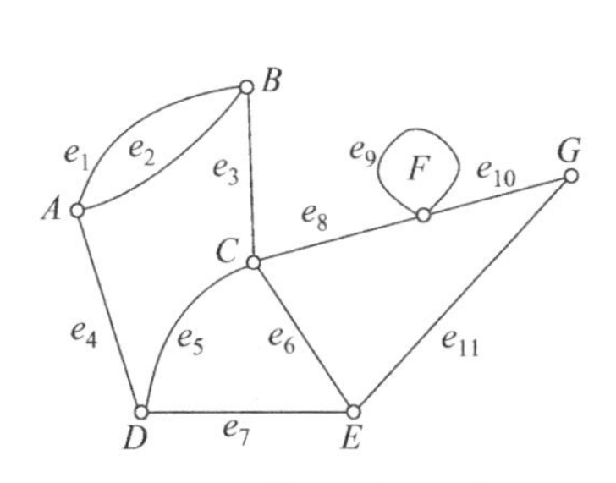

图 10-60　第 8 题的无向图

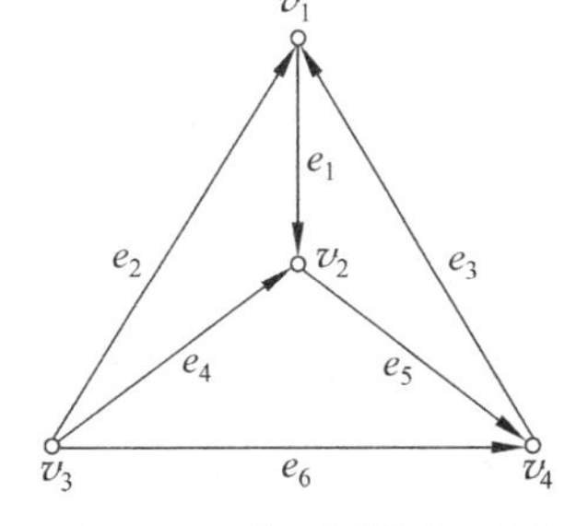

图 10-61　第 9 题的有向图

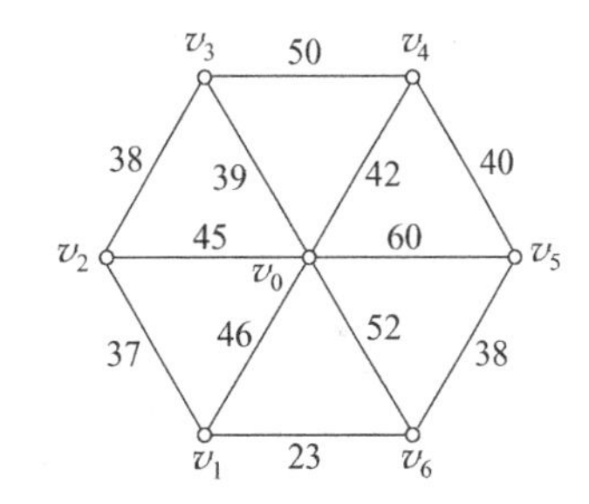

图 10-62　第 10 题的通信线路图

11. 用 Kruskal 算法和破圈法求图 10-63 中各网络的最小支撑树。

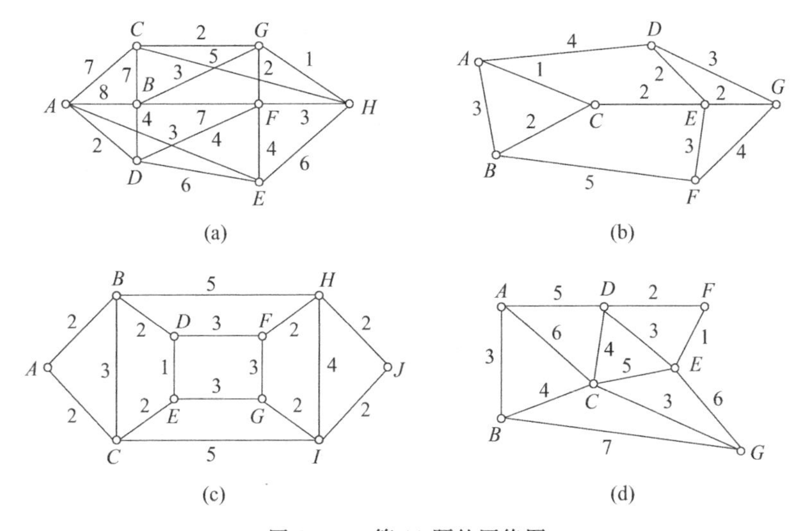

图 10-63　第 11 题的网络图

12. 分别用 Kruskal 算法和破圈法求图 10-64 所示网络的最小支撑树。

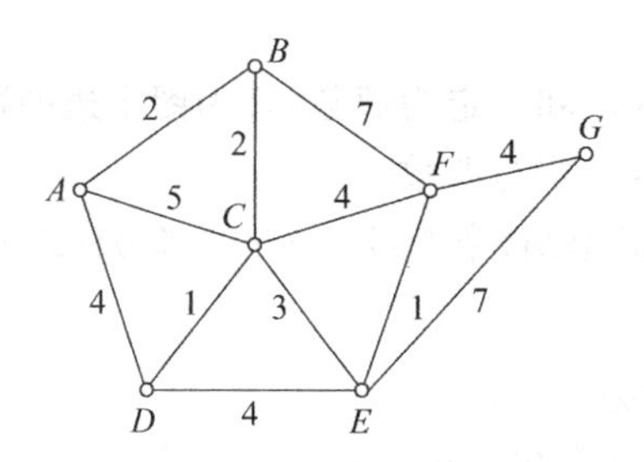

图 10-64　第 12 题的网络图

13. 已知有 6 个城市：A,B,C,D,E,F,试由表 10-12 中交通网络中的数据确定最小支撑树。

表 10-12　交通网络中的数据

	A	B	C	D	E	F
A	—	68	51	50	13	77
B	68	—	36	34	67	20
C	51	36	—	2	60	57
D	50	34	2	—	59	55
E	13	67	60	59	—	70
F	77	20	57	55	70	—

14. 有 9 个城市 $v_1,v_2,\cdots,v_9$,其公路网如图 10-65 所示,边上数字表示该段公路的长度。有一批货物从 v_1 运到 v_9,求走哪条路最短。

15. 用 Dijkstra 方法求图 10-66 中从 v_1 到各点的最短路。

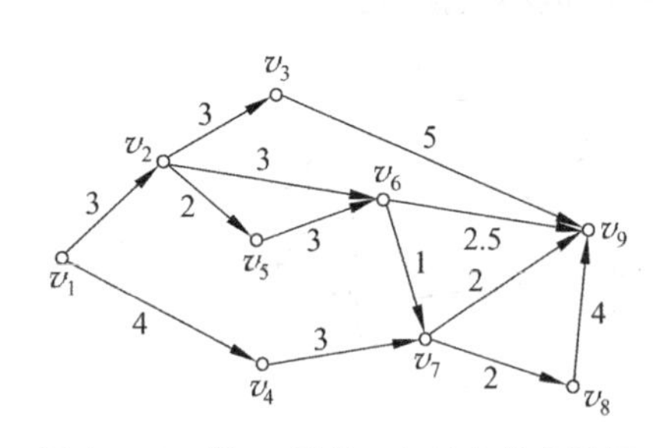

图 10-65　第 14 题的 9 个城市的公路网

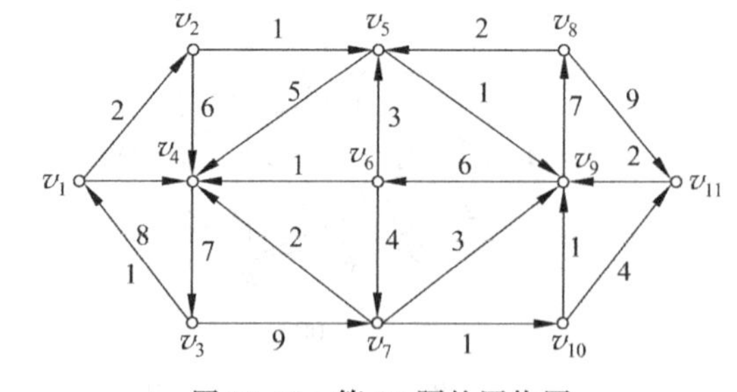

图 10-66　第 15 题的网络图

16. 在如图 10-67 所示的网络中,用 Dijkstra 方法求从 v_1 到各点的最短路径,并指出对 v_1 来说哪些顶点是不可到达的。

17. 在如图 10-68 所示的网络中,每条边上的数字为(c_{ij},f_{ij}),其中 c_{ij} 表示最大流容量,f_{ij} 表示目前流量。

(1) 确定所有的割集;

(2) 求最小割集容量；

(3) 证明图中标出的流就是该网络的最大流。

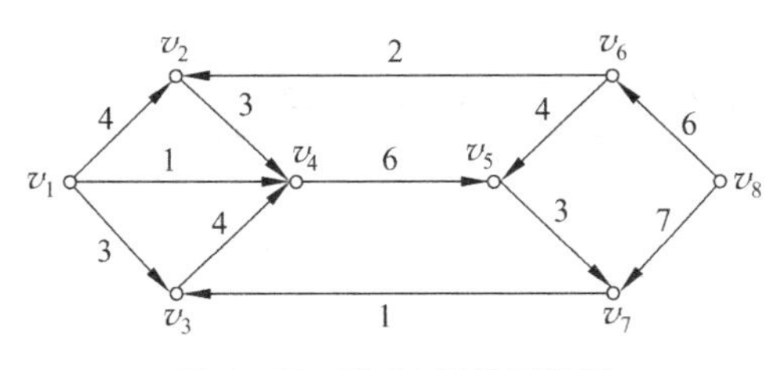

图 10-67　第 16 题的网络图

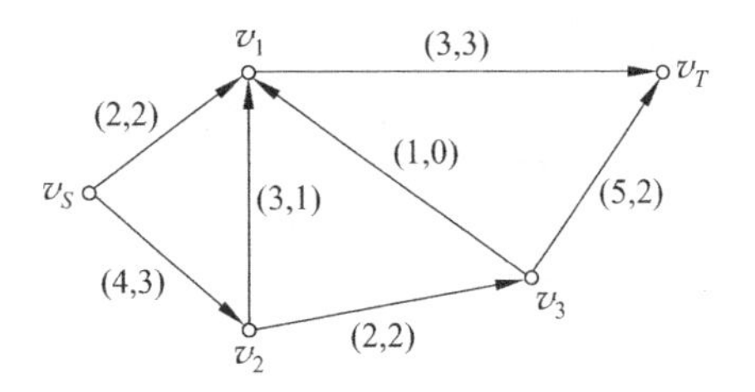

图 10-68　第 17 题的网络图

18. 求如图 10-69 所示网络 $W(f)=15$ 的最小费用流。边上的数字为(c_{ij},d_{ij})，其中 c_{ij} 表示最大流容量，d_{ij} 表示单位流量成本。

19. 求如图 10-70 所示网络的最小费用最大流。边上的数字为(c_{ij},d_{ij})，其中 c_{ij} 表示最大流容量，d_{ij} 表示单位流量成本。

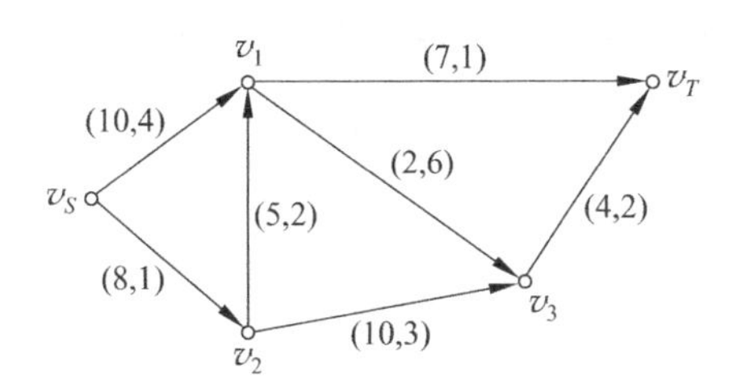

图 10-69　第 18 题的网络图

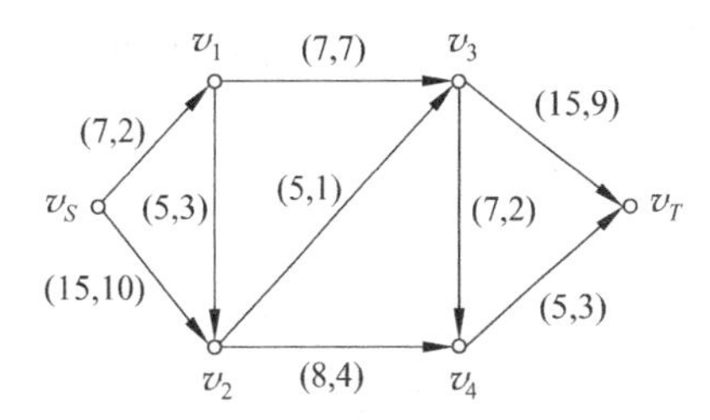

图 10-70　第 19 题的网络图

20. 某车站拟在 $v_1,v_2,\cdots,v_7$ 7 个居民点中设置售票处，各点的距离如图 10-71 所示，边上的数字表示距离，单位：km。

(1) 若要设置一个售票处，设在哪个居民点可使最大服务距离为最小？

(2) 若要设置两个售票处，设在哪两个居民点可使最大服务距离为最小？

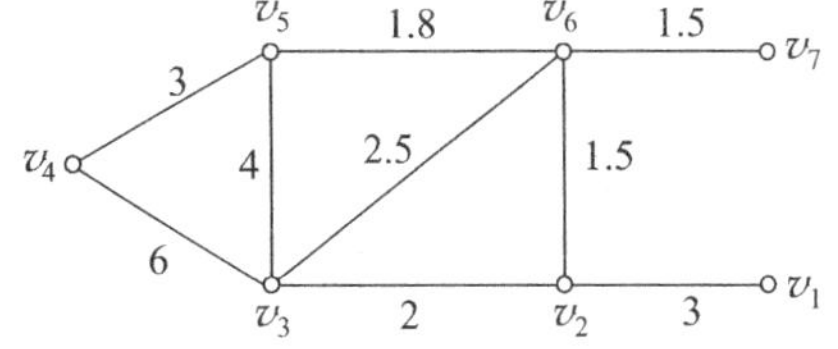

图 10-71　7 个居民点的距离图

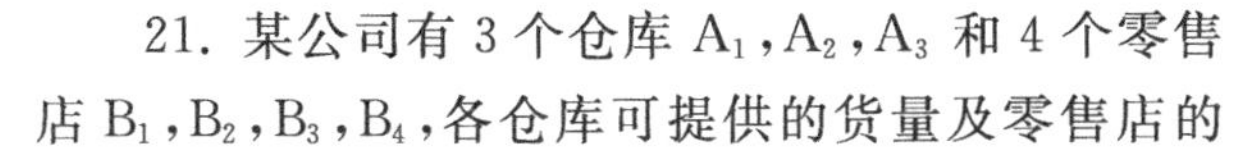

21. 某公司有 3 个仓库 A_1,A_2,A_3 和 4 个零售店 B_1,B_2,B_3,B_4，各仓库可提供的货量及零售店的最大零售量见表 10-13。表中打"√"的方格表示零售店可向相应的仓库取货。现在要求做一调运方案，使得各店从各仓库得到的总货量最多。

表 10-13　各仓库可提供的货量及零售店的最大零售量

仓库 \ 零售店	B_1	B_2	B_3	B_4	存货量
A_1	√			√	20
A_2	√	√			12
A_3			√	√	12
最大零售量	14	9	8	10	

22. 某产品从仓库运往市场销售。已知各仓库的可供量、各市场需求量及从 A_i 仓库到 B_j 市场的运输能力见表 10-14(表中“—”表示无路可通)，试求从仓库可运往市场的最大流量，并判断各市场需求能否满足。

表 10-14　各仓库的可供量、各市场需求量及从仓库到市场的运输能力

零售店 仓库	B_1	B_2	B_3	B_4	存货量
A_1	30	10	—	40	20
A_2	—	—	10	50	20
A_3	20	10	40	5	100
最大零售量	20	20	60	20	

23. 某单位招聘懂俄、英、日、德、法文的翻译各一人，现有 5 人应聘，已知乙懂俄文，甲、乙、丙、丁懂英文，甲、丙、丁懂日文，乙、戊懂德文，戊懂法文，问这 5 个人是否都能被聘用？最多几人被聘用？招聘后每人从事哪一种语言的翻译工作？

24. 用 Floyd 算法分别求图 10-72 中所示网络任意两点间的最短路径及长度。

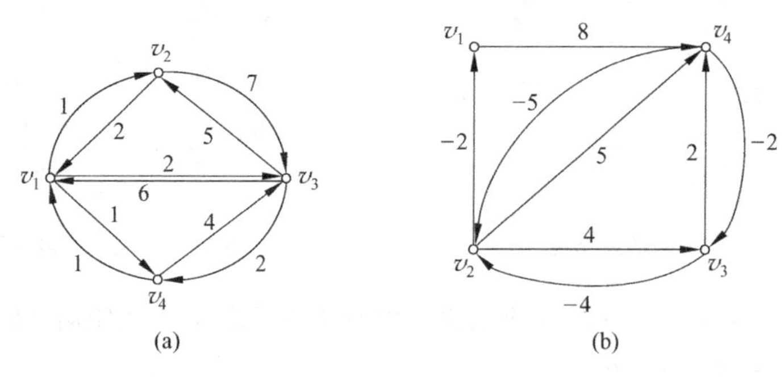

图 10-72　第 24 题的网络图

25. 某公司在 6 个城市 $c_1, c_2, \cdots, c_6$ 中有分公司，从 c_i 到 c_j 的直接航程票价如下述矩阵中的 (i,j) 位置上(∞表示无直接航路)。请设计一张任意两城市间票价最便宜的路线表。

$$\begin{bmatrix} 0 & 50 & \infty & 40 & 25 & 10 \\ 50 & 0 & 15 & 20 & \infty & 25 \\ \infty & 15 & 0 & 10 & 20 & 20 \\ 40 & 20 & 10 & 0 & 10 & 25 \\ 25 & \infty & 20 & 10 & 0 & 55 \\ 10 & 25 & \infty & 25 & 55 & 0 \end{bmatrix}$$

第11章 网络计划

从事任何一项生产或进行任何一项工程，都必须尽可能地利用时间、空间和资源，编制一个组织、调度、控制生产或工程进度的计划。用网络分析的方法编制的计划称为网络计划。网络计划技术以缩短工期、提高生产力、降低消耗为目标，可以为项目管理提供许多信息，有利于加强项目管理，它既是一种编制计划的方法，又是一种科学的管理方法。网络计划技术一般包括关键路线法（Critical Path Method，CPM）和计划评审技术（Program Evaluation and Review Technique，PERT）。关键路线法(CPM)是指通过借助网络研究工程费用与工期的相互关系，来找出在编制计划时及计划执行过程中的关键路线。计划评审技术(PERT)是指针对项目工程中每项活动的时间不能确定，通过采用三点估计法进行估计，从而完成项目计划编制，并对项目计划进行评价和审查。这两种方法都是工程计划编制和管理的有效工具，CPM 主要应用于以往在类似工程中已取得一定经验的承包工程项目，PERT 更多地应用于未来的研究与开发项目。

网络计划技术是 20 世纪 50 年代末发展起来的一种编制大型工程进度计划的有效方法。1956 年，美国杜邦公司在制订企业不同业务部门的系统规划时，制订了第一套网络计划。这种计划借助于网络表示各项工作与所需的时间，以及各项工作的关系。通过网络分析研究工程费用与工期的相互关系，并找出在编制计划时及计划执行过程中的关键路线。而计划评审技术是美国海军在 20 世纪 50 年代后期发展起来的。当时海军武器局正在研究北极星导弹系统，该系统的研制涉及当时几千家承包商和许多政府部门，如何协调这些承包商和政府部门的工作成为亟待解决的问题。美国一家顾问公司为解决这个问题建立了计划评审技术，并取得了极大的成功，整个计划提前两年完成。20 世纪 60 年代，中国开始应用 CPM 和 PERT，并根据其基本原理与计划的表达形式，称它们为网络技术或网络方法。

国内外应用网络计划的实践表明，同传统的计划方法相比较，它具有一系列突出特点。

(1) 科学性。网络计划技术是把运筹学中的网络分析、数理统计知识与工程管理相结合，因而它可以提供比较全面、准确的信息，便于管理人员从大量非肯定型的因素中，找出和掌握客观规律，正确地进行预测和决策。

(2) 系统性。网络计划技术是把计划对象作为一个系统来观察、分析和处理。它把工程计划对象的各项作业，按照生产中前后制约的客观规律，有机地组成一个整体。并且经过科学计算，进行统筹兼顾，综合平衡，合理安排计划进度，以便能在一定的资源和约束条件下，达到工程周期最短的目的。这是和传统计划管理方法根本的区别。

(3) 协调性。网络计划的另一个特点是把任务分得比较细，而且把它们之间的相互关系用网络图形象地反映出来，所以能清晰地看到整个计划任务的全貌和各项作业之间的关系。这样就有可能事先充分地协调好各个生产环节之间，计划需要和实际可能之间，总体和局部，周期和资源，关键和非关键以及各分系统之间的关系，加强协作和相互配合。

(4) 可控性。网络计划可以求解出计划中的关键作业和关键路线。可以帮助管理者掌握全局、抓住重点、控制整个计划的进行。

(5) 动态性。网络计划技术是把计划执行过程看成是一个动态过程,根据反馈信息,易于对计划进行调整,因此对客观情况的变化具有很强的适应性。

总之,网络计划技术特别适用于生产技术复杂,工作项目繁多且联系紧密的一些跨部门的工作计划。例如新产品研制开发、大型工程项目、生产技术准备、设备大修等计划。还可以应用在人力、物力、财力等资源的安排,合理组织报表、文件流程等方面。

编制网络计划包括绘制网络图,计算时间参数,确定关键路线及网络优化等环节,下面依次讨论这些内容。

11.1 网络图的描绘

为编制网络计划,首先需要绘制网络图。网络图是由结点、弧以及权所构成的有向图,即有向赋权图。

结点表示一个事件(或事项),它是一个或者若干个工序的开始或结束,是相邻工序在时间上的分界点。结点用圆圈和里面的数字表示,数字表示结点的编号,如①,②,…。

弧表示一个工序,工序是指为了完成工程项目,在工艺技术和组织管理上相对独立的工作或活动。一项工程由若干个工序组成。工序需要一定的人力、物力等资源和时间。弧用"→"表示。

权表示为完成某个工序所需要的时间或资源等数据。通常标注在"→"的下面。

为正确反映工程中各个工序的相互关系,在绘制网络图时,应遵循以下原则。

1) 方向、时序与结点编号

网络图是有向图,按照工艺流程的顺序,规定工序从左向右排列(或者从上到下)。网络图中的各个结点都有一个时间(某一个或若干个工序开始或结束的时间),一般按各个结点的时间顺序编号。为了便于修改编号和调整计划,可以在编号过程中留出一些编号。编号可以从 1 开始,也可以从 0 开始。

2) 紧前工序与紧后工序

例如在图 11-1 中,只有在 A 工序结束后,B、C 工序才能开始。A 是 B,C 工序的紧前工序,B,C 工序则是 A 工序的紧后工序。

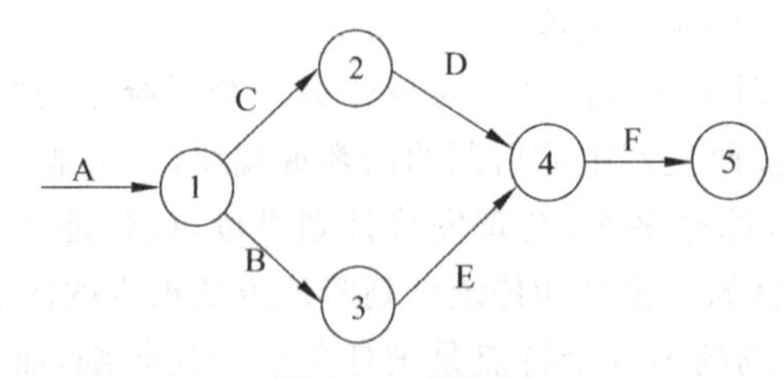

图 11-1 网络图

3) 虚工序

为了避免破坏准则 4),且可以清楚表达相邻工序之间的衔接关系,而虚设的实际上并不存在的工序。用虚的箭线"- →"表示。虚工序不需要人力、物力等资源和时间。

4）相邻的两个结点之间只能有一条弧

即一个工序用确定的两个相关事项表示，某两个相邻结点只能是一个工序的相关事项。在计算机上计算各个结点和各个工序的时间参数时，相关事项的两个结点只能表示一道工序，否则将造成逻辑上的混乱。如图 11-2 所示的画法是错误的，图 11-3 的画法是正确的。

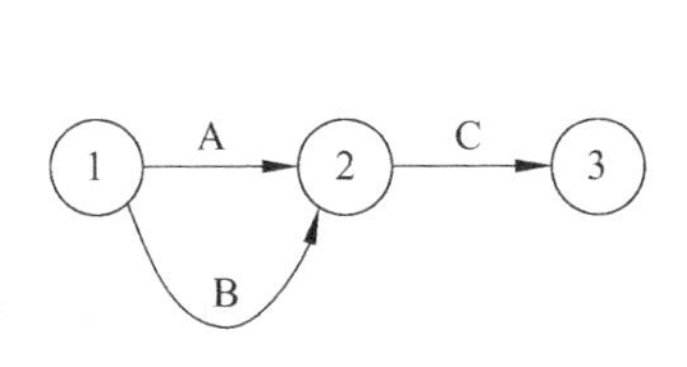

图 11-2　错误的画法

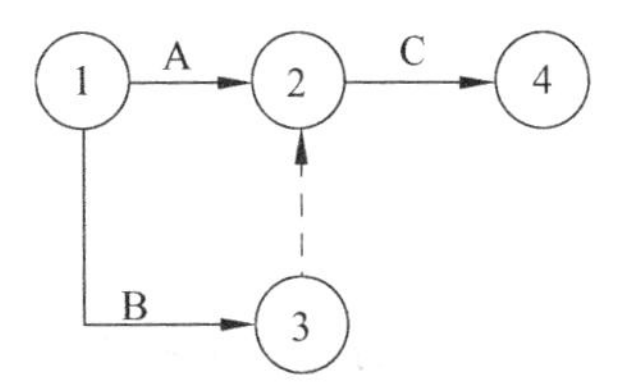

图 11-3　正确的画法

5）网络图中不能有缺口和回路

在网络图中，除始点、终点外，其他各个结点的前后都应有弧连接，即图中不能有缺口，使网络图从始点经任何路线都可以到达终点。否则，将使某些工序失去与其紧后（或紧前）工序应有的联系。另外，网络图中也不应有回路，即不能出现循环情况，否则，将使组成回路的工序永远不能结束，工程永远不能完工。

例如，图 11-4 存在回路，工程流程出现循环，这是逻辑上的错误，不允许出现。

6）并发式作业

为缩短工程完工时间，在工艺流程和生产组织条件允许的情况下，某些工序可以同时进行，即可采用并发式作业的方式。

7）交叉作业

对需要较长时间才能完成的一些工序，在工艺流程与生产组织条件允许的情况下，可以不必等待工序全部结束后再转入其紧后工序，而是分期分批地转入。这种方式称为交叉作业。交叉作业可以缩短工程周期。

例如，若原工序 B 紧接工序 A，现在 A 工序分解成 A_1，A_2，A_3，B 工序分解成 B_1，B_2 和 B_3，则可画成图 11-5。

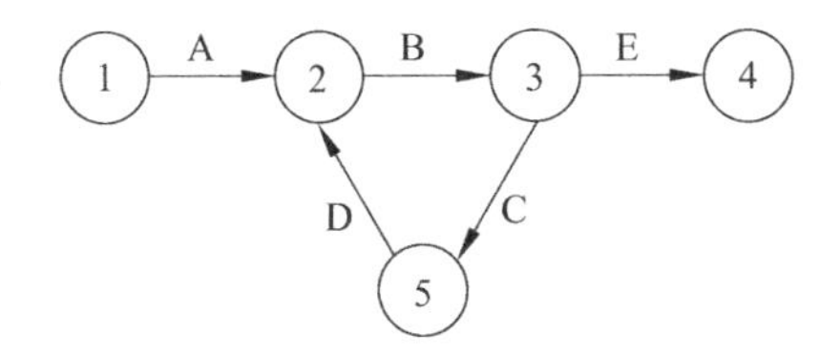

图 11-4　存在回路的错误的网络图

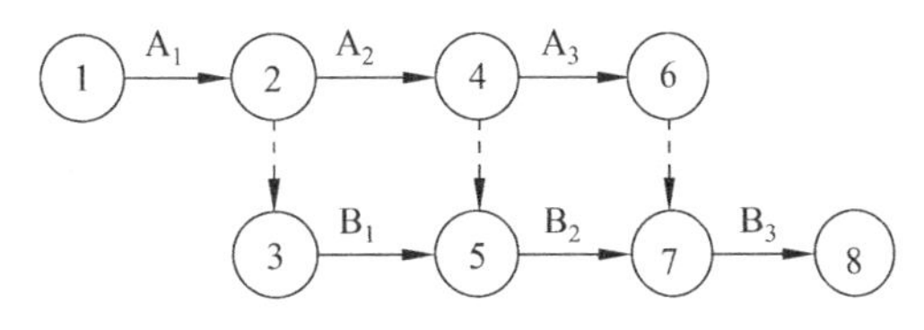

图　11-5

若原工序 C 紧接工序 A 和 B，现在 A 分解成 A_1，A_2，A_3，B 分解成 B_1，B_2 和 B_3，C 分解成 C_1，C_2 和 C_3，则可画成图 11-6。

8）始点和终点

为表示工程的开始和结束，在网络图中只能有一个始点和终点。当工程开始时有几个工序并发作业，或在几个工序结束后完工，用一个始点、一个终点表示。若这些工序不能用一个始点或一个终点表示，可以用虚工序把它们与始点或终点连接起来。

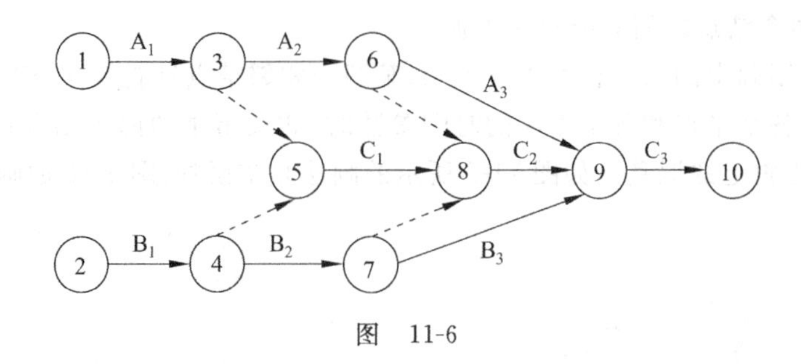

图 11-6

例如，图 11-7 的形式是错误的。如果图 11-7 作如此解释：工序 A 和 B 可以同时开工，工序 F 和 H 完工后工程即告完成，则应画成图 11-8 的形式。

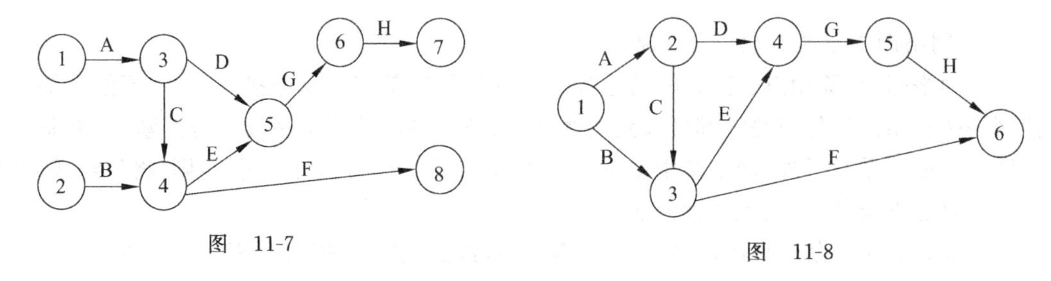

图 11-7

图 11-8

9）网络图的分解与综合

根据网络图的不同需要，一个工序所包括的工作内容可以多一点，即工序的综合程度较高；也可以少一点，即工序的综合程度较低。一般情况下，最高部门制订的网络计划是工序综合程度较高的网络图（母网络），而下一级部门，根据上一级综合程度高的网络图要求，制订本部门的综合程度低的网络图（子网络）。将母网络分解为若干个子网络，称为网络图的分解。而将若干个子网络综合为一个母网络，则称为网络图的综合。

10）网络图的布局

在网络图中，尽可能将关键路线布置在中心位置，并尽量将联系紧密的工作布置在相近的位置。为使网络图清楚和便于在图上填写有关的时间数据与其他数据，弧线应尽量用水平线或具有一段水平线的折线。网络图上也可以附有时间进度，必要时可以按完成各个工序所需的工作单位布置网络图。

例 11-1 表 11-1 提供了建造一栋楼房所需要的各项活动、活动之间的先后次序，以及活动的时间。请画出网络图。

表 11-1 建造楼房所需活动时间及活动次序

活　　动	活动编号	紧后工序	预计完成时间
土方工程	A	B,C	5
浇注地基	B	D,H	2
外部管道铺设	C	I	6
房屋结构建设	D	E,F,G	12
内部管道建设	E	I	10
在线工程	F	K	9

续表

活　　动	活动编号	紧后工序	预计完成时间
封顶	G	M,J	5
外墙	H	M	9
管道检查	I	K	1
贴屋顶瓦片	J	K	2
粉刷外墙	K	L	3
内装饰	L	—	9
外装饰	M	N	7
周边绿化	N	—	8

解：根据表 11-1 和画网络图的原则，建立事件结点并利用活动次序构造了建造楼房的网络计划，如图 11-9 所示。

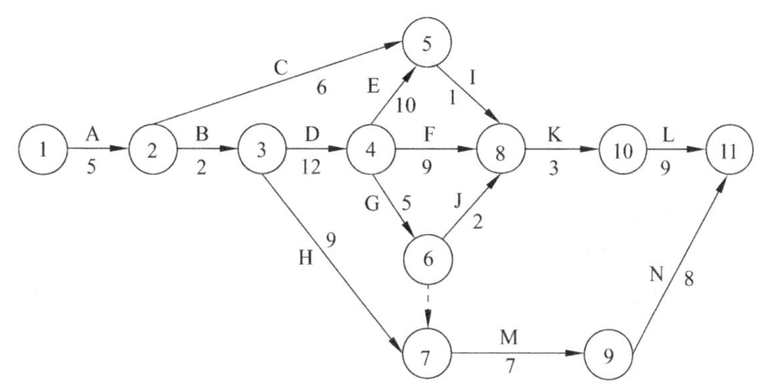

图 11-9　建造楼房的网络图

例 11-2　已知某个建筑工程项目的作业明细表见表 11-2，画出其网络图。

表 11-2　作业明细表

工序名称	工序代号	工序时间(天)	紧前工序
打地基	A	18	—
准备材料	B	8	—
地面施工	C	6	A,B
预制钢筋混凝土架	D	16	B
浇灌混凝土	E	18	C
立墙架	F	6	D,E
立屋顶桁架	G	4	F
装窗及粉刷墙体	H	10	F
装门	I	4	F
装天花板	J	12	G
油漆	K	12	H,I,J
引道混凝土施工	L	10	C
引道混凝土保养	M	24	L
清理工地交工验收	N	4	K,M

解：根据表 11-2 和画网络图的原则，及工序之间的前后关系，画出网络图如图 11-10 所示。

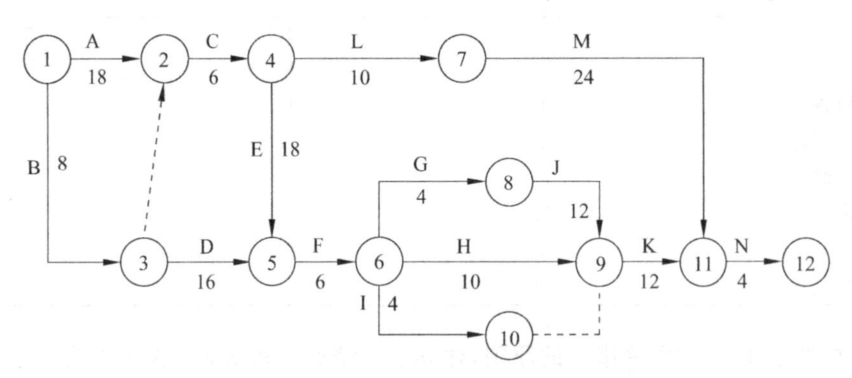

图 11-10　建筑工程的网络图

11.2　时间参数的计算

在例 11-1 中，活动完成的时间或活动周期是建房网络计划中活动的时间参数。活动的其他参数还有活动的最早开工时间、最晚开工时间、最早完成时间、最晚完成时间以及活动的机动时间等，这些是影响整个工程完工期的重要时间参数。在对整个工程项目进行计划和确定整个工程项目的完成时间之前，必须首先对这些参数进行估计或计算。

1. 作业时间（T_{ij}）

完成某一工序所需要的时间称为该工序 $i \to j$ 的作业时间，用 T_{ij} 表示。确定作业时间有两种方法。

1）一点时间估计法

在确定作业时间时，只给出一个时间值。在具备劳动定额资料的条件下，或者在具有类似工序的作业时间消耗的统计资料时，可以根据这些资料，用分析对比的方法确定作业时间。

2）三点时间估计法

在不具备劳动定额和类似工序的作业时间消耗的统计资料，且作业时间较长，未知的和难于估计的因素较多的条件下，对完成工序可估计三种时间，之后计算它们的平均时间作为该工序的作业时间。估计的三种时间如下。

乐观时间：在顺利情况下，完成工序所需要的最短时间，常用符号 a 表示；

最可能时间：在正常情况下，完成工序所需要的时间，常用符号 m 表示；

悲观时间：在不顺利情况下，完成工序所需要的最长时间，常用符号 b 表示。

显然，完成工序所需要的时间是服从某个分布的随机变量，根据经验，这些时间的概率分布可以认为近似于正态分布。

通过估计工序的乐观时间、最可能时间和悲观时间，一般情况下可以按下列公式计算工序的作业时间

$$T_{ij} = \frac{a + 4m + b}{6}$$

其方差为

$$\sigma_{ij}^2 = \left(\frac{b - a}{6}\right)^2$$

假设所有工序的作业时间相互独立，且具有相同分布，若在关键路线（通常称网络中需要时间最长的线路为关键路线，这个概念在下一节详细讨论。）上有 n 道工序，则工程完工时间可以认为是一个以

$$T_{\mathrm{E}} = \sum_{i=1}^{n} \frac{a_i + 4m_i + b_i}{6}$$

为均值，以

$$\sigma_{\mathrm{E}}^2 = \sum_{i=1}^{n} \left(\frac{b_i - a_i}{6}\right)^2$$

为方差的正态分布。根据 T_{E} 和 σ_{E}^2 即可计算出工程的不同完工时间的概率。

2. 事项时间

1）事项最早开工时间 $T_{\mathrm{E}}(j)$

事项 j 的最早开工时间 $T_{\mathrm{E}}(j)$ 表示以它为始点的各工序可能的最早开始时间，也表示以它为终点的各工序可能的最早完成时间，它等于从始点事项到该事项的最长路线上所有工序的时间总和。一般是按箭头事项计算事项最早时间，自左向右逐个事项向后计算。假定始点事项的最早时间等于 0，即 $T_{\mathrm{E}}(1)=0$。箭头事项的最早时间等于箭尾事项最早时间加上作业时间。当同时有两个或若干个箭线指向箭头事项时，选择各工序的箭尾事项最早时间与各自工序作业时间和的最大值。即

$$T_{\mathrm{E}}(1) = 0$$

$$T_{\mathrm{E}}(j) = \max\{T_{\mathrm{E}}(i) + T(i,j)\} \quad (j = 2,3,\cdots,n)$$

例如：在网络图 11-9 中各事项的最早时间为

$T_{\mathrm{E}}(1) = 0$

$T_{\mathrm{E}}(2) = T_{\mathrm{E}}(1) + T(1,2) = 0 + 5 = 5$

$T_{\mathrm{E}}(3) = T_{\mathrm{E}}(2) + T(2,3) = 5 + 2 = 7$

$T_{\mathrm{E}}(4) = T_{\mathrm{E}}(3) + T(3,4) = 7 + 12 = 19$

$T_{\mathrm{E}}(5) = \max\{T_{\mathrm{E}}(2) + T(2,5), T_{\mathrm{E}}(4) + T(4,5)\} = \max\{5 + 6, 19 + 10\} = 29$

$T_{\mathrm{E}}(6) = T_{\mathrm{E}}(4) + T(4,6) = 19 + 5 = 24$

$T_{\mathrm{E}}(7) = \max\{T_{\mathrm{E}}(3) + T(3,7), T_{\mathrm{E}}(6) + T(6,7)\} = \max\{7 + 9, 24 + 0\} = 24$

$T_{\mathrm{E}}(8) = \max\{T_{\mathrm{E}}(5) + T(5,8), T_{\mathrm{E}}(4) + T(4,8), T_{\mathrm{E}}(6) + T(6,8)\}$

$\quad\quad = \max\{29 + 1, 19 + 9, 24 + 2\} = 30$

$T_{\mathrm{E}}(9) = T_{\mathrm{E}}(7) + T(7,9) = 24 + 7 = 31$

$T_{\mathrm{E}}(10) = T_{\mathrm{E}}(8) + T(8,10) = 30 + 3 = 33$

$T_{\mathrm{E}}(11) = \max\{T_{\mathrm{E}}(10) + T(10,11), T_{\mathrm{E}}(9) + T(9,11)\}$

$$= \max\{33+9, 31+8\} = 42$$

2) 事项最迟开工时间 $T_L(i)$

事项 i 的最迟开工时间 $T_L(i)$ 表示在不影响工程总工期的条件下，以它为始点的工序最迟必须开工的时间，或以它为终点的各工序的最迟必须完工的时间。为了尽量缩短工程的完工时间，把终点事项的最早开工时间，即工程的最早结束时间作为终点事项的最迟开工时间。事项最迟开工时间通常按照箭尾事项的最迟开工时间计算，从右向左反顺序进行。箭尾事项 i 的最迟开工时间等于箭头事项 j 的最迟开工时间减去工序 $i \to j$ 的作业时间。当箭尾事项同时引出两个以上箭线时，该箭尾事项的最迟开工时间必须同时满足这些工序的最迟必须开始时间。所以在这些工序的最迟必须开始时间中选时间值最小的，即

$$T_L(n) = T_E(n) \quad (n\text{ 为终点事项})$$

$$T_L(i) = \min\{T_L(j) - T(i,j)\} \quad (i = n-1, \cdots, 2, 1)$$

其中，$T_L(i)$ 为箭尾事项的最迟开工时间；$T_L(j)$ 为箭头事项的最迟开工时间。

例如，在图 11-9 中，

$T_L(11) = 42$

$T_L(10) = T_L(11) - T(10,11) = 42 - 9 = 33$

$T_L(9) = T_L(11) - T(9,11) = 42 - 8 = 34$

$T_L(8) = T_L(10) - T(8,10) = 33 - 3 = 30$

$T_L(7) = T_L(9) - T(7,9) = 34 - 7 = 27$

$T_L(6) = \min\{T_L(7) - T(6,7), T_L(8) - T(6,8)\} = \min\{27-0, 30-2\} = 27$

$T_L(5) = T_L(8) - T(5,8) = 30 - 1 = 29$

$T_L(4) = \min\{T_L(5) - T(4,5), T_L(8) - T(4,8), T_L(6) - T(4,6)\}$

$\quad\quad = \min\{29-10, 30-9, 27-5\} = 19$

$T_L(3) = \min\{T_L(7) - T(3,7), T_L(4) - T(3,4)\} = \min\{27-9, 19-12\} = 7$

$T_L(2) = \min\{T_L(5) - T(2,5), T_L(3) - T(2,3)\} = \min\{29-6, 7-2\} = 5$

$T_L(1) = T_L(2) - T(1,2) = 0$

3. 工序时间

1) 工序最早开始时间 $T_{ES}(i,j)$

任何一个工序都必须在其紧前工序结束后才能开始。紧前工序最早结束时间即为工序最早开始时间，用 $T_{ES}(i,j)$ 表示。它等于该工序箭尾事项的最早时间，即

$$T_{ES}(i,j) = T_E(i)$$

也可按如下公式计算

$$\begin{cases} T_{ES}(1,j) = 0 \\ T_{ES}(i,j) = \max\limits_{k}\{T_{ES}(k,i) + T(k,i)\} \end{cases}$$

例如，在图 11-9 中，$T_{ES}(1,2)=0$，$T_{ES}(2,3)=T_{ES}(2,5)=5$，$T_{ES}(3,4)=T_{ES}(3,7)=7$，$T_{ES}(4,5)=T_{ES}(4,6)=T_{ES}(4,8)=19$，$T_{ES}(5,8)=29$，$T_{ES}(6,7)=T_{ES}(6,8)=24$，$T_{ES}(7,9)=24$，$T_{ES}(8,10)=30$，$T_{ES}(9,11)=31$，$T_{ES}(10,11)=33$。

2) 工序最早结束时间 $T_{EF}(i,j)$

它表示工序按最早开工时间开始施工所能达到的完工时间。它等于工序最早开始时间加上该工序的作业时间,即

$$T_{EF}(i,j) = T_{ES}(i,j) + T(i,j)$$

例如,在图 11-9 中,$T_{EF}(1,2)=0+5=5$,$T_{EF}(2,3)=5+2=7$,$T_{EF}(2,5)=5+6=11$,$T_{EF}(3,4)=7+12=19$,$T_{EF}(3,7)=7+9=16$,$T_{EF}(4,5)=19+10=29$,$T_{EF}(4,8)=19+9=28$,$T_{EF}(4,6)=19+5=24$,$T_{EF}(5,8)=29+1=30$,$T_{EF}(6,7)=24+0=24$,$T_{EF}(6,8)=24+2=26$,$T_{EF}(7,9)=24+7=31$,$T_{EF}(8,10)=30+3=33$,$T_{EF}(10,11)=33+9=42$,$T_{EF}(9,11)=31+8=39$。

3) 工序最迟结束时间 $T_{LF}(i,j)$

工序最迟结束时间 $T_{LF}(i,j)$表示工序(i,j)按最迟开工时间开始施工所能达到的结束时间。它等于工序的箭头事项的最迟时间,即

$$T_{LF}(i,j) = T_L(j)$$

在求解的时候,是从右往左逐步求解。如在图 11-9 中,$T_{LF}(10,11)=T_{LF}(9,11)=42$,$T_{LF}(8,10)=33$,$T_{LF}(7,9)=34$,$T_{LF}(5,8)=T_{LF}(4,8)=T_{LF}(6,8)=30$,$T_{LF}(6,7)=T_{LF}(3,7)=27$,$T_{LF}(4,6)=27$,$T_{LF}(2,5)=T_{LF}(4,5)=29$,$T_{LF}(3,4)=19$,$T_{LF}(2,3)=7$,$T_{LF}(1,2)=5$。

4) 工序最迟开工时间 $T_{LS}(i,j)$

在不影响工程如期完工的条件下,工序最迟必须开始的时间,称为工序最迟开始时间,它等于工序最迟完工时间减去工序的时间,即

$$T_{LS}(i,j) = T_{LF}(i,j) - T(i,j)$$

也可按如下公式计算

$$\begin{cases} T_{LF}(i,n) = \text{总完工期} \\ T_{LS}(i,j) = \min\limits_{k}\{T_{LS}(j,k) - T(i,j)\} \end{cases}$$

例如,在图 11-9 中有,$T_{LS}(1,2)=5-5=0$,$T_{LS}(2,3)=7-2=5$,$T_{LS}(2,5)=29-6=23$,$T_{LS}(3,4)=19-12=7$,$T_{LS}(3,7)=27-9=18$,$T_{LS}(4,5)=29-10=19$,$T_{LS}(4,6)=27-5=22$,$T_{LS}(4,8)=30-9=21$,$T_{LS}(5,8)=30-1=29$,$T_{LS}(6,7)=27-0=27$,$T_{LS}(6,8)=30-2=28$,$T_{LS}(7,9)=34-7=27$,$T_{LS}(8,10)=33-3=30$,$T_{LS}(9,11)=42-8=34$,$T_{LS}(10,11)=42-9=33$。

4. 时差

工序的时差即工序的机动时间或富余时间,常用的时差有两种。

1) 工序总时差 $R(i,j)$

在不影响工程最早结束时间的条件下,工序最早开始(或结束)时间可以延长的时间,称为该工序的总时差。计算公式如下

$$R(i,j) = T_{LF}(i,j) - T_{EF}(i,j) \quad \text{或者} = T_{LS}(i,j) - T_{ES}(i,j)$$

即工序总时差等于它的最迟完工时间与最早完工时间之差,或等于它的最迟开工时间与最早开工时间之差。工序总时差越大,表明该工序在整个网络中的机动时间越大,可在一定范

围内将该工序的人力、物力资源利用到关键工序上去，以达到缩短工程结束时间的目的。

2）工序单时差 $r(i,j)$

在不影响紧后工序最早开始时间的条件下，工序最早结束时间可以推迟的时间，称为该工序的单时差。

$$r(i,j)=T_{ES}(j,k)-T_{EF}(i,j)$$

其中 $T_{ES}(j,k)$ 为工序 $i\rightarrow j$ 的紧后工序的最早开始时间，即单时差等于其紧后工序的最早开工时间与本工序的最早完工时间之差。

工序总时差和单时差的区别可用图 11-11 来说明。在图 11-11 中，工序 B 与工序 C 同时为工序 A 的紧后工序。可以看出，工序 A 的单时差不影响其紧后工序的最早开工时间，而其总时差却不仅包括本工序的单时差，而且包括了工序 B 和工序 C 的时差，使工序 C 失去了部分时差而工序 B 失去了全部自由机动时间。所以占用一道工序的总时差虽然不影响整个任务的最短工期，却有可能使其紧后工序失去自由机动的余地。

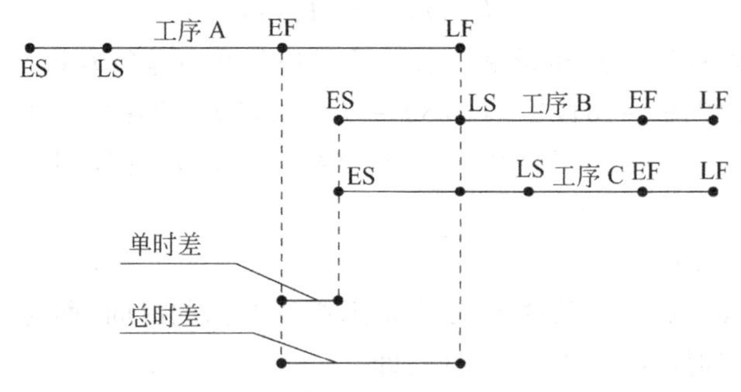

图 11-11　工序总时差和单时差的区别

总时差为 0 的工序，开始和结束时间没有一点回旋的余地，由这些工序组成的路线就是网络中的关键路线。这些工序就是关键工序。

11.3　关键路线法

1. 路线与关键路线

在网络图中，从始点开始，按照各个工序的顺序，连续不断地到达终点的一条通路称为路线。在图 11-9 中，共有 6 条路线，6 条路线的组成及所需要的时间见表 11-3。

表 11-3　6 条路线的组成及所需要的时间

路线	路线的组成	各工序所需时间之和(天)
1	A→C→I→K→L	5+6+1+3+9=24
2	A→B→D→F→K→L	5+2+12+9+3+9=40
3	A→B→D→E→I→K→L	5+2+12+10+1+3+9=42
4	A→B→D→G→M→N	5+2+12+5+7+8=39
5	A→B→D→G→J→K→L	5+2+12+5+2+3+9=38
6	A→B→H→M→N	5+2+9+7+8=31

在各条路线上，完成各个工序的时间之和是不完全相等的。其中，完成各个工序需要时间最长的路线称为关键路线。在图 11-9 中，第三条路线就是关键路线，组成关键路线的工序称为关键工序。如果能够缩短关键工序所需的时间，就可以缩短工程的完工时间，而缩短非关键路线上的各个工序所需要的时间，却不能使工程完工时间提前。即使是在一定范围内适当地拖延非关键路线上各个工序所需要的时间，也不至于影响工程的完工时间。因此，编制网络计划的基本思想就是在一个复杂庞大的网络图中找出关键路线。对关键工序，应优先安排资源，挖掘潜力，采取相应措施，尽量压缩需要的时间。而对非关键路线的各个工序，只要在不影响工程完工时间的条件下，抽出适当的人力、物力等资源，用在关键工序上，以达到缩短工程工期，合理利用资源等目的。同时，在执行计划过程中，也可以明确工作重点，对各个关键工序加以有效控制和调度。

关键路线是相对的，也是可以变化的。在采取一定的技术改进措施后，关键路线可能变为非关键路线，而非关键路线也有可能变为关键路线。

2. 寻找关键路线的方法

关键路线是网络图中始点与终点之间所有可能路线中周期最长的路线。确定关键路线一般有图算法和表算法两种方法。

1）图算法

① 根据工序的总时差：总时差为 0 的工序称为关键工序。把网络图中所有关键工序连接起来就构成了关键路线。

以例 11-1 中的图 11-9 为例来说明根据总时差确定关键路线的方法。为直观起见，将工序最早开工时间 $T_{ES}(i,j)$ 用□在图上标出，工序最迟开工时间 $T_{LS}(i,j)$ 用 △在图上标出。

在图 11-12 中，当 □和△中的两个数据相同时，说明该工序的总时差为零，相应的工序为关键工序，由关键工序组成的路线为关键路线，图中粗线标出的即为该网络的关键路线

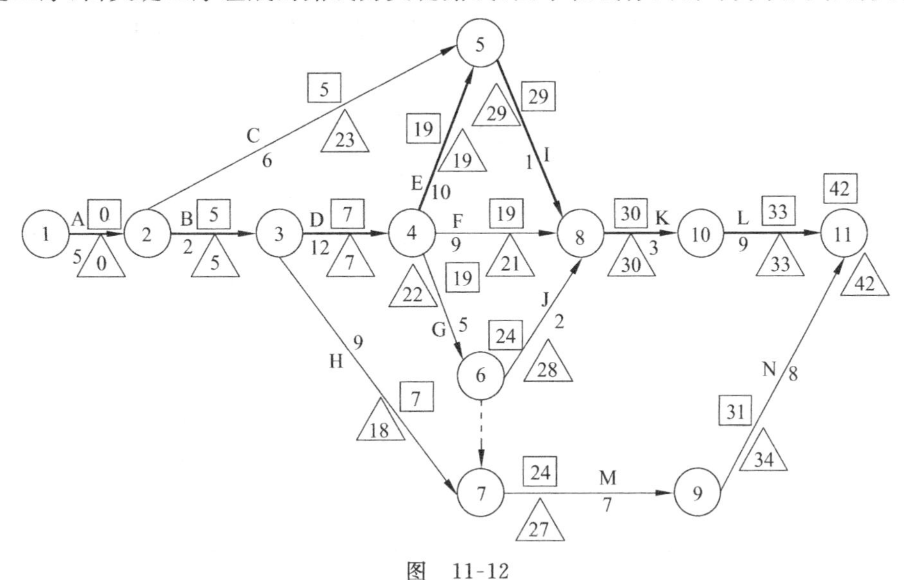

图 11-12

A→B→D→E→I→K→L。

② 破圈法：在没有计算网络时间参数之前，可以用破圈法求关键路线。方法是将网络图中由箭线围成的很多圈，由左至右地逐个破坏，而留下一条或数条由始结点到终结点的通路，这些通路就是关键路线。破圈的原则是：比较每个圈中自箭尾结点到箭头结点的两条通路的长度，保留较长的路线。如果两条线路长度相等，则两条均保留。例如，在图 11-13 的网络图中，第一个圈的箭尾结点是①，箭头结点是⑤，两条通路的长度分别是 8 和 9，则保留路线①→③→⑤。按相同的方法，依图上所示顺序，最后得到关键路线①→③→⑤→⑥→⑦。

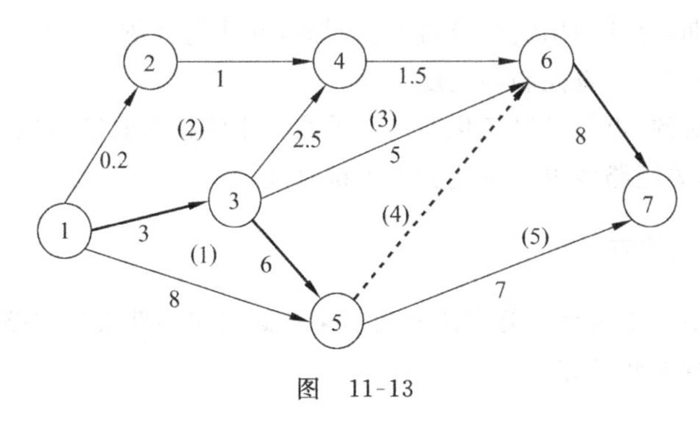

图 11-13

2）表算法

在图上计算时间参数和关键路线非常直观简便，但是当网络工序繁多，网络结构复杂时，计算工作量是非常大的，只适合于手工方式计算，而不适合于计算机方式计算。表算法可适合于工序繁多的计算机方式计算。

表算法首先列出计算表、工序结点序号、工序时间，然后再计算工序最早开工时间、最早完工时间、最迟开工时间、最迟完工时间和总时差，确定关键路线。

下面仍以例 11-1 来说明。

由表 11-4 最后一列可以看到，表算法得到的关键路线仍为 A→B→D→E→I→K→L，而且表算法还可以给出每道工序的总时差和单时差，这对工期优化具有很好的参考作用。

表 11-4　图 11-9 表算关键路线

工序		工序时间 $T(i,j)$	工序最早开工 $T_{ES}(i,j)$	工序最早完工 $T_{EF}(i,j)$	工序最迟开工 $T_{LS}(i,j)$	工序最迟完工 $T_{LF}(i,j)$	总时差 $R(i,j)$	单时差 $r(i,j)$	关键工序
箭尾 i	箭头 j								
①	②	③	④	⑤=④+③	⑥	⑦=⑥+③	⑧=⑥－④	⑨	⑩
1	2	5	0	5	0	5	0	0	√
2	3	2	5	7	5	7	0	0	√
2	5	6	5	11	23	29	18	18	
3	4	12	7	19	7	19	0	0	√
4	5	10	19	29	19	29	0	0	√
4	8	9	19	28	21	30	2	2	
4	6	5	19	24	22	27	3	0	

续表

工序		工序时间 $T(i,j)$	工序最早开工 $T_{ES}(i,j)$	工序最早完工 $T_{EF}(i,j)$	工序最迟开工 $T_{LS}(i,j)$	工序最迟完工 $T_{LF}(i,j)$	总时差 $R(i,j)$	单时差 $r(i,j)$	关键工序
箭尾 i	箭头 j								
3	7	9	7	16	18	27	11	8	
5	8	1	29	30	29	30	0	0	√
6	8	2	24	26	28	30	4	4	
8	10	3	30	33	30	33	0	0	√
10	11	9	33	42	33	42	0	0	√
7	9	7	24	31	27	34	3	0	
9	11	8	31	39	34	42	3	3	

例 11-3 某工程项目的工序关系及时间估计见表 11-5。

表 11-5 工序时间关系及时间估计

工序名称	紧前工序	乐观时间 a	最可能时间 m	悲观时间 b
A	—	2	5	6
B	A	5	7	9
C	A	4	6	7
D	B	3	6	8
E	C,D	4	7	9
F	—	6	8	10
G	E,F	7	9	12

(1) 计算每道工序的期望时间与方差；

(2) 绘制网络图确定关键路线，并计算整个工程项目的期望完成时间和方差；

(3) 整个工程项目比期望完成时间提前 3 天完成的概率是多少？

(4) 整个工程项目比期望完成时间延迟 5 天完成的概率是多少？

解：

(1) 利用三点估计法计算每道工序的期望完成时间及方差见表 11-6。

表 11-6 工序估计时间及期望完成时间

工序名称	乐观时间 a	最可能时间 m	悲观时间 b	期望完成时间	方差
A	2	5	6	4.67	0.44
B	5	7	9	7.00	0.44
C	4	6	7	5.83	0.25
D	3	6	8	5.83	0.69
E	4	7	9	6.83	0.69
F	6	8	10	8.00	0.44
G	7	9	12	9.17	0.69

(2) 绘制网络图如图 11-14 所示。并计算各工序的最早开工时间和最迟开工时间，如果最早开工时间等于最迟开工时间则为关键工序，确定关键路线为 A→B→D→E→G，在图中用粗线标出。

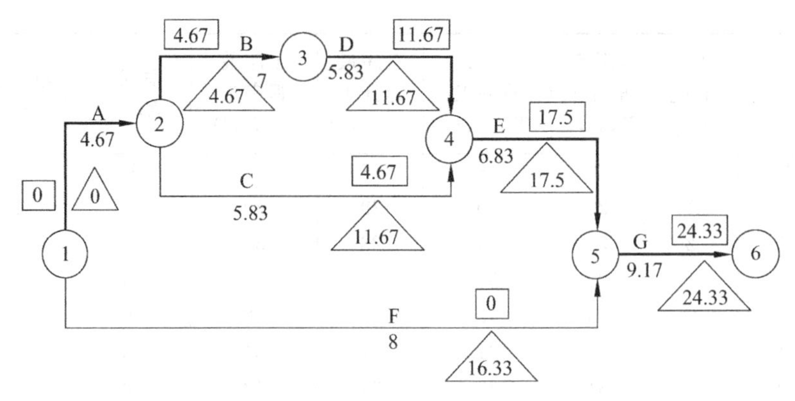

图 11-14　工程项目的网络图

整个工程项目的期望完成时间为关键路线上关键工序的期望完成时间之和，即为 4.67＋7＋5.83＋6.83＋9.17＝33.5，方差为 2.95。

(3) 整个工程项目比期望完成时间提前 3 天完成的概率是：

$$P(T+3<33.5)=P(T<30.5)=P\left(\frac{T-33.5}{\sqrt{2.95}}<\frac{-3}{\sqrt{2.95}}\right)$$

$$=\phi(-1.746)=0.0493$$

(4) 整个工程项目比期望完成时间延迟 5 天完成的概率是：

$$P(T<33.5+5)=P(T<38.5)=P\left(\frac{T-33.5}{\sqrt{2.95}}<\frac{5}{\sqrt{2.95}}\right)$$

$$=\phi(2.911)=0.9982$$

11.4　网络计划的优化

绘制网络图，计算网络时间和确定关键路线，得到一个初始的计划方案。然而这些网络计划技术一般只是从工程进度方面考虑。在一般情况下工程计划不能只考虑工程进度，还要考虑资源条件的限制和尽量使工程费用最低。也就是说，通常还要对初始计划方案进行调整和完善。例如，当需要加快工程进度时，往往会带来资源和费用的增加。因此，需要根据计划的要求，综合考虑进度、资源利用和降低费用等目标，进行网络优化，尽量做到工程周期最短，资源使用合理，成本费用最低，最终确定最优的计划方案。

为什么对网络计划进行优化是可行的呢？主要是因为网络计划可以明确哪些工序是关键工序，哪些是非关键工序，时差是多少。这样，可以利用时差，抽调非关键工序上的人力、物力来支援关键工序，加快计划进度，缩短工期。

网络优化有两类问题。第一类问题是**时间—资源优化**。主要解决在工程总周期一定的情况下，如何安排各项工序，使整个计划期内所需要的资源比较均衡。或者，当某项工程的可用资源有限时，如何安排各项工序，使总工期最短。第二类问题是**时间—费用优化**，寻找成本最低，而工程周期又尽量最短的优化方案。下面将分别介绍。

1. 时间—资源优化

1) 资源有限、工期最短

根据对计划进度的要求,缩短工程完工时间。

① 采取技术措施,缩短关键工序的作业时间;

② 采取组织措施,充分利用非关键工序的总时差,合理调配技术力量及人力、物力和财力等资源,缩短关键工序的作业时间。

2) 工期限定、资源平衡

在编制网络计划安排工程进度的同时,要考虑尽量合理地利用现有资源,并缩短工程周期。但是,由于一项工程所包括的工序繁多,涉及到的资源利用情况比较复杂,往往不可能在编制网络计划时,一次对进度和资源利用都能够做出合理的安排,常常需要经过几次综合平衡后,才能得到合理的计划方案。一般的做法是:

① 优先安排关键工序所需要的资源。

② 利用非关键工序的总时差,错开各工序的开始时间,拉平资源需要量的高峰。

③ 在确实受到资源限制,或者在考虑综合经济效益的条件下,也可以适当地推迟工程完工时间。

例 11-4 某工程的网络图如图 11-15 所示。图中有向边的第一个参数为工序的作业时间,第二个参数为该工序每天所需要的作业人数。现在假设该项工程由一个工程队承包,全队共有人员 12 名,且设每个人员都可以胜任各工序的工作。试求该队对各工序的进度如何安排及如何合理地调配人员,以使工程尽早地完工。

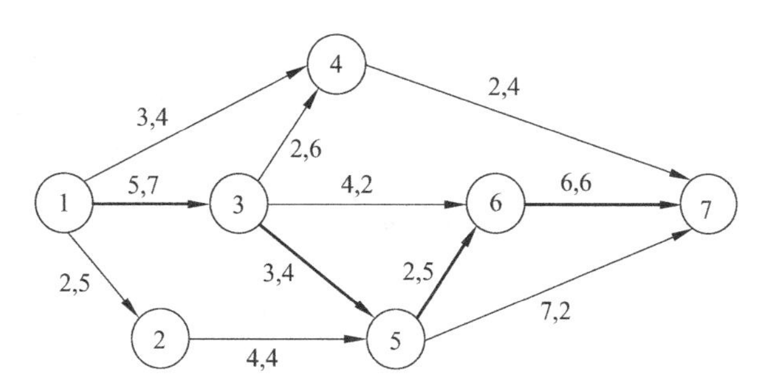

图 11-15 例 11-4 的工程网络图

解:该网络图的关键路线为①→③→⑤→⑥→⑦,总的工程时间为 16 天。各事项的最早时间和最迟时间经计算见表 11-7,各工序的总时差见表 11-8。

表 11-7 各事项的最早时间和最迟时间

事项 k	1	2	3	4	5	6	7
$T_E(k)$	0	2	5	7	8	10	16
$T_L(k)$	0	4	5	14	8	10	16

表 11-8　各工序的总时差

工序	总时差	工序	总时差	工序	总时差
(1,2)	2	(3,4)	7	(5,6)	0
(1,3)	0	(3,5)	0	(5,7)	1
(1,4)	11	(3,6)	1	(6,7)	0
(2,5)	2	(4,7)	7		

将各工序所需的工作日(每天需要的人员乘以该工序的作业时间)相加,可知该工程共需 173 个工作日,因此如用 16 天完成,则平均每天需要投入的人员数为$\frac{173}{16}<12$。所以,适当安排各工序的进度,整个工程有可能在 16 天内完成。如果将每道工序(i,j)都安排在$T_E(i)+1$天开始实施,则可得一张表示工程进度的图表,见表 11-9。表中"═══"表示关键工序的进度;"———"表示非关键工序的进度;横线上的数字表示实施该工序时每天所需要的人员数;"┈┈┈"表示在不耽误总工期的条件下,非关键工序的执行时间所允许的变动范围。

从表 11-9 可以看出,由于各工序均按其最早开始时间安排进度,因此工程的前期人员的需求较多,而工程后期人员的需求较少,整个工程进行期间人员的需求很不均匀。图 11-16 是按照表 11-9 所得的人员资源需求曲线,称为资源负荷图。该图说明有 5 天超出了目前人员资源的限制条件。

表 11-9　工程进度表

	1	2	3	4	5	6	7	8	9	10	11	12	13	14	15	16
(1,2)	5	5														
(1,3)	7	7	7	7	7											
(1,4)	4	4	4													
(2,5)			4	4	4	4										
(3,4)						6	6									
(3,5)						4	4	4								
(3,6)						2	2	2	2							
(4,7)								4	4							
(5,6)									5	5						
(5,7)									2	2	2	2	2	2	2	
(6,7)											6	6	6	6	6	6
需求人员数	16	16	15	11	11	16	12	10	13	7	8	8	8	8	8	6

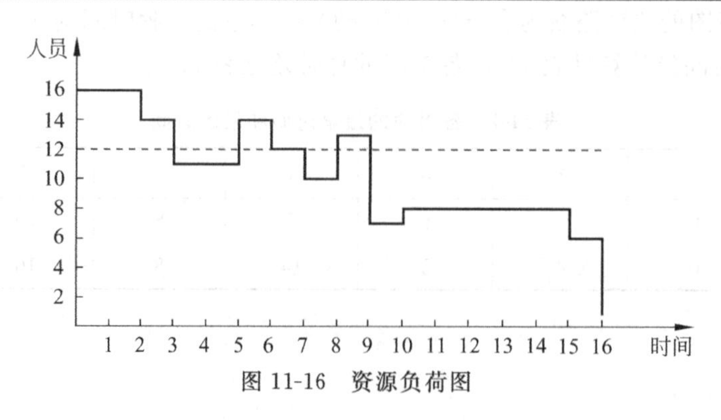

图 11-16　资源负荷图

于是，就要在保证总工期 16 天不变的条件下，调整各工序的进度，使人员需求尽可能平衡，且不超过每天可配备的人员数。

若利用非关键工序(1,4)、(3,4)、(4,7)的总时差，则可以拉开资源负荷的高峰，既保证了整个工程周期内各工序所需要的工人人数，又避免了某段时间内所需要的工人人数多于现有人数。协调后的具体安排见表 11-10，协调后的资源负荷情况如图 11-17 所示。

表 11-10　协调后的工程进度表

	1	2	3	4	5	6	7	8	9	10	11	12	13	14	15	16
(1,2)	5	5														
(1,3)	7	7	7	7	7											
(1,4)												4	4	4		
(2,5)			4	4	4	4										
(3,4)							6	6								
(3,5)						4	4	4								
(3,6)						2	2	2	2							
(4,7)										4	4					
(5,6)									5	5						
(5,7)									2	2	2	2	2	2	2	
(6,7)											6	6	6	6	6	6
需求人员数	12	12	11	11	11	10	12	12	9	11	12	12	12	12	8	6

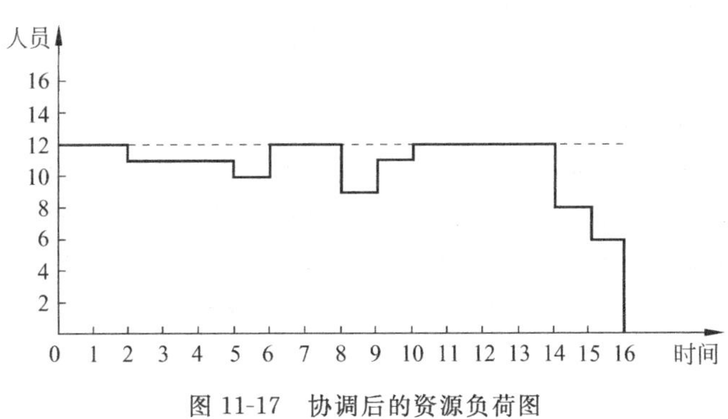

图 11-17　协调后的资源负荷图

2. 时间—费用优化

为完成一项工程，所需要的费用可分为两类。

1）直接费用

包括生产工人的工资及附加费，设备、能源、工具及材料消耗等直接与完成工序相关的费用，它直接分摊到各工序中去。为缩短工序的作业时间，需要采取一定的技术组织措施，相应地要增加一部分直接费用。在一定条件下和一定范围内，工序的作业时间越短，直接费用越多。

2）间接费用

包括管理人员的工资、办公费等，它与各工序无直接关系。间接费用通常按照施工时间的长短分摊，在一定的生产时期内，工序的作业时间越短，分摊的间接费用越少。

工程的正常完工时间，是指在现有的生产技术条件下，由各工序的作业时间所构成的工程完工时间。极限时间是为了缩短各工序的作业时间而采取一切可能的技术、组织措施后，可能达到的最短的作业时间和完成工程项目的最短时间。工程项目的总费用、直接费用、间接费用、正常时间、极限时间可用图 11-18 来形象表示。

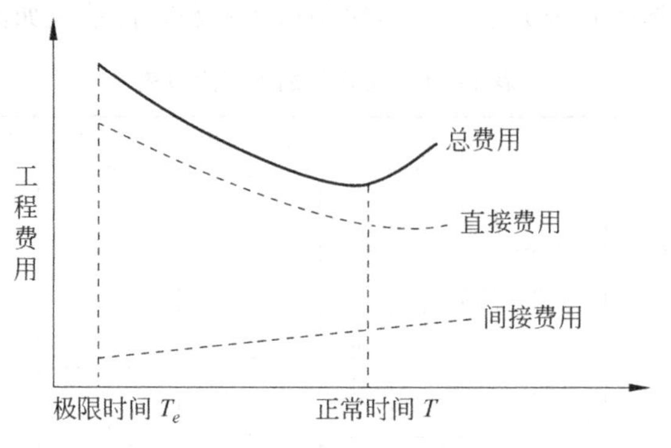

图 11-18　工程项目的各种费用图

直接费用与工序的关系一般假定为直线关系。设工序(i,j)的正常需要时间为 D_{ij}，正常直接费用为 M_{ij}；极限需要时间为 d_{ij}，极限需要费用为 m_{ij}，则工序(i,j)从正常需要时间每缩短一个单位工时所需要增加的费用为

$$C_{ij}=\frac{m_{ij}-M_{ij}}{D_{ij}-d_{ij}}$$

称 C_{ij} 为工序(i,j)的费用率。

在进行时间—费用优化时，需要计算在采取各种措施之后，工程项目的不同完工时间所对应的工序总费用和工程项目所需要的总费用。使得工程费用最低的工程完工时间称为最低成本日程。编制网络计划，无论是以降低费用为主要目标，还是以尽量缩短工程完工时间为主要目标，都要计算最低成本日程，从而提出时间—费用的优化方案。

例 11-5　已知某工程的资料见表 11-11，并且该工程的间接费用为 500 元/天，试求该工程的最低成本日程。

表 11-11　某工程的资料信息

工序	作业时间(天)	紧后工序	正常完成进度的直接费用(元)	赶进度一天所需费用(元)
A	4	D,E,F	2000	500
B	8	C,G	3000	400
C	6	—	1500	300
D	3	G	500	200
E	5	H	1800	400
F	7	H	4000	700
G	4	H	1000	300
H	3	—	1500	600

解：由题设，绘制网络图如图 11-19 所示。

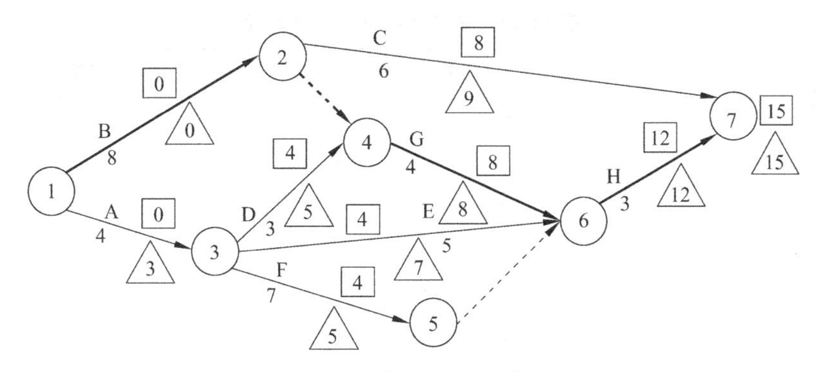

图 11-19　例 11-5 的网络图

在网络图上计算出各工序的最早开工时间并标在□中，计算出最晚开工时间标在△中，当□和△中的两个数字相等时为关键工序，确定关键路线为①→②→④→⑥→⑦。对应的关键工序为 B→G→H。

则工程总工期为 8＋4＋3＝15(天)，工程的总费用为：15×500＋2000＋3000＋1500＋500＋1800＋4000＋1000＋1500＝22 800 元。

若要缩短工期，则应首先缩短关键路线上赶一天进度所需费用最小的工序的作业时间。B，G，H 三个工序中，G 工序赶一天进度所需费用最低，为 300 元，且小于一天的工程间接费用。故考虑缩短 G 工序的作业时间 1 天，此时工程工期为 14 天，工程总费用为 22 800＋300－500＝22 600 元。

此时关键路线变成三条：B→G→H；B→C；A→F→H，如图 11-20 所示。

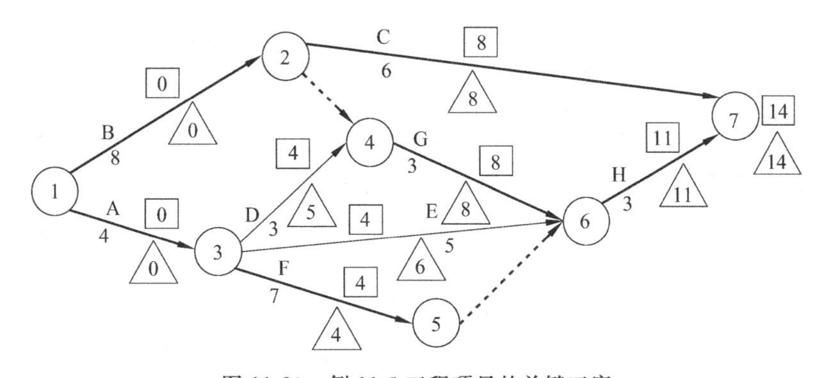

图 11-20　例 11-5 工程项目的关键工序

若再想缩短工期，按照上面的思路，则 C 工序缩短一天变成 5 天，而 G 工序再缩短一天变成 2 天，A 工序则需要缩短一天变成 3 天。则总的费用为 22 600＋300＋300＋500－500＝23 200 元。发现赶进度所需费用将超过因缩短工期而节约的间接费用，从而导致工程总费用增加，因此从费用角度考虑，不值得再缩短工期，否则缩短工期要以更高的费用为代价。故最低成本日程为 14 天，此时工程总费用为 22 600 元。

例 11-6　已知某工程项目的工序时间见表 11-12，并且该工程的间接费用为 20 元/天，试求该工程的最低成本日程。

表 11-12　某工程项目的工序时间

工序名称	紧前工序	正常时间		极限时间	
		工时(天)	费用(元)	工时(天)	费用(元)
A	—	6	100	4	120
B	A	9	200	5	280
C	A	3	80	2	110
D	B	7	150	5	180
E	B,C	8	250	3	375
F	D	2	120	1	170
G	B,C	1	100	1	100
H	E	4	180	3	200
I	G	5	130	2	220

解：首先画出该工程项目的网络图如图 11-21 所示。

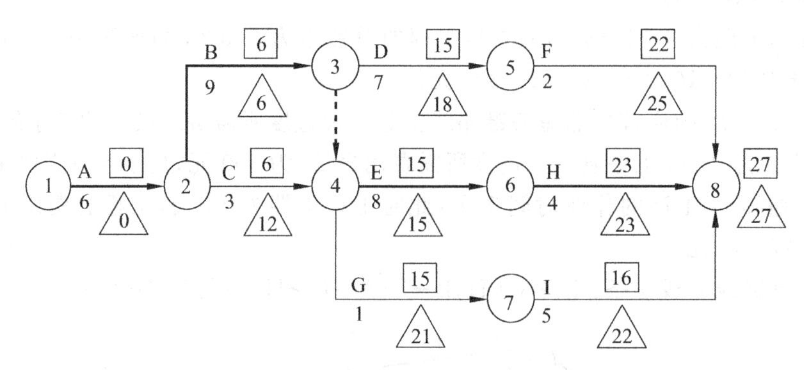

图 11-21　例 11-6 工程项目的网络图

再在网络图上计算各工序的最早开工时间、最晚开工时间，标示在网络图 11-21 中，并确定关键路线。图中□和△中的两个数字相等时为关键工序，确定关键路线为①→②→③→④→⑥→⑧。对应的关键工序为 A→B→E→H。因而工程项目总的完工时间为 27 天，项目总费用为 27×20＋100＋200＋80＋150＋250＋120＋100＋180＋130＝1850 元。要求最低成本日程，首先要缩短工程项目完成时间，即必须缩短关键路线上关键工序的工作时间，为此先计算每道工序的费用率，再从费用率最小的工序开始考虑缩短工期。每道工序的费用计算见表 11-13。

表 11-13　每道工序的费用

工序名称	正常时间		极限时间		工序费用率(天/元)
	工时(天)	费用(元)	工时(天)	费用(元)	
A	6	100	4	120	10
B	9	200	5	280	20
C	3	80	2	110	30
D	7	150	5	180	15

续表

工序名称	正常时间		极限时间		工序费用率（天/元）
	工时(天)	费用(元)	工时(天)	费用(元)	
E	8	250	3	375	25
F	2	120	1	170	50
G	1	100	1	100	—
H	4	180	3	200	20
I	5	130	2	220	30

从表 11-13 中可以看到，工序 A，B，H 的费用率低于间接费用，因此考虑缩短工序 A，B，H 的工作时间可以降低整个工程项目的费用。

考虑网络中关键工序的相对变化，以及工序 A，B，H 能够缩短的时间，工序 A 缩短 2 天，工序 B 缩短 4 天，工序 H 缩短一天，此时整个工程项目需要的工作时间为 20 天，项目总费用为 1715－6×20＋2×10＋4×20＋1×20＝1695 元。此时的关键路线仍为①→②→③→④→⑥→⑧。对应的关键工序为 A→B→E→H，如图 11-22 所示。

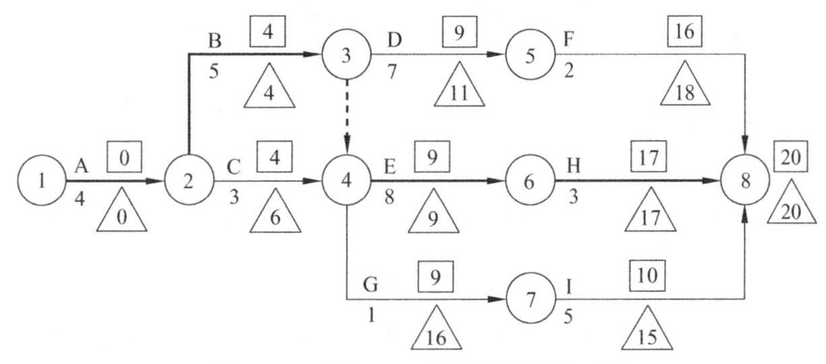

图 11-22　例 11-6 工程项目的关键工序

从表 11-13 中可以看到，图 11-22 中对应的关键工序 A，B，H 已经缩至极限工作时间，而有空余时间的工序 E 由于费用率高于间接费用，从降低成本角度不值得缩短工作时间，因此，整个工程项目已经无法再缩短工作时间，从而求得项目工程的最低成本日程为 20 天，项目总费用为 1695 元。

11.5　网络计划的 Excel 求解

网络计划中用表算法确定关键路线，这可以在 Excel 中方便地实现，下面举例来说明其应用。

例 11-7　以 11.1 节中例 11-1 的建房工程为例来介绍如何利用 Excel 求解关键路线，如图 11-23 所示。图的上半部分提供了这些答案，下半部分给出了求解的公式。其中，TES 表示最早开始时间，TEF 表示最早结束时间，TLS 表示最迟开始时间，TLF 表示最迟结束时间。E 列的等式是按照最早开始时间规则建立的。F 列则利用了公式：TEF＝TES＋工序工期（D 列）。G 列的等式利用了公式：TLS＝TLF－工序工期。H 列应用了最迟时间规则。I 列应用了公式：总时差＝TLF－TEF。

	A	B	C	D	E	F	G	H	I	J
1					网络计划					
2	问题：	造房屋的网络计划								
3										
4	工序代码	工序名称	紧后工序	工期	TES	TEF	TLS	TLF	TF	是否关键工序
5	A	土方工程	B,C	5	0	5	0	5	0	是
6	B	浇注地基	D,H	2	5	7	5	7	0	是
7	C	外部管道铺设	I	6	5	11	23	29	18	否
8	D	房屋结构建设	E,F,G	12	7	19	7	19	0	是
9	E	内部管道建设	I	10	19	29	19	29	0	是
10	F	在线工程	K	9	19	28	21	30	2	否
11	G	封顶	M,J	5	19	24	22	27	3	否
12	H	外墙	M	9	7	16	18	27	11	否
13	I	管道检查	K	1	29	30	29	30	0	是
14	J	贴屋顶瓦片	K	2	24	26	28	30	4	否
15	K	粉刷外墙	L	3	30	33	30	33	0	是
16	L	内装饰	/	9	33	42	33	42	0	是
17	M	外装饰	N	7	24	31	27	34	3	否
18	N	周边绿化	/	8	31	39	34	42	3	否
19										
20	项目工期	42								

	E	F	G	H	I	J
5	TES	TEF	TLS	TLF	TF	是否关键工序
6	0	=E6+D6	=H6-D6	=MIN(G7,G	=H6-F6	=IF(I6=0,"是","否")
7	=MAX(F6)	=E7+D7	=H7-D7	=MIN(G9,G	=H7-F7	=IF(I7=0,"是","否")
8	=MAX(F6)	=E8+D8	=H8-D8	=MIN(G14)	=H8-F8	=IF(I8=0,"是","否")
9	=MAX(F7)	=E9+D9	=H9-D9	=MIN(G10,(	=H9-F9	=IF(I9=0,"是","否")
10	=MAX(F9)	=E10+D10	=H10-D10	=MIN(G14)	=H10-F10	=IF(I10=0,"是","否")
11	=MAX(F9)	=E11+D11	=H11-D11	=MIN(G16)	=H11-F11	=IF(I11=0,"是","否")
12	=MAX(F9)	=E12+D12	=H12-D12	=MIN(G15,(	=H12-F12	=IF(I12=0,"是","否")
13	=MAX(F7)	=E13+D13	=H13-D13	=MIN(G18)	=H13-F13	=IF(I13=0,"是","否")
14	=MAX(F8,F10)	=E14+D14	=H14-D14	=MIN(G16)	=H14-F14	=IF(I14=0,"是","否")
15	=MAX(F12)	=E15+D15	=H15-D15	=MIN(G16)	=H15-F15	=IF(I15=0,"是","否")
16	=MAX(F11,F14,F15)	=E16+D16	=H16-D16	=MIN(G17)	=H16-F16	=IF(I16=0,"是","否")
17	=MAX(F16)	=E17+D17	=H17-D17	=MIN(B21)	=H17-F17	=IF(I17=0,"是","否")
18	=MAX(F12,13,15)	=E18+D18	=H18-D18	=MIN(G19)	=H18-F18	=IF(I18=0,"是","否")
19	=MAX(F18)	=E19+D19	=H19-D19	=MIN(B21)	=H19-F19	=IF(I19=0,"是","否")

图 11-23　建房工程关键路线的 Excel 求解

例 11-8　某个工程项目的资料由表 11-14 给出。若该项目要求在 48 天以内完工，应如何进行处理。

表 11-14　工程项目的资料

工序	紧前工序	时间(天)		成本(万元)		时间的最大缩短量	每天的赶进度成本(万元)
		正常	赶工	正常	应急		
A	—	9	5	54	114	4	15
B	A	11	9	64	88	2	12
C	B	4	2	26	34	2	4
D	B	4	3	41	57	1	16
E	D	5	3	18	26	2	4
F	C	6	3	90	102	3	4
G	D,F	6	3	20	38	3	6
H	B	5	3	21	27	2	3
I	E,H	8	6	44	50	2	3
J	I	3	2	16	20	1	4
K	I	7	5	25	35	2	5
L	J,K,G	8	5	39	63	3	8

解：利用上例的求解方法可以得到该工程的关键路线为A→B→D→E→I→K→L，如果项目正常进行，所预计的项目完成时间为52天，达不到要求。如果所有工序都按赶工进度来处理，则此时的工期为36天，但总的成本将达到433万元，代价太高。因此只需要对其中某些工序进行赶工处理即可。

考虑项目的总成本，包括赶工工序的额外成本，问题就变成了在项目工期小于或等于项目管理者期望水平的限制条件下，使得总成本最小。因此这类问题可以通过类似于线性规划的方法进行解答。

所需要考虑的决策包括：

(1) 每一个工序的开始时间；

(2) 由于进行了赶工，每一个工序的工期减少量；

(3) 项目的完成时间。

图11-24给出了这个问题的线性规划模型描述。需要做出的决策如可变单元格I5:J16和J18中所示。B列和H列的数据由表11-14给出。G列和H列的数据可以直接算出来。K列中的等式表示每个工序的结束时间等于这个工序的开始时间加上完成工序的正常时间，再减去由于赶工而缩短的时间。目标单元格J19中的等式表示所有的正常成本加上赶

	A	B	C	D	E	F	G	H	I	J	K
1				网络计划的优化							
2	时间—费用优化										
3			时间		成本		时间的最	每周的赶	开始	时间缩	完成
4		工序	正常	赶工	正常	赶工	大缩短量	工成本	时间	减量	时间
5		A	9	5	54	114	4	15	**0**	**0**	9
6		B	11	9	64	88	2	12	**9**	**0**	20
7		C	4	2	26	34	2	4	**24**	**0**	28
8		D	4	3	41	57	1	16	**20**	**0**	24
9		E	5	3	18	26	2	4	**24**	**2**	27
10		F	6	3	90	102	3	4	**28**	**0**	34
11		G	6	3	20	38	3	6	**34**	**0**	40
12		H	5	3	21	27	2	3	**22**	**0**	27
13		I	8	6	44	50	2	3	**27**	**2**	33
14		J	3	2	16	20	1	4	**37**	**0**	40
15		K	7	5	25	35	2	5	**33**	**0**	40
16		L	8	5	39	63	3	8	**40**	**0**	48
17											
18								完成时间		**48**	
19								总成本		**472**	

	G	H	K
1			
2			
3	时间的最大缩短量	每周的赶工成本	完成时间
4			
5	=C5-D5	=(F5-E5)/G5	=I5+C5-J5
6	=C6-D6	=(F6-E6)/G6	=I6+C6-J6
7	=C7-D7	=(F7-E7)/G7	=I7+C7-J7
8	=C8-D8	=(F8-E8)/G8	=I8+C8-J8
9	=C9-D9	=(F9-E9)/G9	=I9+C9-J9
10	=C10-D10	=(F10-E10)/G10	=I10+C10-J10
11	=C11-D11	=(F11-E11)/G11	=I11+C11-J11
12	=C12-D12	=(F12-E12)/G12	=I12+C12-J12
13	=C13-D13	=(F13-E13)/G13	=I13+C13-J13
14	=C14-D14	=(F14-E14)/G14	=I14+C14-J14
15	=C15-D15	=(F15-E15)/G15	=I15+C15-J15
16	=C16-D16	=(F16-E16)/G16	=I16+C16-J16

图11-24　例11-7的线性规划模型描述

工所增加的成本,就得到了总成本。

因为每个工序只能在它的紧前工序结束后才能够开始进行,因此得到一组规划求解的约束条件见表 11-15。另外,每个工序减少的时间不能够超出在 G 列中所给出的这个工序时间最大的减少量,所以有 J5:J16≤G5:G16。当活动 L 完成了,整个项目才算完工,所以有 J18≥K16。另外,项目必须在 48 天内完成,所以有 J18≤48。

表 11-15　规划求解的约束条件

工序	约束条件	工序	约束条件
A	—	G	I11≥K8 I11≥K10
B	I6≥K5	H	I12≥K6
C	I7≥K6	I	I13≥K9 I13≥K12
D	I8≥K6	J	I14≥K13
E	I9≥K8	K	I15≥K13
F	I10≥K7	L	I16≥K14 I16≥K15 I16≥K11

习　　题

1. 由某工程项目分解的作业见表 11-16 所示。

表 11-16　工程项目分解的作业

工序代号	工序时间	紧后工序
A	4	B,C
B	7	D,E
C	10	E,F
D	8	G
E	12	G
F	7	G
G	5	H
H	4	—

求解:

(1) 绘制网络图。

(2) 计算下列时间参数:①事项最早时间;②事项最迟时间;③工序最早开始时间;④工序最迟开始时间;⑤工序最早完工时间;⑥工序最迟完工时间;⑦工序总时差;⑧工序单时差。

(3) 确定关键路线。

2. 找出图 11-25 中网络图的错误并将其修改。

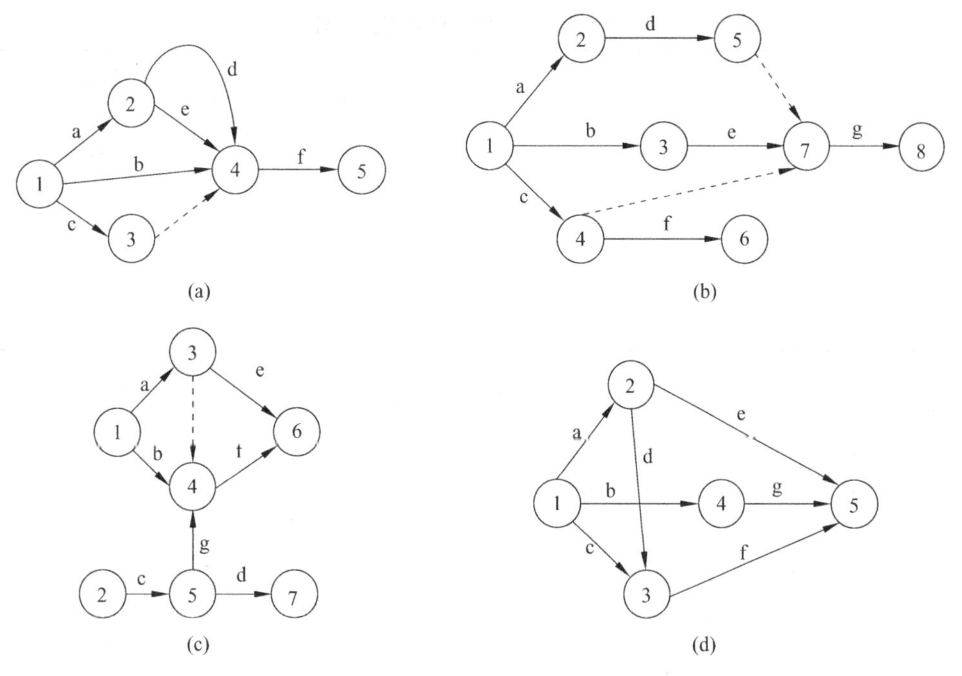

图 11-25　第 2 题的网络图

3. 已知如图 11-26 所示的网络图,计算各结点的最早开始时间和最迟完成时间。

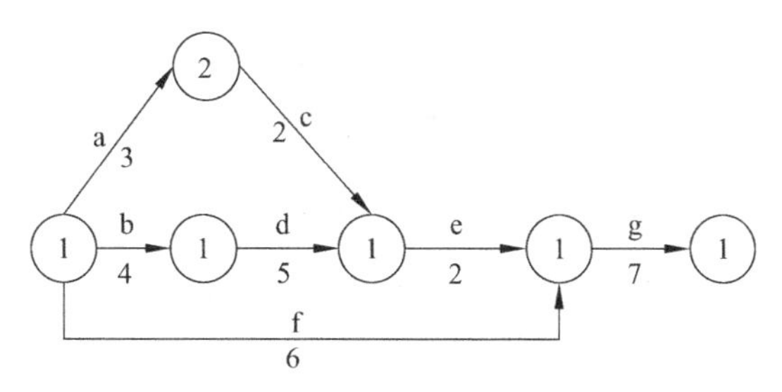

图 11-26　第 3 题的网络图

4. 已知如图 11-27 所示的网络图,计算各结点的最早开始时间和最迟完成时间。

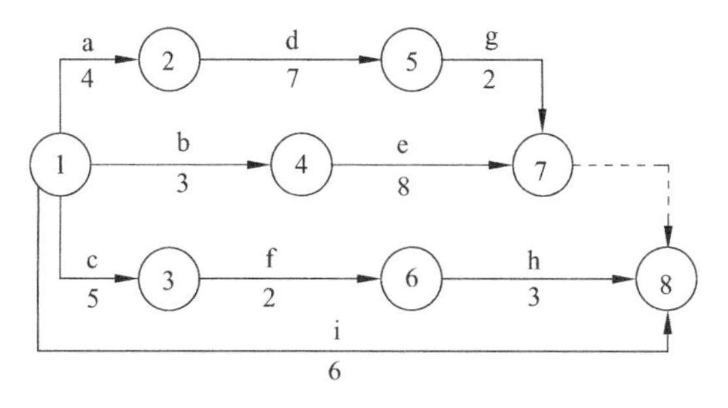

图 11-27　第 4 题的网络图

5. 根据表 11-17 给定的条件，绘制网络图。

表 11-17　某工程项目给定的条件

工序编号	紧前作业	工序编号	紧前作业
A	—	H	B
B	—	I	E,H
C	—	J	E,H
D	A,B	K	C,D,F,J
E	B	L	K
F	B	M	L,I,G
G	F,C		

6. 对如图 11-28 所示的网络图计算各项工序的相关参数。

① 最早开始时间与最早结束时间；

② 最迟开始时间与最迟结束时间；

③ 总时差与单时差；

④ 找出关键路线及计算工期。

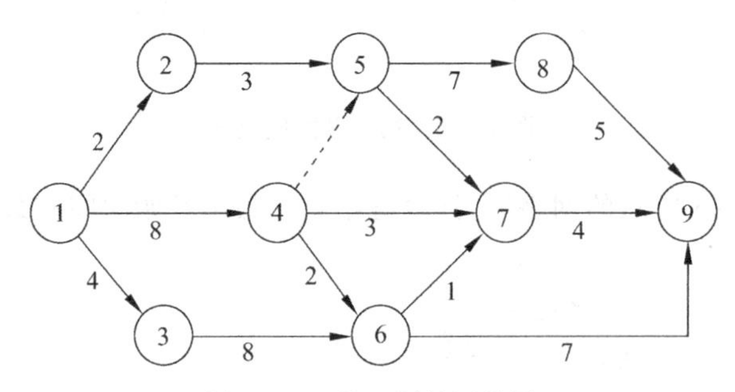

图 11-28　第 6 题的网络图

7. 已知如图 11-29 所示的网络图，计算各结点的最早时间和最迟时间，各工序的最早开始时间和最迟开始时间。图中工序下方的数字为 $a-m-b$（a—乐观时间；b—悲观时间；m—可能时间）。

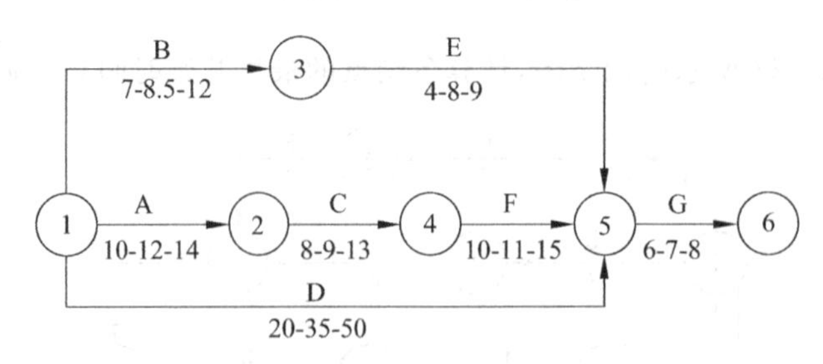

图 11-29　第 7 题的网络图

8. 已知表 11-18 所列数据，求：

(1) 绘制网络图；

(2) 计算各工序的最早开始时间、最早结束时间、最迟开始时间、最迟结束时间以及总时差，并找出关键工序。

表 11-18　某工程项目给定的数据

工序	紧前工序	工序时间	工序	紧前工序	工序时间
A	G,M	3	G	B,C	2
B	H	4	H	—	5
C	—	7	I	A,L	2
D	L	3	K	F,I	1
E	C	5	L	B,C	7
F	A,E	5	M	C	3

9. 某工程项目的资料见表 11-19。

表 11-19　某工程项目的资料

工序	紧前工序	工序的三种时间(天)			工序	紧前工序	工序的三种时间(天)		
		a	m	b			a	m	b
A	—	6	7	9	F	C	18	24	26
B	—	5	8	10	G	E	30	35	42
C	—	11	12	14	H	D	20	26	30
D	A,B,C	15	17	19	I	F	14	17	22
E	A	9	10	12	J	F	28	34	38

求：

(1) 计算各工序时间期望值和方差；

(2) 绘制该项目的网络图。

10. 根据表 11-19 的项目资料，求：

(1) 工序的最早开始时间和最迟开始时间；

(2) 项目完工期的期望值及其方差；

(3) 求项目在 72 天内完工的概率；

(4) 要求完工的概率为 0.98，至少需要多少天。

11. 根据表 11-20 给出的工序明细资料，绘制网络图。

表 11-20　工序明细资料

工序	紧前工序	工序	紧前工序
A	—	E	C
B	—	F	D
C	—	G	F,B,E
D	A		

12. 根据表 11-21(a)、(b)给出的工序明细资料，绘制网络图。

表 11-21(a) 工序明细资料一

工序	紧后工序
A	C,D
B	C,D,E
C	F
D	G
E	G
F	—
G	—

表 11-21(b) 工序明细资料二

工序	紧后工序
A	D,E
B	D,E,F
C	G
D	H
E	I
F	I
G	J
H	—
I	—
J	—

13. 某工程的有关信息由表 11-22 给出。已知间接成本为 500 元/天。若指定总工期为 21 天,试求由赶工成本和间接成本来考虑本工程的最优赶工方案。

表 11-22 某工程的有关信息

工序	紧前工序	正常工序时间(天)	赶工的极限时间(天)	赶工成本(元/天)
A	—	10	7	400
B	—	5	4	200
C	B	3	2	200
D	A,C	4	3	300
E	A,C	5	3	300
F	D	6	3	500
G	E	5	2	100
H	F,G	5	4	400

14. 已知下列工程资料,见表 11-23。

表 11-23 工程资料

工序	紧前工序	工序时间	工序	紧前工序	工序时间	工序	紧前工序	工序时间
A	—	60	G	B,C	7	M	J,K	5
B	A	14	H	E,F	12	N	I,L	15
C	A	20	I	F	60	O	N	2
D	A	30	J	D,G	10	P	M	7
E	A	21	K	H	25	Q	O,P	5
F	A	10	L	J,K	10			

求:

(1) 绘制网络图;

(2) 计算事项最早时间和最迟时间;

(3) 确定关键路线。

第12章 存 储 论

库存管理是现代企业生产经营管理中的一个重要环节。生产的正常运行需要利用库存来调节,产品的销售和对顾客的服务需要库存来保证。为了解决均衡生产与需求的不确定性、季节性之间的矛盾,可以用库存来缓冲,库存是生产销售和为顾客服务得以顺利进行的保证。但是,库存必须占用资金,且是实物存储,要支出仓储费、耗损费和利息等,这样会使产品成本提高,企业盈利减少。在生产经营管理的过程中,总是期望用最小的生产成本、最小的经营和销售费用,去满足客户的需要,为客户提供最好的服务,但实际上,这些要求往往是互相矛盾的。因此拟定合理的库存水平,并加以控制就十分必要。国外每年有许多企业因为库存管理和控制不善而失败。在中国,有些企业由于库存过大而造成积压、浪费,有些企业则因库存不足而影响生产。因此,被人们叫做"调节阀"或"弹性垫"的库存管理,是企业管理人员必须研究的重要课题。

库存理论是运筹学最早成功应用的领域之一。早在1915年,Harris对商业中的库存问题就建立了一个简单模型,并求得了最优解,但是他的工作未引起人们的注意。1918年,Wilson重新得出了Harris的公式。这就是下面要介绍的确定性模型及Wilson公式。第二次世界大战后,带有随机因素的库存模型也得到了广泛的研究,在模型中考虑了需求量以及供货滞后等的随机性。目前,库存理论的重点已转到多种商品、多阶段、多个库存点以及供货点的研究。

本章将介绍几个典型的单品种库存模型,并且对一些类型的问题求出其最优策略。

12.1 存储论的基本概念

工厂为了生产,必须储存一些原料,把这些储存物简称存储。生产时从存储中取出一些数量的原料消耗掉,使存储减少。生产不断进行,存储不断减少,到一定时刻必须对存储给予补充,否则存储消耗尽了,生产就无法进行。

一般来说,存储量因需要而减少,因补充而增加。

典型的库存问题可以用图12-1表示。

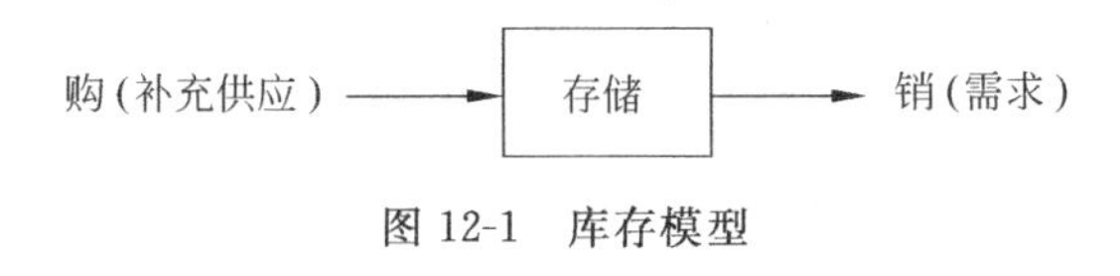

图12-1 库存模型

1. 需求

对一个存储系统而言,需求就是存储的输出,即从存储系统中取出一定数量的库存货物以满足生产或消费需要。根据需求的时间特征,可将需求分为连续性需求和间断性需求。

根据需求的数量特征，又可将需求分为确定性需求和随机性需求。如生产经营中按合同要求供应产品，一般都属于确定性需求；而在市场中每天对某种商品的需求量就是随机性需求。

2. 补充供应

补充就是存储的输入。由于需求的发生，库存量不断地减少，为了保证以后的需求，必须及时地补充库存，它可以通过外部订货或内部生产两种方式实现。影响存储系统运行的一个因素是订货与到货的滞后时间。滞后时间又可以分为两部分。

(1) 开始订货到开始补充(开始生产或货物到达)为止的时间，成为拖后时间或提前时间。

(2) 开始补充到补充完毕的入库时间或生产时间。通常滞后时间可以考虑成常数或非负随机变量，滞后现象使库存问题变得更加复杂。理想化的情形可认为是瞬时供货，它是供货或生产能力非常大的一种近似。

3. 存储策略

决定何时补充一次以及每次补充数量为多少的策略称为存储策略。常见的存储策略有以下三种。

(1) t_0循环策略：每隔固定的时间 t_0 补充固定的存储量 Q。

(2) (s,S)策略：当存储量 $x>s$ 时不补充；当存储量 $x\leqslant s$ 时补充存储，补充量 $Q=S-x$，补充后存储量达到最大存储量 S，其中 s 成为订货点。

(3) (t,s,S)策略：每隔 t 时间检查存储量 x，当 $x>s$ 时不补充；当 $x\leqslant s$ 时补充存储达到 S，补充量 $Q=S-x$。

确定存储策略是，首先要把实际问题抽象为数学模型。存储模型大体上可分为两类：第一类是确定性模型，即模型中的数据都是确定数值；第二类是随机性模型，即模型中含有随机变量。

4. 费用

存储模型中经常考虑的费用包括存储费、订货费、生产费及缺货费。

(1) 存储费：包括货物占用资金应付的利息以及使用仓库、保管货物、货物损坏变质等支出的费用。

(2) 订货费：包括两项费用，一项是订购费用(固定费用)，如手续费、电信往来、派人员外出采购等费用。订购费与订货次数有关而与订货数量无关。另一项是货物的成本费用，它与订货数量有关(可变费用)，如货物本身的价格、运费等。如货物单价为 K，订购费用为 C，订货数量为 Q，则订货费用为 $C+KQ$。

(3) 生产费：补充存储时，如果无须向外厂订货，由本厂自行生产，这时仍需要支出两项费用。一项是装配费用(或称准备、结束费用，是固定费用)，另一项是与生产产品的数量有关的费用，如材料费、加工费等(可变费用)。

(4) 缺货费：当存储供不应求时所引起的损失。如失去销售机会的损失、停工待料的损失以及不能履行合同而缴纳罚款等。在不允许缺货的情况下，在费用上处理的方式是缺货费为无穷大。

5. 目标函数

要在一类策略中选取一个最优策略，就需要有一个赖以衡量优劣的准绳，这就是目标函数。在存储模型中通常把目标函数取为平均费用函数或平均利润函数。选择的策略应使平均费用达到最小值，或使平均利润达到最大值。

12.2 确定性存储模型

1. 模型一：不允许缺货，补充时间很短

在研究、建立模型时，需要作一些假设，目的是使模型更简单、易于理解、便于计算。为此作如下假设。

(1) 需求是连续均匀的，即需求速度 R(单位时间的需求量)为常数，则 t 时间的需求量为 Rt。

(2) 当存储量降为零时，可以立即得到补充，补充时间(生产时间或拖后时间)很短，可以近似为零。

(3) 单位存储费 C_1 不变。

(4) 由于不允许缺货，设单位缺货费用 C_2 为无穷大。

(5) 每次订货量 Q 相同，每次订购费用 C_3 不变(每次生产量不变，装配费不变)

存储量变化情况可用图 12-2 表示。

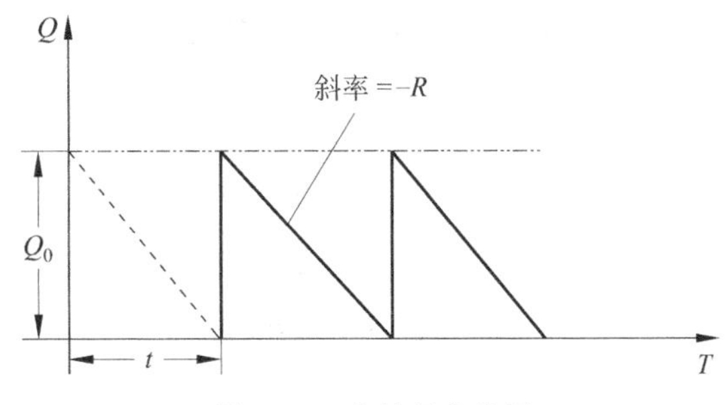

图 12-2 存储量变化图

由于补充时间很短，不会缺货，因此不考虑缺货损失费。在 t 时间内的存储费、订货费构成了时间 t 内的总费用。

假定每隔 t 时间补货一次，由于需求量为 Rt，则订货量 $Q=Rt$，设货物单价为 K，则

t 时间内的订货费为：

$$C_3 + KRt$$

t 时间内的平均订货费为：

$$\frac{C_3}{t} + KR$$

t 时间内的平均存储量为：

$$\frac{1}{t}\int_0^t Rt\,\mathrm{d}t = \frac{1}{2}Rt$$

t 时间内的平均存储费为：

$$\frac{1}{2}C_1Rt$$

一个订货周期内单位时间总的平均费用为：

$$C(t) = \frac{C_3}{t} + KR + \frac{1}{2}C_1Rt \tag{12-1}$$

总的平均费用 $C(t)$ 随 t 的变化而变化，它是时间 t 的函数，其图形如图 12-3 所示。

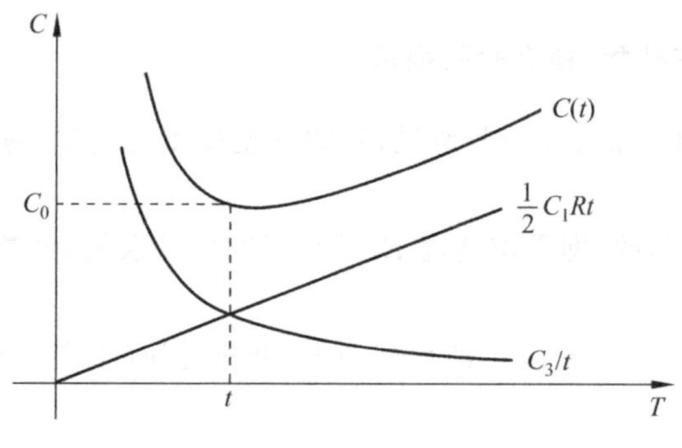

图 12-3　存储费用变化图

则当 t 取何值时 $C(t)$ 最小，只需对式(12-1)利用微积分求最小值的方法就可以求出。令

$$\frac{\mathrm{d}C(t)}{\mathrm{d}t} = -\frac{C_3}{t^2} + \frac{1}{2}C_1R = 0$$

得

$$t_0 = \sqrt{\frac{2C_3}{C_1R}} \tag{12-2}$$

即每隔 t_0 时间订货一次可使得 $C(t)$ 最小，t_0 称为最佳订货周期，订货批量为

$$Q_0 = Rt_0 = \sqrt{\frac{2C_3R}{C_1}} \tag{12-3}$$

式(12-3)就是存储论中著名的经济订购批量(Economic Ordering Quantity)公式，简称为 E. O. Q 公式，或称为经济批量公式。由于单价 K 为常数，与 Q_0 无关，因而与存储策略的选择无关，在费用函数式(12-1)中常将 KR 项略去，这时式(12-1)改写为

$$C(t) = \frac{C_3}{t} + \frac{1}{2}C_1Rt \tag{12-4}$$

将 t_0 代入式(12-4)得到最低费用，即

$$C_0 = C(t_0) = C_3\sqrt{\frac{C_1R}{2C_3}} + \frac{1}{2}C_1R\sqrt{\frac{2C_3}{C_1R}} \tag{12-5}$$

例 12-1　某厂的自动装配线每年要用 500 000 个某种型号的元件。生产该元件的成本

是每个 5 元，而每开工一次，生产准备费用为 1000 元。估计每年该元件的保管费为生产成本的 25%。若不允许缺货，每次生产的批量应多大？每年开工几次来生产这类元件才可使费用最省？

解：

$$R = 500\,000(\text{个}/\text{年})$$
$$C_3 = 1000(\text{元})$$
$$C_1 = 0.25 \times 5 = 1.25(\text{元}/\text{个}\cdot\text{年})$$

由式(12-3)算出

$$Q_0 = \sqrt{\frac{2C_3R}{C_1}} = \sqrt{\frac{2\times 1000\times 500\,000}{1\cdot 25}} = 28\,284(\text{个})$$

$$\frac{C_3}{Q_0} = \frac{500\,000}{28\,284} = 17.7$$

因此，每年开工次数为 18 次。

2. 模型二：不允许缺货，补充需一定时间

本模型的假设条件是除生产需要一定时间的条件外，其余皆与模型一的相同。

设生产批量为 Q，所需的生产时间为 T，则生产速度为 $P=Q/T$。

已知需求速度为 $R(R<P)$。生产的产品一部分满足需求，剩余部分才能作为存储，这时存储变化如图 12-4 所示。

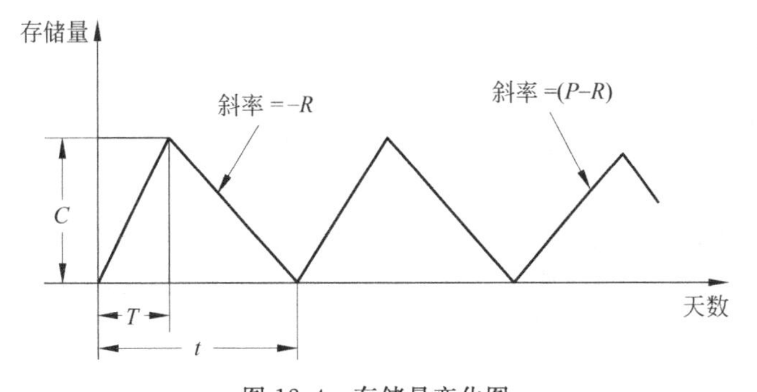

图 12-4 存储量变化图

在$[0,T]$区间内，存储以$(P-R)$速度增加，在$[T,t]$区间内存储以速度 R 减少，T 与 t 皆为待定系数。从图 12-4 容易知道$(P-R)T=R(t-T)$，即 $PT=Rt$（等式表示以速度 P 生产 T 时间的产品等于一个周期 t 时间内的需求），并求出 $T=Rt/P$。

t 时间的平均存储量为$(P-R)\dfrac{T}{2}$；

t 时间的平均存储费为$C_1(P-R)\dfrac{t}{2}$；

t 时间内所需装配费为 C_3。

一个订货周期内单位时间总的平均费用 $C(t)$ 为

$$C(t)=\frac{1}{t}\left[\frac{1}{2}C_1(P-R)Tt+C_3\right]$$
$$=\frac{1}{t}\left[\frac{1}{2}C_1(P-R)\frac{Rt^2}{P}+C_3\right] \tag{12-6}$$

为求得最小的总平均费用，对式(12-6)利用微分法求最小值，得

$$\frac{\mathrm{d}C(t)}{\mathrm{d}t}=-\frac{C_3}{t^2}+\frac{1}{2}C_1(P-R)\frac{R}{P}=0$$

解得

$$t_0=\sqrt{\frac{2C_3P}{C_1R(P-R)}} \tag{12-7}$$

所求出的 t_0 为最佳周期。相应的生产批量

$$Q_0=E.O.Q.=\sqrt{\frac{2C_3RP}{C_1(P-R)}} \tag{12-8}$$

$$\min C(t)=C(t_0)=\sqrt{2C_1C_3R\frac{(P-R)}{P}} \tag{12-9}$$

利用 t_0 可求出最佳生产时间

$$T_0=\frac{Rt_0}{P}=\sqrt{\frac{2C_3R}{C_1P(P-R)}} \tag{12-10}$$

将前面求 t_0，Q_0 的公式与模型一中的式(12-2)和式(12-3)作比较，即知它们只差 $\left(\sqrt{\frac{P}{P-R}}\right)$ 一个因子。当 P 相当大时，$\sqrt{\frac{P}{P-R}}$ 趋近于1，则两组公式就相同了。

进入存储的最高数量

$$S_0=Q_0-RT_0=\sqrt{\frac{2C_3RP}{C_1(P-R)}}-R\sqrt{\frac{2C_3R}{C_1P(P-R)}}=\sqrt{\frac{2C_3R(P-R)}{C_1P}}$$

例 12-2 某装配车间每月需某种零件400件，该零件由厂内生产，生产率为每月800件，每批生产准备费为100元，每月每件零件存储费为0.5元，试确定最优存储策略。

解：由题意知，$R=400$ 件/月，$P=800$ 件/月，$C_3=100$ 元/批，$C_1=0.5$ 元/月·件。利用上述公式可得

$$t_0=\sqrt{\frac{2C_3P}{C_1R(P-R)}}=1.4(\text{月})$$

$$Q_0=E.O.Q.=\sqrt{\frac{2C_3RP}{C_1(P-R)}}=560(\text{件})$$

$$T_0=\frac{Rt_0}{P}=\sqrt{\frac{2C_3R}{C_1P(P-R)}}=0.7(\text{月})$$

$$S_0=R(t-t_0)=400\times(1.4-0.7)=280(\text{件})$$

$$C(t_0)=\sqrt{2\times0.5\times100\times400}\sqrt{\frac{800-400}{800}}=141.4(\text{元}/\text{月})$$

3. 模型三：允许缺货(缺货需补足)，补充需一定时间

模型一、模型二考虑的都是不允许缺货的情况，即缺货费用为无穷大的情形，本模型考

虑的是允许缺货的情况,并把缺货损失定量化来加以研究。由于允许缺货,所以企业在存储降至零后,还可以再等一段时间后订货。这就意味着企业可以少付几次订货的固定费用,少支付一些存储费用,但是却增加了缺货费,本模型就是在这样的背景下,寻求最佳存储策略,即最小平均总费用。

模型假设:

(1) 需求是连续均匀的,需求速度 R 为常数。

(2) 补充需要一定时间,设生产是连续均匀的,生产速度 P 为常数,且 $P>R$。

(3) 单位存储费为 C_1,单位缺货费为 C_2,订购费(装配费)为 C_3。

存储量变化情况如图 12-5 所示。

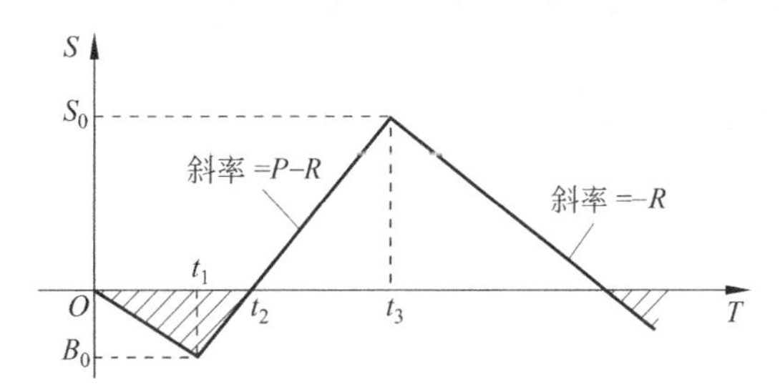

图 12-5 存储量变化图

考虑一个存储周期$[0,t]$,t_1 时刻开始生产,t_3 时刻生产结束。

$[0,t_2]$时间内存储量为 0,最大缺货量为 B_0。

$[t_1,t_3]$时间内以速度 P 进行生产,同时以速度 R 满足需求,即以速度 $P-R$ 补充存储,在 t_2 时刻补足了$[0,t_1]$时间内的缺货,在 t_3 时刻达到最大存储量 S_0,并停止生产。

$[t_3,t]$时间内以存储满足需求,存储量以速度 R 减少,在 t 时刻存储量降为 0,进入下一个存储周期。

$[0,t]$时间内存储费、缺货费及装配费构成了总费用。

从$[0,t_1]$上看,最大缺货量为

$$B_0 = Rt_1$$

从$[t_1,t_2]$上看,最大缺货量为

$$B_0 = (P-R)(t_2-t_1)$$

所以

$$Rt_1 = (P-R)(t_2-t_1)$$

由此可得

$$t_1 = \frac{P-R}{P}t_2 \tag{12-11}$$

从$[t_2,t_3]$上看,最大存储量为

$$S_0 = (P-R)(t_3-t_2)$$

从$[t_3,t]$上看,最大存储量为

$$S_0 = R(t-t_3)$$

所以

$$(P-R)(t_3-t_2)=R(t-t_3)$$

由此可得

$$t_3-t_2=\frac{R}{P}(t-t_2) \tag{12-12}$$

在$[0,t]$时间内：

平均存储量$\left(最大存储量的\frac{1}{2}\right)$为　$\frac{1}{2}(P-R)(t_3-t_2)$

存储费为　$\frac{1}{2}C_1(P-R)(t_3-t_2)(t-t_2)$

平均缺货量$\left(最大缺货量的\frac{1}{2}\right)$为　$\frac{Rt_1}{2}$

缺货费为　$\frac{C_2Rt_1t_2}{2}$。

装配费为　C_3。

故总费用为

$$\frac{1}{2}C_1(P-R)(t_3-t_2)(t-t_2)+\frac{1}{2}C_2Rt_1t_2+C_3$$

一个订货周期内单位时间总平均费用为

$$\frac{1}{t}\left[\frac{1}{2}C_1(P-R)(t_3-t_2)(t-t_2)+\frac{1}{2}C_2Rt_1t_2+C_3\right]$$

将式(12-11)和式(12-12)代入上式并整理得

$$C(t,t_2)=\frac{(P-R)R}{2P}\left[C_1t-2C_1t_2+(C_1+C_2)\frac{t_2^2}{t}\right]+\frac{C_3}{t} \tag{12-13}$$

对式(12-13)求偏导数，并令偏导数等于0，即

$$\begin{cases}\dfrac{\partial C(t,t_2)}{\partial t}=0\\[2ex]\dfrac{\partial C(t,t_2)}{\partial t_2}=0\end{cases}$$

解得

$$t=\sqrt{\frac{2C_3}{C_1R}}\sqrt{\frac{C_1+C_2}{C_2}}\sqrt{\frac{P}{P-R}}$$

$$t_2=\frac{C_1}{C_1+C_2}t=\frac{C_1}{C_1+C_2}\sqrt{\frac{2C_3}{C_1R}}\sqrt{\frac{C_1+C_2}{C_2}}\sqrt{\frac{P}{P-R}}$$

依数学分析的知识可以断定$C(t,t_2)$在此驻点处取最小值。

所以，最佳订货周期为

$$t_0=\sqrt{\frac{2C_3}{C_1R}}\sqrt{\frac{C_1+C_2}{C_2}}\sqrt{\frac{P}{P-R}} \tag{12-14}$$

经济生产批量为

$$Q=Rt_0=\sqrt{\frac{2C_3R}{C_1}}\sqrt{\frac{C_1+C_2}{C_2}}\sqrt{\frac{P}{P-R}} \tag{12-15}$$

缺货补足时间为

$$t_2 = \frac{C_1}{C_1 + C_2} t_0 = \frac{C_1}{C_1 + C_2} \sqrt{\frac{2C_3}{C_1 R}} \sqrt{\frac{C_1 + C_2}{C_2}} \sqrt{\frac{P}{P - R}} \tag{12-16}$$

开始生产时间为

$$t_1 = \frac{P - R}{P} t_2 \tag{12-17}$$

生产结束时间为

$$t_3 = \frac{R}{P} t_0 + (1 - \frac{R}{P}) t_2 \tag{12-18}$$

最大存储量为

$$S_0 = R(t_0 - t_3) = \sqrt{\frac{2C_3 R}{C_1}} \sqrt{\frac{C_2}{C_1 + C_2}} \sqrt{\frac{P - R}{P}} \tag{12-19}$$

最大缺货量为

$$B_0 = R t_1 = \sqrt{\frac{2C_1 C_3 R}{(C_1 + C_2) C_2}} \sqrt{\frac{P - R}{P}} \tag{12-20}$$

最小平均总费用为

$$C_0 = C(t_0, t_2) = \sqrt{2C_1 C_3 R} \sqrt{\frac{C_2}{C_1 + C_2}} \sqrt{\frac{P - R}{P}} \tag{12-21}$$

例 12-3 某车间每年能生产本厂日常所需的某种零件 80 000 个，全厂每年能均匀地需要这种零件 20 000 个，已知每个零件存储一个月所需的存储费为 0.10 元，每批零件生产前所需的安装费是 350 元，当供货不足时，每个零件缺货的损失费为 0.20 元/月，所缺的货到货后要补足，试问应采取怎样的存储策略？

解：由题意知，

$P = 80\,000/12 = 6666.7$ 个/月，$R = 20\,000/12 = 1666.7$ 个/月，$C_1 = 0.10$ 元/月·个，$C_2 = 0.20$ 元/月·个，$C_3 = 350$ 元/次，利用上述公式可得

$$t_0 = \sqrt{\frac{2C_3}{C_1 R}} \sqrt{\frac{C_1 + C_2}{C_2}} \sqrt{\frac{P}{P - R}} \approx 2.9(\text{月})$$

$$Q_0 = R t_0 = \sqrt{\frac{2C_3 R}{C_1}} \sqrt{\frac{C_1 + C_2}{C_2}} \sqrt{\frac{P}{P - R}} \approx 4833(\text{个})$$

$$t_2 = \frac{C_1}{C_1 + C_2} t_0 = 0.97(\text{月})$$

$$t_1 = \frac{P - R}{P} t_2 = 0.73(\text{月})$$

$$t_3 = \frac{R}{P} t_0 + (1 - \frac{R}{P}) t_2 = 1.45(\text{月})$$

$$S_0 = R(t_0 - t_3) = 2417(\text{个})$$

$$B_0 = R t_1 = 1217(\text{个})$$

$$C_0 = C(t_0, t_2) = \sqrt{2C_1 C_3 R} \sqrt{\frac{C_2}{C_1 + C_2}} \sqrt{\frac{P - R}{P}} = 241.5(\text{元}/\text{月})$$

4. 模型四：允许缺货(缺货需补足)，补充时间很短

去掉模型三的补充需一定时间的条件，即假定 $P \to \infty$，就成为模型四，模型四的存储量

变化如图 12-6 所示。

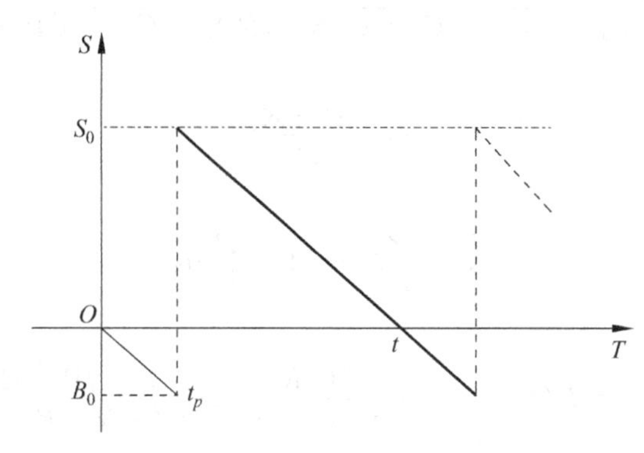

图 12-6　存储量变化图

模型四即模型三中 $P\to\infty$ 的情形，在式(12-14)～式(12-21)中令 $P\to\infty$，即可得到：

最佳订货周期为

$$t_0=\sqrt{\frac{2C_3}{C_1R}}\sqrt{\frac{C_1+C_2}{C_2}} \tag{12-22}$$

经济生产批量为

$$Q=Rt_0=\sqrt{\frac{2C_3R}{C_1}}\sqrt{\frac{C_1+C_2}{C_2}} \tag{12-23}$$

生产时间为

$$t_p=t_1=t_2=t_3=\frac{C_1}{C_1+C_2}t_0 \tag{12-24}$$

最大存储量为

$$S_0=\sqrt{\frac{2C_3R}{C_1}}\sqrt{\frac{C_2}{C_1+C_2}} \tag{12-25}$$

最大缺货量为

$$B_0=\sqrt{\frac{2C_1C_3R}{(C_1+C_2)C_2}} \tag{12-26}$$

最小平均总费用为

$$C_0=\sqrt{2C_1C_3R}\sqrt{\frac{C_2}{C_1+C_2}} \tag{12-27}$$

例 12-4　某工厂按照合同每月向外单位供货 100 件，每次生产准备费用为 5 元，每件年存储费为 4.8 元，每件生产成本为 20 元，若不能按期交货每件每月罚款 0.5 元(不计其他损失)，试求总费用最小的生产方案。

解：由题意知，$R=100$，$C_1=\frac{4.8}{12}=0.4$，$C_2=0.5$，$C_3=5$，利用上述公式得

$$t_0=\sqrt{\frac{2C_3}{C_1R}}\sqrt{\frac{C_1+C_2}{C_2}}\approx 0.67(\text{月})\approx 20(\text{天})$$

$$Q=Rt_0=\sqrt{\frac{2C_3R}{C_1}}\sqrt{\frac{C_1+C_2}{C_2}}=67(\text{件})$$

$$S_0=\sqrt{\frac{2C_3R}{C_1}}\sqrt{\frac{C_2}{C_1+C_2}}\approx 37(\text{件})$$

$$B_0 = \sqrt{\frac{2C_1C_3R}{(C_1+C_2)C_2}} \approx 30(\text{件})$$

即工厂每隔 20 天组织一次生产，产量为 67 件，最大存储量为 37 件，最大缺货量为 30 件。

5. 模型五：价格有折扣的存储问题

以上讨论的几种模型都是假定货物单价与订货批量无关，但有时物资供应部门为了鼓励顾客多购物资，规定凡是每批购买物资的数量达到一定范围时，就可以享受价格上的优惠，这种价格上的优惠叫做批量折扣。也有少数情况由于商品限额供应，超过限额部分的商品单价要提高。

有批量折扣时，对顾客来说有利有弊。一方面可以从中得到折扣收益，订货批量大，可以减少订货次数，节省订货费用；另一方面会造成物资积压，占用流动资金和增加存储费用。是否选择有折扣的批量或选择何种折扣，仍然是选择平均费用最小的方案应考虑的问题。

除去货物单价随订购数量的变化而变化外，其余条件均与模型一的假设相同，这种情况下应如何制定相应的存储策略？

假设在$[Q_i,Q_{i+1})$内的物资单价为 $K_i(i=0,1,2,\cdots,m;Q_1=0,Q_{m+1}\to\infty)$，则在区间$[Q_i,Q_{i+1})$内的总费用为(模型一)

$$\frac{1}{2}C_1Q\frac{Q}{R}+C_3+K_iQ$$

则平均费用为

$$f(Q)=\frac{1}{2}C_1\frac{Q}{R}+\frac{C_3}{Q}+K_i \quad Q\in[Q_i,Q_{i+1})$$

由于 $f(Q)$对 Q 求导数时 K_i 这项为$\frac{\partial f}{\partial K}\cdot\frac{\partial K}{\partial Q}$，而 K 是 Q 的函数，此项不为零。但在某一区间内，K 为常数，故在这些区间内仍然有

$$\frac{\partial f}{\partial Q}=\frac{1}{2}\frac{C_1}{R}-\frac{C_3}{Q^2}$$

令上式等于零，便得

$$Q^*=\sqrt{\frac{2RC_3}{C_1}}$$

这时的平均费用为

$$f(Q^*)=\frac{1}{2}C_1\frac{Q^*}{R}+\frac{C_3}{Q^*}+K_i$$

其中 K_i 为 Q^* 所在区间的物资单价，由于有批量折扣，$f(Q^*)$不一定是$(0,+\infty)$内的最小值。还要计算出其他区间的平均费用，再经过比较，选择平均费用最小的 Q 作为最优解。

订货量在 Q_i 处的费用为

$$f(Q_i)=\frac{1}{2}C_1\frac{Q_i}{R}+\frac{C_3}{Q_i}+K_i$$

如果对所有的 Q_i，均有 $f(Q^*)<f(Q_i)$，则 Q^* 为最优解；若 $f(Q^*)<f(Q_i)$，则选择 $\min\{f(Q_i)\}$中的 Q_L 为最优解。

例 12-5 某厂每年需某种元件 5000 个，每次订货费为 $C_3=50$ 元，保管费每件每年 $C_1=1$ 元，不允许缺货。元件单价 K 随采购数量不同而有变化。

$$K(Q)=\begin{cases}2.0, & Q<1500\\1.9, & Q\geqslant 1500\end{cases}$$

求最佳订购数量。

解：利用 E.O.Q 公式计算

$$Q^*=\sqrt{\frac{2RC_3}{C_1}}=\sqrt{\frac{2\times 50\times 5000}{1}}=707(\text{个})$$

分别计算每次订购 707 个和 1500 个元件，平均单位元件所需费用

$$C(707)=2.1414(\text{元}/\text{个})$$

$$C(1500)=2.0833(\text{元}/\text{个})$$

因为 $C(707)>C(1500)$，即知最佳订购量 $Q=1500$。

12.3 随机性存储模型

在很多情况下库存模型中的参数不是固定不变的，如某个商店在一天中的销量就是这样的。然而这些量在变化之中往往显示出某种规律性。例如。通过对历史资料的统计分布可以看出它服从一定的分布规律。在这种情况下可以用随机变量来描述它。随机性存储模型就是用来研究需求为随机的、其概率或分布为已知的问题。由于需求为随机的，因此必定会导致有时因缺货而失去销售机会，有时又因为滞销而过多的积压资金，这时必须采用新的存储策略。可供选择的存储策略主要有三种：一是定期订货，即每隔一定时间订货，订货量由上一期末剩余数量确定，剩余少则多订，剩余多则少订或不订；二是定点订货，即当存储降至某一确定数量时订货，不考虑时间间隔，每次订货量不变；三是把定期订货与定点订货结合起来，每隔一定时间检查一次存储，存储量大于 s 则不订货，存储量小于 s 则订货，订货后使得存储量达到 S，故称此种策略为 (s,S) 存储策略。

由于需求是随机的，导致商家的损失或获利也是随机的，因此这时通常采用损失期望值最小或者获利期望值最大作为存储策略最优的评价准则。

下面先研究单时期随机需求问题，该问题的特点就是，将单位时间看作一个时期，在这个时期内只订货一次以满足整个时期的需求量，这种模型称为单时期随机需求模型。如研究易变质产品需求问题，其含义是，如果本期的产品没有用完，到下一期该产品就要贬值，价格降低、利润减少，甚至比获得该产品的成本还要低，如果本期产品不能满足需求，则因缺货或失去销售机会而带来损失，无论是供大于求还是供不应求都有损失，研究的目的是确定该时期订货多少使预期的总损失或总盈利最大。这类产品订货问题在实践中大量存在，如食品、报纸、书刊、服装、计算机硬件等易逝商品。

1. 模型六：需求是离散的随机变量

下面通过一个典型例子——报童问题来进行分析。

报童问题：报童每天售出的报纸份数 r 是一个离散型随机变量，其概率 $P(r)$ 根据已往

的经验是已知的。报童每售出一份报纸赚 k 元，如报纸未能售出，每份赔 h 元。问报童每日应该准备多少份报纸，可尽量提高收入？

问题分析：问题是报童每日报纸的订货量 Q 为何值时，赚钱的期望值最大？或者说是订货量为多少的时候，因不能售出报纸的损失及因缺货失去销售机会的损失，两者期望值之和最小。

先用计算损失期望值最小的方法来求解。

解：设报童每天订购报纸的数量为 Q。每天售出 r 份报纸，概率为 $P(r)$，则 $\sum_{r=0}^{\infty} P(r) = 1$。

(1) 当供大于求时($r \leqslant Q$)，报纸因不能售出而承担的损失的期望值为

$$\sum_{r=0}^{Q} h(Q-r)P(r) = h\sum_{r=0}^{Q}(Q-r)P(r)$$

(2) 当供不应求时($r > Q$)，因失去销售机会而少赚钱的损失期望值为

$$\sum_{r=Q+1}^{\infty} k(r-Q)P(r) = k\sum_{r=Q+1}^{\infty}(r-Q)P(r)$$

因此这两者的期望之和为

$$C(Q) = h\sum_{r=0}^{Q}(Q-r)P(r) + k\sum_{r=Q+1}^{\infty}(r-Q)P(r)$$

问题是要从中确定出 Q 的值，使 $C(Q)$ 最小。

由于报童所订的报纸数量 Q 只能取整数，所以不能用求导数的方法求极值。为此若报童每日订购报纸份数最佳数量为 Q 时，则必有

$$C(Q) \leqslant C(Q+1) \tag{12-28}$$

$$C(Q) \leqslant C(Q-1) \tag{12-29}$$

由式(12-28)可得

$$h\sum_{r=0}^{Q}(Q-r)P(r) + k\sum_{r=Q+1}^{\infty}(r-Q)P(r) \leqslant h\sum_{r=0}^{Q+1}(Q+1-r)P(r) + k\sum_{r=Q+2}^{\infty}(r-Q-1)P(r)$$

整理可得

$$(h+k)\sum_{r=0}^{Q}P(r) - k \geqslant 0$$

即

$$\sum_{r=0}^{Q}P(r) \geqslant \frac{k}{h+k}$$

同理由式(12-29)可得

$$\sum_{r=0}^{Q-1}P(r) \leqslant \frac{k}{h+k}$$

综上可得

$$\sum_{r=0}^{Q-1} P(r) \leqslant \frac{k}{h+k} \leqslant \sum_{r=0}^{Q} P(r) \tag{12-30}$$

由式(12-30)可以确定出最佳订购批量,其中$\frac{k}{h+k}$称为临界值。

再从盈利期望值最大的角度来考虑报童应准备的报纸数量。

设报童每天订购报纸的数量为 Q。

(1) 当供大于求时($r \leqslant Q$),售出 r 份报纸可赚 kr 元,未售出的($Q-r$)份亏损 $h(Q-r)$ 元,此时的盈利期望值为

$$\sum_{r=0}^{Q} [kr - h(Q-r)]P(r)$$

(2) 当供不应求时($r > Q$), Q 份报纸全部售出,赚 kQ 元,盈利的期望值为

$$\sum_{r=Q+1}^{\infty} kQP(r)$$

因此这两者的期望之和为

$$C(Q) = \sum_{r=0}^{Q} krP(r) - \sum_{r=0}^{Q} h(Q-r)P(r) + \sum_{r=Q+1}^{\infty} kQP(r)$$

为使订购 Q 盈利的期望值最大,应满足下列关系式

$$C(Q+1) \leqslant C(Q) \tag{12-31}$$

$$C(Q-1) \leqslant C(Q) \tag{12-32}$$

由式(12-31)可得

$$\sum_{r=0}^{Q+1} krP(r) - \sum_{r=0}^{Q+1} h(Q+1-r)P(r) + \sum_{r=Q+2}^{\infty} k(Q+1)P(r)$$

$$\leqslant \sum_{r=0}^{Q} krP(r) - \sum_{r=0}^{Q} h(Q-r)P(r) + \sum_{r=Q+1}^{\infty} kQP(r)$$

整理可得

$$\sum_{r=0}^{Q} P(r) \geqslant \frac{k}{h+k}$$

同理由式(12-32)可得

$$\sum_{r=0}^{Q-1} P(r) \leqslant \frac{k}{h+k}$$

综上可得

$$\sum_{r=0}^{Q-1} P(r) < \frac{k}{h+k} \leqslant \sum_{r=0}^{Q} P(r)$$

这与从损失期望的角度出发推导的公式(12-30)完全相同。尽管报童问题中的损失最小的期望值与盈利最大的期望值是不同的,但确定 Q 值的条件却是完全相同的。

例 12-6 某设备上有一关键零件常需更换,更换需求量 r 服从 Poisson 分布,根据以往的经验平均需求量为 5 件,此零件的价格为 100 元/件。若零件用不完,到期末就完全报废,若备件不足,待零件损坏后再去订购就会造成停工损失 180 元,试确定期初应备多少备件最好。

解：根据题意

$$h=100,\quad k=180$$

Poisson 分布函数为 $P(r)=\dfrac{\lambda^r}{r!}e^{-\lambda}(r=0,1,2,\cdots)$。平均需求量 $\lambda=5$。

临界值为

$$\frac{k}{h+k}=\frac{180}{100+180}=0.6428$$

计算 Poisson 分布的累计概率

$$\sum_{r\leqslant Q}P(r)=\sum_{r=0}^{Q}\frac{5^r}{r!}e^{-5}$$

查 Poisson 分布表并计算得

$$\sum_{r=0}^{5}P(r)<0.6428\leqslant\sum_{r=0}^{6}P(r)$$

因此期初应准备 6 件零件最好。

2. 模型七：需求是连续的随机变量

问题：设某个时期对某种货物的需求量 r 是连续的随机变量，其概率密度为 $\phi(r)$。货物的单位成本为 K，货物的单位售价为 $P(P>K)$，如果当期未能售出，下期就要降价处理，设处理价为 $W(W<K)$，求最佳订货批量。

（1）当供大于求时（$r\leqslant Q$），售出的数量为 r 的货物可赚得 $\int_0^Q(P-K)r\phi(r)\mathrm{d}r$ 元，未售出的数量为 $(Q-r)$ 的货物亏损 $\int_0^Q(K-W)(Q-r)\phi(r)\mathrm{d}r$ 元，此时的盈利期望值为

$$\int_0^Q[(P-K)r-(K-W)(Q-r)]\phi(r)\mathrm{d}r$$

（2）当供不应求时（$r>Q$），由于货物全部售出，盈利的期望值为

$$\int_Q^{\infty}(P-K)Q\phi(r)\mathrm{d}r$$

因此总的盈利期望值为

$$\begin{aligned}C(Q)&=\int_0^Q[(P-K)r-(K-W)(Q-r)]\phi(r)\mathrm{d}r+\int_Q^{\infty}(P-K)Q\phi(r)\mathrm{d}r\\&=(P-K)Q+(P-W)\int_0^Q r\phi(r)\mathrm{d}r-(P-W)\int_0^Q Q\phi(r)\mathrm{d}r\end{aligned}$$

对 Q 求导得

$$\frac{\mathrm{d}C(Q)}{\mathrm{d}Q}=(P-K)-(P-W)\int_0^Q\phi(r)\mathrm{d}r$$

令 $\dfrac{\mathrm{d}C(Q)}{\mathrm{d}Q}=0$，得

$$\int_0^Q\phi(r)\mathrm{d}r=\frac{P-K}{P-W}$$

记 $F(Q)=\int_0^Q\phi(r)\mathrm{d}r$，则有

$$F(Q)=\frac{P-K}{P-W} \tag{12-33}$$

又因为

$$\frac{d^2C(Q)}{dQ^2}=-(P-W)\phi(Q)<0$$

故由式(12-33)求得的 Q 为 $C(Q)$ 的极大值点,即为总利润期望值最大的最佳经济批量。

式(12-33)与式(12-32)在本质上是一致的,只是式(12-32)是离散形式的,式(12-33)是连续形式的,它们临界值的分子都是售出1份货物的利润,式(12-32)临界值的分母为1件货物的利润与亏损之和,式(12-33)临界值的分母 $P-W=(P-K)+(K-W)$ 同样为利润与亏损之和。

如果设单位货物进价为 K,售价为 P,存储费为 C_1,则当期若不能出售,亏损应为 $K+C_1$,这时利润与亏损之和为 $(P-K)+(K+C_1)=P+C_1$,则式(12-33)成为

$$F(Q)=\frac{P-K}{P+C_1} \tag{12-34}$$

若缺货损失 $C_2>P$,只需将式(12-34)中的 P 用 C_2 替代即可。

$$F(Q)=\frac{C_2-K}{C_2+C_1} \tag{12-35}$$

例 12-7 某时装商店计划在冬季到来之前订购一批款式新颖的皮制服装。每套皮装进价是800元,估计可以获得80%的利润,冬季一过则只能按进价的50%处理。根据市场需求预测,该皮装的销售量服从参数为 $\frac{1}{80}$ 的指数分布,求最佳订货量。

解:根据题意知,

$$h=800-800\times 50\%=400,\quad k=800\times 1.8-800=640$$

故临界值为

$$\frac{k}{h+k}=\frac{640}{640+400}=0.6154$$

指数分布的概率密度函数

$$\phi(r)=\begin{cases}\frac{1}{80}e^{-\frac{r}{80}}, & r>0\\ 0, & \text{其他}\end{cases}$$

令

$$F(Q)=\int_{80}^{Q}\frac{1}{80}e^{-\frac{r}{80}}dr=1-e^{-\frac{Q}{80}}=0.6154$$

得到 $Q=-80\ln 0.3846\approx 76$,即最佳订货量为76件。

模型六和模型七都属于单时期的存储模型,研究的都是易逝产品,但在现实生活中也有很多能无限期保持可出售状态的产品(称为稳定性产品,过期不贬值),对这种产品,当供大于求时,多余部分要存储起来,在以后可以继续使用。

3. 模型八:(s,S) 型存储策略(连续型)

问题:设货物单价成本为 K,单位存储费为 C_1,单位缺货费为 C_2,每次订购费为 C_3,需

求 r 是连续的随机变量，密度函数为 $\phi(r)$，$\int_0^{\infty}\phi(r)\mathrm{d}r=1$，分布函数 $F(a)=\int_0^a\phi(r)\mathrm{d}r(a>0)$，期初库存为 I，订货量为 Q，此时期初存储达到 $S=I+Q$。问如何确定订货量为 Q 的值，才能使得损失的期望值最小（盈利的期望值最大）。

分析：本阶段的各种费用有

订货费为 C_3+KQ

存储费为当 $r<S$ 时，未售出部分应付存储费；当 $r\geqslant S$ 时，不需要付存储费，故存储费期望值为

$$\int_0^S C_1(S-r)\phi(r)\mathrm{d}r$$

缺货损失费为当 $r>S$ 时，不足部分需付缺货费；当 $r\leqslant S$ 时，不需要付缺货费，故缺货费期望值为

$$\int_S^{\infty} C_2(r-S)\phi(r)\mathrm{d}r$$

因此本阶段所需总费用的期望值为

$$\begin{aligned}C(S)&=C_3+KQ+\int_0^S C_1(S-r)\phi(r)\mathrm{d}r+\int_S^{\infty}C_2(r-S)\phi(r)\mathrm{d}r\\&=C_3+K(S-I)+\int_0^S C_1(S-r)\phi(r)\mathrm{d}r+\int_S^{\infty}C_2(r-S)\phi(r)\mathrm{d}r\end{aligned}$$

Q 可以连续取值，$C(S)$ 是 S 的连续可导函数，令其一阶导数为零

$$\frac{\mathrm{d}C(S)}{\mathrm{d}S}=K+C_1\int_0^S\phi(r)\mathrm{d}r-C_2\int_S^{\infty}\phi(r)\mathrm{d}r=0$$

解得

$$F(S)=\int_0^s\phi(r)\mathrm{d}r=\frac{C_2-K}{C_2+C_1} \tag{12-36}$$

其中 $\frac{C_2-K}{C_2+C_1}$ 称为临界值，为求最佳订货量 Q 只需从 $\int_0^s\phi(r)\mathrm{d}r=\frac{C_2-K}{C_2+C_1}$ 中确定出 S，即可得到最佳订货量 Q。

本模型还有一个问题，即原有的存储量 I 达到什么水平可以不订货？假设这一水平为 s，当 $I\geqslant s$ 时可以不订货，当 $I<s$ 时订货，订货量 $Q=S-I$，即补充存储达到 S。显然在 s 处不订货的损失期望值应该不超过订货的损失期望值，即

$$\begin{aligned}&Ks+C_1\int_0^s(s-r)\phi(r)\mathrm{d}r+C_2\int_s^{\infty}(r-s)\phi(r)\mathrm{d}r\\&\leqslant C_3+KS+C_1\int_0^S(S-r)\phi(r)\mathrm{d}r+C_2\int_S^{\infty}(r-S)\phi(r)\mathrm{d}r\end{aligned} \tag{12-37}$$

当 $s<S$ 时，式(12-37)左端第三项缺货损失费的期望值会增加，但是前两项订货费及存储费期望值会减少，故不等式仍有可能成立，在最不利的情况下，即 $s=S$ 时，不等式仍是成立的，因此，s 的值一定可以找到，如果不止一个 s 的值使式(12-37)成立，则选其中最小者作为本模型 (s,S) 存储策略的 s。

这种存储策略的特点是：定期订货但订货量不确定，订货数量的多少视期末库存 I 来确定订货量 Q，$Q=S-I$。对于不易清点数量的存储，人们常把存储分为两堆，一堆的数量

为 s，其余的放另一堆。平时从放的另一堆中取用，当动用了数量为 s 的一堆时，期末即订货。如果未动用 s 的一堆，期末即可不订货。俗称两堆法。

例 12-8 某商店经销一种电子产品，根据过去经验，这种电子产品的月销量服从在区间[5,10]内的均匀分布，即

$$\phi(r)=\begin{cases}\dfrac{1}{5}, & 5\leqslant r\leqslant 10\\ 0, & \text{其他}\end{cases}$$

每次订购费 5 元，进价每台 3 元，存储费为每台每月 1 元，单位缺货损失费为 5 元，期初存货 $I=10$ 台，求 (s,S) 订货策略。

解：由题意知，$K=3$，$C_1=1$，$C_2=5$，$C_3=5$，临界值为

$$\frac{C_2-K}{C_2+C_1}=\frac{5-3}{5+1}=0.33$$

由 $\int_0^S\phi(r)\mathrm{d}r=\int_5^S\frac{1}{5}\mathrm{d}r=\frac{1}{5}(S-5)=0.33$ 解得，$S=6.7$。

再求 s 的值，由式(12-37)得

$$3s+\int_5^s(s-r)\frac{1}{5}\mathrm{d}r+5\int_s^{10}(r-s)\frac{1}{5}\mathrm{d}r$$

$$\leqslant 5+3\times 6.7+\int_5^{6.7}(6.7-r)\frac{1}{5}\mathrm{d}r+5\int_{6.7}^{10}(r-6.7)\frac{1}{5}\mathrm{d}r$$

经积分整理后得 $0.6s^2-8s+21.666\leqslant 0$，取等号并求得 $s=3.78$ 或 $s=9.55>6.7$(舍)。所以应取 $s=3.78$。

4. 模型九：(s,S) 型存储策略(离散型)

问题：设货物单位成本为 K，单位存储费为 C_1，单位缺货费为 C_2，每次订购费为 C_3，需求 r 是离散的随机变量，取值为 $r_0,r_1,r_2,\cdots,r_m$ $(r_i<r_{i+1})$，其概率分别为 $P(r_0),P(r_1),P(r_2),\cdots,P(r_m)$，$\sum_{i=0}^{m}P(r_i)=1$，期初库存为 I，订货量为 Q，此时期初存储达到 $S=I+Q$。问如何确定订货量 Q 的值，才能使得损失的期望值最小(盈利的期望值最大)？

分析：本阶段的各种费用有

订货费为 C_3+KQ

存储费为当 $r<S$ 时，未售出部分应付存储费；当 $r\geqslant S$ 时，不需要付存储费，所需存储费期望值为

$$\sum_{r\leqslant S}C_1(S-r)P(r)$$

缺货损失费为当 $r>S$ 时，不足部分需付缺货费，当 $r\leqslant S$ 时，不需要付缺货费，故缺货费期望值为

$$\sum_{r>S}C_2(r-S)P(r)$$

因此本阶段所需总费用的期望值为

$$C(S)=C_3+KQ+\sum_{r\leqslant S}C_1(S-r)P(r)+\sum_{r>S}C_2(r-S)P(r)$$

$$= C_3 + K(S-I) + \sum_{r\leqslant S} C_1(S-r)P(r) + \sum_{r>S} C_2(r-S)P(r)$$

下面求 S 使 $C(S)$ 的值最小。由于需求是随机离散的，因此不能用数学分析的方法来解，按下列方法来求解最小费用：

(1) 将需求 r 的随机值按大小顺序排列，$r_0, r_1, r_2, \cdots, r_m$ ($r_i < r_{i+1}$)，令 $\Delta r_i = r_{i+1} - r_i$ ($i=0,1,\cdots,m-1$)。

(2) S 只从 $r_0, r_1, r_2, \cdots, r_m$ 中取值。当 S 取值为 r_i 时，记为 $S_i = r_i$，令 $\Delta S_i = S_{i+1} - S_i = r_{i+1} - r_i = \Delta r_i \neq 0$ ($i=0,1,\cdots,m-1$)。

(3) 求使 $C(S)$ 最小的 S 值。

设 S_i 使得 $C(S)$ 最小，则一定有下式成立：

① $C(S_{i+1}) - C(S_i) \geqslant 0$；

② $C(S_i) - C(S_{i-1}) \leqslant 0$。

由式①得

$$\begin{aligned}\Delta C(S_i) &= C(S_{i+1}) - C(S_i) \\ &= K\Delta S_i + C_1 \Delta S_i \sum_{r\leqslant S_i} P(r) - C_2 \Delta S_i \sum_{r>S_i} P(r) \\ &= K\Delta S_i + C_1 \Delta S_i \sum_{r\leqslant S_i} P(r) - C_2 \Delta S_i \Big[1 - \sum_{r\leqslant S_i} P(r)\Big] \\ &= K\Delta S_i + (C_1 + C_2)\Delta S_i \sum_{r\leqslant S_i} P(r) - C_2 \Delta S_i \geqslant 0\end{aligned}$$

因为 $\Delta S_i > 0$，不等式两端同时除以 ΔS_i，得

$$K + (C_1 + C_2)\sum_{r\leqslant S_i} P(r) - C_2 \geqslant 0$$

即

$$\sum_{r\leqslant S_i} P(r) \geqslant \frac{C_2 - K}{C_2 + C_1}$$

其中 $\dfrac{C_2 - K}{C_2 + C_1}$ 称为临界值。

同理，由式②可得

$$\sum_{r\leqslant S_{i-1}} P(r) \leqslant \frac{C_2 - K}{C_2 + C_1}$$

综合上面两式，得到

$$\sum_{r\leqslant S_{i-1}} P(r) < \frac{C_2 - K}{C_2 + C_1} \leqslant \sum_{r\leqslant S_i} P(r) \tag{12-38}$$

取满足式(12-38)的 S_i 为 S，本阶段订货量为 $Q=S-I$。

本模型还有一个和模型八中相同的问题，即原有的存储量 I 达到什么水平可以不订货？假设这一水平为 s，当 $I \geqslant s$ 时可以不订货，当 $I < s$ 时订货，订货量 $Q=S-I$，即补充存储达到 S。显然，s 和 S 两处的总费用应满足以下不等式

$$Ks + \sum_{r\leqslant s} C_1(s-r)P(r) + \sum_{r>s} C_2(r-s)P(r)$$

$$\leqslant C_3 + KS + \sum_{r \leqslant S} C_1(S-r)P(r) + \sum_{r > S} C_2(r-S)P(r) \qquad (12\text{-}39)$$

s 也只能从 $r_0, r_1, r_2, \cdots, r_m$ 中取值，与模型八中式(12-37)的分析类似，一定可以找到使式(12-39)成立的最小的 r_i 值作为 s，s 就是(s,S)存储策略中的订货点，即当 $I<s$ 时需订货，订货量 $Q=S-I$；当 $I \geqslant s$ 时不订货。

例 12-9 某厂对原料需求的概率见表 12-1，每次订购费 $C_3=500$ 元，原料每吨单价 $K=400$ 元，每吨原料存储费 $C_1=50$ 元，缺货费每吨 $C_2=600$ 元，该厂希望制定(s,S)存储策略，试求 s 和 S 的值。

表 12-1 原料需求的概率

需求量 r(吨)	20	30	40	50	60
概率 $P(r)$	0.1	0.2	0.3	0.3	0.1

解：临界值$\dfrac{C_2-K}{C_2+C_1}=\dfrac{600-400}{600+50}=0.308$，选择使 $\sum\limits_{r \leqslant S_i} P(r) \geqslant 0.308$ 成立的最小 S_i 作为 S，即

$$P(20)+P(30)=0.3<0.308$$

$$P(20)+P(30)+P(40)=0.6>0.308$$

所以 $S=40$。

因为 $s \leqslant S=40$，所以 s 只可能取 20，30 或 40。

将 $S=40$ 代入式(12-39)的右端

$$\begin{aligned}
& C_3 + KS + \sum_{r \leqslant S} C_1(S-r)P(r) + \sum_{r > S} C_2(r-S)P(r) \\
&= 50 + 40 \times 400 + 50 \times [(40-20) \times 0.1 + (40-30) \times 0.2] \\
&\quad + 600 \times [(50-40) \times 0.3 + (60-40) \times 0.1] \\
&= 19\,700
\end{aligned}$$

将 20 作为 s 代入式(12-39)的左端得

$$Ks + \sum_{r \leqslant s} C_1(s-r)P(r) + \sum_{r > s} C_2(r-s)P(r) = 20\,600$$

再将 30 作为 s 代入式(12-39)的左端得

$$Ks + \sum_{r \leqslant s} C_1(s-r)P(r) + \sum_{r > s} C_2(r-s)P(r) = 19\,250$$

左边$=19\,250<$右边$=19\,700$，所以 $s=30$。

在随机性存储模型中还有需求量与交货滞后时间都是随机变量的情形，以及多种物资、多级库存结构等问题。另外，还有多阶段的存储决策等。

由于实际问题的多样性与复杂性，存储模型远比本书介绍的模型要多，解决存储问题的方法也比本书介绍的方法多。从解决存储问题的方法来说，许多确定性的存储模型都可以转化为线性规划或动态规划问题来求解，例如库容有限制的存储问题用前面讲的方法没有办法解决，但是可以很好地用线性规划方法来解决；多阶段存储问题需要利用动态规划方法来求解。随机性的存储模型常用 Markov 决策规划来解。对复杂的存储问题常需用计算机

使用模拟技术来解决。

存储理论要更好地为企业生产经营服务必须与现代管理的其他方法相结合，如ABC分类管理法等，这样才能真正成为解决实际问题的有效工具。

习　题

1. 若某产品中有一外购件，年需求量为10 000件，单价为100元。由于该件可以在市场采购，故订货提前期为零，并设不允许缺货。已知每组织一次采购需2000元，每件每年的存储费为该件单价的20%，试求经济订货批量及每年最小的存储加上采购的总费用。

2. 设某工厂每年需用某种原料1800吨，无须每日供应，但不得缺货。设每吨每月的保管费为60元，每次订购费为200元，试求最佳订购量。

3. 某厂每月需某元件200件，月生产量为800件，批装配费为100元，每月每件元件存储费为0.5元，求EOQ及最低费用。

4. 一条生产线如果全部用于生产某种型号产品，则其年生产能力为600 000台。据预测对该型号产品的年需求量为260 000台，并在全年内需求基本保持平衡，因此该生产线将用于多品种的轮番生产。已知在生产线上更换一种产品时，需准备更换费1350元，该产品每台成本为45元，年存储费用为产品成本的24%，不允许发生供应短缺，求使费用最小的该产品的生产批量。

5. 某商店月需求某商品为500件，单位存储费用为每月4元，每次订购费为50元，单位缺货损失为每月0.5元，求最优最大存储量与最优总平均费用。

6. 某工厂向外订购一种零件以满足每年3600件的需求，每次外出订购需耗费10元，每个零件每年要付存储费0.8元，若零件短缺，每年每件要付缺货费3.2元，求最佳订货量和最大缺货量。

7. 某车间每月需要某零件300件，该零件的生产准备费率$C_2=10$元/次，生产速率$P=400$件/月，存储费$C_1=0.1$元/件·月，短缺损失费$C_3=0.3$元/件·月，生产前准备时间为$t=0.3$月，试作出生产存储决策。

8. 某工厂耗用钻头2000件/年，钻头单价为15元/件，年存储费为单价的20%，每次订购费为50元/次。现供货单位提出：若一次购买2000件以上，则单价可优惠3%。问：是否应接受供货单位的优惠条件？

9. 某公司采用无安全存量的存储策略，每年需电感5000个，每次订购费50元，保管费用每年每个1元，不允许缺货。若采购少量电感每个单价为3元，若一次采购1500个以上则每个单价为1.8元，问该公司每次应采购多少个？

10. 某汽车厂商拟在一展销会上出售一批汽车。每售出一台可盈利8万美元。若展销会结束后未售出汽车必须削价处理，且每台亏损1万美元，则该汽车厂应准备多少台汽车？已知汽车在展销会上售出的概率见表12-2。

表 12-2 汽车在展销会上销售出的概率

需求量(台)	0	1	2	3	4	5
概率	0.05	0.20	0.25	0.35	0.10	0.05

11. 一种货物的需求量按平均数为 10 的指数分布发生，假定单位存储费和缺货费分别为 1 和 3，货物单价为 2，已知现有存货 2 个单位，求最佳订货数。如果现有存货 5 个单位呢？

12. 若某产品的需求量服从正态分布，已知 $\mu=150$，$\sigma=25$。又知每个产品的进价为 8 元，售价为 15 元，如销售不完，则按每个 5 元退回原单位。问该产品的订货量应为多少个，使预期的利润为最大。

13. 某厂对某原料需求的概率见表 12-3。

表 12-3 某厂对某原料需求的概率

需求量(吨)	20	30	40	50	60
概率	0.1	0.2	0.3	0.3	0.1

每次订购费 500 元，原料每吨 400 元，每吨原料存储费 50 元，缺货费每吨 600 元。该厂希望制定 (s,S) 型存储策略，试求 s 及 S 的值。

14. 已知某产品的单位成本 $K=3.0$，单位存储费 $C_1=1.0$，单位缺货损失 $C_2=5.0$，每次订购费 $C_3=5.0$。需求量 x 的概率密度函数为

$$f(x)=\begin{cases}\dfrac{1}{5}, & 5\leqslant x\leqslant 10\\ 0, & x\text{ 为其他值}\end{cases}$$

设期初库存为零，试依据 (s,S) 型存储策略的模型确定 s 和 S 的值。

第13章 排 队 论

在人们的日常生活中，特别是在现代化的都市生活中，常常会碰到拥挤和排队的现象。例如上下班乘坐公共汽车，到商场购买东西，去医院看病，到食堂吃饭，在银行出纳员窗口等候服务等，常常要排队等候，有时甚至很拥挤，这就是拥挤排队现象。这是有形的看得见的拥挤排队。还有一些表面上难于看见的拥挤排队，例如飞机在空中盘旋，飞来飞去，绕着圈儿，不能着陆，这是飞机在“排队”等待，以便按照一定次序和方式着陆。在织布车间里，织布机正在自动运转，突然机器发生了故障，停车等待工人检修，这时没有得到工人修理的机器，就有一个等候修理的问题，这是机器“排队”。在大型水库中，上游的河水不断流进来，存储在水库的水越积越多，水位逐渐提高，这高水位就相当于长队列，就好像是水在水库里“排队”，等待着通过水闸，这也是一种排队。

人们对拥挤排队往往感到厌烦，因为在现代化的都市生活中，排队给日常生活增添了不少困难和不便，使工作效率降低。但这几乎是一种不能摆脱的困境，因为排队在现代化都市生活中，是不可避免的现象。也许有人会说，多增加一些公共汽车，乘客就不用排队；多增加一些售货员，顾客就用不着排队；食堂的窗口多开几个，就餐的人也就方便了；飞机场多几条跑道，飞机就用不着排队；检修工人多增加一些，机器的利用率就会提高等。也许有人曾向有关的部门提出增加服务机构的建议，但未被采纳，这是因为服务部门还必须考虑如何充分利用已有服务机构和降低服务成本等问题。如果都用不着排队，服务机构就必须大量增加。这样一来，当顾客比较少时，服务机构就空闲起来，相当于服务机构“排队”等待顾客的到来。服务机构利用率必然降低，服务成本也会相应提高，这当然也是人们所不希望的。

从上述例子中可以看到，增加服务机构，固然可以减少排队现象，但却增加了服务成本；反之，减少服务机构，固然提高了服务机构的利用率，降低了服务成本，但却增加了顾客的排队和等候时间，这是相互矛盾的。排队论就是为解决上述问题而发展起来的一门学科。

13.1 排队论基本概念

排队论又名随机服务系统理论，是研究系统拥挤现象和排队现象的一门学科，也可以说，是研究系统随机聚散现象的理论。有的学者之所以把它叫做随机服务系统理论，是因为不论在哪种情况下，在这个系统中服务对象何时到达，以及它们占用系统的时间是长是短，都无从预先确知，是一种随机聚散现象。正因为如此，排队论是通过对个别的随机服务现象的研究来找寻反映这些随机现象平均特性的规律，从而改进服务系统的工作能力的。

在科研、生产、生活以及军事上，常常需要对大量需求提供服务。所谓“需求”是指满足某种需要，“服务”是指通过某种方式满足需要；而需求必然由具体的对象提出，排队论把提出需求的对象，也即请求服务的对象叫做“顾客”，把实现服务的工具或人员通称为服务机构

(或服务台)。如前所述,公共汽车与乘客、售货员与顾客、医生与病人等均分别构成一个排队系统,或叫做服务系统。

除了是有形的队外,还可以是无形的队。例如有几个旅客同时打电话到火车站(或飞机场)电话售票处订购车票(机票)时,如果遇到某个旅客正在通话,其他旅客就只好等待。他们可能分散在各个地方,但却形成了一个无形的队,等待通话。

“排队”的不一定是人,也可以是物。如生产线上的原料、半成品在等待加工,因出故障而停止运转的机器在等待工人修理,要降落的飞机等待空出跑道着陆等,都是一种排队。

同理,“服务”者不一定是人,也可以是物,如机场的跑道。“顾客”也不一定是一个一个的,也可以是一个取连续值的变量。例如在水库问题里,上游的水源源而来,这水源就是一个取连续值的变量。

“排队”意味着服务系统的服务能力不足。然而出现“排队”现象并不是增加服务系统能力的唯一依据。最主要的还是要看服务系统的工作质量。所谓服务系统的工作质量不是通常意义下的服务人员的工作质量,而是指服务机构的利用率、顾客排队平均长度、平均等待时间等。对服务系统仅作定性的研究是不能解决问题的。排队论研究对象是有关大量服务过程的数量方面。研究的目的是弄清楚大量服务过程的主要特性,并制定出评价服务系统工作质量的数学方法。

在排队论中,“流”是指事件的序列。由顾客序列组成的“流”叫做“顾客流”。到达系统的顾客流叫做输入流。离开系统的顾客流叫做输出流。

排队论研究的内容有以下三个部分。

(1) 性态问题,即研究各种排队系统的概率规律性,主要是研究队长分布、等待时间分布和忙期分布等,包括了瞬态和稳态两种情形。

(2) 最优化问题,又分静态最优和动态最优,前者指最优设计,后者指现有排队系统的最优运营。

(3) 排队系统的统计推断,即判断一个给定的排队系统符合于哪种模型,以便根据排队理论进行分析研究。

这里将介绍排队论的一些基本知识,分析几个常见的排队模型,最后将介绍排队系统的最优化问题。

1. 排队过程的一般表示

如前所述,排队论中把要求服务的对象统称为“顾客”,把服务者统称为“服务机构”或“服务员”。因此,顾客与服务机构是广义的,在不同的问题上,它们可以有不同的含意。

实际的排队系统虽然千差万别,但可以对它们进行统一的处理。一个排队系统可以抽象地描述为:为了获得服务而到达的顾客,若不能立即获得服务而又允许排队等候的话,就加入等待队伍,并在获得服务之后离开系统。图 13-1 就是排队过程的一般描述。所说的排队系统就是图中虚线所包括的部分。

2. 排队系统的组成和特征

一般的排队系统都有三个基本组成部分。

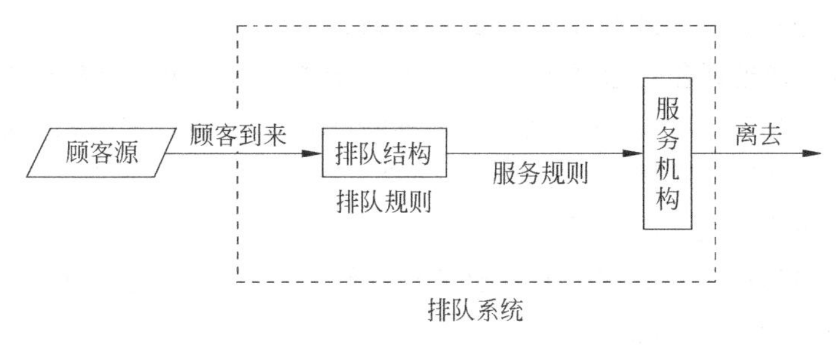

图 13-1 排队过程的一般描述

(1) 输入过程；

(2) 排队规则；

(3) 服务机构。

现在分别说明各部分的特征。

1) 输入过程

输入即指顾客到达排队系统，可能有下列各种不同情况，当然这些情况并不是彼此排斥的。

(1) 顾客的总体(称为顾客源)的组成可能是有限的，也可能是无限的。

(2) 顾客到来的方式可能是一个一个的，也可能是成批的。

(3) 顾客相继到达的间隔时间可以是确定性的，也可以是随机性的，对于随机性的情形，要知道单位时间内的顾客到达数或相继到达的间隔时间的概率分布。

(4) 顾客的到达可以是**相互独立**的，就是说，以前的到达情况对以后顾客的到来没有影响，否则就是有关联的。

(5) 输入过程可以是**平稳**的，或称对时间是齐次的，是指描述相继到达的间隔时间分布和所含参数(如期望值、方差等)都是与时间无关的，否则称为非平稳的。非平稳情形的数学处理是很困难的。

2) 排列规则

排队分为有限排队和无限排队两类。前者是指系统的空间是有限的，当系统被占满时，后面再来的顾客将不能进入系统；后者是指系统中的顾客数可以是无限的，队列可以排到无限长，顾客到达后均可以进入系统排队或接受服务。具体又可以分为三种。

(1) 等待制。指顾客到达系统后，所有服务台都不空，顾客加入排队行列等待服务，一直等到服务完毕以后才可离去。如排队等待售票，故障设备等待维修等。等待制中，服务台选择顾客进行服务时通常有如下 4 种规则。

先到先服务(First Come First Serve, FCFS)，指按顾客到达的先后顺序对顾客进行服务，这是最普遍的情形。

后到先服务(Last Come First Serve, LCFS)，仓库中叠放的钢材，后放上去的先被领走，重大消息优先刊登，都属于这种情形。

随机服务(Service in Random Order, SIRO)，指服务员从等待的顾客中随机地选取其一进行服务，而不管到达的先后，如电话交换台接通呼唤的电话就是如此。

有优先权的服务(Priority, PR)，如老人、小孩先进车站，重病号先就诊，遇到重要数据需要立即中断其他数据的处理等，均属于这种规则。

(2) 损失制。指当顾客到达系统时，所有服务台都已被占用，顾客不愿等待而离开系统。如电话拨号后出现忙音，顾客不愿等待而挂断电话，如要再打则需要重新拨号。

(3) 混合制。这是等待制与损失制相结合的一种服务规则，一般是指允许排队，但又不允许队列无限长下去。大体有以下三种。

队长有限。当等待服务的顾客人数超过规定数量时，后来的顾客就自动离去，另求服务，即系统的等待空间是有限的。

等待时间有限。即顾客在系统中的等待时间不超过某一给定的时间，当等待时间超过该指定时间，顾客将自动离去，并且不再回来。

逗留时间(等待时间与服务时间之和)有限。

3) 服务机构

服务机构主要包括服务设施的数量、连接形式、服务方式及服务时间分布等。

服务设施数量有一个或多个之分，分别称为单服务台排队系统与多服务台排队系统；多服务台排队系统的连接方式有串联、并联、混联等。图 13-2 说明了这些情形。

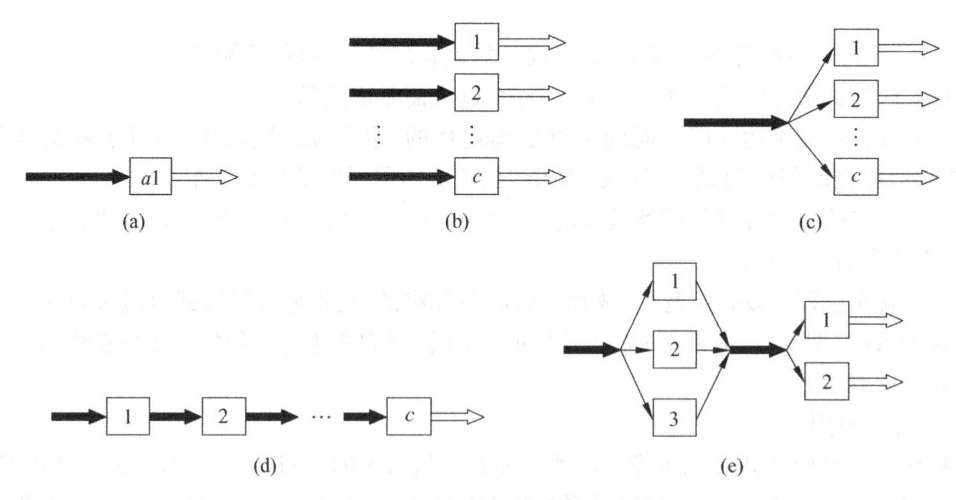

图 13-2 服务排队系统的各种情形

图 13-2(a)是单队—单服务台的情形，图 13-2(b)是多队—多服务台(并列)的情形，图 13-2(c)是单队—多服务台(并列)的情形，图 13-2(d)是多服务台(串列)的情形，图 13-2(e)是多服务台(混合)的情形。

服务方式可以对单个顾客进行，也可以对成批顾客进行，公共汽车对在站台等候的顾客就成批进行服务。下面将只研究单个单个地服务方式。

服务时间分**确定性**的和**随机性**的。自动冲洗汽车的装置对每辆汽车冲洗(服务)的时间就是确定性的，但大多数情形的服务时间是随机性的。对于随机性的服务时间，需要知道它的概率分布。如果输入过程，即相继到达的间隔时间，和服务时间二者都是确定性的，那么问题就太简单了。因此，在排队论中所讨论的是二者至少有一个是随机性的情形。

和输入过程一样，服务时间的分布总假定是平稳的，即分布的期望值、方差等参数都不受时间的影响。

3. 排队模型的符号表示

排队模型的符号表示是 20 世纪 50 年代初由 D. G. Kendall 引入的，在 D. G. Kendall 看来，影响一个排队系统的最主要的特征是相继顾客到达间隔时间的分布；服务时间的分布；服务台个数。因此 D. G. Kendall 用 $X/Y/Z$ 来表示各种排队系统。其中 X 处填写表示相继到达间隔时间的分布；Y 处填写表示服务时间的分布；Z 处填写并列的服务台的数目。

表示相继到达间隔时间和服务时间的各种分布的符号如下。

M——负指数分布(M 是 Markov 的字头，因为负指数分布具有无记忆性，即 Markov 性)；

D——确定性(Deterministic)分布；

E_k——k 阶爱尔朗(Erlang)分布；

GI——一般相互独立(General Independent)的时间间隔的分布；

G——一般(General)服务时间的分布。

例如，M/M/1 表示相继到达间隔时间为负指数分布、服务时间为负指数分布、单服务台的模型；D/M/c 表示确定的到达间隔、服务时间为负指数分布、c 个平行服务台(但顾客是一队)的模型。

以后，在 1971 年一次关于排队论符号标准化会议上决定，将 Kendall 符号扩充成为 $X/Y/Z/A/B/C$ 形式，其中前三项意义不变，而 A 处填写系统容量限制 N，B 处填写顾客源数目 m，C 处填写服务规则，如先到先服务 FCFS、后到后服务 LCFS 等。

并约定，如略去后三项，即指 $X/Y/Z/\infty/\infty$/FCFS 的情形。在本书中，因只讨论先到先服务 FCFS 的情形，所以略去第六项。

4. 排队系统的主要数量指标

研究排队系统的主要目的是通过了解系统运行的状况，对系统进行调整和控制，使系统处于最优的运行状态。因此，首先要弄清系统的运行状况。描述一个排队系统运行状况的主要数量指标有以下几项。

(1) 队长：指在系统中的顾客数，它的期望值记作 L_s；

排队长(队列长)：指在系统中排队等待服务的顾客数，它的期望值记作 L_q。

$$\begin{bmatrix}\text{系统中}\\\text{顾客数}\end{bmatrix}=\begin{bmatrix}\text{在队列中等待}\\\text{服务的顾客数}\end{bmatrix}+\begin{bmatrix}\text{正被服务}\\\text{的顾客数}\end{bmatrix}$$

一般情形下，L_s(或 L_q)越大，说明服务率越低，排队成龙，是顾客最厌烦的。

(2) 逗留时间：指一个顾客在系统中的停留时间，它的期望值记作 W_s；

等待时间：指一个顾客在系统中排队等待的时间，它的期望值记作 W_q。

$$[\text{逗留时间}]=[\text{等待时间}]+[\text{服务时间}]$$

在机器故障问题中，无论是等待修理还是正在修理都会使工厂受到停工的损失。所以逗留时间(停工时间)是主要的；但一般购物、诊病等问题中仅仅等待时间常是顾客们所关心的。

(3) 忙期：指从顾客到达空闲服务机构起到服务机构再次为空闲止的这段时间长度，即服务机构连续繁忙的时间长度，它关系到服务员的工作强度。忙期和一个忙期中平均完成服务顾客数都是衡量服务效率的指标。与忙期相对的是闲期，闲期为服务机构空闲的时间长度。

(4) 顾客损失率：在损失制或系统容量有限的情况下，由于顾客被拒绝而使系统受到损失的顾客比率称为顾客损失率，这一指标在损失制系统中十分重要。

(5) 服务强度：在反映服务效率和服务台的利用率，还经常引入服务强度，常用 ρ 来表示，它是衡量系统性能的指标。其值为平均到达率 λ 和平均服务率 μ 之比，即 $\rho=\lambda/\mu$。平均到达率指单位时间进入系统的平均顾客数；平均服务率指单位时间内服务完成的顾客数。

计算这些指标的基础是表达系统状态的概率。所谓**系统的状态**即指系统中的顾客数，如果系统中有 n 个顾客，就说系统的状态是 n。这些状态的概率一般随时刻 t 而变化，所以在时刻 t、系统状态为 n 的概率用 $P_n(t)$ 表示。

求状态概率 $P_n(t)$ 的方法，首先要建立的 $P_n(t)$ 的关系式如图 13-3 所示，因为 t 是连续变量，而 n 只取非负整数，所以建立的 $P_n(t)$ 的关系式一般是微分差分方程（关于 t 的微分方程，关于 n 的差分方程）。方程的解称为**瞬态**（或称**过渡状态**）(Transient State)解。求瞬态解是不容易的，一般地，即使求出解也很难利用，因此常将它的极限（如果存在的话）

$$\lim_{t\to\infty}P_n(t) = P_n$$

称为稳态(Steady state)，或称**统计平衡状态**(Statistical Equilibrium State)的解。

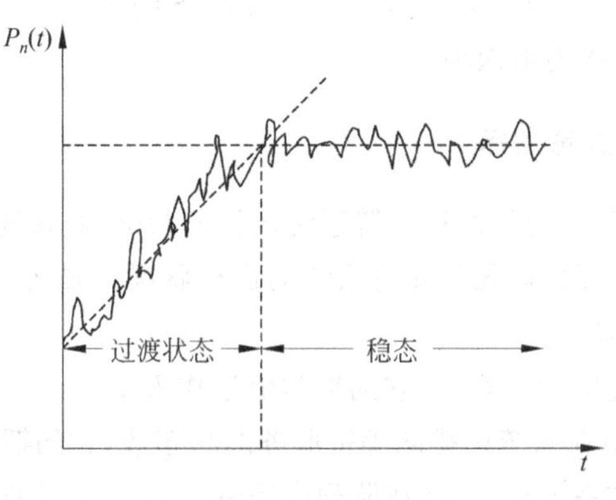

图 13-3　$P_n(t)$的关系式

稳态的物理含义是，当系统运行了无限长的时间之后，初始($t=0$)出发状态的概率分布($P_n(0)$，$n\geqslant 0$)的影响将消失，而且系统的状态概率分布不再随时间变化。当然，对于实际应用中的大多数问题，系统会很快趋于稳态，而无须等到 $t\to\infty$ 以后。但永远达不到稳态的情形也确实存在的。

求稳态概率 P_n 时，并不一定求 $t\to\infty$ 时 $P_n(t)$ 的极限，而只需令导数 $P_n'(t)=0$ 即可。以下着重研究稳态的情形。

13.2 排队系统常用分布

在排队系统中,顾客相继到达的时间间隔与服务的时间分布主要有定长分布、负指数分布,Poisson 分布、k 阶 Erlang 分布等。

1. 定长分布

如果顾客到达的时间间隔(或服务时间)为一个常数 a,此分布称为**定长分布**,其分布函数为

$$F(t)=\begin{cases}0, & t<a\\ 1, & t\geqslant a\end{cases}$$

其数学期望和方差分别为

$$E(T)=a,\quad D(T)=0$$

2. 负指数分布

随机变量 T 的概率密度若是

$$f_T(t)=\begin{cases}\lambda e^{-\lambda t}, & t\geqslant 0\\ 0, & t<0\end{cases}\tag{13-1}$$

则称 T 服从**负指数分布**。它的分布函数是

$$F_T(t)=\begin{cases}1-e^{-\lambda t}, & t\geqslant 0\\ 0, & t<0\end{cases}\tag{13-2}$$

数学期望 $E[T]=\frac{1}{\lambda}$,方差 $\mathrm{var}[T]=\frac{1}{\lambda^2}$,标准差 $\sigma[T]=\frac{1}{\lambda}$。

负指数分布有下列性质。

(1) 负指数分布具有“无记忆性”,或者说 Markov 性,即对任何 $t>0,\Delta t>0$,有

$$P\{T>t+\Delta t\mid T>\Delta t\}=P\{T>t\}。$$

在连续性分布函数中,“无记忆性”是负指数分布独有的特性。

(2) 假设服务机构对每个顾客的服务时间服从负指数分布,密度函数为 $f(t)=\mu e^{-\mu t}$ $(t\geqslant 0)$,则它对每个顾客的平均服务时间 $E(t)=\frac{1}{\mu}$,方差 $\mathrm{var}(t)=\frac{1}{\mu^2}$。称 μ 为每个忙碌的服务台的平均服务率,是单位时间内获得服务离开系统的顾客数的均值。

(3) 如果服务设施对顾客的服务时间 t 为参数 μ 的负指数分布,则有

① 在$[t,t+\Delta t]$内没有顾客离去的概率为 $1-\mu\Delta t$。

② 在$[t,t+\Delta t]$内恰好有一个顾客离去的概率为 $\mu\Delta t$。

③ 若 Δt 足够小,在$[t,t+\Delta t]$内有多于两个以上顾客离去的概率为 $\varphi(\Delta t)\to o(\Delta t)$。

(4) 设随机变量 $T_1,T_2,\cdots,T_n$ 相互独立且服从参数为 $\mu_1,\mu_2,\cdots,\mu_n$ 的负指数分布。令 $U=\min\{T_1,T_2,\cdots,T_n\}$,则随机变量 U 也服从负指数分布。这个性质说明:若来到服务系统的有 n 类不同类型的顾客,每类顾客来到服务台的间隔时间服从参数 μ_i 的负指数分布,则作为总体来讲,到达服务系统的顾客的间隔时间服从参数为 $\sum_{i=1}^{n}\mu_i$ 的负指数分布;若一个

服务系统中有 s 个并联的服务台，且各服务台对顾客的服务时间服从参数 μ 的负指数分布，则整个服务系统的输出就是一个具有参数 $s\mu$ 的负指数分布。

3. Poisson 分布

设 $N(t)$表示在时间区间$[0,t)$内到达的顾客数($t>0$)，令 $P_n(t_1,t_2)$表示在时间区间$[t_1,t_2)(t_2>t_1)$内有 $n(\geqslant 0)$个顾客到达(这当然是随机事件)的概率，即

$$P_n(t_1,t_2)=P\{N(t_2)-N(t_1)=n\} \quad (t_2>t_1,n\geqslant 0)$$

当 $P_n(t_1,t_2)$符合下列三个条件时，顾客的到达形成 **Poisson 分布**。

(1) 无后效性：在不相重叠的时间区间内顾客到达数是相互独立的。

(2) 平稳性：对充分小的 Δt，在时间区间$[t,t+\Delta t)$内有一个顾客到达的概率与 t 无关，而与区间长 Δt 成正比，即

$$P_1(t,t+\Delta t)=\lambda\Delta t+o(\Delta t) \tag{13-3}$$

其中 $o(\Delta t)$，当 $\Delta t\to 0$ 时，是关于 Δt 的高阶无穷小。$\lambda>0$ 是常数。它表示单位时间有一个顾客到达的概率，称为概率强度。

(3) 普通性：对于充分小的 Δt，在时间区间$[t,t+\Delta t)$内有两个或两个以上的顾客到达的概率极小，以致可以忽略，即

$$\sum_{n=2}^{\infty}P_n(t,t+\Delta t)=o(\Delta t) \tag{13-4}$$

在上述条件下，研究顾客到达数 n 的概率分布。

由条件(2)，可以取时间由 0 算起，并简记 $P_n(0,t)=P_n(t)$。

由条件(2)，(3)，容易推得在$[t,t+\Delta t)$区间内没有顾客到达的概率为

$$P_0(t,t+\Delta t)=1-\lambda\Delta t+o(\Delta t) \tag{13-5}$$

在求 $P_n(t)$时，用通常建立未知函数的微分方程的方法，先求未知函数 $P_n(t)$由时刻 t 到 $t+\Delta t$ 的改变量，从而建立 t 时刻的概率分布与 $t+\Delta t$ 时刻概率分布的关系方程。

对于区间$[0,t+\Delta t)$，可分成两个互不重叠的区间$[0,t)$和$[t,t+\Delta t)$。现在到达总数是 n，分别出现在这两个区间上，不外乎下列三种情况。各种情况出现个数和概率见表 13-1。

表 13-1　各种情况出现个数和概率

情况＼区间	$[0,t)$		$[t,t+\Delta t)$		$[0,t+\Delta t)$	
	个数	概率	个数	概　率	个数	概　率
(A)	n	$P_n(t)$	0	$1-\lambda\Delta t+o(\Delta t)$	n	$P_n(t)(1-\lambda\Delta t+o(\Delta t))$
(B)	$n-1$	$P_{n-1}(t)$	1	$\lambda\Delta t$	n	$P_{n-1}(t)\lambda\Delta t$
(C)	$n-2$	$P_{n-2}(t)$	2	$o(\Delta t)$	n	$o(\Delta t)$
	$n-3$	$P_{n-3}(t)$	3	$o(\Delta t)$	n	$o(\Delta t)$
	⋮	⋮	⋮	⋮	⋮	⋮
	0	$P_0(t)$	n	$o(\Delta t)$	n	$o(\Delta t)$

在$[0,t+\Delta t)$内到达 n 个顾客应是表中三种互不相容的情况之一，所以概率 $P_n(t+\Delta t)$ 应是表中三个概率之和(各 $o(\Delta t)$ 合为一项)

$$P_n(t+\Delta t)=P_n(t)(1-\lambda\Delta t)+P_{n-1}(t)\lambda\Delta t+o(\Delta t)$$

$$\frac{P_n(t+\Delta t)-P_n(t)}{\Delta t}=-\lambda P_n(t)+\lambda P_{n-1}(t)+\frac{o(\Delta t)}{\Delta t}$$

令 $\Delta t\to 0$，得下列方程，注意到初始条件，则有

$$\begin{cases}\dfrac{\mathrm{d}P_n(t)}{\mathrm{d}t}=-\lambda P_n(t)+\lambda P_{n-1}(t) & (n\geqslant 1)\\ P_n(0)=0\end{cases}\tag{13-6}$$

当 $n=0$ 时，没有(B)，(C)两种情况，所以得

$$\begin{cases}\dfrac{\mathrm{d}P_0(t)}{\mathrm{d}t}=-\lambda P_0(t)\\ P_0(0)=1\end{cases}\tag{13-7}$$

解方程组(13-6)和方程组(13-7)，就得

$$P_n(t)=\frac{(\lambda t)^n}{n!}\mathrm{e}^{-\lambda t},\quad t>0\tag{13-8}$$

$P_n(t)$表示长为 t 的时间区间内到达 n 个顾客的概率。由式(13-8)如概率论所描述，说随机变量$\{N(t)=N(s+t)-N(s)\}$服从 Poisson 分布。它的数学期望和方差分别是

$$E[N(t)]=\lambda t;\quad \mathrm{Var}[N(t)]=\lambda t\tag{13-9}$$

期望值和方差相等，是 Poisson 分布的一个重要特征，可以利用它对一个经验分布是否合于 Poisson 分布进行初步的识别。

4. Erlang 分布

设 k 个服务台串联，顾客接受服务分为 k 个阶段，顾客在完成全部服务内容并离开，顾客在每个阶段的服务时间 $T_1,T_2,\cdots,T_k$ 是相互独立的随机变量，服从相同参数 $k\mu$ 的负指数分布，则顾客在系统内接受服务时间之和 $T=T_1+T_2+\cdots+T_k$ 服从参数 k 阶 Erlang 分布 E_k，其分布密度函数为

$$f_k(t)=\frac{(k\mu)^k t^{k-1}}{(k-1)!}\mathrm{e}^{-k\mu t}\quad (t\geqslant 0,k,\mu\geqslant 0)$$

它的数学期望和方差分别为

$$E[T]=\frac{1}{\mu};\quad \mathrm{Var}[T]=\frac{1}{\kappa\mu^2}\tag{13-10}$$

Erlang 分布提供了更为广泛的分布模型，当 $k=1$ 时，Erlang 分布化为负指数分布，这可看成是完全随机的；$k\to\infty$时，由式(13-10)看出 $\mathrm{Var}[T]\to 0$，因此这时 Erlang 分布化为确定性分布，因此一般 k 阶 Erlang 分布可看成完全随机与完全确定的中间型，能对现实世界提供更为广泛的适应性。

13.3 生灭过程

生灭过程是一类特殊的随机过程，它在运筹学中有广泛的应用。若用 $N(t)$ 表示 $[0,t]$ 时间内顾客到达的总数，则对于每个时刻 t，$N(t)$ 是一个随机变量族，$\{N(t), t\geqslant 0\}$ 就构成了一个随机过程。如果用“生”表示顾客的到达，“灭”表示顾客的离去，则 $\{N(t), t\geqslant 0\}$ 就构成了一个生灭过程。具体定义如下。

定义 13.1 设系统的状态随时间变化的过程 $\{N(t), t\geqslant 0\}$ 是一个随机过程，如果满足下列条件，则称为生灭过程。

(1) 假设 $N(t)=n$，则从时刻 t 起到下一个顾客到达为止的时间服从参数为 λ_n 的负指数分布，$n=0,1,2,\cdots$。

(2) 假设 $N(t)=n$，则从时刻 t 起到下一个顾客离去为止的时间服从参数为 μ_n 的负指数分布，$n=0,1,2,\cdots$。

(3) 同一时刻只有一个顾客到达或离去。

生灭过程的例子很多，如一个地区人口数量的自然增减、细菌的繁殖与死亡、服务台前顾客数量的变化等都可以看作或近似看作生灭过程。各状态之间的转移关系用图 13-4 来表示。

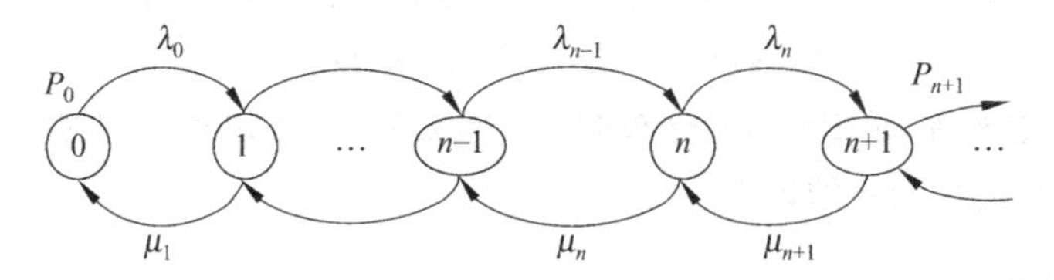

图 13-4　各状态之间的转移关系

图中圆圈表示状态，圆圈中标号是状态符号，表示系统中稳定的顾客数，箭头表示从一个状态转移到另一个状态，λ_i 和 μ_i 表示转移速率。

P_0 表示系统中没有顾客、服务台空闲的概率，P_1 表示系统中有一个顾客、服务台忙着的概率，P_2 表示系统中有两个顾客、有一个排队，其余以此类推，P_n 表示系统中有 n 个顾客、服务台忙、有 $n-1$ 个顾客排队时的概率。

一般来说，得到 $N(t)$ 的分布 $P_n(t)=P\{N(t)=n\}(n=0,1,2,\cdots)$ 比较困难，因此通常求解系统处于稳态后的状态分布，记为 $p_n(n=0,1,2,\cdots)$，大多数实际问题中，当 t 很大时，系统会很快趋于统计平衡状态。当系统处于稳态时，对于每个状态而言，转入率等于转出率，也就是单位时间进入该状态的平均次数和单位时间内离开该状态的平均次数应相等，即

$$\begin{cases}\lambda_{n-1}p_{n-1}+\mu_{n+1}p_{n+1}=\lambda_n p_n+\mu_n p_n, & (n=1,2,\cdots)\\ \mu_1 p_1=\lambda_0 p_0, & (n=0)\end{cases}$$

由此可以得到

$$p_1=\frac{\lambda_0}{\mu_1}p_0$$

$$p_2=\frac{\lambda_1\lambda_0}{\mu_2\mu_1}p_0$$

$$p_3 = \frac{\lambda_2\lambda_1\lambda_0}{\mu_3\mu_2\mu_1}p_0$$

$$\vdots$$

$$p_n = \frac{\lambda_{n-1}\cdots\lambda_1\lambda_0}{\mu_n\cdots\mu_2\mu_1}p_0$$

由于

$$\sum_{n=0}^{\infty} P_n = 1$$

将 P_n 的关系代入 $\sum_{n=0}^{\infty} P_n = 1$，得

$$p_0 + \frac{\lambda_0}{\mu_1}p_0 + \frac{\lambda_1\lambda_0}{\mu_2\mu_1}p_0 + \frac{\lambda_2\lambda_1\lambda_0}{\mu_3\mu_2\mu_1}p_0 + \frac{\lambda_n\cdots\lambda_1\lambda_0}{\mu_n\cdots\mu_2\mu_1}p_0 + \cdots = 1$$

解得

$$\begin{cases} p_0 = \dfrac{1}{1+\sum\limits_{n=1}^{\infty}\dfrac{\lambda_{n-1}\cdots\lambda_1\lambda_0}{\mu_n\cdots\mu_2\mu_1}} \\ p_n = \dfrac{\lambda_{n-1}\cdots\lambda_1\lambda_0}{\mu_n\cdots\mu_2\mu_1}p_0 \quad (n=1,2,\cdots) \end{cases} \tag{13-11}$$

这就是生灭过程系统状态为 n 的概率。需要指出的是，式(13-11)中只有当

$$\sum_{n=1}^{\infty}\frac{\lambda_{n-1}\cdots\lambda_1\lambda_0}{\mu_n\cdots\mu_2\mu_1} < \infty$$

时才有意义，即该级数收敛才能求得系统状态的概率。

13.4 单服务台排队模型

在本节中将讨论输入过程是服从 Poisson 分布过程，服务时间是服从负指数分布，单服务台的排队系统，现将其分为以下三种情形。

(1) 标准的 M/M/1 模型，即(M/M/1/∞/∞)；

(2) 系统的容量有限制，即(M/M/1/N/∞)；

(3) 顾客源为有限，即(M/M/1/∞/m)。

1. 标准的 M/M/1 模型(M/M/1/∞/∞)

标准的 M/M/1 模型是指适合下列条件的排队系统。

(1) 输入过程——顾客源是无限的，顾客单个到来，相互独立，顾客的到达间隔时间服从参数为 λ 的负指数分布；

(2) 排队规则——单队，且对队长没有限制，先到先服务；

(3) 服务机构——单服务台，各顾客的服务时间是相互独立的，服务台的服务时间服从参数为 μ 的负指数分布。

此外，还假定到达间隔时间和服务时间是相互独立的。其状态转移图如图 13-5 所示。

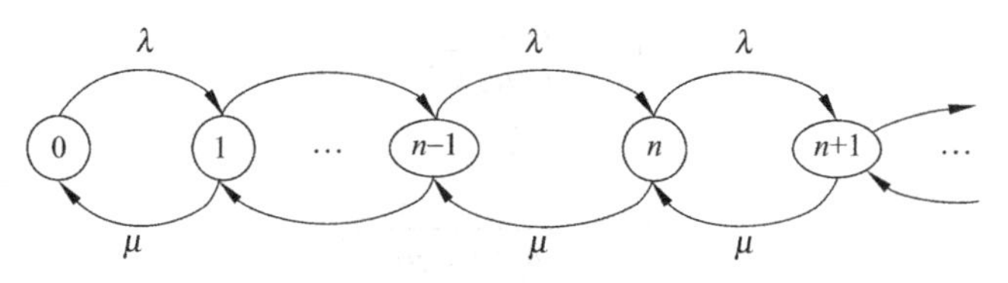

图 13-5　状态转移图

由于 $\lambda_n=\lambda(n=0,1,2,\cdots)$，$\mu_n=\mu(n=0,1,2,\cdots)$，令 $\rho=\dfrac{\lambda}{\mu}$，当 $0\leqslant\rho<1$（否则队伍将排至无限远）时，式(13-11)可写为

$$\begin{cases}p_0=1-\rho\\ p_n=\rho^n(1-\rho)(n=1,2,\cdots)\end{cases}\quad(\rho<1)\tag{13-12}$$

这是系统状态为 n 的概率。

上式的 ρ 有其实际意义。根据表达式的不同，可以有不同的解释。当 $\rho=\lambda/\mu$ 时，它是平均到达率与平均服务率之比；即在相同时区内顾客到达的平均数与被服务的平均数之比。若表示为 $\rho=(1/\mu)/(1/\lambda)$，则它是为一个顾客的服务时间与到达间隔时间之比，称 ρ 为服务强度(traffic intensity)或称 ρ 为话务强度。这是因为早期排队论是爱尔朗等人在研究电话理论时用的术语，一直沿用至今。由式(13-12)，$\rho=1-P_0$，它刻画了服务机构的繁忙程度，所以又称为服务机构的利用率。

以式(13-12)为基础可以算出系统的运行指标。

(1) 在系统中的平均顾客数(队长期望值)

$$\begin{aligned}L_s&=\sum_{n=0}^{\infty}nP_n=\sum_{n=1}^{\infty}n(1-\rho)\rho^n\\&=(\rho+2\rho^2+3\rho^3+\cdots)-(\rho^2+2\rho^3+3\rho^4+\cdots)\\&=\rho+\rho^2+\rho^3+\cdots=\frac{\rho}{1-\rho}\quad(0<\rho<1)\end{aligned}$$

或

$$L_s=\frac{\lambda}{\mu-\lambda}$$

(2) 在队列中等待的平均顾客数(队列长期望值)

$$\begin{aligned}L_q&=\sum_{n=1}^{\infty}(n-1)P_n=\sum_{n=1}^{\infty}nP_n-\sum_{n=1}^{\infty}P_n\\&=L_s-\rho=\frac{\rho^2}{1-\rho}=\frac{\rho\lambda}{\mu-\lambda}\end{aligned}$$

关于顾客在系统中逗留的时间 W(随机变量)，在 M/M/1 情形下，它服从参数为 $\mu-\lambda$ 的负指数分布，即

$$\begin{aligned}&\text{分布函数}\quad F(w)=1-e^{-(\mu-\lambda)w}\quad(w\geqslant0)\\&\text{概率密度}\quad f(w)=(\mu-\lambda)e^{-(\mu-\lambda)w}\end{aligned}\tag{13-13}$$

于是得

(3) 在系统中顾客逗留时间的期望值

$$W_s = E[W] = \frac{1}{\mu - \lambda}$$

(4) 在队列中顾客等待时间的期望值

$$W_q = W_s - \frac{1}{\mu} = \frac{\rho}{\mu - \lambda}$$

现将以上各式归纳如下

$$\begin{aligned} &(1)\ L_s = \frac{\lambda}{\mu - \lambda}; \quad (2)\ L_q = \frac{\rho\lambda}{\mu - \lambda}; \\ &(3)\ W_s = \frac{1}{\mu - \lambda}; \quad (4)\ W_q = \frac{\rho}{\mu - \lambda} \end{aligned} \tag{13-14}$$

它们相互的关系如下

$$\begin{aligned} &(1)\ L_s = \lambda W_s; \quad (2)\ L_q = \lambda W_q; \\ &(3)\ W_s = W_q + \frac{1}{\mu}; \quad (4)\ L_s = L_q + \frac{\lambda}{\mu} \end{aligned} \tag{13-15}$$

上式称为 Little 公式。

例 13-1 某店仅有一名修理工人,每小时平均有 4 位顾客带来器具要求修理,工人检查器具损坏情况并予以修理平均需要 6 分钟,设顾客到达服从 Poisson 分布,服务时间服从负指数分布,求:

(1) 修理店空闲的概率;

(2) 店内恰有三位顾客的概率:

(3) 店内至少有一位顾客的概率;

(4) 店内的平均顾客数;

(5) 每位顾客在店内的平均逗留时间;

(6) 等待服务的平均顾客数;

(7) 每位顾客平均等待服务时间;

(8) 顾客在店内等待时间超过 10 分钟的概率;

(9) 修理店忙期的平均长度。

解:根据题意,它属于 M/M/1 排队模型,其中

$$\lambda=4(\text{人/小时}), \quad \mu=\frac{1}{6}\times 60=10(\text{人/小时}), \quad \rho=\frac{\lambda}{\mu}=0.4,$$

(1) 修理店空闲的概率为 $p_0=1-\rho=1-0.4=0.6$;

(2) $p_3=\rho^3(1-\rho)=0.4^3(1-0.4)=0.0384$;

(3) $p(n\geqslant 1)=1-p_0=0.4$;

(4) $L_s=\frac{\rho}{1-\rho}=\frac{0.4}{1-0.4}=0.667$;

(5) $W_s=\frac{1}{\mu-\lambda}=\frac{1}{10-4}=0.167(\text{小时})=10(\text{分钟})$;

(6) $L_q=\frac{\rho^2}{1-\rho}=\frac{0.4^2}{1-0.4}=0.267(\text{人})$;

(7) $W_q=\frac{1}{\mu}\cdot\frac{\rho}{1-\rho}=\frac{1}{10}\cdot\frac{0.4}{1-0.4}=4$(分钟)；

(8) $p(t>10)=1-F(10)=e^{-(\mu-\lambda)t}=e^{-(10-4)\times\frac{1}{6}}=0.368$；

(9) $B=\frac{1}{\mu-\lambda}=\frac{1}{10-4}=10$(分钟)。

2. 系统的容量有限制的情形(M/M/1/N/∞)

如果系统的最大容量为 N,对于单服务台的情形,排队等待的顾客最多为 $N-1$,在某时刻一顾客到达时,如系统中已有 N 个顾客,那么这个顾客就被拒绝进入系统,如图 13-6 所示。

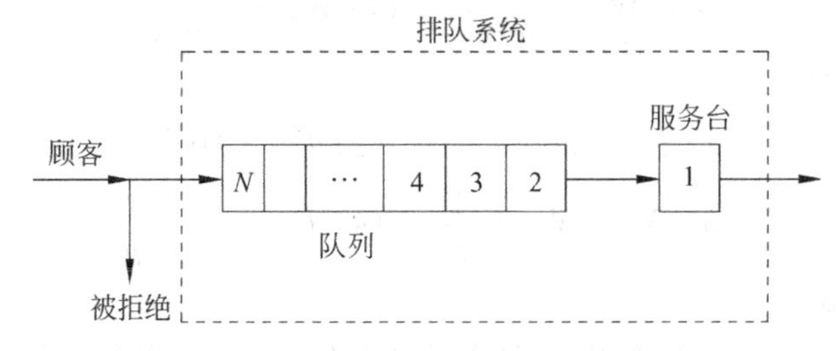

图 13-6　排队系统容量有限制的情形

当 $N=1$ 时为即时制的情形;当 $N\to\infty$,为容量无限制的情形。

只考虑稳态的情形,可作各状态间概率强度的转换关系图如图 13-7 所示。

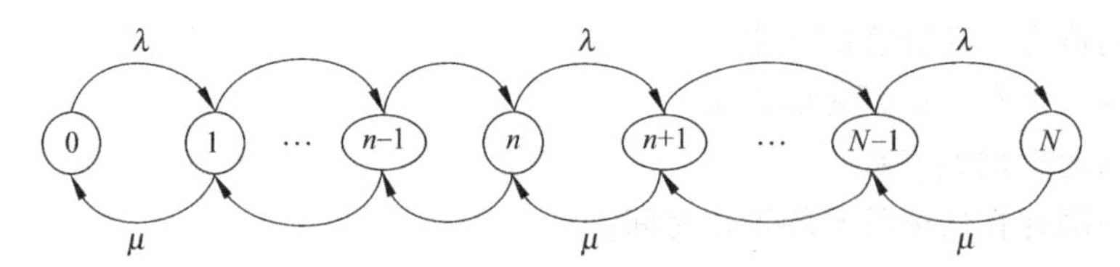

图 13-7　各状态间概率强度的转换关系图

根据图 13-7,列出状态概率的稳态方程

$$\begin{cases}\mu P_1=\lambda P_0\\ \mu p_{n+1}+\lambda P_{n-1}=(\lambda+\mu)P_n, \quad (n\leqslant N-1)\\ \mu P_N=\lambda P_{N-1}\end{cases} \tag{13-16}$$

结合 $P_0+P_1+\cdots+P_N=1$,令 $\rho=\lambda/\mu$,得

当 $\rho\neq 1$ 时,

$$\begin{cases}P_0=\dfrac{1-\rho}{1-\rho^{N+1}}, & (n=0)\\ P_n=\dfrac{1-\rho}{1-\rho^{N+1}}\rho^n, & (n=1,2,\cdots,N)\\ 0, & (n>N)\end{cases} \tag{13-17}$$

当 $\rho=1$ 时,$P_n=P_{n-1}=\cdots=P_1=P_0=\frac{1}{N+1}$。

在对容量没有限制的情形,曾设 $\rho<1$,这不仅是实际问题的需要,也是无穷级数收敛所

必需的，在容量为有限数 N 的情形下，这个条件就没有必要了(为什么?)。不过当 $\rho>1$ 时，表示损失率的 P_N(或表示被拒绝排队的顾客平均数 λP_N)将是很大的。

根据式(13-17)，可以导出系统的各种指标。

1) 队长(期望值)

$$L_s=\sum_{n=0}^{N} nP_n=\frac{\rho}{1-\rho}-\frac{(N+1)\rho^{N+1}}{1-\rho^{N+1}}\quad(\rho\neq 1)$$

$$L_s=\sum_{n=0}^{N} nP_n=\frac{N}{2}\quad(\rho=1)$$

2) 队列长(期望值)

$$L_q=\sum_{n=1}^{N}(n-1)P_n=L_s-(1-P_0)$$

当研究顾客在系统平均逗留时间为 W_s 和在队列中平均等待时间为 W_q 时，虽然公式(13-15)仍可利用，但要注意平均到达率 λ 是在系统中有空时的平均到达率，当系统已满($n=N$)时，到达率为 0，因此需要求出**有效到达率** $\lambda_e=\lambda(1-P_N)$，可以验证

$$1-P_0=\frac{\lambda_e}{\mu}$$

3) 顾客逗留时间(期望值)

$$W_s=\frac{L_s}{\mu(1-P_0)}=\frac{L_q}{\lambda(1-P_N)}+\frac{1}{\mu}$$

4) 顾客等待时间(期望值)

$$W_q=W_s-\frac{1}{\mu}$$

现在把 $M/M/1/N/\infty$ 型的指标归纳如下(当 $\rho\neq 1$ 时)

$$\begin{cases} L_s=\dfrac{\rho}{1-\rho}-\dfrac{(N+1)\rho^{N+1}}{1-\rho^{N+1}} \\ L_q=L_s-(1-P_0) \\ W_s=\dfrac{L_s}{\mu(1-P_0)} \\ W_q=W_s-\dfrac{1}{\mu} \end{cases}\tag{13-18}$$

类似地也可以把当 $\rho=1$ 时的各项指标归纳起来。

例 13-2　单人理发馆有 6 把椅子用来接待人们排队等待理发。当 6 把椅子都坐满时，后来到的顾客不进店就离开。顾客平均到达率为 3 人/小时，理发需时平均 15 分钟。则 $N=7$ 为系统中最大的顾客数，$\lambda=3$ 人/小时，$\mu=4$ 人/小时。

(1) 求某顾客一到达就能理发的概率。

这种情形相当于理发馆内没有顾客，所求概率

$$P_0=\frac{1-\dfrac{3}{4}}{1-\left(\dfrac{3}{4}\right)^8}=0.2778$$

(2) 求需要等待的顾客数的期望值。

$$L_s = \frac{\frac{3}{4}}{1-\frac{3}{4}} - \frac{8\left(\frac{3}{4}\right)^8}{1-\left(\frac{3}{4}\right)^8} = 2.11(\text{人})$$

$$L_q = L_s - (1-P_0) = 2.11 - (1-0.2778) = 1.39(\text{人})$$

(3) 求有效到达率。

$$\lambda_e = \mu(1-P_0) = 4(1-0.2778) = 2.89(\text{人} / \text{小时})$$

(4) 求一顾客在理发馆内逗留的期望时间。

$$W_s = \frac{L_s}{\lambda_e} = \frac{2.11}{2.89} = 0.73(\text{小时}) = 43.8(\text{分钟})$$

(5) 在可能到来的顾客中有百分之几不等待就离开?

这就是求系统中有 7 个顾客的概率。

$$P_7 = \left(\frac{\lambda}{\mu}\right)^7 \left(\frac{1-\lambda/\mu}{1-(\lambda/\mu)^8}\right) = \left(\frac{3}{4}\right)^7 \left(\frac{1-\frac{3}{4}}{1-\left(\frac{3}{4}\right)^8}\right) \approx 3.7\%$$

这也是理发馆的损失率。现以本例比较队长为有限和无限的两种结果见表 13-2。

表 13-2 例 13-2 队长为有限和无限的两种结果

λ=3 人/小时 μ=4 人/小时	L_s	L_q	W_s	W_q	P_0	可能到来的顾客中有百分之几离开
有限队长 $N=7$	2.11	1.39	0.73	0.48	0.278	3.7%
无限队长	3	2.25	1.0	0.75	0.25	0

3. 顾客源为有限的情形(M/M/1/∞/m)

M/M/1/∞/m 是指顾客源总数有限(设顾客数为 m)的排队问题。如一个维修工人看护 m 台机器,机器出现故障,停机待修形成队列,由于机器总数有限,所以顾客源就是有限的。由于同一台机器修理好后还可能再出现故障,所以模型中认为对系统的容量没有限制。实际上因为有限的顾客源会自动形成系统的容量限制,系统的容量不会超过 m,所以 M/M/1/∞/m 与 M/M/1/m/m 意义是相同的,如图 13-8 所示。

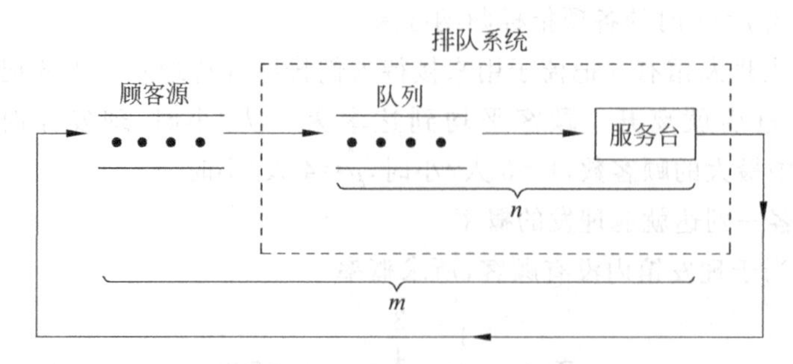

图 13-8 顾客源为有限的情形

在无限源情形下，顾客到达率 λ 是按全体顾客考虑的，即 λ 表示单位时间内到达的顾客数，而不管它是哪个顾客。而在有限源的情形下必须按每一个顾客来考虑。设工厂有 m 台机器，每台机器的到达率 λ(单位时间内发生故障的平均次数)相同。如果只有一台机器在排队系统之外(即正常工作)，则到达率为 λ，如果两台机器正常工作则机器到达率为 2λ。设排队系统内机器数量为 n，排队系统外正常工作的机器数等于机器总数与排队的机器数之差，即 $m-n$，则系统内机器数为 n 时的到达率为

$$\lambda_n = (m-n)\lambda \quad (n = 0,1,2,\cdots,m-1)$$

其状态转移图如图 13-9 所示。

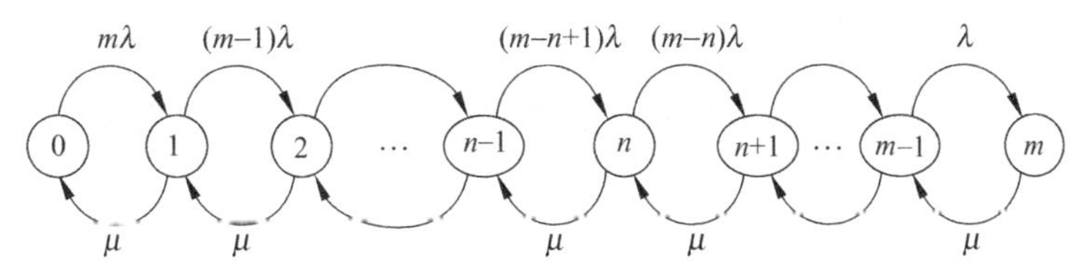

图 13-9　状态转移图

根据图 13-9，列出状态概率的稳态方程

$$\begin{cases} \mu P_1 = m\lambda P_0 \\ \mu P_{n+1} + (m-n+1)\lambda p_{n-1} = [(m-n)\lambda + \mu]P_n \quad (1 \leqslant n \leqslant m-1) \\ \mu P_m = \lambda P_{m-1} \end{cases}$$

用递推方法解这差分方程，并注意到 $\sum\limits_{i=0}^{m} p_i = 1$，可得

$$\begin{cases} P_0 = \dfrac{1}{\sum\limits_{i=0}^{m} \dfrac{m!}{(m-i)!}\left(\dfrac{\lambda}{\mu}\right)^i} \\ P_n = \dfrac{m!}{(m-n)!}\left(\dfrac{\lambda}{\mu}\right)^n P_0 \quad (1 \leqslant n \leqslant m) \end{cases} \tag{13-19}$$

求得系统的各项指标为

$$\begin{cases} L_s = m - \dfrac{\mu}{\lambda}(1-P_0) \\ L_q = m - \dfrac{(\lambda+\mu)(1-P_0)}{\lambda} = L_s - (1-P_0) \\ W_s = \dfrac{m}{\mu(1-P_0)} - \dfrac{1}{\lambda} \\ W_q = W_s - \dfrac{1}{\mu} \end{cases} \tag{13-20}$$

在机器故障问题中 L_s 表示平均故障台数，而

$$m - L_s = \frac{\mu}{\lambda}(1-P_0)$$

表示正常运转的平均台数。

例 13-3　一名工人负责 5 台机器的维修工作，已知每台机器平均 2 小时发生一次故障，

服从负指数分布，该工人平均每小时修理 3.2 台机器，修理时间服从负指数分布。求

(1) 全部机器处于运行状态的概率；

(2) 等待维修的机器的平均值；

(3) 若希望至少 50%时间内所有机器都能正常运转，该工人最多负责维修几台机器？

解：由题意知，$\lambda=1/2$(台/小时)，$\mu=3.2$(台/小时)，$m=5$，$\rho=\lambda/\mu=0.156\ 25$，

(1) $P_0=\dfrac{1}{\sum\limits_{i=0}^{m}\dfrac{m!}{(m-i)!}\rho^i}=0.387$

(2) $L_q=m-\dfrac{\mu+\lambda}{\lambda}(1-P_0)=0.464$

(3) 希望至少 50%时间内所有机器能正常运转，即 $P_0\geqslant 0.5$，也就是

$$\frac{1}{\sum\limits_{i=0}^{m}\dfrac{m!}{(m-i)!}\rho^i}\geqslant 0.5$$

采用试算法，当 $m=4$ 时，$P_0=0.494$；当 $m=3$ 时，$P_0=0.61$，即该工人最多负责维修 3 台机器。

13.5 多服务台排队模型

现在讨论单队、并列的多服务台(服务台数 c)的情形，仍分为以下三种。

(1) 标准的 $M/M/c$ 模型($M/M/c/\infty$)；

(2) 系统容量有限制($M/M/c/N/\infty$)；

(3) 有限顾客源($M/M/c/\infty/m$)，

1. 标准的 M/M/c 模型(M/M/c/∞/∞)

$M/M/c/\infty/\infty$排队模型中假定系统中共有 c 个服务台并列提供服务。设顾客相继到达时间间隔服从参数为 λ 的负指数分布，各服务台服务时间相互独立且服从参数为 μ 的负指数，若有服务台空闲，则立即接受服务，否则参加排队(一个队列)，即为单队多服务台(并联)，如图 13-10 所示。

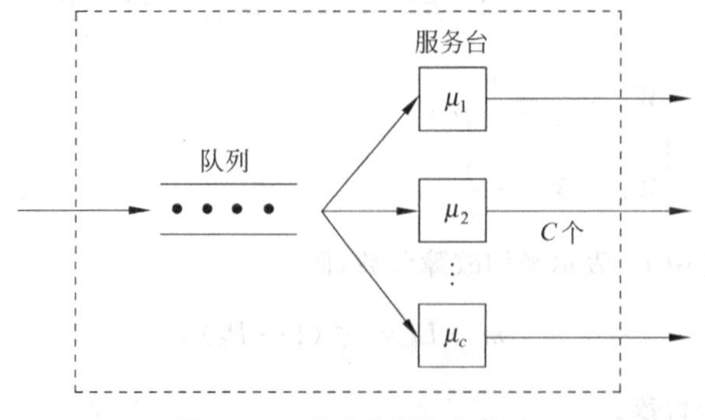

图 13-10　单队多服务台情形

服务台个数为 c 时有下式成立。

$$\lambda_n = \lambda \quad (n = 0,1,2,\cdots)$$

$$\mu_n = \begin{cases} n\mu & n \leqslant c \\ c\mu, & n > c \end{cases}$$

其状态概率转移图如图 13-11 所示。

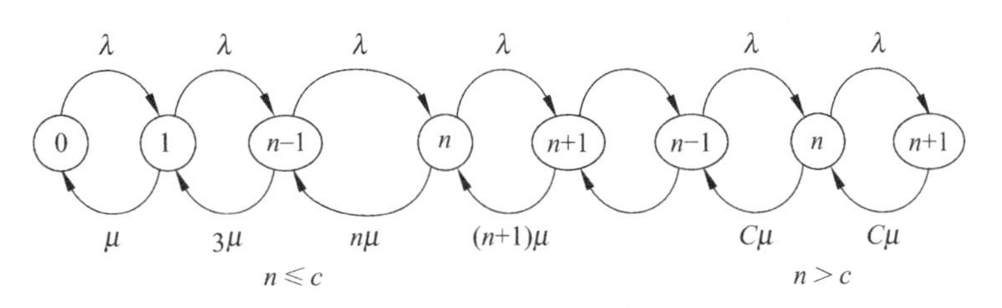

图 13-11 状态概率转移图

令 $\rho=\frac{\lambda}{c\mu}$，只有当 $\frac{\lambda}{c\mu}<1$ 时才不会排成无限的队列，称它为这个系统的**服务强度**或称**服务机构的平均利用率**。根据生灭过程的理论，由式(13-11)可得

$$\begin{cases} P_0 = \left[\sum_{k=0}^{c-1} \frac{1}{k!}\left(\frac{\lambda}{\mu}\right)^k + \frac{1}{c!}\cdot\frac{1}{1-\rho}\cdot\left(\frac{\lambda}{\mu}\right)^c\right]^{-1} \\ P_n = \begin{cases} \frac{1}{n!}\left(\frac{\lambda}{\mu}\right)^n P_0 & (n \leqslant c) \\ \frac{1}{c!c^{n-c}}\left(\frac{\lambda}{\mu}\right)^n P_0 & (n > c) \end{cases} \end{cases} \tag{13-21}$$

从而可求得系统的运行指标如下：

平均队长

$$\begin{cases} L_s = L_q + \frac{\lambda}{\mu} \\ L_q = \sum_{n=c+1}^{\infty} (n-c)P_n = \frac{(c\rho)^c}{c!(1-\rho)^2}P_0 \end{cases} \tag{13-22}$$

平均等待时间和逗留时间仍由 Little 公式求得

$$W_q = \frac{L_q}{\lambda}, \quad W_s = \frac{L_s}{\lambda}$$

例 13-4 某售票所有三个窗口，顾客的到达服从 Poisson 过程，平均到达率 λ 为每分钟 0.9(人)，服务(售票)时间服从负指数分布，平均服务率 μ 为每分钟 0.4(人)。若顾客到达后排成一队，依次向空闲的窗口购票如图 13-12(a)所示，这就是一个 M/M/c 型的系统；若顾客到达后在每个窗口各排成一队，且进入队列后坚持不换，就形成 3 个队列如图 13-12(b)所示，这时排队系统可看做 3 个 M/M/1 系统，试就此两种情况进行比较。

其中 $c=3$，$\frac{\lambda}{\mu}=2.25$，$\rho=\frac{\lambda}{c\mu}=\frac{2.25}{3}$($<1$)符合要求的条件。

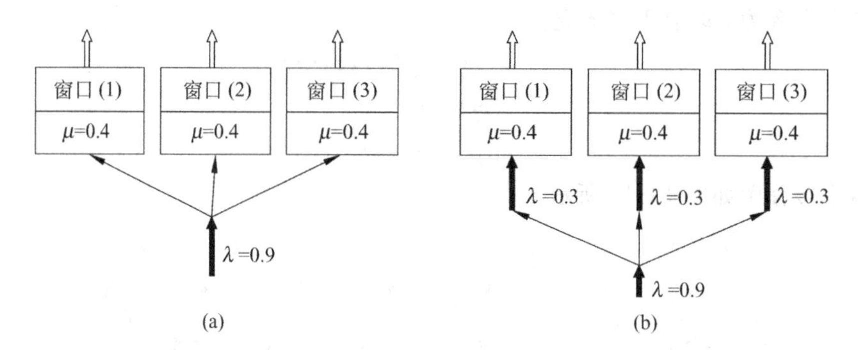

图 13-12　顾客到达后在窗口购票

解：对于前一种情况，$c=3$，$\dfrac{\lambda}{\mu}=2.25$，$\rho=\dfrac{\lambda}{c\mu}=\dfrac{2.25}{3}(<1)$

(1) 整个售票所空闲概率

$$P_0=\frac{1}{\dfrac{(2.25)^0}{0!}+\dfrac{(2.25)^1}{1!}+\dfrac{(2.25)^2}{2!}+\dfrac{(2.25)^3}{3!}\cdot\dfrac{1}{1-\dfrac{2.25}{3}}}=0.0748$$

(2) 平均队长

$$L_q=\frac{(2.25)^3\cdot\dfrac{3}{4}}{3!\left(\dfrac{1}{4}\right)^2}\times 0.0748=1.70$$

$$L_s=L_q+\frac{\lambda}{\mu}=3.95$$

(3) 平均等待时间和逗留时间

$$W_q=\frac{1.70}{0.9}=1.89(\text{分钟})$$

$$W_s=1.89+\frac{1}{0.4}=4.39(\text{分钟})$$

顾客到达后必须等待(即系统中顾客数已有 3 人，各服务台都没有空闲)的概率

$$P(n\geqslant 3)=\frac{(2.25)^3}{3!\dfrac{1}{4}}\times 0.0748=0.57$$

对于后一种情形，对每个窗口而言，平均到达率 $\lambda_1=\lambda_2=\lambda_3=\dfrac{0.9}{3}=0.3$(人/分钟)，$\rho=\dfrac{\lambda}{\mu}=0.75$。

相应的各指标为

$$P_0=1-\rho=0.25$$

$$L_s=\frac{\lambda}{\mu-\lambda}=3(\text{人})$$

$$L_q = \frac{\rho^2}{1-\rho} = 2.25(\text{人})$$

$$W_q = \frac{\lambda}{\mu(\mu-\lambda)} = 7.5(\text{分钟})$$

$$W_s = \frac{1}{\mu-\lambda} = 10(\text{分钟})$$

顾客到达后必须等待的概率为

$$p(n \geqslant 1) = 1 - p_0 = 0.75$$

将两种情况的各指标对比见表 13-3。

表 13-3　两种情况的各指标对比

指标＼模型	(1) M/M/3 型	(2) M/M/1 型
服务台空闲的概率 P_0	0.0748	0.25(每个子系统)
顾客必须等待的概率	$P(n\geqslant 3)=0.57$	0.75
平均队列长 L_q	1.70	2.25(每个子系统)
平均队长 L_s	3.95	9.00(整个系统)
平均逗留时间 W_s	4.39(分钟)	10(分钟)
平均等待时间 W_q	1.89(分钟)	7.5(分钟)
顾客必须等待的概率	0.57	0.75

从表中各指标的对比可以看出单队比三队有显著优越性，在安排排队方式时应该注意。

2. 系统的容量有限制的情形(M/M/c/N/∞)

M/M/c/N/∞排队模型系统的容量最大限制为 N，当系统中已有 N 个顾客数时，再到达的顾客即被拒绝，其他条件与标准的 M/M/c 型相同。

在本模型中有

$$\lambda_n = \begin{cases} \lambda & (n = 0,1,2,\cdots,N-1) \\ 0 & (n \geqslant N) \end{cases}$$

$$\mu_n = \begin{cases} n\mu, & (n \leqslant c) \\ c\mu, & (c < n \leqslant N) \end{cases}$$

状态转移图如图 13-13 所示。

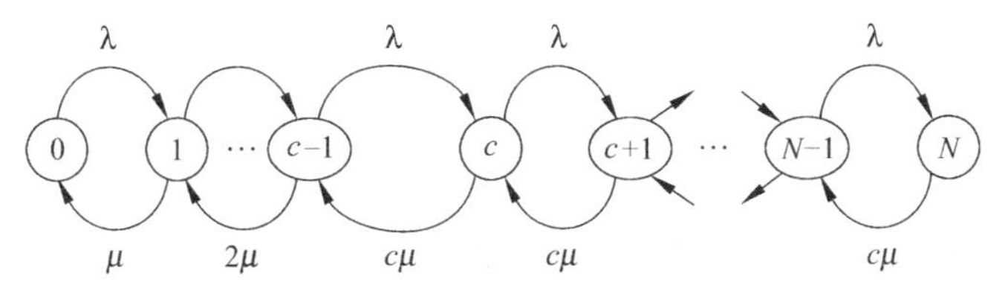

图 13-13　状态转移图

服务强度 $\rho=\frac{\lambda}{c\mu}$，这时系统的状态概率和运行指标如下：

$$P_0=\begin{cases}\left[\sum_{n=0}^{c-1}\frac{\lambda^n}{\mu^n n!}+\frac{1}{c!}\left(\frac{\lambda}{\mu}\right)^c\frac{1-\rho^{N-c+1}}{1-\rho}\right]^{-1}, & (\rho\neq 1)\\ \left[\sum_{n=0}^{c-1}\frac{\lambda^n}{\mu^n n!}+\frac{1}{c!}\left(\frac{\lambda}{\mu}\right)^c(N-c+1)\right]^{-1}, & (\rho=1)\end{cases}\tag{13-23}$$

$$P_n=\begin{cases}\frac{\lambda^n}{\mu^n n!}P_0, & n\leqslant c\\ \frac{\lambda^n}{\mu^n c!c^{n-c}}P_0, & c<n\leqslant N\end{cases}\tag{13-24}$$

$$\begin{aligned}L_q&=\sum_{n=c}^{N}(n-c)P_n\\&=\begin{cases}\frac{P_0\rho\lambda^c}{c!(1-\rho)^2\mu^c}[1-\rho^{n-c}-(N-c)\rho^{N-c}(1-\rho)], & (\rho\neq 1)\\ \frac{\lambda^c P_0(N-c)(N-c+1)}{\mu^c 2c!}, & (\rho=1)\end{cases}\end{aligned}\tag{13-25}$$

有效到达率为

$$\lambda_e=\lambda(1-P_N)$$

由 Little 公式得

$$L_s=L_q+\frac{\lambda_e}{\mu},\quad W_s=\frac{L_s}{\lambda_e},\quad W_q=\frac{L_q}{\lambda_e}$$

例 13-5 某航空售票处有 3 部订票电话和 2 名服务员，当 2 名服务员在接电话处理业务时，第 3 部电话处于等待状态，若 3 部电话均占线，新的呼叫因不通（忙音）而转向其他售票处订票。设订票顾客电话呼叫服从 Poisson 分布，$\lambda=15$（人/小时），服务员对每位顾客服务的时间服从负指数分布，平均时间为 4 分钟，试求：

(1) 1 名顾客呼叫时立即得到服务的概率；

(2) 8 小时营业时间内转向其他售票处订票的顾客数；

(3) 服务员用于为顾客服务的时间占全部工作时间的比例。

解：由题意知，

$$\lambda=15(\text{人}/\text{小时}),\quad \mu=\frac{60}{4}=15(\text{人}/\text{小时}),\quad c=2,\quad N=3$$

利用式(13-23)和式(13-24)可得

$$P_0=0.364$$
$$P_1=0.364$$
$$P_2=0.182$$
$$P_3=0.091$$

(1) 1 名顾客呼叫时立即得到服务的概率为

$$P_0+P_1=0.728$$

(2) 8 小时营业时间内转向其他售票处订票的顾客数为

$$15\times 0.091\times 8=10.9(\text{人})$$

(3) 服务员用于为顾客服务的时间占全部工作时间的平均比例为

$$1-\left(P_0+\frac{P_1}{2}\right)=0.454$$

在本模型中，如果 $N=c$，即不允许排队等候，例如在街头的停车场就不允许排队等待空位，这时

$$\begin{cases} P_0=\dfrac{1}{\sum\limits_{k=0}^{c}\dfrac{(c\rho)^k}{k!}} \\ P_n=\dfrac{(c\rho)^n}{n!}P_0 \quad (0\leqslant n\leqslant c) \end{cases} \tag{13-26}$$

其中，当 $n=c$ 时，即关于 P_c 的公式，被称为 **Erlang 呼唤损失公式**，是 A. K. Erlang 早在 1917 年即发现，并广泛应用于电话系统的设计中的。

这时的运行指标如下

$$\begin{cases} L_q=0, \quad W_q=0, \quad W_s=\dfrac{1}{\mu} \\ L_s=\sum\limits_{n=1}^{c}nP_n=\dfrac{c\rho\sum\limits_{n=0}^{c-1}\dfrac{(c\rho)^{n-1}}{n!}}{\sum\limits_{n=0}^{c}\dfrac{(c\rho)^n}{n!}}=c\rho(1-P_c) \end{cases} \tag{13-27}$$

它又是使用的服务台数(期望值)。

3. 顾客源为有限的情形($M/M/c/\infty/m$)

设顾客总体(顾客源)为有限数 m，且 $m>c$，和单服务台情形一样，顾客达到率 λ 是按每个顾客来考虑的，在机器管理问题中，就是共有 m 台机器，有 c 个修理工人，顾客到达就是机器出了故障，而每个顾客的到达率 λ 是指每台机器每单位运转时间出故障的期望次数。系统中顾客数 n 就是出故障的机器台数，当 $n\leqslant c$ 时，所有的故障机器都在被修理，有$(c-n)$个修理工人在空闲；当 $c<n\leqslant m$ 时，有$(n-c)$台机器在停机等待修理，而修理工人都在繁忙状态。假定这 c 个工人修理技术相同，修理(服务)时间都服从参数为 μ 的负指数分布，并假定故障的修复时间和正在生产的机器是否发生故障是相互独立的。

(1) $P_0=\dfrac{1}{m!}\cdot\dfrac{1}{\sum\limits_{k=0}^{c}\dfrac{1}{k!(m-k)!}\left(\dfrac{c\rho}{m}\right)^k+\dfrac{c^c}{c!}\sum\limits_{k=c+1}^{m}\dfrac{1}{(m-k)!}\left(\dfrac{\rho}{m}\right)^k}$

其中

$$\rho=\frac{m\lambda}{c\mu}$$

$$P_n=\begin{cases} \dfrac{m!}{(m-n)!n!}\left(\dfrac{\lambda}{\mu}\right)^n P_0 & (0\leqslant n\leqslant c) \\ \dfrac{m!}{(m-n)!c!c^{n-c}}\left(\dfrac{\lambda}{\mu}\right)^n P_0 & (c+1\leqslant n\leqslant m) \end{cases} \tag{13-28}$$

(2) 平均顾客数(即平均故障台数)

$$L_s = \sum_{n=1}^{m} nP_n$$

$$L_q = \sum_{n=c+1}^{m} (n-c)P_n$$

有效的到达率 λ_ℓ 应等于每个顾客的到达率 λ 乘以在系统外(即正常生产的)机器的期望数

$$\lambda_\ell = \lambda(m - L_s)$$

在机器故障问题中,它是每单位时间 m 台机器平均出现故障的次数。

(3) 可以证明

$$\begin{cases} L_s = L_q + \dfrac{\lambda_\ell}{\mu} = L_q + \dfrac{\lambda}{\mu}(m - L_s) \\ M_s = \dfrac{L_s}{\lambda_\ell} \\ W_q = \dfrac{L_q}{\lambda_\ell} \end{cases} \tag{13-29}$$

由于 P_0,P_n 计算公式过于复杂,有专书列成表格可供使用。

例 13-6 有两名维修工负责维修 6 台机器,每台机器正常运转的时间服从负指数分布,平均为一小时,每台机器修理时间服从负指数分布,平均为 15 分钟。试求:

(1) 需要修理机器的平均数;

(2) 等待修理机器的平均数;

(3) 每台机器平均停工时间。

解:由题意知,$\lambda=1$ 台/小时,$\mu=\dfrac{60}{15}=4$(台/小时),$c=2$,$m=6$

$$P_0 = \frac{1}{m!} \cdot \frac{1}{\sum_{k=0}^{c} \frac{1}{k!(m-k)!}\left(\frac{c\rho}{m}\right)^k + \frac{c^c}{c!}\sum_{k=c+1}^{m} \frac{1}{(m-k)!}\left(\frac{\rho}{m}\right)^k} = 0.242$$

$P_1 = 0.363$, $P_2 = 0.227$, $P_3 = 0.113$

$P_4 = 0.043$, $P_5 = 0.011$, $P_6 = 0.001$

因此

(1) 需要修理机器的平均数为

$$L_s = \sum_{n=0}^{m} nP_n = P_1 + 2P_2 + \cdots + 6P_6 = 1.39(\text{台})$$

(2) 等待修理机器的平均数为

$$L_q = L_s - \frac{\lambda(m-L_s)}{\mu} = 0.24(\text{台})$$

(3) 每台机器平均停工时间为

$$W = \frac{L_q}{\lambda(m-L_s)} = 1.81(\text{分钟})$$

13.6　一般服务时间 M/G/1 模型

前面讨论的排队模型到达时间间隔和服务时间都服从负指数分布，这类系统的主要特征是 Markov 性，即未来状态仅由系统当前状态推断。但是当到达时间间隔和服务时间中至少有一个不服从负指数分布时，仅靠当前状态不足以推断未来状态，这样的排队模型称为非马氏排队模型。对于一般非马氏排队模型的数学分析更为困难，本节仅讨论几种简单的非马氏排队模型。

1. M/G/1 排队模型

M/G/1 排队模型是指顾客到达服从 Poisson 分布，服务时间服从一般分布，单服务台的排队模型，对于 M/G/1 排队模型，一般不能用生灭过程描述。如果定义一些离散的点，这些点分别是第 $j,j+1,j+2,\cdots$ 个顾客离开系统瞬时的状态，系统在这些点的状态仅同上一时间点的系统状态及以后的系统状态演变有关，即在这些离散点上符合 Markov 性，这样就构成一条嵌入的 Markov 链。设顾客平均到达率为 λ，平均服务时间为 $1/\mu$，方差为 σ^2，令 $\rho=\lambda/\mu<1$，应用嵌入 Markov 链方法可推导出

$$L_s=\rho+\frac{\rho^2+\lambda^2\sigma^2}{2(1-\rho)} \tag{13-30}$$

式(13-30)就是著名的 **Pollaczek-Kbintchine(P-K)公式**。由式(13-30)(即 Little 公式)可得到其他的指标为

$$L_q=L_s-\rho=\frac{\rho^2+\lambda^2\sigma^2}{2(1-\rho)} \tag{13-31}$$

$$W_q=\frac{L_q}{\lambda}=\frac{\rho^2+\lambda^2\sigma^2}{2\lambda(1-\rho)} \tag{13-32}$$

$$W_s=W_q+\frac{1}{\mu}=\frac{\rho^2+\lambda^2\sigma^2}{2\lambda(1-\rho)}+\frac{1}{\mu} \tag{13-33}$$

对于任意一种分布，只要已知 λ、平均服务时间和方差，就可以应用 P-K 公式求得 L_s，再求得其他指标。由 P-K 公式不难发现，当服务率 μ 给定后，可以通过减小方差 σ^2 来减小 L_s,L_q,W 和 W_q，因此研究各项指标时，还要考虑概率性质以得到正确的结论。

例 13-7　设某服务窗口的顾客按 Poisson 分布到达，平均每小时到达 6 人，服务时间的平均值为 8 分钟，标准差为 4 分钟，试求有关运行指标。

解：由题意知，$\lambda=6$(人/小时)，$\frac{1}{\mu}=8$(分钟/人)$=\frac{2}{15}$(小时/人)，$\sigma=4$(分钟)$=\frac{1}{15}$(小时)，$\rho=\frac{\lambda}{\mu}=0.8$。从而，

$$L_s=0.8+\frac{0.8^2+6^2\times\left(\frac{1}{15}\right)^2}{2(1-0.8)}=2.8(\text{人})$$

$$L_q=2.8-0.8=2(\text{人})$$

$$W_q = \frac{2}{6} = \frac{1}{3}\text{小时} = 20(\text{分钟})$$

$$W_s = \frac{1}{3} + \frac{2}{15} = 28(\text{分钟})$$

2. M/D/1 排队模型

M/D/1 排队模型中，服务时间服从定长分布，其平均服务时间为 $1/\mu$，方差为 0，这时式(13-30)可写为

$$L_s = \rho + \frac{\rho^2}{2(1-\rho)} \tag{13-34}$$

其余排队模型指标为

$$L_q = L_s - \rho = \frac{\rho^2}{2(1-\rho)}$$

$$W_q = \frac{L_q}{\lambda} = \frac{\rho^2}{2\lambda(1-\rho)}$$

$$W_s = W_q + \frac{1}{\mu} = \frac{\rho^2}{2\lambda(1-\rho)} + \frac{1}{\mu}$$

上式中的排队长 L_q 是 M/M/1 模型排队长的 1/2，即 M/D/1 模型的排队长更短。可以证明在一般服务时间分布中，定长分布的排队长最小，即服务时间的不确定性越小(方差越小)，等候时间就越短，这与人们的直观经验是相符的。

例 13-8 某实验有一台自动检验机器性能的仪器，要求检验机器的顾客按 Poisson 分布到达，平均每小时 4 个顾客，检验每台机器所需时间为 6 分钟。求

(1) 在检验室内机器台数 L_s(期望值，下同)；

(2) 等候检验的机器台数 L_q；

(3) 每台机器在室内消耗(逗留)时间 W_s；

(4) 每台机器平均等候检验的时间 W_q。

解：$\lambda=4, E(T)=\frac{1}{10}$ (小时)，$\rho=\frac{4}{10}$，$\text{var}[T]=0$

(1) $L_s=0.4+\frac{(0.4)^2}{2(1-0.4)}=0.533$(台)

(2) $L_q=0.533-0.4=0.133$(台)

(3) $W_s=\frac{0.533}{4}=0.133$(小时)$=8$(分钟)

(4) $W_q=\frac{0.133}{4}=0.033$ (小时)$=2$(分钟)

3. M/E_k/1 排队模型

M/E_k/1 排队模型中的服务时间服从 k 阶 Erlang 分布。多个服务台串联式，每台服务台的服务时间相互独立且服从相同参数 $k\mu$ 的负指数分布，这就是总服务时间服从 k 阶 Erlang 分布。这时式(13-30)可写为

$$
\begin{aligned}
L_s &= \rho + \frac{\rho^2 + \frac{\lambda^2}{k\mu^2}}{2(1-\rho)} = \rho + \frac{(k+1)\rho^2}{2k(1-\rho)} \\
L_q &= \frac{(k+1)\rho^2}{2k(1-\rho)} \\
W_s &= \frac{L_s}{\lambda}, \quad W_q = \frac{L_q}{\lambda}
\end{aligned}
\tag{13-35}
$$

例 13-9 某人核对申请书时必须依次检查 8 张表格，每张表格的核对时间平均需要一分钟，申请书的到达率为平均每小时 6 份，相继到达时间间隔服从负指数分布，核对每张表格的时间服从负指数分布，求各运行指标。

解：由题意知，这是一个 $M/E_k/1$ 排队系统，其中 $k=8$，$\lambda=6$（分/小时），$\frac{1}{\mu}=8$（分钟/份）$=\frac{2}{15}$（小时/份），$\rho=\frac{\lambda}{\mu}=0.8$。

$$
\begin{aligned}
L_s &= 0.8 + \frac{(8+1)\times 0.8^2}{2\times 8(1-0.8)} = 2.6（份） \\
L_q &= 2.6 - 0.8 = 1.8（份） \\
W_q &= \frac{1.8}{6} = 0.3 \text{ 小时} = 18（分钟） \\
W_s &= 0.3 + \frac{2}{15} = 0.43 \text{ 小时} = 26（分钟）
\end{aligned}
$$

13.7 排队系统的费用优化

前几节中讨论了常见排队模型的主要数量指标，这些数量指标对决策者进行排队系统优化很有帮助。排队系统的优化问题分为两类：系统设计优化和系统控制优化。前者称为静态优化问题，后者称为动态优化问题。静态优化问题在于使系统达到最大效益，或者说在一定指标下系统最为经济；动态优化问题是指对于一个给定的系统，如何营运使某个目标函数值达到最优。本节着重讨论静态优化问题。

在排队系统中，顾客总是希望尽快接受服务，为减少顾客逗留时间（降低逗留费用），需要提高服务水平（缩短服务台的服务时间或增加服务台数目），但这样又会增加服务成本，因此优化的目标是使两者的费用总和最小。总费用、服务费用与等待费用的关系如图 13-14 所示。

各种费用在稳态情形下都是按单位时间来考虑的。一般来说，服务费用可以确切计算或估计，而顾客等待费用比较复杂，通常顾客等待费用利用统计资料来估计。

1. M/M/1 模型中最优服务率μ

1）标准的 M/M/1 模型

取目标函数 z 为单位时间服务成本与顾客在系统逗留费用之和的期望值

$$
z = c_s\mu + c_w L_s \tag{13-36}
$$

其中 c_s 为当 $\mu=1$ 时服务机构单位时间的费用，c_w 为每个顾客在系统停留单位时间的费用。

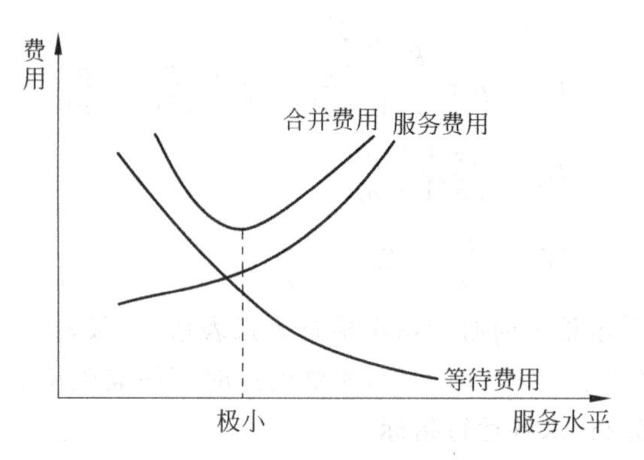

图 13-14　总费用、服务费用与等待费用的关系

将式(13-14)中的 L_s 之值代入，得

$$z = c_s\mu + c_w \cdot \frac{\lambda}{\mu - \lambda}$$

为了求极小值，先求$\frac{dz}{d\mu}$，然后令它为 0

$$\frac{dz}{d\mu} = c_s - c_w\lambda \cdot \frac{1}{(\mu - \lambda)^2}$$

$$c_s - c_w\lambda \cdot \frac{1}{(\mu - \lambda)^2} = 0$$

解出最优的

$$\mu^* = \lambda + \sqrt{\frac{c_w}{c_s}\lambda} \tag{13-37}$$

根号前取＋号，是保证 $\rho<1,\mu>\lambda$ 的缘故。

例 13-10　设货船按 Poisson 分布到达港口，平均到达率为每天 50 艘。港口卸货时间服从负指数分布，平均卸货率为 μ，每天卸货费用为 1000μ，货船在港口停泊一天的费用为 500 元，求港口最优卸货率。

解：由题意知，$\lambda=50, c_s=1000, c_w=500$，由式(13-37)得

$$\mu^* = \lambda + \sqrt{\frac{c_w}{c_s}\lambda} = 50 + \sqrt{\frac{500}{1000} \times 50} = 55(\text{艘} / \text{天})$$

2)系统中顾客最大限制数为 N 的情形

取利润最大化为决策目标。进入系统的顾客平均数为 $\lambda_e=\lambda(1-P_N)$，设每服务一人能收入 G 元，于是单位时间收入的期望值是 $\lambda(1-P_N)G$ 元。

纯利润

$$z = \lambda(1 - P_N)G - c_s\mu = \lambda G \cdot \frac{1 - \rho^N}{1 - \rho^{N+1}} - c_s\mu = \lambda\mu G \cdot \frac{\mu^N - \lambda^N}{\mu^{N+1} - \lambda^{N+1}} - c_s\mu$$

求$\frac{dz}{d\mu}$，并令$\frac{dz}{d\mu}=0$ 得

$$\rho^{N+1} \cdot \frac{N - (N+1)\rho + \rho^{N+1}}{(1 - \rho^{N+1})^2} = \frac{c_s}{G}$$

上式是一个关于 μ^* 的高次方程，求解 μ^* 是比较困难的，通常采用数值计算求得 μ^* 的值。

3）顾客源为有限的情形

同样取利润最大为决策目标。以机器修理为例，设有机器 m 台，各台机器连续运转时间服从负指数分布。有一个修理工人，修理时间服从负指数分布。当服务率 $\mu=1$ 时的修理费用 c_s，单位时间每台机器运转可得收入 G 元。平均运转台数为 $m-L_s$，所以单位时间纯利润为

$$z=(m-L_s)G-c_s\mu=\frac{mG}{\rho}\cdot\frac{E_{m-1}\left(\dfrac{m}{\rho}\right)}{E_m\left(\dfrac{m}{p}\right)}-c_s\mu$$

式中的 $E_m(x)=\sum\limits_{k=0}^{m}\dfrac{x^k}{k!}e^{-x}$ 称为 Poisson 部分和，$\rho=\dfrac{m\lambda}{\mu}$，而

$$\frac{d}{dx}E_m(x)=E_{m-1}(x)-E_m(x)$$

为了求最优服务率 μ^*，求 $\dfrac{dz}{d\mu}$，并令 $\dfrac{dz}{d\mu}=0$，得

$$\frac{E_{m-1}\left(\dfrac{m}{\rho}\right)E_m\left(\dfrac{m}{\rho}\right)+\dfrac{m}{\rho}\left[E_m\left(\dfrac{m}{\rho}\right)E_{m-2}\left(\dfrac{m}{\rho}\right)-E_{m-1}^2\left(\dfrac{m}{\rho}\right)\right]}{E_m^2\left(\dfrac{m}{\rho}\right)}=\frac{c_s\lambda}{G}$$

当给定 m,G,c_s,λ 时，要由上式解出 μ^* 是很困难的，通常是利用数值计算来求得 μ^*。

2. M/M/c/∞/∞模型中最优的服务台数 c

在稳态情形下，单位时间全部费用（服务成本与等待费用之和）的期望值为

$$z=c_s'\cdot c+c_w\cdot L \tag{13-38}$$

其中 c 是服务台数；c_s'是每服务台单位时间的成本；c_w 为每个顾客在系统停留单位时间的费用；L 是系统中顾客平均数 L_s 或队列中等待的顾客平均数 L_q（它们都随 c 值的不同而不同）。因为 c_s'和 c_w 都是给定的，唯一可能变动的是服务台数 c，所以 z 是 c 的函数 $z(c)$，现在求最优解 c^* 以使 $z(c^*)$ 为最小。

因为 c 只取整数值，$z(c)$ 不是连续变量的函数，所以不能用经典的微分法。采用边际分析法（Marginal Analysis），根据 $z(c^*)$ 是最小的特点，有

$$\begin{cases}z(c^*)\leqslant z(c^*-1)\\ z(c^*)\leqslant z(c^*+1)\end{cases}$$

将式（13-38）中的 z 代入，得

$$\begin{cases}c_s'c^*+c_wL(c^*)\leqslant c_s'(c^*-1)+c_wL(c^*-1)\\ c_s'c^*+c_wL(c^*)\leqslant c_s'(c^*+1)+c_wL(c^*+1)\end{cases}$$

上式化简后，得

$$L(c^*)-L(c^*+1)\leqslant c_s'/c_w\leqslant L(c^*-1)-L(c^*) \tag{13-39}$$

依次求 $c=1,2,3,\cdots$ 时 L 的值，并作两相邻的 L 值之差，因为 c_s'/c_w 是已知数，根据这个数落

在哪个不等式的区间里就可定出 c^*。

例 13-11 某厂仓库负责向全厂工人发放材料。已知领料工人按 Poisson 分布到达，平均每小时来 20 人，发放时间服从负指数分布，平均值为 4 分钟，每个工人去领料所造成的停工损失为每小时 60 元，仓库管理员每人每小时服务成本为 5 元，问该仓库应配备几名管理员才能使总费用期望值最小？

解：由题意知，$\lambda=20$（人/小时），$\mu=\frac{1}{4}\times 60=15$（人/小时），$c_s'=5$（元），$c_w=60$（元），$\lambda/\mu=\frac{4}{3}$，$\rho_c=\frac{\lambda}{c\mu}=\frac{4}{3c}$。

由式(13-21)和式(13-22)得

$$p_0=\left[\sum_{n=0}^{c-1}\frac{1}{n!}\left(\frac{4}{3}\right)^3+\frac{1}{c!}\frac{1}{1-\frac{4}{3c}}\left(\frac{4}{3}\right)^c\right]^{-1}$$

$$L=L_q+\frac{\lambda}{\mu}=\frac{p_0\frac{4}{3c}}{c!\left(1-\frac{4}{3c}\right)^2}\left(\frac{4}{3}\right)^c+\frac{4}{3}$$

将 $c=1,2,3,4,5$ 依次代入得到表 13-4。

表 13-4 例 13-11 的运算结果

c	$L_s(c)$	$L(c)-L(c+1)$	$L(c-1)-L(c)$	$z(c)$
1	∞			∞
2	2.4	0.922	∞	154
3	1478	0.119	0.922	103.68
4*	1.359	0.021	0.119	101.54*
5	1.338			105.28

由于$\frac{c_s}{c_w}=\frac{5}{60}=0.083$ 在区间(0.021，0.119)之间，故 $c^*=4$ 时总费用最小，即该仓库应配备 4 名管理员才能使总费用最小，最小费用为 101.54 元。

习 题

1. 列举生产或生活中具有下列各类特征的排队服务系统的例子。

(1) 无限等待空间；

(2) 有限等待空间；

(3) 无等待空间；

(4) 先到先服务；

(5) 具有优先权的服务规则；

(6) 随机服务规则；

(7) 成批服务；

(8) 服务时间随队长而变化；

(9) 串联的排队系统；

(10) 顾客源有限的排队系统。

2. 某修理店只有一个修理工人，来修理的顾客到达次数服从 Poisson 分布，平均每小时 4 人，修理时间服从负指数分布，平均需 6 分钟。求

(1) 修理店空闲的概率；

(2) 店内有三个顾客的概率；

(3) 店内至少有一个顾客的概率；

(4) 在店内的顾客平均数；

(5) 顾客在店内的平均逗留时间；

(6) 等待服务的顾客平均数；

(7) 顾客平均等待修理(服务)时间；

(8) 顾客必须在店内消耗 15 分钟以上的概率。

3. 某车间医疗室有一位医生值班。平时该室平均每小时有 4 人来就诊，医生看病的平均速率为每小时 5 人，若到达次数服从 Poisson 分布，服务服从负指数分布。

(1) 试计算 L_s, L_q, W_s, W_q, P_0；

(2) 若就诊工人每小时创造价值 10 元，则每天三班(24 小时)排队等待带来的损失为多少？

(3) 花 5000 元改善的医疗室，使得服务速率增加到每小时可看病 6 人，上述(1)中的各指标有多少改进？这一笔 5000 元的投资多久时间可收回？这种福利投资从生产的角度看值得吗？

4. 某机关接待室只有一位对外接待人员，每天工作 10 小时，来访人员和接待时间都是随机的。若来访人员按 Poisson 分布到达，其到达速率 $\lambda=7$ 人/小时，接待时间服从负指数分布，其服务速率 $\mu=7.5$ 人/小时。现在问：(1)来访者需要在接待室逗留多久？等待多少？(2)排队等待接待的人数。(3)若希望来访者逗留时间减少一半，则接待人数应提高到多少？

5. 对于 M/M/1/∞/∞模型，在先到先服务情况下，试证：顾客排队等待时间的分布概率密度函数是

$$f(w_q) = \lambda(1-\rho)e^{-(\mu-\lambda)w_q}, \quad w_q > 0$$

并根据此式求等待时间的期望值 W_q。

6. 单人理发馆有 6 把椅子接待人们排队等待理发。当 6 把椅子都坐满时，后来到的顾客不进店就离开。顾客平均到达率为 3 人/小时，理发需平均 15 分钟。求系统运行指标。

7. 某中心医院有一部专用于抢救服务的电话，并设一名话务员值班。该电话机连接有一个 N 条线路的开关闸，当有一个电话呼唤到达，话务员处于繁忙状态时，只要 N 条线路未被占满，该呼唤将等待，只有当 N 条线路占满时，新的呼唤才将得到一个忙音而不能进入系统。已知到达的电话呼唤流服从 Poisson 分布，$\lambda=10$ 个/小时，又每个电话的通话时间服从负指数分布，$1/\mu=3$ 分钟。要求确定 N 的值，使到达的电话呼唤得到忙音的概率小于 1%。

8. 设某车间有一名工人，负责照看 6 台自动机床。当需要上料、发生故障或刀具磨损时就自动停车等待工人照管。设平均每台机床两次停车的间隔时间为 1 小时，服从负指数分布，而每台机床停车时，由工人平均照管的时间为 0.1 小时，亦服从负指数分布。试计算该系统的各项指标及工人的忙期。

9. 对于 M/M/1/m/m 模型，试证

$$L_s = m - \frac{\mu(1-P_0)}{\lambda}$$

并给予直观解释。

10. 某工厂生产一种产品，其加工的某道工序可有两种方案：采用设备 A，平均加工时间为 4 分钟，服从指数分布，设备费用为 2 元/小时；采用设备 B，加工时间恰为 5 分钟，设备费用为 1.8 元/小时，产品以 8 件/小时的速率到达这一工序。产品在加工过程中每延误 1 小时，对工厂将有 3 元的损失，问应选择哪一种设备？

11. 某电话站有 2 部电话机，打电话的人按 Poisson 分布到达，平均每小时 24 人。设每次通话时间服从负指数分布，平均为 2 分钟。求该系统的各项运行指标。

12. 某售票厅有三个窗口，顾客的到达服从 Poisson 分布，平均到达率每分钟 $\lambda=0.9$ 人，服务（售票）时间服从负指数分布，平均服务率每分钟 $\mu=0.4$ 人。现设顾客到达后排成一队，依次从空闲的窗口购票，求系统的运行指标。

13. 某停车场有 10 个停车位置，车辆按 Poisson 分布到达，平均 10 辆/小时。每辆车在该停车场存放时间服从 $1/\mu=10$ 分钟的负指数分布。试求：(1)停车场平均空闲的车位；(2)一辆车到达时找不到空闲车位的概率；(3)该停车场的有效到达率；(4)若该停车场每天营业 10 小时，则平均有多少辆汽车因找不到空闲车位而离去。

14. 某工具室有 k 名工人，到达工具室要求得到服务的顾客流为 $1/\lambda=1.5$ 分钟的负指数分布，每名工人对顾客的服务时间为 $1/\mu=0.8$ 分钟的负指数分布。假如工具室工人费用为 9 元/小时，生产工人（顾客）等待损失为 18 元/小时，试确定工具室工作的最佳人数 k。

15. 两个技术程度相同的工人共同照管 5 台自动机床，每台机床平均每小时需要照管一次，每次需要一个工人照管的平均时间为 15 分钟。每次的照管时间及每相继两次照管的间隔都相互独立且为负指数分布。试求：

(1) 每人平均空闲时间、系统 4 项主要指标以及机床利用率。

(2) 若由一名工人照管两台自动机床，其他数据不变，试求系统工作指标。

16. 车间内有 m 台机器，有 c 个修理工（$m>c$）。每台机器发生故障率为 λ，符合 M/M/c/m/m 模型，试证：

$$\frac{W_s}{\left(\frac{1}{\lambda}\right)+W_s} = \frac{L_s}{m}$$

并说明上式左右两端的概率意义。

17. 某工序依次用两把刀具对工件进行加工：第一把刀具的加工时间为常数，等于 30 分钟，第二把刀具的加工时间为 5～15 分钟的均匀分布。已知工件到达该工序服从

Poisson 分布，$\lambda=1.5$ 件/小时，试求在该工序前排队等待加工的工件的平均数。

18. 某门诊所有一名医生为病人进行诊断检查，对每个病人需进行 4 项检查，每项所需时间均为平均 4 分钟的负指数分布。设到达该门诊所进行诊断的病人按 Poisson 分布到达，平均 3 人/小时，求每个病人在该门诊所停留的期望时间。

19. 对于单服务台情形，试证：

(1) 定长服务时间的 $L_q^{(1)}$ 是负指数服务时间的 $L_q^{(2)}$ 的一半；

(2) 定长服务时间的 $W_q^{(1)}$ 是负指数服务时间的 $W_q^{(2)}$ 的一半。

第14章 对 策 论

对策论是研究具有竞争或对抗性质的现象的数学理论和方法，在经济学中也称为博弈论(Game Theory)。它既是现代数学的一个新分支，也是运筹学的一个重要学科。

在现实生活中，人们经常会看到一些具有竞争或对抗性质的现象，如生活中的下棋、打扑克，军事上双方力量的对垒；在政治方面，国际间的谈判、各种政治力量之间的较量、各国集团间的角逐；在经济活动中，各国之间、企业之间的谈判；在生产过程中，资源的分配之间等。

用数学方法研究与竞争或对抗有关的现象，是由策莫洛(E. Zermelo)首先开始的(1912年)。由于当时的研究对象和方法的原因，致使对策论的研究在相当长的时间内几乎停滞不前。直到第二次世界大战期间，在军事、生产、运输上提出许多需要迫切解决的问题，如兵力、火炮的部署、物资调运方案的制定等，这些都与对策问题具有共同的特性，成为许多数学家研究的课题。1944 年，冯 · 诺依曼(Von Neuxnn)和摩根斯特恩(Morgenstern)出版了 *Theory of Games and Economic Behavior* 一书，对前人在该方面的研究成果进行了总结、完善和提高，使对策论逐步成为应用数学的一个分支。对策论的研究和应用进入了一个新的阶段，开始了迅速的发展。

对策论可用于体育竞赛、军事对抗等不同的领域，在经济学中的应用是最广泛和最成功的。1994 年的诺贝尔经济学奖授予三位博弈论专家纳什(Nash)、泽尔滕(Selten)和海萨尼(Harsanyi)，不仅是因为他们在非合作博弈理论方面做出了突出的贡献，而且还因为经济学和对策论的研究模式都是强调个人理性，在给定的约束条件下追求效用最大化。

由于对策论处理问题的方法具有鲜明的特色，对策论的思想与方法广泛应用于经济、政治、军事等不同领域，学习对策论对管理工作者具有重要的现实意义。

14.1 对策论的基本概念

1. 对策论的定义

具有竞争或对抗性质的现象称为对策现象。参加竞争或对抗的各方，为了实现各自不同的利益和目标，必须考虑对手的各种可能的行动方案，力图选择对自己最有利(最合理)或损失最小的应对行动方案。对策论就是研究对策想象中各方是否存在最合理的行动方案，以及如何找到合理的行动方案的数学理论和方法。

从上述定义可看出，尽管对策现象千变万化，但本质上，都包含了 4 个基本要素。

1) 局中人(Players)

局中人即在一个对策现象中，有权决定自己行动方案的对策参与者。通常用 I 表示局中人的集合，如果有 n 个局中人，则 $I=\{1,2,3,\cdots,n\}$。一般要求一个对策中至少要有两个局中人，而且假定局中人都是理性的。

2）策略集（Strategies）

对策中可供局中人选择的一个实际可行的，完整的行动方案称为一个策略。所有的行动方案的集合成为一个策略集。每一个局中人都有自己的策略集 S_i。一般，每一局中人的策略集中至少包含两个策略。

3）对策的次序（Orders）

在决策活动中，当存在多个独立决策方案进行决策时，为了能保证公平合理，需要局中人同时进行。但现实情况是，很多时候各参与方的决策有先后之分。因此，一个对策必须规定其中的次序，次序不同的一般就是不同的对策，即使对策的其他方面都相同。

4）参与方的赢得（Playoffs）

在一局对策中，对应于各参与方每一组可能的决策选择，都应有一个结果表示该策略组合下每个参与方的得益，常用赢得函数表示。如果一个策略中有 n 方，则它们可形成一个策略组，形式化表示为 $S=(S_1,S_2,\cdots,S_n)$，也就是一个局势。全体局势的集合 S 可用各局中人的策略集的笛卡儿集表示，即 $S=S_1\times S_2\times S_3\times\cdots\times S_n$。当局势出现后，对策的结果也就确定了。即对任意局势，局中人可以得到一个赢得函数 $H(s)$，$(s\in S)$。

一般当这 4 个基本因素确定后，一个对策模型也就给定了。

2. 对策的分类

随着对策问题和对策理论的发展，对策的分类方法也是发展变化的。大多数情况下，对策模型的每一个基本要素都作为对策分类的依据。根据参与方的数量，可以分为单人对策、双人对策、多人对策；根据对策中所选策略的数量，可分为有限对策和无限对策；根据对策过程，可分为静态对策、动态对策和重复对策；根据得失函数，可分为零和对策、常和对策与变和对策；根据信息结构，可分为完全信息对策和不完全信息对策，完美信息动态对策和不完美信息动态对策；根据对策双方的理性行为和逻辑差别，可分为完全理性对策和有限理性对策，非合作对策和合作对策等，如图 14-1 所示。

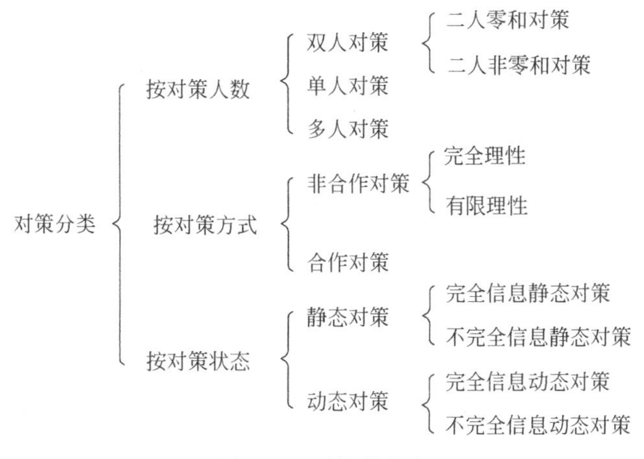

图 14-1　对策的分类

3. 纳什均衡

对于对策中的每一个局中人，真正成功的措施应该是对其他局中人所采取的每次行动，相应地采取有利于自己的反应策略。纳什均衡正是体现这一基本原则。

1) 纳什均衡的定义

用 G 表示一个对策，若一个对策中有 n 个局中人，则每个局中人的策略集，分别用 S_1，S_2，S_3，…，S_n 表示；S_{ij} 表示局中人 i 的第 j 个策略，其中 j 可取有限个值（有限策略对策），也可取无限个值（无限策略对策）；局中人 i 的得益则用 h_i 表示；h_i 是各对策方策略的多元函数，则 G 可表示为 $G=\{S_1,\cdots,S_n;h_1,\cdots,h_n\}$。

定义 14-1 在对策 $G=\{S_1,\cdots,S_n;h_1,\cdots,h_n\}$ 中，如果在各个对策方的各选取一个策略组成的某个策略组合 $(S_1^*,S_2^*,\cdots,S_n^*)$ 中，任一对策方 i 的策略 S_i^*，都是对其余策略方策略的组合 $(S_1^*,\cdots,S_{i-1}^*,S_{i+1}^*,\cdots,S_n^*)$ 的最佳策略，即 $h_i(S_1^*,\cdots,S_{i-1}^*,S_i^*,S_{i+1}^*,\cdots,S_n^*)\geqslant h_i(S_1^*,\cdots,S_{i-1}^*,S_{ij},S_{i+1}^*,\cdots,S_n^*)$ 对任意 $\forall S_{ij}\in S_i$ 都成立，则称 $(S_1^*,S_2^*,\cdots,S_n^*)$ 为 G 的一个纯策略纳什均衡（Nash Equilibrium）。

定义 14-1 中各选取一个策略组成的某个策略组合构成一个局势，其最优局势称为纯策略意义下的最优局势。

例 14-1 假设有三个厂商在同一市场上生产销售完全相同的产品，他们各自的产量分别用 q_1，q_2 和 q_3 表示，再假设 q_1，q_2 和 q_3 只能取 1，2，3…正整数值。市场出清价格一定是市场总产量 $Q=q_1+q_2+q_3$ 的函数，假设该函数为

$$P=P(Q)=20-Q=\begin{cases}20-(q_1+q_2+q_3), & Q<20\\ 0, & Q\geqslant 20\end{cases}$$

为简化计算，假设各厂商的生产成本为 0，并且各厂商同时独立决定各自产量。问整个市场均衡时的产量和价格水平是多少？

解：分析如下，采用比较和试探的方法来确定本对策的均衡产量。不妨先假设三个厂商开始时分别生产 4 单位、8 单位和 6 单位产量，这时三个厂商是否满意各自的产量，要从利润进行分析。

由于产量不能超过 20，则第 i 个厂商的利润函数为 $P_i=pq_i$。

根据上述公式，可算出在产量组合为(4,8,6)时，市场价格为 2，三厂商的利润分别为 8，16 和 12，其他组合的结果，见表 14-1。

表 14-1 产量组合及利润表

q_1	q_2	q_3	p	p_1	p_2	p_3
4	8	6	2	8	16	12
4	6	6	4	16	24	24
5	5	6	4	20	20	24
5	5	5	5	25	25	25
3	3	3	11	33	33	33
6	3	3	8	48	24	24

从表14-1中可以看到，当产量组合为(4,8,6)时，总产量水平已经太高了，因为任何一个厂商降低自己的产量都能使所有厂商利润增加。不妨设产量最高的厂商2将产量降低两个单位，此时价格上升为4，三厂商利润分别为16,24,24，这些结果就是表14-1中第2行数字。当产量为(4,6,6)时，厂商1一定不会满足，因为他的利润是最低的，所以厂商1会提高产量，究竟提高多少，在第4行中看到三厂商分别生产5单位时，利润都为25且比上几行所示利润高。

由表14-1看出，(5,5,5)这组产量组合是比较稳定的。因为在这个产量组合下，任何一个厂商单独提高或降低产量，都只会减少利润而不会增加，因此该产量组合是一个均衡。

值得注意的是，上述产量组合给各厂商带来的利润并不是这个特定市场能够给他们提供的最大潜在利润，因为如果这三个厂商各生产3个单位产量，那么市场价格将是11，三厂商利润都能达到33，明显比各生产5个单位时利润高。现在分析(3,3,3)这个产量组合是否稳定，从表14-1中看到，当其他厂商都生产3单位产量时，一个厂商单独提高产量，如提高到6，会大大提高利润，而另外两厂商只能得到低得多的利润。因此，当没有有力措施相互监管对方生产时，(3,3,3)的产量组合是不稳定的。该对策的均衡结果应该是三厂商各生产5单位产量，市场价格为5。在实际经济活动中，可以发现，即使三厂商开始没有选择这个产量组合，在长期的对策过程中也会逐渐调整到这个产量组合，这个组合也就是一个纳什均衡。

2) 混合策略

定义14-2 在对策 $G=\{S_1,S_2,\cdots,S_n;h_1,h_2,\cdots,h_n\}$ 中，局中人 i 的策略集为 $S_i=\{S_{i1},S_{i2},\cdots,S_{ik}\}$，则局中人 i 以概率分布 $p_i=(p_{i1},p_{i2},\cdots,p_{ik})$ 选择策略 $S_{i1},S_{i2},\cdots,S_{ik}$，其中 $0\leqslant p_{ij}\leqslant 1$，对 $j=1,2,\cdots,k$ 都成立，且 $\sum_{j=1}^{k} p_{ij}=1$。随机在其 k 个可选策略中选择的策略，称为一个混合策略。

由上述定义可以看出，纯策略是混合策略的一个特例，此时，可选择的相应纯策略的概率函数服从0-1分布。

14.2 矩阵对策的基本理论

矩阵对策也称二人有限零和对策，在对策模型中占有重要的地位，是到目前为止，在理论研究和求解方法方面都是比较完善的一类对策。

矩阵对策指的是：对策的局中人为两个，每个局中人都有有限个纯策略可供选择，且在任一局势中，两个局中人所得之和总等于零。在这种对策中，一个局中人的所得就等于另一个局中人的所失，两个局中人的利益是根本冲突的。

1. 矩阵对策的数学描述

设参加对策的两个局中人为 A 和 B，他们各自具有有限的纯策略集 $S_A=\{A_1,A_2,\cdots,A_m\}$ 和 $S_B=\{B_1,B_2,\cdots,B_n\}$，当 A 出策略 A_i，B 出策略 B_j 时，A 的赢得为 p_{ij}。则 A 在各个策略下的赢得构成一个矩阵

$$P=\begin{bmatrix} p_{11} & p_{12} & \cdots & p_{1n} \\ p_{21} & p_{22} & \cdots & p_{2n} \\ \vdots & \vdots & \vdots & \vdots \\ p_{m1} & p_{m2} & \cdots & p_{mn} \end{bmatrix}$$

由于对策是为零和的，故局中人 B 的赢得矩阵为 $-\boldsymbol{P}$。

当局中人 A,B 的策略集 S_A,S_B 和 A 的赢得矩阵确定后，一个矩阵对策就给定了。通常将矩阵对策记为 $G=\{S_A,S_B;\boldsymbol{P}\}$。

2. 纯策略矩阵对策

定义 14-3 设 $G=\{S_A,S_B;\boldsymbol{P}\}$ 为矩阵对策，其中 $S_A=\{A_1,A_2,\cdots,A_m\}$ 为局中人 A 的策略集，$S_B=\{B_1,B_2,\cdots,B_n\}$ 为局中人 B 的策略集，$\boldsymbol{P}=(p_{ij})_{m\times n}$ 为局中人 A 的赢得矩阵。若等式 $\max\limits_{i}\min\limits_{j} p_{ij}=\min\limits_{j}\max\limits_{i} p_{ij}=p_{i^*j^*}$ 成立，令 $V_G=p_{i^*j^*}$，则称 V_G 为对策 G 的值，对应的策略组合 (A_{i^*},B_{j^*}) 称为该对策的纳什均衡。

定理 14-1 矩阵对策 $G=\{S_A,S_B;\boldsymbol{P}\}$ 在纯策略定义下有纳什均衡的充要条件是：存在策略组合 (A_{i^*},B_{j^*})，使得对一切 $i=1,2,\cdots,m;j=1,2,\cdots,n$，均有 $p_{ij^*}\leqslant p_{i^*j^*}\leqslant p_{i^*j}$。

为了便于对更为广泛的对策情况进行分析，先回顾一下，二元函数鞍点的定义。

定义 14-4 设 $f(x,y)$ 为一个定义在 $x\in A$ 及 $y\in B$（$\mathbf{R}$ 是实数集，且 $A\subseteq\mathbf{R},B\subseteq\mathbf{R}$。）上的实值函数，如果存在 $x^*\in A,y^*\in B$，使得对一切 $x\in A$ 和 $y\in B$，都有 $f(x,y^*)\leqslant f(x^*,y^*)\leqslant f(x^*,y)$，则称 $f(x^*,y^*)$ 为函数 f 的一个鞍点，如图 14-2 所示。

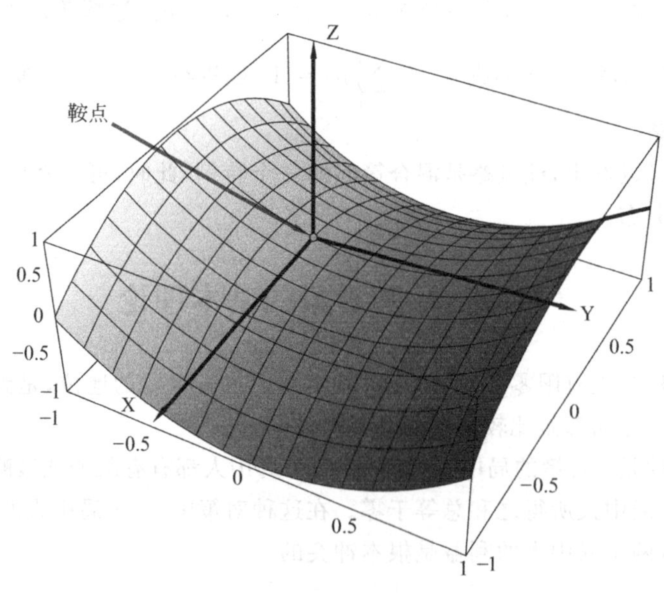

图 14-2 函数的鞍点

由定义 14-4 可知矩阵对策 G 存在纳什均衡的策略组合 (A_{i^*},B_{j^*}) 是矩阵 $\boldsymbol{P}$ 的鞍点，在对策论中，也称为对策的鞍点。

定理 14-1 说明，对某一矩阵对策 G，若能在其局中人 A 的赢得矩阵 $\boldsymbol{P}$ 中找到某一元素

$p_{i^*j^*}$，它同时是它所在行 A_{i^*} 中的最小元素和它所在列 B_{j^*} 中的最大元素，则 A_{i^*} 为局中人 A 的最优纯策略，B_{j^*} 为局中人 B 的最优纯策略，(A_{i^*}, B_{j^*})为该对策的鞍点，该对策的值为 $v^* = p_{i^*j^*}$。

定理 14-2 如果(A_{i^*}, B_{j^*})和(A_{i^0}, B_{j^0})都是矩阵对策的鞍点，(A_{i^*}, B_{j^0})和(A_{i^0}, B_{j^*})也是鞍点，而且它们对应的对策值相等。

证明请读者完成。

定理 14-2 说明，对于具有最优纯策略的矩阵对策问题，其解不一定是唯一的。当解不唯一时，其解具有可交换性，即(A_{i^*}, B_{j^0})和(A_{i^0}, B_{j^*})也是对策 G 的解；而对策的值具有无差别性，即 $p_{i^*j^*} = p_{i^0j^0}$。

3. 混合策略矩阵对策

定义 14-5 设 $G^* = \{S_A^*, S_B^*; \boldsymbol{E}\}$是矩阵对策 $G = \{S_A, S_B; \boldsymbol{P}\}$的混合扩充，如果存在 $x^* \in S_A^*$，$y^* \in S_B^*$，满足 $\max\limits_{x\in S_A^*}\min\limits_{y\in S_B^*} E(x,y) = \min\limits_{y\in S_B^*}\max\limits_{x\in S_A^*} E(x,y) = V_G$，$V_G$ 为对策G^* 的值，则称(x^*, y^*)为 G 在混合策略中的纳什均衡。

定义 14-5 中：

(1) $S_A^* = \left\{x \in E^m \mid x_i \geqslant 0(i = 1,2,\cdots,m), \sum\limits_{i=1}^{m} x_i = 1\right\}$

$$S_B^* = \left\{x \in E^n \mid y_j \geqslant 0(j = 1,2,\cdots,n), \sum_{j=1}^{n} y_j = 1\right\}$$

即 S_A^*，S_B^* 分别为以某种概率选取不同策略所组成的概率分布，称为混合策略。

(2) $E(x,y) = X^{\mathrm{T}}\boldsymbol{P}Y$ 成为局中人 A 在选取混合策略 S_A^* 的赢得函数。有 $E(i,y) = \sum\limits_j p_{ij}y_j$，$E(x,j) = \sum\limits_i p_{ij}x_i$。

与定理 14-1 类似，下面给出矩阵对策 G 在混合策略意义下存在鞍点的充要条件。

定理 14-3 矩阵对策$G = \{S_A, S_B; \boldsymbol{P}\}$在混合策略意义下有解的充要条件是：存在 $x^* \in S_A^*$，$y^* \in S_B^*$，使得(x^*, y^*)为函数 $E(x,y)$的一个鞍点，即对任意 $x \in S_A^*$，$y \in S_B^*$ 有 $E(x,y^*) \leqslant E(x^*,y^*) \leqslant E(x^*,y)$。

这可由定理 14-1 得到证明。请读者自己完成证明。

当局中人使用混合对策时，仍有最优策略的问题。

定理 14-4 矩阵对策的最小最大定理：已知 $G = \{S_A, S_B; \boldsymbol{P}\}$为任一矩阵对策，其中 $S_A = \{A_1, A_2, \cdots, A_m\}$为局中人 A 的策略集，$S_B = \{B_1, B_2, \cdots, B_n\}$为局中人 B 的策略集，$\boldsymbol{P} = (p_{ij})_{m\times n}$为局中人 A 的赢得矩阵。若以 $X = (x_1, x_2, \cdots, x_m)$和 $Y = (y_1, y_2, \cdots, y_n)$分别表示局中人 A 和 B 的混合策略，以 S_m 和 S_n 分别表示局中人 A 和 B 的混合策略集合，即 $S_m = \{X = (x_1, x_2, \cdots, x_m) \mid x_i \geqslant 0(i = 1,2,\cdots,m), \sum\limits_{i=1}^{m} x_i = 1\}$，$S_n = \{Y = (y_1, y_2, \cdots, y_n) \mid y_j \geqslant 0(j = 1,2,\cdots,n), \sum\limits_{j=1}^{n} y_j = 1\}$，则有 $\max\limits_{X\in S_m}\min\limits_{Y\in S_n} E(X,Y) = \min\limits_{Y\in S_n}\max\limits_{X\in S_m} E(X,Y) = v^*$ 为对策 G 的值。

由本定理可知，存在策略 $X^* \in S_m, Y^* \in S_n$，使得下式成立：$\min\limits_{Y\in S_n} E(X^*, Y) = v^* = \max\limits_{X\in S^m}(E, Y^*)$。

当局中人 A 取策略 X^* 时，不管局中人 B 如何选择，也无法使 A 的期望收入小于 v^*；反之，当局中人 B 取策略 Y^* 时，不管局中人 A 如何选择，也无法使 B 的损失大于 v^*。X^* 和 Y^* 分别称为局中人 A 和 B 的最优(混合)策略，(X^*, Y^*) 称为最优(混合)局势，在最优混合局势下 A 的期望赢得等于对策 G 的解。

该定理说明，任何矩阵对策都一定有解。当对策具有纯策略意义下的鞍点时，对策有纯策略解；否则有混合策略解。纯策略解可看成混合策略的一种特殊情形。

定理 14-5 若 (X^*, Y^*) 为对策 $G=\{S_A, S_B; \boldsymbol{P}\}$ 的最优混合局势，则对每一个 i 和 j 来说，有

(1) 若 $x_i^* \neq 0$，则 $\sum\limits_{j=1}^{n} p_{ij} y_j^* = v^*$；

(2) 若 $y_j^* \neq 0$，则 $\sum\limits_{i=1}^{m} p_{ij} x_i^* = v^*$；

(3) 若 $\sum\limits_{j=1}^{n} p_{ij} y_j^* < v^*$，则 $x_i^* = 0$；

(4) 若 $\sum\limits_{i=1}^{m} p_{ij} x_i^* > v^*$，则 $y_j^* = 0$。

其中 $v^* = E(X^*, Y^*)$。

证明：因为 X^* 和 Y^* 分别是局中人 A 和 B 的最优混合策略，由定理 14-4，得 $\min\limits_{Y\in S_n} E(X^*, Y) = v^* = \max\limits_{X\in S_m}(E, Y^*) = v^*$。

令 $I_i = (0, \cdots, 0, 1, 0, \cdots, 0)$，表示第 i 个位置为 1，其余位置为 0，则有

$$v^* - \sum_{j=1}^{n} p_{ij} y_j^* = \max_{X\in S_m} E(X, Y^*) - E(I_i, Y^*) \geqslant 0 \quad (i = 1, 2, \cdots, m)$$

由于

$$\sum_{i=1}^{m} x_i^* = 1, \sum_{i=1}^{m} \sum_{j=1}^{n} p_{ij} x_i^* y_j^* = E(X^*, Y^*) = v^*$$

故有

$$\sum_{i=1}^{m} x_i^* \left(v^* - \sum_{j=1}^{n} p_{ij} y_j^*\right) = v^* \sum_{i=1}^{m} x_i^* - \sum_{i=1}^{m} \sum_{j=1}^{n} p_{ij} x_i^* y_j^* = 0$$

因对任意 i 均有

$$x_i^* > 0, \quad v^* - \sum_{j=1}^{n} p_{ij} y_j^* \geqslant 0$$

从而，对任一个 i，

$$\text{若} \quad x_i^* \neq 0, \quad \text{则} \quad \sum_{j=1}^{n} p_{ij} y_j^* = v^*$$

$$\text{若} \quad \sum_{j=1}^{n} p_{ij} y_j^* < v^*, \quad \text{则} \quad x_i^* = 0$$

本定理的(1)和(3)得证。同理可证(2)和(4),请读者完成。

根据定理 14-5,若已知某最优混合局势(X^*,Y^*),则可把 A 的赢得矩阵 $\boldsymbol{P}$ 的行和列区分如下。

第一类行：$x_i^* \neq 0$，$\sum_{j=1}^{n} p_{ij} y_j^* = v^*$。

第二类行：$x_i^* = 0$，$\sum_{j=1}^{n} p_{ij} y_j^* = v^*$。

第三类行：$x_i^* = 0$，$\sum_{j=1}^{n} p_{ij} y_j^* < v^*$。

第一类列：$y_j^* \neq 0$，$\sum_{i=1}^{m} p_{ij} x_i^* = v^*$。

第二类列：$y_j^* = 0$，$\sum_{i=1}^{m} p_{ij} x_i^* = v^*$。

第三类列：$y_j^* = 0$，$\sum_{i=1}^{m} p_{ij} x_i^* > v^*$。

4. 矩阵对策纳什均衡存在定理

一般矩阵对策在纯策略意义下的纳什均衡往往不存在,但在混合策略意义下的纳什均衡总是存在。

定理 14-6 设 $x^* \in S_A^*$,$y^* \in S_B^*$,则(x^*,y^*)是对策 G 的纳什均衡的充要条件是：存在数 V,使得 x^*,y^* 分别满足

(1) $$\begin{cases} \sum_i p_{ij} x_i \geqslant V & (j = 1,2,\cdots,n) \\ \sum_i x_i = 1 \\ x_i \geqslant 0 & (i = 1,2,\cdots,m) \end{cases}$$

(2) $$\begin{cases} \sum_j p_{ij} y_j \leqslant V & (i = 1,2,\cdots,m) \\ \sum_j y_j = 1 \\ y_j \geqslant 0 & (j = 1,2,\cdots,n) \end{cases}$$

且 $V=V_G$。

证明略。

定理 14-7 对任一矩阵对策 $G=\{S_A,S_B;\boldsymbol{P}\}$,一定存在混合策略意义下的纳什均衡。

此定理的证明需要构造线性规划,在下一节矩阵对策的求解中,再进一步探讨。

定理 14-8 设有两个矩阵对策 $G_1=\{S_A,S_B;\boldsymbol{P}\}$和 $G_2=\{S_A,S_B;\alpha\boldsymbol{P}\}$,则

(1) $V_{G2}=\alpha V_{G1}$

(2) $T(G_1)=T(G_2)$

其中 $\alpha>0$ 为一常数,$T(G_1)$和 $T(G_2)$为两个对策的解集合。

证明请读者完成。

14.3 矩阵对策的求解方法

1. 图解法

图解法不仅为矩阵对策中的赢得矩阵 $2\times n$ 或 $m\times 2$ 阶的对策问题提供了一个简单直观的解法，而且通过这种方法可以使我们从几何上理解对策论的思想。下面通过例子来说明图解法。

例 14-2 用图解法求解矩阵对策 $G=\{S_A,S_B;\boldsymbol{P}\}$，其中 $\boldsymbol{P}=\begin{bmatrix}0 & -2 & 2\\ 5 & 4 & -3\end{bmatrix}$。

解：设局中人 A 的混合策略为 $(x,1-x)^{\mathrm{T}}(x\in[0,1])$。过数轴上坐标为 0 和 1 的两点分别做两条垂线。垂线上的纵坐标分别表示局中人 A 采取的纯策略 α_1 和 α_2，局中人 B 采取各纯策略时的赢得值如图 14-3 所示。当局中人 A 选择每一策略 $(x,1-x)^{\mathrm{T}}$ 后，若局中人 B 选择策略 β_1，他的赢得为 $0\times x+5(1-x)=5-5x$；若局中人 B 选择策略 β_2，他的赢得为 $-2\times x+4(1-x)=4-6x$；若局中人 B 选择策略 β_3，他的赢得为 $2\times x-3(1-x)=-3+5x$。所以他的最少可能的赢得由 β_1，β_2 和 β_3 所确定的三条直线在 x 处的纵坐标中之最小者决定。所以，对局中人 A 来说，他的最优选择是确定 x，使三个坐标中的最小者尽可能大，从图上看，当 $x=OM$ 时，H 点的纵坐标为对策 G 的值。为求 x 和对策的值 V_G，可联立过 H 点的两条由 β_2 和 β_3 确定的直线的方程

$$\begin{cases}4-6x=V_G\\ -3+5x=V_G\end{cases}$$

解得 $x=\dfrac{7}{11}$，$V_G=\dfrac{2}{11}$。所以局中人 A 的最优策略为 $x^*=\left(\dfrac{7}{11},\dfrac{4}{11}\right)^{\mathrm{T}}$。从图中还看出，局中人 B 的最优混合策略只由 β_2 和 β_3 组成。若设 $y^*=(y_1^*,y_2^*,y_3^*)^{\mathrm{T}}$ 为局中人 B 的最优混合策略，则必有 $y_1^*=0$。又因为 $x_1^*=\dfrac{7}{11}>0$，$x_2^*=\dfrac{4}{11}>0$，可由

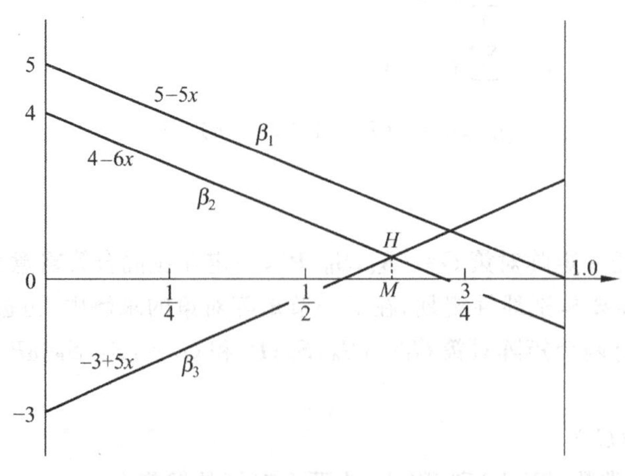

图 14-3 $2\times n$ 对策的图解法

$$\begin{cases} -2y_2+2y_3=\dfrac{2}{11} \\ 4y_2-3y_3=\dfrac{2}{11} \\ y_2+\ y_3=1 \end{cases}$$

解得 $y_2^*=\dfrac{5}{11}, y_3^*=\dfrac{6}{11}$。所以，局中人 B 的最优混合策略为 $y^*=\left[0,\dfrac{5}{11},\dfrac{6}{11}\right]^{\mathrm{T}}$。

例 14-3 用图解法求解矩阵对策 $G=\{S_A,S_B;\boldsymbol{P}\}$，其中 $\boldsymbol{P}=\begin{bmatrix}2 & 7\\ 6 & 6\\ 11 & 2\end{bmatrix}$。

解：设局中人 B 的混合策略为 $(y,1-y)^{\mathrm{T}}(y\in[0,1])$。由图 14-4 可知，对任一 $y\in[0,1]$，直线 α_1,α_2 和 α_3 的纵坐标是局中人 B 采取混合策略 $(y,1-y)^{\mathrm{T}}$ 时的支付，根据从最不利中选择最有利的原则，局中人 B 的最优策略就是确定 y，使得三个纵坐标中的最大者尽可能小。从图上看，就是要选择 y，使得 $M_1\leqslant y\leqslant M_2$，这时，对策的值为 6。由方程组

$$\begin{cases} 2y+7(1-y)=6 \\ 11y+2(1-y)=6 \end{cases}$$

解得 $M_1=\dfrac{1}{5}, M_2=\dfrac{4}{9}$。故局中人 B 的最优混合策略是 $y^*=(y,1-y)^{\mathrm{T}}$，其中 $\dfrac{1}{5}\leqslant y\leqslant\dfrac{4}{9}$，局中人 A 的最优策略显然只能是 $(0,1,0)^{\mathrm{T}}$，即取策略 α_2。

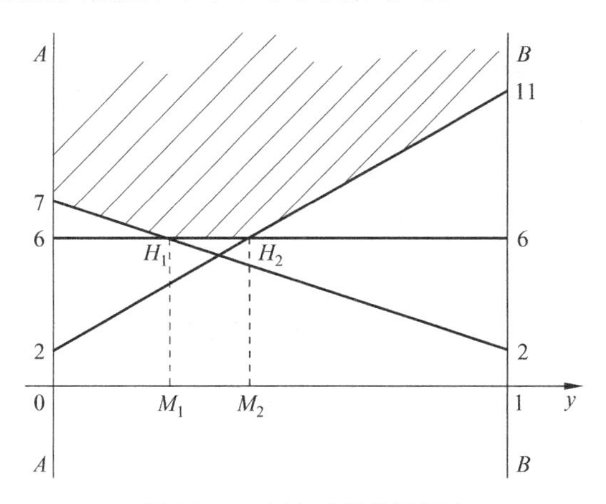

图 14-4　$m\times 2$ 对策的图解法

2. 优超原则法

定义 14-6 设矩阵对策 $G=\{S_A,S_B;\boldsymbol{P}\}$，其中 $S_A=\{\alpha_1,\alpha_2,\cdots,\alpha_m\}$，$S_B=\{\beta_2,\beta_2,\cdots,\beta_n\}$，$\boldsymbol{P}=(p_{ij})_{m\times n}$，若对一切 $j=1,2,\cdots,n$ 有 $p_{i^0j}\geqslant p_{k^0j}$，即矩阵 $\boldsymbol{P}$ 的第 i^0 行元素均不小于第 k^0 行的对应元素，则称局中人 A 的纯策略 α_{i^0} 优越于 α_{k^0}；同样，对于一切 $i=1,2,\cdots,m$ 有 $p_{ij^0}\leqslant p_{ik^0}$，则称局中人 B 的纯策略 β_{j^0} 优超于 β_{k^0}。

定理 14-9 设矩阵对策 $G=\{S_A,S_B;\boldsymbol{P}\}$，其中 $S_A=\{\alpha_1,\alpha_2,\cdots,\alpha_m\}$，$S_B=\{\beta_1,\beta_2,\cdots,\beta_n\}$，$\boldsymbol{P}=(p_{ij})_{m\times n}$，若纯策略 α_1 被其余纯策略 $\alpha_2,\alpha_3,\cdots,\alpha_m$ 中之一所优超，由 G 可得一个新的矩

阵对策 $G'=\{S'_A, S_B; \boldsymbol{P}'\}$，其中 $S'_A=\{\alpha_2, \alpha_3, \cdots, \alpha_m\}$，$\boldsymbol{P}'=(p_{ij})_{(m-1)\times n}(i=2,3,\cdots,m; j=1,2,\cdots,n)$。则有

(1) $V'_G=V_G$

(2) G'中局中人 B 的最优策略就是其在 G 中的最优策略。

(3) 若$(x_2^*, x_3^*, \cdots, x_m^*)$是 G'中局中人 A 的最优策略，则 $x^*=(0, x_2^*, x_3^*, \cdots, x_m^*)$便是其在 G 中的最优策略。

证明从略。

定理 14-9 给出了一个化简赢得矩阵 **A** 的称为优超的原则。根据这个原则，当局中人 A 的某纯策略 α_i 被其他纯策略的凸组合所优超时，可在矩阵 $\boldsymbol{P}$ 中划去第 i 行而得到一个与原对策 G 等价，但赢得矩阵阶数较小的对策 G'，而 G'的求解比 G 的求解容易些，通过求解 G' 而得到 G 的解。同样，对局中人 B 来说，可在赢得矩阵 $\boldsymbol{P}$ 中划去被其他列的凸组合所优超的那些列。

例 14-4 设赢得矩阵 $\boldsymbol{P}$ 为：

$$\boldsymbol{P}=\begin{bmatrix}3 & 2 & 0 & 3 & 0\\5 & 0 & 2 & 5 & 9\\7 & 3 & 9 & 5 & 9\\4 & 6 & 8 & 7 & 5\\6 & 0 & 8 & 8 & 3\end{bmatrix}$$

求对策的纳什均衡。

解：由定理 14-9 可知，第 4 行优于第 1 行，第 3 行优于第 2 行，故可划去第 1 行和第 2 行，得到新的赢得矩阵 $\boldsymbol{P}_1$

$$\boldsymbol{P}_1=\begin{bmatrix}7 & 3 & 9 & 5 & 9\\4 & 6 & 8 & 7 & 5\\6 & 0 & 8 & 8 & 3\end{bmatrix}$$

对于 $\boldsymbol{P}_1$，第 1 列优于第 3 列，第 2 列优于第 4 列，$\frac{1}{3}\times$(第 1 列)$+\frac{2}{3}\times$(第 2 列)优于第 5 列，故可划去第 3、第 4、第 5 列，得到新的赢得矩阵 $\boldsymbol{P}_2$

$$\boldsymbol{P}_2=\begin{bmatrix}7 & 3\\4 & 6\\6 & 0\end{bmatrix}$$

又由于第 1 行优超于第 3 行，所以从 $\boldsymbol{P}_2$ 中划去第 3 行，得到新的赢得矩阵 $\boldsymbol{P}_3$

$$\boldsymbol{P}_3=\begin{bmatrix}7 & 3\\4 & 6\end{bmatrix}$$

对于 $\boldsymbol{P}_3$，可知无鞍点存在，根据定理 14-9，求解不等式组

$$\text{(a)}\begin{cases}7x_3+4x_4\geqslant v\\3x_3+6x_4\geqslant v\\x_3+x_4=1\\x_3, x_4\geqslant 0\end{cases}\quad\text{(b)}\begin{cases}7y_1+3y_2\leqslant v\\4y_1+6y_2\leqslant v\\y_1+y_2=1\\y_1, y_2\geqslant 0\end{cases}$$

将(a)(b)中不等号转化为等号，求解得到

$$x_3^* = \frac{1}{3}, \quad x_4^* = \frac{2}{3}, \quad y_1^* = \frac{1}{2}, \quad y_2^* = \frac{1}{2}, \quad V = 5$$

该矩阵对策的纳什均衡为 $G=(x^*, y^*)$，$x^* = \left(0,0,\frac{1}{3},\frac{2}{3},0\right)$，$y^* = \left(\frac{1}{2},\frac{1}{2},0,0,0\right)$，$V=5$。

3. 线性方程组法

根据定理 14-9，求矩阵对策纳什均衡解 (x^*, y^*) 的问题等价于求解定理 14-9 中的不等式组

$$(P)\quad \begin{cases} \sum_i p_{ij} x_i \geqslant V & (j = 1,2,\cdots,n) \\ \sum_i x_i = 1 \\ x_i \geqslant 0 & (i = 1,2,\cdots,m) \end{cases} \quad \text{和} \quad (D)\quad \begin{cases} \sum_j p_{ij} y_j \leqslant V & (i = 1,2,\cdots,m) \\ \sum_j y_j = 1 \\ y_j \geqslant 0 & (j = 1,2,\cdots,n) \end{cases}$$

由定理 14-5 可知，若最优策略中 x_i^* 和 y_j^* 均不为零，则可将上述两不等式组的求解问题转化为下面两个方程组的求解问题。

$$\begin{cases} \sum_i p_{ij} x_i = V & (j = 1,2,\cdots,n) \\ \sum_i x_i = 1 \end{cases} \quad \text{和} \quad \begin{cases} \sum_j p_{ij} y_j = V & (i = 1,2,\cdots,m) \\ \sum_j y_j = 1 \end{cases}$$

若此两个方程组存在非负解 x^* 和 y^*，便求得了对策的一个纳什均衡解。若它们不存在非负解，则可视具体情况，将方程组中的某些等式改成不等式，继续求解，直至求得对策的解。这种方法由于事先假定 x_i^* 和 y_j^* 均不为零，故当最优策略的某些分量实际为零时，方程组可能无解。因此，这种方法在实际应用中有一定的局限性。

对于 2×2 的矩阵，当局中人 A 的赢得矩阵为

$$\boldsymbol{P} = \begin{bmatrix} p_{11} & p_{12} \\ p_{21} & p_{22} \end{bmatrix}$$

并且不存在鞍点时，容易证明：各局中人的最优混合策略中的 x_i^* 和 y_j^* 均大于零。

例 14-5 求解矩阵对策“齐王赛马”的纳什均衡，其中齐王的赢得矩阵为

$$\boldsymbol{P} = \begin{bmatrix} 3 & 1 & 1 & 1 & 1 & -1 \\ 1 & 3 & 1 & 1 & -1 & 1 \\ 1 & -1 & 3 & 1 & 1 & 1 \\ -1 & 1 & 1 & 3 & 1 & 1 \\ 1 & 1 & -1 & 1 & 3 & 1 \\ 1 & 1 & 1 & -1 & 1 & 3 \end{bmatrix}$$

解：通过分析齐王的赢得矩阵 $\boldsymbol{P}$，可知 $\boldsymbol{P}$ 不存在鞍点，即对齐王和田忌来说都不存在最优纯策略。

设两人的最优混合策略为 $x^* = (x_1^*, x_2^*, x_3^*, x_4^*, x_5^*, x_6^*)^{\mathrm{T}}$，$y^* = (y_1^*, y_2^*, y_3^*, y_4^*, y_5^*, y_6^*)^{\mathrm{T}}$，$x_i^* \geqslant 0$，$y_j^* \geqslant 0 (i,j=1,2,3,4,5,6)$。求解方程组

$$\begin{cases} 3x_1+x_2+x_3-x_4+x_5+x_6=V \\ x_1+3x_2-x_3+x_4+x_5+x_6=V \\ x_1+x_2+3x_3+x_4-x_5+x_6=V \\ x_1+x_2+x_3+3x_4+x_5-x_6=V \\ x_1-x_2+x_3+x_4+3x_5+x_6=V \\ -x_1+x_2+x_3+x_4+x_5+3x_6=V \\ x_1+x_2+x_3+x_4+x_5+x_6=1 \end{cases} \quad 和 \quad \begin{cases} 3y_1+y_2+y_3+y_4+y_5-y_6=V \\ y_1+3y_2+y_3+y_4-y_5+y_6=V \\ y_1-y_2+3y_3+y_4+y_5+y_6=V \\ -y_1+y_2+y_3+3y_4+y_5+y_6=V \\ y_1+y_2-y_3+y_4+3y_5+y_6=V \\ y_1+y_2+y_3-y_4+y_5+3y_6=V \\ y_1+y_2+y_3+y_4+y_5+y_6=1 \end{cases}$$

求解得 $x_i=\frac{1}{6}(i=1,\cdots,6)$，$y_j=\frac{1}{6}(j=1,\cdots,6)$；$V=1$，故齐王和田忌的最优混合策略为

$$x^*=\left(\frac{1}{6},\frac{1}{6},\frac{1}{6},\frac{1}{6},\frac{1}{6},\frac{1}{6}\right)^{\mathrm{T}},\quad y^*=\left(\frac{1}{6},\frac{1}{6},\frac{1}{6},\frac{1}{6},\frac{1}{6},\frac{1}{6}\right)^{\mathrm{T}},\quad V_G=1$$

总的结局是：齐王赢的机会是$\frac{5}{6}$，赢得的期望是 1 千金。但如果齐王公开自己的策略，则田忌可灵活选择策略，反而可赢得 1 千金。因此，当矩阵对策不存在鞍点时，竞争的双方均应对每局对抗中自己将选择的策略加以保密，否则，策略被公开的一方是要吃亏的。

4. 线性规划求解法

由定理 14-9 可知，求解矩阵对策可等价地转化为求解一对不等式组(P)和(D)。故在(P)中，令

$$x'_i=\frac{x_i}{V}\quad (i=1,2,\cdots,m)\ 不妨设\ V>0$$

则问题(P)的约束条件变为：$\begin{cases} \sum_i p_{ij}x'_i\geqslant 1 & (j=1,2,\cdots,n) \\ \sum_i x'_i=\frac{1}{V} \\ x'_i\geqslant 0 & (i=1,2,\cdots,m) \end{cases}$

故问题(P)等价于线性规划问题(P')：$\begin{cases} \min \sum_i x'_i \\ \sum_i p_{ij}x'_i\geqslant 1 & (j=1,2,\cdots,n) \\ x'_i\geqslant 0 & (i=1,2,\cdots,m) \end{cases}$

同理，令 $y'_j=\frac{y_j}{V}(j=1,2,\cdots,n)$

可知问题(D)等价于线性规划问题(D')：$\begin{cases} \max \sum_j y'_j \\ \sum_j p_{ij}y'_j\leqslant 1 & (i=1,2,\cdots,m) \\ y'_j\geqslant 0 & (j=1,2,\cdots,n) \end{cases}$

显然，问题(P')和(D')是互为对偶的线性规划，可利用单纯形法或对偶单纯形法求解问题。

例 14-6 利用线性规划法求解赢得矩阵为

$$\boldsymbol{P}=\begin{bmatrix}0 & 2 & -3 & 0\\ -2 & 0 & 0 & 3\\ 3 & 0 & 0 & -4\\ 0 & -3 & 4 & 0\end{bmatrix}$$

的矩阵对策的纳什均衡。

解：这个对策问题没有鞍点也没有超优策略，因此需要首先将其转化为正元素矩阵，然后用线性规划求解。

在收益矩阵上各项均加上 4，得如下矩阵

$$\boldsymbol{P}'=\begin{bmatrix}4 & 6 & 1 & 4\\ 2 & 4 & 4 & 7\\ 7 & 4 & 4 & 0\\ 4 & 1 & 8 & 4\end{bmatrix}$$

再将其化成两个互为对偶的线性规划问题

$$(P)\begin{cases}\min\ (x_1+x_2+x_3+x_4)\\ 4x_1+2x_2+7x_3+4x_4\geqslant 1\\ 6x_1+4x_2+4x_3+\ x_4\geqslant 1\\ \ x_1+4x_2+4x_3+8x_4\geqslant 1\\ 4x_1+7x_2+0x_3+4x_4\geqslant 1\\ x_1,x_2,x_3,x_4\geqslant 0\end{cases}$$

$$(D)\begin{cases}\max\ (y_1+y_2+y_3+y_4)\\ 4y_1+6y_2+\ y_3+4y_4\leqslant 1\\ 2y_1+4y_2+4y_3+7y_4\leqslant 1\\ 7y_1+4y_2+4y_3+0y_4\leqslant 1\\ 4y_1+\ y_2+8y_3+4y_4\leqslant 1\\ y_1,y_2,y_3,y_4\geqslant 0\end{cases}$$

上述线性规划问题的解为

$$x=\left(0,\frac{4}{28},\frac{3}{28},0\right)^{\mathrm{T}}\quad \frac{1}{V}=\frac{1}{4}$$

$$y=\left(0,\frac{3}{20},\frac{2}{20},0\right)^{\mathrm{T}}\quad \frac{1}{V}=\frac{1}{4}$$

对应对策矩阵 $\boldsymbol{P}'$ 的纳什均衡解为

$$V'_G=4$$

$$x^*=V'_Gx=4\left(0,\frac{4}{28},\frac{3}{28},0\right)^{\mathrm{T}}=\left(0,\frac{4}{7},\frac{3}{7},0\right)^{\mathrm{T}}$$

$$y^*=V'_Gy=4\left(0,\frac{3}{20},\frac{2}{20},0\right)^{\mathrm{T}}=\left(0,\frac{3}{5},\frac{2}{5},0\right)^{\mathrm{T}}$$

原对策矩阵 $\boldsymbol{P}$ 的纳什均衡解与对策矩阵 $\boldsymbol{P}'$ 的纳什均衡解相同，对策值相差 4，即

$$V_G = V'_G - 4 = 0$$

14.4 其他类型对策简介

1. 二人有限非零和对策

前面介绍的是二人有限零和对策，对策的双方利益完全相反。但在现实生活的对策过程中经常出现一个局中人的所得并不一定等于另一个局中人的所得的问题。对于每一局势，两个局中人的赢得之和不一定等于零，这就是二人非零和对策。

先看一个例子。

例如：市场上由两家企业生产同样商品，企业 A 有两种策略 a_1 和 a_2，企业 B 有两种策略 b_1 和 b_2，企业 A 的赢得矩阵为 $\boldsymbol{P}_\mathrm{A}$，企业 B 的赢得矩阵为 $\boldsymbol{P}_\mathrm{B}$；具体如下

$$\boldsymbol{P}_\mathrm{A} = \begin{bmatrix} 3 & 2 \\ 0 & 4 \end{bmatrix}, \quad \boldsymbol{P}_\mathrm{B} = \begin{bmatrix} 2 & 1 \\ 3 & 4 \end{bmatrix}$$

在这种情况下，企业 A 和企业 B 的赢得代数之和不为零。如，当局中人 A 取策略 a_1，局中人 B 取策略 b_2 时，A 的赢得(矩阵 $\boldsymbol{P}_\mathrm{A}$ 的第 1 行第 2 列)为 2，局中人 B 的赢得(矩阵 $\boldsymbol{P}_\mathrm{B}$ 的第 1 行第 2 列)为 1；局中人 A 和 B 的赢得代数之和 $2+1=3\neq 0$。

一般地，二人有限非零和对策的数学模型可用 $G=(S_\mathrm{A}, S_\mathrm{B}; (\boldsymbol{P}_\mathrm{A}, \boldsymbol{P}_\mathrm{B}))$ 表示，其中，局中人 A 的纯策略集 $S_\mathrm{A}=\{\alpha_1, \alpha_2, \cdots, \alpha_m\}$，赢得矩阵为 $\boldsymbol{P}_\mathrm{A}=(a_{ij})_{m\times n}$；局中人 B 的纯策略集 $S_\mathrm{B}=\{\beta_1, \beta_2, \cdots, \beta_n\}$，赢得矩阵为 $\boldsymbol{P}_\mathrm{B}=(b_{ij})_{m\times n}$；$(\boldsymbol{P}_\mathrm{A}, \boldsymbol{P}_\mathrm{B})=(a_{ij}, b_{ij})_{m\times n}$

定义 14-7 在二人有限非零和对策中，设 $e_\mathrm{A}(x,y)$ 和 $e_\mathrm{B}(x,y)$ 分别是局中人 A 和 B 在混合策略下的赢得，其中 $e_\mathrm{A}(x,y) = \sum_{i=1}^{m}\sum_{j=1}^{n} a_{ij}x_iy_j$ 是局中人 A 的赢得(混合策略下)，x_i 是局中人 A 的混合策略，y_j 是局中人 B 的混合策略；$e_\mathrm{B}(x,y) = \sum_{i=1}^{m}\sum_{j=1}^{n} b_{ij}x_iy_j$ 是局中人 B 的赢得；$x\in S_\mathrm{A}^*$，$y\in S_\mathrm{B}^*$ 为任意策略，其中 S_A^*，S_B^* 分别为局中人 A 和 B 的混合策略集，若存在 $x^*\in S_\mathrm{A}^*$，$y^*\in S_\mathrm{B}^*$，满足 $e_\mathrm{A}(x,y^*)\leqslant e_\mathrm{A}(x^*,y^*)$，$e_\mathrm{B}(x^*,y^*)\leqslant e_\mathrm{A}(x^*,y)$，则称 (x^*,y^*) 为该对策的纳什均衡，称 $(u^*,v^*)=(e_\mathrm{A}(x^*,y^*), e_\mathrm{B}(x^*,y^*))$ 为对策的均衡解(或赢得)。

定理 14-10 任何二人有限零和对策及二人有限非零和对策至少有一个纳什均衡。

例 14-7 设一个垄断企业已占领市场(“在位者”)，另一个企业很想进入市场(“进入者”)，在位者想保持其垄断地位，就要阻挠进入者进入。假定进入者进入之前，在位者的垄断利润为 300，进入后，两者的利润各为 50，进入成本为 10。两者各种策略组合下的赢得矩阵见表 14-2。

表 14-2 在位者与进入者的赢得矩阵

进入者 \ 在位者	β_1(默许)	β_2(斗争)
α_1(进入)	(40,50)	(−10,0)
α_2(不进入)	(0,300)	(0,300)

进入者的策略集是 $S_{进}=(\alpha_1,\alpha_2)$，在位者的策略集 $S_{在}=(\beta_1,\beta_2)$；进入者和在位者的赢得矩阵分别为

$$\boldsymbol{P}_{进}=\begin{bmatrix}40 & -10\\ 0 & 0\end{bmatrix} \quad 和 \quad \boldsymbol{P}_{在}=\begin{bmatrix}50 & 0\\ 300 & 300\end{bmatrix}$$

容易看出，当进入者选定 α_1（进入）时，在位者选择 β_1（默许）可赢得利润 50，而选择 β_2（斗争）则赢得 0，所以 β_1（默许）是在位者的最优策略；同样，当在位者选定 β_1（默许）时，进入者的最优选择是 α_1（进入）。尽管进入者选择 α_2（不进入）时，β_1（默许）和 β_2（斗争）对在位者的选择无差别，只有在在位者选择 β_2（斗争）时，α_2（不进入）才是进入者最好的选择。

故 (α_1,β_1)（进入，默许）和 (α_2,β_2)（不进入，斗争）是双方最好的选择局势。

2. 二人无限零和对策

所谓二人无限零和对策，是指局中人 A 和局中人 B 的纯策略集至少有一个是无限的，且是零和的。

定义 14-8 设 $G=\{S_A,S_B;F\}$ 为二人无限零和对策，其中 F 为局中人 A 的赢得函数，若存在 $\alpha_i^*\in S_A,\beta_j^*\in S_B$，使得 $\max\limits_{a_i\in S_A}\min\limits_{\beta_j\in S_B}F(\alpha_i,\beta_j)=\min\limits_{\beta_j\in S_B}\max\limits_{\alpha_i\in S_A}F(\alpha_i,\beta_j)=F(\alpha_i^*,\beta_j^*)$，记其值为 V_G，则称 V_G 为对策 G 的值，(α_i^*,β_j^*) 称为 G 在纯策略下的解；α_i^* 和 β_j^* 分别称为局中人 A 和 B 的最优策略。

例如，局中人 A 的纯策略 x 可以是区间 $[a,b]$ 上的任意实数，考虑局中人 A 和 B 的纯策略 x 和 y，其中 x 和 y 分别属于其纯策略集 S_A 和 S_B，设 $e(x,y)$ 为局中人 A 和 B 的赢得。当局中人 A 和 B 分别取混合策略 x 和 y 时，局中人 A 的期望收入 $e_1=\int_{S_A}\int_{S_B}e(x,y)g_B(y)g_A(x)\mathrm{d}y\mathrm{d}x=\int_{S_B}\int_{S_A}e(x.y)g_A(x)g_B(y)\mathrm{d}x\mathrm{d}y$，其中 $g_A(x)$ 表示局中人 A 的纯策略 x 的概率密度函数，$g_B(y)$ 表示局中人 B 的纯策略 y 的概率密度函数。

若存在混合策略 x^*,y^*，使得对任意 x,y，有 $e_A(x,y^*)\leqslant e_A(x^*,y^*)\leqslant e_A(x^*,y)$，则称 (x^*,y^*) 为纳什均衡。

定理 14-11 (α_i^*,β_j^*) 为 $G=\{S_A,S_B;F\}$ 在纯策略意义下的解的充要条件是：对任意的 $\alpha_i\in S_A,\beta_j\in S_B$，有 $F(\alpha_i,\beta_j^*)\leqslant F(\alpha_i^*,\beta_j^*)\leqslant F(\alpha_i^*,\beta_j)$。

3. *n* 人有限非合作对策

在实际问题中，经常会出现多人对策的问题。所谓非合作对策，就是指局中人之间互不合作，对策略的选择不允许是现有任何交换信息的行为，不允许订立任何约定，矩阵对策是一种非合作对策。

在 n 人有限非合作对策中，局中人共有 n 个，用 x_i 表示局中人 $i(i=1,2,\cdots,n)$ 的混合策略，$e_i(x_1,x_2,\cdots,x_n)(i=1,2,\cdots,n)$ 为局中人 i 的赢得。

定义 14-9 在 n 人有限非合作对策中，若 n 重策略 $(x_1^*,x_2^*,\cdots,x_n^*)$ 对所有其他策略 $(y_1,y_2,\cdots,y_n)$，满足下列不等式 $e_i(x_1^*,x_2^*,\cdots,x_i^*,\cdots,x_n^*)\geqslant e_i(x_1^*,x_2^*,\cdots,y_i,\cdots,x_n^*)$ $(1\leqslant i\leqslant n)$，则称 $(x_1^*,x_2^*,\cdots,x_n^*)$ 为 n 重平衡解。称 $x_1^*,x_2^*,\cdots,x_n^*$ 为纳什均衡。

所谓平衡解，是指当其他局中人保持原策略不变时，某局中人改变原有策略均得不到更

多益处的策略。

定理 14-12 n 人有限非合作对策在混合策略意义下的平衡局势一定存在。

4. *n* 人合作对策

合作对策的基本特征是参加对策的局中人可以进行充分的合作,即可以事先商定好,把各自的策略协调起来;可以在对策后对应得的收益进行重新分配。合作的形式是所有局中人可以形成若干联盟,每个局中人仅参加一个联盟,联盟的所得要在联盟的所有成员中进行重新分配。

n 人对策需要研究的两个主要问题:一是哪些局中人可能形成联盟;二是联盟成员之间如何进行利益分配。

用 $I=\{1,2,\cdots,n\}$ 表示局中人集合,它的任一子集表示局中人组成的联盟 S,设联盟 S 中成员 i 的混合策略集为 S_i,将联盟 S 的一个整体策略集 x_S,定义为 $x_S=\prod\limits_{i\in S}S_i$。$I-S$ 为联盟 S 以外所有局中人组成的"虚拟"联盟 $I-S$,则 n 人合作对策,可转换为联盟 S 的整体策略集 x_S 与联盟 $I-S$ 的整体策略集 y_{I-S} 的二人非合作对策。

5. 动态对策

策略集或赢得函数随时间变化的对策称为动态对策。以动态二人零和对策为例,记 t 为时间,动态二人零和对策表示为 $G=\{S_{At},S_{Bt};e_t\}$,其中 $S_{At}=\{x(t)\}$,$S_{Bt}=\{y(t)\}$ 表示局中人 A 和 B 在 t 时刻的策略集;e_t 是局中人 A 的赢得函数,是策略 $x(t)$ 和 $y(t)$ 的函数。

14.5 冲突分析简介

冲突是具有不同目标的两个或更多的人或团体为了利益、资源等进行抗争所造成的一种对立状态。前面介绍的对策问题都不同程度地具有冲突的性质,但经典的对策模型存在的一些局限性,使对策论的应用受到了限制。20 世纪 70 年代以后,Howard 的 Metagame 理论和 Bennett 的 Supergame 理论的提出为复杂的冲突问题的建模和分析提供了新的工具。Fraser 和 Hipel 在对 Metagame 理论改进的基础上,提出了冲突分析方法。

所谓冲突的稳定性分析就是对冲突参加者的可行结果的稳定性进行确定。如果一个参加者在其他参加者策略不变的前提下,自己单方面改变策略使得一个结果变为另一结果,而新的得到的结果对他来说还不如原来的结果好,则说该参加者原来的结果是稳定的;如果新结果优于原结果,则说明原结果是不稳定的。如果一个结果对所有参加者都是稳定的,则该结果就成为冲突的一个均衡,并构成该冲突的一个可能解。

反应函数法是一种常用的基本方法。通过对古诺模型的一个具体实例来分析反应函数法。

例 14-8 设 A、B 两家企业生产同样的产品,厂商 A 产量为 q_1,厂商 B 产量为 q_2,市场总产量 $Q=q_1+q_2$,市场的出清价格 $P=P(Q)=8-Q$。不妨设产量连续可分且产品产量的边际成本相等，$C_1=C_2=2$，求解两厂商的纳什均衡。

解：容易看出，该对策中，两厂商各自的利润分别为各自的销售收益减去各自的成本，即

$$\Pi_A=q_1P(Q)-C_1q_1=q_1(8-(q_1+q_2))-2q_1$$
$$=6q_1-q_1q_2-q_1^2$$

同理

$$\Pi_B=q_2P(Q)-C_1q_2=6q_2-q_1q_2-q_2^2$$

从赢得函数看，对策方的利润取决于对方的策略，即产量。要寻找一个纳什均衡，即对厂商 B 的任意产量 q_2，厂商 A 有一个最佳产量 q_1，使得厂商 B 在生产产量为 q_2 的情况下，厂商 A 实现利润最大化，即求解满足 $\max_{q_1}\Pi_A=\max_{q_1}(6q_1-q_1q_2-q_1^2)$ 的 q_1。根据连续函数极值的求解方法，令 Π_A 对 q_1 求导的导数为零，得

$$q_1=\frac{1}{2}(6-q_2)$$

同理，厂商 B 的最佳产量

$$q_2=\frac{1}{2}(6-q_1)$$

由上面两个式子，将厂商 A 和厂商 B 的最佳产量构成的连续函数，称为反应函数。将厂商 A 对厂商 B 产量的一个反应函数记作：$R_A:q_2\rightarrow q_1$。

同理记厂商 B 对厂商 A 产量的一个反应函数记作：$R_B:q_1\rightarrow q_2$。

那么，用反应函数表示两厂商之间的产量关系为

$$R_A(q_2)=\frac{1}{2}(6-q_2)$$

$$R_B(q_1)=\frac{1}{2}(6-q_1)$$

为了进一步直观化，在平面直角坐标系下表示两反应函数，如图 14-5 所示。

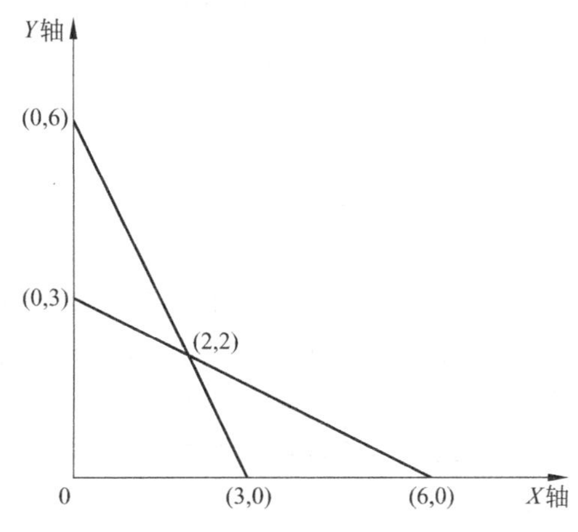

图 14-5　厂商 A 对厂商 B 产量的反应函数

从图 14-5 可看出，当一方选择产量 0 时，另一方的最佳反应产量为 3，这正是市场总利益最大的产量，此时相当于一个厂商垄断市场；当一方选择产量 6 时，另一方被迫不生产，坚持生产已无利可图。

在两个反应函数对应的直线上，只有交点(2,2)才是双方最佳的反应组成，是该古诺模型的纳什均衡。这种利用反应函数求对策的纳什均衡的方法称为反应函数法。

一般地，对一个对策，只要它的赢得函数是多元连续函数，就可以求出每个对策方的反应函数，而各个反应函数的交点就是纳什均衡。

例 14-9 设有三个牧主一起在一块公共的草地上放牧羊群，由于草地面积有限，只能供有限只羊吃饱，否则就会影响到羊群的产出，假设每只羊的产出函数为 $V=100-Q=100-(q_1+q_2+q_3)$，其中 $q_i, i=1,2,3$ 为第 i 牧主的羊群数，Q 为三个牧主的总羊群数，成本 $C=4$，且每个牧主在决定自己的羊群数时并不知道其他牧主的决策，试求出该决策问题的纳什均衡。

解：先求出每个牧主的赢得函数

$$p_1 = q_1(100-(q_1+q_2+q_3))-4q_1$$

$$p_2 = q_2(100-(q_1+q_2+q_3))-4q_2$$

$$p_3 = q_3(100-(q_1+q_2+q_3))-4q_3$$

技术上，将上述赢得函数当作连续函数，求出牧主各自对其他两牧主的反应函数

$$q_1 = R_1(q_2, q_3) = 48-\frac{1}{2}q_2-\frac{1}{2}q_3$$

$$q_2 = R_2(q_1, q_3) = 48-\frac{1}{2}q_1-\frac{1}{2}q_3$$

$$q_3 = R_1(q_1, q_2) = 48-\frac{1}{2}q_1-\frac{1}{2}q_2$$

三个反应函数的交点(q_1^*, q_2^*, q_3^*)就是该对策的纳什均衡。

解上述方程组得 $q_1^*=q_2^*=q_3^*=24$，

该决策的纳什均衡为(24,24,24)，牧主的赢得为 $h_1=h_2=h_3=576$。

反应函数法的概念和思路简洁明了，在对策分析中非常有用。但它对混合策略问题，就难以建立模型，需要考虑用别的方法去解决。

习　　题

1. A,B 两人各有 1 元、5 角和 1 角的硬币各一枚。在双方互不知道的情况下各出一枚硬币，并规定当和为奇数时，A 赢得 B 所出硬币；当和为偶数时，B 赢得 A 所出硬币。试据此列出二人零和对策的模型，并说明该项游戏对双方是否公平合理。

2. A,B 两人在互不知道的情况下，各自在纸上写$\{-1,0,1\}$三个数字中的任意一个。设 A 所写数字为 s，B 所写数字为 t，答案公布后 B 付给 A 的钱为$(s(t-s)+t(t+s))$元。试列出此问题对 A 的支付矩阵，并说明该游戏对双方是否公平合理。

3. 已知 A,B 两人对策时对 A 的赢得矩阵如下，求双方各自的最优策略及对策值。

$$(1)\begin{bmatrix} 2 & 1 & 4 \\ 2 & 0 & 3 \\ -1 & -2 & 0 \end{bmatrix} \qquad (2)\begin{bmatrix} -3 & -2 & 6 \\ 2 & 0 & 2 \\ 5 & -2 & -4 \end{bmatrix}$$

4. 在下列矩阵$(a_{ij})_{3\times 3}$中确定 p 和 q 的取值范围，使得该矩阵在元素 a_{22}处存在鞍点。

$$(1)\begin{bmatrix} 1 & q & 6 \\ p & 5 & 10 \\ 6 & 2 & 3 \end{bmatrix} \qquad (2)\begin{bmatrix} 2 & 4 & 5 \\ 10 & 7 & q \\ 4 & p & 6 \end{bmatrix}$$

5. A 和 B 进行一种游戏。A 先在横坐标 x 轴的$[0,1]$区间内任选一个数，但不让 B 知道，然后 B 在纵坐标 y 的$[0,1]$区间内任选一个数。双方选定后，B 对 A 的支付为 $p(x,y)=0.5y^2-2x^2-2xy+3.5x+1.25y$，求 A，B 各自的最优策略及对策值。

6. 证明下列矩阵对策具有纯策略解（其中字母为任意实数）

$$(1)\begin{bmatrix} a & b \\ c & d \\ a & d \\ c & b \end{bmatrix} \qquad (2)\begin{bmatrix} a & e & a & e & a & e & a & e \\ b & f & b & f & f & b & f & b \\ c & g & g & c & c & g & g & c \end{bmatrix}$$

7. 下列矩阵为 A，B 对策时 A 的赢得矩阵，先尽可能按优超原则简化，再用图解法求 A，B 各自的最优策略及对策值。

$$(1)\begin{bmatrix} -3 & 3 & 0 & 2 \\ -4 & -1 & 2 & -2 \\ 1 & 1 & -2 & 0 \\ 0 & -1 & 3 & -1 \end{bmatrix} \qquad (2)\begin{bmatrix} 2 & 4 & 0 & -2 \\ 4 & 8 & 2 & 6 \\ -2 & 0 & 4 & 2 \\ -4 & -2 & -2 & 0 \end{bmatrix}$$

8. 用线性规划方法求解下列对策问题。

$$(1)\begin{bmatrix} 3 & -1 & -3 \\ -3 & 3 & -1 \\ -4 & -3 & 3 \end{bmatrix} \qquad (2)\begin{bmatrix} -1 & 2 & 1 \\ 1 & -2 & 2 \\ 3 & 4 & -3 \end{bmatrix}$$

9. 每行与每列均包含有整数 $1,\cdots,m$ 的 $m\times m$ 矩阵称为拉丁方。例如一个 4×4 的拉丁方为：

$$\begin{bmatrix} 1 & 3 & 2 & 4 \\ 2 & 4 & 3 & 1 \\ 3 & 1 & 4 & 2 \\ 4 & 2 & 1 & 3 \end{bmatrix}$$

试证明对策矩阵为拉丁方的 $m\times m$ 矩阵对策的值为$\dfrac{m+1}{2}$。

10. A，B，C 三人进行围棋擂台赛。三人中 A 最强，C 最弱，一局棋赛中 A 胜 C 的概率为 p，A 胜 B 的概率为 q，B 胜 C 的概率为 r。擂台赛规则为先任选两人对擂，其中胜者再同第三人对擂，若连胜，该人即为优胜者；反之，任何一局对擂的胜者再同未参加该局比赛的第三人对擂，并反复进行下去，直至任何一人连胜两局对擂为止，该人即为优胜者。考虑到 C 最弱，故确定由 C 来定第一局由哪两人对擂。试问 C 应如何抉择，使自己成为优胜者的概率为最大。

11. 有 A,B 两家生产小型电子计算器工厂,其中 A 厂研制出一种新型袖珍计算器。为推出这种新产品以加强与 B 厂的竞争,考虑了三个竞争对策:①将新产品全面投入生产;②继续生产现有产品,新产品小批量试产试销;③维持原状,新产品只生产样品征求意见。B 厂了解到 A 厂有新产品的情况下也考虑了三个策略:①加速研制新计算器;②对现有计算器进行革新;③改进产品外观和包装。由于受市场预测能力限制,表 14-3 只表明双方对策结果大致的定性分析资料(对 A 厂而言):若用打分法,一般记 0 分,较好打 1 分,好打 2 分,很好为 3 分,较差打 −1 分,差为 −2 分,很差为 −3 分,试通过对策分析,确定 A,B 两厂各应采取哪一种策略。

表 14-3　对方对策结果大致的定性分析资料

B厂策略 / 对策结果 / A厂策略	1	2	3
1	较好	好	很好
2	一般	较差	较好
3	很差	差	一般

12. 有甲、乙两支游泳队举行包括三个项目的对抗赛。这两支游泳队各有一名健将级运动员(甲队为李,乙队为王),在三个项目中成绩都很突出,但规则准许每人只能参加两项比赛,每队的其他两名运动员可参加全部三项比赛。已知各运动员平时成绩(秒)见表 14-4。假定各运动员在比赛中都发挥正常水平,又比赛第一名得 5 分,第二名得 3 分,第三名得 1 分,问教练员应决定让自己队的健将参加哪两项比赛,使本队得分最多?(各队参加比赛名单互相保密,定下来后不准变动)

表 14-4　各运动员的平时成绩

运动员 / 成绩 / 项目	甲　队			乙　队		
	A1	A2	李	B1	B2	王
100m 蝶泳	59.7	63.2	57.1	61.4	64.8	58.6
100m 仰泳	67.2	68.4	63.2	64.7	66.5	61.5
100m 蛙泳	74.1	75.5	70.3	73.4	76.9	72.6

13. 有分别为 1,2,3 点的三张牌。先给 A 任发一张牌,A 看了后可以叫"小"或"大",如叫"小",赌注为 2 元,叫"大"时赌注为 3 元。接下来给 B 任发剩下来牌中的一张,B 看后可有两种选择:①认输,付给 A 1 元;②打赌,如叫"小",谁的牌点子小谁赢,如叫"大",谁的牌点子大谁赢,输赢钱数为下的赌注数。问在这种游戏中 A,B 各有多少个纯策略,根据优超原则说明哪些策略是拙劣的,在对策中不会使用,再试求最优解。

14. 有一种赌博游戏,游戏者Ⅰ拿两张牌:红 1 和黑 2,游戏者Ⅱ也拿两张牌:红 2 和黑 3。游戏时两人各同时出示一张牌,如颜色相同,Ⅱ付给Ⅰ钱,如果颜色不同,Ⅰ付给Ⅱ钱。并且规定,如Ⅰ打的是红 1,按两人牌上点数差付钱。如Ⅰ打的是黑 2,按两人牌上点数和付钱。求游戏者Ⅰ,Ⅱ的最优策略,并回答这种游戏对双方是否公平合理。

15. A,B两名游戏者各持一枚硬币,同时展示硬币的一面。如均为正面,A赢$\frac{2}{3}$元;如均为反面,A赢$\frac{1}{3}$元;如为一正一反,A输$\frac{1}{2}$元。写出A的赢得矩阵,A,B双方各自的最优策略,并回答这种游戏是否公平合理。

16. 甲、乙两人对策。甲手中有三张牌:二张K和一张A。甲任意藏起一张后,然后宣称自己手中的牌是KK或AK,对此乙可以接受或提出异议。如甲叫得正确而乙接受,甲得一元;如甲手中是KK而叫AK时,乙接受,甲得二元;甲手中是AK而叫KK时,乙接受,甲输二元。如乙对甲的宣称提出异议,输赢和上述恰恰相反而且钱数加倍。列出甲、乙各自的纯策略,求最优解和对策值,说明对策是否公平合理。

17. 有一种游戏:任意掷一个钱币,先将出现是正面或反面的结果告诉甲。甲有两种选择:①认输,付给乙一元;②打赌,只要甲认输,这一局就终止重来。当甲打赌时,乙也有两种选择:①认输,付给甲一元;②叫真,在乙叫真时,如钱币掷的是正面,乙输给甲两元,如钱币是反面,甲输给乙两元。试建立甲方的赢得矩阵,求对策值及双方各自的最优策略。

第15章 决策分析

15.1 决策分析的基本概念

1. 决策问题的基本要素

说明决策问题的基本要素之前,先看一个例子。

工程管理人员需决定一项建筑工程下月是否开工。如果开工后天气好,就能按期完成,这样可得利润4万元;如果开工后天气不好,就会损失1万元;假如不开工,不论天气好坏都会造成窝工损失5千元。

在本例中,开工不开工是决策者可以选择的两个策略;而天气好坏则不能由决策者控制,常称之为自然状态。在每一种自然状态下,采取不同的策略就会得出不同的结果。

由此例可知,一般的决策问题包含三个基本要素。

(1) 自然状态:是指不以人的意志为转移的客观因素,假定共有 n 种可能状态,其集合记为

$$S = \{S_1, S_2, \cdots, S_n\} = \{S_j\} \quad (j = 1, 2, \cdots, n)$$

S 称为状态集合(也称状态空间);S 的元素 S_j 称为状态变量。

(2) 策略:是指人们根据不同的客观情况,可能做出的主观选择,若所有的策略为 A_1, $A_2 \cdots, A_m$,其集合

$$A = \{A_1, A_2, \cdots, A_m\} = \{A_i\} \quad (i = 1, 2, \cdots, m)$$

A 称为策略集合(也称策略空间)。

(3) 益损值:是指当状态处在 S_j 情况下,人们做出 A_i 决策,从而产生的收益值或益损值 u_{ij},显然 u_{ij} 是 S_j, A_i 的函数,由各益损值 u_{ij} 构成的矩阵 $\boldsymbol{U}$,称为益损矩阵

$$\boldsymbol{U} = (u_{ij})_{m \times n} \quad (i = 1, 2, \cdots, m;\ j = 1, 2, \cdots, n)$$

常用表格形式来表示状态与策略间的对应关系,这样的表称为益损表,也称收益表或决策表,见表15-1。

表15-1 决策问题的损益表

自然状态 / 策略	S_1	S_2	…	S_j	…	S_n
A_1	u_{11}	u_{12}	…	u_{1j}	…	u_{1n}
A_2	u_{21}	u_{22}	…	u_{2j}	…	u_{2n}
⋮	⋮	⋮	⋮	⋮	⋮	⋮
A_i	u_{i1}	u_{i2}	…	u_{ij}	…	u_{in}
⋮	⋮	⋮	⋮	⋮	⋮	⋮
A_m	u_{m1}	u_{m2}	…	u_{mj}	…	u_{mn}

上述三个基本要素组成了决策系统，决策系统可以表示为三个基本要素的函数 $D=D(S,A,\boldsymbol{U})$。

2. 决策的基本分类

从不同的角度出发，可以对决策进行不同的分类。

(1) 按决策要解决的问题所涉及范围的大小来分，可分为宏观决策、中观决策和微观决策。

(2) 根据决策目标的多少，可分为单目标决策和多目标决策。

(3) 根据决策的层次，可分为单级决策和多级决策。

(4) 根据决策人的多少，可分为个人决策和群体决策。

(5) 从管理的层次上，可分为战略决策、战术决策和业务决策。

(6) 从决策问题的结构化程度上，可分为结构化决策和非结构化决策等。

(7) 按决策对未来状态的把握程度，可分为确定性决策、风险性决策和不确定性决策。

下面着重对最后一种分类予以说明。

① 确定性决策。确定性决策是指不包含有随机因素的决策问题。每个决策都会得到一个唯一的事先可知的结果。从决策论的观点来看，线性规划、动态规划、网络规划等都是确定性的决策问题。本章讨论的决策问题是具有完全不确定因素和部分不确定因素的决策问题。

② 不确定性决策。由于在不确定性决策中，各种决策环境是不确定的，决策者对环境一无所知。这时对于同一个决策问题，决策者是根据自己的主观倾向进行决策，这种情况下的决策主要取决于决策者的素质和要求。将在 15.2 节中介绍解决不确定性决策问题的几种方法。

③ 风险性决策。风险性决策是指决策者在目标明确的前提下，对客观情况并不完全了解，存在着决策者无法控制的两种或两种以上的自然状态，但对于每种自然状态出现的概率，大体可以估计并可计算出在不同状态下的损益值。风险性决策主要应用于战略决策或非程序化决策，如投资方案决策、产品 R&D 决策等。

15.2 不确定性决策问题

下面介绍几种常用的处理不确定性决策问题的方法。具有不同观点、不同心理和不同冒险精神的人，可以选用不同的方法。

1. 乐观法

又称最大最大(max max)准则。采用乐观法的决策者，具有乐观情绪，寄希望于出现最好的自然状态。乐观法的基本步骤如下。

(1) 找出各策略在不同自然状态下的最大益损值。

(2) 再从这些最大益损值中找出最大者，它对应的策略就是要选取的策略。

经济意义：决策者可能为了取得最大收益，而宁愿冒风险。采用乐观法的决策者过于冒险和乐观，虽有很强的取胜心，但达到预期成功的可能性不大。

例 15-1 某决策问题中有 5 个策略 A_1, A_2, A_3, A_4, A_5，4 种自然状态 S_1, S_2, S_3, S_4，但不知它们出现的概率为多少。各策略在不同自然状态下的益损值见表 15-2。

解：(1) 找出各策略在各自然状态下的最大益损值。

$$A_1 \quad \max\{20,10,0,-10\}=20$$

$$A_2 \quad \max\{10,6,4,1\}=10$$

$$A_3 \quad \max\{30,25,10,-20\}=30$$

$$A_4 \quad \max\{40,30,-5,-10\}=40$$

$$A_5 \quad \max\{25,15,5,-5\}=25$$

(2) 找出这些最大益损值中的最大者所对应的策略。

$$\max_i\{\max_j[u_{ij}]\}=\max\{20,10,30,40,25\}=40$$

根据乐观法，策略是 A_4。

表 15-2 各策略在不同自然状态下的最大益损值

益损值(万元) / 自然状态 / 策略	S_1	S_2	S_3	S_4	$\max_j u_{ij}$
A_1	20	10	0	−10	20
A_2	10	6	4	1	10
A_3	30	25	10	−20	30
A_4	40	30	−5	−10	40*
A_5	25	15	5	−5	25
决策	$\max_i\{\max_j u_{ij}\}$				40

2. 悲观法

又称最大最小(max min)准则。这是一种所谓的“最可靠”和“万无一失”的决策准则。悲观法的基本步骤如下。

(1) 找出各策略在不同自然状态下的最小益损值。

(2) 再从这些最小益损值中找出最大者，它对应的策略就是要选取的策略。

经济意义：由于决策者认为自身实力有限，分析所有情况下的最坏结果，再选择其中最好者，以这种决策为最优策略。采用这一准则的决策者偏于保守、悲观。

例 15-2 用悲观法对例 15-1 进行决策。

解：(1) 找出各策略在各自然状态下的最小益损值。

$$A_1 \quad \min\{20,10,0,-10\}=-10$$

$$A_2 \quad \min\{10,6,4,1\}=1$$

$$A_3 \quad \min\{30,25,10,-20\}=-20$$

$$A_4 \quad \min\{40, 30, -5, -10\} = -10$$

$$A_5 \quad \min\{25, 15, 5, -5\} = -5$$

(2) 找出这些最小益损值中的最大者所对应的策略。

$$\max_i\{\min_j[u_{ij}]\} = \max\{-10, 1, -20, -10-5\} = 1$$

根据悲观法,策略是 A_2。见表 15-3。

表 15-3 各策略在不同自然状态下的最小益损值

益损值(万元) 自然状态 / 策略	S_1	S_2	S_3	S_4	$\min_j u_{ij}$
A_1	20	10	0	−10	−10
A_2	10	6	4	1	1*
A_3	30	25	10	−20	−20
A_4	40	30	−5	−10	−10
A_5	25	15	5	−5	−5
决策	$\max_i\{\min_j u_{ij}\}$				1

3. 折衷法

由于绝对乐观和绝对悲观这两种情况实现的可能性都不大,故赫威斯(Hurwicz)提出了一个折衷准则,其特点是对客观状态的估计既不完全乐观,也不完全悲观,而是采用一个系数 α($0 \leqslant \alpha \leqslant 1$,称为乐观系数),$\alpha \to 0$ 则说明决策者越接近悲观,$\alpha \to 1$ 则说明决策者越接近乐观。折衷法的基本步骤是:取 $\alpha \in [0,1]$,用 α 乘各策略的最大益损值,用$(1-\alpha)$乘各策略的最小益损值,然后把每个策略的这两个值加起来,以此作为评价的依据。

$$H(A_i) = \alpha \max_j\{u_{ij}\} + (1-\alpha)\min_j\{u_{ij}\} \quad (i = 1, 2, \cdots, m)$$

$\max_j\{u_{ij}\}$,$\min_j\{u_{ij}\}$分别表示第 i 个策略可能的最大益损值与最小益损值。然后,以各 $H(A_i)$中最大者对应的策略为所选的策略。

例 15-3 取 $\alpha = 0.4$,重新对例 15-1 进行决策。

解:算出各策略的 $H(A_i)$值。

$$H(A_1) = 0.4 \times 20 + 0.6 \times (-10) = 2$$

$$H(A_2) = 0.4 \times 10 + 0.6 \times (1) = 4.6$$

$$H(A_3) = 0.4 \times 30 + 0.6 \times (-20) = 0$$

$$H(A_4) = 0.4 \times 40 + 0.6 \times (-10) = 10$$

$$H(A_5) = 0.4 \times 25 + 0.6 \times (-5) = 7$$

由于 $H(A_4)$最大,故选取它对应的策略为 A_4,见表 15-4。

表 15-4　各策略在不同自然状态下的折衷益损值

益损值(万元) 自然状态 / 策略	S_1	S_2	S_3	S_4	$H(A_i)$
A_1	20	10	0	−10	−10
A_2	10	6	4	1	4.6
A_3	30	25	10	−20	0
A_4	40	30	−5	−10	10*
A_5	25	15	5	−5	7
决策	$\max_i\{H(A_i)\}$				10

当 $\alpha=0.5$ 时，知最优策略仍为 A_4；而当 $\alpha=0.2$ 时，最优策略为 A_3。

4. 等概率法

等概率法又称 Laplace 准则，它是 19 世纪的数学家 Laplace 提出来的。采用这种方法的基本出发点是：既然无法估计各自然状态出现的概率，那么就将各种可能出现的状态“一视同仁”，即认为它们出现的可能性都是相等的，均为 $\frac{1}{n}$（假设有 n 个状态）。决策者计算各策略的益损期望值，然后在所有这些期望值中选择最大者，以它对应的策略为决策策略。

例 15-4　用等概率法对例 15-1 进行决策。

解：根据等概率法，有

$$A_1 \quad \frac{1}{4}(20+10+0-10)=5$$

$$A_2 \quad \frac{1}{4}(10+6+4+1)=\frac{21}{4}$$

$$A_3 \quad \frac{1}{4}(30+25+10-20)=\frac{45}{4}$$

$$A_4 \quad \frac{1}{4}(40+30-5-10)=\frac{55}{4}$$

$$A_5 \quad \frac{1}{4}(25+15+5-5)=10$$

决策策略为 A_4。

5. 后悔值法

后悔值法又称最小遗憾值准则或沙万奇(Savage)准则。决策者作出决策之后，若不够理想，常会有后悔之感。该准则把每一自然状态对应的最大益损值视为理想目标，而以它与该状态的其他益损值之差作为未达到理想的后悔值 $r(A,S)$。如此即可得后悔值矩阵或后悔值表。再把每行的最大值求出来，这些最大值中的最小者对应的策略就是所求的策略。

例 15-5　用后悔值法对例 15-1 进行决策。

解：建立后悔值矩阵，见表 15-5，即可用后悔值法进行决策，最后得到策略为 A_4 或 A_5。

表 15-5　后悔值矩阵

益损值（万元）＼自然状态 策略	S_1	S_2	S_3	S_4	$\max\limits_{S} r(A,S)$
A_1	20	20	10	11	20
A_2	30	24	6	0	30
A_3	10	5	0	21	21
A_4	0	0	15	11	15*
A_5	15	15	5	6	15*
决策	$\min\limits_{A}\{\max\limits_{S} r(A,S)\}$				15

对不确定性决策问题，是因人、因时、因地选择的决策原则。在实际决策时，可根据具体情况同时选用几个不同的准则，然后将所得结果进行分析比较，从而作最后的选择。一般来说，总是在若干准则中，被选中多的策略应予以优先考虑。例如，例 15-1 分别应用了 5 种决策方法，有 4 次决策为策略 A_4，所以 A_4 应该是最优策略。另外为了使决策更为客观可靠，最好设法了解自然状态发生的概率，而将不确定性决策问题转化为风险性决策问题。

15.3　风险性决策问题

1. 风险性决策的期望值法

例 15-6　设某厂拟在下一年生产某种产品，现需要确定产品的批量。根据市场调查，预测这种产品投入市场后状况为畅销的概率是 0.3，中等的概率是 0.5，滞销的概率是 0.2。产品批量生产的方式为大、中、小三种。问采用何种生产方案，可使工厂获利最大。有关数据见表 15-6。

表 15-6　各种生产方式下工厂的获利数据

获利（万元）＼状态 方案	畅销(S_1)	中等(S_2)	滞销(S_3)	期望值
	0.3	0.5	0.2	
大批量(A_1)	22	14	10	15.6
中批量(A_2)	18	18	12	16.8
小批量(A_3)	14	14	14	14

此例是一个典型的风险决策的例子。处理风险决策问题时常用的方法是根据期望收益最大原则进行分析，即根据每个策略的期望收益（或损失）来对策略进行比较，从中选择期望收益最大（或期望损失最小）的策略，这种方法称为期望值法。例 15-6 各方案的期望值为：

$$E(A_1) = 0.3 \times 22 + 0.5 \times 14 + 0.2 \times 10 = 15.6$$
$$E(A_2) = 0.3 \times 18 + 0.5 \times 18 + 0.2 \times 12 = 16.8$$
$$E(A_3) = 0.3 \times 14 + 0.5 \times 14 + 0.2 \times 14 = 14$$

根据期望收益最大原则,选择中批量生产为下一年的生产计划。

例 15-7 设有一风险决策问题的收益表见表 15-7。

表 15-7 某一风险决策问题的收益表

方案	状态 S_1 $P(S_1)=0.7$	状态 S_2 $P(S_2)=0.3$
A	500	−200
B	−150	1000

根据期望收益最大原则,由

$$E(A) = 0.7 \times 500 + 0.3 \times (-200) = 290$$
$$E(B) = 0.7 \times (-150) + 0.3 \times 1000 = 195$$

知应选择方案 A。但如果状态 S_1 出现的概率由 0.7 变到 0.6,则由

$$E(A) = 0.6 \times 500 + 0.4 \times (-200) = 220$$
$$E(B) = 0.6 \times (-150) + 0.4 \times 1000 = 310$$

可知,最优方案应为 B。这说明,概率参数的变化会导致决策结果的变化。设 α 为状态 S_1 出现的概率,则方案 A 和方案 B 的期望收益为

$$E(A) = \alpha \times 500 + (1-\alpha) \times (-200)$$
$$E(B) = \alpha \times (-150) + (1-\alpha) \times 1000$$

为观察 α 变化如何对决策产生影响,令 $E(A)=E(B)$,得到

$$\alpha \times 500 + (1-\alpha) \times (-200) = \alpha \times (-150) + (1-\alpha) \times 1000$$

解得 $\alpha=0.65$,称 $\alpha=0.65$ 为转折概率。当 $\alpha>0.65$ 时,应选择方案 A;当 $\alpha<0.65$ 时,应选择方案 B。

在实际工作中,可把状态概率、益损值等在可能的范围内做几次变动,分析一下这些变动会对期望益损值和决策结果带来的影响,如果参数稍加变动而最优方案不变,则这个最优方案是比较稳定的;反之,如果参数稍加变动使最优方案改变,则原最优方案是不稳定的,需进行进一步分析。

2. 决策树

在实际问题中遇到的风险性决策问题,往往是一类多阶段的决策问题,这类问题在应用期望值法作决策时,还可以借助于决策树的方法来解决。决策树基本模型如图 15-1 所示。

□:表示决策结点,表示需在此处进行决策,由它引出的分枝表示不同的决策方案,分枝上面的数字为进行该项决策时的费用支出。

○:表示状态结点,从它引出的分枝表示不同的状态,分枝上方的数字表示对应状态出现的概率,常称这种分枝为概率枝。

△：表示结果结点，位于树的末梢，代表决策问题的一个可能结果，在这类结点旁注明各种结果的益损值。

#：表示经过比较不选择这一策略，将该分枝切断，称之为剪枝。

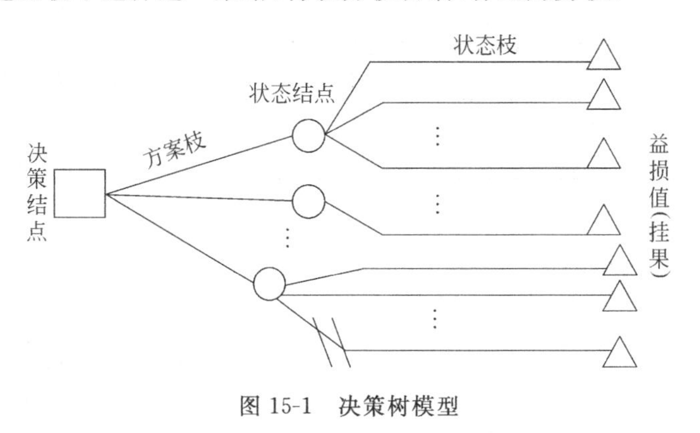

图 15-1　决策树模型

借助于决策树，利用期望值法作决策，具体步骤如下。

(1) 绘制决策树：自左至右的建树过程。首先从左端方框(决策结点)根部出发；按行动方案的个数引出相应的方案枝，在每条方案枝上注明行动方案的内容，然后每条方案枝到达一个方案结点圆圈上，在圆圈中标明一个方案代号，再由各方案结点上可能出现的自然状态数目，引出各条状态枝(概率枝)，并在每条状态枝上注明状态的内容及其发生的概率，最后在各条状态枝末端写上相应的益损值。

(2) 计算期望值：自右向左计算各策略的期望值，并将结果标在相应的状态结点处。

(3) 选择策略：根据期望收益最大原则，在各方案之间比较期望值的大小，选出期望值最大(最小)者，作为本次决策的最佳方案，并将此最佳方案的期望值填入决策点方框上，以表示最终的选择结果。没有选中的方案予以淘汰，并在淘汰的方案枝上画上符号"#"，表示这些枝条(方案)剪掉不用。

以上讲的决策方法称为一阶段决策。在实际生活中，可能出现多阶段决策问题，即决策树图中含有两个以上的决策结点。下面通过例子来说明。

例 15-8　某电子厂根据需要对应用某种新技术生产市场所需的某种产品的生产和发展前景作决策，现有三种可供选择的策略：一是先只搞研究；二是研究与发展结合；三是全力发展。如果先只搞研究，有突破的可能性为 60%，突破后又有两种方案：一是变为研究与发展结合；二是变为全力发展。如果研究与发展结合，有突破的可能性为 50%，突破后有两种方案：一是仍为研究与发展结合；二是变为全力发展。无论采用哪一种策略，都将对产品的价格产生影响。据估计，今后三年内，这种产品价格下降的概率是 0.4，产品上升的概率是 0.6。

经过分枝计算，得到各方案在不同的情况下的收益值，收益情况见表 15-8。试用决策树方法寻找最优策略。

表 15-8　各方案在不同情况下的收益值

收益(百万元)	只搞研究			研究与发展结合			全力发展
	无突破	有突破		无突破	有突破		
		变研究与发展结合	变为全力发展		仍研究与发展结合	变为全力发展	
N_1(产品价格下降)	−100	−200	−250	−200	−150	−200	−400
N_2(产品价格下降)	100	200	300	200	250	350	400

解：

(1) 绘制决策树，如图 15-2 所示。

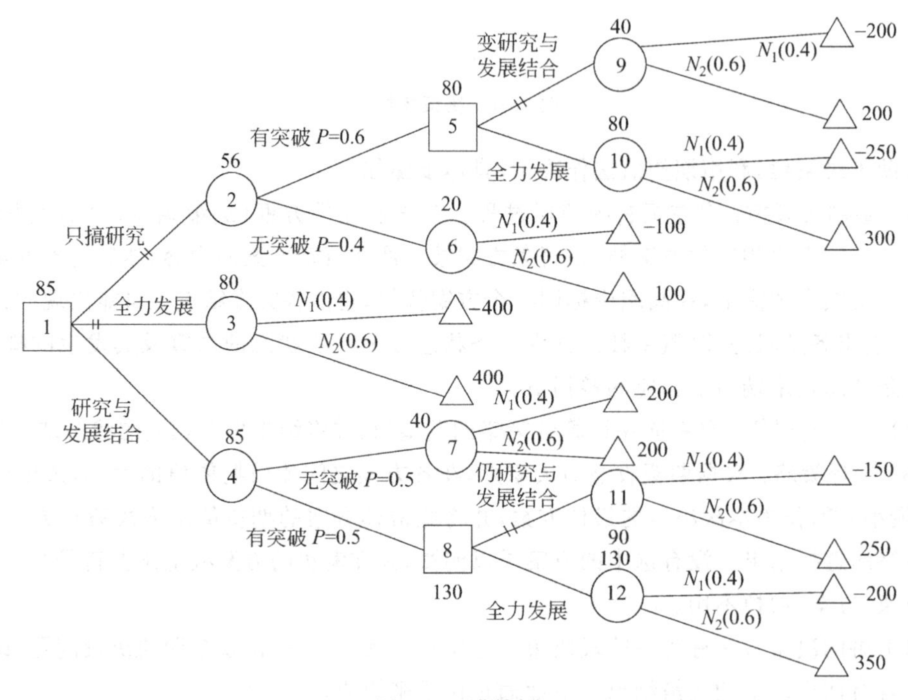

图 15-2　决策树

(2) 计算各结点的收益期望值。

结点 9：　$E_9=0.4\times(-200)+0.6\times200=40$

结点 10：　$E_{10}=0.4\times(-250)+0.6\times300=80$

结点 11：　$E_{11}=0.4\times(-150)+0.6\times250=90$

结点 12：　$E_{12}=0.4\times(-200)+0.6\times350=130$

结点 6：　$E_6=0.4\times(-100)+0.6\times100=20$

结点 7：　$E_7=0.4\times(-200)+0.6\times200=40$

因为结点 5 是决策点，通过以上计算可知，结点 10 的收益期望值大于结点 9 的收益期望值，所以决策点 5 的收益期望值取 80，即采用全力发展的方案，同理，对决策点 8，由于结点 12 的收益期望值大于结点 11 的收益期望值，所以决策点 8 的收益期望值为 130，即采用全力发展的方案。

继续计算结点 2,3,4 的收益期望值。

结点 2： $E_2=0.4\times20+0.6\times80=56$

结点 3： $E_3=0.4\times(-400)+0.6\times400=80$

结点 4： $E_4=0.5\times40+0.5\times130=85$

(3) 选择策略，比较结点 2,3,4 的收益期望值后进行“剪枝”，结点 4 的收益期望值最大，所以应采用“研究与发展相结合，如有突破，再全力发展”的策略。

在此例中，应该注意到结点 3 与结点 4 的两个收益期望值非常接近。

$$E_3=0.4\times(-400)+0.6\times400=80$$

$$E_4=0.5\times[0.4\times(-200)+0.6\times350]+0.5\times[0.4\times(-200)+0.6\times200]$$
$$=85$$

如果状态的概率稍微发生变化或者收益情况表中的数据稍作变动，E_3 与 E_4 的值可能就会发生变化，这时决策也随之改变。

事实上，如果在“研究与发展相结合”的方案中，若该厂的技术研究力量比较弱，要有突破的可能性不是 50%，而只有 40%(或更低)，则

$$E_4=0.4\times[0.4\times(-200)+0.6\times350]+0.6\times[0.4\times(-200)+0.6\times200]$$
$$=0.4\times130+0.6\times40=76\text{(或更低)}$$

即，这时决策方案就要选择“全力发展”策略了。

在实际工作中，可把状态概率和收益值等参数在可能的范围内做几次变动，仔细分析一下这些参数变动会对期望益损值和决策结果带来的影响，如果参数稍加变动而最优策略不变，则这个最优策略是比较稳定的；反之，如果参数稍加变动使最优方案改变，则原最优方案是不稳定的，需进行进一步分析。这就是所谓的“灵敏度分析”。

例 15-9 某厂考虑生产甲、乙两种产品，根据过去市场需求统计数据(见表 15-9)，试问两个方案哪个最优？并进行灵敏度分析，求出转折概率(两个方案期望值相等的概率称为转折概率)。

表 15-9 市场需求统计数据

自然状态及概率 / 方案	旺季	淡季
	$a_1=0.7$	$a_2=0.3$
甲	4	3
乙	7	2

解：先计算两个方案的收益期望值。

生产甲种产品的期望收益为：$E(S_1)=0.7\times4+0.3\times3=3.7$

生产乙种产品的期望收益为：$E(S_2)=0.7\times7+0.3\times2=5.5$

生产乙种产品比生产甲种产品的期望收益大，因此最优方案为生产乙种产品。

设 P 为出现旺季的概率，$1-P$ 为出现淡季的概率。当生产甲、乙两种产品的期望值相等时，即

$$4P+3(1-P)=7P+2(1-P)$$

求得转折概率 $P=0.25$，即当 $P>0.25$ 时，生产乙产品是最优方案；当 $P<0.25$ 时，生产甲产品是最优方案。

3. 贝叶斯决策

从前面的介绍可知，在风险决策中，对自然状态 S_j 的概率分布 $P(S_j)$ 所作估计的精确性，直接影响到决策的收益期望值，称概率分布 $P(S_j)(j=1,2,\cdots,n)$ 为先验概率。由于许多决策问题的先验信息不够充分，其概率分布又往往只能凭决策者所获得的信息主观估计，因此，设定的先验概率很难准确地反映客观真实情况。如果决策的结果非常灵敏，就必须通过抽样调查、专家估计等各种方法收集新信息，以此来修正对状态发生概率的估计。修正后得到的后验概率比先验概率可靠，可作为决策者进行决策分析的依据。将先验信息修改为后验信息需要利用贝叶斯公式。

1) 贝叶斯公式

(1) 全概率公式：设事件组 $A_1,A_2,\cdots,A_n$ 满足下列条件

① 事件 $A_i,A_j(i\neq j)$ 两两互不相容；

② $\bigcup\limits_{i=1}^{n} A_i=\Omega$；

③ $P(A_i)>0(i=1,2,\cdots,n)$；

则对任一事件 B，皆有

$$P(B)=\sum_{i=1}^{n}P(A_i)P(B\mid A_i)$$

其中，条件概率 $P(B|A_i)$ 的含义是指在事件 A_i 已经发生的条件下，事件 B 发生的概率。

(2) 逆概公式：设事件组 $A_1,A_2,\cdots,A_n$ 是 Ω 的一个分割，对任一事件 $B(P(B)>0)$，有

$$P(A_i\mid B)=\frac{P(A_i)P(B\mid A_i)}{\sum\limits_{i=1}^{n}P(A_i)P(B\mid A_i)}\quad(i=1,2,\cdots,n)$$

2) 后验概率的计算

设先验概率为 $P(S)$，$P(\theta)$ 是获得新的补充信息的概率，θ 表示 S 的补充信息，则有

$$P(S\mid\theta)=\frac{P(S\theta)}{P(\theta)}=\frac{P(S)P(\theta\mid S)}{P(\theta)}$$

其中，$P(S|\theta)$ 表示在 θ 发生的条件下，S 发生的概率。这一概率就是后验概率。

例 15-10 某钻探大队在某地区进行石油勘探，主观估计该地区有油的概率为 $P(O)=0.5$；无油的概率为 $P(D)=0.5$。为了提高钻探的效果，先做地质试验。根据积累的资料得知：凡有油地区，做试验结果有油的概率为 $P(F|O)=0.9$；做试验结果无油的概率为 $P(U|O)=0.1$。凡无油地区，做试验结果有油的概率为 $P(F|D)=0.2$；做试验结果无油的概率为 $P(U|D)=0.8$。问该地区做试验后，有油与无油的概率各是多少？

解：先利用全概公式计算地质试验有油与无油的概率。

做地质试验结果有油的概率

$$P(F) = P(O)P(F \mid O) + P(D)P(F \mid D)$$
$$= 0.5 \times 0.9 + 0.5 \times 0.2 = 0.55$$

做地质试验结果无油的概率

$$P(U) = P(O)P(U \mid O) + P(D)P(U \mid D)$$
$$= 0.5 \times 0.1 + 0.5 \times 0.8 = 0.45$$

利用逆概公式计算各事件的后验概率。

做地质试验结果有油的条件下有油的概率

$$P(O \mid F) = \frac{P(O)P(F \mid O)}{P(F)} = \frac{0.5 \times 0.9}{0.55} = \frac{9}{11}$$

做地质试验结果有油的条件下无油的概率

$$P(D \mid F) = \frac{P(D)P(F \mid D)}{P(F)} = \frac{0.5 \times 0.2}{0.55} = \frac{2}{11}$$

做地质试验结果无油的条件下有油的概率

$$P(O \mid U) = \frac{P(O)P(U \mid O)}{P(U)} = \frac{0.5 \times 0.1}{0.45} = \frac{1}{9}$$

做地质试验结果无油的条件下无油的概率

$$P(D \mid U) = \frac{P(D)P(U \mid D)}{P(U)} = \frac{0.5 \times 0.8}{0.45} = \frac{8}{9}$$

进行贝叶斯决策时，先根据过去的经验确定未来状态发生的先验概率估计，然后根据反映补充信息可靠性的以往统计资料，计算出各状态的后验概率，并以此为根据作后验决策；最后进行是否需要采集补充信息的决策。

下面通过例子说明这种决策方法。

例 15-11 某厂对一台机器的换代问题作决策，有三种方案：A_1 为买一台新机器；A_2 为对老机器进行改建；A_3 是维护加强。输入不同质量的原料，三种方案的收益见表 15-10。约有 30%的原料是质量好的，还可以花 600 元对原料的质量进行测试，这种测试的可靠性见表 15-11。求最优方案。

表 15-10 三种方案的收益 （单位：万元）

原料质量 S_i	购新机 A_1	改建老机器 A_2	维护老机器 A_3
S_1 好	3	1	0.8
S_2 差	−1.5	0.5	0.6

表 15-11 测试的可靠性

$P(\theta \mid S)$		原料的实际质量	
		S_1 好	S_2 差
测试结果	θ_1 好	0.8	0.3
	θ_2 差	0.2	0.7

解：若不做测试，各方案的先验收益为

$$E(A_1) = 3 \times 0.3 + (-1.5) \times 0.7 = -0.15$$

$$E(A_2) = 1 \times 0.3 + 0.5 \times 0.7 = 0.65$$

$$E(A_3) = 0.8 \times 0.3 + 0.6 \times 0.7 = 0.66$$

根据期望收益最大原则，应选择方案 3，维护老机器。

计算后验概率。

测试结果原料质量好的概率

$$P(\theta_1) = P(S_1)P(\theta_1 \mid S_1) + P(S_2)P(\theta_1 \mid S_2)$$
$$= 0.3 \times 0.8 + 0.7 \times 0.3 = 0.45$$

测试结果原料质量差的概率

$$P(\theta_2) = P(S_1)P(\theta_2 \mid S_1) + P(S_2)P(\theta_2 \mid S_2)$$
$$= 0.3 \times 0.2 + 0.7 \times 0.7 = 0.55$$

测试结果原料质量好而原料实际质量也好的概率

$$P(S_1 \mid \theta_1) = \frac{P(S_1)P(\theta_1 \mid S_1)}{P(\theta_1)} = \frac{0.3 \times 0.8}{0.45} = 0.533$$

测试结果原料质量好而原料实际质量差的概率

$$P(S_2 \mid \theta_1) = \frac{P(S_2)P(\theta_1 \mid S_2)}{P(\theta_1)} = \frac{0.7 \times 0.3}{0.45} = 0.467$$

测试结果原料质量差而原料实际质量好的概率

$$P(S_1 \mid \theta_2) = \frac{P(S_1)P(\theta_2 \mid S_1)}{P(\theta_2)} = \frac{0.3 \times 0.2}{0.55} = 0.109$$

测试结果原料质量差而原料实际质量也差的概率

$$P(S_2 \mid \theta_2) = \frac{P(S_2)P(\theta_2 \mid S_2)}{P(\theta_2)} = \frac{0.7 \times 0.7}{0.55} = 0.891$$

用后验概率代替先验概率，当测试结果原料质量好时，各方案的期望收益为

$$E(A_1) = 3 \times 0.533 + (-1.5) \times 0.467 = 0.8985$$

$$E(A_2) = 1 \times 0.533 + 0.5 \times 0.467 = 0.7665$$

$$E(A_3) = 0.8 \times 0.533 + 0.6 \times 0.467 = 0.7066$$

当测试结果原料质量差时，各方案的期望收益为

$$E(A_1) = 3 \times 0.109 + (-1.5) \times 0.891 = -1.0095$$

$$E(A_2) = 1 \times 0.109 + 0.5 \times 0.891 = 0.5545$$

$$E(A_3) = 0.8 \times 0.109 + 0.6 \times 0.891 = 0.6218$$

根据期望收益最大原则，当测试结果原料质量好时，购买新机器；若测试结果原料质量差，则维护老机器。

根据测试结果进行决策的期望收益为

$$0.45 \times 0.8985 + 0.55 \times 0.6218 = 0.747$$

不做测试的最优收益为 0.66 万元，测试后可增加期望收益，也就是测试实验信息价值为 0.747－0.66＝0.087 万元，大于测试费用 0.06 万元，故应进行原料质量测试。

最终决策为：应花 600 元进行测试，测试后若原料质量好，则购买新机器；若原料质量差，则维护老机器。

15.4 效用理论在决策分析中的应用

1. 效用值决策准则

效用这概念首先是由贝努里提出来的。他认为人们对其钱财的真实价值的考虑与他的钱财拥有量之间有对数关系。如图 15-3 所示就是贝努里的货币效用函数。经济管理学家将效用作为指标，用它来衡量人们对某些事物的主观价值、态度、偏爱、倾向等。

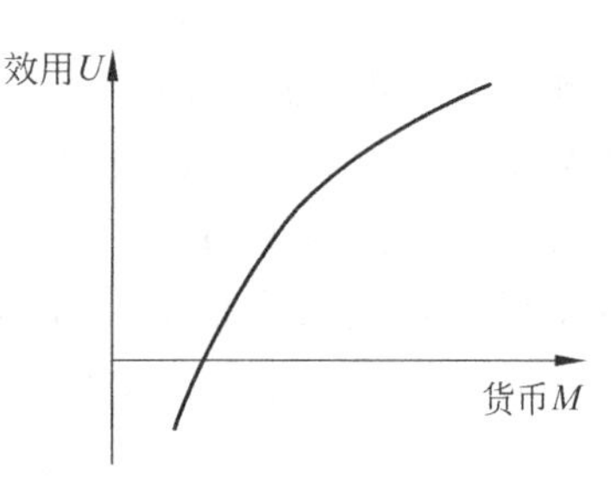

图 15-3 贝努里的货币效用函数曲线

在风险情况下进行决策，决策者对风险的态度往往存在很大的差异。例如，某投资公司在某个投资问题上有两种投资策略：A_1 为开辟新的投资领域；A_2 为维持原投资领域。A_1 成功的概率为 0.7，成功可获 500 万元，失败将损失 300 万元；A_2 成功的概率为 1，可获 50 万元。于是

$$E(A_1) = 500 \times 0.7 + (-300) \times 0.3 = 260(\text{万元})$$
$$E(A_2) = 50 \times 1 = 50(\text{万元})$$

若用期望收益最大准则，应选择 A_1 为决策方案。但在风险情况下，由于这是一次性的、利害关系重大的决策，于是有的决策者敢于冒风险选择策略 A_1；有的决策者可能会不愿冒着损失 300 万元的风险，而情愿选择策略 A_2 而稳得 50 万元。这就说明不同的决策者对待风险的态度会有差异。每个决策者都有他自己的评价标准。如果决策准则不能反映决策者的评价标准，那么这样的决策方法就很难被决策者接受。

用效用这一指标来量化决策者对待风险的态度，可以给每个决策者测定他对待风险的态度的效用函数曲线。效用值是一个相对的指标。一般来说，在[0,1]区间取值，凡是决策者最看好、最倾向、最愿意的事物的效用值可取 1；而最不喜欢、最不倾向、最不愿意的事物的效用值取 0。为此，在对某个问题提供决策时，可以通过与决策者进行对话，来确定效用函数曲线。此效用函数应能在一定程度上反映决策者在决策问题上的决策偏向和评价标准，于是利用这种效用函数作决策，依据的原则就称为效用值准则。

2. 效用函数曲线

如何通过与决策者对话建立相应的效用函数呢？一般以具体的决策事件中决策者可能的最大损失值 a 作为效用值 0，可能获得的最大利益值 b 作为效用值 1，以收益 x 为自变量，$[a,b]$上的效用函数设为 $u(x)$，并有 $u(a)=0$，$u(b)=1$。对于 $x\in[a,b]$，$u(x)$称为 x 的效用值，$u(x)\in[0,1]$。例如，在上面这个问题中最大收益为 500 万元，最小收益为(−300)万元，这时就规定 $u(x)$定义在$[-300,500]$上，而且 500 万元的效用值为 1，即 $u(500)=1$；(−300)万元的效用值为 0，即 $u(-300)=0$。下面先来看，对于 $x=50\in[-300,500]$，

$u(50)$如何确定?为此采用对比提问法。

若决策者宁愿采用稳得 50 万元的策略,而不愿采取收益期望值为 260 万元的策略,这说明在决策者心目中,稳得 50 万元的策略 A_2 的效用值比策略 A_1 的效用值要大。为了确定收益为 50 万元的效用值,可以适当提高 A_1 成功的概率并继续询问:如果现在获利 500 万元的概率为 0.8,损失 300 万元的概率为 0.2,那么你愿意冒一下风险,还是仍然宁可稳拿 50 万元呢?如果决策者这时愿意冒一下风险,则说明在决策者的心目中现在所提出的假想方案的效用值大于稳得 50 万元方案的效用值。这时再适当减小 A_1 成功的概率再问:如果现在获利 500 万元的概率为 0.75,损失 300 万元的概率为 0.25,那么你愿意冒一下风险,还是仍然宁可稳拿 50 万元呢?如果这时决策者认为这两者对他来说都无所谓,都可以,这就说明在决策者的心目中这两个方案的效用值相等,那么就停止询问。由于已知 $u(-300)=0$,$u(500)=1$,就可以确定 50 万元的效用值

$$u(50)=1\times 0.75+0\times 0.25=0.75$$

一般地,设决策者面临两种可选策略 A_1,A_2。A_1 表示他可以以概率 P 得到一笔金额 x_1,或以概率 $1-P$ 损失一笔金额 x_3;A_2 表示他可以无任何风险地得到一笔金额 x_2;且 $x_1>x_2>x_3$,设 $u(x_i)$表示金额 x_i 的效用值,若在某条件下,决策者认为 A_1,A_2 两方案等价,可表示为

$$Pu(x_1)+(1-P)u(x_3)=u(x_2)$$

确切地讲,决策者认为 x_2 的效用值等价于 x_1 和 x_3 的效用期望值。上式中有 x_1,x_2,x_3,P,4 个变量,若其中任意 3 个已知时,向决策者提问第 4 个变量应如何取值?并请决策者做出主观判断,判断第 4 个变量应取的值是多少。提问的方式大致有三种。

(1) 每次固定 x_1,x_2,x_3 的值,改变 P,问决策者:P 取何值时,认为 A_1 与 A_2 等价。

(2) 每次固定 P,x_1,x_3 的值,改变 x_2,问决策者:x_2 取何值时,认为 A_1 与 A_2 等价。

(3) 每次固定 P,x_2,x_3(或 x_1)的值,改变 x_3(或 x_1),问决策者:x_3(或 x_1)取何值时,认为 A_1 与 A_2 等价。

若已确定 $x_1,x_2,\cdots,x_n$ 对应的效用值 $u(x_1),u(x_2),\cdots,u(x_n)$,那么就可以用一条光滑的曲线把这些点$(x_i,u(x_i))(i=1,2,\cdots,n)$连接起来,这就是效用函数曲线,如图 15-4 所示。

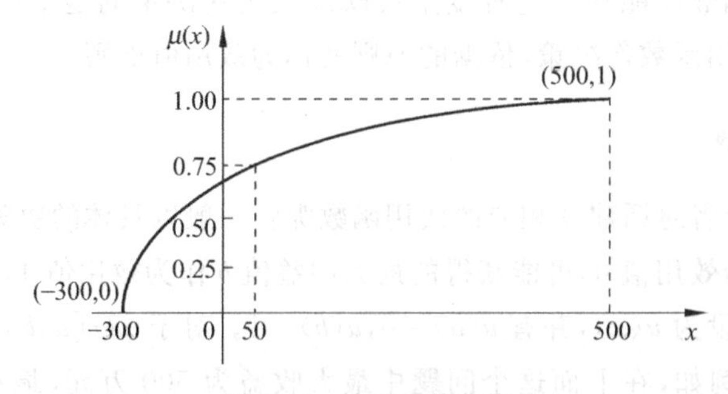

图 15-4　效用函数曲线

不同的决策者对待风险的态度有所不同，因此会得到形状不同的效用函数曲线。一般有保守型（避险型）、冒进型（进取型）和中间型（无关型）三种类型。其对应的曲线如图 15-5 所示。

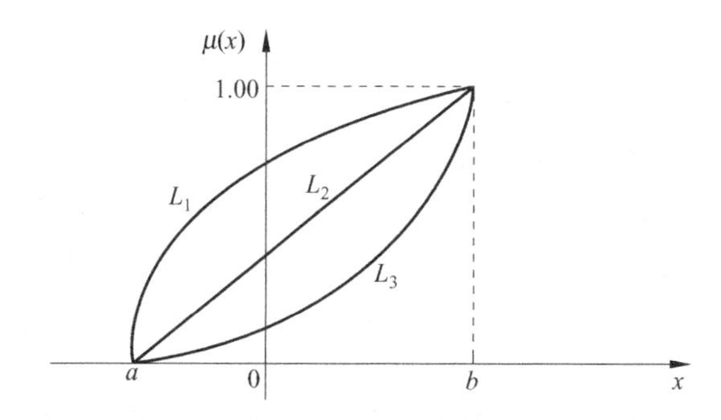

图 15-5　保守型、冒进型和中间型决策者对应的效用函数曲线

1）保守型

其对应的曲线为如图 15-5 所示的曲线 L_1，这是一条向上凸起的曲线，它的特点是：当收益值较小时，效用值增加较快；而随着收益值的增大，效用值增加的速度越来越慢。它反映出相应的决策者讨厌风险、谨慎从事的特点，这是一个避免担风险的决策者。

2）冒险型

其对应的曲线为如图 15-5 所示的曲线 L_3，这是一条向下凸起的曲线，它的特点是：当收益值较小时，效用值增加较为缓慢；而随着收益值的增大，效用值增加的速度越来越快。它反映出相应的决策者喜欢冒险、锐意进取的决策者。

3）中间型

其对应的曲线为如图 15-5 所示的曲线 L_2，这是一条直线，它的特点是：收益值与效用值成正比例上升。它反映出相应的决策者是一位严格按照期望最大准则的循规蹈矩的决策者。

这是三种典型的效用函数类型。某一决策者效用函数曲线可能兼有三种类型，当收益变化时，决策者对待风险的态度也会改变。例如，有的人开始时对较小的收益不太有兴趣，但随着收益的增加，吸引力就会逐步加大，从而引起他对风险态度的变化，向冒险型转化。可是，当实现某一目标后，他的要求得到一定满足，就可能变得不愿承担风险了。然而，当收益的继续增加使他渴望实现一个更高的目标时，他又可能不顾冒更大的风险去争取，如此等等。

3. 用效用值进行决策分析

下面用一个简单的例子来说明效用值在决策中的应用。

某决策人面临着大、中、小批量三种生产方案的选择问题。该产品投放市场可能有三种情况：畅销、一般、滞销。根据以前同类产品在市场上的销售情况，畅销的可能性是 0.2，一般为 0.3，滞销的可能性为 0.5，试问应该如何进行决策。

其决策表见表 15-12。

表 15-12　决策表　（单位：万元）

	畅销(0.2)	一般(0.3)	滞销(0.5)
大批量 A_1	20	0	-10
中批量 A_2	8.25	2	-5
小批量 A_3	5	1	-1

按期望收益最大原则进行决策，可得

$$E(A_1) = 0.2 \times 20 + 0.3 \times 0 + 0.5 \times (-10) = -1（万元）$$

$$E(A_2) = 0.2 \times 8.25 + 0.3 \times 2 + 0.5 \times (-5) = -0.25（万元）$$

$$E(A_3) = 0.2 \times 5 + 0.3 \times 1 + 0.5 \times (-1) = 0.8（万元）$$

应进行小批量生产。

假定对该决策人采用对比提问法得到的效用函数曲线如图 15-5 中的曲线 L_1 所示。将其决策表 15-12 中的货币量换成相应的效用值，得到以效用值进行决策的决策表 15-13。

表 15-13　决策人 A 用效用值进行生产方案决策的决策表

	畅销(0.2)	一般(0.3)	滞销(0.5)
大批量 A_1	1	0.5	0
中批量 A_2	0.75	0.57	0.3
小批量 A_3	0.66	0.54	0.46

这时，

$$E(A_1) = 0.2 \times 1 + 0.3 \times 0.5 + 0.5 \times 0 = 0.35$$

$$E(A_2) = 0.2 \times 0.75 + 0.3 \times 0.57 + 0.5 \times 0.3 = 0.471$$

$$E(A_3) = 0.2 \times 0.66 + 0.3 \times 0.54 + 0.5 \times 0.46 = 0.524$$

应采取小批量生产。这说明决策人 A 是小心谨慎的，是位保守型的决策人。

假定对该决策人采用对比提问法得到的效用函数曲线如图 15-5 中的曲线 L_3 所示。将其决策表 15-12 中的货币量换成相应的效用值，得到以效用值进行决策的决策表 15-14。

表 15-14　决策人 B 用效用值进行生产方案决策的决策表

	畅销(0.2)	一般(0.3)	滞销(0.5)
大批量 A_1	1	0.175	0
中批量 A_2	0.46	0.23	0.08
小批量 A_3	0.325	0.2	0.15

这时，

$$E(A_1) = 0.2 \times 1 + 0.3 \times 0.175 + 0.5 \times 0 = 0.2525$$

$$E(A_2) = 0.2 \times 0.46 + 0.3 \times 0.23 + 0.5 \times 0.08 = 0.201$$

$$E(A_3) = 0.2 \times 0.325 + 0.3 \times 0.2 + 0.5 \times 0.15 = 0.2$$

对决策者 B 来说，应选择大批量生产，很显然这是一个敢冒风险的决策人。

15.5 层次分析法

层次分析法(Analytic Hierarchy Process,AHP)是美国运筹学家沙旦(T. L. Saaty)在20世纪70年代初提出的,80年代初开始引入中国。AHP法较适合于处理那些难以量化的复杂问题,较好地体现了定性与定量分析相结合的思想。在决策过程中,决策者直接参与决策,决策者的定性思想过程被数学化和模型化,并且还有助于保持思想过程的一致性。由于层次分析法具有的系统性、灵活性、实用性等特点特别适合于多目标、多层次、多因素的复杂决策系统,近年来已受到人们越来越多的重视,已被广泛地应用于社会、经济、军事、科技等很多领域的评价、决策、预测、规划等。

层次分析法的基本原理是:首先将复杂问题所涉及的因素分成若干层次,以同一层次的各个要素按照某一准则进行两两判断,比较其重要性,以此计算各层次要素的权重,最后根据组合权重并按最大权重原则确定最优方案。

下面以一个企业的资金合理使用为例,来说明用层次分析法求解决策问题的过程。

假设某企业经过发展,有一笔利润资金,要企业高层决策如何使用。企业领导经过实际调查和员工建议,现有如下方案可供选择。

(1) 作为奖金发给员工;

(2) 扩建员工宿舍、食堂等福利设施;

(3) 办员工进修班;

(4) 修建图书馆、俱乐部等;

(5) 引进新技术、设备进行企业技术改造。

从调动员工积极性、提高员工文化技术水平和改善员工的物质文化生活状况来看,这些方案都有其合理因素。企业领导在决策时,对这些方案的优劣性要进行评价,排队后才能做出决策。

1. 构造层次分析结构模型

面临这类复杂的决策问题,处理的方法是,先对问题涉及的因素进行分类,然后构造一个各因素之间相互联结的层次结构模型。因素分类:一为目标类,如合理使用资金,以促进企业发展;二为准则类,这是衡量目标能否实现的标准,如调动职工劳动积极性,提高企业技术水平,改善职工生活等;三为措施类,是指实现目标的方案、方法、手段等,如发奖金,扩建福利设施,建图书馆等。按目标、准则和措施的顺序自上而下地将各类因素之间的直接影响关系排列于不同层次,并构成一层次结构图,如图15-6所示。

构造好各类问题的层次结构图是一项细致的工作,工作人员要有一定经验。

2. 构造判断矩阵

建立层次分析模型之后,就可以在各层元素中进行两两比较,构造出比较判断矩阵。下面探讨如何建立起两两比较判断矩阵。

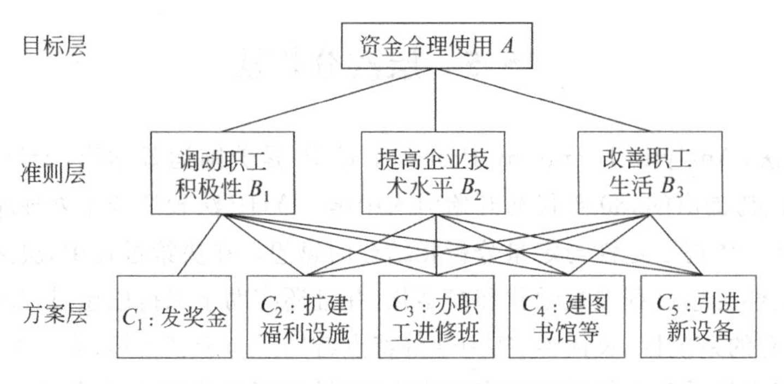

图 15-6 资金合理使用的层次分析结构图

假定上一层次的元素 B_k 作为准则，对下一层元素 $C_1, C_2, \cdots, C_n$ 有支配关系，目的是要在准则 B_k 下按它们的相对重要性赋予 $C_1, C_2, \cdots, C_n$ 相应的权重。在这一步中要回答下面的问题：针对准则 B_k，两个元素 C_i, C_j 哪个更重要，重要性的大小。需要对"重要性"赋予一定的数值。赋值的根据与来源可以由决策者直接提供，或是通过决策者与分析者对话来确定，或是由分析者通过某种技术咨询而获得，或是通过其他合适的途径来酌定。判断矩阵应由熟悉问题的专家独立地给出。

对 n 个元素来说，得到两两比较判断矩阵 $\boldsymbol{C}=(C_{ij})_{n\times n}$。其中 C_{ij} 表示因素 i 与因素 j 相对于目标的重要值。

一般来说，构造的判断矩阵取如下形式：

B_k	C_1	C_2	$\cdots$	C_n
C_1	C_{11}	C_{12}	$\cdots$	C_{1n}
C_2	C_{21}	C_{22}	$\cdots$	C_{2n}
$\vdots$	$\vdots$	$\vdots$	$\vdots$	$\vdots$
C_n	C_{n1}	C_{n2}	$\cdots$	C_{nn}

矩阵 $\boldsymbol{C}$ 具有如下性质。

(1) $C_{ij}>0$；

(2) $C_{ij}=\dfrac{1}{C_{ji}}(i\neq j)$ 求解时；

(3) $C_{ii}=1(i=1,2\cdots,n)$。

把这类矩阵 $\boldsymbol{C}$ 称为正反矩阵。对正反矩阵 $\boldsymbol{C}$，若对于任意 i,j,k，均有 $C_{ij}\cdot C_{jk}=C_{ik}$，那么称该矩阵为一致矩阵。

值得注意的是，在求解实际问题时，构造的判断矩阵并不一定具有一致性，常常需要进行一致性检验。

现在来谈谈如何确定 C_{ij} 的取值。T. L. Saaty 的做法是用数字 1～9 及其倒数作为标度，见表 15-15。

表 15-15　判断矩阵标度及其含义

序号	重要性等级	C_{ij} 赋值
1	i,j 两元素同等重要	1
2	i 元素比 j 元素稍重要	3
3	i 元素比 j 元素明显重要	5
4	i 元素比 j 元素强烈重要	7
5	i 元素比 j 元素极端重要	9
6	i 元素比 j 元素稍不重要	$\frac{1}{3}$
7	i 元素比 j 元素明显不重要	$\frac{1}{5}$
8	i 元素比 j 元素强烈不重要	$\frac{1}{7}$
9	i 元素比 j 元素极端不重要	$\frac{1}{9}$

注：$C_{ij}=\left\{2,4,6,8,\frac{1}{2},\frac{1}{4},\frac{1}{6},\frac{1}{8}\right\}$表示重要性等级介于$C_{ij}=\left\{1,3,5,7,\frac{1}{3},\frac{1}{5},\frac{1}{7},\frac{1}{9}\right\}$。这些数字是根据人们进行定性分析的直觉和判断力而确定的。

对于上述的例子，假定企业领导对资金使用这个问题的态度：首先是提高企业技术水平，其次是改善员工物质生活，最后是调动员工的工作积极性。则准则层的判断矩阵 $\boldsymbol{A}-\boldsymbol{B}$ 为：

$\boldsymbol{A}$	$\boldsymbol{B}_1$	$\boldsymbol{B}_2$	$\boldsymbol{B}_3$
$\boldsymbol{B}_1$	1	$\frac{1}{5}$	$\frac{1}{3}$
$\boldsymbol{B}_2$	5	1	3
$\boldsymbol{B}_3$	3	$\frac{1}{3}$	1

为以后计算方便，把上述矩阵记为 $\boldsymbol{A}$，简写为

$$\boldsymbol{A}=\begin{bmatrix}1 & \frac{1}{5} & \frac{1}{3}\\ 5 & 1 & 3\\ 3 & \frac{1}{3} & 1\end{bmatrix}$$

相应地可以分别写出判断矩阵 $\boldsymbol{B}_1$（相对于调动职工劳动积极性准则，企业留成利润的各种使用措施方案之间相对重要性比较），$\boldsymbol{B}_2$（相对于提高企业技术水平准则，企业留成利润的各种使用措施方案之间相对重要性比较），$\boldsymbol{B}_3$（相对于改善职工物质及其文化生活准则，企业留成利润的各种使用措施方案之间相对重要性比较）如下。

$$B_1 = \begin{bmatrix} 1 & 2 & 3 & 4 & 7 \\ \frac{1}{3} & 1 & 3 & 2 & 5 \\ \frac{1}{5} & \frac{1}{3} & 1 & \frac{1}{2} & 1 \\ \frac{1}{4} & \frac{1}{2} & 2 & 1 & 3 \\ \frac{1}{7} & \frac{1}{5} & \frac{1}{2} & \frac{1}{3} & 1 \end{bmatrix} \quad B_2 = \begin{bmatrix} 1 & \frac{1}{7} & \frac{1}{3} & \frac{1}{5} \\ 7 & 1 & 5 & 3 \\ 3 & \frac{1}{5} & 1 & \frac{1}{3} \\ 5 & \frac{1}{2} & 3 & 1 \end{bmatrix}$$

$$B_3 = \begin{bmatrix} 1 & 1 & 3 & 3 \\ 1 & 1 & 3 & 3 \\ \frac{1}{3} & \frac{1}{3} & 1 & 1 \\ \frac{1}{3} & \frac{1}{3} & 1 & 1 \end{bmatrix}$$

3. 判断矩阵的一致性检验

上述过程中建立起了判断矩阵,这使得判断思维数学化,简化了问题的分析,使得复杂的社会、经济及其管理领域中的问题定量分析成为可能。此外,这种数学化的方法还有助于决策者检查并保持判断思维的一致性。应用层次分析法,保持判断思维的一致性是很重要的。

所谓判断思维的一致性是指专家在判断指标重要性时,各判断之间协调一致,不致出现相互矛盾的结果。在多阶判断的条件下出现不一致的情况极容易发生,只不过在不同条件下不一致的程度是有所差别的。

根据矩阵理论可以得到这样的结论,如果 $\lambda_1,\lambda_2,\cdots,\lambda_n$,是满足式子

$$\boldsymbol{AX} = \lambda X$$

的数,则称 $\lambda_1,\lambda_2,\cdots,\lambda_n$,是 $\boldsymbol{A}$ 矩阵的特征根,并且对所有 $a_{ii}=1$ 的矩阵 $\boldsymbol{A}$,有

$$\sum_{i=1}^{n}\lambda_i = n$$

显然,当矩阵具有完全一致性时,$\lambda_1=\lambda_{\max}=n$,其余特征根均为零;而当矩阵 $\boldsymbol{A}$ 不具有完全一致性时,有 $\lambda_1=\lambda_{\max}>n$,其余特征根 $\lambda_2,\lambda_3,\cdots,\lambda_n$ 有如下关系

$$\sum_{i=2}^{n}\lambda_i = n-\lambda_{\max}$$

上述结论说明,当判断矩阵不能保证具有完全一致性时,相应判断矩阵的特征根也将发生变化,这样就可以用判断矩阵特征根的变化来检验判断的一致性程度。因此,在层次分析法中引入判断矩阵最大特征根以外的其余特征根的负平均值作为度量判断矩阵偏离一致性的指标,即用

$$CI = \frac{\lambda_{\max}-n}{n-1}$$

检查决策者判断思维的一致性。

显然，当判断矩阵完全一致时，$CI=0$，反之亦然。从而有：$CI=0$，$\lambda_1=\lambda_{max}=n$，判断矩阵具有完全一致性。

一般地，当矩阵 $\boldsymbol{A}$ 具有"满意一致性"时，λ_{max} 稍大于 n，其余特征值也接近于零。不过这种说法不够严密，必须对于"满意一致性"给出一个度量指标。现在引进判断矩阵的平均随机一致性的指标 RI 值。对于 1～9 阶判断矩阵，RI 的值分别列于表 15-16 中。

表 15-16　*RI* 的值

1	2	3	4	5	6	7	8	9
0.00	0.00	0.58	0.90	1.12	1.24	1.32	1.41	1.45

在这里，对于 1,2 阶判断矩阵，RI 只是形式上的，因为 1,2 阶判断矩阵总是具有完全一致性。当阶数大于 2 时，判断矩阵的一致性指标 CI 与同阶平均随机一致性指标 RI 之比称为随机一致性比率，记为 CR。当 $CR=\frac{CI}{RI}<0.10$ 时，即认为判断矩阵具有满意一致性，否则就需要调整判断矩阵，使之具有满意一致性。

4. 层次单排序

计算出某层次因素相对于上一层次中某一因素的相对重要性，这种排序计算称为层次单排序。具体地说，层次单排序是指根据判断矩阵计算对于上一层次中某元素而言本层次与之有联系的元素重要性次序的权值。

理论上讲，层次单排序计算问题可归结为计算判断矩阵的最大特征根及其对应的特征向量的问题。但一般来说，计算判断矩阵的最大特征根及其对应的特征向量，并不需要追求较高的精确度。这是因为判断矩阵本身有相当的误差范围，而且，应用层次分析法给出层次中的各种因素优先排序权值从本质上来说是表达某种定性的概念。因此，一般用迭代法在计算机上求得的是近似的最大特征根及其对应的特征向量。这里给出一种简单的计算矩阵最大特征根及其对应的特征向量的方根法的计算步骤。

(1) 计算判断矩阵每一行元素的乘积 M_i：$M_i=\prod_{j=1}^{n}a_{ij}\,(i=1,2\cdots,n)$。

(2) 计算 M_i 的 n 次方根 $\overline{W}_i$：$\overline{W}_i=\sqrt[n]{M_i}$。

(3) 对向量 $\overline{\boldsymbol{W}}=[\overline{W}_1,\overline{W}_2,\cdots,\overline{W}_n]^{\mathrm{T}}$ 正规化 $W_i=\dfrac{\overline{W}_i}{\sum_{j=1}^{n}\overline{W}_j}$，则 $\boldsymbol{W}=[W_1,W_2,\cdots,W_n]^{\mathrm{T}}$ 即为所求的特征向量。

(4) 计算判断矩阵的最大特征根 λ_{max}：$\lambda_{max}=\sum_{i=1}^{n}\dfrac{(AW)_i}{nW_i}$。

其中 $(AW)_i$ 表示向量 $\boldsymbol{AW}$ 的第 i 个元素。

方根法是一种简单易行的方法，在精度要求不高的情况下使用。除了方根法，还有和积法、特征根法、最小二乘法等，这里不再一一介绍。

针对该例，利用方根法，容易对各判断矩阵的各层次单排序进行计算以及求得一致性检验结果，具体如下。

对判断矩阵 **A** 来说，其计算结果为：

$$\boldsymbol{W}=\begin{bmatrix}0.105\\0.637\\0.258\end{bmatrix},\quad \lambda_{\max}=3.038,\quad CI=0.019,\quad RI=0.58,\quad CR=0.033$$

对判断矩阵 $\boldsymbol{B}_1$ 来说，其计算结果为：

$$\boldsymbol{W}=\begin{bmatrix}0.491\\0.232\\0.092\\0.138\\0.046\end{bmatrix},\quad \lambda_{\max}=5.126,\quad CI=0.032,\quad RI=1.12,\quad CR=0.028$$

对判断矩阵 $\boldsymbol{B}_2$ 来说，其计算结果为：

$$\boldsymbol{W}=\begin{bmatrix}0.055\\0.564\\0.118\\0.263\end{bmatrix},\quad \lambda_{\max}=4.117,\quad CI=0.039,\quad RI=0.90,\quad CR=0.043$$

对判断矩阵 $\boldsymbol{B}_3$ 来说，其计算结果为：

$$\boldsymbol{W}=\begin{bmatrix}0.406\\0.406\\0.094\\0.094\end{bmatrix},\quad \lambda_{\max}=4,\quad CI=0,\quad RI=0.90,\quad CR=0$$

5. 层次总排序

依次沿递阶层次结构由上而下逐层计算，即可计算出最低层因素相对于最高层（总目标）的重要性或相对优劣的排序值，即层次总排序。

层次总排序要进行一致性检验，检验是从高层到低层进行的。在实际操作中，总排序一致性检验常常可以省略。

针对本例，企业利润的各使用方案相对于合理使用企业利润，促进企业新发展总目标的层次总排序计算见表 15-17。

表 15-17　企业利润合理使用方案总排序

层次 B / 层次 C	B_1	B_2	B_3	最排序 W
	0.105	0.637	0.258	$\sum_{j=1}^{3} b_j c_{ij}\ (i=1,2,3)$
C_1	0.491	0	0.406	0.157
C_2	0.232	0.055	0.406	0.164
C_3	0.092	0.564	0.094	0.393
C_4	0.138	0.118	0.094	0.113
C_5	0.046	0.263	0	0.172

$$CI=0.105\times0.032+0.637\times0.039+0.258\times0=0.028$$

$$RI=0.105\times1.12+0.637\times0.90+0.258\times0.90=0.923$$

所以 $CR=\frac{CI}{RI}=\frac{0.028}{0.923}=0.031<0.10$，故可认为判断矩阵具有满意的一致性。

6. 决策

通过数学运算可计算出最低层各方案对最高层总目标的相对优劣的排序权值，从而对备选方案进行排序。对于这个工厂合理使用企业留成利润，促进企业新发展这个总目标来说，所考虑的 5 种方案的相对优先顺序为：C_3，开办职工进修班为 0.393；C_5，引进新技术设备，进行企业技术改造为 0.172；C_2，扩建职工宿舍等福利措施为 0.164；C_1，作为奖金发给职工为 0.157；C_4，修建图书馆等为 0.113。企业领导根据上述分析结果，决定各种考虑方案的实施先后次序，决定分配企业留成利润的比例。

习　题

1. 给定不同自然状态 $s_j(j=1,2,3,4,5,6)$ 下各个行动策略 $A_i(i=1,2,3,4,5,6)$ 的收益（见表 15-18），试分别用悲观法、乐观法、后悔值法和等概率法选择最优策略。

表 15-18　不同自然状态下各个行动策略的收益

A \ S	s_1	s_2	s_3	s_4	s_5	s_6
a_1	7	9	6	4	10	8
a_2	10	5	7	5	8	4
a_3	4	6	11	9	10	7
a_4	9	4	6	12	9	5
a_5	6	8	5	4	11	9
a_6	10	7	8	10	6	6

2. 某厂有一种新产品，其推销策略有 A_1,A_2,A_3 三种，已知市场情况也有三种状况，需求量大(s_1)、需求量中等(s_2)和需求量小(s_3)，但其发生的概率未知，经调查分析，得收益矩阵见表 15-19。试分别用后悔值法与折衷法($\alpha=0.7$)选择最优策略。

表 15-19　收益矩阵

收益 状态 策略	需求量大	需求量中等	需求量小
	s_1	s_2	s_3
a_1	50	10	−5
a_2	30	25	0
a_3	10	10	10

3. 某公司设想增加一条新的生产线，这一设想的成功依赖于经济条件的好坏，表 15-20 给出各种情况下的收益值。

表 15-20　各种情况下的收益值

A \ S	好	一般	坏
新生产线	48 000	30 000	12 500
现有生产线	35 700	22 000	18 000

设决策者的乐观系数为 α，试讨论 α 在何范围内时，用折衷法选取的最优策略为增加新的生产线。

4. 某厂生产一种易变质产品，每件成本 20 元，售价 60 元，每件售出可获利 40 元，如果当天剩余一件就要损失 20 元，市场以往的资料表明，日销售量及其概率见表 15-21。

表 15-21　产品日销售量及其概率

日销售量	100	110	120	130
概率	0.2	0.4	0.3	0.1

为使利用率最大，现根据日销售量制订产品生产计划，试分别利用乐观法与期望收益准则确定最优生产计划。

5. 某公司正考虑为开发一种新型产品提供资金，可供选择的策略有三个，前景有成功、部分成功与失败，成功的概率为 0.45，失败的概率为 0.20，其利率见表 15-22。试分别用期望收益法与期望损失法确定最优策略。

表 15-22　新型产品在各前景下的利率

策略 \ S	成功(s_1)	部分成功(s_2)	失败(s_3)
策略 1	20	3	−18
策略 2	15	1	−10
策略 3	10	0	−2

6. 某工厂拟采用新技术，预计其市场反映好的概率为 0.6，市场反映差的概率为 0.4，已知利润见表 15-23(单位：万元)。

表 15-23　采用新技术的利润

A \ S	市场反映好(s_1)	市场反映差(s_2)
采用新技术	80	−30
发展现有技术	−40	100

决策者用 2.5 万元请专家进行市场调查，得到各个自然状态下调查结果的条件概率见表 15-24。试用后验期望法作出策略，花费 2.5 万元的调查费用是否值得？

表 15-24 各个自然状态下调查结果的条件概率

A \ S	市场反映好(s_1)	市场反映差(s_2)
销路好(x_1)	0.80	0.10
销路一般(x_2)	0.10	0.75
销路差(x_3)	0.10	0.15

7. 某采油计划，估计钻井成功可收益 1000 万元，而钻井失败则损失 400 万元，估计钻井成功的机会为 30%，若事先做一次地震测量，需花费 60 万元，但地震测量也有误差，根据历史资料可知，在实际情况为 B_j 的条件下，地震测量结果为 A_i 的概率，即条件概率 $P(A_i/B_j)$的数据见表 15-25。试进行决策分析并选择最优策略。

表 15-25 条件概率的数据

A_i \ $P(A_i/B_j)$ \ B_j	有油	无油
有油	0.75	0.40
无油	0.25	0.60

8. 某公司考虑生产一种新产品，决策者对市场销售状态进行预测的结果有三种情况：销路好、一般、差，各种情况发生的概率及相应增加的利润额见表 15-26(单位：万元)。

表 15-26 各种情况发生的概率及相应增加的利润额

A \ P \ S	好(s_1)	一般(s_2)	差(s_3)
	0.25	0.30	0.45
生产(a_1)	15	1	−6
不生产(a_2)	0	0	0

为了得到更可靠的信息，公司打算花费 0.6 万元请咨询公司代为进行市场调查，在咨询之前，该公司对以往市场调查情况进行分析，给出了在市场销售状态为已知的条件下市场需求状况好、中、差的概率见表 15-27。试作出最优策略，并回答花费 0.6 万元请咨询公司调查是否合算。

表 15-27 销售状态为已知的条件下市场需求状况好、中、差的概率

X \ S	好(s_1)	一般(s_2)	差(s_3)
好(x_1)	0.70	0.30	0.10
中(x_2)	0.20	0.50	0.15
差(x_3)	0.10	0.20	0.75

9. 下列说法是否正确？

(1) 期望损失法就是在损失矩阵上求各个策略的期望值，然后选期望值最小的策略作为最优策略。(　　)

(2) 据后验期望法做出的最优策略必受样本信息结果的影响。(　　)

(3) 折衷法不受决策者乐观和悲观情绪的影响。(　　)

(4) 决策问题的最优策略总是存在的,从而用各种决策法进行决策,所得的最优策略总是一致的。(　　)

10. 根据以往的资料,一家面包店每天所需面包数可能是下面各个数量中的某一个:100,150,200,250,300,而不知道其概率分布。如果一个面包当天没有卖掉,则可在当天结束时以 15 分钱处理掉,新鲜面包每个售价 49 分,每个面包的成本是 25 分,假如进货量限定为需要量中的某一个,试分别用下面 5 种策略准则确定最优进货量。

(1) 悲观法

(2) 乐观法

(3) 折衷法($\alpha=0.3$)

(4) 后悔值法

(5) 等概率法

11. 一个工厂要确定下一个计划期间内产品批量,根据经验并通过市场调查,已知产品销路较好、一般和较差的概率分布为 0.3,0.5,0.2,采用大批量生产可能获得的利润分别为 20 万元,12 万元和 8 万元;中批量生产可能获得的利润分别为 16 万元,16 万元和 10 万元;小批量生产可能获得的利润分别为 12 万元,12 万元和 12 万元,试用期望收益准则进行策略选择。

12. 某旅游公司必须预订每天包租的游览车的数量,一辆游览车可载客 40 位,每位顾客要为这一天的游览付款 12 元,但包租一辆汽车不管使用与否,每天都需付款 200 元,过去的统计资料表明,通常一天对汽车的需求量服从表 15-28 所列概率分布。

表 15-28　一天内对汽车的需求量的概率

汽车数	15	16	17	18	19	20	21	22
概率	0.13	0.17	0.18	0.26	0.14	0.07	0.03	0.02

为了取得最大利润,该旅游公司每天应包租多少辆汽车?

13. 某石油公司拥有一块含有石油的土地,该公司从相似地质区域内油井中得到的资料估计,若在该土地上钻井开采,则采油为 500 000 桶,200 000 桶,50 000 桶,0 桶的概率分别为 0.1,0.15,0.25,0.5,该公司有三种策略可供选择:钻井探油、土地无条件出租和土地有条件出租,钻得一口产油井的费用是 100 000 元,钻出一口涸井的费用是 75 000 元,对产油井来说,每桶可获利 2 元;若将土地无条件租出,公司可收入租让费 45 000 元;而有条件租出,合同规定,假如该土地的采油量达到 500 000 桶或 200 000 桶,则公司可以从每桶中收入 0.5 元,否则公司就没有任何收入,试用下列两种方法进行策略选择。

(1) 乐观法

(2) 期望收益法

14. 某厂考虑生产甲、乙两种产品,根据过去市场需求统计数据见表 15-29,用乐观法、期望值法进行决策并进行灵敏度分析,求出转折概率。

表 15-29　过去市场统计数据

产品 \ 市场需求	旺季	淡季
	$a_1=0.7$	$a_2=0.3$
甲	4	3
乙	7	2

15. 某公司为了扩大市场，要举行一个展销会，会址打算选择在甲、乙、丙三地。获利情况除了与会址有关系外，还与天气有关，天气可区分晴、普通、多雨三种（分别用 N_1，N_2，N_3 表示）。通过天气预报，估计三种天气情况可能发生的概率分别为 0.25，0.50，0.25。其收益情况见表 15-30。用期望值法、决策树法进行决策。

表 15-30　收益情况

选址方案 \ 天气及概率	晴（N_1）	普通（N_2）	多雨（N_3）
	0.25	0.50	0.25
甲地	4	6	1
乙地	5	4	1.5
丙地	6	2	1.2

参考文献

[1] 《运筹学》教材编写组.运筹学.修订版.北京：清华大学出版社，1990.

[2] 程理民，吴江，张玉林.运筹学模型与方法教程.北京：清华大学出版社，2000.

[3] 刘满凤，傅波，聂高辉.运筹学模型与方法教程例题分析与题解.北京：清华大学出版社，2000.

[4] 钱颂迪.运筹学.2版.北京：清华大学出版社，1990.

[5] 胡运权.运筹学教程.北京：清华大学出版社，1998.

[6] 蓝伯雄，等.管理数学(下)：运筹学.北京：清华大学出版社，1997.

[7] 胡运权.运筹学习题集.2版.北京：清华大学出版社，1995.

[8] 郭耀煌，等.运筹学原理与方法.成都：西南交通大学出版社，2000.

[9] 周华任，等.运筹学辅导与习题精解.修订版.西安：陕西师范大学出版社，2005.

[10] 邓成梁.运筹学的原理与方法.2版.武汉：华中科技大学出版社，2001.

[11] 宁宣熙.运筹学实用教程.2版.北京：科学出版社，2007.

[12] 胡运权，郭耀煌.运筹学教程.2版.北京：清华大学出版社，2003.

[13] 魏国华，傅家良，周仲良.实用运筹学.上海：复旦大学出版社，1987.

[14] 杨超，熊伟，白亚根.运筹学.北京：科学出版社，2004.

[15] 韩伯棠.管理运筹学.2版.北京：高等教育出版社，2005.

[16] 张莹.运筹学基础.北京：清华大学出版社，1995.

[17] 傅家良.运筹学方法与模型.上海：复旦大学出版社，2007.

[18] L.库珀，等.运筹学模型概论.魏国华，周仲良，译.上海：上海科学技术出版社，1987.

[19] 熊伟.运筹学.2版.北京：机械工业出版社，2009.

[20] 胡知能，徐玖平.运筹学.北京：科学出版社，2003.

[21] F. S. Hillier，G. J. Lieberman. Introduction to Operations Research. 6th ed. New York：McGraw-Hill，1995.

[22] Wayne L. Winston.运筹学应用范例与解法.4版.杨振凯，等译.北京：清华大学出版社，2006.

[23] Handy A. Taha.运筹学导论(初级篇).8版.北京：人民邮电出版社，2007.

[24] Handy A. Taha.运筹学导论(高级篇).8版.北京：人民邮电出版社，2007.

[25] 张晋东，孙成功.运筹学全程导学及习题全解.3版.北京：中国时代经济出版社，2006.

[26] 徐玖平，胡知能.运筹学——数据、模型、决策.北京：科学出版社，2006.

[27] 韩大卫.管理运筹学.大连：大连理工大学出版社，2001.

[28] 梁工谦.运筹学典型题解析及自测试题.西安：西北工业大学出版社，2002.

[29] 康跃.运筹学.修订第2版.北京：首都经济贸易大学出版社，2007.

[30] 王兴德.管理决策模型55例.上海：上海交通大学出版社，2000.

[31] 徐玖平，胡知能.运筹学(Ⅰ类).3版.北京：科学出版社，2007.

[32] 魏权龄，胡显佑，严颖.运筹学通论.修订版.北京：中国人民大学出版社，2001.

[33] 刁在筠，郑汉鼎，刘家壮，等.运筹学.2版.北京：高等教育出版社，2001.

高等院校信息管理与信息系统专业系列教材

书名	作者	定价
信息系统开发方法教程(第三版)	陈佳	24
信息系统开发方法教程(第三版)题解与实验指导	陈佳	19
计算机组成原理教程(第4版)	张基温	25
计算机组成原理教程习题解析	张基温、孙仲美	16
离散数学(第四版)	耿素云、屈婉玲	24
离散数学题解(第三版)(与《离散数学(第四版)》配套)	耿素云、屈婉玲	18
数据结构及应用算法教程	严蔚敏	29
数据库系统原理教程	王珊、陈红	18.5
电子商务概论(第3版)	方美琪	49
社会统计分析及SAS应用教程	蔡建瓴 等	26
信息系统开发与管理教程(第二版)	左美云	28
管理信息系统教程(第二版)	闪四清	29
电子商务基础教程(第二版)	兰宜生	32
信息资源管理教程	赖茂生	32
信息经济学教程	陈禹	17
数据仓库与数据挖掘教程	陈文伟	25
计算机网络教程(第二版)	黄叔武	29.8
计算机操作系统教程	张不同	27.5
信息系统分析与设计	杨选辉	29
信息系统安全教程	张基温	23
信息管理学教程(第3版)	杜栋	25
运筹学模型与方法教程	程理民	21
运筹学模型与方法教程例题分析与题解	刘满凤	22
决策支持系统教程	陈文伟	28
信息管理英语教程	李季方	26
Visual Basic 程序开发教程	张基温	26
Visual Basic 程序开发例题与题解	张基温	18
C++ 程序开发教程	张基温	26
C++ 程序开发例题与习题	张基温	26
Java 程序开发教程	张基温	24
Java 程序开发例题与习题	张基温	24